渔业技术与健康养殖

（2015—2016）

郭 文 主编

中国海洋大学出版社

·青岛·

内容简介

本书收录了山东省海洋生物研究院科研人员在2015—2016年期间发表在中文核心期刊和英文期刊的55篇论文，涵盖基础生物学及生理生态、繁育生物学与种质繁育、健康养殖技术、营养生理与水产品安全、水生动物病害防治和附录六部分。本书作为山东省海洋生物研究院阶段性成果的总结，可供高校学生、科研院所及海洋渔业科技人员、企业技术人员参考、查阅和收藏。

图书在版编目(CIP)数据

渔业技术与健康养殖. 2015—2016/ 郭文主编. —青岛：中国海洋大学出版社，2017. 12

ISBN 978-7-5670-1664-4

Ⅰ. ①渔…　Ⅱ. ①郭…　Ⅲ. ①渔业—文集②水产养殖—文集　Ⅳ. ① S9-53

中国版本图书馆 CIP 数据核字(2017)第 327137 号

出版发行	中国海洋大学出版社		
社　址	青岛市香港东路 23 号	邮政编码	266071
出 版 人	杨立敏		
网　址	http://www.ouc-press.com		
电子信箱	1193406329@qq. com		
订购电话	0532-82032573(传真)		
责任编辑	孙宇菲	电　话	0532-85902342
装帧设计	青岛汇英栋梁文化传媒有限公司		
印　制	蓬莱利华印刷有限公司		
版　次	2017 年 12 月第 1 版		
印　次	2017 年 12 月第 1 次印刷		
成品尺寸	185 mm × 260 mm		
印　张	28.25		
字　数	687 千		
印　数	1—1000		
定　价	98. 00 元		

发现印装质量问题，请致电 0535-5651533，由印刷厂负责调换。

前言

Preface

“十三五”开年以来，山东省海洋生物研究院坚持“创新、协调、绿色、开放、共享”五大发展理念，主动适应海洋经济发展新常态，加快法人治理结构改革，成为山东省内首家成立理事会的省属科研院所。作为“第一个吃螃蟹的人”，我院充分发挥开拓创新、勇于担当的优良传统，主动适应新的管理体制、创新模式和治理结构变化，充分调动积极性、主动性和创造性，积极投身科技创新、科技兴海战略，面向产业，服务基层，不断提高核心竞争力。全院职工特别是科技工作者，顺应国家机制体制创新创业发展的大好形势，激发出了更大的科研热情、更强的科研活力；涌现出了深入基层、久居一线、卧薪尝胆、勇闯难关的一大批科技工作者。“海生·河口”“海生·滨州”渔业科技精准对接启动会以来，围绕“海上粮仓”“海洋牧场”建设，针对当地渔业发展瓶颈问题，依托我院游泳生物、底栖生物、良种繁育和藻类等多个研究中心的科研团队，与大型渔业企业开展“一对一”的科企精准对接，成效显著，成绩斐然。

为了更好地促进海洋渔业技术交流与推广，我们收集和整理了本院科技人员在2015—2016年期间发表在中文核心期刊和英文期刊的55篇论文，编写了《渔业技术与健康养殖(2015—2016)》一书。本书涵盖了海洋生物苗种选繁育、增养殖、疫病防控与病害防治、渔业设施与工程、海洋牧场构建及渔业资源修复等内容；涉及国家科学技术进步二等奖、山东省科学技术进步二等奖、海洋工程科学技术二等奖等多项科技成果。

本书作为我院阶段性成果的总结，可供海洋渔业科研工作者、企业技术人员、高校学生等相关人员参考、查阅和收藏，以期为推动山东省“海上粮仓”建设贡献一分力量。

“志之所趋，无远弗届，穷山距海，不能限也。”我们将凭借永不停息的奋斗精神，迈步在新时代的海洋科技研发浪潮中，为山东省“海上粮仓”建设助力，为实现“两个一百年”奋斗目标、实现海洋强国而奉献我们的青春和智慧！

山东省海洋生物研究院院长

2016年12月20日

目 录
Contents

第一章 基础生物学及生理生态

第二章 繁育生物学与种质繁育

第三章 健康养殖技术

第四章 营养生理与水产品安全

第五章 水生动物病害防治

附 录

第一章

基础生物学及生理生态

3 种马尾藻的营养组成分析

鼠尾藻（*Sargassum thunbergii*）、海黍子（*Sargassum muticum*）及铜藻（*Sargassum horneri*）等是一类具有较高经济价值的褐藻，它们不仅是藻胶工业的优质原料，也是制备医药、食品、饲料、有机肥等的优质原料。这类褐藻在我国近海分布广泛，是海藻场及海底森林的主要组成部分。大部分的马尾藻一般不直接食用，但可以广泛应用于饲料、藻胶和医药行业。每种马尾藻的营养组成有着较大的差异，因此我们需要对其进行研究，进而更合理地利用。目前已有报道研究大连海黍子[1]、海南马尾藻[2]、广东亨氏马尾藻[3]、浙江一种马尾藻（羊栖菜）[4]的基本营养成分，如氨基酸、微量元素、维生素等，但有关马尾藻中褐藻胶、岩藻黄素、褐藻多酚这些活性成分分析资料较少。本文采集山东荣成自然资源量较大的三种马尾藻，对其主要营养组成及功能活性成分物质进行测定及分析。扩大马尾藻这一大型经济藻类的应用范围，提高其开发利用价值，可为充分开发利用海藻资源提供一定的科学理论参考。

1 材料与方法

1.1 海藻采集与处理

2015 年 6 月采集荣成俚岛湾海洋科技有限公司附近潮间带生长的鼠尾藻，潮下带生长的海黍子，以及筏架上漂浮生长的铜藻。所有采集的海藻用过滤海水洗刷后，60℃烘干，装入自封袋中，置于冰箱中冷冻保存。

1.2 方法

1.2.1 一般组分测定

粗蛋白的含量测定采用经典的凯氏定氮法；粗脂肪的含量测定采用索氏抽提法；粗纤维的含量测定采用重量法；灰分的测定采用 560℃煅烧法；不溶性膳食纤维的含量测定根据中华人民共和国国家标准 GB 12394—90。

1.2.2 氨基酸测定

采用氨基酸自动分析仪法测定。样品用 2 mL 5 mol·L^{-1} 盐酸 110℃水解 24 h 后，过滤后，用真空泵 40℃抽干，再加 pH 5. 5 的磷酸缓冲液稀释到一定体积，摇匀，取一定量的水解样品用氨基酸自动分析仪进行测定。

1.2.3 微量元素以及维生素测定

微量元素的测定：海藻样品用 HNO_3–$HClO_4$ 混酸消解至无色透明，用蒸馏水定容至一定体积，备用。用原子吸收光谱仪测定微量元素 Cu、Fe、Zn，用荧光分光光度法测定元素 Se（海洋监测规范生物体分析 GB 17378. 6—1998）。

维生素 B_1 采用国标 GB/T 5009. 84—2003 方法测定，维生素 B_2 采用 GB/T 14701—2002 方法测定。

1.2.4 海藻多糖测定

1. 2. 4. 1 褐藻胶的含量测定。

准确称取 1. 0 g 海藻干样品，加 2. 0 mol·L^{-1} 盐酸 30 mL 浸泡过夜，然后用蒸馏水洗至无氯离子为止；再用 0. 1 mol·L^{-1} 醋酸钙溶液 30 mL 浸泡 2 h，用 0. 1 mol·L^{-1} 氢氧化钠溶液滴定含有海藻的醋酸钙溶液 [5]。

1. 2. 4. 2 褐藻淀粉和硫酸多糖的含量测定。

采用硫酸苯酚法检测褐藻淀粉和硫酸多糖含量。取 10 g 海藻干粉，加 20 mL 甲醇脱色 3 次后，用 80℃热水提取 2 h。5 000×g 离心后，收集上清液旋转浓缩。然后加入 10 mL 50%乙醇，离心收集的沉淀物为褐藻淀粉。上清液中再加入 10 mL 80%乙醇沉淀，收集的沉淀物，即为硫酸多糖。

1.2.5 其他生物活性物质含量测定

1. 2. 5. 1 甘露醇含量测定。

采用硫代硫酸钠滴定法：海藻用蒸馏水浸泡 24 h，将提取液浓缩沉淀，置于碘瓶中，加入 3. 2 g·L^{-1} 高碘酸钠溶液及 1:20（水：硫酸）硫酸溶液，置 50℃水浴中加热 15 min，放冷。加入 16. 5%碘化钾溶液，放置 5 min，用 0. 1 mol·L^{-1} 硫代硫酸钠滴定液滴定，至近终点时，加 1%淀粉溶液 1. 0 mL 滴定，每 1. 0 mL 硫代硫酸钠滴定液（0. 1 mol·L^{-1}）相当于 1. 821 8 mg 甘露醇。

1. 2. 5. 2 岩藻黄素含量测定。

准确称取 1. 05 g 马尾藻干粉，用 20 mL 甲醇在 60℃的条件下避光静置，浸提 2 次，每次 1 h。浸提液冷冻离心后取上清液，将得到的类胡萝卜素提取液转入液漏斗中，逐渐加入正己烷，充分震荡，放置分层，类胡萝卜素保留在上层的正己烷中，再用正己烷对下层甲醇水溶液进行萃取 3 次，直至不能再从下层中萃取出岩藻黄素物质为止，最后舍掉下层，合并所得类胡萝卜素正己烷溶液。在岩藻黄素特定吸收波长 450 nm 下测吸光度值，按下式算出岩藻黄素的含量。

$$岩藻黄素(mg\cdot g^{-1})=(A_{455}\times n\times 1\,000)/(A_{1\,cm}^{1\%}\times M\times 100)$$

式中，A_{455} 为样品在 445 nm 处的吸光值；($A_{1\,cm}^{1\%}\times M$)为在 1 cm 光程长的比色皿中 1 g·L^{-1} 浓度岩藻黄素的理论吸收值，即 1 600；n 为稀释倍数；V 为提取液总体积（mL）；M 为样品重量（g）。

1. 2. 5. 3 褐藻多酚含量测定。

准确称取 2 g 干样品，加 50 mL 蒸馏水，于高压锅内 121℃提取 15 min。提取液 3 000 r·min^{-1} 离心 20 min，用蒸馏水将上清液定容至 50 mL，得到热水提取的褐藻多酚溶液。然后加入 3

倍体积的95%乙醇溶液进行沉淀，静置10 min后离心，旋转蒸发出上清液中的乙醇，浓缩液加蒸馏水定容至50 mL，得到褐藻多酚溶液。取1 mL此褐藻多酚溶液置于15 mL试管中，加水稀释至7 mL，混合均匀，加入1 mL Folin-Denis试剂摇匀，3 min后加入2 mL饱和碳酸钠溶液，充分混合，3 h后于710 nm测定吸光值。用1%间苯三酚标准液按上述方法做出标准曲线，样品测得的710 nm处吸光值代入标准曲线公式中即可求得褐藻多酚含量。

Folin-Denis试剂为磷酸钨铝复合物，将20 g钨酸钠、80 g钼酸钠、50 mL（85%）磷酸及750 mL水混合，加热回流2 h，冷却后加水定容至I L。

2 结果分析

2.1 3种马尾藻的一般组成含量

从表1可以看出，鼠尾藻与海黍子的蛋白质含量相对较高，粗纤维含量相对较低；铜藻的蛋白质含量最低，粗纤维含量最高；3种海藻的脂肪含量都比较低。总体来说，海黍子与鼠尾藻的基本营养成分组成比较接近。

表1 3种马尾藻的主要成分组成（$g\cdot 100^{-1}\cdot g^{-1}$ 干重）

藻类	粗蛋白	粗脂肪	粗纤维	不溶性膳食纤维	灰分	维生素 B_1（$\mu g\cdot g^{-1}$）	维生素 B_2（$\mu g\cdot g^{-1}$）
鼠尾藻（*S. thunbergii*）	19.1	2.3	5.4	19.6	27.0	0.22	4.2
海黍子（*S. muticum*）	19.3	2.5	6.2	14.7	25.9	0.33	5.7
铜藻（*S. horneri*）	14.4	1.8	9.6	18.5	24.8	0.22	2.8

已报道的海藻中蛋白质含量一般在20%以下，本试验中3种海藻的粗蛋白含量为14.1%～19.1%，高于海带（6.4%）[6]；其中，鼠尾藻与海黍子中粗蛋白含量比较高，与羊栖菜（15.3%）及裙带菜（17.2%）的粗蛋白含量[4]接近，而铜藻中粗蛋白含量在3种海藻中最低。

粗纤维仅包含部分纤维素、半纤维素、木质素及少量含氮化合物，而膳食纤维包含纤维素、半纤维素、戊聚糖、木质素、果胶、树胶等，因此膳食纤维比粗纤维更能客观、准确地反映食物的可利用率。鼠尾藻、铜藻的不溶性膳食纤维含量比较高，可作为强化纤维配方食品的添加剂。

海藻中含有丰富的维生素，如脂溶性维生素A、D的前体，维生素E、K，水溶性维生素B_1、B_2、B_3、B_{12}以及维生素C等。受试验条件限制，我们只测定3种海藻中维生素B_1、B_2的含量，结果显示3种海藻中维生素B_2的含量较高（表1）。

2.2 蛋白质的氨基酸组成含量

由表2可知，马尾藻含有17种氨基酸，缺少色氨酸。鼠尾藻、海黍子、铜藻氨基酸总量分别是16.5 $g\cdot 100^{-1}\cdot g^{-1}$，15.4 $g\cdot 100^{-1}\cdot g^{-1}$，16.95 $g\cdot 100^{-1}\cdot g^{-1}$，必需氨基酸含量分别是

5.27 $g \cdot 100^{-1} \cdot g^{-1}$，5.70 $g \cdot 100^{-1} \cdot g^{-1}$，5.30 $g \cdot 100^{-1} \cdot g^{-1}$；必需氨基酸占总氨基酸含量分别为31.9%，37.0%，31.3%。WHO推荐的理想蛋白质模式是必需氨基酸占总氨基酸的40%左右，海黍子的氨基酸组成比较接近这一要求。

表2　3种马尾藻蛋白质的氨基酸组成及含量（$g \cdot 100^{-1} \cdot g^{-1}$）

氨基酸	鼠尾藻（*S. thunbergii*）	海黍子（*S. muticum*）	铜藻（*S. horneri*）
天门冬氨酸（Asp）（Thr）（Thr）（Asp）	1.37	1.26	1.41
苏氨酸*（Thr）	0.59	0.53	0.65
丝氨酸（Ser）	0.54	0.49	0.59
谷氨酸（Glu）	5.36	4.59	1.58
脯氨酸（Pro）	0.59	0.74	0.58
甘氨酸（Gly）	0.66	0.66	0.76
丙氨酸（Ala）	1.88	1.13	0.85
胱氨酸*（Cys）	0.55	1.13	0.02
缬氨酸*（Val）	0.72	0.74	0.82
蛋氨酸*（Met）	0.20	0.19	0.24
异亮氨酸*（Ile）	0.58	0.58	0.69
亮氨酸*（Leu）	0.94	0.97	1.12
酪氨酸*（Tyr）	0.39	0.30	0.35
苯丙氨酸*（Phe）	0.64	0.60	0.71
赖氨酸*（Lys）	0.66	0.66	0.70
组氨酸（His）	0.22	0.22	0.21
精氨酸（Arg）	0.61	0.61	0.67
氨基酸总量（TAA）	16.5	15.40	16.95
必需氨基酸（EAA）	5.27	5.70	5.30

注：*. 必需氨基酸。

2.3 微量元素及维生素含量

海藻中含有海水中所有的无机元素，其中K、Na、Mg、Ca、Cl含量很高，是无机元素的宝库，这些无机元素在人体内参与生命的过程中，起着非常重要的作用。海藻有将海水中元素浓缩的能力，比如铁在海水中含量一般为0.01 $mg \cdot kg^{-1}$，而本试验所测得的3种马尾藻中铁含量为110～426 $mg \cdot kg^{-1}$。铜是许多生物必需的元素，元素硒存在于细胞色素及一些酶中，具有很强的生理活性。从表3可以看出，3种海藻的微量元素含量比较丰富，特别是铁的含量远高于海带的（39 $mg \cdot kg^{-1}$）[7]，但低于报道的亨氏马尾藻（500 $mg \cdot kg^{-1}$），硒的含量比亨氏马尾藻高（30 $\mu g \cdot kg^{-1}$）[3]。

表3　3种马尾藻的微量元素及维生素含量

样　品	铜（$mg\cdot kg^{-1}$）	铁（$mg\cdot kg^{-1}$）	锌（$mg\cdot kg^{-1}$）	硒（$\mu g\cdot kg^{-1}$）	维生素 B_1（$\mu g\cdot g^{-1}$）	维生素 B_2（$\mu g\cdot g^{-1}$）
鼠尾藻（*S. thunbergii*）	6. 8	132	36	410	0. 22	4. 2
海黍子（*S. muticum*）	14. 9	110	26	300	0. 33	5. 7
铜藻（*S. horneri*）	11. 7	426	30	369	0. 22	2. 8

2.4 褐藻多糖含量

褐藻多糖主要分为细胞间质多糖及细胞内贮藏多糖，细胞间质多糖包括褐藻胶及硫酸多糖，细胞内贮藏多糖多为淀粉类物质。

2.4.1 褐藻胶及硫酸多糖含量

褐藻胶是褐藻细胞间质多糖的主要成分，具有高分子阴离子化合物的特性，是维持褐藻生命活动所必需的基础物质，其主要成分为多聚甘露糖醛酸（M）和多聚古罗糖醛酸（G）所构成的高分子化合物。褐藻胶主要用作食品、纺织、橡胶、医药等工业的助剂。本试验海藻中褐藻胶含量为12. 4%～26. 2%，其中鼠尾藻的褐藻胶含量最高，鼠尾藻及铜藻中的褐藻胶含量与海带褐藻胶含量（24. 5%）[7] 接近（表4）。从马尾藻提取的褐藻胶与从海带中提取的褐藻胶在分子量、凝胶强度等特征上有很大的差异，用途不尽相同，目前从马尾藻提取的褐藻胶在市场上比较紧缺。

表4　3种马尾藻中的褐藻胶含量

样　品	褐藻胶含量（%）
鼠尾藻（*S. thunbergii*）	26. 2±2. 5
海黍子（*S. muticum*）	12. 4±1. 8
铜藻（*S. horneri*）	22. 1±2. 2

褐藻中岩藻聚糖硫酸酯具有抗凝血、降血脂、抗肿瘤、抗病毒、增强机体免疫机制等多种生理活性，在工业、农业、环保、轻工、食品、医疗等领域有重要的应用价值。比较发现，铜藻的岩藻聚糖硫酸酯含量最高，其次是海黍子，鼠尾藻含量最低。从海藻中岩藻聚糖硫酸酯的单糖组成（表5）中可以看出，海黍子和铜藻中的岩藻糖含量最高，达到27%以上，而鼠尾藻中的岩藻糖含量比较低；鼠尾藻中甘露糖含量最高。海藻岩藻聚糖硫酸酯中同时含有微量的葡萄糖醛酸、氨基葡萄糖、鼠李糖、葡萄糖和木糖。

表 5 3 种海藻的岩藻聚糖硫酸酯的单糖组成

单 糖	鼠尾藻 (*S. thunbergii*)(%)	海黍子 (*S. muticum*)(%)	铜藻 (*S. horneri*)(%)
甘露糖	36.6	21.20	29.1
氨基葡萄糖	0.9	1.10	1.1
鼠李糖	1.1	1.30	2.5
葡萄糖醛酸	10.3	7.10	8.2
葡萄糖	2.7	6.55	3.6
半乳糖	17.8	30.95	25.9
木糖	6.6	2.50	2.1
岩藻糖	24.2	29.20	27.5

2.4.2 褐藻淀粉

褐藻淀粉是褐藻细胞内储存的多糖。所测得的3种马尾藻中褐藻淀粉含量都很低(表6)。

表 6 3 种马尾藻褐藻淀粉含量

样 品	褐藻淀粉含量(%)
鼠尾藻(*S. thunbergii*)	0.21
海黍子(*S. muticum*)	0.38
铜藻(*S. horneri*)	0.04

2.5 其他活性成分含量

岩藻黄素属于类胡萝卜素类的化合物,具有优越的抗氧化作用和抗肥胖、抗肿瘤、调节血糖含量和清除自由基等活性,岩藻黄素易被氧化,对光不稳定。褐藻多酚是海藻体内的化学防御物质,分子量从几百到几十万,褐藻多酚具有多种化学及生物活性,如络合金属离子,可抑制淀粉酶、醋酶、抗血纤维蛋白溶酶活性,抑制微生物生长,抑制附生藻类生长,抑制植食动物摄食,凝集血红细胞[8]。褐藻多酚具有较强的抗氧化作用,在高度不饱和脂肪酸的抗氧化试验中发现,它比目前常用的抗氧化剂 BHT 的活性高 2.5 倍[9]。

从表 7 可以看出,铜藻中岩藻黄素比较高,达到 0.74 $mg\cdot g^{-1}$,比文献中报道的海带岩藻黄素(0.556 $mg\cdot g^{-1}$)高,比裙带菜的岩藻黄素(1.21 $mg\cdot g^{-1}$)低。鼠尾藻及海黍子的褐藻多酚含量比较高,3 种海藻的甘露醇含量接近,比海带的甘露醇 7% 以上含量[10]低很多。

表 7 3 种马尾藻中活性成分含量

样品名称	岩藻黄素含量($mg\cdot g^{-1}$)	多酚总量($mg\cdot g^{-1}$)	甘露醇(%)
鼠尾藻(*S. thunbergii*)	0.45±0.05	6.48±1.02	0.44
海黍子(*S. muticum*)	0.26±0.05	5.33±0.58	0.45
铜藻(*S. horneri*)	0.74±0.01	1.34±0.02	0.43

3 结论

鼠尾藻及铜藻的褐藻胶、岩藻黄素、多酚及不溶性膳食纤维含量高，而且鼠尾藻氨基酸组成比较接近 WHO 推荐的理想蛋白质模式，可作为强化纤维配方食品的添加剂以及功能活性成分提取的原料；海黍子中褐藻多酚及岩藻多糖含量较高，是功能活性成分优良的海藻，在医药上有广泛的应月前景。

参考文献

[1] 陶平，贺风伟. 大连沿海 13 种食用海藻的营养组成分析 [J]. 中国水产科学，2001，7（4）：60-63.

[2] 罗先群，王新广，杨振斌. 马尾藻的营养成分测定及多糖的提取 [J]. 化学与生物工程，2007，24（4）：64-66.

[3] 谌素华，王维民，刘辉，等. 亨氏马尾藻化学成分分析及其营养学评价 [J]. 食品研究与开发，2010，31（5）：154-156.

[4] 戴志远，洪泳平，张燕萍，等. 羊栖菜的营养成分分析与评价 [J]. 水产学报，2002，26（4）：382-384.

[5] 尚德荣，宁劲松，赵艳芳，等. 海带中褐藻胶含量测定方法的建立 [J]. 食品安全与检测，2011，36（8）：252-254.

[6] 沈月新. 水产食品学 [M]. 北京：中国农业出版社，2001：130-131.

[7] 曾呈奎，陆宝仁. 墨角藻目 [M]. 北京：科学出版社，1983：212-213.

[8] 范晓，严小军. 海藻化学研究与展望 [J]. 海洋科学，1996，2：24-25.

[9] Yan X，Lix，Z C，Frevetion and fish oil rancidity by phlorotannins from *Sargassum kjellmanianum*[J]. J. Appl. Phycology，1996，8：201-203.

[10] 盛晓风，赵艳芳，尚德荣，等. 海带不同生长时期营养成分和主要元素差异比较 [J]. 食品科技，2011，36（12）：66-68.

（詹冬梅，王翔宇，辛美丽，吕芳，吴海一）

（载自《广西科学院学报》2016-08）

裙带菜（*Undaria pinnatifida*）配子体对氨态氮和硝态氮的吸收利用比较

氮是蛋白质的主要组成成分，是藻类生长繁殖必需的主要营养元素之一。氮在海水中的形态较多，包括无机氮（NO_3^-、NO_2^-、NH_4^+）和有机氮（PON、DON），此外还存在气态的 N_2、N_2O、NH_3，其中 NO_3^--N 和 NH_4^+-N 是海藻生长繁殖所利用的主要氮源。海藻对 NO_3^--N 和 NH_4^+-N 的吸收也不相同。NH_4^+-N 的吸收在正常条件下大于 NO_3^--N 的吸收，这是因为藻类吸收 NO_3^--N 消耗较多的能量[1]，NO_3^--N 在结合入氨基酸之前必须被还原成 NH_4^+-N[2]。因此对潮间带藻类来说，在冬天光照不足的情况下，藻类倾向于吸收 NH_4^+-N；而在夏天光照充足时，同时吸收 NO_3^--N 和 NH_4^+-N[3]。

在裙带菜人工育苗过程中，多采用半封闭的循环流动海水或静水培养，水量有限，主要营养盐类含量低，不能满足裙带菜配子体生长的需要。为了促进配子体正常生长，均采用在自然海水中添加肥料的办法，加以补充。裙带菜单倍体育苗技术作为新兴的育苗生产技术，其潜在的应用前景和技术上的优势，越来越受到人们的重视[4, 5]，单倍体的快速丰富培养是这项技术实施的重要前提。本文通过在不同浓度 NO_3^--N 和 NH_4^+-N 下培养裙带菜配子体，测定各自的生长状况，从而找出配子体丰富培养合适的氮源及浓度。同时测定其对 NO_3^--N 和 NH_4^+-N 的吸收速率，揭示裙带菜配子体材料在丰富培养过程中对氮离子的吸收规律，最大限度地调整丰富培养技术方法，使氮的供给适时地满足配子体生长的需要。以期为裙带菜的人工育苗和养殖业的发展提供理论基础。

1 材料与方法

1.1 试验材料

1.1.1 裙带菜配子体的预培养

裙带菜配子体由中国科学院海洋研究所海藻种质库提供。雌、雄配子体按 1:1 比例混合。培养后的配子体经组织捣碎机捣碎，使其呈 4～8 细胞状态，用消毒海水反复冲洗，加入新鲜培养液培养 1 d 后，更换培养液继续培养，每日在显微镜下镜检，2 d 后发出新枝方可使用[6]。

1.1.2 裙带菜配子体饥饿处理

取上述处理的配子体培养于5 L的三角瓶中，加入无氮的PES培养液培养4 d，使配子体处于氮饥饿状态，避免自身排出的氮影响试验结果。培养条件为：温度23℃，光强60 μE•m^{-2}•s^{-1}，光周期12 h:12 h，充气培养。

1.1.3 裙带菜配子体快速培养的最适氮源及浓度

设置一系列氮浓度梯度(5 μmol•L^{-1}, 10 μmol•L^{-1}, 20 μmol•L^{-1}, 30 μmol•L^{-1})，不同氮源(NO_3^--N和NH_4^+-N)的PES培养液。培养条件同上，培养密度为1 g•L^{-1}。加入配子体后隔天分析一次，试验进行8 d，以配子体的鲜重增加量作为生长速度的指标，并镜检比较不同氮源及氮浓度下配子体的生长状态。

1.1.4 氮的吸收与配子体鲜重增长的关系

氮的初始浓度为30 μmol•L^{-1}，加入配子体后1 h取样分析，以后隔天分析一次，每天定时测定穿透光强的变化，以消光值的变化作为生长速度的指标。

1.1.5 NO_3^--N和NH_4^+-N的吸收规律及两者之间的相互影响

设置不同浓度氮源，NO_3^--N浓度分别为5 μmol•L^{-1}, 10 μmol•L^{-1}, 20 μmol•L^{-1}, 25 μmol•L^{-1}, 30 μmol•L^{-1}, NH_4^+-N浓度分别为30 μmol•L^{-1}, 25 μmol•L^{-1}, 20 μmol•L^{-1}, 10 μmol•L^{-1}, 5 μmol•L^{-1}，每组设3个重复。

表1 试验组NO_3^--N和NH_4^+-N不同浓度配置(μmol•L^{-1})

组 号	A_1	A_2	A_3	A_4	A_5	A_6
NO_3^--N	5	10	20	25	30	0
NH_4^+-N	25	20	10	5	0	30

1.2 试验方法

称取0.75 g(鲜重)饥饿处理的裙带菜配子体放入盛有750 mL上述试验组培养液的1 L三角烧瓶中培养，试验条件：温度23℃，光强60 μE•m^{-2}•s^{-1}，光周期12 h:12 h，充气培养。试验分别用紫外分光光度法和次溴酸盐氧化法测定水样中的NO_3^--N和NH_4^+-N浓度，每小时测一次，共测4 h，每个水样测3次。

1.2.1 配子体鲜重测定

培养结束后用筛绢将藻过滤出，在天平上测量藻重，以便在不同氮浓度梯度之间进行比较。

1.2.2 配子体鲜重平均日增长率的计算

$$W_0(1+X)^n = W$$

式中，W_0为初始配子体重量(g)；W为第n天配子体的重量(g)；X为配子体鲜重平均日增长率(%)；n为培养天数(d)。

1.2.3 氮吸收速率的计算

吸收速率的计算公式如下：$R = V\dfrac{(c_i - c_f)}{W_t}$

式中，R 为吸收速率（μmol•g^{-1}•h^{-1}））；c_i 和 c_f 分别为试验前后培养液中 NO_3^--N 和 NH_4^+-N 的浓度（μmol•L^{-1}）；V 为培养液体积（L）；t 为取样时间间隔（h）；W 为配子体重量（g）。

1.2.4 NO_3^--N 浓度的测定

NO_3^--N 的测定采用紫外分光光度法，此方法的原理是硝酸盐在紫外光区 220 nm 处会出现一个特征吸收峰，通过测定其吸光度，利用制备的标准曲线及相关公式，可以得到硝酸盐在水样中的浓度 [7]。具体步骤如下：

（1）取 25 mL 具塞比色管，蒸馏水润洗两次，加入预处理后的水样 10 mL；

（2）将比色皿用蒸馏水润洗 2～3 次，水样倒入比色皿中，体积超过比色皿的 2/3，润洗 2～3 次。用滤纸吸干比色皿外壁的水，用擦镜纸将比色皿光滑的两外壁擦干净，放入紫外可见分光光度计中测定溶液在 220nm 和 275nm 光波处的吸光度值。每次测完一个样后，均应用蒸馏水润洗和水样润洗 2～3 次才能测样；

（3）根据 NO_3^--N 标准曲线（图 1），计算出样品中 NO_3^--N 的浓度。

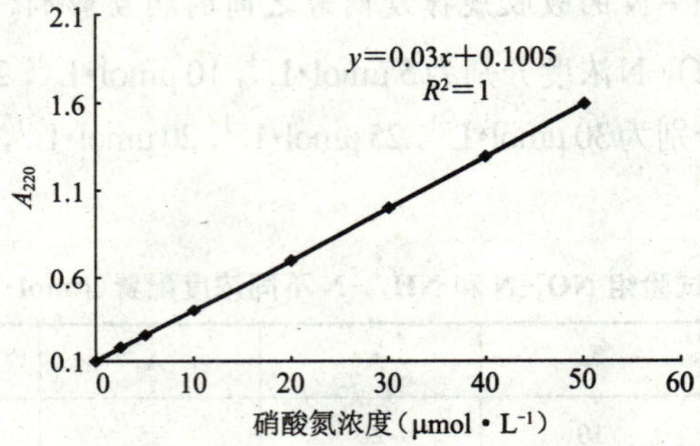

图 1　硝态氮的标准曲线

1.2.5 NH_4^+-N 浓度的测定

次溴酸钠法测 NH_4^+-N 浓度的原理为：在碱性条件下，次溴酸钠将水样中的氨定量氧化为亚硝酸盐，亚硝酸盐在酸性条件下，与磺胺进行重氮化反应，生成的物质再与盐酸萘乙二胺偶合生成红色偶氮染料，在 543 nm 波长测定吸光值，对照标准曲线，计算出 NH_4^+-N 浓度（GB/T 12763. 4—2007 海洋调查规范）。

具体步骤如下：

（1）抽取待测水样 10 mL（如果浓度超过本方法的测定范围，则采用稀释的方法，将其浓度调节到适当的范围），加入 50 mL 具塞磨口锥形瓶中；

（2）加入 1 mL 的次溴酸钠溶液，混匀，放置 30 min；

（3）加入 1 mL 2 g•L^{-1} 的磺胺溶液，混匀，放置 5 min；

（4）加入 0. 2 mL 1. 0 g•L^{-1} 的盐酸萘乙二胺溶液，混匀，放置 15 min；

（5）选 543 nm 波长，测定吸光值；

（6）对照 NH_4^+-N 的标准曲线（图 2），计算出待测液的氨态氮浓度。

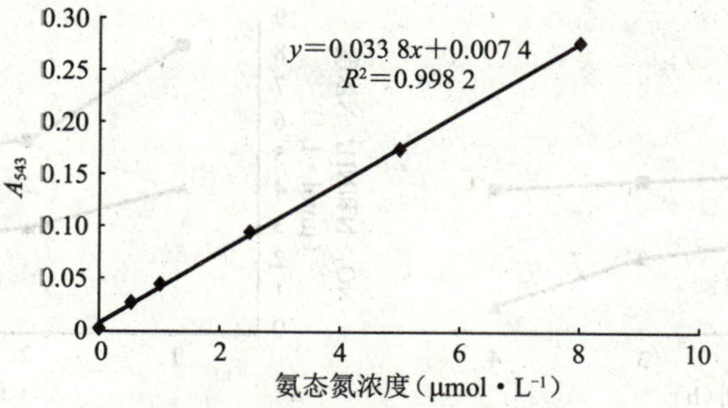

图 2　氨态氮标准曲线

2 结果与讨论

从表 2 可以看出，在氮浓度为 30 $\mu mol\cdot L^{-1}$ 下，配子体生长速度最快，无论是硝态氮或氨态氮，两者相差不大，平均日生长率分别为 24. 39% 和 25. 03%。但是由于配子体生长迅速，培养 9 d 之后，配子体出现了缠绕聚团现象，对后面的生长有一定的影响。观察各个浓度下硝态氮培养的配子体与氨态氮培养的配子体形态个体并无差异，生长状况也相似，这说明裙带菜配子体能同时吸收利用硝态氮和氨态氮，进行生理代谢与快速扩增。

表 2　氨态氮、硝态氮浓度对裙带菜配子体培养的影响

培养液中的氮浓度（$\mu mol\cdot L^{-1}$）	藻体形态	平均日生长量（g）		平均日生长率（%）	
		NO_3^--N	NH_4^+-N	NO_3^--N	NH_4^+-N
5	个体小，不舒展	0. 11	0. 10	14. 53	14. 20
10	个体小，不舒展	0. 13	0. 12	16. 81	16. 98
20	个体大而舒展，有新枝	0. 16	0. 17	22. 24	23. 12
30	藻丝缠绕聚成团	0. 18	0. 19	24. 39	25. 03

裙带菜配子体培养液中硝态氮和氨态氮的浓度随着时间的推移，浓度逐渐降低（图 3 ～图 8）；并且裙带菜配子体在前 4 h 内吸收氨态氮和硝态氮的速率也不相同（图 9 ～图 14）。总的来说，裙带菜配子体在第一个小时内氮吸收速率高于其他任何时间段。另外在六组样品中，最高吸收速率为 24. 3 $\mu mol\cdot g^{-1}\cdot h^{-1}$，对硝态氮的平均吸收速率范围为 1. 04 ～ 6. 51 $\mu mol\cdot g^{-1}\cdot h^{-1}$，对氨态氮的平均吸收速率范围为 0. 69 ～ 6. 61 $\mu mol\cdot g^{-1}\cdot h^{-1}$。

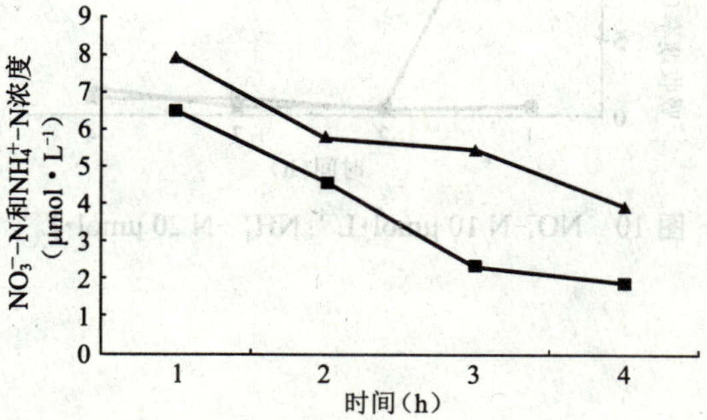

图 3　NO_3^--N 5 $\mu mol\cdot L^{-1}$；NH_4^+-N 25 $\mu mol\cdot L^{-1}$

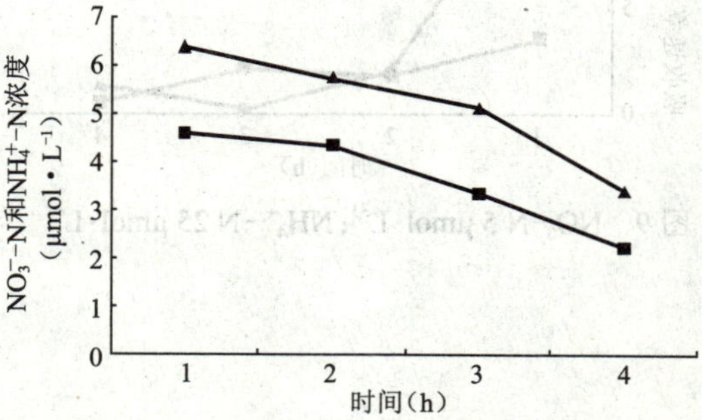

图 4　NO_3^--N 10 $\mu mol\cdot L^{-1}$；NH_4^+-N 20 $\mu mol\cdot L^{-1}$

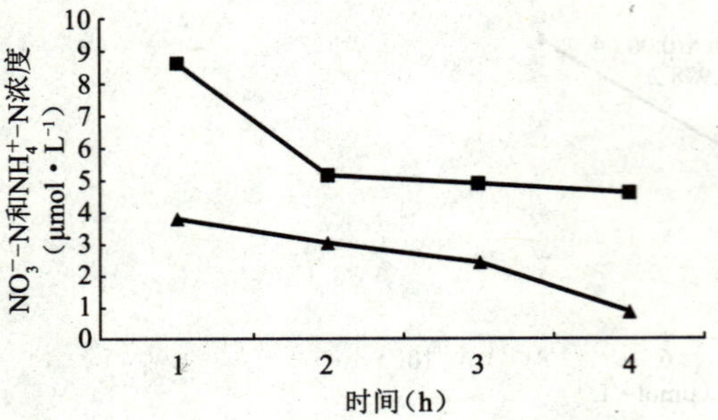

图 5　NO_3^--N 20 μmol·L^{-1}; NH_4^+ -N 10 μmol·L^{-1}

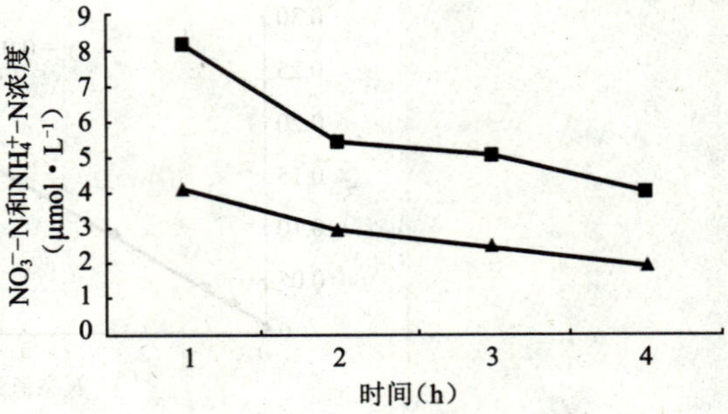

图 6　NO_3^--N 25 μmol·L^{-1}; NH_4^+ -N 5 μmol·L^{-1}

图 3 ~ 图 6 在不同的 NO_3^--N 和 NH_4^+ -N 浓度组合下，培养液中两种氮源浓度随时间的变化

▲氨态氮 ■硝态氮

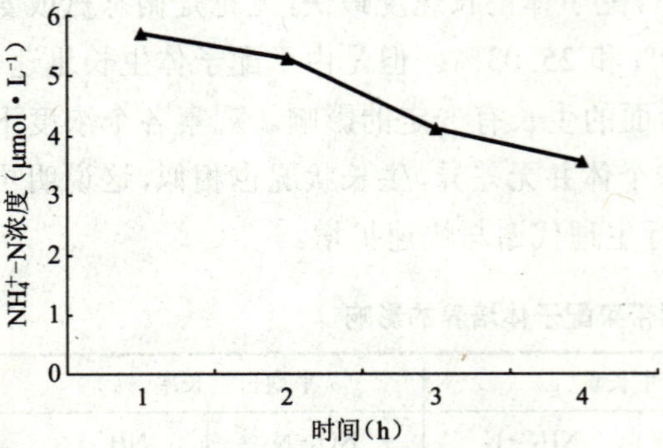

图 7　NO_3^--N 30 μmol·L^{-1}

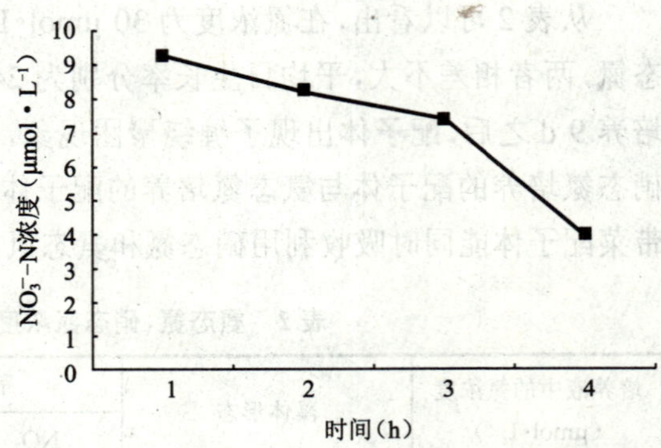

图 8　NH_4^+ -N 30 μmol·L^{-1}

图 7 ~ 图 8 在 30 μmol·L^{-1} 的 NO_3^--N 和 NH_4^+ -N 浓度下，培养液中两种氮源浓度随时间的变化

▲氨态氮 ■硝态氮

在本研究中，并没有发现裙带菜对硝态氮的吸收抑制氨态氮的吸收，或者氨态氮的吸收抑制硝态氮的吸收。裙带菜配子体同时吸收氨态氮和硝态氮，并且第一小时内的吸收速率随着氮浓度的增加而加快（图 15）。

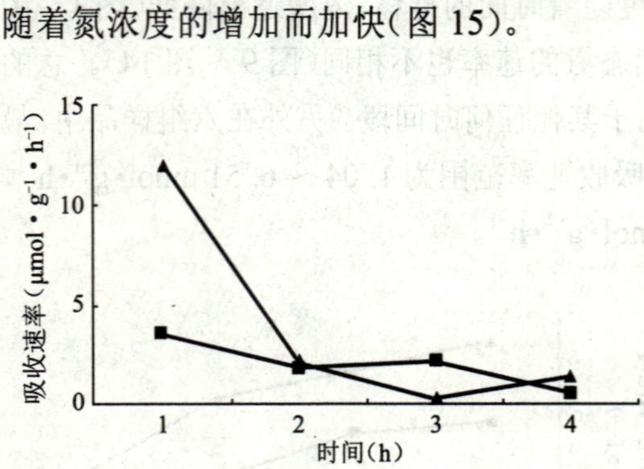

图 9　NO_3^--N 5 μmol·L^{-1}; NH_4^+ -N 25 μmol·L^{-1}

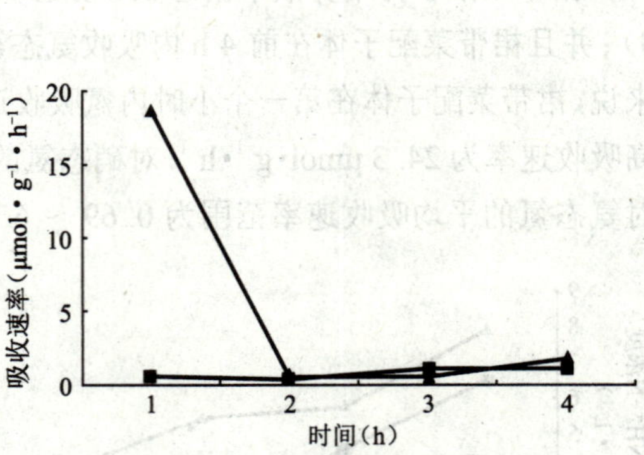

图 10　NO_3^--N 10 μmol·L^{-1}; NH_4^+ -N 20 μmol·L^{-1}

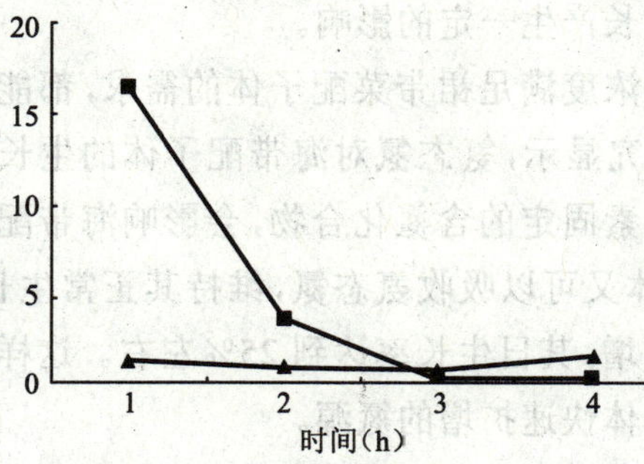

图 11　NO_3^--N 20 μmol·L^{-1}; NH_4^+ -N 10 μmol·L^{-1}

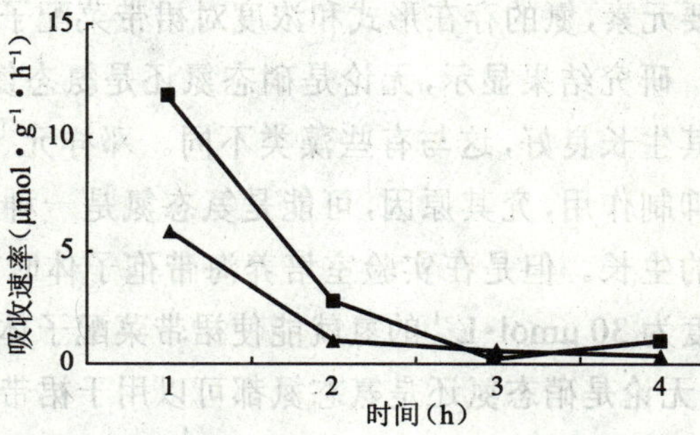

图 12　NO_3^--N 25 μmol·L^{-1}; NH_4^+ -N 5 μmol·L^{-1}

图 9～图 12 在不同的 NO_3^--N 和 NH_4^+ -N 浓度组合下，裙带菜配子体对两种氮源的吸收速率随时间的变化

▲氨态氮 ■硝态氮

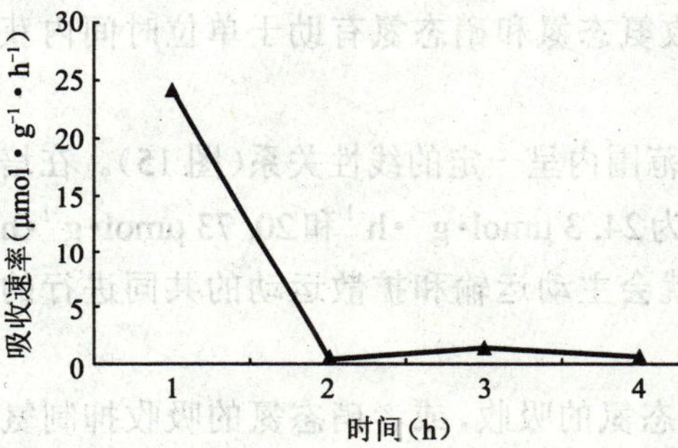

图 13　NO_3^--N 30 μmol·L^{-1}

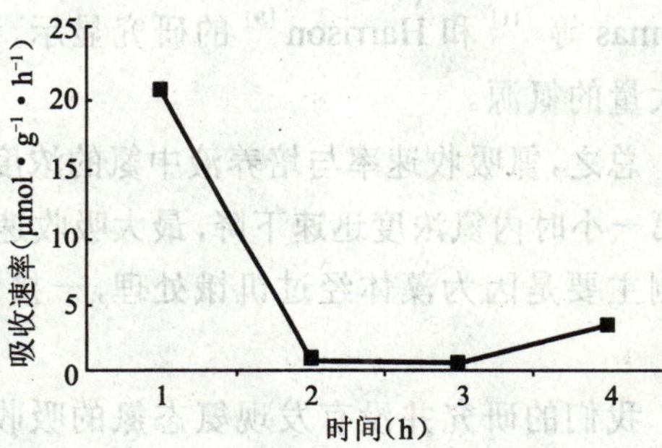

图 14　NH_4^+ -N 30 μmol·L^{-1}

图 13～图 14 在 30 μmol·L^{-1} 的 NO_3^--N 和 NH_4^+ -N 浓度下，裙带菜配子体对两种氮源的吸收速率随时间的变化

▲氨态氮 ■硝态氮

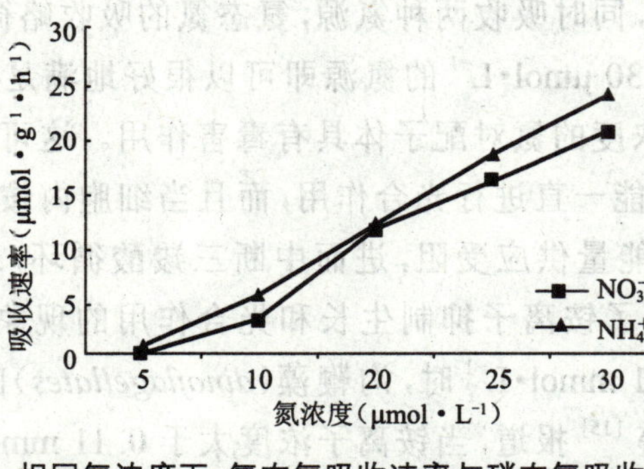

图 15　相同氮浓度下，氨态氮吸收速率与硝态氮吸收速率比较

3 讨论

氮是构成蛋白质的主要成分，占蛋白质含量的 16%～18%，而在海藻的细胞质、细胞核及酶中都含有蛋白质，因此，氮也是细胞质、细胞核和酶的重要组成成分。此外，核酸、辅酶、磷脂、叶绿素等化合物中都含有氮，同时某些植物激素、维生素和生物碱等也含有氮。由此可见，氮在海藻生命活动中占有首要的地位。由于氮元素是裙带菜配子体细胞生长、繁殖的

必要元素，氮的存在形式和浓度对裙带菜配子体的生长产生一定的影响。

研究结果显示，无论是硝态氮还是氨态氮，只要浓度满足裙带菜配子体的需求，都能促使其生长良好，这与有些藻类不同。邓祥元[8]的研究显示，氨态氮对海带配子体的生长具有抑制作用，究其原因，可能是氨态氮是一种抑制氮素固定的含氮化合物，会影响海带配子体的生长。但是在实验室培养海带孢子体时，孢子体又可以吸收氨态氮，维持其正常生长，浓度为30 μmol·L^{-1}的氮就能使裙带菜配子体快速扩增，其日生长率达到25%左右。这样看来，无论是硝态氮还是氨态氮都可以用于裙带菜配子体快速扩增的氮源。

研究发现，裙带菜配子体可同时吸收氨态氮和硝态氮，并且对两种氮的吸收速率基本相同（图15），氨态氮的吸收速率略微高一些。这与海囊藻相似，Harrison等[9]发现海囊藻能够同时利用氨态氮和硝态氮，氮的吸收速率也基本相同。一种巴西海藻（*Laminaria abyssalis*）的配子体，能够同时吸收硝态氮和氨态氮，但是对氨态氮的吸收速率快于硝态氮[10]。Thomas等[11]和Harrison[9]的研究显示，同时吸收氨态氮和硝态氮有助于单位时间内获取更大量的氮源。

总之，氮吸收速率与培养液中氮的浓度在一定范围内呈一定的线性关系（图15）。在培养的第一小时内氮浓度迅速下降，最大吸收速率分别为24. 3 μmol·g^{-1}·h^{-1}和20. 73 μmol·g^{-1}·h^{-1}，推测主要是因为藻体经过饥饿处理，一接触氮源就会主动运输和扩散运动的共同进行的结果。

我们的研究并没有发现氨态氮的吸收抑制硝态氮的吸收，或者硝态氮的吸收抑制氨态氮的吸收。这与Harlin等[12]在*Laminaria longicruris*的研究结果相似，与*L. greonlandica*中的情况不同，它对硝态氮的吸收受到氨态氮抑制[9]。同样，Hanisak等[13]的研究也发现，在绿色大型海藻刺松藻中硝态氮的吸收受到10倍浓度氨态氮的抑制。

我们对裙带菜配子体氨态氮、硝态氮的吸收做了研究，结果显示裙带菜配子体对两种氮源的吸收没有选择性，同时吸收两种氮源，氨态氮的吸收略微快于硝态氮，与先前其他藻类研究结果类似[2]。30 μmol·L^{-1}的氮源即可以很好地满足配子体快速扩增的营养需求，需要注意的是过高浓度的氮对配子体具有毒害作用。这可能是因为氨氧化磷酸化和光合磷酸化的解偶联剂能一直进行光合作用，而且当细胞内铵离子大量积累时还会造成NADH的大量消耗，使能量供应受阻，进而中断三羧酸循环，最终导致配子体变白死亡。在其他海藻中也发现了铵离子抑制生长和光合作用的现象。Thomas等[14]研究发现，当铵离子浓度大于0. 1 mmol·L^{-1}时，沟鞭藻（*dinoflagellates*）的生长和光合作用受到明显的抑制；另外，Bates等[15]报道，当铵离子浓度大于0. 11 mmol·L^{-1}时，将会严重影响硅藻*Nitzschia pungens*的生长和光合作用；更有甚者，当铵离子作为唯一氮源，浓度在3～220 μmol·L^{-1}时，即可使一些藻类在几周的时间内死亡[16]。此外，配子体经多次分裂后，形成多分枝的丝状体。如果培养液中这样的丝状体过多，它们之间就会相互缠绕，彼此争夺养分，遮挡光线。在试验过程中，当克隆被培养至第15 d左右时，消光值有明显的下降。这是由于藻丝相互缠绕造成穿透光强的增高。在进行藻体代谢产物对裙带菜雄配子体生长的影响的实验时也发现，在克隆密度高的情况下，生长速度会有所下降。因此在培养时应该注意及时分瓶扩养。

参考文献

[1] Raven J A. Energetics and Transport in Aquatic Plants[M]. New York: AR Liss, 1984, 587.

[2] Lobban C S, Harrison P J. Seaweed Ecology and Physiology[J]. Cambridge, London: Cambridge University Press, 1994: 163-209.

[3] Phillips J C, Hurd C L. Nitrogen ecophysiology of intertidal seaweeds from New Zealand: N uptake, storage and utilisation in relation to shore position and season[J]. Mar Ecol Prog Ser, 2003, 264: 31-48.

[4] Kaas R, Perez R. Study of the intensive culture of *Undaria* on the coast of Brittany. outdoor seaweed cultivation. In: The Proceedings of the Second Workshop of COST 48 Subgroup [J]. Brussels: European Economic Community, 1989, 1: 31-33.

[5] Pang S J, Hu X Y, Wu C Y et al. Intraspecific crossings of *Undaria pinnatifida* (Harv.) Sur. -a possible time-saving way of strain selection[J]. China J Oceanol Limnol, 1997, 15 (3) : 227-235.

[6] 李大鹏,李文茹．裙带菜配子体发育过程的研究 [J]. 海洋与湖沼, 2006, 37 (S) : 237-242.

[7] Collos Y, Mornet F, Sciandra A et al. An optical method for the rapid measurement of micromolar concentrations of nitrate in marine phytoplankton cultures[J]. J Appl Phycol, 1999, 11 (2) : 179-184.

[8] 邓祥元．转基因海带配子体的制备与高效增值[D]. 青岛: 中国科学院海洋研究所, 2009: 98-105.

[9] Harrison P J, Druehl L D, Lloyd K E et al. Nitrogen uptake kinetics in three year-classes of *Laminaria groenlandica* (Laminariales: Phaeophyta) [J] . Mar Biol, 1986, 93 (1) : 29-35.

[10] dā Costa Braga A, Yoneshigue-Valentine Y. Nitrogen and phosphorus uptake by the Brazilian kelp *Laminaria abyssalis* (Phaeophyta) in culture[J]. Hydrobiologia, 1996, 326-327 (1) : 445-450.

[11] Thomas T E, Harrison P J. Rapid ammonium uptake and nitrogen interactions in five intertidal seaweeds grown under field conditions[J]. J Exp Mar Biol Ecol, 1987, 107 (1): 1-8.

[12] Harlin M M, Craigie J S. Nitrate uptake by *Laminaria longicruris* (Phaeophyceae) [J]. J Phycol, 1978, 14 (4) : 464-467.

[13] Hanisak M D, Harlin M M. Uptake of inorganic nitrogen by *Codium fragile subsp. tomentosoides* (Chlorophyta) [J]. J Phycol, 1978, 14 (4) : 450-454.

[14] Bates S S, Worms J, Smith J C. Effects of ammonium and nitrate on growth and domoic

acid production by *Nitzschia pungens* in batch culture[J]. Can J Fish Aquat Sci, 1993, 50 (6): 1 248-1 254.

[15] Thomas W H, Hastings J, Fujita M. Ammonium input to the sea via large sewage outfalls-Part 2: effects of ammonium on growth and photosynthesis of southern California phytoplankton cultures[J]. Mar Environ Res, 1980, 3 (4): 291-296.

[16] Touchette B W, Burkholder J M. Review of nitrogen and phosphorus metabolism in seagrasses[J]. J Exp Mar Biol Ecol, 2000, 250 (1-2): 133-167.

（李大鹏，邓海临，李慧，詹冬梅）

（载自《海洋与湖沼》2016-07）

不同氮源加富对海带生长、光合固碳和氮吸收特性的影响

由于淡水注入和海水养殖业的迅猛发展，中国近海很多海域已处于较严重的富营养化状态[1-4]。基于对近海生态环境的巨大负面影响，富营养化问题已经引起了社会各界的普遍关注[5]。海水富营养化的主要表现为氮磷营养盐的浓度升高，分布于近岸海域的大型海藻能够快速吸收并固定氮、磷营养[6,7]，其大规模增养殖成为缓解近海富营养化的重要途径[8]。在富营养化修复过程中，大型海藻本身也将长期处于高浓度氮磷供应状态，因此关于大型海藻营养盐代谢以及富营养化对海藻生理生态学影响的研究成为当前学术界的研究热点[9]。

氮是大型海藻正常生理活动所必需的基本营养元素，但它在自然海水中的浓度相对较低，且具有明显的季节性变化，常常成为海藻生长的限制性营养盐[10]。海水中的氮存在多种形式，大型海藻对氮的吸收利用以硝氮（NO_3^--N）和氨氮（NH_4^+-N）为主，但对二者的吸收机制截然不同，对 NO_3^--N 的吸收为主动运输，需要耗费能量，而对 NH_4^+-N 的吸收为被动扩散，不须耗费能量。当两种氮源同时存在时，大型海藻可能更倾向于对 NH_4^+-N 的吸收利用，这已经在某些海藻种类中得到证实[11,12]。然而在不同的海藻种类中也有不同的报道：Wheeler 等报道了褐藻类的巨型海带（*Macrocystis integrifolia*）能同时利用 NO_3^--N 和 NH_4^+-N 两种氮源[13]；而张永正等发现石莼、铁钉菜和蜈蚣藻均表现出优先利用 NO_3^--N 的趋势[14]。对不同氮源吸收利用的不同，往往导致大型海藻生长、生化组分、营养盐吸收等生理过程的差异[15]，但不同氮源对大型海藻光合固碳特性的影响目前仍未见报道。

海带（*Saccharina japonica*）是一种重要的大型经济褐藻，是世界上产量最高的人工养殖大型海藻品种，我国是世界上最大的海带养殖国家，产量接近世界总产量的 90%[16]。海带在近海的大规模养殖中，不仅为食品、化工、药品等工业提供了丰富的原料，而且能够在缓解和修复近海富营养化过程中发挥重要作用[8]。近年来，科技工作者围绕海带繁育技术及环境生理学方面取得了重要的研究进展[17-19]，较清楚地揭示了海带配子体和孢子体的光合无机碳利用机制[20,21]，初步探讨了海带孢子体光合作用对氮营养的需求[22]，比较了海带对硝氮和氨氮两种不同氮源的吸收利用特点[23]，阐述了海带孢子体无机磷吸收特性及温度、氮浓度等环境因子对其的影响[24]。本研究在这些基础之上，通过对比添加 NO_3^--N 和 NH_4^+-N 两种不同氮源后海带孢子体的生长和光合固碳特点，结合对不同氮源的吸收情况比较，目的是验证不同氮源加富下海带光合生理将产生不同响应的假设，并探讨不同氮条件下碳、氮代谢与生长之间的关系。

1 材料方法

1.1 材料

海带(*Saccharina japonica*)于2014年3月2日采自山东省荣成市俚岛镇近海人工养殖区。采集时选取长3～5 cm健康一致的孢子体，置于4℃保温箱3 h内运回实验室。采回的海带以自然海水清洗干净，于灭菌海水中恢复培养48 h后用于后续的试验。培养条件：温度15℃，光照强度100 μmol photons·m^{-2}·s^{-1}，光照周期L:D＝12 h:12 h，NO_3^--N浓度30.5 μmol·L^{-1}，NH_4^+-N浓度13.0 μmol·L^{-1}，无机磷(Pi)浓度4.3 μmol·L^{-1}，每24小时换水，连续充气。

1.2 不同氮培养条件的设置

设置3种氮培养条件：①自然海水：NO_3^--N浓度30.5 μmol·L^{-1}，NH_4^+-N浓度13.0 μmol·L^{-1}；②氨氮加富：向自然海水中添加NH_4Cl母液至NH_4^+-N最终浓度为200 μmol·L^{-1}；③硝氮加富：向自然海水中添加$NaNO_3$母液至NO_3^--N最终浓度为200 μmol·L^{-1}。分别称取恢复培养后的海带孢子体片段4 g(湿重，FW)置于装有2 L培养海水的锥形瓶中，在不同的氮条件下培养7 d，每种处理3个重复。3种处理的Pi都添加至20 μmol·L^{-1}，其他营养元素按F/2配方加富[25]。培养的光温条件同2.1中的恢复培养条件，每24小时更换培养基。培养结束后分别测定藻体的生长、光合固碳、色素含量、可溶性糖含量及氮营养盐吸收速率等指标。

1.3 生长速率测定

不同氮条件下适应培养7 d后，分别测定t时间段内藻体的初始湿重(W_o)和结束湿重(W_t)，通过以下公式计算藻体的相对生长速率(relative growth rate, RGR)：RGR(%·d^{-1})＝$\ln(W_t/W_o)\times t^{-1}\times 100\%$，其中，$W_t$和$W_o$分别为初始和结束时的藻体湿重(g)，$t$为时间(d)。

1.4 光合固碳能力分析

通过测定藻体在不同外源无机碳(Ci)浓度下的光合速率(P)，以获得P-Ci曲线来分析不同氮条件适应后海带的光合固碳能力。光合速率通过氧电极(Chlorolab-3，英国Hansatech公司)测定的放氧速率表示。测定时，先将待测海带样品剪成0.6 cm×0.6 cm的小片段，分别在各自适应培养条件下恢复2 h后称取0.15 g(FW)藻体放入盛有8 mL无碳海水的氧电极反应杯中，用恒温循环器(DTY-5A，北京德天佑科技发展有限公司)控制反应杯温度15℃，以碘钨灯提供600 μmol photons·m^{-2}·s^{-1}的光照，光照强度用光量子计(QRT1，英国Hansatech公司)测定。不同的外源Ci浓度通过向无碳海水中添加不同量的$NaHCO_3$母液获得。无碳海水的配置过程如下：过滤灭菌海水中加入1 mol·L^{-1}盐酸(使用时现配)使pH降到4.0以下，充氮气2 h，加入最终浓度为25 mmol·L^{-1}的TRIS缓冲液，以1 mol·L^{-1}的NaOH(使用时现配)调节pH至8.1。P-Ci曲线通过如下公式[26]拟合获得：$V=V_{max}\times[S]/(K_s+[S])$。其中，$V$为不同Ci浓度($[S]$)下的光合速率，最大光合速率$V_{max}$和半饱和常数$K_s$的值直接从曲线拟合获得，最大光合速率和半饱和常数的比值(V_{max}/K_s)用来评价海藻对外源Ci的利用效率。

1.5 光合色素含量测定

称取0.2 g左右FW的藻体，用丙酮研磨提取，定容至10 mL，5 000 r•min^{-1}离心后取上清液测定其在波长450 nm，666 nm和730 nm处的吸光值。通过如下公式计算叶绿素a（Chla）和类胡萝卜素（Car）的含量[27]：Chla（mg•g^{-1} FW）=（OD_{666} − OD_{730}）× V × 10/（890 × g）；Car（mg•g^{-1} FW）= OD_{450} × V × 10/（2 500 × g），其中，OD为吸光值，V为定容后的液体体积（mL），g为藻体湿重（g）。

1.6 可溶性糖含量测定

用苯酚硫酸法[25]测定。称取0.2 g左右FW的藻体，蒸馏水研磨后定容至25 mL，70℃水浴提取30 min。待提取液冷却后过滤，取2 mL待测液加入6%苯酚试剂1 mL和浓硫酸5 mL，冷却后用485 nm波长测定吸光值，对照标准曲线计算可溶性糖含量。标准曲线以葡萄糖为标准绘制。

1.7 氮吸收速率测定

通过测定培养前后藻体培养液中氮的浓度，用氮营养盐的减少速率来表示海带对它的吸收速率。计算公式如下：uptake rate（μmol•d^{-1}•g^{-1} FW）=（N_0 − N_t）× V × g^{-1} × t^{-1}。其中，N_0为测定培养开始时水体中氮营养盐的浓度μmol•L^{-1}，N_t为培养结束时氮的浓度（μmol•L^{-1}），V为培养水体的体积（mL），g为培养开始时藻体的湿重（g），t为培养时间（d）。NO_3^--N浓度的测定采用锌镉还原法，NH_4^+-N浓度的测定采用次溴酸钠氧化法[28]。

1.8 统计分析

所有测定结果表示为平均数 ± 标准差（$\bar{x}$ ± SD）（$n \geq 3$），用One-Way ANOVA和t-检验进行统计显著性分析（Origin 9.0），以$P < 0.05$作为差异的显著性水平。

2 结果

2.1 生长

在自然海水中海带的RGR为3.32 %•d^{-1} ± 0.52 %•d^{-1}，氨氮和硝氮的加富，分别使RGR提高了61.3%和76.0%，但两种氮加富培养之间没有显著性差异（$P > 0.05$）（图1）。

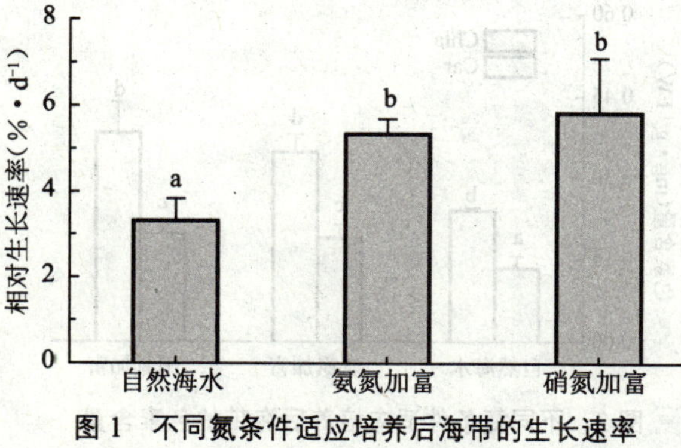

图1 不同氮条件适应培养后海带的生长速率

注：不同的小写字母表示在$P < 0.05$水平具有显著性差异，下同。

2.2 光合固碳能力

随着外源 Ci 浓度的增加，3 种处理适应后的藻体光合速率都逐渐增大，当 Ci 浓度增加到一定的值时趋向饱和，达到最大光合速率（V_{max}）（图 2）。氮加富可显著促进最大光合速率，与自然海水相比，氨氮加富和硝氮加富分别使最大光合速率提高了 2.4 倍和 1.8 倍，但两种氮源加富之间没有显著性差异（$P > 0.05$）（表 1）。半饱和常数（K_s）也被氮加富所显著提高，且最大值出现在氨氮加富的处理中。因此藻体对外源 Ci 的亲和力在氨氮加富中最低，而在自然海水中最高。与自然海水相比，硝氮加富显著提高了最大光合速率与半饱和常数的比值（V_{max}/K_s, $P < 0.05$），而氨氮加富对这一比值没有显著影响（$P > 0.05$）。

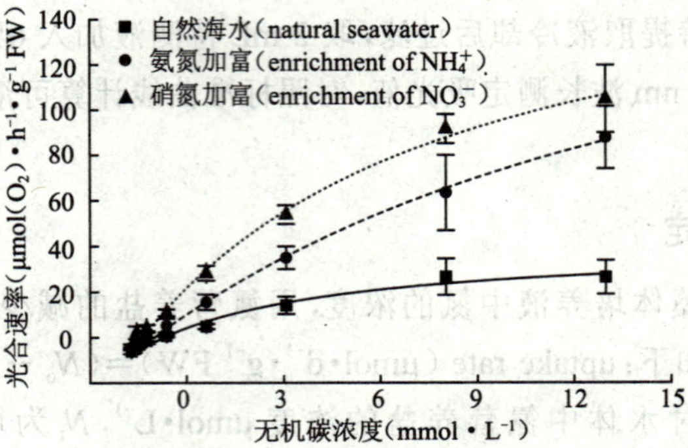

图 2 不同氮条件适应培养后海带的 P-Ci 曲线

表 1 不同氮条件适应培养后海带的 P-Ci 曲线参数

	自然海水	氨氮加富	硝氮加富
最大光合速率 V_{max}（μmol(O_2)·h^{-1}·g^{-1} FW）	47.24±14.63[a]	205.82±48.45[b]	180.81±34.42[b]
半饱和常数 K_s（mmol）	4.42±1.67[a]	16.91±2.68[b]	8.61±1.80[c]
最大光合速率与半饱和常数的比值 V_{max}/K_s	10.94±0.98[a]	12.13±1.71[a]	21.11±1.28[b]

注：同行中不同的小写字母表示在 $P < 0.05$ 水平具有显著性差异。

2.3 色素含量

两种氮源加富都显著升高了 Chla 和 Car 在藻体内的含量（$P < 0.05$），但两种色素在氨氮加富和硝氮加富之间都没有显著性差异（$P > 0.05$）。

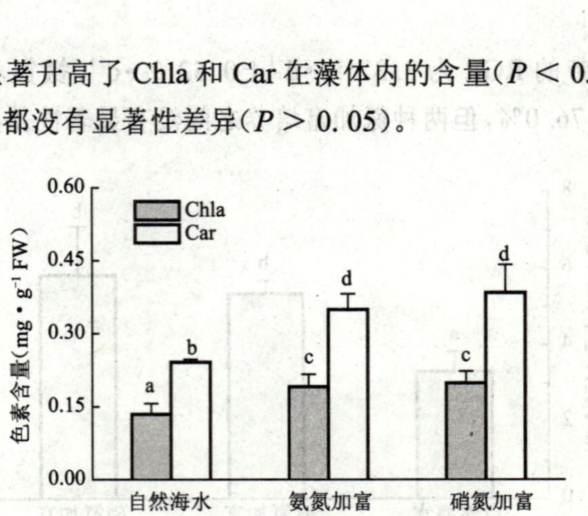

图 3 不同氮条件适应培养后海带的色素含量

2.4 可溶性糖含量

两种氮源加富都显著降低了海带中可溶性糖的含量，与自然海水培养相比，氨氮加富和硝氮加富分别使可溶性糖含量分别降低了 40.9%和 20.8%（图 4）。同时，可溶性糖含量在两种氮源加富培养之间也具有显著性差异($P < 0.05$)，最低值出现在氨氮加富培养的藻体中，为 0.96±0.08 mg·g^{-1} FW。

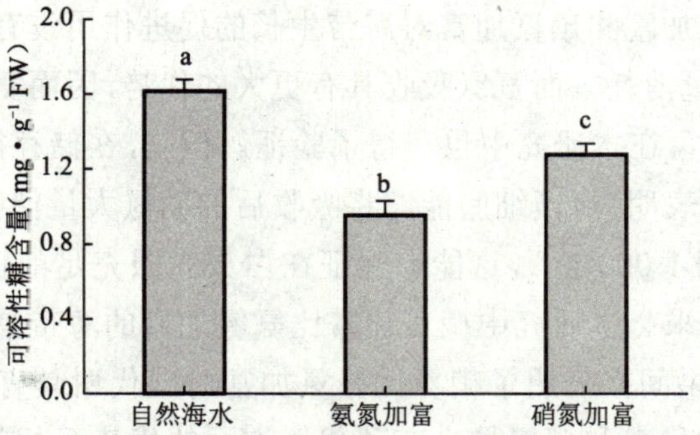

图 4　不同氮条件适应培养后海带的可溶性糖含量

2.5 氮吸收速率

氨氮的吸收速率在自然海水和硝氮加富之间没有显著性差异($P > 0.05$)，在氨氮加富处理中显著升高($P < 0.05$)；而硝氮的吸收速率被氨氮加富显著降低($P < 0.05$)，在硝氮加富中显著升高($P < 0.05$)(图 5)。由此可知，两种氮源同时存在，海带倾向于对氨氮的优先利用。综合氨氮和硝氮的吸收，3种氮条件下海带对总无机氮的吸收速率由小到大排序为：自然海水＜硝氮加富＜氨氮加富。

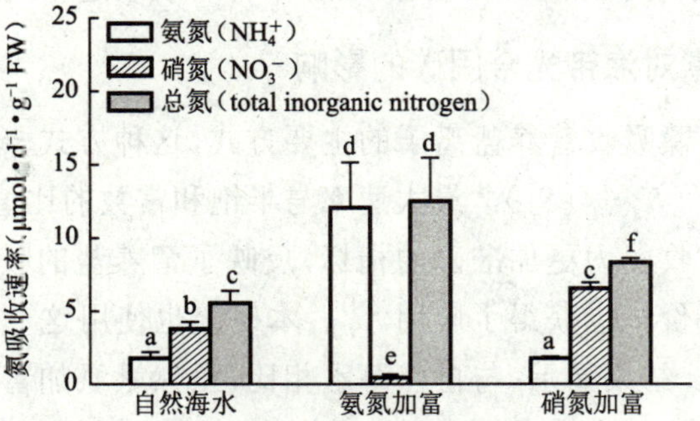

图 5　不同氮条件适应培养后海带的氮吸收速率

3 讨论

3.1 不同氮源加富对海带生长的影响

大型海藻的生长是一个复杂的生理过程，是碳、氮代谢产物积累和调节分配的综合结果[29]，与外源碳、氮的可利用情况密切相关。氮是植物生长的营养基础和外部信号[30]，氮营养盐的加富使海藻植物氮代谢底物浓度升高，在一定范围内可能使氮同化作用加强，从而促进其快速生长。本研究中，氨氮加富和硝氮加富培养的海带都具有较高的氮吸收速率，进而也获得了较高的生长速率，这与绝大多数的大型海藻研究结果相同[31]。另外，本研究中的光合色素在高氮培养中也具有较高的含量，与氮对海带生长的影响趋势相同，这种氮在色素中分配与海藻生长良好的相关性在对假微型海链藻（*Thalassiosira fluviatilis*）的研究中也得到了证实[29]。

本研究还发现氨氮加富和硝氮加富对海带生长的促进作用没有显著差别。对大多数大型海藻来说，由于在能量消耗方面氨氮吸收具有更大的优势，因而氨氮比硝氮更易于被藻体吸收利用[12, 32]，这一现象在本研究中也获得了验证。但是，在储存能力方面，硝氮则具有更加明显的优势。有研究表明，海藻细胞能够将吸收后的硝氮大量储存于细胞内的液泡中，胞内外硝氮浓度比可达到 1 000:1[33]，这能够保证在白天光照充足的情况下，海藻碳的固定和同化对氮更多可能的需求。本研究中硝氮加富比氨氮加富的海带具有更高的碳固定效率和可溶性糖含量，这些结果间接表明了硝氮比氨氮加富对碳代谢具有更显著的促进作用。氨氮加富在氮代谢方面的优势和硝氮加富在碳代谢方面的优势互相补偿，可能导致了两种条件下海带的生长不具有显著差异的结果。

3.2 不同氮源加富对海带氮吸收的影响

如上所述，本研究中两种氮源加富都促进了总氮的吸收，但氨氮和硝氮同时存在时，海带优先吸收利用氨氮，这与 Prichard 等在红藻中的研究结果类似[12]。这是因为，大型海藻对氨氮的吸收为被动扩散，不须耗费能量，而对硝氮的吸收是耗能的主动运输过程。因而，两种氮源同时存在时海藻常常优先选择低能耗的氨氮[10]。但毛玉泽等在对海带的研究中报道了不同的结果，他们发现海带藻片对硝氮的吸收速率大于对氨氮的吸收速率[23]。不同研究结果的出现，可能与海藻本身的营养状态、培养条件和吸收速率的测定时机相关。

3.3 不同氮源加富对海带光合固碳的影响

主动运输是大型海藻吸收营养盐离子的主要方式，这种方式一般遵循着饱和动力学曲线模型：$V = V_{max} \times [S]/(K_s + [S])$。最大速率与半饱和常数的比值（$V_{max}:K_s$）被认为是一个评价海藻对该营养盐吸收能力更加准确的指标，反映了营养盐的吸收效率[10]，这一比值在海藻无机碳利用效率评价中也获得了应用[34]。本研究也使用这一指标来衡量不同氮培养下海带的光合固碳能力，结果显示：与自然海水相比，虽然氨氮加富和硝氮加富都促进了海带的最大光合固碳速率，但硝氮加富比氨氮加富培养的藻体有着更高的 $V_{max}:K_s$ 比值，这体现了硝氮加富在光合固碳过程中的优势作用。这种优势作用的可能原因，除了与硝氮具有在细胞内较强的储存能力有关外[33]，也可能是由于与氨氮相比，硝氮能够激活细胞内的氧化磷酸化这一为光合固碳供能的生化反应过程[35]。

3.4 结论

综上所述，硝氮和氨氮两种不同氮源的加富培养虽然对海带的生长、光合固碳以及氮营养盐吸收都起到了促进作用，但是，二者相比，氨氮加富对氮吸收的促进作用更加明显，而硝氮加富在加速碳固定方面具有优势。两种氮源对海带生长速率相近的促进作用，是二者各自在碳、氮吸收利用两方面优势互补的综合体现。

参考文献

[1] 林长清. 大连近海富营养化评价与探讨[J]. 海洋环境科学，1994，13(4)：63-68.

[2] 戴纪翠，高晓薇，倪晋仁，等. 深圳近海海域营养现状分析与富营养化水平评价[J]. 环境科学，2009，30(10)：2 879-2 883.

[3] 洪雄业. 莆田市近海水体富营养化状况及对策研究[J]. 化学工程与装备，2010，11：173-176，83.

[4] 徐晓甫，聂红涛，袁德奎，等. 天津近海富营养化及环境因子的时空变化特征[J]. 环境科学研究，2013，26(4)：396-402.

[5] Andersen J H，Conley D J. Eutrophication in coastal ecosystems：Towards better understanding and management strategies[M]. Netherlands：Springer，2009.

[6] 王翔宇，詹冬梅，李美真，等. 大型海藻吸收氮磷营养盐能力的初步研究[J]. 渔业科学进展，2011，32(4)：67-71.

[7] 李恒，李美真，徐智广，等. 不同营养盐浓度对 3 种大型红藻氮、磷吸收及其生长的影响[J]. 中国水产科学，2012，19(3)：462-470.

[8] Fei X G. Solving the coastal eutrophication problem by large scale seaweed cultivation[J]. Hydrobiologia，2004，512：145-151.

[9] 邹定辉，夏建荣. 大型海藻的营养盐代谢及其与近岸海域富营养化的关系[J]. 生态学杂志，2011，30(3)：589-595.

[10] Lobban C S，Harrison P J. Seaweed ecology and physiology[M]. Cambridge：Cambridge University Press，1997.

[11] Brenchley J L，Raven J A，Johnston A M. Resource acquisition in two intertidal fucoid seaweeds，*Fucus serratus and Himanthalia elongata*：Seasonal variation and effects of reproductive development[J]. Marine Biology，1997，129：367-375.

[12] Pritchard D W，Hurd C L，Beardall J. Restricted use of nitrate and a strong preference for ammonium reflects the nitrogen ecophysiology of a light-limited red alga[J]. Journal of Phycology，2015，51(2)：277-287.

[13] Wheeler W N，Srivastava L M. Seasonal nitrate physiology of *Macrocystis integrifolia* Bory[J]. Journal of Experimental Marine Biology and Ecology，1984，76：35-50.

[14] 张永正，王萍，桂福坤，等. 石莼、铁钉菜和蜈蚣藻对氮源利用的研究[J]. 海洋环境科学，2012，31(3)：341-345.

[15] Sun K M，Li R X，Li Y，et al. Responses of *Ulva prolifera* to short-term nutrient enrichment under light and dark conditions[J]. Estuarine，Coastal and Shelf Science，2015，doi：10. 1016/j. ecss. 2015. 03. 018 (In press)，

[16] 金振辉，刘岩，张静，等．中国海带养殖现状与发展趋势[J]．海洋湖沼通报，2009，1：141-150.

[17] 李大鹏，吴超元，刘晚昌，等．海带单倍体无性繁殖系育苗技术的研究[J]．海洋学报，2003，25（5）：141-146.

[18] 朱明远，吴荣军，李瑞香，等．温度对海带幼孢子体生长和光合作用的影响[J]．生态学报，2004，24（1）：22-27.

[19] 刘素．海带（*Laminaria japonica Aresch*）早期发育对 UV-B 辐射增强及其与其他环境因子交互作用的响应[D]．青岛：中国海洋大学，2009.

[20] 岳国峰，戢勇骋，王建飞，等．海带雌配子体对无机碳的利用[J]．海洋科学，2000，24（6）：33-36.

[21] 岳国峰，王金霞，王建飞，等．海带幼孢子体的光合碳利用[J]．海洋与湖沼，2001，32（6）：647-652.

[22] 吴荣军，朱明远，李瑞香，等．海带（*Laminaria japonica*）幼孢子体生长和光合作用的 N 需求[J]．海洋通报，2006，25（5）：36-42.

[23] 毛玉泽，叶乃好，王金叶，等．海带藻片对氮营养盐吸收特性研究[J]．中国水产学会学术年会论文摘要集，2008，28.

[24] 高尚德，董良峰，张维．海带孢子体吸收磷酸盐的初步研究[J]．山东海洋学院学报，1984，14（4）：63-67.

[25] Borowitzka M A. Microalgal biotechnology[M]. Cambridge: Cambridge University Press, 1988.

[26] Von Caemmerer S, Farquhar G D. Some relationships between the biochemistry of photosynthesis and the gas exchange of leaves[J]. Planta, 1981, 153: 376-387.

[27] Hellebust J A, Craigie J S. Handbook of phycological methods: physiological and biochemical methods[M]. London, New York, Melbourne: Cambridge University Press, 1978.

[28] Lobban C S, Chapman D J, Kremer B P. Experimental phycology: a laboratory manual[M]. New York: Cambridge University Press, 1988.

[29] Wirtz K, Pahlow M. Dynamic chlorophyll and nitrogen: carbon regulation in algae optimizes instantaneous growth rate[J]. Marine Ecology Progress Series, 2010, 402: 81-96.

[30] Crawford N M. Nitrate: nutrient and signal for plant growth[J]. Plant Cell, 1995, 7: 859-868.

[31] Wiencke C, Bischof K. Seaweed Biology: Novel Insights into Ecophysiology, Ecology and Utilization[M]. Heidelberg, New York, Dordrecht, London: Springer, 2012.

[32] Rees T A V. Safety factors and nutrient uptake by seaweeds[J]. Marine Ecology Progress Series, 2003, 263: 29-42.

[33] Gordillo F, Dring M, Savidge G. Nitrate and phosphate uptake characteristics of three

species of brown algae cultured at low salinity[J]. Marine Ecology Progress Series, 2002, 234: 111-118.

[34] Xu Z G, Gao K S. Impacts of UV radiation on growth and photosynthetic carbon acquisition in *Gracilaria lemaneiformis* (Rhodophyta) under phosphorus-limited and replete conditions[J]. Functional Plant Biology, 2009, 36 (12): 1 057-1 064.

[35] Huppe H C, Vanlerberghe G C, Turpin D H. Evidence for activation of the oxidative pentose phosphate pathway during photosynthetic assimilation of NO_3^- but not NH_4^+ by a green alga[J]. Plant Physiology, 1992, 100: 2 096-2 099.

（徐智广，吴海一，孙福新，吕芳，詹冬梅）

（载自《水产学报》2016-04）

浒苔的营养盐吸收及生长研究

从2007年5月开始，青岛近海出现大规模的绿藻聚集，随后这些绿藻快速生长繁殖，连续6年发生绿潮[1]。分类学研究表明这些绿藻为浒苔属的浒苔(*E. prolifera*)[2]。浒苔生长在港湾的平静水中，多在大干潮线附近的岩石上或比较隐蔽处所的中、高潮带的石沼中，全年均可生长[3]。和赤潮一样，大量繁殖的浒苔也能遮蔽阳光，影响海底藻类的生长，死亡的浒苔也会消耗海水中的氧气，浒苔爆发还会严重影响景观，大量的浒苔是一种海洋灾害，因此要控制和利用浒苔需要了解其基本的生态习性，即研究不同生态因子对其的影响，以期能够达到合理控制和利用的目的。忻丁豪等[4]认为浒苔生长范围较广，且需要消耗水中大量的氮磷营养盐，关于生长的影响因子的研究包括氮磷比[5]、不同氮磷水平[6]、不同光温[7]及不同温盐[8]等，同时研究也发现浒苔对于氮磷和氨氮吸收速度较快[9]，去除效果明显[7]。本文进行了浒苔在不同氮磷水平上营养盐吸收特点以及浒苔在不同温度和营养盐条件下生物量的变化规律，目的在于掌握浒苔的氮磷营养盐吸收和生长特点，为浒苔绿潮的治理及利用提供参考。

1 材料与方法

1.1 材料来源及预培养

浒苔于2012年5月采自青岛太平角近岸海域，选择健康藻体，清洗藻体并除去表面附着物，然后用滤纸吸干浒苔表面的水分，干燥30 min，后放于淡水中30 min，以去除浒苔的原生动物及微藻。在光照培养箱(GXZ-260A)内预培养1周，每2天换一次海水。

预培养期条件为：光照强度75 $\mu mol \cdot m^{-2} \cdot s^{-1}$；光暗周期12 h∶12 h；温度18℃ ±1℃；培养密度约1 $g \cdot L^{-1}$；连续充气培养。本试验所指海水均来源于青岛海域，经滤纸过滤后煮沸灭菌。

1.2 营养盐饥饿藻体培养

将藻体放于海水中充气培养5 d，不更换海水，使其处于营养盐饥饿状态，培养的光温条件同预培养期。

1.3 TN和PO_4-P去除效果测定

培养液是在海水中加入$NaNO_3$和KH_2PO_3调节氮磷营养盐浓度，培养液添加N:P浓度梯度设置为214. 3 $\mu mol \cdot L^{-1}$∶9. 7 $\mu mol \cdot L^{-1}$和428. 6 $\mu mol \cdot L^{-1}$∶19. 4 $\mu mol \cdot L^{-1}$，用1 L培养瓶

加 0.5 L 培养液，初始的 TN 浓度分别为 820 μmol·L^{-1} 和 930 μmol·L^{-1}，PO_4-P 的浓度分别为 400 μmol·L^{-1} 和 600 μmol·L^{-1}。每个梯度 3 个重复组，放入 1 g 湿重藻体。

光温条件同预培养期，连续充气并覆盖保鲜膜防止水分蒸发。于试验开始后 3 h，6 h，12 h 取样，每次取样 20 mL，测 TN 和 PO_4-P 浓度。

水样分析方法：方法标准为 GB 17378.4—2007，其中亚硝氮采用萘乙二胺分光光度法，硝氮采用镉柱还原法，氨氮采用次溴酸钠氧化法，PO_4-P 采用抗坏血酸还原钼蓝法。

1.4 藻体重量生长和生长率测定

称取初始湿重 1 g 的较大藻体（体长 15～18 cm），培养于盛有 1 000 mL 添加营养盐的培养液的 1 500 mL 三角烧瓶中。设置 2 个温度梯度：15℃ ±1℃（Ⅰ）和 20℃ ±1℃（Ⅱ），4 个营养盐梯度：空白组和添加入 N∶P（μmol·L^{-1}）= 214.3∶9.7，428.6∶19.4 和 642.9∶29.1，分别编号 1、2、3 和 4，所用试剂 $NaNO_3$ 和 KH_2PO_4，共 8 个试验组，每个梯度设置 3 个重复组。其中光照强度和光周期同预培养期，连续充气培养。每 4 天定时取出浒苔，用滤纸吸干表面水分后称其生物量，试验持续 16 d。

1.5 数据处理

1.5.1 藻体对 TN 和 PO_4-P 吸收速率

藻体吸收速率即为单位藻体重量吸收 TN 和 PO_4-P 速率，计算公式：

$$V = [(c_{t1} - c_t) \cdot V_{t1}] / t$$

式中，V 为吸收速率（mg·g^{-1}·h^{-1}），c_{t1}，c_t 分别为每次取样时间间隔的起始和结束时培养液中 TN 或 PO_4-P 的浓度（mg·L^{-1}），V_{t1} 为每次取样时间间隔起始的培养液体积（L），t 为每次取样的时间间隔（h）。

1.5.2 藻体生长率测定

藻体湿重生长率：

$$SGR = [(W_t/W_0)^{1/t} - 1] \times 100\%$$

式中，W_0 为初始藻体湿重（g），W_t 为第 t 天湿重（g），t 为试验天数（d）。

1.5.3 数据分析

所得数据用统计软件 Excel 分析。以 $P < 0.05$ 作为差异显著性水平，所得数据均以平均值 ± 标准差（$\bar{x} \pm SD$）表示。

2 结果

2.1 氮磷饥饿过程中浒苔对 TN 和 PO_4-P 的去除效果及吸收速率

2.1.1 对 TN 的吸收

由图 1 可见浒苔对 TN 的吸收较快，在第 3 h，低营养盐吸收了 59.1%，高营养盐浓度组吸收了 64.4%，其吸收速率达到 0.080mg·g^{-1}·h^{-1} 和 0.100 mg·g^{-1}·h^{-1}。此后 TN 的浓度变化较小并趋于稳定，第 12 h，低营养盐浓度组分别吸收了 58.6%，高营养浓度组分别吸收了 62.2%，12 h 的平均吸收速率分别为 0.018 mg·g^{-1}·h^{-1} 和 0.022 mg·g^{-1}·h^{-1}。

2.1.2 对 PO_4-P 的吸收

由图 2 可见浒苔对 PO_4-P 吸收较慢，前 6 h 其浓度变化较小。在第 12 h，低、高两组营养盐浓度下浒苔分别吸收了 11. 0% 和 27. 5%，平均吸收速率分别为 0. 005 mg•g^{-1}•h^{-1} 和 0. 006 mg•g^{-1}•h^{-1}。

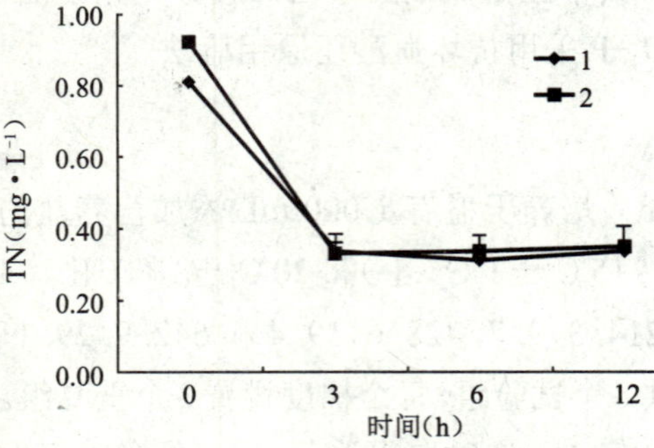

图 1　培养水体中 TN 的浓度

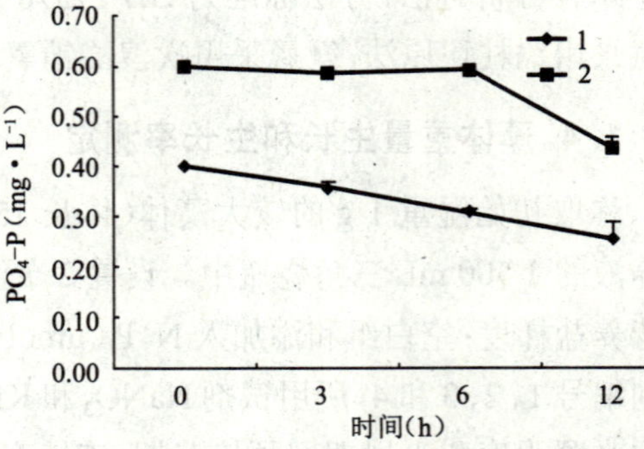

图 2　培养水体中 PO_4-P 的浓度

2. 2 浒苔的生长

不同温度和营养盐浓度下浒苔生物量的变化及日增长率试验结果见图 3、图 4 和表 1。由图表可见：在 15℃（Ⅰ）时，经过 16 d，浒苔在营养盐梯度 1、3、4 条件下，其重量分别为 3. 13 g，2. 99 g 和 2. 89 g，日特异生长率基本相同，在 7% 左右，第 2 梯度生长一直最快，其重量达到 4. 23 g，日生长率超过 9%，经过 8 d 重量就能翻倍；在 20℃（Ⅱ）时，1、4 营养盐梯度条件下基本相同，重量分别为 2. 25 g 和 2. 29 g，日生长率都超过 5%，第 2、3 梯度稍快，重量分别为 2. 77 g 和 2. 75 g，日增长率达到 6. 6% 和 6. 5%，在不添加氮磷时，翻倍时间最长，约需要 13 d。方差分析结果表明在相同的温度而不同营养盐条件下，生长差异不显著；不同温度同一营养盐梯度时，其生长差异显著。

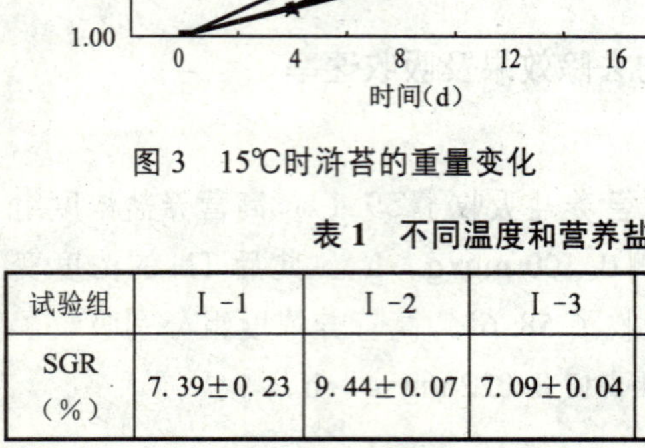

图 3　15℃时浒苔的重量变化

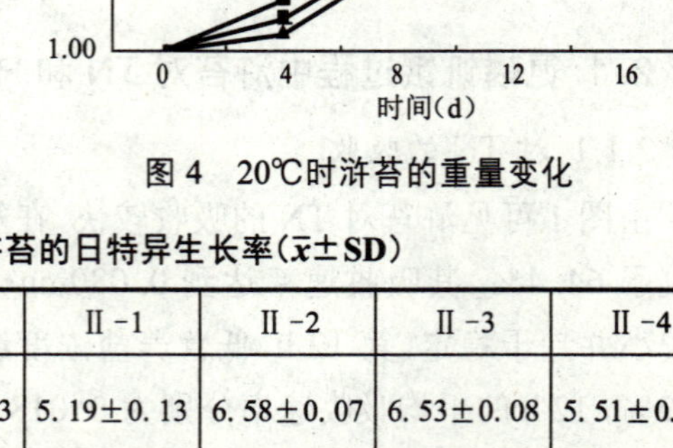

图 4　20℃时浒苔的重量变化

表 1　不同温度和营养盐条件下浒苔的日特异生长率（$\bar{x}$±SD）

试验组	Ⅰ-1	Ⅰ-2	Ⅰ-3	Ⅰ-4	Ⅱ-1	Ⅱ-2	Ⅱ-3	Ⅱ-4
SGR（%）	7. 39±0. 23	9. 44±0. 07	7. 09±0. 04	6. 86±0. 23	5. 19±0. 13	6. 58±0. 07	6. 53±0. 08	5. 51±0. 08

3 讨论

3.1 浒苔对营养盐的吸收

本研究发现浒苔的生长需要大量的营养盐尤其是N、P营养盐，对氮磷的吸收各有特点，在营养盐饥饿的情况下，开始浒苔对氮的吸收较快，而对磷的需求较少，说明浒苔对氮较为敏感，这与李俭平[5]和田千桃[7]的研究结果一致，同时在试验过程中发现12 h的TN浓度稍高于3 h的浓度，原因可能是当浒苔处于氮限制时，细胞内的氮库较小，起初对氮源的快吸收用于充盈细胞内营养库，随后可能是细胞内氮库的反馈抑制作用[10]。实验结束时，浒苔能够吸收TN 60%左右，对PO_4-P能达到27.5%，吴晓文[11]和高嵩[12]等的研究结果也表明浒苔对氮磷的吸收效果显著。

3.2 浒苔的生长速度

本试验结果发现浒苔生物量在加富海水中最快8 d就能翻倍，而在自然海水中13 d就能翻倍，浒苔的生长速度较快，这也很好地解释了浒苔能在短时间内异常增殖形成绿潮。朱明[6]等也认为在富营养化的海水中只要氮磷维持一定水平，藻体就能够保持足够的生长速率。而浒苔本身就是一种对环境适应性强的藻种，因此其生物量在很广的范围都能快速增长[13]，李瑞香[14]也做过浒苔在不同营养盐条件下的生长情况试验，浒苔2 d内就能由0.200 g增加到0.326 g，王建伟等[15]的试验证明浒苔在温度20℃的海水中，湿生物量在20 d就能增加一倍多。

综上所述，浒苔具有较强的吸收氮磷营养盐的能力和较快的生长速度，这种特性有利与弊，优势之一在于可以利用它具有较强吸收氮磷营养盐能力的特质，作为修复富营养化的一种备选海藻；第二，它的生长速度快，抗逆能力强[16]，利用成本低，在养殖业和食品工业有广泛应用[17,18]。劣势在于生物量增长很快，并且繁殖方式多样[15,19]，繁殖能力较强，很容易成为海域优势种，影响海域的生物多样性，如果控制不力很容易形成绿潮，造成生态灾难。所以对于浒苔绿潮的治理要注重预防，加强监测，及时清理，以防止浒苔残留造成绿潮重复爆发；在治理的同时也可利用其能快速吸收营养盐的特性，作为海域修复的工具藻种。

参考文献

[1] 刘峰，逄少军．黄海浒苔绿潮及其溯源研究进展[J]．海洋科学进展，2012，30（3）：441-449.

[2] 丁兰平，栾日孝．浒苔（*Enteromorpha prolifera*）的分类鉴定、生境习性及分布[J]．海洋与湖沼，2009，40（1）：68-71.

[3] 曾呈奎．中国黄渤海海藻[M]．北京：科学出版社，2009：392.

[4] 忻丁豪，任松，何培民，等．黄海海域浒苔属生态特征初探[J]．海洋环境科学，2009，28（2）：190-192.

[5] 李俭平，赵卫红，付敏，等．氮磷营养盐对浒苔生长影响的初步探讨[J]．海洋科学，

2010, 34（4）: 45-48.

[6] 朱明，刘兆普，徐军田，等. 不同氮磷水平对缘管浒苔生长及光合作用的影响 [J]. 海洋湖沼通报，2011，3: 57-61.

[7] 田千桃，霍元子，张寒野，等. 浒苔和条浒苔生长及其氨氮吸收动力学特征研究 [J]. 上海海洋大学学报，2010，19（2）: 252-258.

[8] 张晓红，王宗灵，李瑞香，等. 不同温度、盐度下浒苔群体增长和生殖的显微观测 [J]. 海洋科学进展，2012，30（2）: 276-283.

[9] 吴婷，田小亭，刘召辉，等. 浒苔对不同氮源吸收特性的初步研究 [J]. 海洋科学，2011，35（4）: 51-54.

[10] Mc Glathery K J. Changes in intracellular nitrogen pools and feedback controls on nitrogen uptake in Chaetomorphalinum[J]. J Phycol，1996，32（3）: 393-401.

[11] 吴晓文，李瑞香，徐宗军，等. 营养盐对浒苔生长影响的围隔生态实验 [J]. 海洋科学进展，2010，28（4）: 538-544.

[12] 高嵩，石晓勇，王婷. 浒苔绿潮与苏北近岸海域营养盐浓度的关系研究 [J]. 环境科学，2012，33（7）: 2 204-2 209.

[13] Ju-Hyoung Kim，Eun Ju Kang，Myung Gil Park，et al. Effects of temperature and irradiance on photosynthesis and growth of a green-tide-forming species（*Ulva linza*）in the Yellow Sea[J]. Journal of Applied Phycology，2011，23（3）: 421-432 .

[14] 李瑞香，吴晓文，韦钦胜，等. 不同营养盐条件下浒苔的生长 [J]. 海洋科学进展，2009，27（2）: 211-216.

[15] 王建伟，阎斌伦，林阿朋，等. 浒苔（*Enteromorpha prolifera*）生长及孢子释放的生态因子研究 [J]. 海洋通报，2007，26（2）: 60-65.

[16] 孙修涛，王翔宇，汪文俊，等. 绿潮中浒苔的抗逆能力和药物杀灭效果初探 [J]. 海洋水产研究，2008，29（5）: 130-136.

[17] 林文庭. 浅谈浒苔的开发与利用 [J]. 中国食物与营养，2007，9: 23-25.

[18] 徐大伦，黄晓春，杨文鸽，等. 浒苔营养成分分析 [J]. 浙江海洋学院学报（自然科学版），2003，22（4）: 318-320.

[19] 林阿朋，王建伟，阎斌伦，等. 浒苔组织培养初步研究 [J]. 生态科学，2006，25（4）: 320-324.

（王翔宇，吴海一）

（载自《广西科学院学报》2015-11）

硝氮和紫外辐射对龙须菜碳氮利用的影响

大型海藻不仅是近海初级生产力的重要组成部分，在近海生态系统中扮演着重要的角色，而且由于其能够为人类提供食物及工业原材料，因此又具有非常重要的经济价值[1]。大型海藻多生活在潮间带和潮下带的渐深带，因而易受到环境因子变化的影响。紫外辐射（UVR，280～400 nm）是大型海藻一直面临的重要环境因子，近年来由于大气臭氧层的破坏，到达地球表面的UVR强度不断增强[2]，这使得大型海藻的生理生态受到了不同程度的影响。已有研究表明，UVR的升高会导致大型海藻的DNA损伤[3]、生长速率的降低[3, 4]、光合作用的抑制[5]等一系列生理响应。另一方面，大型海藻也在长期的适应中形成了各种保护机制，以降低UVR的伤害作用，如紫外吸收物质（UVACs）的合成[6]、损伤的修复[7]等。

氮是海藻生长的营养基础[8]，但是在近海生态系统中又经常成为大型海藻的生长限制性营养[9]。同时，氮在海水中的浓度通常还会受到季节变换、生物及理化因素的影响而在一定时空范围内表现出动态分布特征[10]，因而研究氮供应水平对大型海藻的生理生态影响具有重要的意义。已有研究表明，外源氮的供应能够影响海藻的生长[11]、光合作用[12, 13]和光合色素含量[14]以及海藻对营养盐的吸收情况[15]。另外，由于在海藻生理活动中的重要功能，氮的供应水平往往会改变海藻对环境胁迫的响应。比如，氮供应会影响海藻的CO_2浓缩机制（CCMs），进而调节其在CO_2浓度升高情况下对外源无机碳的利用[13]。同时，也有研究表明，氮限制会使UVR对海藻的损伤作用加重。如提高UVR诱导的光抑制[16]，影响海藻对UVR损伤的光修复[17]和活性氧自由基的清除机制[18]等。

龙须菜（*Gracilaria lemaneiformis*）由于具有巨大的经济价值，目前已经在中国形成了大规模的人工养殖，这种大规模养殖也成为减缓中国近海富营养化现象的重要途径[19]。在修复富营养化海水的同时，龙须菜本身也长期处于高水平的氮营养条件下，因而有关龙须菜碳、氮利用以及可利用氮对龙须菜生理影响的研究目前已引起了学术界的重视。已有的研究表明，龙须菜通过胞外碳酸酐酶（CA）利用海水中的HCO_3^-离子进行光合作用[20]，UVR的存在能够抑制龙须菜的光合[21]，而海水中氮营养盐的加富能够通过提高紫外吸收物质[22]或藻胆蛋白[6]的含量来降低这种UVR引起的光合抑制。但是，可利用氮营养的供应水平是否能够改变UVR对龙须菜碳、氮利用的影响，目前仍未见报道。

本研究立足于此，通过对比在不同硝氮浓度水平下龙须菜碳、氮利用对UVR的响应，从而揭示可利用氮在龙须菜应对UVR胁迫中的作用及其机理。

1 材料和方法

1.1 试验材料

试验所用材料龙须菜(*Gracilaria lemaneiformis*)采自山东省荣成市近海人工养殖区,采集水深为0.5 m,采完放于4℃保温箱在3 h内运回实验室。在实验室用自然海水将采集的龙须菜于光照培养箱内进行暂养,暂养条件如下:温度26℃;光照为可见光,光强设置为100 μmol photons $m^{-2}\cdot s^{-1}$;光周期,12 h:12 h;所用自然海水氮、磷浓度分别为50 μmol·L^{-1}和0.5 μmol·L^{-1}。暂养24 h后,选择健康的个体用于后续的试验。

1.2 龙须菜的适应培养

将挑选的龙须菜叶状体剪成长5 cm左右的小段,随机称取2 g鲜重(fresh weight,FW)的藻体,放于装有500 mL灭菌自然海水的石英管(UVR和可见光都能穿透,图1)内于室外进行培养。石英管放于水浴槽中,通过循环水控温装置(CAP-3000,Tokyo Rikakikai Co.,Ltd,Tokyo,Japan)保持培养温度为26℃。海水中无机磷的浓度都用NaH_2PO_4加富至最终浓度50 μmol L^{-1},以保证培养过程中龙须菜的可利用磷不受限制[23]。所有培养海水用充气泵充气,以供应水体中海藻对CO_2的需求,同时避免藻体分枝之间的相互遮光。整个培养过程每48小时更换一次培养海水,同时去除生长出的多余分枝,确保培养海水中龙须菜的培养密度不变。培养过程设置不同的光辐射处理和硝氮浓度,龙须菜在不同条件下培养25 d后,测定不同条件下藻体的硝氮和无机碳的吸收利用情况。

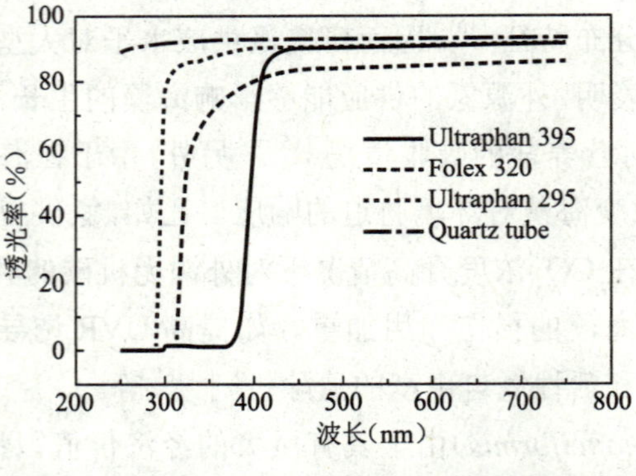

图1 Ultrphan 395、Ultrphan295、Folex320滤膜和石英的透射波谱

1.3 不同的光辐射处理

藻体暴露于三种不同的光辐射处理:① P处理:石英管以Ultrphan 395膜(UV Opak,Digefra,Munich,Germany)包裹,395膜只能透过波长在395 nm以上的光,这样石英管内的藻体只接受可见光(PAR)的照射;② PA处理:石英管以Folex 320膜(Montagefolie,Nr. 10155099,Folex,Dreieich,Germany)包裹,320膜只能透过波长在320 nm以上的光,因而石英管内的藻体接受PAR+紫外线A(UV-A)的光照射;③ PAB处理:石英管以Ultrphan 295膜(UV Opak,Digefra,Munich,Germany)包裹,295膜能够透过波长295 nm以

上的光，因而石英管内的藻体接受 PAR + UV-A + 紫外线 B（UV-B）的光照射。三种膜的透光情况如图 1 所示。辐射光强通过阳光辐射测定仪（Eldonet broadband filter radiometer, Eldonet XP; Real Time Computer, Möhrendorf, Germany）全天监测。此仪器具有 3 个通道，可以分别通过 PAR、UV-A 和 UV-B[24]，因而能够测定 3 个波段的即时光强。龙须菜培养期间 3 种波长光的日辐射量范围如下：PAR, 847.12 ～ 7 086.74 kJ·m^{-2}; UV-A, 163.03 ～ 1 152.73 kJ·m^{-2}; UV-B, 3.31 ～ 36.88 kJ·m^{-2}（图 2）。

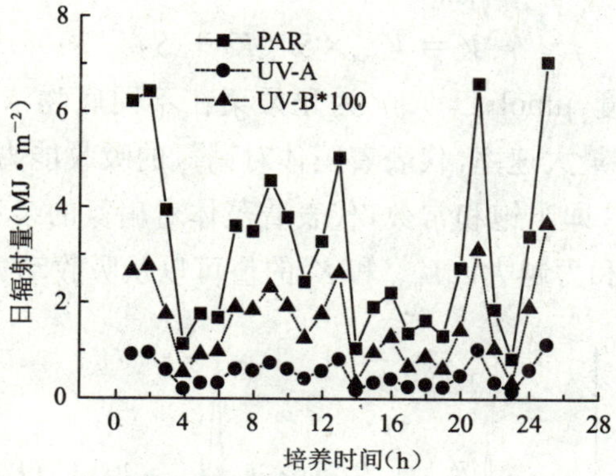

图 2　培养期间三种波长光的日辐射量

1.4 不同的硝氮浓度处理

试验设置两个硝氮浓度条件：低氮条件（L-H，不添加任何额外的氮，自然海水作为培养基，其中的硝氮浓度为 50 μmol·L^{-1}）和高氮处理（H-N，以 $NaNO_3$ 加富自然海水，使水体中硝氮最终浓度为 500 μmol·L^{-1}）。48 h 更换培养基，更换培养基之前不同氮处理的硝氮浓度为：L-N 中接近零；H-N 中约 270 μmol·L^{-1}，这说明在 L-N 条件下培养的龙须菜处于氮限制，而 H-N 下的藻体处于氮饱和 [23]。

1.5 硝氮吸收动力学曲线的测定

通过测定适应培养后的藻体在不同底物浓度下对硝氮的吸收速率，获得硝氮吸收动力学曲线。试验设置 5 μmol·L^{-1}, 20 μmol·L^{-1}, 80 μmol·L^{-1}, 200 μmol·L^{-1}, 400 μmol·L^{-1}, 600 μmol·L^{-1} 和 1 000 μmol·L^{-1} 7 个硝氮浓度梯度，各称取 0.1 g FW 的藻体分别放于装有 20 mL 培养水体的石英管中，分别测定藻体 2 h 内在 7 个浓度下硝氮的吸收速率。测定温度用循环水控温系统（CAP-3000, Tokyo Rikakikai Co., Ltd, Tokyo, Japan）控制在 26℃；以阳光模拟器（Sol 1 200W; Dr. Hönle, Martinsried, Germany）提供光源（其发射光谱如图 3 所示），石英管分别包裹 395, 320 和 295 的膜得到 P、PA 和 PAB 3 种不同的光处理，以对应各自的培养条件。不同波段的光辐射强度为：PAR, 120 W·m^{-2}; UV-A, 28 W·m^{-2}; UV-B, 1.2 W·m^{-2}, PAR 和 UV-A 水平与测定期间 10:00 ～ 12:00 时间段内的平均强度接近，UV-B 比室外同一时间段内自然阳光辐射高 7% 左右。

硝氮的吸收速率通过间接法测得，即通过测定试验过程培养介质中硝氮的浓度变化，用硝氮在培养水体中的消失速率来表示龙须菜对其的吸收速率。具体计算公式如下：

$$\text{uptake rate} = (N_o - N_t) \times V \times W_o^{-1} \times t^{-1}$$

式中，N_o为测定开始时培养水体中硝氮的浓度（μmol·L^{-1}），N_t为培养结束时（2 h 后）硝氮的浓度（μmol·L^{-1}），V为测定水体的体积（L），W_o为开始时藻体的鲜重（g），t为测定时间（h），对硝氮的吸收速率示为 μmol（NO_3^-）·h^{-1}·g^{-1} FW。水体中的硝氮浓度采用锌镉还原法[25]测定。

测得不同硝氮底物浓度下的吸收速率后，利用米氏方程（如下）进行非线性拟合获得吸收动力学曲线[26]：

$$V = V_{max} \times S / (K_s + S)$$

式中，S为底物硝氮的浓度（μmol·L^{-1}）；V为龙须菜在不同底物浓度下对硝氮的吸收速率；参数V_{max}是对硝氮吸收的最大速率，代表着藻体对硝氮的吸收能力；K_s值为吸收速率达到最大速率一半时的底物浓度，即半饱和常数，代表着藻体对硝氮的亲和力。K_s值越大表示亲和力越小，K_s值越小表示亲和力越大。V_{max}和K_s的值可以从吸收动力学曲线计算中得到。

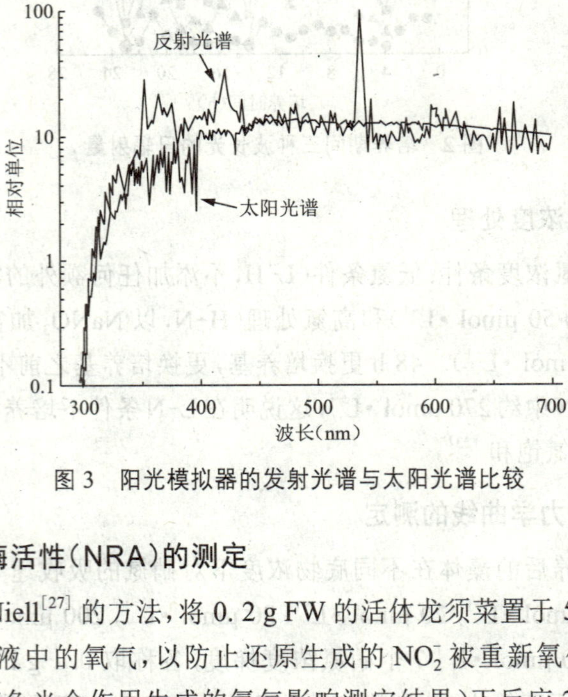

图 3　阳光模拟器的发射光谱与太阳光谱比较

1.6 硝酸还原酶活性（NRA）的测定

参照 Corzo and Niell[27] 的方法，将 0.2 g FW 的活体龙须菜置于 5 mL 反应介质溶液中，充 2 min 氮气除去溶液中的氧气，以防止还原生成的NO_2^-被重新氧化成NO_3^-，然后密封放于 30℃、黑暗条件（避免光合作用生成的氧气影响测定结果）下反应 2 h，测定溶液中生成的NO_2^-量，用单位鲜重的藻体在单位时间内产生的NO_2^-量来表示硝酸还原酶（nitrate reduscate, NR）的活性（单位为 μmol（NO_2^-）·h^{-1}·g^{-1} FW）。

反应介质溶液的配制：0.2 mol L^{-1}, pH 7.9 的磷酸缓冲液；1 mmol· L^{-1} EDTA；0.1％的丙醇（用来增加细胞膜的通透性）；过量的 $NaNO_3$ 作为底物；10 μmol· L^{-1} 的葡萄糖（用来提供还原力）。

NO_2^-浓度的测定：用重氮偶氮法测定。在酸性条件下，水样中的亚硝酸盐与磺胺进行重氮化反应，反应产物与盐酸萘乙二胺作用，生成深红色的偶氮染料于 543 nm 波长测定溶液的吸光值，通过标准曲线计算NO_2^-的浓度，标准曲线用已知浓度的标准NO_2^-溶液绘制。

1.7 P-C 曲线的测定

通过测定不同无机碳浓度下藻体的光合放氧速率来确定光合速率与无机碳浓度的关系（P-C 曲线）。光合放氧速率用氧电极（Model 5300, YSI, Yellow Springs, Ohio, USA）法测定：称取一定质量（0.15 g FW）的藻体，用锋利的剪刀剪成 1 cm 左右的片段，培养 2 h 以避免机械损伤的影响，放于盛有 8 mL 无碳海水的氧电极槽中，在 600 μmol photons $\cdot m^{-2} \cdot s^{-1}$ 的饱和光强和温度 26℃的条件下，通过测定不同无机碳浓度下溶液中氧浓度的变化来计算得到藻体的放氧速率。其中，光源由钨灯提供，温度用循环水控温系统（CAP-3000, Tokyo Rikakikai Co., Ltd, Tokyo, Japan）控制，不同无机碳浓度的反应溶液是通过向无碳海水中添加 $NaHCO_3$ 获得。无碳海水的配制方法如下：灭菌海水中加入 1 $mol \cdot L^{-1}$ 的盐酸溶液，使 pH 降到 3.0 左右，其目的是把海水中溶解的 HCO_3^- 全部转化成 CO_2 形式，然后充氮气 2 h 以驱除海水中溶解的 CO_2。最后在制备的无碳海水中加入 25 $\mu mol \cdot L^{-1}$ 的 Tris 缓冲溶液，再用 HCl 和 NaOH 调节 pH 到 8.1。

测得不同无机碳浓度下的光合放氧速率后，利用米氏方程（如下）进行非线性拟合[28]。

$$P = P_{max} \times S / (K_{DIC} + S)$$

式中，S 为不同的无机碳浓度单位（$\mu mol \cdot L^{-1}$），P 为不同无机碳浓度下的光合放氧速率，P_{max} 是最大放氧速率，K_{DIC} 值是半饱和常数，代表藻体对无机碳的亲和力。P_{max} 和 K_{DIC} 的值可以从 P-C 曲线中直接计算获得。

1.8 碳酸酐酶活性的测定

碳酸酐酶（carbonic anhydrase, CA）活性利用电极法[29]测定。首先准备无碳海水，方法见 1.7。用电极法测定总的 CA 活性时，先称取 0.1 g FW 的藻体，于 5 mL 无碳海水中研磨成粉状，加入 1 mL CO_2 饱和水，记录混合溶液的 pH 下降 0.6 个单位的时间，整个过程保证在温度 4℃条件下进行。pH 用 pH 计（420A, Orion, Boston, MA, USA）测定。测定胞外 CA 活性时，所用藻体不须研磨，用活体海藻作为材料，方法与总 CA 活性测定相同。酶的相对活性（Relative enzyme activity, REA）通过以下公式计算：

$$REA = 10 \times (T_b / T_c - 1)$$

式中，T_b 和 T_c 分别代表不加藻样和加入藻样后 pH 下降 0.6 个单位所用的时间（h）。

1.9 数据处理和统计分析

所有的测定结果表示为平均值 ± 标准差（$n \geq 3$），用单因素方差分析（One way ANOVA, Tukey）进行统计差异性分析，以 $P = 0.05$ 作为差异的显著性水平。

2 结果

2.1 硝氮的吸收利用

UVR 暴露刺激了龙须菜对硝氮的吸收（图 4），无论是低氮还是高氮培养下的藻体，UVR 都使得其对硝氮的最大吸收速率和半饱和常数显著升高（$P < 0.05$，表 1），这说明经过

较长时间的 UVR 适应，海藻对硝氮的吸收能力升高，但亲和力却下降。V_{max}/K_S 比值在不同处理之间没有显著性差异（$P > 0.05$，表 1），说明藻体在较低浓度下对硝氮的利用效率没有受到 UVR 的显著影响。PA 和 PAB 处理之间，海藻的最大吸收速率和半饱和常数都没有显著的差异（$P > 0.05$，表 1），可见 UVR 对二者的影响主要由 UV-A 造成。

氮的长期加富培养也使得龙须菜对硝氮本身的吸收情况发生变化（图 4）。从表 1 可以看出，不论有没有 UVR 暴露，经过 25 d 的不同氮浓度培养，生长在高氮浓度下的龙须菜对硝氮的最大吸收速率相对于低氮条件下培养的藻体有了明显的降低（$P < 0.05$），这表明藻体对硝氮的潜在吸收能力降低了；而半饱和常数的变化情况与最大吸收速率的趋势相同，说明高氮条件培养下的藻体对硝氮的亲和力升高了。而 V_{max}/K_S 比值在不同氮供应水平下没有显著性差异（$P > 0.05$，表 1）。

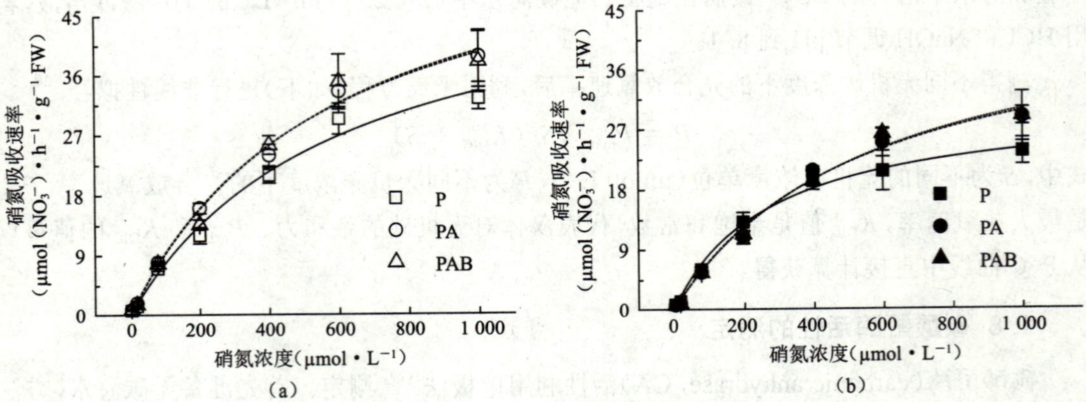

图 4　不同条件下适应培养 25 d 后龙须菜的硝氮吸收动力学曲线
（a. 低氮，50 μmol·L^{-1}；b. 高氮，500 μmol·L^{-1}）

表 1　不同条件适应培养 25 d 后龙须菜硝氮吸收动力学曲线的参数表

培养条件		最大吸收速率 Vmax（μmol（NO_3^-）·h^{-1}·g^{-1} FW）	半饱和常数 K_S（μmol·L^{-1}）	V_{max}/K_S 比值（μmol（NO_3^-）·h^{-1}·g^{-1} FW）（μmol·L^{-1}）
L-N	P	49.43±1.19[a]	465.17±52.44[a]	0.11±0.02a
	PA	68.09±6.52[b]	741.59±12.59[b]	0.09±0.01a
	PAB	66.72±1.54[b]	662.00±28.48[b]	0.11±0.02a
H-N	P	31.33±4.25[c]	294.08±10.17[c]	0.11±0.03a
	PA	46.20±8.03[a]	549.03±13.96[d]	0.09±0.01a
	PAB	47.30±4.90[a]	573.65±10.01[d]	0.08±0.01a

注：同一列不同的小写字母上标表示不同培养条件之间具有显著性差异（$P < 0.05$）。

不同条件下培养的龙须菜，UVR 和氮加富对硝酸还原酶（NR）活性的影响与最大氮吸收速率的趋势一致（图 5）：不管氮的供应水平如何，UVR 都显著提高了藻体的 NR 活性（$P < 0.05$），且 PA 和 PAB 处理之间没有显著性差异（$P > 0.05$）；在不存在 UVR 的情况下，高氮培养龙须菜的 NR 活性显著低于低氮条件下培养的藻体（$P < 0.05$），但在 UVR 暴露时，

未发现这一现象，高氮和低氮培养之间没有显著性差异（$P > 0.05$）。

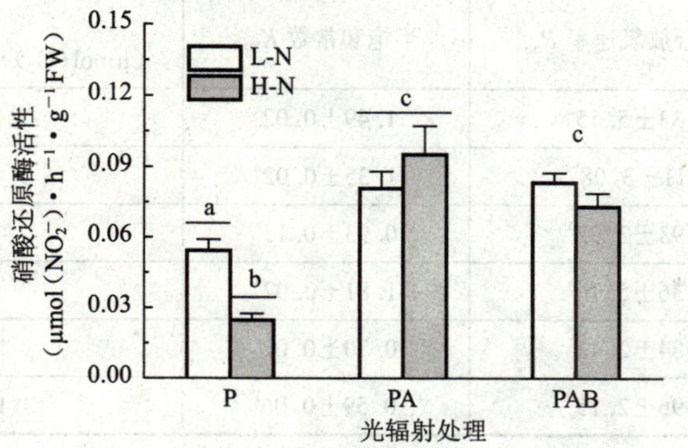

图 5　不同条件适应培养 25 d 后龙须菜的硝酸还原酶活性

2.2 无机碳的利用

对于龙须菜的无机碳利用情况，用 P-C 曲线和碳酸酐酶（CA）活性来进行评价。不同条件下培养藻体的 P-C 曲线如图 6 所示：不管氮的浓度水平如何，3 种光辐射处理之间的无机碳利用情况都存在着明显的差异（$P < 0.05$）。UVR 暴露显著降低了最大光合放氧速率 P_{max} 和半饱和常数 K_{DIC} 的值，并且 PAB 处理对其的降低程度大于 PA 处理（$P < 0.05$，表 2）。由此说明，UV-A 和 UV-B 都能够降低海藻对无机碳的利用能力，同时可提高对无机碳的亲和力。在低氮条件下，P_{max}/K_{DIC} 比值在 3 种光辐射处理之间没有显著差异（$P > 0.05$）；但在高氮培养的藻体中，这一比值被 UVR 暴露所提高，且 PA 和 PAB 处理之间没有显著差异（$P > 0.05$）。

不同的氮浓度培养也会影响龙须菜对无机碳的利用（图 6，表 2）。首先，在没有 UVR 存在的条件下，高氮培养使得藻体对无机碳利用的最大速率和 P_{max}/K_{DIC} 比值没有显著影响（$P > 0.05$），但会显著提高半饱和常数的值（$P < 0.05$）。在 UVR 存在的条件下，高氮培养的藻体对无机碳利用的最大速率高于低氮培养的藻体，且 PAB 处理的提高程度更加显著；而半饱和常数则被高水平的氮所降低；同时，P_{max}/K_{DIC} 比值也被高浓度的氮培养显著提高（$P > 0.05$）。这表明，无机碳的利用能力、利用效率和亲和力都被高氮培养所提高。

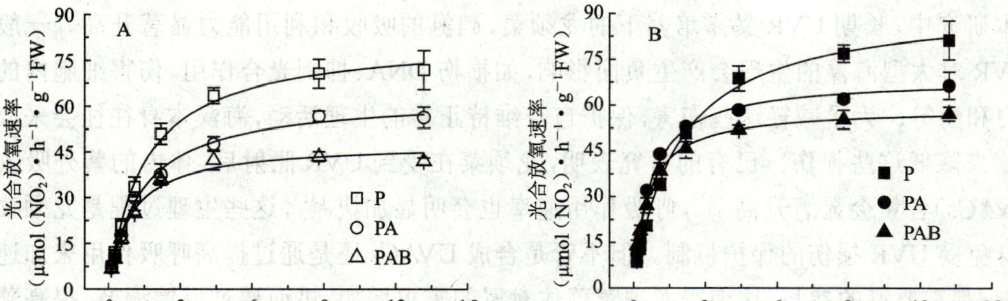

图 6　不同条件适应培养 25 d 后的龙须菜的 P-C 曲线

（a. 低氮，50 μmol • L⁻¹；b. 高氮，500 μmol • L⁻¹）

表 2　不同条件适应培养 25 d 后龙须菜的 P-C 曲线参数表

培养条件		最大光合放氧速率 P_{max}	半饱和常数 K_{DIC}	P_{max}/K_{DIC} 比值 (μmol(O_2)·h^{-1}·g^{-1} FW)/(mmol·L^{-1})
L-N	P	82.33±5.55[a]	1.49±0.02[a]	55.18±4.58[a]
	PA	63.11±3.08[bc]	1.35±0.02[b]	46.94±2.94[a]
	PAB	47.93±2.92[d]	0.93±0.13[c]	52.12±4.30[a]
H-N	P	93.36±5.76[a]	1.81±0.02[d]	51.59±2.64[a]
	PA	68.84±2.42[b]	0.70±0.02[e]	98.17±0.19[b]
	PAB	58.96±2.15[c]	0.59±0.06[f]	100.98±13.85[b]

注：同一列不同的小写字母上标表示不同培养条件之间具有显著性差异($P < 0.05$)。

由于大型海藻体内胞外 CA 活性比较低[30]，本研究用电极法没有测出龙须菜的胞外 CA 活性。不同氮浓度和光辐射处理对龙须菜总碳酸酐酶(CA)活性的影响如图 7 所示。高水平的氮供应和 UVR 的存在都使得藻体的总 CA 活性得到促进，这与我们从 P-C 曲线中得到的不同处理对无机碳亲和力的影响趋势一致。

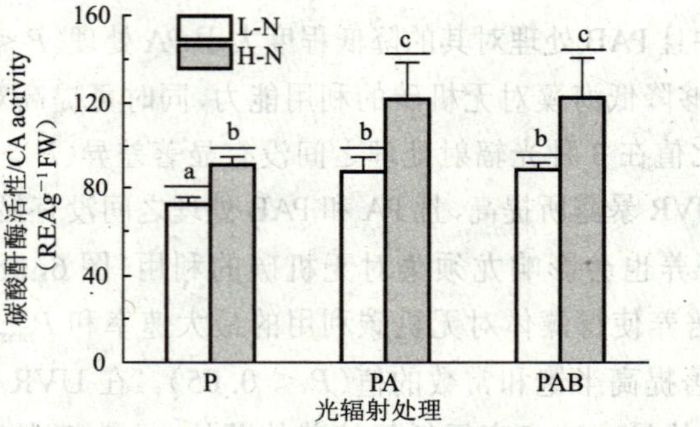

图 7　不同条件适应培养 25 d 后龙须菜的总碳酸酐酶活性

3 讨论

本研究中，长期 UVR 暴露培养下的龙须菜，硝氮的吸收和利用能力显著升高。一般来说，UVR 对大型海藻的生理会产生负面影响，如损伤 DNA、抑制光合作用、伤害细胞内的某些蛋白和酶等。为了减轻这些伤害，保护自身维持正常的生理活动，海藻本身往往会采取一些措施来降低这些损伤。已有的研究表明，龙须菜在受到 UVR 照射后，体内的紫外吸收物质(UVACs)含量会显著升高[22]，呼吸作用速率也会明显加快[31]，这些生理过程是龙须菜保护自身免受 UVR 损伤的保护机制。但不管是合成 UVACs 还是通过提高呼吸作用来加速修复机制，都需要氮的参与，这使得龙须菜藻体对氮的需求增加，进而通过反馈调节，提高藻体对硝氮的吸收速率和 NR 活性。

本研究中 NR 活性在 PA 处理和 PAB 处理之间不存在显著性差异，这说明，UVR 对 NR 活性的提高主要由 UV-A 起作用，这与 Viňegla 等[32]对墨角藻和石莼的研究结果相同。已有报道表明，NR 能够吸收 UVR，是 UV-A 的光接收器[33]，并能够吸收利用 UV-A 用于藻类的光合作用和生长[31,34]，作为调节碳、氮代谢的重要环境因子[35]，UV-A也可能是通过提高光合作用和生长来反馈调节藻体对氮的吸收和代谢[36]。

海藻对硝氮的吸收利用与它本身的营养史密切相关。本研究中发现，无论UVR存在与否，长期在高氮条件下生长的龙须菜，对硝氮的吸收能力都显著降低。这可能是之前高氮浓条件使得藻体内部积累并形成了较大的氮库，这些氮库已经能够满足藻体的生理活动对氮的需求，因而藻体降低了对氮的吸收。但在UVR存在时，龙须菜的NR活性因为高氮培养而降低，这可能是由于UVR导致的藻体对氮的大量需求消耗了体内氮库，需要不断从外界补充并参与到代谢中。

本研究中UVR的存在降低了龙须菜对无机碳利用的最大能力，提高了对外部无机碳的亲和力，并且，UV-A和UV-B两种紫外辐射都在中间起了作用。一般来讲，UVR暴露会使藻类的光合无机碳利用受到抑制，这方面的研究已经有很多报道[22]。这可能与光系统Ⅱ(Photosystem II, PS II)中D1蛋白的受损[37]或光合固碳关键酶Rubiso的损伤[38]密切相关。我们的研究结果中还发现龙须菜CO_2浓缩机制(CCMs)中重要的酶-碳酸酐酶(CA)的活性被UVR暴露所提高，类似的研究结果已经在很多微藻和大型海藻中被报道[22,39]。细胞的CA活性与细胞膜的还原活性密切相关[40]，在微藻的研究中发现，低强度的UVR同时提高了细胞膜的还原性和CA酶活性[39]。本研究中CA活性与藻体对无机碳的亲和力都被UVR所提高，表现了相同的趋势，但是最大的光合固碳速率却被UVR降低，这似乎看起来很矛盾。Beardall等[12]在微藻中也发现了UV-B可降低光合固碳，却提高了藻体内的无机碳库。可能的原因是，CA酶活性的增加使得进入藻体细胞的无机碳增多，有利于海藻减轻和抵制UVR引起的光合抑制，而这种作用在碳限制的条件下更加明显。

4 结论

一般来讲，UVR能够抑制大型海藻的光合作用，因而，UVR的存在对大型海藻是一种重要的环境胁迫因子。但可利用氮的水平，通过促进紫外吸收物质的合成以及损伤修复等途径来减轻UVR所带来的抑制。本文通过对大型经济红藻龙须菜的研究发现，UVR暴露提高了龙须菜对氮的利用，同时抑制了海藻的光合固碳，但在氮源供应充足的情况下，UVR却使得龙须菜对无机碳的利用效率显著升高。这些结果验证了UVR对大型海藻的光合抑制，同时也揭示了可利用氮在海藻面对UVR胁迫中的调节作用。本文的研究结果，为客观评价近海富营养化背景下阳光紫外辐射增强对大型海藻的可能生理影响提供了一定的理论参考。

参考文献

[1] Gao K, Mckinley K R. Use of macroalgae for marine biomass production and CO_2 remediation: a review[J]. Journal of Applied Phycology, 1994, 6: 45-60.

[2] McKenzie R L, Aucamp P J, Bais A F, Björn L O, Ilyas M. Changes in biologically-active

ultraviolet radiation reaching the Earth's surface[J]. Photochemical & Photobiological Sciences, 2007, 6: 218-231.

[3] Roleda M Y, Hanelt D, Wiencke C. Growth and DNA damage in young *Laminaria* sporophytes exposed to ultraviolet radiation: implication for depth zonation of kelps on Helgoland (North Sea) [J]. Marine Biology, 2006, 148: 1 201-1 211.

[4] Pang S, Gomez I, Lüning K. The red macroalga *Delesseria sanguinea* as a UVB-sensitive model organism: selective growth reduction by UVB in outdoor experiments and rapid recording of growth rate during and after UV pulses[J]. European Journal of Phycology, 2001, 36: 207-216.

[5] Zacher K, Roleda M Y, Hanelt D, Wiencke C. UV effects on photosynthesis and DNA in propagules of three Antarctic seaweeds (*Adenocystis utricularis*, *Monostroma hariotii and Porphyra endiviifolium*) [J]. Planta, 2007, 225: 1 505-1 516.

[6] Xu Z, Gao K. NH_4^+ enrichment and UV radiation interact to affect the photosynthesis and nitrogen uptake of *Gracilaria lemaneiformis* (Rhodophyta) [J]. Marine Pollution Bulletin, 2012, 64 (1) : 99-105.

[7] Gröniger A, Häder D P. Effect of radiation on marine macroaglae[J]. Trends in Photochemistry and Photobiology, 2001, 8: 129-136.

[8] Crawford N M. Nitrate: Nutrient and signal for plant growth[J]. Plant cell, 1995, 7: 859-868.

[9] Lobban C S, Harrison P J. Seaweed Ecology and Physiology[M]. Cambridge: Cambridge University Press: 1994, 175.

[10] 暨卫东. 厦门马銮湾有机污染、富营养化状况下的生化关系 [J]. 海洋学报, 1998, 20 (1) : 134-143.

[11] 徐永健, 钱鲁闽, 王永胜. 氮素营养对龙须菜生长及色素组成的影响. 台湾海峡 [J], 2006, 25 (2) : 222-228.

[12] Beardall J, Giordano M. Ecological implications of microalgal and cyanobacterial CO_2 concentrating mechanisms, and their regulation[J]. Functional Plant Biology, 2002, 29: 335-347.

[13] Giordano M, Beardall J, Raven J A. CO_2 concentrating mechanisms in algae: mechanisms, environmental modulation, and evolution[J]. Annual Review of Plant Biology, 2005, 56: 99-131.

[14] Andría J R, Vergara J J, Pérez-Lloréns J L. Biochemical responses and photosynthetic performance of *Gracilaria* sp. (Rhodophyta) from Cádiz, Spain, cultured under different inorganic carbon and nitrogen levels[J]. European Journal of Phycology, 1999, 34: 497-504.

[15] 徐智广, 李美真, 王志刚, 孙福新. 温度、光强和营养史对羊栖菜无机磷吸收的影响. 南方水产科学 [J], 2013, 9 (3) : 8-13.

[16] Litchman E, Neale P J, Banaszak A T. Increased sensitivity to ultraviolet radiation in nitrogen-limited dinoflagellates: photoprotection and repair[J]. Limnology & Oceanography, 2002, 47: 86-94.

[17] Pakker H, Beekman C A C, Breeman A M. Efficient photoreactivation of UVBR-induced DNA damage in the sublittoral macroalga *Rhodymenia pseudopalmata* (Rhodophyta) [J]. European Journal of Phycology, 2000, 35: 109-114.

[18] Foyer C H, Lelandais M, Kunert K J. Photooxidative stress in plants[J]. Physiologia Plantarum, 1994, 92: 696-717.

[19] Fei X G. Solving the costal eutrophication problem by large scale seaweed cultivation[J]. Hydrobiologia, 2004, 512: 145-151.

[20] Zou D, Xia J, Yang Y. Photosynthetic use of exogenous inorganic carbon in the agarophyte *Gracilaria lemaneiformis* (Rhodophyta) [J]. Aquaculture, 2004, 237: 421-431.

[21] Gao K, Xu J. Effects of solar UV radiation on diurnal photosynthetic performance and growth of *Gracilaria lemaneiformis* (Rhodophyta) [J]. European Journal of Phycology, 2008, 43: 297-307.

[22] Zheng Y, Gao K. Impacts of solar UV radiation on the photosynthesis, growth and UV-absorbing compounds in Gracilaria lemaneiformis (Rhodophyta) grown at different nitrate concentrations[J]. Journal of Phycology, 2009, 45: 314-323.

[23] 徐智广．2种大型经济海藻对海水中营养盐供应的生理响应[D]．汕头：汕头大学，2007: 55-60.

[24] Häder D P, Lebert M, Marangoni P, Colombetti G. ELDONET European light dosimeter network hardware and software[J]. Journal of Photochemistry and Photobiology. B, Biology, 1999, 52: 51-58.

[25] Jones M N. Nitrate reduction by shaking with cadmium, alternative to cadmium columns[J]. Water Research, 1984, 18: 643-646.

[26] Lobban C S, Harrison P J, Duncan M J. The physiological ecology of seaweeds[M]. New York: Cambridge University Press, 1985: 82-83.

[27] Corzo A, Niell F X. Determination of nitrate reductase activity in *Ulva rigida* C. Agardh by the *in situ* method[J]. Journal of Experimental Marine Biology and Ecology, 1991, 146: 181-191.

[28] Von Caemmerer S, Farquhar G D. Some relationships between the biochemistry of photosynthesis and the gas exchange of leaves[J]. Planta, 1981, 153: 376-387.

[29] Giordano M, Maberly S C. Distribution of carbonic anhydrase in British marine macroalgae[J]. Oecologia, 1989, 81: 534-539.

[30] Johnston A M, Maberly S C, Raven J A. The acquisition of inorganic carbon by four red

macroalgae[J]. Oecologia, 1992, 92: 317–326.

[31] Xu Z, Gao K. Impacts of UV radiation on growth and photosynthetic carbon acquisition in *Gracilaria lemaneiformis* (Rhodophyta) under phosphorus-limited and replete conditions[J]. Functional Plant Biology, 2009, 36: 1 057–1 064.

[32] Viňegla B, Segovia M, Figueroa F L. Effect of artificial UV radiation on carbon and nitrogen metabolism in the macroalgae *Fucus spiralis* L. and *Ulva olivascens Dangeard*[J]. Hydrobiologia, 2006, 560: 31–42.

[33] Stöhr C, Glogan U, Mötschke M, Tischner R. Evidence for the involvement of plasma membrane-bound nitrate reductase in signal transduction during blue light stimulation of nitrate uptake in *Chlorella saccharophila*[J]. Planta, 1995, 197: 613–618.

[34] Gao K, Xu J. Effects of solar UV radiation on diurnal photosynthetic performance and growth of *Gracilaria lemaneiformis* (Rhodophyta)[J]. European Journal of Phycology, 2008, 43: 297–307.

[35] Figueroa F L, Viňegla B. Effects of solar UV radiation on photosynthesis and enzyme activities (carbonic anhydrase and nitrate reductase) in marine macroalgae from southern Spain[J]. Revista Chilena de Historia Natural, 2001, 74: 237–249.

[36] Tezuka T, Yamaguchi F, Ando Y. Physiological activation of radish plants by UV-A radiation[J]. Journal of Photochemistry and Photobiology B: Biology, 1994, 24: 33–40.

[37] Long S P, Humphries S, Falkowski P. Photoinhibition of photosynthesis in nature[J]. Annual Reviews of Plant Physiology and Plant Molecular Biology, 1994, 45: 633–662.

[38] Wilson M I, Ghosh S, Gehardt K E, Holland N, Sudhakar Babu T, Edelman M, Dumbroff E B, Greenberg B M. *In vivo* photomodification of ribulose-1, 5-bisphosphate carboxylase/oxygenase holoenzyme by ultraviolet-B radiation[J]. Plant Physiology, 1995, 109: 221–229.

[39] Wu H, Gao K. Ultraviolet radiation stimulated activity of extracellular carbonic anhydrase in the marine diatom *Skeletonema costatum*[J]. Functional Plant Biology, 2009, 36: 137–143.

[40] Nimer N A, Ling M X, Brownlee C, Merritt M J. Inorganic carbon limitation, exofacial carbonic anhydrase activity, and plasma membrane redox activity in marine phytoplankton species[J]. Journal of Phycology, 1999, 35: 1 200–1 205.

（徐智广，吴海一）

（载自《广西科学院学报》2015–08）

不同氮浓度下盐胁迫对坛紫菜（*Pyropia haitanensis*）生长和光合作用的影响

坛紫菜（*Pyropia haitanensis*）属于红藻门（Rhodophyta）原红藻纲（Protoflorideae）红毛菜目（Bangiales）红毛菜科（Bangiaceae）紫菜属（Pyropia），是中国南方海域重要的大型经济海藻，由于在食品、纺织、医药等行业的广泛应用，其人工养殖面积和规模越来越大，成为南方海藻栽培的主要品种之一[1]。坛紫菜生活于南方暖温海域潮间带，在干出和沉水的交替过程中，经历着光照、盐度、温度以及碳、氮营养等环境因子的剧烈变化，而这些环境条件的频繁变动，往往对坛紫菜生理特性产生或正或负的影响，成为该藻正常生长的促进或胁迫因子。已有的研究表明：坛紫菜的生长和光合作用被高温胁迫[2]紫外线辐射[3, 4]以及高浓度氨氮[5]所抑制；提高 CO_2 的浓度水平不仅可提高该藻的生长速率和光合固碳，还能够缓解紫外线[4]和氨氮[5]的负面影响；氮、磷营养盐的浓度水平对坛紫菜的生长和光合色素合成也能够产生直接影响[6]。

盐度是影响藻类生理活动的一个重要环境因子。在不同的分布区域，海水的盐度存在着很大的差异，外海的盐度一般在 34 ～ 37，在河口区，由于河流淡水的注入，盐度随着淡水注入的规律出现一定的日变动和季节变动，通常在 20 ～ 22 浮动。潮间带是一个特殊的区域，生长在潮间带的海藻所处的盐度环境变化十分频繁，蒸发会使海藻周围的海水盐度升高，而降雨会导致盐度的下降，这些过程在退潮时更加明显，尤其是生长在高潮带的海藻，其生长环境盐度变化在 10 ～ 77[7]。一般来讲，大型藻类的生长都有适宜的盐度范围，过高或过低的盐度都会对其生理过程造成胁迫。已有的研究表明，在盐度胁迫下，绿藻门石莼[8]、红藻门长心卡帕藻[9]和刺枝鱼栖苔[10]以及褐藻门鼠尾藻[11]的生长和光合作用都受到了明显的抑制。与此同时，在长期适应中，大型海藻可以通过调节抗氧化系统等生理过程来保护自身免于盐度胁迫带来的负面压力[12, 13]，这些保护机制的运转效率在一定条件下往往会受到氮、光照、pH 等环境因子的调节[14]，从而盐度胁迫与这些因子一起协同影响大型海藻的生长与光合生理。

坛紫菜是一种广盐性海藻，适宜栽培的海区较广。为了向河口区扩大其栽培面积，国内学者围绕耐低盐品种的筛选开展了部分工作[15, 16]，但关于盐度胁迫下该藻的光合响应目前仍未见报道。而除了在干出与沉水交替过程中面临的盐度剧烈变化外，作为修复中国南方近海富营养化的推荐品种[1]，人工栽培的坛紫菜将可能长期处于高氮营养的富营养化条件。

本研究立足于此，通过探讨不同氮浓度下盐度胁迫对坛紫菜生长和光合作用的影响，揭示氮在坛紫菜应对盐度胁迫中的作用，以期为坛紫菜的人工栽培和利用其对富营养化海区的修复功能提供理论参考。

1 材料与方法

1.1 材料

坛紫菜（*Pyropia haitanensis*）采自广东省南澳县深澳湾养殖筏架，采集后放于低温箱（5℃）于 2 h 内运到实验室。采集回的紫菜叶状体用自然海水洗净，选择健康一致的个体用锋利的剪刀剪成 2 cm×5 cm 的片段，在实验室内用自然海水暂养 24 h 用于后续试验。自然海水的盐度 30；无机氮浓度 50 μmol·L^{-1}；无机磷浓度 0.8 μmol·L^{-1}。暂养条件如下：温度 20℃；光照强度 80 μmol photons·m^{-2}·s^{-1}；光周期 L:D = 12:12；连续充气。

1.2 盐度和氮浓度设计

暂养后的坛紫菜叶状体片段分别在不同的盐度和氮营养条件下适应培养。盐度设置 3 个梯度：15，30 和 45，氮设置 2 个浓度梯度：低氮（L-N，50 μmol·L^{-1}）和高氮（H-N，500 μmol·L^{-1}）。培养基使用 PES 加富的人工海水 [17]，其中不同盐度通过蒸馏水和 NaCl 调节，不同氮浓度通过向培养基添加硝酸盐获得，不同处理的无机磷浓度都添加至 50 μmol·L^{-1}，以保证藻体不受到磷营养的限制。光照和温度同暂养条件，不间断充气，隔天换水。适应培养 7 d 后分别测定不同盐度和氮条件下藻体的生长和光合作用等生理指标。

1.3 生长测定

分别称量藻体的初始湿重（W_0）和 t 天后湿重（W_t），通过公式：$RGR = \ln (W_t/W_0) \times t^{-1} \times 100$ 计算叶状体的日相对生长速率（Relative growth rate，RGR），其中，t 为培养时间（d）。

1.4 干鲜比的获得

在试验结束时，称量各个处理组藻体湿重（Fresh weight，FW），测量前用吸水纸吸干藻体表面的水分，用电子天平（TP-114，Denver Instrument，USA）称量。称量完湿重的藻体，置于 70℃烘箱（202，上海树立仪器仪表有限公司）烘干至恒重后称量干重（Dry weight，DW）。计算得到干重占鲜重的百分比。

1.5 光合放氧速率测定

光合放氧速率采用氧电极法测定。测定时，取待测藻体样品，剪成 1 cm×1 cm 的片段，分别在原培养条件下恢复培养 1 h 左右以避免机械损伤对光合作用的影响。称取 0.1 g 左右湿重的片段，置于氧电极（Chlorolab3，Hansatech，UK）反应杯中，加入 8 mL 反应介质溶液，盖上反应杯，打开光照，适应 5 min 待放氧稳定，记录光合放氧速率。氧电极反应杯温度以恒温循环器（DTY-5A，北京德天佑科技发展有限公司）控制在 20℃，光源用碘钨灯提供，光强设定为 80 μmol photons·m^{-2}·s^{-1}，反应介质溶液分别使用不同盐度和氮条件培养所配制的人工海水。

1.6 快速光反应曲线的获得

取不同条件下培养 7 d 后的活体材料，通过叶绿素荧光仪（WATER-PAM，Walz，Germany）直接测定不同光强（I）下活体光系统Ⅱ的相对电子传递速率（rETR），光强设置 148 μmol photons·m^{-2}·s^{-1}，224 μmol photons·m^{-2}·s^{-1}，335 μmol photons·m^{-2}·s^{-1}，505 μmol photons·m^{-2}·s^{-1}，750 μmol photons·m^{-2}·s^{-1}，1 070 μmol photons·m^{-2}·s^{-1}，1 482 μmol photons·m^{-2}·s^{-1} 和 2 388 μmol photons·m^{-2}·s^{-1} 8 个梯度。相对电子传递速率 - 光强曲线（rETR-I curve），即快速光反应曲线通过以下公式拟合：$rETR = I/(aI^2 + bI + c)$，式中，a 为光抑制项值，代表着藻体电子传递在高光强下的受抑制程度。光饱和点（I_k）、电子传递效率（α，即快速光反应曲线的初始斜率）和最大相对电子传递速率（$rETR_{max}$）分别通过以下公式计算得到：$I_k = (c/a)^{0.5}$；$\alpha = 1/c$；$rETR_{max} = 1/[b + 2(ac)^{0.5}]$。

1.7 光合色素的含量测定

叶绿素 a（Chla）和类胡萝卜素（Car）含量测定参照 Jensen[18] 的方法。称取 0.1 g 湿重（FW）的藻体，用丙酮研磨，定容至 10 mL 提取 5 h，离心取上清液测定波长 450 nm、666 nm 和 730 nm 处的吸光值。通过如下公式计算含量：$Chla = (OD_{666} - OD_{730}) \times V \times 10/(890 \times FW)$；$Car = OD_{450} \times V \times 10/(2\,500 \times FW)$。其中，OD 为吸光值，$V$ 为定容后的溶液体积，单位为 mL，FW 为藻体湿重，单位为 g。

藻蓝蛋白（PC）和藻红蛋白（PE）含量测定参照 Siegelman 等 [19] 的方法。称取 0.1 g 湿重（FW）的藻体，用 0.1 mol·L^{-1} 的磷酸缓冲液研磨，定容至 10 mL 提取 5 h，离心取上清液测定波长 455nm，564nm，592nm，618nm 和 645 nm 处的吸光值。通过如下公式计算含量：$PE = [(OD_{564} - OD_{592}) - (OD_{455} - OD_{592}) \times 0.2] \times 0.12 \times V/FW$；$PC = [(OD_{618} - OD_{645}) - (OD_{592} - OD_{645}) \times 0.2] \times 0.15 \times V/FW$。式中，OD 为吸光值，$V$ 为定容后的溶液体积（mL），FW 为藻体湿重（g）。

以 PC 和 PE 含量之和除以 Chla 的含量，得到藻胆蛋白与 Chla 的含量比值。

1.8 统计分析

所有的测定结果表示为平均值 ± 标准差（$n \geqslant 3$），用单因素方差分析（One way ANOVA，Tukey）进行统计差异性分析，以 $P = 0.05$ 作为差异的显著性水平。

2 结果

2.1 生长与干鲜比

坛紫菜在不同的氮和盐度条件下适应培养 7 d 后，测定不同处理下叶状体的日相对生长速率，结果如图 1 所示。在低氮条件下，随着盐度的增加，藻体的生长速度显著加快（$P < 0.05$）；但在高氮条件下，藻体在 30 的盐度时（接近养殖海区自然海水盐度）生长速率最大，过高和过低的盐度都会显著降低生长速率（$P < 0.05$）。另一方面，在不同的盐度下，氮浓度对藻体的生长产生了不同的影响。在 30 的盐度下，高氮培养显著促进了叶状体的生长（$P < 0.05$），而在过高（45）或过低（15）的盐度胁迫下，高氮与低氮处理之间没有显著性差异（$P > 0.05$）。

不同条件适应培养后的坛紫菜，干鲜比除了在高氮下盐度 15 和 30 之间未发现显著差异($P > 0.05$)，其总的趋势表现为随着盐度的增加而升高(图 2)。氮的浓度在盐度 15 和 30 条件下对干鲜比无显著影响($P > 0.05$)，但在盐度 45 时，高氮培养的藻体干鲜比低于低氮条件($P < 0.05$)。

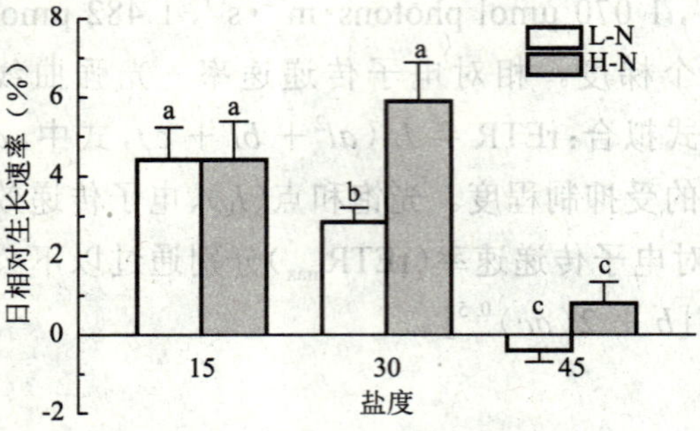

图 1 不同培养条件下坛紫菜的生长速率

注：不同的小写字母代表处理间具有显著性差异($P < 0.05$)。

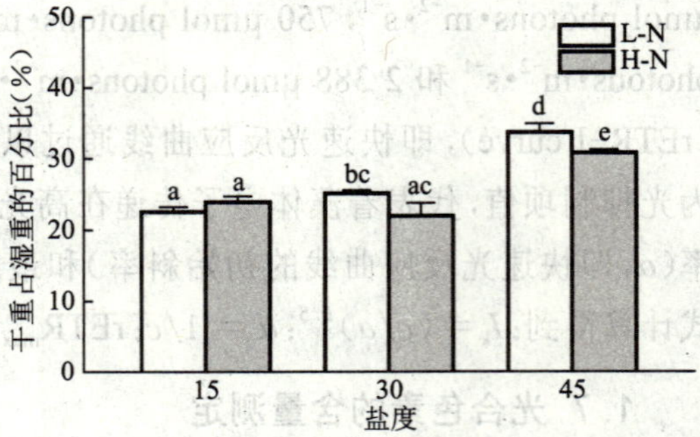

图 2 不同培养条件下坛紫菜的干鲜比

注：不同的小写字母代表处理间具有显著性差异($P < 0.05$)。

2.2 光合色素

不同氮和盐度培养对坛紫菜色素含量的影响如图 3 所示。在低氮条件下，高盐胁迫(45)对藻体的 Chla、Car、PE 和 PC 都没有显著影响($P > 0.05$)，而低盐培养(15)则提高了这 4 种光合色素的含量($P < 0.05$)。在高氮条件下，盐度胁迫没有改变坛紫菜 Chla 和 Car 的含量($P > 0.05$)，但高盐和低盐胁迫都使得藻体 PE 和 PC 含量降低，虽然这种降低在盐度为 15 的 PC 含量中并不显著($P > 0.05$)。总体来说，无论坛紫菜培养于何种盐度条件，高氮处理都促进了 4 种光合色素的合成，但在低盐(15)胁迫时，高氮对 Car 和 PC 的含量没有产生显著的影响($P > 0.05$)。

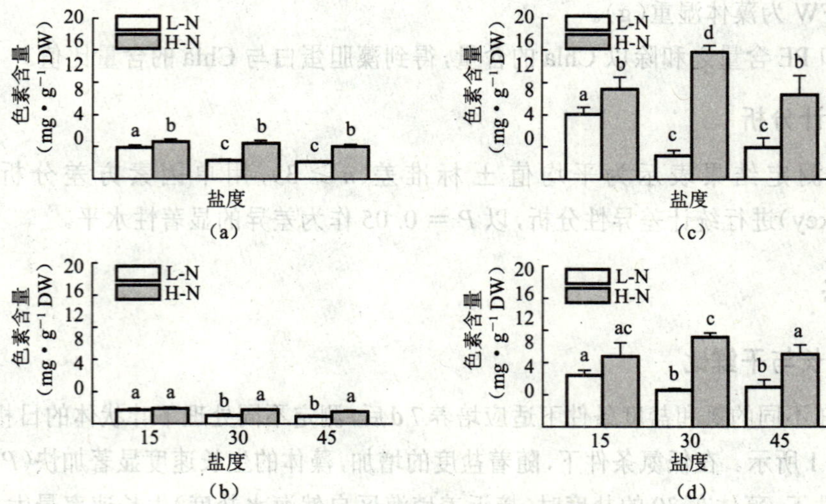

图 3 不同培养条件下坛紫菜的色素含量

a. 叶绿素 a；b. 类胡萝卜素；c. 藻红蛋白；d. 藻蓝蛋白

注：不同小写字母代表处理间具有显著性差异($P < 0.05$)。

藻胆蛋白与 Chla 的含量比值几乎没有受到盐度条件的影响，除了在高氮条件下与 30 的盐度，低盐处理降低了这一比值（图 4）。在接近自然海水的 30 盐度下，高氮培养显著提高了藻胆蛋白与 Chla 的含量比值（$P < 0.05$），但这种提高在低盐和高盐胁迫时都没有出现（图 4）。

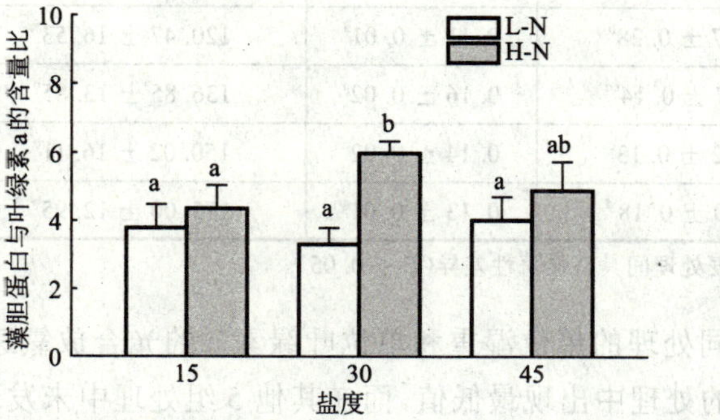

图 4　不同培养条件下坛紫菜藻胆蛋白与叶绿素 a 的含量比

注：不同的小写字母代表处理间具有显著性差异（$P < 0.05$）。

2.3 光合作用

不同氮和盐度条件下培养的坛紫菜快速光反应曲线如图 5 所示。不管在低氮还是高氮条件下，盐度胁迫对藻体的电子传递效率（α）、最大相对电子传递速率（$rETR_{max}$）和光饱和点（I_k）都没有显著影响（$P > 0.05$，表 1）。但光抑制项值却受到盐度不同程度的影响：高盐胁迫显著提高了光抑制项值（$P < 0.05$），而低盐胁迫对其没有显著影响（$P > 0.05$）。在相同盐度下，高氮培养能够显著降低光抑制项值（$P < 0.05$），并提高 $rETR_{max}$ 和 I_k 的值（$P < 0.05$），而对 α 没有显著影响（$P > 0.05$）。

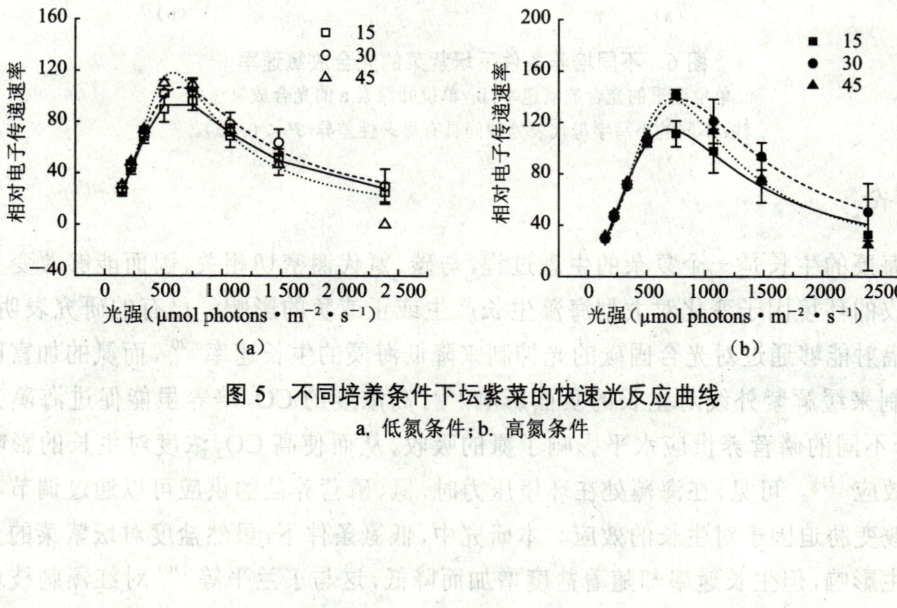

图 5　不同培养条件下坛紫菜的快速光反应曲线

a. 低氮条件；b. 高氮条件

表 1 快速光反应曲线相关参数

盐度		光抑制项值（$\times10^{-5}$）	电子传递效率	最大相对电子传递速率	光饱和点（μmol photons·m⁻²·s⁻¹）
低氮	15	1.75 ± 0.05^{a}	0.14 ± 0.02^{a}	114.16 ± 16.27^{a}	663.22 ± 71.28^{a}
	30	1.67 ± 0.18^{a}	0.15 ± 0.02^{a}	118.21 ± 13.89^{a}	666.05 ± 51.41^{a}
	45	2.67 ± 0.28^{b}	0.11 ± 0.01^{a}	120.47 ± 16.53^{a}	579.49 ± 46.45^{a}
高氮	15	1.27 ± 0.14^{cd}	0.16 ± 0.02^{a}	136.85 ± 13.85^{b}	743.60 ± 69.10^{b}
	30	0.92 ± 0.13^{c}	0.14 ± 0.02^{a}	150.02 ± 16.11^{b}	802.60 ± 110.05^{b}
	45	1.50 ± 0.18^{d}	0.13 ± 0.01^{a}	175.00 ± 12.95^{b}	758.86 ± 80.27^{b}

注：不同的小写字母代表处理间具有显著性差异（$P<0.05$）。

图 6 显示了不同处理的单位湿重和单位叶绿素 a 的光合放氧速率。单位湿重的放氧速率在高氮、盐度 30 的处理中出现最低值，而在其他 5 组处理中未发现显著差异（$P>0.05$）。低盐和高盐胁迫对单位叶绿素 a 的放氧速率都没有显著影响（$P>0.05$）。氮的影响在不同盐度中表现不同：在低盐 15 中，高氮和低氮之间没有显著差异（$P>0.05$）；在盐度 30 和 45 中，高氮培养显著提高了藻体的光合放氧速率（$P<0.05$）。

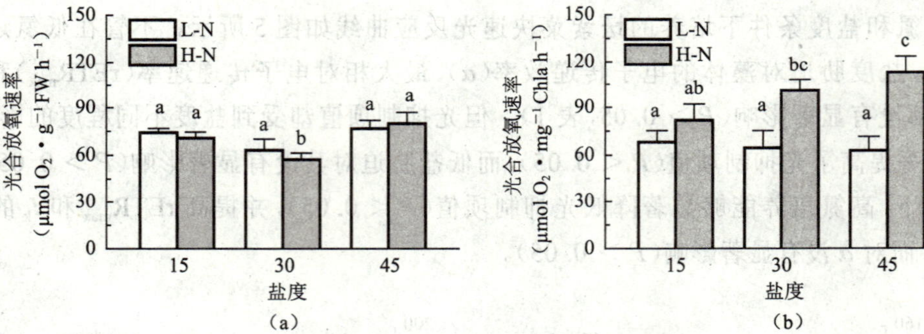

图 6 不同培养条件下坛紫菜的光合放氧速率

a. 单位湿重的光合放氧速率；b. 单位叶绿素 a 的光合放氧速率

注：不同的小写字母代表处理间具有显著性差异（$P<0.05$）。

3 讨论

大型海藻的生长是一个复杂的生理过程，与碳、氮代谢密切相关，因而能够改变光合固碳和氮吸收的环境因子变化对大型海藻生长产生或正或负的影响。已有的研究表明：高光强或紫外辐射能够通过对光合固碳的光抑制来降低海藻的生长速率 [20]，而氮的加富则通过减轻光抑制来缓解紫外线对生长的负面影响 [21]；高浓度的 CO_2 培养虽能促进海藻光合固碳，但由于不同的磷营养供应水平影响了氮的吸收，从而使高 CO_2 浓度对生长的影响表现出多样化效应 [21]。可见，在海藻处在环境压力时，氮、磷营养盐的供应可以通过调节其他生理过程而改变胁迫因子对生长的效应。本研究中，低氮条件下，虽然盐度对坛紫菜的光合固碳没有产生影响，但生长速率却随着盐度增加而降低，这与丁兰平等 [10] 对红藻刺枝鱼栖苔

(*Acanthophora spicifera*)的研究结果相似，其原因可能是盐度通过影响氮的吸收[22]来间接影响藻体的生长。本研究中重要氮同化产物藻胆蛋白的含量随着盐度增加而降低，这与坛紫菜生长受盐度影响的趋势基本一致，也恰恰验证了这一点。本研究中，在高氮条件下，不仅较高盐度下藻体的光合速率较高，同时藻胆蛋白的含量和藻胆蛋白 /Chla 比值在盐度 30 时达到最大，而坛紫菜的最大生长速率也出现在盐度 30 的培养条件。藻胆蛋白是红藻门海藻体内的重要氮库，当海藻在氮源充足条件下生长时会把所吸收的多余氮以藻胆蛋白的形式储存[23]。徐智广等[24]在对龙须菜的研究中发现，在不同氮和 CO_2 浓度培养下的龙须菜，其生长速率与藻胆蛋白的含量呈现了较好的正相关关系，本研究中对坛紫菜的研究结果也验证了这一现象，这可能是海藻氮同化与光合固碳过程互相平衡后在生长上的综合体现。

本研究中，在低氮与高盐条件下坛紫菜的 Chla、Car 和藻胆蛋白的含量较低。盐度胁迫能够破坏植物叶绿体膜结构，从而降低叶绿素在植物体内的含量[25]，这种对叶绿素含量的降低作用在其他海藻种类中也得到了验证[10, 26]。藻胆蛋白 PE 和 PC 的含量随盐度升高而降低，可能由于高盐胁迫能够抑制其合成或促进其分解[27]。Car 是海藻中一类重要的光保护色素，能够作为抗氧化剂清除活性氧，在环境胁迫时起到保护其他光合器官的作用[28]。盐度胁迫时，Car 可能在抗氧化作用中伴随自身的降解而导致其含量下降。与低氮条件下不同，本研究在高氮条件下，盐度对 Chla 和 Car 含量的影响被氮加富的效果所掩盖，而藻胆蛋白 PE 和 PC 的含量在盐度 30 时最大。这可能是由于在低盐和高盐胁迫中，藻体的抗氧化及损伤修复等过程耗费了多余的氮，而盐 30 度为坛紫菜生长的较适宜盐度，多余的氮可以在体内储存或用于生长。

快速光反应曲线是藻类光系统Ⅱ(PSⅡ)电子传递速率对光强变化的快速响应曲线，与电子传递速率与海藻细胞的固碳、放氧过程密切相关[28]。因而，快速光反应曲线是用来反映藻类光合作用变化的快速、有效的指标。在本研究中，两种氮条件下高盐胁迫都使得坛紫菜快速光反应曲线的光抑制项值显著升高，说明高盐胁迫导致了海藻对光照的敏感性增强，其光合作用的光反应过程更容易受到光抑制。Xia[8]等在对石莼(*Ulva lactuca*)的研究中也发现高盐胁迫导致 PSⅡ反应中心的失活和电子传递的受阻。事实上，很多研究已经证实 PSⅡ是高盐胁迫的主要作用位点，高浓度的 Na^+通过降解反应中心的 D1 蛋白或改变水氧复合体的结构来实现对 PSⅡ的损伤[29]。值得一提的是，本研究中盐度胁迫对坛紫菜电子传递的影响与对光合放氧的影响并不一致，这可能是由于藻类光合作用的光反应过程对胁迫因子的响应更加敏感，而暗反应则是电子传递后固碳、放氧的综合过程，在受到环境胁迫时由于自身的调节作用而显得相对稳定[28]。

4 结论

坛紫菜是中国特有的人工栽培海藻品种，在南方沿海广泛栽培，也因此成了缓解近海富营养化的重要养殖品种之一[1]。我国南方的河口资源非常丰富，但由于淡水注入常使得河口区处于氮富营养化状态，同时河口区的盐度通常维持在 20 ~ 22[15]，因此，氮营养盐水平和盐度成为河口区与其他坛紫菜养殖区主要的两个差别因子。本研究立足于此，通过对两个环境因子的耦合效应研究，发现高盐度对坛紫菜的生长和光合作用具有明显的抑制作用，而氮的加富对这种抑制没有显著的减轻；低盐度对该藻的生长和光合作用没有抑制，甚至在低氮条件下表现出对生长的促进作用。这些研究结果不仅为坛紫菜栽培及其富营养化修复功能提供了一定参考，而且从理论上支持了坛紫菜在河口区栽培的可行性。

参考文献

[1] Fei X G. Solving the coastal eutrophication problem by large scale seaweed cultivation[J]. Hydrobiologia, 2004, 512(1-3): 145-151.

[2] 王淑刚，杨锐，周新倩等. 高温胁迫下坛紫菜(*Pyropia haitanensis*)对无机碳的利用[J]. 海洋与湖沼，2013, 44(5): 1 378-1 385.

[3] 姜红霞，高坤山. 干出和紫外辐射对坛紫菜光合作用的影响[J]. 自然科学进展，2009, 19(8): 835-840.

[4] 徐军田，高坤山. CO_2升高和阳光紫外辐射对坛紫菜生长和光合特性的耦合效应[J]. 海洋学报，2013, 35(5): 184-190.

[5] 秦梅，陈斌斌，邹定辉. 大气CO_2浓度升高缓解高浓度NH_4^+对坛紫菜(*Porphyra haitanensis*)生理特性的胁迫作用[J]. 生态科学，2014, 33(5): 832-838.

[6] 柳佩娟，纪德华，谢潮添，等. 坛紫菜耐低氮磷品系选育的研究[J]. 集美大学学报(自然科学版)，2009, 14(2): 109-114.

[7] Gessner F, Schramm W. Salinity: Plants. In: Kinne O ed. Marine Ecology[M]. London: Wiley, 1971: 705-802.

[8] Xia J R, Li Y J, Zou D H. Effects of salinity stress on PSII in Ulva lactuca as probed by chlorophyll fluorescence measurements[J]. Aquatic Botany, 2004, 80(2): 129-137.

[9] 黄园，刘建国，庞通，等. 盐度降低对长心卡帕藻原初光化学反应的影响[J]. 海洋学报，2010, 32(3): 146-152.

[10] 丁兰平，孙国栋，黄冰心，等. 温度和盐度对刺枝鱼栖苔(*Acanthophora spicifera*)(红藻门，松节藻科)生长及其几种光合色素的影响[J]. 海洋与湖沼，2013, 44(4): 913-918.

[11] 梁洲瑞，王飞久，孙修涛，等. 利用叶绿素荧光技术揭示光照、温度和盐度对鼠尾藻嫩芽的影响[J]. 海洋科学，2011, 35(12): 21-27.

[12] 周亚维，焉婷婷，李朋富，等. 盐度胁迫下盐生隐杆藻抗氧化防御系统的变化[J]. 海洋科学，2010, 34(9): 30-35.

[13] 马兴宇，刘福利，梁洲瑞，等. pH与盐度胁迫对鼠尾藻光合作用及抗氧化系统的影响[J]. 上海海洋大学学报，2014, 23(2): 208-214.

[14] Liu W H, Au D W T, Anderson D M et al. Effects of nutrients, salinity, pH and light: dark cycle on the production of reactive oxygen species in the alga *Chattonella marina*[J].

Journal of Experimental Marine Biology and Ecology, 2007, 346 (1-2): 76-86.

[15] 陈昌生，纪德华，谢潮添，等. 坛紫菜耐低盐品系的选育及经济性状的比较[J]. 集美大学学报(自然科学版), 2009, 14 (1): 1-7.

[16] 檀应华，黄林彬，严兴洪. 坛紫菜耐低盐品系的选育与特性分析[J]. 海洋与湖沼, 2014, 45 (3): 504-512.

[17] Provasoli L. Media and prospects for the cultivation of marine algae. In: Watanabe A, Hattori A eds. Cultures and Collections of Algae, Proceedings of United States and Japan Conference, Hakone[M]. Tokyo, Japan: Japan Society of Plant Physiology, 1968: 63-75.

[18] Jensen A. Chlorophylls and carotenoids. In: Hellebust J A, Craigie J S eds. Handbook of Phycological Methods: Physiological and Biochemical Methods[M]. London, New York, Melbourne: Cambridge University Press, 1978: 61-69.

[19] Siegelman H W, Kycia J H. Algal biliproteins. In: Hellebust J A, Craigie J S eds. Handbook of Phycological Methods: Physiological and Biochemical Methods[M]. London: Cambridge University Press, 1978: 71-79.

[20] Xu Z G, Gao K S. Impacts of UV radiation on growth and photosynthetic carbon acquisition in *Gracilaria lemaneiformis* (Rhodophyta) under phosphorus-limited and replete conditions[J]. Functional Plant Biology, 2009, 36 (12): 1 057-1 064.

[21] Zheng Y Q, Gao K S. Impacts of solar UV radiation on the photosynthesis, growth, and UV-absorbing compounds in *Gracilaria lemaneiformis* (Rhodophyta) grown at different nitrate concentrations[J]. Journal of Phycology, 2009, 45 (2): 314-323.

[22] 钱鲁闽，徐永健，焦念志. 环境因子对龙须菜和菊花心江蓠 N、P 吸收速率的影响[J]. 中国水产科学, 2006, 13 (2): 257-262.

[23] Kursar T A, Alberte R S. Photosynthetic unit organization in a red alga: relationships between light-harvesting pigments and reaction centers[J]. Plant Physiology, 1983, 72 (2): 409-414.

[24] 徐智广，邹定辉，张鑫，等. CO_2 和硝氮加富对龙须菜(*Gracilaria lemaneiformis*)生长、生化组分和营养盐吸收的影响[J]. 生态学报, 2008, 28 (8): 3 752-3 759.

[25] 张娟，姜闯道，平吉成. 盐胁迫对植物光合作用影响的研究进展[J]. 农业科学研究, 2008, 29 (3): 74-80.

[26] Dhiab R B, Ouada H B, Boussetta H et al. Growth, fluorescence, photosynthetic O_2 production and pigment content of salt adapted cultures of *Arthrospira* (*Spirulina*) *platensis*[J]. Journal of Applied Phycology, 2007, 19 (4): 293-301.

[27] Chen M, Tang Y L. Investigation on the detrimental effects of salt stress on photosynthesis of *Spirulina platensis*[J]. Agricultural Science & Technology, 2012, 13 (8): 1 625-1 627, 1 770.

[28] 韩博平，韩志国，付翔. 藻类光合作用机理与模型[M]. 北京：科学出版社, 2003: 114-115.

[28] Figueroa F L, Conde-Álvarez R, Gómez I. Relations between electron transport rates determined by pulse amplitude modulated chlorophyll fluorescence and oxygen evolution in macroalgae under different light conditions[J]. Photosynthesis Research, 2003, 75 (3): 259-275.

[29] Sudhir P, Murthy S D S. Effects of salt stress on basic processes of photosynthesis[J]. Photosynthetica, 2004, 42 (2): 481-486.

（吴海一，丁刚，徐智广）

（载自《海洋与湖沼》2015-09）

薄荷醇麻醉剥离参苗与玻璃海鞘分离的研究

玻璃海鞘(*Ciona intestinalis*)属尾索动物亚门海鞘纲,是沿海常见的附着生物,雌雄同体,繁殖快,附着率高,给水产养殖业和海上设施带来了危害[1]。在刺参苗种工厂化生产期间,自每年6月份开始,玻璃海鞘会大量繁殖,并附着在刺参苗种附着基上,不仅与刺参争夺生活空间和饵料,而且会大量消耗溶解氧,同时还会向水中排泄大量代谢物,从而抑制刺参的生长[2],不同程度地影响刺参苗种培育的产量和质量,是育苗系统中最为常见且危害较大的敌害生物。

多年来,在刺参苗种工厂化生产过程中,尚无有效控制和清除玻璃海鞘种群大量发生的方法,通常只能通过勤倒池和更换附着基来减轻玻璃海鞘的大量繁生,不仅劳动强度大、效率低,而且对玻璃海鞘的清除极不彻底,同时还会不同程度地伤及刺参苗种。目前,国内已开展了玻璃海鞘生殖生物学[3,4]、代谢[1,5]的相关研究,而有关对玻璃海鞘防控及清除技术的研究仍然很少,且多集中在寻找适宜的杀除药物方面[6,7],应用于生产中的杀除效果不甚理想。为有效控制刺参育苗期玻璃海鞘的生长和繁殖,需要在玻璃海鞘附着期及时将其从室内育苗池中清除,或按时将其从附着基上清除。因此,在实际生产中亟须一种劳动强度低、安全高效的清除玻璃海鞘的方法。薄荷醇作为水产麻醉剂已应用在多毛类[8]、双壳类[9]及腔肠类[10],近年来应用在海参类中的研究也已陆续开展[11-13]。本研究选用薄荷醇为麻醉剂,通过对玻璃海鞘和参苗的麻醉剥离试验,探索不同规格参苗适宜的麻醉剥离浓度和时间,以期达到安全高效、快速便捷清除玻璃海鞘的目的,为刺参苗期玻璃海鞘的清除提供有效的技术方法和参考数据。

1 材料和方法

1.1 材料

试验用玻璃海鞘和刺参苗种来自山东省海洋生物研究院鳌山种质资源研究中心实验室,在育苗池中随机抽取玻璃海鞘附着密度为每平方米280～450个的波纹板筐参苗附着基,放入60 L的整理箱中进行暂养。所用刺参苗选取表观正常、肉刺坚挺、健康活力强的个体,按平均体重(L) 0.58 g±0.05 g、(M) 0.32 g±0.05 g、(S) 0.17 g±0.01 g分为大中小3个规格,分别暂养于2 m^3的玻璃钢槽中。每天15:00按参苗体重的3%～6%投喂配合饲料,投饲后停止充气1 h,日换水2/3,3 d全量换水一次,并清除残饵和粪便。试验海水为经过沙滤的自然海水,水温19.4℃ ±0.8℃,盐度30.6～31.8,pH 8.1±0.2,DO > 5.6 mg·L^{-1}。

1.2 麻醉剂配制方法

将薄荷醇晶体 0.56 g 溶解于 99% 的无水乙醇 100 mL 中配制成母液，在每升海水水体中按体积百分比分别加入相应体积的母液配制成体积浓度的麻醉液。

1.3 方法

1.3.1 麻醉剥离及恢复试验

参苗的麻醉剥离及恢复试验均在 60 L 整理箱中进行，在每个整理箱中放入附有玻璃海鞘的波纹板筐，并按大中小三个规格，在每个整理箱中分别放入 30 头参苗，参苗经 48 h 适应、正常附着后进行试验。薄荷醇浓度设置为 0.1%，0.2%，0.3%，0.4%，0.5%，每一个浓度组设两个平行。试验按不同浸泡时间段分为 6 组，浸泡时间分别为 10 min，20 min，30 min，40 min，50 min 和 60 min，在试验过程中，观察玻璃海鞘的脱落情况以及参苗体表及肉刺的变化情况，试验浸泡时间结束后记录自动脱落的参苗数，然后提筐轻轻抖动附着基 10 s，统计抖动后脱落的玻璃海鞘数、参苗数和麻醉的参苗数，最后将附着基及脱落的参苗转移到新鲜的海水中，观察并统计刺参恢复和活动情况。

脱落率、麻醉率和附着率按下式计算：

脱落率（%）＝试验中从附着基上脱落的参苗总数 / 试验参苗总数 ×100%

麻醉率（%）＝试验中麻醉的参苗总数 / 试验参苗总数 ×100%

附着率（%）＝试验中复苏附着的参苗总数 / 试验参苗总数 ×100%

1.3.2 结果判定

参苗脱落和麻醉状态判别标准：经薄荷醇溶液浸泡后，脱离附着基并掉落于整理箱底部即可确认为脱落；当用玻璃棒刺激时无收缩反应并保持静止即可确认为达到麻醉状态。

参苗复苏状态判别标准：初步复苏时活力较弱，在整理箱底部不运动，经外界刺激时有收缩反应，附着力较弱；完全复苏时活力正常，附着于附着基或者容器壁上，呈自由活动爬行状态，附着力较强。

2 结果

2.1 薄荷醇对玻璃海鞘的作用

正常情况下，玻璃海鞘的水孔有规律地进行开闭。试验发现，在浓度 0.5% 的薄荷醇溶液中，部分玻璃海鞘的水孔有收缩的迹象，开闭合节奏与正常情况下不同，说明薄荷醇溶液对玻璃海鞘有一定的麻醉刺激作用。在所有的试验组中，随着麻醉浸泡时间的延长，玻璃海鞘没有出现脱落及死亡的现象，对人为刺激仍有较敏感反应。由试验可以得出，在浓度 0.1%～0.5% 范围内，薄荷醇溶液对玻璃海鞘无脱落和杀除的作用效果。

2.2 薄荷醇对不同规格参苗麻醉剥离的效果及复苏的影响

3 种不同规格参苗在不同浓度薄荷醇溶液中的麻醉剥离效果及恢复情况，如表 1、表 2、表 3 所示。

表1　薄荷醇对小规格参苗的麻醉剥离和复苏附着情况

项目		薄荷醇浓度(%)				
		0.1	0.2	0.3	0.4	0.5
麻醉剥离	10 min 自动脱落率	6.6	16.7	23.3	26.7	38.3
	10 min 抖动脱落率	30.0	70.0	60.0	90.0	100.0
	10 min 麻醉率	13.3	53.3	53.3	90.0	93.3
复苏附着	1 h 复苏附着率	100.0	100.0	100	100.0	100.0
	2 h 复苏附着率	100.0	100.0	100	100.0	100.0
	3 h 复苏附着率	100.0	100.0	100	1000	100.0
麻醉剥离	20 min 自动脱落率	16.7	23.3	33.3	48.3	51.7
	20 min 抖动脱落率	90.0	93.3	100.0	100.0	100.0
	20 min 麻醉率	66.7	90.0	83.3	90.0	100.0
复苏附着	1 h 复苏附着率	100.0	100.0	100.0	100.0	100.0
	2 h 复苏附着率	100.0	100.0	100.0	100.0	100.0
	3 h 复苏附着率	100.0	100.0	100.0	100.0	100.0
麻醉剥离	30 min 自动脱落率	26.7	30.0	36.7	50.0	55.0
	30 min 抖动脱落率	93.3	100.0	100.0	100.0	100.0
	30 min 麻醉率	73.3	90.0	83.3	90.0	100.0
复苏附着	1 h 复苏附着率	100.0	100.0	95.0	91.7	88.3
	2 h 复苏附着率	100.0	100.0	100.0	100.0	100.0
	3 h 复苏附着率	100.0	100.0	100.0	100.0	100.0
麻醉剥离	40 min 自动脱落率	28.3	31.7	38.3	53.3	55.0
	40 min 抖动脱落率	100.0	100.0	100.0	100.0	100.0
	40 min 麻醉率	76.7	95.0	96.7	100.0	100.0
复苏附着	1 h 复苏附着率	100.0	100.0	91.7	88.3	81.7
	2 h 复苏附着率	100.0	100.0	100.0	95.0	93.3
	3 h 复苏附着率	100.0	100.0	100.0	100.0	100.0
麻醉剥离	50 min 自动脱落率	26.7	33.3	40.0	55.0	56.7
	50 min 抖动脱落率	100.0	100.0	100.0	100.0	100.0
	50 min 麻醉率	80.0	96.7	100.0	100.0	100.0
复苏附着	1 h 复苏附着率	100.0	91.7	85.0	85.0	70.0
	2 h 复苏附着率	100.0	100.0	96.7	93.3	91.7
	3 h 复苏附着率	100.0	100.0	100.0	96.7	96.7
麻醉剥离	60 min 自动脱落率	28.3	38.3	46.7	60.0	63.3
	60 min 抖动脱落率	100.0	100.0	100.0	100.0	100.0
	60 min 麻醉率	83.3	98.3	100.0	100.0	100.0

续表

项 目		薄荷醇浓度(%)				
		0.1	0.2	0.3	0.4	0.5
复苏附着	1 h 复苏附着率	95.0	88.3	76.7	70.0	65.0
	2 h 复苏附着率	100.0	96.7	95.0	91.7	83.3
	3 h 复苏附着率	100.0	100.0	100.0	98.3	95.0

表 2 薄荷醇对中规格参苗的麻醉剥离和复苏附着情况

项 目		薄荷醇浓度(%)				
		0.1	0.2	0.3	0.4	0.5
麻醉剥离	10 min 自动脱落率	3.3	3.3	5.0	10.0	26.7
	10 min 抖动脱落率	6.7	10.0	30.0	36.7	70.0
	10 min 麻醉率	0	6.7	23.3	30.0	63.3
复苏附着	1 h 复苏附着率	100.0	100.0	100.0	100.0	100.0
	2 h 复苏附着率	100.0	100.0	100.0	100.0	100.0
	3 h 复苏附着率	100.0	100.0	100.0	100.0	100.0
麻醉剥离	20 min 自动脱落率	6.7	15.0	28.3	33.3	40.0
	20 min 抖动脱落率	53.3	90.0	90.0	96.7	100.0
	20 min 麻醉率	0	63.3	70.0	76.7	86.7
复苏附着	1 h 复苏附着率	100.0	100.0	100.0	100.0	100.0
	2 h 复苏附着率	100.0	100.0	100.0	100.0	100.0
	3 h 复苏附着率	100.0	100.0	100.0	100.0	100.0
麻醉剥离	30 min 自动脱落率	13.3	28.3	33.3	38.3	40.0
	30 min 抖动脱落率	93.3	100.0	100.0	100.0	100.0
	30 min 麻醉率	20.0	80.0	83.3	93.3	100.0
复苏附着	1 h 复苏附着率	100.0	100.0	100.0	100.0	93.3
	2 h 复苏附着率	100.0	100.0	100.0	100.0	100.0
	3 h 复苏附着率	100.0	100.0	100.0	100.0	100.0
麻醉剥离	40 min 自动脱落率	16.7	36.7	45.0	53.3	58.3
	40 min 抖动脱落率	100.0	100.0	100.0	100.0	100.0
	40 min 麻醉率	26.7	83.3	88.3	96.7	100.0
复苏附着	1 h 复苏附着率	100.0	100.0	100.0	91.7	85.0
	2 h 复苏附着率	100.0	100.0	100.0	100.0	100.0
	3 h 复苏附着率	100.0	100.0	100.0	100.0	100.0
麻醉剥离	50 min 自动脱落率	20.0	38.3	46.7	56.7	65.0
	50 min 抖动脱落率	100.0	100.0	100.0	100.0	100.0
	50 min 麻醉率	33.3	85.0	91.7	100.0	100.0

续表

项目		薄荷醇浓度(%)				
		0.1	0.2	0.3	0.4	0.5
复苏附着	1 h 复苏附着率	100.0	100.0	95.0	88.3	81.7
	2 h 复苏附着率	100.0	100.0	100.0	100.0	91.7
	3 h 复苏附着率	100.0	100.0	100.0	100.0	100.0
麻醉剥离	60 min 自动脱落率	26.7	43.3	50.0	63.3	75.0
	60 min 抖动脱落率	100.0	100.0	100.0	100.0	100.0
	60 min 麻醉率	43.3	90.0	98.3	100.0	100.0
复苏附着	1 h 复苏附着率	100.0	91.7	88.3	85.0	70.0
	2 h 复苏附着率	100.0	100.0	95.0	93.3	88.3
	3 h 复苏附着率	100.0	100.0	100.0	100.0	100.0

表 3 薄荷醇溶液对大规格参苗的麻醉剥离和复苏附着情况

项目		薄荷醇浓度(%)				
		0.1	0.2	0.3	0.4	0.5
麻醉剥离	10 min 自动脱落率	6.6	10.0	23.3	45.0	48.3
	10 min 抖动脱落率	23.3	36.7	60.0	70.0	83.3
	10 min 麻醉率	0	3.3	6.7	43.3	43.3
复苏附着	1 h 复苏附着率	100.0	100.0	100.0	100.0	100.0
	2 h 复苏附着率	100.0	100.0	100.0	100.0	100.0
	3 h 复苏附着率	100.0	100.0	100.0	100.0	100.0
麻醉剥离	20 min 自动脱落率	13.3	26.7	53.3	68.3	70.0
	20 min 抖动脱落率	40.0	43.3	73.3	93.3	96.7
	20 min 麻醉率	0	3.3	40.0	63.3	63.3
复苏附着	1 h 复苏附着率	100.0	100.0	100.0	100.0	100.0
	2 h 复苏附着率	100.0	100.0	100.0	100.0	100.0
	3 h 复苏附着率	100.0	100.0	100.0	100.0	100.0
麻醉剥离	30 min 自动脱落率	13.3	30.0	73.3	83.3	93.3
	30 min 抖动脱落率	36.7	73.3	86.7	93.3	100.0
	30 min 麻醉率	0	13.3	63.3	76.7	90.0
复苏附着	1 h 复苏附着率	100.0	100.0	100.0	100.0	100.0
	2 h 复苏附着率	100.0	100.0	100.0	100.0	100.0
	3 h 复苏附着率	100.0	100.0	100.0	100.0	100.0
麻醉剥离	40 min 自动脱落率	16.7	40.0	83.3	86.7	96.7
	40 min 抖动脱落率	40.0	83.3	93.3	100.0	100.0
	40 min 麻醉率	6.7	16.7	70.0	76.7	95.0

续表

项　目		薄荷醇浓度(%)				
		0.1	0.2	0.3	0.4	0.5
复苏附着	1 h 复苏附着率	100.0	100.0	100.0	100.0	100.0
	2 h 复苏附着率	100.0	100.0	100.0	100.0	100.0
	3 h 复苏附着率	100.0	100.0	100.0	100.0	100.0
麻醉剥离	50 min 自动脱落率	20.0	56.7	85.0	93.3	96.7
	50 min 抖动脱落率	40.0	93.3	100.0	100.0	100.0
	50 min 麻醉率	10.0	40.0	70.0	80.0	100.0
复苏附着	1 h 复苏附着率	100.0	100.0	100.0	100.0	100.0
	2 h 复苏附着率	100.0	100.0	100.0	100.0	100.0
	3 h 复苏附着率	100.0	100.0	100.0	100.0	100.0
麻醉剥离	60 min 自动脱落率	20.0	67.7	88.3	90.0	96.7
	60 min 抖动脱落率	70.0	100.0	100.0	100.0	100.0
	60 min 麻醉率	10.0	53.3	76.7	93.3	100.0
复苏附着	1 h 复苏附着率	100.0	100.0	100.0	100.0	88.3
	2 h 复苏附着率	100.0	100.0	100.0	100.0	100.0
	3 h 复苏附着率	100.0	100.0	100.0	100.0	100.0

试验参苗在薄荷醇溶液中随浸泡时间的延长，管足的附着力逐渐降低，当黏附不牢时便自动脱落，参苗的自动脱落率较低，抖动后脱落率显著提高。从总体趋势来看，参苗的脱落率随薄荷醇浓度的增大和浸泡时间的延长而增加。不同规格参苗的剥离效率有较大差别，参苗的自动脱落率随规格的增大而增大，大规格参苗的自动脱落率显著高于中小规格，而抖动脱落率的趋势则相反，在薄荷醇溶液中浸泡 20 min 后，抖动脱落率随规格的减小而增大。浸泡 20 min 时，在 0.1%～0.5%的薄荷醇溶液中的小规格参苗经抖动后，90%以上脱落，在 0.2%～0.5%的薄荷醇溶液中的中规格参苗抖动脱落率也可达 90%以上，而大规格参苗要达到相同的剥离效率，则需要较高的浓度，在浓度 0.4%～0.5%时，浸泡 20 min 时抖动脱落率可达 93.3%以上。其中，浓度 0.5%的薄荷醇溶液剥离效果最好，抖动脱落率达 100%时需时分别为大规格参苗 30 min、中规格参苗 20 min、小规格参苗 10 min；0.1%浓度的薄荷醇溶液对大规格参苗麻醉剥离效果最差，麻醉 40～50 min 的抖动脱落率仅 40%。

参苗的麻醉率随薄荷醇浓度的增大和浸泡时间的延长而增加，大规格参苗麻醉率低于自动脱落率，中小规格的麻醉率高于自动脱落率。同等条件下，规格越大的参苗麻醉率越低，复苏也越快。在浓度 0.1%～0.5%的薄荷醇溶液中，随着浸泡时间的增加，参苗复苏后的附着率逐渐下降，规格越小附着率越低，附着率达 100%所需的时间也越长。当浸泡 30 min 时，在浓度 0.1%～0.5%时，大规格参苗恢复 1 h 的附着率均可达 100%；在浓度 0.1%～0.4%时，中规格参苗恢复 1 h 的附着率可达 100%，而在浓度 0.5%时需恢复 2 h 附着率才达 100%；在浓度 0.1%～0.2%时，小规格参苗恢复 1 h 时的附着率可达 100%，而在浓度0.3%～0.5%时需恢复2 h附着率才达100%。当浸泡60 min时，大规格参苗恢复1 h后，除在浓度0.5%的附着率为88.3%外，附着率均可达100%；在浓度0.1%～0.2%时，中规格参苗恢复2 h附着率可达100%，而在浓度0.3%～0.5%时需恢复3 h附着率才达100%；在浓度0.4%～0.5%时，小规格参苗恢复3 h附着率达95%以上。在麻醉剥离及恢复过程中参苗生理状态均正常，没有出现诸如化皮、排脏等异常现象的过度应激反应，表明在浓度0.1%～0.5%范围内，薄荷醇麻醉剥离刺参苗种是安全有效的。

试验结果表明：浓度0.4%～0.5%的薄荷醇对大规格参苗的剥离效果较好，麻醉20 min的抖动脱落率可达93.3%以上；浓度0.2%～0.5%的薄荷醇溶液对中规格的剥离效果较好，麻醉20 min的抖动脱落率可达90%以上；浓度0.1%～0.5%的薄荷醇溶液对小规格的剥离效果均较好，浓度0.4%～0.5%的薄荷醇溶液麻醉10 min，或浓度0.1%～0.3%的薄荷醇溶液麻醉20 min，抖动脱落率均可达90%以上，麻醉剥离的参苗经过1 h的恢复后附着率均可达100%。

3 讨论

3.1 刺参苗期敌害生物——玻璃海鞘的清除

玻璃海鞘是刺参生产过程中极为常见的主要敌害生物，目前尚无有效控制其种群大量发生的方法，一直是困扰刺参室内育苗及养殖的难题。在无脊椎动物生活史中，常出现2个不同的发育阶段：一为浮游生活阶段，二为固着生活阶段[14]。玻璃海鞘的幼虫浮游期较短，在刺参苗种培育过程中，可通过加大换水量、换水时对海水进行过滤等方法来预防玻璃海鞘的附着。长期以来，应对玻璃海鞘大量滋生仅能通过人工清除或化学药物杀除的方法，既费时费力又增加了生产成本，同时对参苗和海水水质也均有不同程度的影响和危害。王印庚等研究的利用中草药组合杀除玻璃海鞘的方法低毒、无害，通过每天药浴24小时后换水、连续3天后倒池、7天后更换附着基[7]，可达到良好的杀除玻璃海鞘效果。但是，与其他或传统清除玻璃海鞘的方式不同的是，本试验采用薄荷醇对参苗进行麻醉使之脱离附着基，而玻璃海鞘可能由于体外套有一层类似植物纤维素的被囊的原因，在薄荷醇作用下无应激和脱落的现象发生，从而达到参苗与玻璃海鞘分离的效果。此种方法极大提高了清除效率和清除效果，劳动强度小且对刺参无任何毒副作用，为安全高效的清除玻璃海鞘提供了新的思路和途径。

3.2 薄荷醇麻醉剥离刺参脱离附着基的效果

海洋无脊椎动物与外部表面的附着主要分为两类：一是分泌黏物质使身体固定在附着基上；二是靠身体的运动器官，使身体固定在附着基上，这类动物用器官的变化和分泌的黏液来移动换位，如刺参靠管足和触手黏附于基质上[15]，可以用物质刺激其运动器官使其脱离附着基，当刺参的附着力无法抵消重力时刺参便脱落。据研究报道，酒精[15]、盐度[15]、氯化钾[16]等均有刺激刺参收缩而脱落的作用，但这些物质对刺参刺激性较大，易引起刺参身体收缩、体表棘刺及口收入体内，更有甚者引起刺参排脏或皮肤受损而化皮。韩莎等研究表明，在薄荷醇溶液浓度小于4%时对仿刺参麻醉安全有效[11]，刺参不仅能够较快地达到麻醉状态，且能在短时间内复苏达到良好的自然状态，能够正常摄食并保持较好的活力，无化皮或排脏等不良现象。在麻醉剥离参苗脱离附着基与玻璃海鞘分离的试验中发现，参苗在麻醉后管足伸展呈直立状态，附着力逐渐下降，在重力作用下自动脱落或者轻微抖动便可脱落，剥离效果较佳，不仅剥离效率高，而且剥离后可以迅速恢复正常活动和附着。

不同规格参苗的剥离效率有较大的差异，自动脱落率与参苗的体重和麻醉程度均相关。大规格参苗因自身体重较大，自动脱落率明显高于中小规格。但同等情况下，薄荷醇对中小规格麻醉程度高于大规格，因此中小规格的抖动脱落率要高于大规格。试验中还发现，在一定的薄荷醇浓度下，随浸泡时间的增加抖动脱落率增加不显著，但麻醉率显著增加。在麻醉剥离过程中，提高效率与降低对苗种的损伤无疑都是非常重要的，单一麻醉处理不能使刺参完全自动脱落。因此，适当地辅助一定程度的手工操作，如选用抖动附着基的方式，不仅能够大大提高参苗的剥离效率，同时还可以避免参苗受过度麻醉的影响，对参苗的迅速恢复是非常必要的。综合不同规格苗种的抖动脱落效果及恢复情况考虑，可以得出：大规格刺参选用浓度为0.4%～0.5%的薄荷醇溶液，中规格刺参选用浓度为0.2%～0.5%的薄荷醇溶液麻醉剥离20 min，小规格刺参选用浓度为0.4%～0.5%薄荷醇溶液麻醉剥离10 min，或选用浓度0.1%～0.3%薄荷醇溶液剥离20 min的剥离效果较佳，抖动脱落率均可达90%以上甚至100%，麻醉剥离后刺参经1 h即可完全恢复到自然状态，可以正常活动、附着与摄食。

据研究，薄荷醇在水温高时作用效果更好[13]。因此，在刺参苗种生产中应根据不同水温环境，适当调节麻醉剂的使用剂量和作用时间，建立清除玻璃海鞘的技术工艺，为有效清除玻璃海鞘和工厂化刺参苗种安全生产提供可靠的技术方法。同时，针对玻璃海鞘的不同发育阶段，探求其适宜的清除方法，诸如在浮游期，通过电灭卵装置进行海水处理的方式，在固着期，通过查找抑制玻璃海鞘生长的生物来控制玻璃海鞘的生长和繁殖等，有待于今后进一步试验研究。

此外，在刺参育苗生产中，不同规格的刺参要定期进行分级培育，不同规格苗种的筛选，剥离作业必不可少，传统分苗方式不仅损伤参苗，而且分苗后通常会施用化学药物来避免刺参的病害发生和应激反应。因此，为减轻在分苗环节中的劳动强度，提高分苗效率并降低或避免对参苗的损伤，采用薄荷醇麻醉剥离使其脱离附着基不失为一种行之有效的方法。

参考文献

[1] 郑成兴．大亚湾海鞘类的生态．大亚湾海洋生态文集(Ⅱ)[M]．北京：海洋出版社，1990，397-403.

[2] 王印庚，荣小军，张春云，等．养殖海参主要疾病及防治技术 [J]．海洋科学，2005，29(3)：1-7.

[3] 吕豪，檀永凯．玻璃海鞘胚胎发育的研究 [J]．大连水产学院学报，2006，21(4)：357-360.

[4] 吕豪，李霞，檀永凯．刺参培育池中玻璃海鞘生殖腺组织学的初步研究 [J]．水产科学，2008，27(2)：89-91.

[5] 张继红，方建光．几种常见海鞘的呼吸代谢的研究［J］．中国水产科学，2000，7（1）：16-19.

[6] 周书衍，王印庚，李胜忠，等．刺参育苗系统中的敌害生物——玻璃海鞘的杀除试验［J］．渔业科学进展，2009，30（2）：14-19.

[7] 王印庚，陈宗阳，廖梅杰，等．一种中草药复方对刺参苗期玻璃海鞘的杀除效果［J］．水产科技情报，2013，40（5）：245-249.

[8] Costa-paiva E. M, Paiva P C, Klautau M. Anaesthetization and fixation effects on the morphology of sabellid polychaetes[J]. Journal of the Marine Biological Association of the United Kingdom, 2007, 87: 1 127-1 132.

[9] Anorton J H, Dashorst M, Lansky T M, Mayer R J. An evaluation of some relaxants for use with pearl oysters[J]. Aquaculture, 1996, 144: 39-52.

[10] 杨海萍，王储庆，吴建平，等．几种麻醉剂对中华仙影海葵的麻醉效果的比较［J］．水产养殖，2015，36（4）：8-13.

[11] 韩莎，胡炜，李成林，等．薄荷醇对仿刺参幼参的麻醉效果［J］，海洋科学，2016，40（3）：10-16.

[12] Yusuke Yamana, Tatsuo Hamano, Ken-ichi Yamamoto. Anesthetizer of the adult sea cucumber *Apostichopus japonicus*[J]. Nippon Suisan Gakkaishi, 2005, 71 (3) : 299-306.

[13] Satoshi W, Jacques M Z, Joemel G S, et al. Size measurement and nutritional condition evaluation methods in sandfish (Holothuria scabra Jaeger) [J]. Aquaculture Research, 2012, 43: 940-948.

[14] 李太武，苏秀榕，迟庆宏，等．柄海鞘生殖系统的组织学研究［J］．辽宁师范大学学报：自然科学版，2000，23（3）：35-40.

[15] 王吉桥，王玉琴，张玉满，等．几种物质使刺参脱离附着基效果的比较［J］．水产科学，2012，31（2）：83-88.

[16] Ito S. Study on the technical development of the mass production for sea cucumber juveniles, *Stichopusja ponicus*[J]. Saga Prefectural Sea Farming Center, March 1995, Technical Report.

（张艳萍，韩莎，李成林，赵斌，胡炜）

（载自《海洋科学》2016-07）

硫酸镁对仿刺参幼参麻醉效果的研究

仿刺参属于棘皮动物门（Echinodermata）海参纲（Holothroidea）刺参属（*Stichopus*），具有较高的营养和经济价值，是北方沿海海水养殖的重要优势经济品种。仿刺参无骨骼支撑，当环境变化时身体极易收缩变形，尤其是在对其进行解剖和体长测量等人工操作时应激反应较大，但通过麻醉的方法可以对仿刺参的过度应激反应起到很好的缓解或消减作用。在水产养殖中，对鱼类和虾类的麻醉研究最为透彻[1-5]，海参类麻醉研究较少，而采用硫酸镁作为麻醉剂在仿刺参横切解剖[6]、体壁缝合[7]和体长测量[8]等方面已有相应的研究报道。与其他麻醉剂一样，硫酸镁在使用过程中，不同的种类、规格、状态以及不同水温条件下，所需的麻醉剂量是不同的。目前，针对这些不同的相关因子对仿刺参麻醉效果影响的相关研究尚未见报道。本试验研究了在不同水温条件下硫酸镁对仿刺参的麻醉效果，比较了在相同水温条件下硫酸镁对不同规格仿刺参的麻醉效果及恢复状态，旨在为硫酸镁应用于仿刺参的麻醉研究工作提供可靠的基础数据与相关的关键技术参数。

1 材料与方法

1.1 试验材料

试验用仿刺参取自本实验室培育的苗种，选取体表正常、肉刺坚挺、健康活力强的幼参，分别设置大规格（L）40.26 g±1.84 g、中规格（M）21.83 g±1.72 g、小规格（S）11.03 g±1.63 g 三种不同规格的仿刺参。试验前将不同规格仿刺参分别暂养于玻璃钢槽中。

试验用海水为经过沙滤的自然海水，盐度 30.2～31.4，pH 8.1±0.2，DO＞5.3 $mg \cdot L^{-1}$。

试验用麻醉剂为硫酸镁，将硫酸镁晶体直接溶解于沙滤海水中稀释至试验所需浓度备用。

1.2 试验方法

1.2.1 仿刺参麻醉和复苏状态的判定

仿刺参在试验前 24 h 停止投饲，麻醉前 20 min 将其捞出放入解剖盘中沥水，使其自然排出体腔内的水分，然后放入配制好的硫酸镁麻醉液中进行麻醉。

当仿刺参身体不再伸缩，保持静止，口周围触手完全舒展，刺激时身体和口周围触手均无伸缩反应时即达到麻醉状态。仿刺参达到麻醉状态后即可对其进行体长测量，之后将体表冲洗干净并放入洁净的海水中进行复苏，当仿刺参口周围触手收缩至自然状态，开始正常活动爬行时即达到复苏状态。

1.2.2 不同规格仿刺参的麻醉试验

试验设置 3 个硫酸镁浓度梯度，分别为 0.1 mol·L^{-1}，0.25 mol·L^{-1}，0.35 mol·L^{-1}，在水温 15℃条件下进行麻醉试验，试验设置 3 个平行组，每个平行用仿刺参 6 头，当仿刺参进入麻醉状态后，及时取出放入清洁海水中进行复苏，记录麻醉和复苏的时间。

1.2.3 不同水温条件下的麻醉试验

试验设置 6 个水温梯度，分别为 11℃，13℃，15℃，17℃，19℃，21℃，硫酸镁浓度为 0.1 mol·L^{-1}，选取中规格仿刺参为试验对象，试验设置 3 个平行组，每个平行用仿刺参 6 头，当仿刺参进入麻醉状态后，及时取出放入清洁海水中进行复苏，记录麻醉和复苏的时间。

1.2.4 仿刺参体长的测量

随机选取仿刺参 10 头，其中以中规格居多，对选取的仿刺参进行体长测量，重复测量 5 次并记录测量数据作为对照组，然后将其放入浓度为 0.1 mol·L^{-1} 的硫酸镁溶液中进行麻醉，当仿刺参达到麻醉状态时取出进行体长的测量，重复测量 5 次并记录测量数据作为麻醉组，每次测量前将仿刺参放入麻醉液中麻醉 5 min 后再进行测量。最后统计体长的变异系数 CV，CV 的计算公式如下：

$$CV=(SD/\bar{x})\times 100\%$$

其中，CV 为变异系数，SD 为标准偏差，$\bar{x}$ 为平均值。

1.3 试验数据分析

试验数据采用 spss 软件进行统计分析，统计值均用平均值 ± 标准差表示($\bar{x}\pm SD$)，以 $P<0.05$ 表示差异显著。

2 结果

2.1 不同浓度硫酸镁对仿刺参幼参的麻醉效果

不同规格仿刺参麻醉和复苏所需的时间如图 1、图 2 所示。当硫酸镁浓度为 0.1 mol·L^{-1} 时，大、中、小规格仿刺参麻醉所需时间分别为 19.28 min±4.70 min，17.93 min±2.8 min，12.02 min±4.98 min，复苏所需时间分别为 11.69 min±5.24 min，11.84 min±3.56 min，15.98 min±8.42 min；当硫酸镁浓度为 0.25 mol·L^{-1} 时，大、中、小规格仿刺参麻醉所需时间分别为 19.4 min±6.27 min，13.65 min±0.81 min，5.64 min±3.38 min，复苏所需时间分别为 14.85 min±6.92 min，14.5 min±7.23 min，16.53 min±6.97 min；当硫酸镁浓度为 0.35 mol·L^{-1} 时，大、中规格仿刺参麻醉所需时间分别为 15.98 min±2.54 min，13.09 min±0.45 min，复苏所需时间分别为 15.18 min±10.5 min，15.98 min±2.54 min。

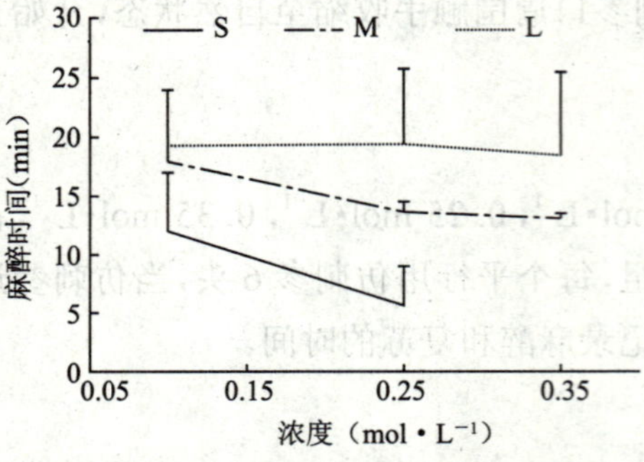

图 1　不同浓度硫酸镁对仿刺参麻醉时间的影响

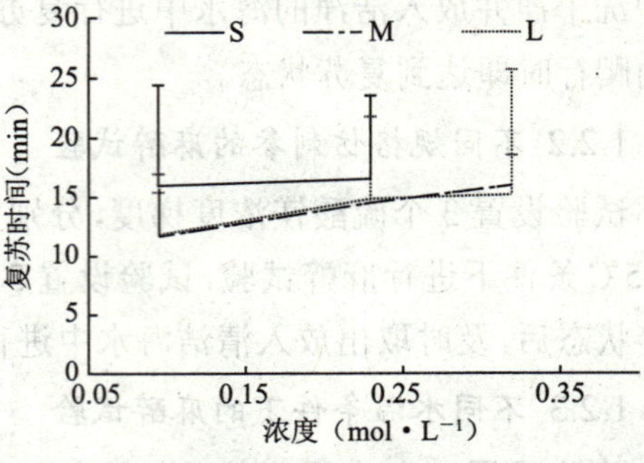

图 2　不同浓度硫酸镁对仿刺参复苏时间的影响

结果显示，在相同水温条件下，随着硫酸镁浓度的升高，不同规格仿刺参呈现不同的麻醉效果。小规格仿刺参在 0.35 $mol \cdot L^{-1}$ 硫酸镁溶液中身体蜷缩不舒展，棘收缩，口周围触手完全不伸展，始终未达到麻醉状态，而对其麻醉后长时间恢复不到正常状态，麻醉效果较差。此外，3 种不同规格仿刺参麻醉所需时间随浓度升高均表现出缩短的趋势，复苏所需时间均表现出增加的趋势。在相同麻醉浓度条件下，较大规格仿刺参麻醉所需时间较长，而较小规格仿刺参复苏所需时间较长。不同规格仿刺参之间及不同硫酸镁浓度之间麻醉效果存在显著差异（$P < 0.05$）。

2.2 不同水温条件下硫酸镁对仿刺参幼参的麻醉效果

在不同水温条件下，硫酸镁麻醉仿刺参所需的麻醉时间和复苏时间如图 3 所示。由图中可以明显看到，随着水温的升高对仿刺参麻醉所需时间逐渐缩短。在水温 11℃时，麻醉所需时间为 28.34 min±5.09 min，复苏所需时间为 26.13 min±17.78 min；在水温 13℃时，麻醉所需时间为 25.31 min±4.24 min，复苏所需时间为 44.54 min±12.6 min；在水温 15℃时，麻醉所需时间为 24.92 min±3.2 min，复苏所需时间为 58.48 min±16.8 min；在水温 17℃时，麻醉所需时间为 24.01 min±3.48 min，复苏所需时间为 53.01 min±22.61 min；在水温 19℃时，麻醉所需时间为 21.47 min±3.52 min，复苏所需时间为 71.05 min±12.32 min。在水温 21℃时，仿刺参麻醉时的试验状态与其他水温段有着明显的不同，麻醉全程中幼参身体蜷缩不舒展，棘收缩，口周围触手完全不伸展，始终未达到麻醉状态。

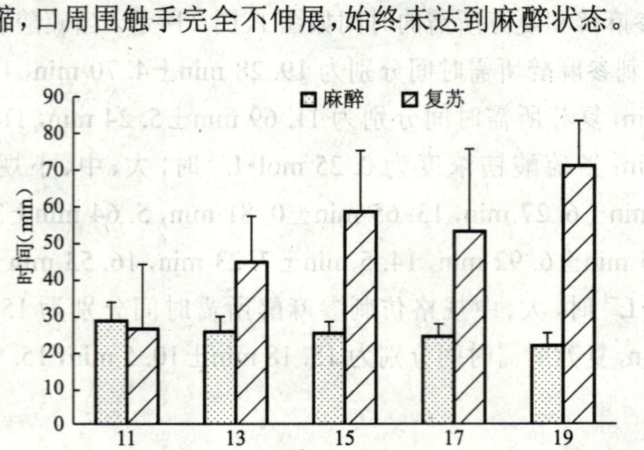

图 3　不同温度下硫酸镁对仿刺参的麻醉效果

由此可以看出，在水温 11～19℃的范围内，随着温度的升高，仿刺参麻醉时间从 26. 13 min±17. 78 min 缩短到 21. 47 min±3. 52 min，缩短幅度较小，而复苏时间从 26. 13 min ±17. 78 min 增加到 71. 05 min±12. 32 min，增加幅度较大。统计结果显示，在硫酸镁浓度相同的条件下，水温对仿刺参麻醉效果有显著影响（$P < 0.05$）。

2. 3 麻醉对仿刺参体长测量的影响

基于不同规格仿刺参麻醉效果的试验研究结果，在体长测量试验中选用了 0. 1 mol·L^{-1} 的硫酸镁对 10 头仿刺参进行了麻醉，并对麻醉前后仿刺参的体长进行了测量，测量结果如图 4、图 5 所示。从图中可以明显看出，对照组个体的体长测量值较为分散，测量差值（最大值与最小值之差）较大，范围在 9 ～ 47 mm（26. 8 mm±11. 9 mm，$n = 10$）之间，CV 为 5%～ 20. 1%；而麻醉组个体测量值虽然也有波动，但测量值相对较为集中稳定，测量差值范围在 2 ～ 6 mm（3. 6 mm±1. 11 mm，$n = 10$）之间，CV 降低到 0. 7%～2. 9%。统计结果显示，麻醉前后仿刺参体长的测量结果有显著性差异（$P < 0.05$），麻醉明显提高了仿刺参体长测量的准确率。

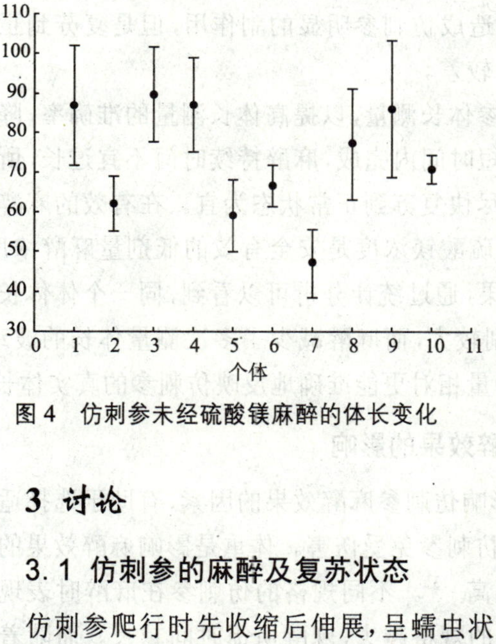

图 4　仿刺参未经硫酸镁麻醉的体长变化

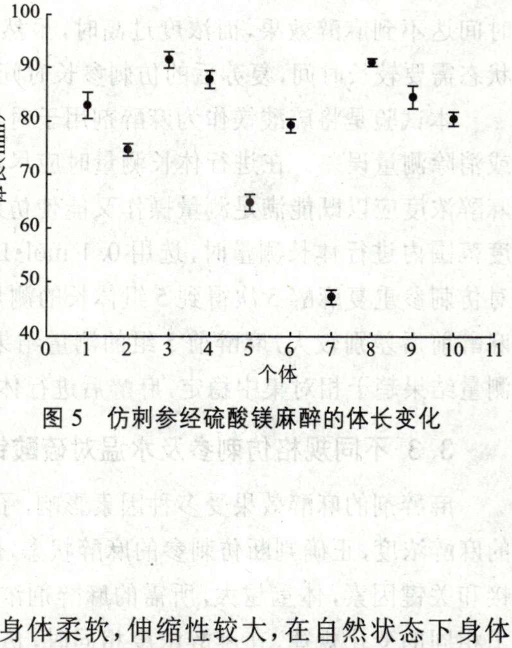

图 5　仿刺参经硫酸镁麻醉的体长变化

3 讨论

3. 1 仿刺参的麻醉及复苏状态

仿刺参爬行时先收缩后伸展，呈蠕虫状 [10]，身体柔软，伸缩性较大，在自然状态下身体完全伸展，当受到外界刺激时易收缩。为降低对仿刺参的应激反应，在进行麻醉处理时应尽量保持其相对的自然状态，麻醉过程中身体和棘不能出现显著收缩，尽量使其身体和触手呈自然伸展的状态，以此来提高测量数据的准确性，也便于试验操作的顺利进行。基于本试验研究的麻醉与复苏的判定标准，在目前有关试验研究报道中适宜仿刺参的麻醉剂种类较少，仅有硫酸镁和薄荷醇 [11, 12]，而在鱼虾类中广泛应用的丁香酚和 2- 苯氧乙醇 [9] 不适于仿刺参的麻醉。

仿刺参在不同的麻醉剂及不同麻醉浓度下表现出不同的麻醉行为，呈现诸如身体舒展收缩或蜷缩、棘收缩，口周围触手伸展程度以及体壁和棘异常、褪色或化皮等状况，而且同一麻醉行为出现的时间节点与麻醉药物种类、浓度以及水温环境等均有密切的关系。这是因为，仿刺参缺少像鱼类呼吸、平衡性[2,3]等易判断麻醉状态的指标，因此麻醉分期较为困难。何舟等大体将硫酸镁麻醉仿刺参过程中不同麻醉和复苏阶段的行为特征进行了描述[9]，而本试验研究是根据仿刺参身体及触手对外界碰触的反应及身体是否自主运动作为仿刺参麻醉效果的判断依据，在试验中通过观察发现，仿刺参进入麻醉状态后可以见到的明显表观特征变化较少，麻醉程度的准确界定相对比较困难，但通过对仿刺参的复苏时间长短、活动状态以及存活与摄食状态的变化可以较好地反映出一些区别。因此，仿刺参麻醉标准尚待进一步的试验研究并加以规范。

3.2 硫酸镁对仿刺参的麻醉作用

以硫酸镁作为仿刺参的麻醉剂，用于仿刺参活体的再生横切、创口缝合以及体长测量等试验研究已有相关报道，但不同规格以及不同水温条件等相关因子对麻醉效果的影响尚未见报道。在本研究中，硫酸镁作为仿刺参幼参麻醉剂在适宜浓度下，可以起到很好的镇静与麻醉效果，安全有效，而且不易引起吐肠或化皮等不良应激反应。但在试验中也观察到硫酸镁作为仿刺参麻醉剂存在一定的局限性，适宜仿刺参麻醉的浓度范围较窄，浓度过低致使长时间达不到麻醉效果，而浓度过高时，虽然没有造成仿刺参明显的副作用，但是复苏到正常状态需要较长时间，复苏后的仿刺参长时间活力较差。

本试验是将硫酸镁作为麻醉剂用于对仿刺参体长测量，以提高体长测量的准确率，降低或消除测量误差。在进行体长测量时应尽量在短时间内完成，麻醉持续时间不宜过长，所以麻醉浓度应以既能满足测量操作又能使仿刺参尽快复苏到正常状态为宜。在有效的麻醉浓度范围内进行体长测量时，选用 0.1 $mol\cdot L^{-1}$ 的硫酸镁浓度是安全有效的低剂量麻醉浓度，对仿刺参重复麻醉 5 次得到 5 组体长的测量结果，通过统计分析可以看到，同一个体体长在麻醉前后差别较大，麻醉前 5 组的测量结果差别较大，而麻醉减少了多次测量体长的波动，测量结果趋于相对集中稳定，麻醉后进行体长测量相对更能准确地反映仿刺参的真实体长。

3.3 不同规格仿刺参及水温对硫酸镁麻醉效果的影响

麻醉剂的麻醉效果受多种因素影响，了解影响仿刺参麻醉效果的因素，有助于选择适宜的麻醉浓度，正确判断仿刺参的麻醉状态，保证仿刺参免受伤害。体重是影响麻醉效果的直接和关键因素，体重越大，所需的麻醉剂浓度越高[13]。不同规格的仿刺参在麻醉时表现出了相同的变化规律，在麻醉浓度相同时，仿刺参的规格越大，麻醉所需时间越长。而随着硫酸镁浓度的升高，麻醉所需时间表现出缩短的趋势，复苏所需时间表现出增加的趋势。以硫酸镁为麻醉剂对仿刺参的麻醉和复苏时间在个体之间存在较大差异。根据不同规格仿刺参麻醉试验结果我们认为，小规格仿刺参的适宜麻醉浓度范围为 0.1 ～ 0.25 $mol\cdot L^{-1}$，大、中规格仿刺参的适宜麻醉浓度范围为 0.25 ～ 0.35 $mol\cdot L^{-1}$，适宜的麻醉时间以不超过 0.5 h 为宜，这与何舟确定的硫酸镁麻醉浓度 0.3 ～ 0.4 $mol\cdot L^{-1}$ 和麻醉时间 1 h 是不同的，存在较大差异，并且本试验研究结果在选择仿刺参适宜麻醉浓度时更为系统全面地考虑了规格及复苏时间等实际因素。

在仿刺参麻醉过程中还必须要综合考虑水温等环境因素，仿刺参的生理活力与水温有密切关系。研究表明，在一定水温范围内，水温越高，刺参代谢越快，当超过一定温度后，仿刺参代谢逐渐降低，活动减少[14]。通过仿刺参在同一麻醉浓度、不同水温梯度下麻醉效果的变化可以看到，当水温在 10 ～ 20℃时，随水温的升高，仿刺参麻醉时间逐渐缩短，复苏时间却显著增加，水温对硫酸镁麻醉效果有显著影响。当水温超过 20℃时，大中规格仿刺参生理活动有较大的变化，麻醉时仿刺参生理上明显出现诸如身体蜷缩、口周围触手不舒展的状态，同时，麻醉后长时间难以恢复到正常状态，且恢复后活力较差。经分析，此时大中规格仿刺参基本接近夏眠或处于夏眠前期，代谢降低，活动减弱，对外界的刺激敏感性明显降低，表现出麻醉效果不明显。因此，在水温 20℃以上时，对于体重大于 20 g 的仿刺参一般不宜进行麻醉。

目前，麻醉剂对仿刺参麻醉时是否有副作用尚不得而知，也未有人进行相关的试验研究，评价麻醉对仿刺参生理活动的影响仅处在表观判断层面上，仿刺参麻醉程度的界定标准尚待进一步明确与规范，以其体内抗氧化酶活力作为麻醉监测指标来评估麻醉剂残留对仿刺参生理状况是否有影响有待今后进一步的探讨和研究。

参考文献

[1] 刘长琳，陈四清，何力，等．MS-222 对半滑舌鳎成鱼的麻醉效果研究 [J]．中国水产科学，2008，15（1）：92-99.

[2] 赵明，柳学周，徐永江，等．MS-222 麻醉圆斑星鲽成鱼效果研究 [J]．海洋科学进展，2010，28（4）：531-537.

[3] 关健，官曙光，郑永允，等．2- 苯氧乙醇和丁香酚对许氏平鲉幼鱼麻醉效果的实验研究 [J]．渔业科学进展，2010，31（6）：22-28.

[4] 黄雪芹，孔杰，张天封，等．丁香酚对中国幼虾麻醉效果的研究 [J]．安徽农业科学，2008，36（22）：9 572-9 574.

[5] 万正平，王梅芳，李双波，等．苯佐卡因和乙二醇苯醚对企鹅珍珠贝麻醉效果的研究 [J]．热带生物学报，2012，3（1）：16-20.

[6] 聂竹兰，李霞．仿刺参横切再生的研究 [J]．大连水产学院学报，2008，23（1）：77-80.

[7] 赵丽娜，李霞，李雅娟，等．仿刺参体壁手术缝合方法的研究 [J]．大连水产学院学报，2013，28（3）：277-280.

[8] 魏杰，常亚青，聂竹兰，等．准确测量活体刺参体长的方法 [P]．200710010174. 6，2009-3-11.

[9] 何舟，宋坚，常亚青，等．不同麻醉剂对刺参幼参麻醉效果的比较研究 [J]．中国农学通报，2014，30（2）：95-99.

[10] 杨威．刺参的形态与习性 [N]．中国科学报，2012-12-13.

[11] Yusuke Yamana，Tatsuo Hamano，Ken-ichi Yamamoto. Anesthetizer of the adult sea cucumber *Apostichopus japonicas*[J]. Nippon Suisan Gakkaishi，2005，71（3）：299-

306.
[12] Satoshi Watanabe, Jacques MaralesZarate, JoemelGentelizoSumbing, et al. Size measurement and nutritional condition evaluation methods in sandfish (Holothuriascabra jaeger) [J]. Aquaculture research, 2012, 43: 940-948.
[13] 刘长琳，何力，陈四清，等. 鱼类麻醉研究综述 [J]. 渔业现代化，2007，34 (5)：21-25.
[14] 梁政远，安丽娜，缪凌鸿，等. 丁香油对鲤鱼和罗非鱼的麻醉作用 [J]. 水产学杂志，2009，22 (1)：42-46.

（韩莎，胡炜，李成林，赵斌，严芳）

（载自《海洋湖沼通报》2016-08）

薄荷醇对仿刺参幼参的麻醉效果

仿刺参(*Apostichopus japonicas*)养殖产业已成为继海带、对虾、扇贝及海水鱼类养殖之后的第五次海水养殖产业浪潮 [1]，近年来随着养殖规模的不断扩展，系统开展仿刺参遗传育种研究已成为当前人们的关注热点以及产业发展的重点。在仿刺参选育以及实际生产中，体长与体重的准确定量是进行育种与生产的关键指标参数，但因仿刺参具有独特的生理生态学特性，其体长与体重易受环境因素的影响，且变化较大，为其体长的准确测量带来很大困难，至今尚未形成有关仿刺参体长测量的统一标准。麻醉可以使仿刺参短暂地保持静止，达到减小误差、准确测量体长的目的。因此，有学者开始尝试运用麻醉的方法进行仿刺参体长的准确测量。目前，相关麻醉方法的研究主要集中在鱼虾贝等水产生物 [2-6]，麻醉剂多选用 MS-222、丁香酚、2-苯氧乙醇、苯佐卡因和乙二醇苯醚等，而有关海参麻醉方法的研究较少，仅有以硫酸镁 [7,8]、丁香酚 [8]、乙二醇苯醚 [8] 和薄荷醇 [9] 进行仿刺参体长测量的相关试验研究。同时，麻醉剂的麻醉效果受多种因素的影响，其中，种类、体重和温度是影响麻醉效果的重要因素，目前对仿刺参麻醉效果的影响因素的相关研究仍鲜有报道。

薄荷醇(menthol)，又名薄荷脑，化学名为5-甲基-2-异丙基-环己醇，有抑制中枢系统、止痛镇静等作用 [10]，被美国 FDA 视为安全无副作用的麻醉药物，具有悠久的药用历史 [11]，广泛应用在医药(局部麻醉剂、镇痛膏)、食品等行业。作为水产麻醉剂已应用在多毛类 [12]、双壳类 [13] 及腔肠类 [14]，在海参类如仿刺参 *A. japonicus* 成参 [9] 和糙海参 *H. scabra* 幼参 [15] 中也有应用研究，但尚未见有关仿刺参幼参麻醉效果的研究报道。本研究使用薄荷醇对不同规格的仿刺参幼参进行了麻醉试验，比较分析了不同浓度的薄荷醇以及不同水温条件对仿刺参幼参的麻醉效果，旨在为薄荷醇应用于仿刺参的麻醉和体长的准确测量提供可靠的技术方法和基础理论依据。

1 材料与方法

1.1 试验材料

选取本实验室培育的表观正常、肉刺坚挺、健康活力强的仿刺参，按平均体质量分为大规格(L) 42.37 g±1.99 g、中规格(M) 22.91 g±1.03 g、小规格(S) 12.09 g±1.51 g 3 种规格，分别暂养于有效水体 0.2 m^3 的玻璃钢槽中，每个玻璃钢槽中放置 20～40 头，24 h 连续微量充气，每天 15:00 定时按体重 5%～8% 投喂配合饲料，投饲后停止充气 1 h。日换水

2/3，3 d 全量换水一次，并清理残饵和粪便。试验海水为经过沙滤的自然海水，盐度 33，pH 8. 2，DO ＞ 6 $mg \cdot L^{-1}$。

1. 2 试验方法

1.2.1 麻醉剂的配制

将薄荷醇晶体 0. 56 g 溶解于 100 mL 无水乙醇中配制成母液，然后按试验设计加入沙滤海水配制成不同体积浓度的薄荷醇海水溶液作为麻醉液。

1.2.2 仿刺参安全有效麻醉浓度的筛选

设置 0. 1%，0. 25%，0. 5%，1%，2%，4%，6%，8%，10% 9 个薄荷醇体积浓度梯度，每个浓度梯度组选用 10 头中规格仿刺参进行试验，在试验前 24 h 停止喂食，麻醉前 20 min 将其捞出放入解剖盘中沥水 20 min，使其自然排出体腔内的水分，然后放入 20 L 的塑料整理箱中进行麻醉，薄荷醇麻醉液体积为 10 L。当仿刺参身体不再伸缩，保持静止，口周围触手完全舒展，刺激时身体和口周围触手均无伸缩反应时即达到麻醉状态。仿刺参达到麻醉状态后即可对其进行体长的测量，之后将体表冲洗干净并放入洁净的海水中进行复苏，当仿刺参口周围触手收缩至自然状态，开始正常活动爬行时即达到复苏状态 [8]。观察仿刺参在麻醉及复苏过程中的行为特征以及体表的变化，并记录达到麻醉和复苏的时间，确定薄荷醇对仿刺参安全有效的麻醉浓度范围。

1.2.3 浓度梯度的设置

根据筛选的安全有效的麻醉浓度，随机选取 3 种规格仿刺参各 6 头，在(15±0. 2) ℃水温下，分别放入体积浓度为 0. 25%，0. 5%，1% 的薄荷醇海水溶液中进行麻醉，并设 3 个平行组，记录麻醉和复苏时间。

1.2.4 温度梯度的设置

根据不同浓度薄荷醇对仿刺参的麻醉效果，选取体积浓度为 0. 5% 的薄荷醇海水溶液。随机选取中规格仿刺参各 6 头，分别在 11℃，13℃，15℃，17℃，19℃，21℃的 6 个水温梯度下进行麻醉试验，设 3 个平行组，记录麻醉和复苏的时间。

1.2.5 仿刺参体长的测量

试验前随机选取仿刺参 10 头，对选取的仿刺参进行体长的测量，重复测量 5 次并记录测量数据作为对照组，然后将仿刺参放入浓度为 0. 5% 的薄荷醇中进行麻醉，达到麻醉状态时取出进行体长的测量，重复测量 5 次并记录测量数据作为麻醉组，每次测量前重新将仿刺参放入麻醉液中浸浴 5 min 后再进行测量。最后统计体长的变异系数 CV，CV 的计算公式如下：

$$CV = (SD/\bar{x}) \times 100\%$$

其中，CV 为变异系数，SD 为标准偏差，$\bar{x}$ 为平均值。

1.2.6 数据分析

试验数据采用 spss 软件进行统计分析，统计值均用平均值 ± 标准差表示($\bar{x}$±SD)，以 $P < 0.05$ 表示差异显著。

2 结果

2.1 不同浓度薄荷醇对仿刺参幼参的麻醉反应及效果筛选

表1　不同浓度薄荷醇对仿刺参的麻醉反应

麻醉浓度（%）	麻醉时间（min）	麻醉及复苏过程中的行为特征	复苏时间（min）	复苏率（%）
0.1	—	—	—	100
0.25	21～36	正常	6～13	100
0.5	18～27	正常	7～15	100
1	13～20	正常	10～21	100
2	10～17	正常	24～48	100
4	9～13	正常	38～53	100
5	8～12	正常	43～58	90
6	—	身体蜷缩，棘收缩，口周围触手不完全伸展	—	60
8	—	身体蜷缩，棘平滑并有所褪色，呈白化状，口周围触手不伸展	—	—
10	—	身体蜷缩，体表大面积褪色，出现化皮状况，口周围触手不伸展	—	—

注："-"表示无试验数据，"1"表示观察时间为1 h。

不同浓度的薄荷醇对仿刺参的麻醉反应见表1。通过各浓度组对仿刺参幼参的麻醉反应观察发现，薄荷醇的麻醉效果与浓度呈正相关关系。在薄荷醇浓度为0.1%时，仿刺参麻醉1 h仍达不到麻醉效果；当浓度为0.25%～5%时，对仿刺参麻醉效果较好，表现在40 min内可达到麻醉状态，在麻醉过程中仿刺参棘坚挺，身体受刺激不断伸缩舒展，口周围触手完全舒展，而且经复苏1 h之内幼参可进行正常的活动，活力较好，无异常现象。当浓度低于4%时，复苏率为100%；当浓度为5%时，复苏率降到90%；当浓度为6%～10%时，麻醉效果较差，在麻醉和复苏过程中仿刺参出现不同程度的异常现象，具体表现在麻醉过程中身体蜷缩，棘有不同程度的收缩，口周围触手不完全舒展，并伴随麻醉浓度的增大，棘逐渐由钝圆变得平滑，口周围触手呈现完全不舒展紧闭的状态，而且出现该现象的个体逐渐增多，在复苏过程中仿刺参活力较差，个别个体棘逐渐出现化皮的现象；当浓度达到10%时，除上述现象外，体表还出现大面积的褪色，而复苏后仿刺参活动迟缓，棘柔软不坚挺，棘及体表出现不同程度的化皮现象，部分幼参身体僵硬，形态固定，随着复苏时间的延长也难以恢复到正常状态。结果显示，在0.25%～4%的浓度范围内，仿刺参幼参能够较快地达到麻醉状态，且在短时间内复苏达到良好的自然状况，能够正常摄食并保持较好的活力，是安全有效的麻醉浓度。

2.2 不同浓度薄荷醇对仿刺参幼参的麻醉效果

不同规格仿刺参麻醉和复苏所需的时间如图1和图2所示。当薄荷醇浓度为0.25%时，小规格仿刺参麻醉时间为13.34 min±3.02 min，复苏时间为9.18 min±1.77 min；中规格仿刺参麻醉时间为24.83 min±5.96 min，复苏时间为6.76 min±4.84 min；大规格仿刺参麻醉时间为26.90 min±5.09 min，复苏时间为8.23 min±4.04 min。当薄荷醇浓度为0.5%时，小规格仿刺参麻醉时间为10.74 min±3.02 min，复苏时间为13.78 min±3.41 min；中规格仿刺参麻醉时间为19.06 min±4.85 min，复苏时间为6.24 min±3.65 min；大规格仿刺参麻醉时间为18.67 min±2.61 min，复苏时间为21.41 min±5.09 min。当薄荷醇浓度为1%时，小规格仿刺参麻醉时间为7.58 min±4.32 min，复苏时间为15.81 min±4.24 min；中规格仿刺参麻醉时间为12.84 min±6.26 min，复苏时间为9.67 min±6.98 min；大规格仿刺参麻醉时间为13.34 min±2.61 min，复苏时间为28.17 min±4.9 min。

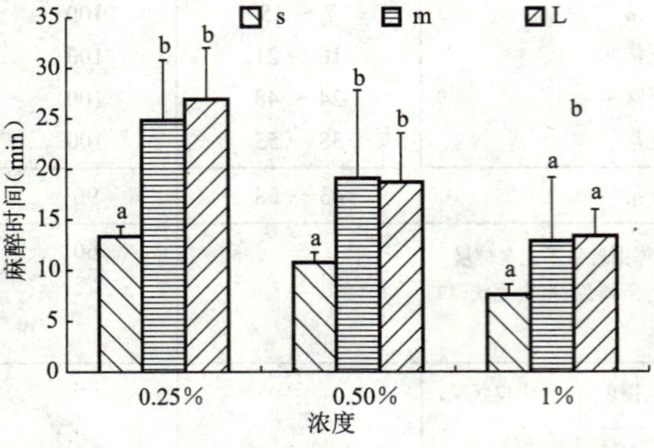

图1　不同浓度的薄荷醇对仿刺参麻醉时间的影响

注：图中不同字母表示麻醉时间存在显著差异。

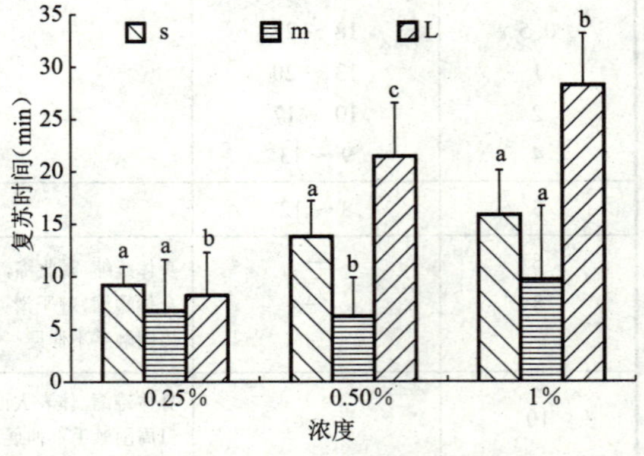

图2　不同浓度的薄荷醇对仿刺参复苏时间的影响

注：图中不同字母表示复苏时间存在显著差异。

结果显示，在相同水温条件下，随薄荷醇浓度的升高，3种规格的仿刺参麻醉所需时间表现出缩短的趋势，而复苏所需时间表现出增加的趋势。但不同规格的变化幅度不同，规格越大的仿刺参，受麻醉浓度的影响越大，变化幅度亦越大。在相同麻醉浓度条件下，规格越大的仿刺参麻醉所需时间越长，复苏所需时间也相应地延长，不同浓度组对大规格幼参麻醉及复苏时间影响显著（$P < 0.05$），而对中小规格不显著。薄荷醇浓度及仿刺参规格对麻醉及复苏所需时间均有显著影响。

2.3 不同水温下薄荷醇对仿刺参幼参的麻醉效果

不同水温下薄荷醇对仿刺参麻醉和复苏的效果如图3所示。在水温11℃时，麻醉时间为15.62 min±1.31 min，复苏时间为13.61 min±4.85 min；在水温13℃时，麻醉时间为13.84 min±0.87 min，复苏时间为13.07 min±6.26 min；在水温15℃时，麻醉时间为14.74 min±1.02 min，复苏时间为8.48 min±3.54 min；在水温17℃时，麻醉时间为14.11 min±0.65 min，复苏时间为12.13 min±8.39 min；在水温19℃时，麻醉时间为12.17 min±0.21 min，复苏时间为28.10 min±7.35 min。试验中观察发现，在19℃水温组中有极个别仿刺参幼参出现棘收缩的现象，在水温21℃时，仿刺参麻醉或者复苏的试验状态均有别于其他水温段，身体蜷缩不舒展，棘也收缩，口周围触手完全不伸展，身体反应异常，始终未进入麻醉状态，且恢复到正常状态也较为缓慢，所需时间为43.26 min±9.44 min。从图中可以看到，在水温从11～19℃的范围内，随着温度的升高，仿刺参麻醉所需时间从15.62 min±1.31 min缩短到12.17 min±0.21 min，差异不显著（$P > 0.05$），但复苏时间明显增加，从13.61 min±4.85 min增加到28.10 min±7.35 min，差异显著（$P < 0.05$）。其中，

15℃温度组的复苏时间最短，为 8. 48 min±3. 54 min。不同水温下相同浓度的薄荷醇对仿刺参麻醉效果有显著差异($P < 0.05$)。

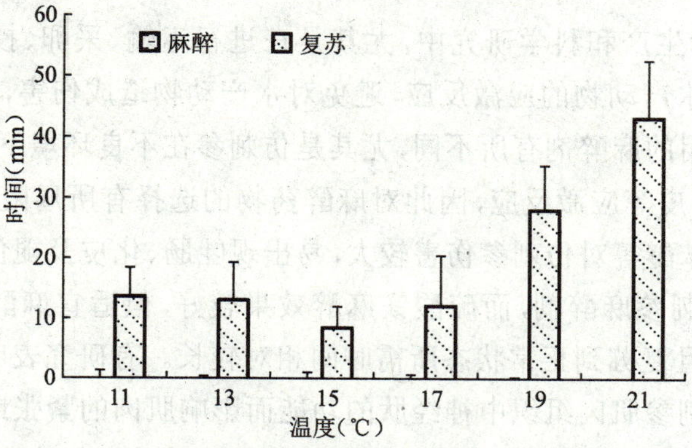

图 3 不同温度下薄荷醇对仿刺参的麻醉效果

注：水温 21℃下无麻醉时间。

2. 4 麻醉对仿刺参体长的影响

仿刺参的体长在麻醉前后重复测量 5 次的结果如表 2 所示。对照组体长测量值较为分散，测量差值（最大值与最小值之差）为 9 ~ 29 mm(18. 9 mm±9. 5 mm, $n = 10$)，CV 为 5. 2% ~ 18. 9%；麻醉组测量值趋于相对集中稳定的趋势，测量差值为 4 ~ 8 mm (6. 3 mm±2. 9 mm, $n = 10$)，CV 降低到 1. 6% ~ 3. 1%。统计结果显示，麻醉前后 CV 从 10. 9%下降到 2. 4%，体长的平均值从 73. 5 mm±15. 3 mm 增加到 80. 8 mm±12. 9 mm，麻醉前后仿刺参体长的测量结果有显著性差异($P < 0.05$)。

表 2 仿刺参麻醉前后体长的变化

序号	对照组			麻醉组		
	体长范围(mm)	变异系数(%)	体长平均值(mm)	体长范围(mm)	变异系数(%)	体长平均值(mm)
1	45 ~ 64	13. 3	57. 4±7. 6	63 ~ 67	2. 5	67. 8±1. 6
2	49 ~ 68	13. 5	55. 4±7. 5	63 ~ 67	2. 2	65. 2±1. 5
3	51 ~ 62	8. 2	56. 8±4. 7	58 ~ 62	2. 7	59. 8±1. 6
4	61 ~ 79	9. 3	70±6. 5	73 ~ 77	2	74. 8±1. 5
5	66 ~ 75	5. 2	70. 6±3. 6	81 ~ 86	2. 4	83±2.
6	68 ~ 89	11. 8	77. 8±9. 2	94 ~ 98	1. 6	96±1. 6
7	80 ~ 96	8. 9	87. 2±7. 7	87 ~ 93	2. 6	89. 4±2. 3
8	68 ~ 108	18. 9	82. 6±15. 6	88 ~ 93	2. 3	90. 6±2. 1
9	82 ~ 98	6. 8	88. 8±6. 1	89 ~ 94	2. 3	91. 6±2. 1
10	76 ~ 105	13	92±12	89 ~ 97	3. 1	92. 6±2. 912
平均		10. 9	73. 5±15. 3		2. 4	80. 8±12. 9

注：水温 15. 2℃，薄荷醇浓度 0. 5%。

3 讨论

3.1 不同浓度薄荷醇对仿刺参的麻醉效果

在水产养殖实际生产和科学研究中，尤其是在进行运输、采卵、授精、标志及称量等操作过程时，为降低对水产动物的应激反应，避免对水产动物造成伤害，麻醉剂的使用越来越广泛，不同物种所适用的麻醉剂有所不同，尤其是仿刺参在不良环境下或者在受到较大刺激时极易发生排脏或化皮等应激反应，因此对麻醉药物的选择有所局限。鱼虾类常用的麻醉剂如丁香酚、乙二醇苯醚等对仿刺参伤害较大，易出现吐肠、化皮及褪色等现象，麻醉效果不理想，不适宜作为仿刺参麻醉剂，而硫酸镁麻醉效果较好，但适宜麻醉的浓度范围较窄，为0.3～0.4 $mol \cdot L^{-1}$，且复苏到正常状态所需时间相对较长。有研究表明，薄荷醇作为一种麻醉剂，可通过抑制仿刺参肌肉组织中神经肽的功能而影响肌肉的紧张或放松，但这种抑制是可逆的[15]。当薄荷醇作用于动物皮肤和表面黏膜时，在浓度4%以下时表现出清凉及刺激和局麻的作用，当浓度高于6%时，会有灼烧感[16]，这与本试验研究的仿刺参麻醉作用效果是基本一致的。通过对仿刺参表观麻醉行为特征的观察可以得出，薄荷醇浓度的安全有效浓度范围宽泛，在浓度0.25%～4%的范围内仿刺参幼参都能够较快地达到麻醉状态，且在短时间内复苏达到良好的自然状况，能正常摄食并保持较好的活力。

3.2 体重、温度对薄荷醇麻醉效果的影响

麻醉剂的麻醉效果与麻醉生物的种类、生理状态、体重和水温、溶氧等环境条件等因素密切相关，其中体重和水温是影响麻醉效果的关键因素。

在鱼类研究中，一般来说，体重对麻醉剂的安全浓度和有效浓度起着重要的作用，体重越大，所需的麻醉剂浓度越高[17]。本试验发现在相同水温条件下，经相同时间进入麻醉状态的大规格幼参所需麻醉剂浓度要高于小规格幼参，与鱼类研究结果类似。其原因可能是通常情况下同一种水产生物的体重越大，耗氧率越低[18]。因此，在相同条件下，幼参体重越大，呼吸代谢强度越低，单位时间内摄入的麻醉液量少，达到麻醉和复苏状态所需的时间会相应的更长。

水温是影响麻醉剂麻醉效果的重要环境因素之一[19]，在麻醉浓度相同时，随着水温的升高，麻醉效果逐渐增强，麻醉所需时间逐渐缩短。有研究表明，在一定的水温范围内，水温越高，薄荷醇的麻醉效果越好[15]。本试验在水温11～19℃范围中，在相同浓度的薄荷醇作用下，随水温的升高，仿刺参麻醉时间呈缩短的趋势，复苏时间呈增加的趋势，这一试验结果与水温对鱼类[18]、贝类[6]、虾类[19]的影响效果是不尽相同的。这是因为水温越高时，鱼虾贝的呼吸频率越快，单位时间内摄入或排出体内的麻醉药液量越多，因此麻醉和复苏时间均相应缩短。当水温超过19℃时个别幼参出现棘收缩的现象，尤其在水温21℃时麻醉的仿刺参出现身体蜷缩、棘收缩、口周围触手完全不伸展、平均复苏时间明显延长等现象，用低浓度薄荷醇麻醉幼参时麻醉状态基本相同，这与鱼类在高水温下进入麻醉状态所需的麻醉浓度较低不同[3]。分析认为，这可能与仿刺参自身的生理特性有关，因仿刺参具有体表、呼吸树双重呼吸特性[20]，温度直接影响到呼吸代谢的强度，温度越高影响较大。但当水温在21℃

以上时，麻醉时幼参的呼吸代谢可能受到较强抑制，因此，在麻醉过程中表现出的状态与其他温度段有较大差异，麻醉效果不甚理想，不适宜对仿刺参进行麻醉。

3.3 麻醉对仿刺参体长的影响

在进行仿刺参体长测量时，体长的变异系数反映出测量值的离散程度，变异系数越大，说明测量结果越分散，越不稳定。本试验研究可以看出，对照组体长变异系数较大，而麻醉组变异系数明显减小，两者差异显著($P < 0.05$)，说明薄荷醇的麻醉抑制了仿刺参身体的收缩和舒展，不仅使体长多次测量值趋于稳定，而且也更能准确地反映仿刺参的真实体长。仿刺参体长测量操作需时短，基于麻醉时间以及麻醉后复苏时间过长或过短均不利于尽快完成相关操作的要求，故要选择适宜的麻醉浓度完成测量操作，这对在短时间内复苏并恢复到正常状态，确保对仿刺参不产生过度的应激或造成伤害，显得非常重要。针对本试验中仿刺参的麻醉程度、麻醉时间和复苏时间来综合分析，可以看出，在薄荷醇浓度为0.25%时，大中规格的仿刺参麻醉时间较长而复苏较快，未能达到有效的麻醉程度，会导致体长测量结果有误差。由此可以得出，在进行麻醉测量体长时，对体质量20 g以上的幼参适宜的麻醉浓度范围为0.5%～1%，对体质量20 g以下的幼参适宜的麻醉浓度范围为0.25%～0.5%，这样可以显著提高测量体长的准确性，而20 g以下的糙海参适宜的薄荷醇浓度为2% [15]，这可能与海参种类及生活环境习性有关。当然，仿刺参在麻醉和复苏的过程中存在较大的个体差异，同时水温、盐度、溶氧等环境因素也有交互性影响，因此在进行科学试验及实际生产中，应视实际情况对麻醉剂量进行灵活调整。

综上所述，说明薄荷醇对仿刺参幼参具有较好的麻醉效果，且无毒副作用，价格低廉，安全可靠。因此，薄荷醇可以作为仿刺参很好的麻醉剂应用于科学试验和实际生产中，尤其是应用于对其体长的准确测量方面。另外，根据麻醉用途的不同，今后有待于深入探讨以薄荷醇作为麻醉剂在生产中其他方面的应用研究开发，如通过对稚幼参麻醉剥离进行高效分苗或清除敌害生物等。

参考文献

[1] 李成林，宋爱环，胡炜，等. 山东省刺参养殖产业现状分析与可持续发展对策 [J]. 渔业科学进展，2008(31)：126-133.

[2] 刘长琳，陈四清，何力，等. MS-222对半滑舌鳎成鱼的麻醉效果研究 [J]. 中国水产科学 . 2008, 15(1)：92-99.

[3] 赵明，柳学周，徐永江，等. MS-222麻醉圆斑星鲽成鱼效果研究 [J]. 海洋科学进展，2010, 28(4)：531-537.

[4] 关健，官曙光，郑永允，等. 2-苯氧乙醇和丁香酚对许氏平鲉幼鱼麻醉效果的实验研究 [J]. 渔业科学进展，2010, 31(6)：22-28.

[5] 黄雪芹，孔杰，张天时，等. 丁香酚对中国幼虾麻醉效果的研究 [J]. 安徽农业科学，2008, 36(22)：9 572-9 574.

[6] 万正平，王梅芳，李双波，等. 苯佐卡因和乙二醇苯醚对企鹅珍珠贝麻醉效果的研究[J]. 热带生物学报，2012，3（1）：16–20.

[7] 魏杰，常亚青，聂竹兰，等. 准确测量活体刺参体长的方法 [P]. 200710010174. 6，2009–3–11.

[8] 何舟，宋坚，常亚青，等. 不同麻醉剂对刺参幼参麻醉效果的比较研究 [J]. 中国农学通报，2014，30（2）：95–99.

[9] Yusuke Yamana，Tatsuo Hamano，Ken–ichi Yamamoto. Anesthetizer of the adult sea cucumber *Apostichopus japonicas*[J]. Nippon Suisan Gakkaishi，2005，71（3）：299–306.

[10] 梁呈元，李维林，张涵庆，等. 薄荷醇成分及其药理作用研究进展 [J]. 中国野生植物资源，2003，22（3）：9–12.

[11] 花盈，狄留庆. 薄荷油的基础研究及其应用开发 [J]. 世界临床药物，2006，27（8）：505–512.

[12] Costa–paiva E. M，Paiva P C and Klautau M. Anaesthetization and fixation effects on the morphology of sabellid polychaetes[J]. Journal of the Marine Biological Association of the United Kingdom，2007，87：1 127–1 132.

[13] Anorton J H，Dashorst M，Lansky T M and Mayer R J. An evaluation of some relaxants for use with pearl oysters[J]. Aquaculture，1996，144：39–52.

[14] 杨海萍，王储庆，吴建平，等. 几种麻醉剂对中华仙影海葵的麻醉效果的比较 [J]. 水产养殖，2015，36（4）：8–13.

[15] Satoshi W，Jacques M Z，Joemel G S，et al. Size measurement and nutritional condition evaluation methods in sandfish（Holothuria scabra Jaeger）[J]. Aquaculture Research，2012，43：940–948.

[16] 程阔菊，王晖，陈垦. 薄荷醇安全性研究进展 [J]. 辽宁中医杂志，2010，37（2）：377–380.

[17] 刘长琳，何力，陈四清，等. 鱼类麻醉研究综述 [J]. 渔业现代化，2007，34（5）：21–25.

[18] 包杰，姜宏波，董双林，等. 棘皮动物呼吸代谢研究进展 [J]. 海洋湖沼通报，2013，（1）：85–89.

[19] 梁政远，安丽娜，缪凌鸿，等. 丁香油对鲤鱼和罗非鱼的麻醉作用 [J]. 水产学杂志，2009，22（1）：42–46.

[20] 蔡诤，董宏标，王军，等. 浓度和温度对丁香酚麻醉日本囊对虾效果的影响 [J]. 海洋科学，2012，36（2）：29–36.

[21] 董云伟，董双林，田相利，等. 不同水温对刺参幼参生长、呼吸及体组成的影响 [J]. 中国水产科学，2005，12（1）：33–37.

（韩莎，胡炜，李成林，赵斌，严芳）

（载自《海洋科学》2016–03）

低盐环境对3种规格刺参(*Apostichopus japonicus*)幼参生长与消化酶活力的影响

刺参(*Apostichopus japonicus*)属棘皮动物门(Echinopermata)、海参纲(Holothurodiea)、楯手目(Aspidochirotida)、刺参科(Stichopodidae)、仿刺参属(*Apostichopus*),是我国常见海参种类中营养价值最高,深受消费者喜爱的品种[1]。近年来随着人民生活水平的提高和保健意识的增强,刺参市场需求剧增,刺激了养殖业的蓬勃发展[2]。目前刺参产业带由传统的自然分布区域拓展到其他沿海地区,其中包括山东省黄河三角洲与丁字湾等盐度偏低且不稳定海区[3],开展低盐环境对刺参生长影响的研究不仅可为刺参健康养殖提供基础数据,还可以为刺参适养区域的拓展提供参考。

盐度是海水养殖环境中的重要生态因子,其变化对水产动物的生长和消化生理活动有显著影响[4],而消化酶则是决定机体营养吸收与生长性能的重要因素。近年来有关盐度对消化酶影响方面的相关研究对象主要为鱼类[5-7]和虾类[8-10],而研究盐度对刺参影响的相关报道多集中于生存和生长方面[2, 11-13],涉及较低盐度特别是长期低盐环境对刺参消化酶活力影响的研究报道尚不多见。本研究重点探讨了低盐环境条件对不同规格刺参幼参生长及消化酶活力的影响,旨在探明低盐环境下刺参幼参各生长阶段的消化生理状态,为刺参耐低盐品系的选育研究提供技术支撑,并为养殖生产中水体盐度环境的调控提供参考。

1 材料与方法

1.1 试验材料

试验用刺参于2013年4月采集于山东省莱阳市水产养殖总公司刺参生态养殖池塘,运输至山东省海洋生物研究院种质资源研究中心鳌山卫实验室进行试验。设置3种不同规格的刺参为研究对象,大规格(L)平均体质量28.37 g±3.21 g,中规格(M)平均体质量7.52 g±1.25 g,小规格(S)平均体质量2.03 g±0.68 g。刺参运到实验室后,按不同规格分别暂养在多个水族箱中,连续充气,使其适应实验室环境(盐度31,pH 8.1±0.2,水温16～18℃)。暂养期间,日投喂刺参专用配合饲料1次,投饵量为刺参总重的3%～5%,同时按配合饲料与海泥重量比为1:5的比例搭配投喂海泥。选取表观正常、肉刺完整挺直、健康无病的刺参作为试验对象。

1.2 试验设计

设置16,18,20,22,24 5个不同盐度处理组,以盐度31的自然海水为对照组。试验开始前,用经自然曝晒的自来水与自然海水混合的方式降低盐度,每天降低两个盐度单位,直至达到试验盐度,并在试验盐度条件下对刺参进行驯化养殖5 d。驯化结束后,禁食48 h,分别将刺参放置于水族箱(45 cm×35 cm×30 cm)中,按刺参规格不同,每个水族箱内放入大规格刺参10头、中规格刺参20头、小规格刺参30头,每个处理设置3个平行组。试验进行30 d。

1.3 日常管理

试验期间连续充气,每天全量换水1次,用虹吸法清除残饵与粪便,换水前后水温差<1℃,盐度差<1。每天17:00投喂饲料1次。

1.4 测定方法与数据计算

1.4.1 特定生长率(SGR)的测定

试验开始前,停止投喂48 h,将刺参肠道内食饵及粪便排空后,将每个水族箱内刺参取出称质量,初始体为W_0(g);试验结束后,同样停止投喂48 h,将刺参排空肠道内食饵及粪便后,将每个水族箱内的刺参取出称重,结果体质量为W_t(g)。称重时,首先将刺参取出阴干10 min,然后用吸水纸将刺参体表水分吸干,尽量避免体表水分所引起的称量误差。其中t为试验持续的时间(d)。刺参特定生长率SGR(%·d^{-1})采用以下公式计算:

$$\mathrm{SGR}(\%\cdot d^{-1}) = 100\times(\ln W_t - \ln W_0)/t$$

1.4.2 消化酶活力的测定

取试验刺参,沿腹部剪开,取出消化道,剔除呼吸树,用超纯水冲洗干净,在-80℃超低温冰箱中保存。试验时取肠组织置于玻璃匀浆器中,加入10倍体积预冷的超纯水,在冰浴条件下匀浆20 min,在高速冷冻离心机中(0~4℃,1 000 r·min^{-1})离心30 min,所得上清液置于冰箱保存待测[14]。

刺参肠道蛋白酶、淀粉酶和脂肪酶活力测定所需试剂均购买于南京建成生物技术公司,使用其生产的相对应试剂盒(蛋白酶、淀粉酶和脂肪酶试剂盒编号分别为A080-1、C016、A054)进行测定。3种消化酶测定原理、酶单位定义及测定操作方法均参照试剂盒说明书。

酶液中蛋白质含量的测定:以标准牛血清蛋白作标准,采用考马斯亮蓝G-250法测定。各种酶活力均以比活力表示,即每毫克可溶性蛋白质所含酶活力单位数。1.4.3 数据统计试验数据利用SPSS 17.0软件进行单因子方差分析和多重比较,以$P<0.05$作为不同处理之间显著差异的标志。

2 结果

2.1 低盐环境对刺参特定生长率的影响

低盐环境中3种不同规格刺参特定生长率的变化如表1所示。在盐度16~24范围内,3种规格刺参特定生长率随盐度的升高而升高。盐度低于20时,3种规格刺参特定生长率均为负值，刺参体质量表现为负增长。盐度 16 时，刺参特定生长率最小，与其他各盐度试验组及对照组差异显著($P < 0.05$)；盐度 31 时，刺参特定生长率最大，L、M、S 3 种规格分别为 0.83%·d^{-1}，0.81%·d^{-1}，0.98%·d^{-1}。在盐度 18～24 范围内，大、小规格刺参各试验组特定生长率与对照组差异显著($P < 0.05$)；盐度高于 20 时，中规格刺参试验组特定生长率与对照组差异不显著($P > 0.05$)。

表 1　不同盐度下 3 种规格刺参特定生长率 SGR (%·d^{-1})

规格	盐度					
	16	18	20	22	24	31
L	−0.77±0.19^{a}	−0.57±0.21^{b}	−0.08±0.14^{b}	0.10±0.17^{c}	0.12±0.24^{c}	0.83±0.24^{d}
M	−0.52±0.25^{a}	−0.32±0.12^{a}	0.34±0.21^{b}	0.64±0.30^{bc}	0.73±0.26^{c}	0.81±0.27^{c}
S	−0.74±0.12^{a}	−0.58±0.34^{a}	−0.45±0.10^{b}	0.14±0.25^{b}	0.55±0.14^{c}	0.98±0.21^{d}

注：同行中标有不同字母者表示组间差异显著($P < 0.05$)。

经试验前渐变式降盐驯化，在低盐环境中的 3 种规格试验刺参全程无死亡。当盐度为 16 和 18 时，刺参身体不能正常自然伸展，体表疣突逐渐趋向钝圆平滑，多数个体匍匐在水槽底部，吸附能力差，几乎不摄食、残饵多，粪便极少。盐度 20 时，刺参个体活动能力较强，摄食量增大，粪便增多。当盐度高于 20 时，刺参身体能够自然伸展，疣突尖长，活动能力强，能够自由爬行，附着在槽壁上，摄食量大，粪便明显增多，与自然海水盐度条件下的状态相比未见明显异常，试验结束时刺参体质量明显增加。

2.2 低盐环境对刺参消化酶活力的影响

2.2.1 低盐环境对刺参蛋白酶活力的影响

不同盐度对 3 种不同规格刺参消化道蛋白酶活性的影响如图 1 所示。在盐度 16～24 范围内，刺参消化道蛋白酶活性随盐度的提高而升高。在盐度 16 时，3 种规格刺参肠道蛋白酶活性均达到最低水平，与对照组差异显著($P < 0.05$)；盐度 24 时，蛋白酶活性均达到最高水平，与对照组差异不明显($P > 0.05$)。

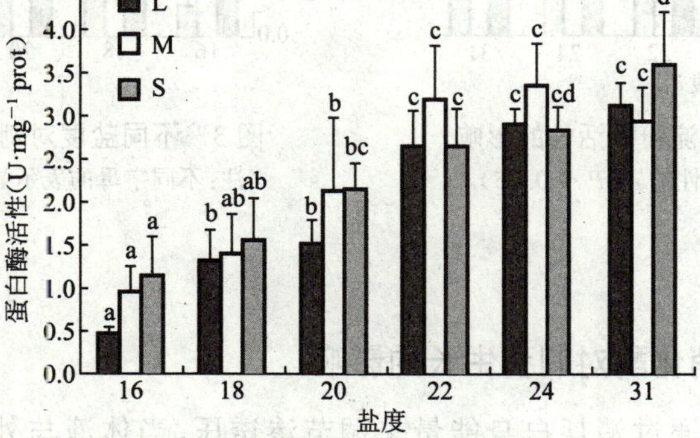

图 1　不同盐度对刺参蛋白酶活力的影响

注：不同字母的表示显著性差异($P < 0.05$)。

在盐度从 20 升至 22 时，大、中两种规格刺参肠道蛋白酶活性均显著升高($P < 0.05$)；小规格刺参肠道蛋白酶活性在盐度 20 和 22 时无显著差异($P > 0.05$)。此外，在同一盐度水平下，不同规格的刺参蛋白酶活性有差异。在盐度 16 时，中、小规格刺参蛋白酶活性高于大规格刺参。但随盐度升高，大规格刺参蛋白酶活性急剧升高，当盐度高于 20 时，不同规格刺参蛋白酶活性均可以维持在较高水平。

2.2.2 低盐环境对刺参淀粉酶活性的影响

不同盐度对 3 种不同规格刺参消化道淀粉酶活性的影响如图 2 所示。在盐度 16～24 范围内，刺参肠道淀粉酶活性呈现随盐度的增高而升高的趋势。盐度 16 时，3 种规格刺参肠道淀粉酶活性均处于最低水平。盐度 16 和 18 试验组中，大规格刺参淀粉酶活性与对照组差异不显著($P > 0.05$)；当盐度从 18 升高至 20 时，淀粉酶活性升高；盐度 20, 22, 24 试验组淀粉酶活性无显著差异($P > 0.05$)，与其他试验组及对照组差异显著($P < 0.05$)。中规格刺参淀粉酶活性在盐度 22 升至 24 时出现显著增高($P < 0.05$)，小规格刺参淀粉酶活性在盐度 20 升至 22 时出现类似的变化规律。

2.2.3 低盐环境对刺参脂肪酶活性的影响

不同盐度对 3 种不同规格刺参消化道脂肪酶活性的影响如图 3 所示。在盐度 16～24 范围内，刺参肠道脂肪酶活性呈现随盐度的提高而升高的变化趋势，同蛋白酶及淀粉酶活性变化趋势基本一致。当盐度降至 16 时，3 种规格刺参肠道脂肪酶活性均处于最低水平，与对照组有明显差异($P < 0.05$)；在盐度 24 时，脂肪酶活性达到最大，与低于盐度 22 的各试验组有明显差异($P < 0.05$)。大规格刺参肠道脂肪酶活性在盐度 20 升至 22 时显著增高($P < 0.05$)，小规格刺参是在 22 升至 24 时脂肪酶活性显著增高($P < 0.05$)。

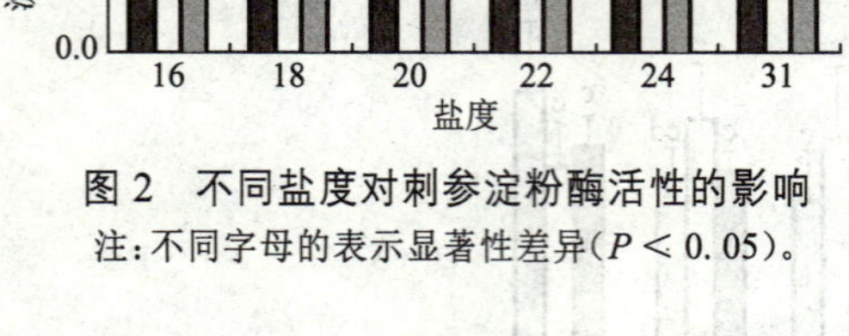

图 2 不同盐度对刺参淀粉酶活性的影响

注：不同字母的表示显著性差异($P < 0.05$)。

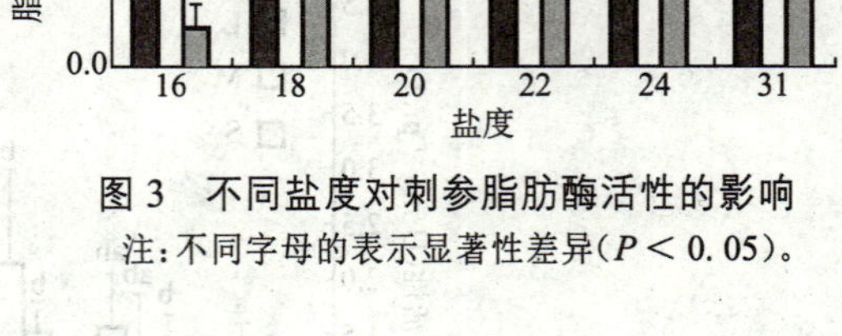

图 3 不同盐度对刺参脂肪酶活性的影响

注：不同字母的表示显著性差异($P < 0.05$)。

3 讨论

3.1 低盐环境与消化酶对刺参生长的影响

自然界中水生动物通过消耗自身能量来调节渗透压，当体液与外界水体的渗透压相等时，机体消耗能量最少 [12, 15]。在本研究中，当盐度高于 22 时，刺参活力强，活动频繁，摄食旺盛，生长速度快；盐度低于 22 高于 20 时，刺参生长较为缓慢；当盐度低于 20 时，刺参用于调节渗透压的耗能增大，出现负生长，3 种不同规格的刺参均呈现这一生长规律。

消化酶活性与水产动物的营养吸收和生长关联密切。刺参肠道内含有的消化酶种类繁多，蛋白酶、淀粉酶和脂肪酶就是其中主要的3种消化酶。蛋白酶是一种内源性消化酶，分布在刺参消化道内各个部位，活性最高；淀粉酶也是刺参主要的消化酶，活性仅次于蛋白酶[2, 14]；脂肪酶同蛋白酶一样同属内源性消化酶[16]，在刺参消化酶（蛋白酶、淀粉酶、脂肪酶）中活力最低[14]。本研究结果表明，消化酶活性水平的高低直接决定了刺参的生长性能，当消化酶活性维持在较高水平时，可促进刺参对营养物质的消化吸收，从而使刺参保持了较快的生长速度。

3.2 盐度变化对刺参消化酶活性的影响

许多研究结果表明，盐度会对水生动物的消化酶活性产生影响。陈品健等[5]研究认为，盐度能够反映水体环境中无机离子的含量，对刺参消化酶活性的影响就是通过无机离子对酶的直接作用来实现的。许多无机离子是消化酶的激活剂或抑制剂[17]，离子浓度不同，其影响程度也不相同[4]。田相利[18]等研究也发现，水中的无机离子作用于酶可能是盐度影响消化酶活性的主要原因。

庄平[6]等研究发现，无机离子可直接对酶产生作用。这些研究结果均表明，盐度能够影响水生动物的消化酶活性，就是通过调节渗透压的方式来产生影响的。在本研究中，盐度不同程度地大幅降低使刺参体内外环境渗透压梯度差增大，为维持渗透压平衡刺参需要大量摄入海水，从而导致消化道内无机离子的增加，进而影响了刺参消化酶活力的活性。

在低盐环境条件下 3 种消化酶变化的研究结果表明，当盐度在 20～24 范围时，刺参肠道消化酶活性均高于正常盐度 31 时的水平或与之相当，这说明在一定范围内低盐度对刺参消化酶活性有一定的激活作用；随着盐度从 24 下降至 16，蛋白酶、淀粉酶和脂肪酶活性均逐渐降低，直至正常水平以下，其原因为渗透胁迫渐强，超出其耐受范围，刺参生理代谢功能下降所致。本研究结果与孙双双[13]等提出的在一定盐度范围内，盐度变化可对刺参消化酶活性产生激活、无影响、抑制 3 种作用情况的结论基本一致。试验中大、中、小 3 种规格刺参消化酶活性发生显著变化时的盐度并不一致，可能是由于刺参在生长过程中对其消化酶活性产生激活与抑制作用的盐度范围发生了改变。

此外，Babkin[19]研究发现，动物体内不同消化酶活性之间存在关联。当一种酶活性发生变化时，其他消化酶的活性也会同时产生相应的变化。例如，当其中一种酶活性升高或降低的同时，其他消化酶的活性也随之升高或降低。在本研究中，刺参 3 种消化酶活力随着盐度变化趋势基本一致，也证明了这一结论。

参考文献

[1] 李成林，宋爱环，胡炜，等．山东省刺参养殖产业现状分析与可持续发展对策[J]. 渔业科学进展，2010, 31（4）: 126-132.

[2] 唐黎，王吉桥，许重，等．不同发育期的幼体和不同规格刺参消化道中四种消化酶的活

性[J]. 水产科学, 2007, 26(5): 275-277.

[3] 胡炜, 李成林, 赵斌, 等. 低盐胁迫对刺参存活、摄食和生长的影响[J]. 渔业科学进展, 2012, 33(2): 92-96.

[4] 李刚, 唐学玺, 窦勇, 等. 盐度对刺参消化酶活力的影响[J]. 海洋环境科学, 2011, 30(1): 61-63.

[5] 陈品健, 王重刚, 郑森林. 盐度影响真鲷幼鱼消化酶活力的研究[J]. 厦门大学学报(自然科学版), 1998, 37(5): 754-755

[6] 庄平, 章龙珍, 田宏杰. 盐度对施氏鲟幼鱼消化酶活力的影响[J]. 中国水产科学, 2008, 15(2): 198-203.

[7] Chen MY, Zhang XM, Gao TX, et al. Effects of temperature, pH and NaCl on protease activity in digestive tract of young turbot, *Scophthalmusmaximus* [J]. Chin J OceanolLimnol, 2006, 24(3): 300-306.

[8] 孙建明, 刘亚杰, 周遵春. 不同生长时期中国对虾蛋白酶、脂肪酶活性变化的研究[J]. 水产科学, 1995, 14(2): 11-13.

[9] 潘鲁青, 王克行. 中国对虾幼体消化酶活力的实验研究[J]. 水产学报, 1997, 21(1): 26-31.

[10] 黄凯, 杨鸿昆, 战歌, 等. 盐度对凡纳滨对虾幼虾消化酶活性的影响[J]. 海洋科学, 2007, 31(3): 37-40.

[11] 陈勇, 高峰, 刘国山, 等. 温度、盐度和光照周期对刺参生长及行为的影响[J]. 水产学报, 2007, 31(5): 687-691.

[12] 王国利, 祝文兴, 李兆智, 等. 温度与盐度对刺参生长的影响[J]. 山东科学, 2007, 20(3): 6-9.

[13] 孙双双, 张云. 盐度对刺参消化酶活力的影响[J]. 中国饲料, 2009, 20(24): 28-31.

[14] 姜令绪, 杨宁, 李建, 等. 温度和pH对刺参消化酶活力的影响[J]. 海洋与湖沼, 2007, 38(5): 476-480.

[15] Dalla VGJ. Salinity response of the juvenile penaeid shrimp *Penaeus japonicas* I. Oxygen consumption and estimation of productivity [J]. Aquaculture, 1986, 55(4): 297-306.

[16] Shimizu M, Mikami I, Takahashi K. On accelerating maturity of sea cucumber with controlled temperature and its artificial seed-rearing, histochemical detection on the ontogenic development of digestive enzymes in the intestine of a juvenile sea cucumber *Stichopus japonicas* [J]. Bull Fac Fish Hokkaido Univ, 1994, 45(1): 1-8.

[17] Squires E J, Haard N F, Feltham Law. Gastric proteases of Green land cod *Gadusogac* [J]. Biochem Cell Biol, 1986, 64(3): 215-221.

[18] 田相利, 任晓伟, 董双林, 等. 温度和盐度对半滑舌鳎幼鱼消化酶活性的影响[J]. 中

国海洋大学学报，2008，38（6）：895-901.
[19] Babkin B P. Secretory mechanism of the digestive glands, Second edition [M]. New York: Paul B HoeberInc, 1950.

（赵斌，胡炜，李成林，韩莎，董晓亮，王波，姜涛）

（载自《海洋科学进展》2015-02）

斑点鳟(*Oncorhynchus mykiss*)稚鱼消化道组织学观察

斑点鳟(*Oncorhynchus mykiss*)俗称尊贵鱼，是鲑鳟科鱼类的一种，因全身布满斑点而得名，属冷水性溯河洄游鱼类，适宜生长水温为 8 ～ 21℃，最高耐受温度为 23℃，最适生长水温为 10 ～ 18℃ [1]。该鱼肉质细嫩、口感独特、营养价值高、少脊间刺、出肉率高，是制作生鱼片、熏鱼的首选鱼类，深受欧洲、美日韩等消费者的喜爱 [2]。斑点鳟主要分布于北美诸国，在挪威、智利等国家也大量养殖。2010 年 3 月，山东省海洋生物研究院首次从美国引进斑点鳟受精卵并孵化成功 [3]，并在山东、贵州、湖北、青海、辽宁等地推广养殖。目前国内对斑点鳟的研究大部分集中在孵化、育苗和养成研究 [1-4]，还对虹鳟(*Salmo gaifdneri*) [5]、亚东鲑(*Salmo trutta fario Linne*) [6]、条石鲷(*Oplegnathus fasciatus*) [7]、斜带石斑鱼(*Epinephelus coioide*) [8] 等鱼类的消化道结构进行了研究，但尚未见对斑点鳟消化道的形态学与组织学的研究。本研究运用石蜡切片技术及光学显微技术，观察斑点鳟稚鱼消化道的显微组织学，为斑点鳟的生长、消化与吸收的生理机能及鱼病学提供了一定的组织学资料，也为斑点鳟的消化生理研究以及养殖管理提供了科学依据。

1 材料与方法

1.1 材料

1.1.1 试验材料

试验用稚鱼 6 尾：2013 年 6 月，由青岛鳌山卫镇山东省海洋生物研究院海水良种繁育中心提供，体质量为 28. 7 g±1. 2 g，体长为 11. 30 cm±1. 21 cm，健康无病，活动正常，活体带回实验室。

1.1.2 试验试剂与设备

试验试剂：苦味酸、甲醛、冰醋酸、无水酒精、苏木精、甘油、钾明矾、伊红 Y、二甲苯、盐酸均为分析纯产品。

设备：镊子、蜡杯、毛笔、蜡铲、刀片、小木块、切片盒、吸水纸、标签纸、熔蜡箱、展片台、染缸等。

切片机：上海医疗器械四厂；显微镜(BH-2)：奥林巴斯公司。

1.2 方法

1.2.1 试验鱼暂养

水温为 17℃ ±1℃，溶解氧为 24 h 不间断充氧，即时测定数值 ≥ 6 mg·L^{-1}，pH 为 7.96 ～ 8.20，盐度为 31.2±0.4，海水来自良种繁育中心沙滤池，试验用鱼空腹暂养 2 d，待其消化道中的食物和粪便排空后进行试验。

1.2.2 试验鱼解剖

将斑点鳟稚鱼活体解剖，肉眼观察斑点鳟稚鱼消化道的形态后迅速取出，并将其分为食管、胃、幽门盲囊、前肠、中肠和后肠，分别固定于 Bioun's 液中，固定 24 h 后修整，经冲洗、系列梯度酒精脱水、二甲苯透明、石蜡包埋、各段消化道做连续切片（厚度为 7 μm）、苏木精 - 伊红染色、中性树胶封片后，显微镜下观察食管、胃、幽门盲囊、前肠、中肠和后肠各段的组织结构。

2 结果

2.1 斑点鳟稚鱼消化道组成部分

斑点鳟稚鱼消化道组织切片如图 1 所示。由图 1-1 可见，斑点鳟稚鱼消化道食管后端为一条较短的膜质管道，分为食管、胃、前肠、中肠和后肠等几个主要部分。胃呈 V 形，胃体膨大，可分为贲门部、胃体部和幽门部，胃体幽门部环绕长有幽门盲囊 44 ～ 46 条。胃、盲囊、前肠外部均包被有较多脂肪。

2.2 斑点鳟稚鱼食管组织学

斑点鳟稚鱼的食管较短，连接着口咽腔和胃，食管组织由内至外分为 4 层：黏膜层、黏膜下层、肌层和浆膜层（图 1-2）。固有膜为致密结缔组织，内有大量由结缔组织包裹的泡状食管腺。食管腺管腔大小不一，染色呈嗜碱性，细胞核为圆形，染色质分散（图 1-3）。黏膜层均向腔内突起形成 38 ～ 42 条皱襞，皱褶中还有很多凹陷形成次级小凹。黏膜上皮纹状缘明显，主要由复层细胞组成，细胞核呈长圆形，位于细胞底部，上皮中未见有杯状细胞分布（图 1-4）。黏膜下层无黏膜肌，与固有膜分界线不明显。肌肉层很厚，分为内外 2 层，为内环肌和外纵肌。内环肌层较厚，外纵肌层较薄且不连续兼有斜肌。浆膜层由少量结缔组织及其外周间皮构成，靠近浆膜层的肌肉处有神经丛（图 1-5）。

2.3 斑点鳟稚鱼胃组织学

斑点鳟稚鱼的胃分为贲门部、胃体部和幽门部，胃体部膨大。胃组织由黏膜层、黏膜下层、肌肉层和浆膜层构成。黏膜上层纹状缘也明显可见，由单层柱状细胞组成。黏膜层向腔内突起形成 44 ～ 46 条皱襞，在上皮之间有零星杯状细胞。在皱襞和固有膜间有胃腺，胃腺为管状腺体，分为颈部、体部和底部，腺体和腺底的细胞为浆液性细胞（图 1-6）。黏膜下层较薄，为疏松结缔组织，分布有小血管及小淋巴管等。肌层为平滑肌，分为两层，内层环行较厚，外层肌纤维走向不规则。环肌与纵肌间有结缔组织、血管及神经组织（图 1-7）。浆膜层由少量结缔组织及其外周间皮构成，浆膜层外与生殖组织连接（图 1-8）。

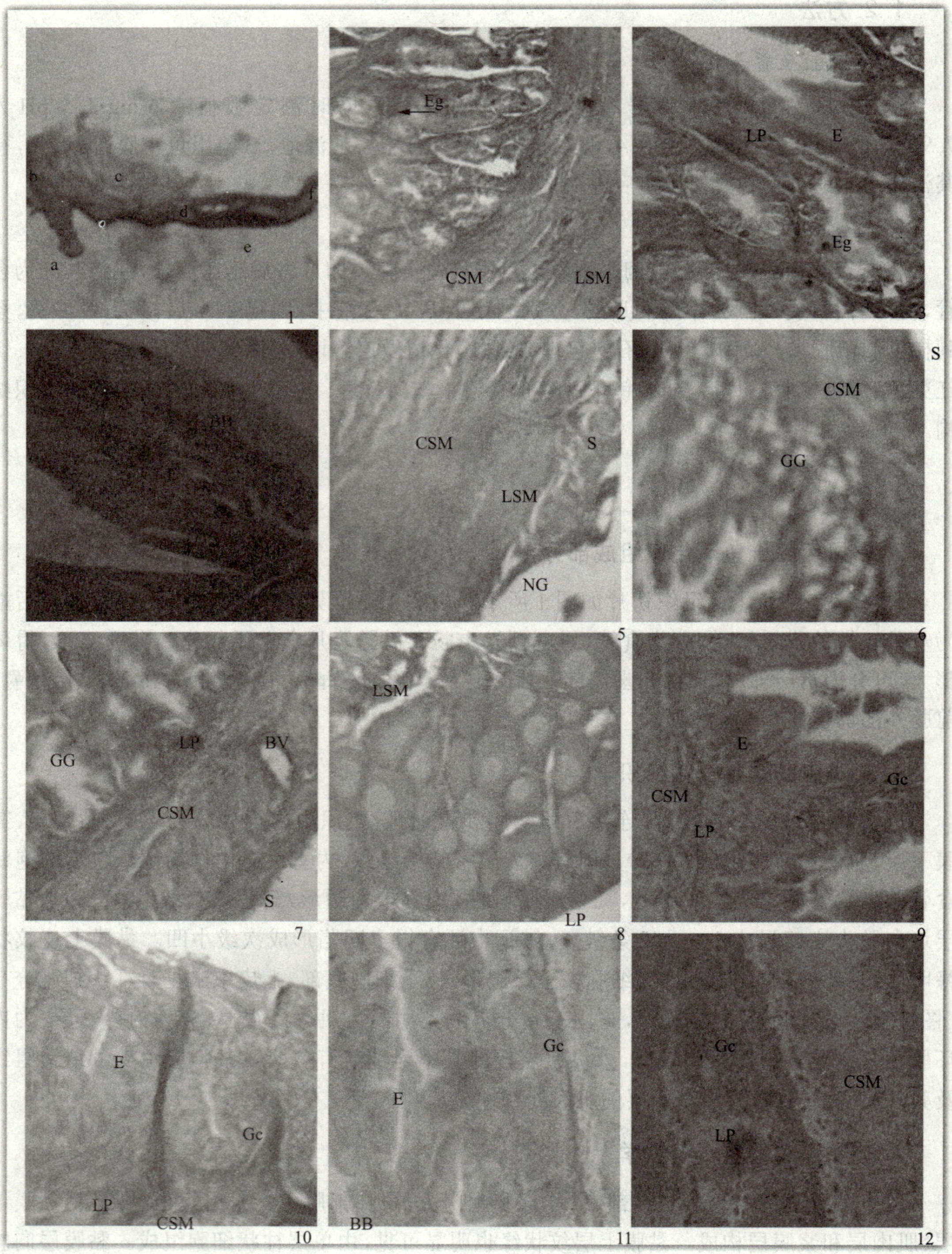

图 1　斑点鳟稚鱼消化道组织切片

1. 消化道解剖；2. 食管横切，×20；3. 黏膜层，×40；4. 黏膜上层，×100；5. 肌层，×40；6. 胃横切，×20；7. 黏膜层及肌层，×40；8. 腺体，×40；9. 前肠，×40；10. 后肠，×40；11. 幽门盲囊，×20；12. 黏膜下层，×40；
a. 食管；b. 胃；c. 幽门盲囊；d. 前肠；e. 中肠；f. 后肠；BB. 纹状缘；BV. 血管；CSM. 环肌；E. 上皮；
Eg. 食管腺；Gc. 杯状细胞；GG. 胃腺；LP. 固有膜；LSM. 纵肌；NG. 神经节；SL. 结实层；S. 浆膜

2.4 斑点鳟稚鱼肠组织学

肠壁致密，分为前肠、中肠和后肠 3 段，前肠较粗，后肠较细。肠黏膜层向肠腔突起形成 30～34 条长短不一的皱襞，有的有分支。肠道组织也由黏膜层、黏膜下层、肌层和浆膜层构成（图 1-9）。从前肠至后肠，肠壁逐渐变薄，皱褶数量逐渐减少，高度逐渐降低，在黏膜上皮层中杯状细胞逐渐减少，到后肠处开始出现大量黏液分泌细胞（图 1-10）。在整个肠道组织黏膜固有层中未见有肠腺，在黏膜下层中，3 段差别不明显，均为疏松结缔组织。肌肉层由内环肌、中斜肌及外纵肌 3 层构成，内层环肌较发达，环肌与纵肌间可见大量淋巴管、血管及少量结缔组织，其中后肠的纵肌相对最发达。

2.5 斑点鳟稚鱼幽门盲囊组织学

斑点鳟稚鱼幽门盲囊内黏膜皱褶较长且形成较多初级、次级黏膜褶，有的次级皱襞多达 3～4 条，皱褶相互挤压，几乎充满整个腔体（图 1-11）。黏膜上层为单层柱状上皮，细胞核细长，位于细胞中部，黏膜层细胞排列规则，细胞间有少量杯状细胞。黏膜下层较发达，皱褶分支处有大量圆形杯状生发细胞，位于基部，约占肠壁高度的 1/2。肌层分为两层，内环肌厚，约占肌层的 4/5，外纵肌较薄，约占肌层厚度的 1/5，肌层间有发达的毛细血管。浆膜层外有脂肪组织（图 1-12）。

3 讨论

斑点鳟食管较短，管壁较厚，食管组织内环肌发达，通过肌肉的蠕动作用可快速将食物输送到胃，与杨懋琛[9]等观察到虹鳟的食管组织相似。食管内膜层中有几十条黏膜襞，其间生有大量食管腺，能够分泌黏液，促进食物在食管内最初始的消化，而且能缓冲硬质食物对上皮细胞的机械损伤[8,9]。浆膜层外有神经丛可调节发达的环肌横纹肌束将食物快速推入胃中消化。本观察与蒲德永对亚东鲑食管结构的观察相同，推测斑点鳟食管可能具有快速吞咽食物的功能。

胃是鱼类贮存、消化食物的重要场所，为消化管最膨大的部分。根据形状胃体可分为 I、J、U、V 和 Y 5 种类型[10]。斑点鳟的胃体在形态上属于 V 形胃，与真鲷（*Chrysophrys major*）[11]和圆尾斗鱼（*Macropodus chinensis*）[12]的胃结构相似，胃容积较大，大量进食时，胃体变大变粗，尽可能多地储存食物，延长进食时间。胃组织上皮为单层柱状细胞，具有分泌功能。皱褶数量较多，具有增大表面积作用。胃组织肌肉层较厚，环肌发达，伸展性强，能将食物磨碎，并与胃液搅拌、混合，以增大食物与胃液的接触面积。在皱襞和固有膜间有大量胃腺，其细胞为浆液性细胞，能够分泌黏液对食物进行分解与消化。根据以上特征推测，斑点鳟胃体能够快速软化和消化食物。

斑点鳟消化道从前肠至后肠段，皱襞数量逐渐减少，高度逐渐降低，说明由前肠到后肠的消化能力逐渐降低。在黏膜上皮层中杯状细胞逐渐减少，到后肠处出现黏液分泌细胞，有利于促使食物残渣的通过和粪便的排出。杨懋琛[13]等将虹鳟肠道分为小肠和直肠两部分，他们观察到虹鳟在肠内有特殊的瓣状结构，从肠壁伸入到肠腔中，为螺旋隔，此隔由肌膜的环肌层和黏膜下层组成。本研究没有观察到斑点鳟肠道内有螺旋隔现象，但是可以根据肠道各段黏膜褶和黏液细胞的分布多少将肠道分为“前”“中”“后”3段。

鱼类的幽门盲囊位于肠的起始端，是鱼类特有的消化器官[14, 15]。幽门盲囊的数量因鱼种类而异，由几个至数百个不等。斑点鳟幽门盲囊多达44～46条，上皮中具有较多皱褶，能大幅增加吸收面积，快速吸收营养，增强肠的吸收功能。卿素珠等[16]观察到秦岭细鳞鲑胃与肠相接处有63～65个幽门盲囊，结果显示，秦岭细鳞鲑消化道组织结构与其肉食性功能密切相关。本文的形态学和组织学观察认为，斑点鳟消化系统的结构与亚东鲑、秦岭细鳞鲑相似。根据斑点鳟消化道各段组织特点，推测斑点鳟主要在胃部进行消化，胃中已分解和部分消化的食物在幽门盲囊和小肠内的停留时间有所延长，可进行进一步吸收。斑点鳟消化道组织结构与其肉食性功能密切相关。在养殖过程中，应以动物蛋白为主的配合饲料进行饲养，可每天多次投喂。

参考文献

[1] 郭文，潘雷，张少春，等. 斑点鳟鲑发眼卵孵化及苗种培育实验 [J]. 水产科技情报，2012，39（3）：113-117.

[2] 郭文，胡发文，菅玉霞，等. 温度变化对斑点鳟鲑仔鱼存活与生长的影响 [J]. 水产养殖，2012，33（7）：44-46.

[3] 郭文，潘雷，高凤祥，等. 斑点鳟鲑工厂化养殖技术 [J]. 齐鲁渔业，2012，29（8）：23-24.

[4] 楼允东. 组织胚胎学(2版)[M]. 北京:中国农业出版社，1998:95-114.

[5] 张智勇，何福林，向建国，等. 虹鳟(*Salmo gaifdneri*)消化器官的显微结构观察 [J]. 内陆水产，2007（8）：22-24.

[6] 蒲德永，王志坚，赵海鹏. 亚东鲑消化系统的形态学和组织学观察 [J]. 四川动物，2006，25（4）：825-828.

[7] 胡玲玲，李加儿，等. 养殖条石鲷消化道形态构造及组织学观察 [J]. 南方水产，2010，6（6）：65-69.

[8] Cinar K，Senol N，Ozen M R. Immunohistochemical study on distribution of enduorcine cells in gatract of flower fish[J]. World J Gastroenterol，2006，12（42）：6 874-6 878.

[9] Pan Q S，Fang Z P，Huang F J. Identification，Iocalization and morphology of APUD cells in gastroenteropan creatic system of stomachcontaining teleost[J]. World Journal of Gastroenterology，2000，6（60）：96-101.

[10] 杜佳，徐革锋，韩英，牟振波. 鱼类消化道组织学研究进展 [J]. 水产学杂志，2009，22（4）：56-64.

[11] 喻子牛，孔晓瑜，孙世春. 真鲷消化道的组织学和形态学研究 [J]. 水产学报，1997，21（2）：113-119.

[12] 周洁，刘从靳，郭先武，等. 圆尾斗鱼消化系统的解剖 [J]. 湖北农业科学，1993（8）：26-29.

[13] 杨懋琛,殷源洪. 虹鳟(*Saimogairdneri*)消化道组织学观察[J]. 鲑鳟渔业,1990,3(2),37-42.

[14] 朱有法,舒妙安,冼元新. 黄鳝消化道的组织学与组织化学研究[J]. 中国兽医学报,2002,23(3):256-259.

[15] 吴常文. 浙江舟山近海褐菖鲉生物学研究[J]. 浙江海洋学院学报(自然科学版),1999,18(3):185-191.

[16] 卿素珠,张为民,强晓鸣,王高学. 秦岭细鳞鲑消化系统的形态学观察[J]. 中国兽医学报,2012,32(6):889-893.

(于晓清,刘天红,房慧,许拉,陈伟杰,潘雷,郭文)

(载自《中国渔业质量与标准》2015-07)

Isolation and characterization of novel polymorphic microsatellite loci in *Perinereis aibuhitensis*

Material and Methods

Microsatellite loci were isolated following the enrichment protocols of Glenn and Schable (2005). Genomic DNA of *P. aibuhitensis* was extracted using a Genomic DNA Extraction Kit (Tiangen, China). DNA was digested with BstUI and RsaI restriction enzymes (New England Biolabs). SuperSNX-24 double-stranded adaptors (forward: 5′-GTTTAG GCCTAGCTAGCAGAATC-3′, reverse: 5′-GATTCTGCT AGCTAGGCCTTAAACAAAA-3′) were ligated to each end of the fragments using T4 DNA ligase (New England Biolabs). Subsequently, the ligation products were hybridized with a biotinylated dinucleotide repeat sequence $(TG)_{12}$. Fragments containing simple repeat sequences were then captured by streptavidin-coated magnetic beads (Dynabeads M-280, Invitrogen), washed, and recovered by heating and ethanol precipitation. The enriched fragments were amplified via PCR using the SuperSNX-24 forward primer. The PCR products were ligated to the pMD19-T vector (Takara), and were then transformed into Trans1-T1 competent cells (TransGen).

A total of 237 positive clones were selected using blue/white screening, and were then sequenced using an ABI PRISM 3730XL DNA Analyzer. After analysis of these sequences, 65 clones containing at least twelve uninterrupted repeats were identified using MISA software (http://pgrc. ipkgatersleben. de/misa). A total of 39 microsatellite primer pairs were designed using Primer Premier 5. 0 software (http://www. pre mierbiosoft. com/). The optimum primer annealing temperatures were determined using gradient temperature PCR. The amplified products were visualized on 1% agarose gels. Twenty pairs of primers that produced clear bands (approximately 100 to 500 bp) were qualified, and were then applied to 24 samples of wild *P. aibuhitensis* collected from Jiaonan, China. Tailed PCR was used to produce fluorescently labeled DNA fragments, and analyses were conducted following the protocol of Liu and Avise

(2011). Genotyping was performed using an ABI PRISM 3730XL DNA Analyzer. Allele sizes were determined using GeneMarker 2. 2. 0 software (SoftGenetics, State College, USA).

The number of alleles per locus (N_A), the polymorphic information content (PIC), and the observed (H_O) and expected (HE) heterozygosity values were calculated using PopGen32 software (version 1. 32; Yeh et al., 2000). Deviations from Hardy-Weinberg equilibrium (HWE) and genotypic linkage disequilibrium were tested using genepop 4. 0 software (Rousset, [3]). Micro-Checker software (version 2. 2. 0; van Oosterhout et al.) was used to detect null alleles, stuttering, and large allele dropout.

Results

Our results indicated that eight of the 20 analyzed loci were polymorphic (Table 1). N_A values ranged from 6 to 20, and PIC values ranged from 0. 535 to 0. 921. H_O and H_E values ranged from 0. 375 to 0. 875 and from 0. 535 to 0. 921, respectively. No significant linkage disequilibrium was detected for any pairwise combination of loci. All of the loci were at HWE after sequential Bonferroni corrections, and no significant linkage disequilibrium was detected for any pairwise combination of loci. No evidence was found for null alleles, large allele dropout, or scoring error. These novel microsatellite loci will further contribute to genetic, evolutionary, and ecological studies of *P. aibuhitensis*, especially those associated with intraspecific genetic diversity, population structure, and kinship analysis. Moreover, these loci will facilitate rational exploitation and conservation of *P. aibuhitensis*.

Table 1 Characteristics of eight *Perinereis aibuhitensis* microsatellite DNA loci: locus designation, primer sequences, repeat motif, allele sizes, annealing temperature (Ta), number of alleles (N_A), observed heterozygosity (H_O), expected heterozygosity (H_E), and polymorph information content (PIC)

Locus	Repeat motif	Primer sequence (5′-3′)	Size range (bp)	Ta (℃)	H_E	PIC	H_O	N_A
L39	$(TC)_{19}$	F: GCTGGGTTGTCTAGTGGT R: AAAGGACGGTTCTGACTG	249 ~ 287	59	0. 852	0. 814	0. 783	13
L48	$(TC)_{12}TT(TC)_{13}$	F: CTGAATAAGCCGAGACAT R: AGAGTAGCCCACTAAGGT	234 ~ 298	48	0. 901	0. 868	0. 619	12
L107	$(GT)_{34}$	F: AGGGGCTTGGAATGTTAT R: TGAAGGGAGCCAGTATTT	152 ~ 182	53	0. 946	0. 921	0. 875	18
L147	$(TC)_{33}CC(TC)_{12}$	F: TACCAATCAGGTGGCTCT R: CCTATCCAGAACAGAAGC	218 ~ 282	57	0. 945	0. 919	0. 818	20
L204	$(CA)_{16}$	F: ACCCGCATTGAAAAGTGT R: TCCCAGACTATGTCGTCG	99 ~ 109	58	0. 59	0. 535	0. 375	6
L210	$(GA)_{43}$	F: CACGAAGCAAAGGTCAAT R: TGTGTAGTGTAAGTGAACGG	265 ~ 291	48	0. 789	0. 736	0. 619	7
L230	$(AG)_{29}$	F: CTTTTGAAGACTCTGGGT R: GGTGATGTGACGGTTTAG	276 ~ 326	48	0. 914	0. 886	0. 792	16

Continued

Locus	Repeat motif	Primer sequence (5′-3′)	Size range (bp)	Ta (°C)	H_E	PIC	H_O	N_A
L235	$(GA)_{53}$	F: TTCAAGCCTGGATAGTGG R: GCAAAGAGTAAAGCCTACATCG	237 ~ 297	60	0.94	0.914	0.435	18

Acknowledgements

This study was supported by the Science and Technology Project of Shandong Provincial Oceanic and Fishery Administrative Department, the Agricultural Technology Innovation Project of Shandong Province, and the National Marine Public Welfare Research Project (No. 201005007).

Conflicts of Interest

The authors declare no conflict of interest.

References

[1] Li Q. Development of microsatellite DNA markers and their applications in genetic studies of marine mollusks[J]. J. Fish. Sci. China, 2006, 3: 503-509.

[2] Liu J X, Avise J C. High degree of multiple paternity in the viviparous Shiner Perch, *Cymatogaster aggregata*, a fish with long-term female sperm storage[J]. Mar. Biol, 2011, 158: 893-901.

[3] Yeh F C, Yang R, Boyle T J, et al. PopGene32, Microsoft Windows-based freeware for population genetic analysis, version 1.32[J]. Molecular Biology and Biotechnology Centre, University of Alberta, Alberta, 2000.

[4] Rousset F. genepop'007: a complete re-implementation of the genepop software for Windows and Linux[J]. Mol. Ecol. Resour, 2008, 8: 103-106.

[5] Sun R, Yang D J. Fauna sinica, Invertebrata. In: Annelida, Polychaeta (Ⅱ), Nereidida, vol. 33[M]. Beijing, China: Science Press, 2004.

[6] van Oosterhout C, Hutchinson W F, Wills D P, etal. MICRO-CHECKER: software for identifying and correcting genotyping errors in microsatellite data[J]. Mol. Ecol. Notes, 2004, 4: 535-538.

(Y Liu, D Yu, Q Wang, H Liu, S Guan and M Liu)

(载自 *Genetics and Molecular Research*, 2016-03)

Phenological study of *Sargassum thunbergii* (Fucales, Phaeophyta) at Lidao Bay, Rongcheng of China

Phonological investigations were conducted related to the seasonal pattern of *Sargassum thunbergii*, a dominant species distributed along the coast of Lidao Bay, Rongcheng. Generally, the local *S. thunbergii* population entered the maturation period from early June to mid-August, when seawater temperature was 14. 4℃ to 25. 1℃. Both the accumulation of sea water temperature and the increase of photoperiod have probably affected reproduction. (Both the increasing and the accumulation of sea water temperature triggered maturation of the *Sargassum*. Increase in daylight also could affect reproduction.) The Primary branches reached maximal length and dry weight during the maturation stage. Subsequently, branches reduced drastically due to senescence and shedding with minimal branch length and dry weight in November. Changes in frequency and dry weight distributions in branch length hierarchies suggest a trade-off between sexual reproduction and vegetative regeneration. Differences in length and dry weight among tidal groups suggest that the tidal position might also influence *Sargassum* length and weight.

Introduction

Sargassum thunbergii (Mert.) O. Kuntze is widely distributed in rocky littoral regions along the coast of China and is usually used as the raw material for alginate, fertilizer and medicine [1]. This alga has an important ecological role in maintaining the intertidal ecosystem and often forms seaweed beds that provide nursery areas for invertebrates and preserve environmental conditions. In recent years, natural *Sargassum* resources have declined seriously due to overexploitation and anthropogenic influences[2]. Large-scale enhancement and cultivation of *S. thunbergii* is required to conserve this natural resource but relatively few studies have been carried out on *S. thunbergii* [3-7]. This shortage of ecological data hampers efficient cultivation, conservation and utilization for the *Sargassum*.

Sargassum populations exhibit flexible life cycle and morphology under different environments[8-9] *S. thunbergii* has a relatively short reproductive stage when a number of lateral branches and receptacles are formed. Thereafter, the alga become senescent and dies back seasonally as many long branches leave the perennial holdfast. Survivors grow continuously grown and start a new life cycle.

Lidao Bay is situated on the east coast of Shandong Peninsula, where there are hard substrata of stones and boulders distributed on the littoral region. The intertidal zone slopes gently with a vertical distance of about 3 meters. There is relatively strong wave action and active water exchange throughout the year, with the annual surface seawater temperature from -1℃ to 26℃ and and salt content of 27 to 30.

To the typical marine flora of (inched at) Lidao Bay, *S. thunbergii* is a common seaweed which patchily distributes on the hard substrata from middle tidal zone to low tide zone. To improve preservation and utilization of this alga, we investigated the local population of *S. thunbergii* at Lidao Bay with particular focus on seasonal patterns and phenological features.

Materials and methods

Survey locations were designed along the rocky shore of Lidao Bay (N37°12′, E122°36′), where the *S. thunbergii* flora were abundant in the due season. Algal samples were collected monthly from April 2011 to March 2012. Seawater temperature and air temperature were recorded during sample collection. The *S. thunbergii* population was divided into three groups according to the vertical tidal level in April, 2011 (Fig. 1). Group stations where the algal samples were collected were determined by GPS (Garmin GPSMAP 76CSX, USA) in the 0. 5 m wide *Sargassum* belts along the coast. On each site, three patches were collected with sampling frame (10 cm×10 cm). *Sargassum* samples within the quadrat were scraped off from the rocks, including the intact holdfast to ensure the complete attached branches. Algal samples were then stored in sealed bags and were transported to the laboratory under cool conditions.

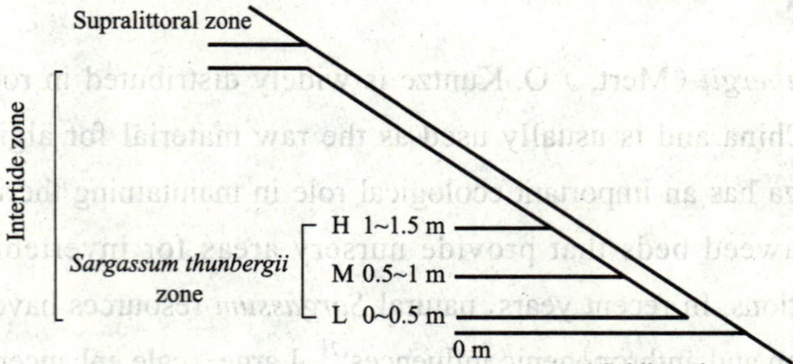

Fig.1 Vertical *Sargassum* collection sketch in the intertidal zone at Lidao Bay

Prior to measurement, algal samples were rinsed in filtered seawater to eliminate epiphytes and then were blotted dry. The lengths of primary branches were measured and classified into 8 groups

(＜10. 0, 10. 0～19. 9, 20. 0～29. 9, 30. 0～39. 9, 40. 0～49. 9, 50. 0～59. 9, 60. 0～69. 9, ≥70. 0). Each length class was weighed as a wet mass before being placed in a dry oven for 3 days at 80℃ and weighed as a dry mass. The period from the first receptacle formation to all receptacles desquamation was regarded as being the maturation stage of the *Sargassum* population.

Statistical analyses were performed using SPSS version 13. 0 for Windows. Repeated measurements of one-way ANOVA were used to analyze temporal variations in branch length and dry weight. Turkey's test was used to compare means between groups. Two-way ANOVA was applied to test the effects of month and tidal position on measurements. Differences were considered to be statistical significant when *P* value was ＜0. 01.

Results

Fig. 2 shows variations in surface seawater and air temperature from April 2011 to March 2012. Maximal seawater temperature was 25. 1℃ (August 2011), and minimum was -1. 2℃ (February 2012). Annual air temperature fluctuated from -3. 0 to 30. 4 ℃. Generally, air and seawater temperature exhibited consistencies, but air temperature fluctuation was greater than seawater temperature. Receptacles of lateral branches appeared from early June to mid-August, when seawater temperatures varied in the range of 14. 4～25. 1℃.

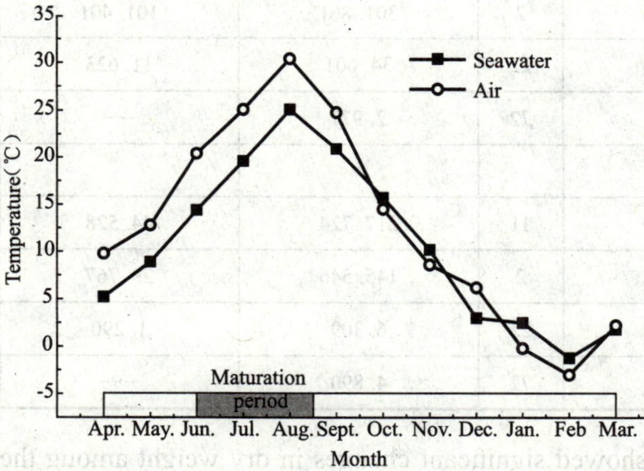

Fig.2　Measurements of surface seawater and air temperature in the habitat of *S.thunbergii*. Grey box indicates the maturation period.

Branch length varied in the different tidal groups from April 2011 to March 2012 (Fig. 3). There were no significant differences in branch length between the high tidal and the middle tidal group (Tukey, $P > 0.05$). Compared with the high tidal and the middle tidal group, the low tidal group had longer branches (Tukey, $P < 0.01$). The elongation of branch length in the low tidal group was obviously greater than in other groups. Two-way ANOVA analysis showed branch length to be significantly affected by tidal position ($F = 101.401$, $P < 0.01$) and month ($F =$

165. 653, $P < 0.01$; Table 1).

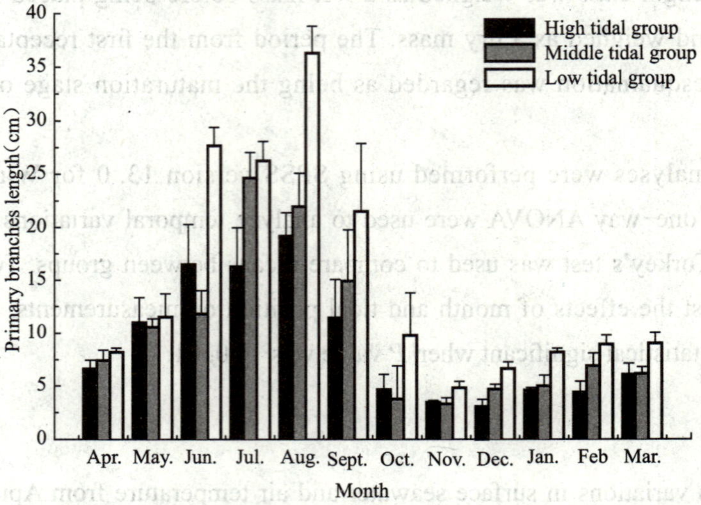

Fig.3 Seasonal variations of *S.thunbergii* branch length measured in different groups

Table1 Two-way ANOVA detection of branch length and dry weight correlated with month and tidal position

Variable	df	Mean square	*F* value	*P* value
Length				
Month	11	493. 135	165. 653	< 0. 001
Tidal position	2	301. 861	101. 401	< 0. 001
Month* Tidal position	22	34. 601	11. 623	< 0. 001
Error	72	2. 977	—	—
Dry weight				
Month	11	217. 724	44. 528	< 0. 0001
Tidal position	2	145. 546	29. 767	< 0. 0001
Month* Tidal position	22	6. 309	1. 290	0. 208
Error	72	4. 890	—	—

ANOVA analysis showed significant changes in dry weight among the three tidal groups. The maximal dry weight of the high tidal group (12. 82 g ± 3. 02 g) and the middle tidal group (15. 09 g ± 2. 83 g), occurred in July. In the low tidal group the dry weight reached maximum in August (21. 62 g ± 5. 53 g). All three groups exhibited minimal dry weight in November. There were significant difference in dry weight relative to tidal position and month (tidal position, $F = 101.401$, $P < 0.01$; month, $F = 165.653$, $P < 0.01$; Table 1).

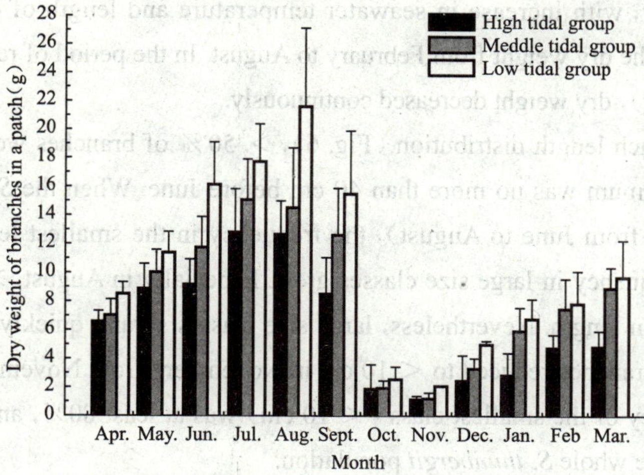

Fig.4 Dry weight variations measured in the different tidal groups

The temporal variations of branch length in Fig. 5 show that the mean length of branches gradually increased from October to the following April. Usually, mean length increased rapidly from April to August, reached the maximum (25. 8 cm ± 9. 2 cm) in the middle of August and then started to decline. Massive shedding of long branches occurred, and the recession of *Sargassum* population continued until October. Minimal mean length (3. 8 cm ± 0. 8 cm) occurred in November. Not every primary branch declined, and those < 5 cm could grow continuously. One-way repeated-measure ANOVA indicated that branch length changed significantly throughout the year ($F = 29.98$, $P < 0.01$).

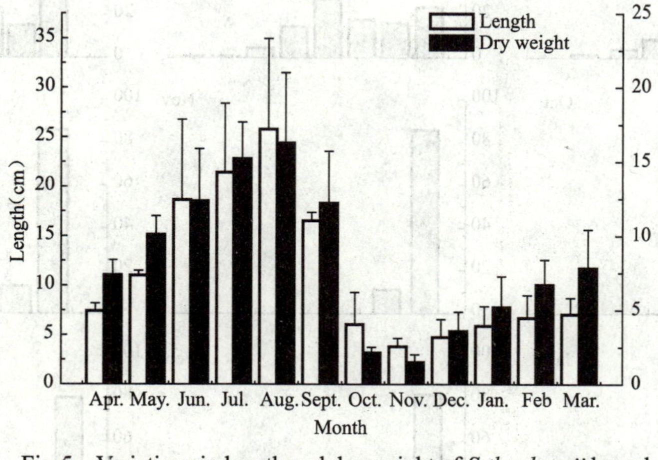

Fig.5 Variations in length and dry weight of *S.thunbergii* branches

With respect to the changes in branch length, significantly differences were also detected in dry weight during the observation (one-way ANOVA, $F = 26.73$, $P < 0.01$). Maximal dry weight was in August (16. 27 g ± 4. 72 g) and the minimum was in November (1. 48 g ± 0. 52 g). Maximal dry weight began to increase from November but changed slowly until the following

February. Generally, with increase in seawater temperature and length of daylight, there was obvious increase in the dry weight from February to August. In the period of recession (from mid-August to November), dry weight decreased continuously.

Regarding branch length distribution (Fig. 6), > 50% of branches were < 10 cm in the length and the maximum was no more than 40 cm before June. When the *S. thunbergii* entered the maturity stage (from June to August), the frequency in the smallest length class declined steadily and the frequency in large size classes grew. Especially in August, > 60% of branches reached > 20 cm in length. Nevertheless, large size classes shrank quickly from September to October. and most branches reduced to < 10 cm in November. From November to the following March, the frequency of the smallest class (< 10 cm) was at least 80%, and small size classes were dominant in the whole *S. thunbergii* population.

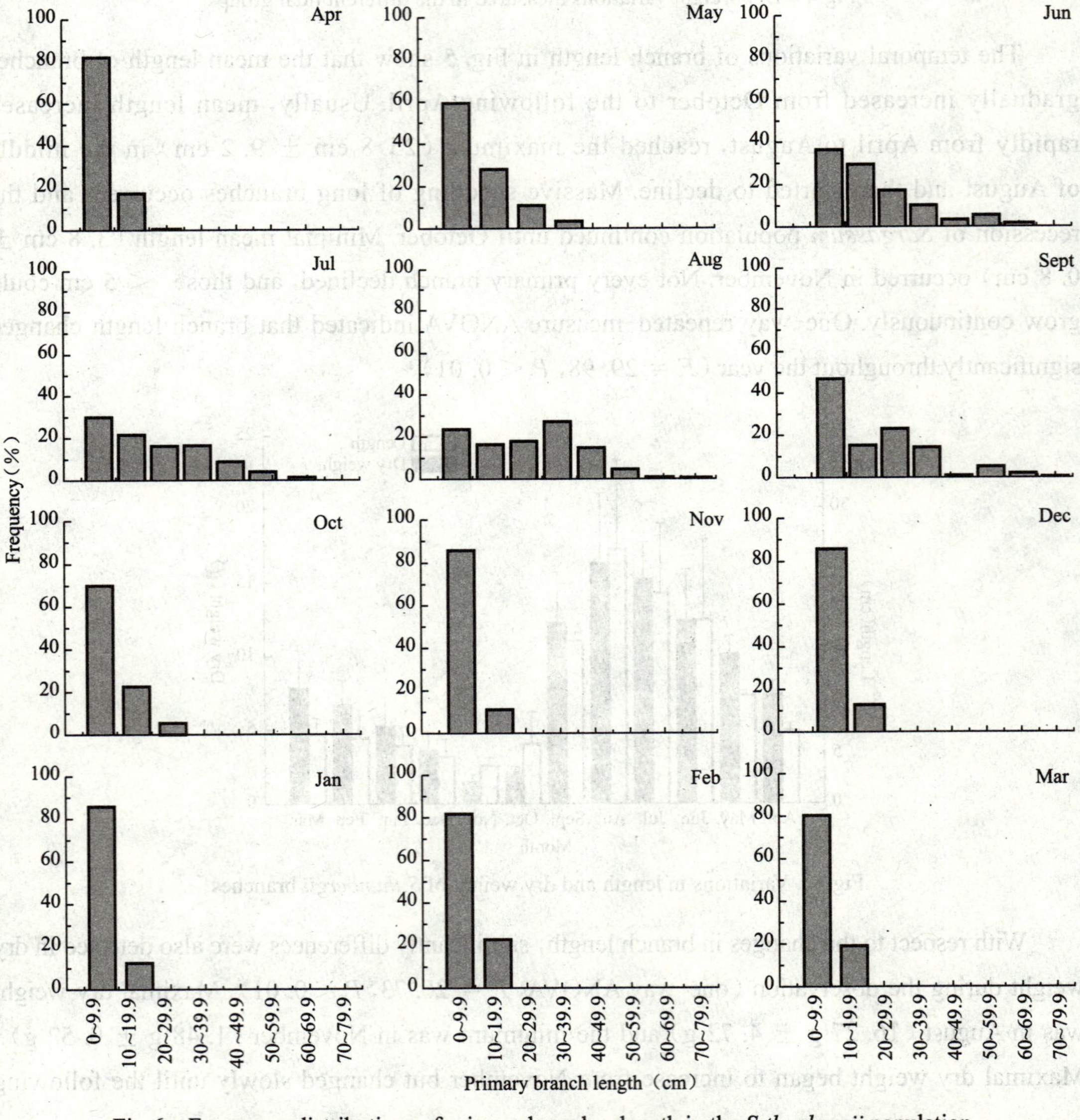

Fig.6 Frequency distributions of primary branches length in the *S.thunbergii* population

About 80% of dry weight came from small size classes（< 20 cm）before maturation season（in May）(within May)（Fig. 7）. However, during the maturation stage most dry weight came from large size classes. Especially in August, the dominant class of dry weight had branch length of 30～39. 9 cm and was responsible for about 35. 6% of total dry weight. Simultaneously, the whole dry weight distribution approximated normal distribution. From September to October, dry weight of large size classes（> 20 cm）decreased sharply due to massive shedding of lateral branches. By October, the dry weight of large class sizes had declined to < 10% proportion of gross dry weight. From November to the following March, the smallest size class（< 10 cm）accounted for almost the whole weight in the *S. thunbergii* population.

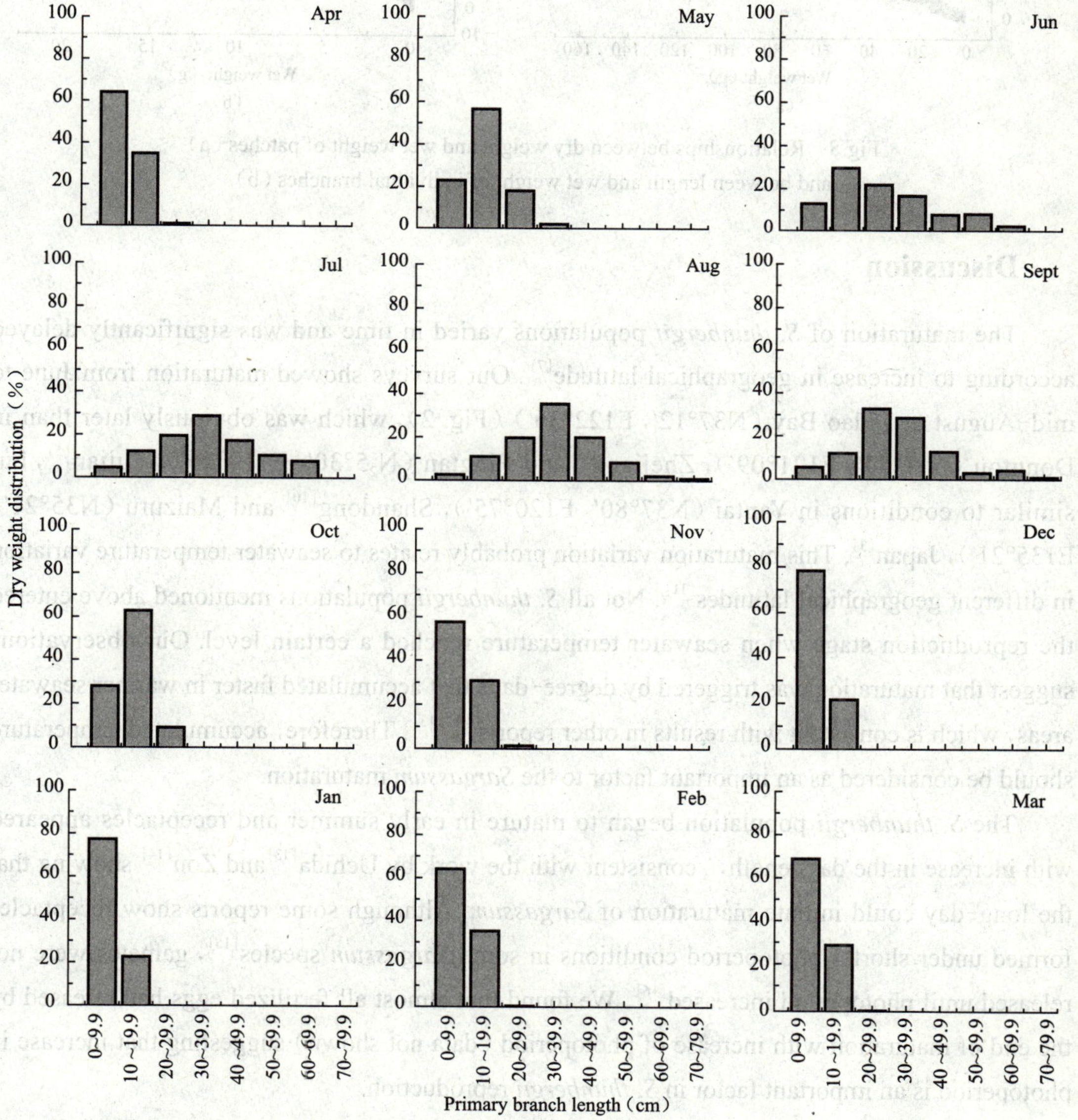

Fig.7　Dry weight distributions with primary branches in the *S.thunbergii* population

Generally, there was a positive corrrelation between dry weight (DW) and the wet weight (WW), as well as branch length (BL) and wet weight (WW). Regression analysis showedt: $DW = 0.041 + 0.165WW$ ($R^2 = 0.940, P < 0.001, n = 108$); $BL = 6.642 + 5.984WW$ ($R^2 = 0.641, P < 0.001, n = 400$).

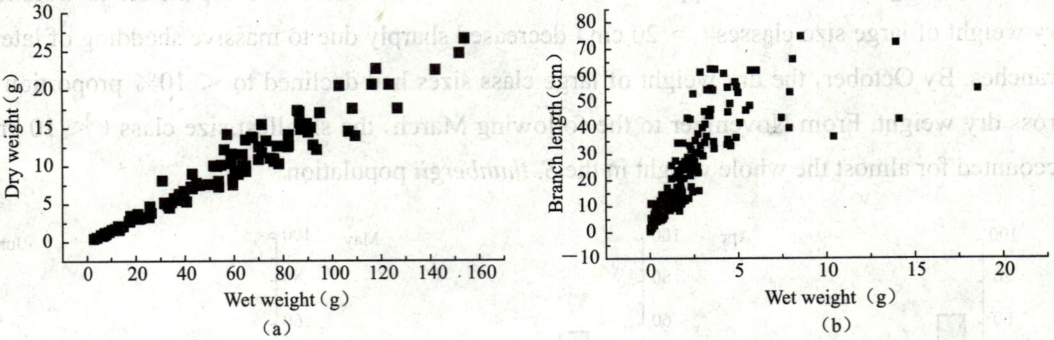

Fig.8 Relationships between dry weight and wet weight of patches (a) and between length and wet weight of individual branches (b)

Discussion

The maturation of *S. thunbergii* populations varied in time and was significantly delayed according to increase in geographical latitude[7]. Our surveys showed maturation from June to mid-August at Lidao Bay (N37°12′, E122°36′) (Fig. 2), which was obviously later than in Dongtou ($N_2$7°54′, E121°09′), Zhejiang[2] and Pingtan ($N_2$5°30′, E119°46′), Fujian[5], but similar to conditions in Yantai (N37°80′, E120°75′), Shandong[10] and Maizuru (N35°21′, E135°21′), Japan[3]. This maturation variation probably relates to seawater temperature variation in different geographical latitudes[11]. Not all *S. thunbergii* populations mentioned above entered the reproduction stage when seawater temperature reached a certain level. Our observations suggest that maturation was triggered by degree-days that accumulated faster in warmer seawater areas, which is consistent with results in other reports [12, 13]. Therefore, accumulated temperature should be considered as an important factor to the *Sargassum* maturation.

The *S. thunbergii* population began to mature in early summer and receptacles appeared with increase in the day length, . consistent with the work by Uchida[13] and Zou[14] showing that the long-day could initiate maturation of *Sargassum*. Although some reports show receptacles formed under shorter photoperiod conditions in some *Sargassum* species[15], gametes were not released until photoperiod increased[16]. We found that almost all fertilized eggs had released by the end of maturation with increase of photoperiod (data not shown) suggesting that increase in photoperiod is an important factor in *S. thunbergii* reproduction.

In our study, frequencies and dry weight distribution in length hierarchies showed significant seasonal variations throughout the observation (Fig. 6; Fig. 7). Usually, the smallest size class (< 10 cm) accounted for a considerably large proportion in frequencies all year round and the dry weight of the smallest size class was relatively high especially from November to the following March. Such features agree with results showing that new branches could generate vegetatively from holdfast throughout the year[3-5], and suggest that vegetative regeneration is important to maintaining the *Sargassum* population. The frequencies and the percentages of dry weight in large size classes were responsible for a large proportion during the maturation stage. Presumably, the large thalli were an important factor in the *Sargassum* reproduction, which agrees with previous *Sargassum* studies[17, 18]. Moreover, at the beginning of maturation, there was obvious decline in the frequency of the smallest size class and obvious decline in the distribution of dry weight (Fig. 6; Fig. 7); after the maturation stage, frequency and dry weight in the smallest size class increased steadily. Based on the above results, we suggest that there might be a trade-off strategy between sexual reproduction and vegetative regeneration, as suggested by other authors[19, 20]. However, further investigation is required to explain the mechanism on the reproduction process.

The *Sargassum* samples collected from various tidal positions indicate that the low tidal group was superior to the other groups both in length and dry weight (Fig. 3; Fig. 4). Compared with the low tidal group, inhabitants of higher tidal habitats could tolerant more stress in the coastal environment and this would restrict the *Sargassum* growth as noted in other studies[20, 21]. In addition, it appears possible that less seawater exchange in high tidal position could reduce nutrient supply and limit seaweed growth[22, 23], regarding intertidal position as another important factor affecting *S. thunbergii* branch length and dry weight.

In conclusion, accumulated temperature and increase in photoperiod are important factors for the reprodution of *S. thunbergii*. Branch length and dry weight significantly varied during the seasons, and were obviously influenced by tidal position. Additionally, there was probably a trade-off between sexual reproduction and vegetative regeneration in *S. thunbergii*.

Acknowledgements

This work was supported by the Public Science and Technology Research Funds Projects of Ocean (No. 201305021, 201305043 & 201305005). We sincerely thank Dr. JY Li for critical comments and suggestions for the manuscript's preparation and Mr. Donald Wade Sturge for the English revision of the manuscript.

References

[1] Tseng C K. Commom seaweeds of China[M]. Beijing: Science Press, 1983.

[2] Zhang Q S, Tang Y Z, Liu S K, et al. Zygote-derived seedling production of *Sargassum*

thunbergii: focus on two frequently experienced constraints in tank culture of seaweed[J]. Journal of Applied Phycology, 2012, 4(24): 707-714.

[3] Umezaki I. Ecological studies of *Sargassum thunbergii* (Mertens) O. Kuntze in Maizuru Bay, Japan Sea[J]. Botanical Magazine Tokyo, 1974, 87: 285-292.

[4] Koh C H, Kim Y, Kang S G. Size distribution, growth and production of *Sargassum thunbergii* in an intertidal zone of Padori, west coast of Korea[J]. Hydrobiologia, 1993, 260: 207-214.

[5] Zheng Y, Chen Z H. The seasonal growth and reproduction of *Sargassum thunbergii* (Pheaophyta) in Pingtan island, Fujian province[J]. Journal of Fujian Normal University, 1993, 9: 81-85. (in Chinese with English abstract)

[6] Chu S H, Zhang Q S, Liu S K, et al. Trade-off between vegetative regeneration and sexual reproduction of *Sargassum thunbergii*[J]. Hydrobiologia, 2011, 678: 127-135.

[7] Yu Y Q, Zhang Q S, Lu Z C, et al. Small-scale spatial and temporal reproductive variability of the brown macroalga *Sargassum thunbergii* in contrasting habitats: A study on the island of Xiaoheishan, Changdao archipelago, China[J]. Estuarine, Coastal and Shelf Science, 2012, 112: 280-286.

[8] Endo H, Nishigaki T, Yamamoto K, Takeno K. Age- and size-based morphological comparison between the brown alga *Sargassum macrocarpum* (Heterokonta; Fucales) from different depths at an exposed coast in northern Kyoto, Japan[J]. Journal of Applied Phycology, 2013, 25(6): 1 815-1 822.

[9] Zhang Q S, Li W, Liu SK, et al. Size-dependence of reproductive allocation of *Sargassum thunbergii* (Sargassaceae, Phaeophyta) in Bohai Bay, China[J]. Aquatic Botany, 2009, 91: 194-198.

[10] Tseng C K, Lu B. Flora algarum marinarum sinicarum. Tomus III Phaeophyta, No II. Fucales[M]. Beijing (in Chinese): Science Press, 2000.

[11] Norton T A. Conflicting constraints on the form of intertidal algae[J]. British Phycological Journal, 1991, 26(3): 203-218.

[12] Deysher LE. Reproductive phenology of newly introduced populations of the brown alga, *Sargassum muticum* (Yendo) Fensholt[J]. Hydrobiologia, 1984, 116/117: 403-407.

[13] Uchida T. The life cycle of *Sargassum horneri* (Phaeophyta) in laboratory culture[J]. Journal of Phycology, 1993, (29): 231-235.

[14] Zou D H, Gao K S, Ruan Z X. Seasonal pattern of reproduction of *Hizikia Fusiformis* (Sargassaceae, Phaeophyta) from Nanao island, Shantou, China[J]. Journal of Applied Phycology, 2016, 18(2): 195-201.

[15] De Wreede R. The phenology of three species of *Sargassum* (Sargassaceae, Phaeophyta) in Hawaii[J]. Phycologia, 1976, 15: 175-184.

[16] Yoshida G, Yoshikawa K, Terawaki T. Growth and maturation of two populations of *Sargassum horneri* (Fucales, Pheaophyta) in Hiroshima Bay, the Seto Inland Sea[J]. Fisheries Science, 2001, 67: 1 023-1 029.

[17] Ang Jr PO. Cost of reproduction in *Fucus distichus*[J]. Marine Ecology Progress Series. Oldendorf, 1992, 89 (1): 25-35.

[18] Rivera M, Scrosati R. Population dynamics of *Sargassum lapazeanum* (Fucales, Phaeophyta) from the Gulf of California, Mexico[J]. Phycologia, 2006, 45 (2): 178-179.

[19] McCourt R M. Seasonal patterns of abundance, distributions, and phenology in relation to growth strategies of three *Sargassum* species[J]. Journal of Experimental Marine Biology and Ecology, 1984, 74 (2): 141-156.

[20] Chu S H, Zhang Q S, Liu S K, et al. Tolerance of *Sargassum thunbergii* germlings to thermal, osmotic and desiccation stress[J]. Aquatic Botany, 2012, 96 (1): 1-6.

[21] Davison I R, Johnson L E, Brawley S H. Sublethal stress in the intertidal zone: tidal emersion inhibits photosynthesis and retards development in embryos of the brown alga *Pelvetia fastigiata*[J]. Oecologia, 1993, 96 (4): 483-492.

[22] Wheeler W N. Algal productivity and hydrodynamics-a synthesis. Progress in Phycological Research, 1974, 6: 23-58.

[23] Engelen A H, Åberg P, Olsen J L, et al. Effects of wave exposure and depth on biomass, density and fertility of the fucoid seaweed *Sargassum polyceratium* (Phaeophyta, Sargassaceae) [J]. European Journal of Phycology, 2005, 40 (2): 149-158.

(Liu Wei, Wang Xiangyu, Ding Gang, Duan Delin, Wu Haiyi)

(载自 *Chinese Journal of Oceanology and Limnology*, 2016-01)

第二章

繁育生物学与种质繁育

鼠尾藻群体的有性生殖力影响因素研究

鼠尾藻是我国沿海常见的经济褐藻，不仅可以作为优质海参饲料[1,2]，还因其含有多糖、多酚等生物活性物质可用于化工和生物医药行业[3,4]。由于近年来鼠尾藻资源受人为破坏较为严重，现有鼠尾藻自然资源无法满足市场需要，急需进行规模化鼠尾藻人工养殖，而鼠尾藻有性繁殖相关资料的缺乏限制了鼠尾藻人工养殖技术的发展。鼠尾藻有性繁殖前期，首先会在藻体主枝上产生侧生分枝，继而在侧生分枝上产生生殖托。卵成熟后由生殖窝排放后附着在生殖托上，形成卵的挂托现象。目前关于鼠尾藻有性繁殖的研究主要集中在发育观察[5,6]、生殖分配[7,8]、人工养殖条件[9,10]等方面，而针对鼠尾藻生殖力统计分析的研究尚未见有报道。通过对成熟藻体长度、侧枝数等生殖因子进行统计分析，对鼠尾藻生殖力进行初步评估。通过相关参数的回归分析，估算鼠尾藻单株产卵能力，为鼠尾藻人工育苗提供相关理论参考。

1 材料方法

1.1 材料

鼠尾藻群体于2013年5月采集于浙江洞头县(N 27°51′, E 121°03′)，采集时选取生殖托明显的藻体，采集数量150份。将采集的鼠尾藻用尼龙绳夹苗，3～5株为一簇，每簇间距10 cm。鼠尾藻夹苗后苗绳平挂暂养于海上养殖筏架区，待鼠尾藻成熟(即生殖托上有明显挂卵)后，带回实验室进行相关测量。

1.2 藻体长度与侧枝数关系

随机选取100株成熟藻体，分别测量藻体长度和侧枝数量。藻体长度测量时选取鼠尾藻主枝作为测量对象，测量从主枝基部至主枝顶端，固着器及短茎部分不计入主枝长度。主枝长度测量完成后，主枝上的侧枝数量也对应进行记录。

1.3 侧枝长度与生殖托数关系

随机选取100条侧枝，分别测量侧枝长度及生殖托数量。侧枝长度测量时从分枝基部至分枝顶端。侧枝长度测量完成后，侧枝上的生殖托数也对应进行记录。

1.4 生殖托长度与生殖托挂卵数关系

随机选取50个生殖托,分别测量生殖托长度及挂卵数量。生殖托长度测量完成后,用刀片小心刮下生殖托上附着的卵,用过滤海水稀释后在体视镜(江南SE2200)下进行计数。

1.5 数据处理

采用Pearson correlation相关性分析方法分析藻体长度与侧枝数、侧枝长度与生殖托数、生殖托长度与生殖托挂卵数之间的关系。相关数据分析使用SPSS 13.0软件完成。

2 结果与分析

2.1 藻体长度与侧枝数关系

试验结果显示成熟藻体的平均长度为129.9 cm±48.7 cm,其中最短藻体为51.2 cm,最长藻体为252.5 cm。平均每株藻体侧枝数为133±51个,其中侧枝数最少的藻体有32个侧枝,侧枝数最多的藻体有255个侧枝。在本试验群体中成熟鼠尾藻藻体的侧枝密度平均为1.1±0.3个·厘米。藻体长度与侧枝数的散点分布如图1所示,结果显示藻体长度与侧枝数之间为线性正相关关系($r^2=0.435$, $P<0.01$),其中回归方程见表1。

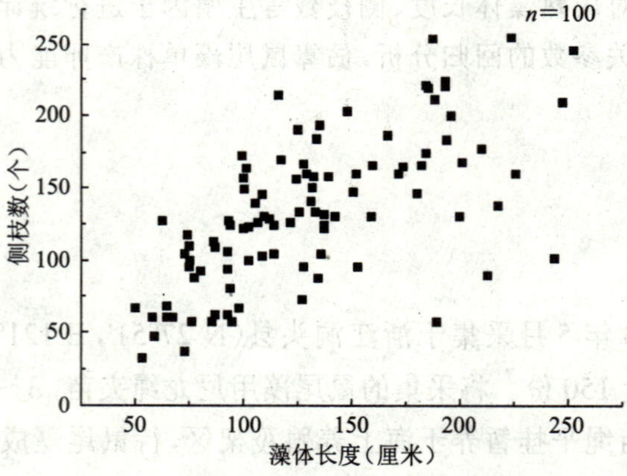

图1 藻体长度与侧枝数的统计关系

2.2 侧枝长度与生殖托数关系

对侧枝长度统计分析发现,试验群体侧枝平均长度为9.7 cm±4.7 cm,其中最长侧枝长度为19.2 cm,最短侧枝长度为1.6 cm。侧枝上生殖托平均数量为40±27个,其中单条侧枝上生殖托数最多的为95个,最少的为0个,即没有生殖托形成。侧枝上生殖托的平均密度为3.4±1.8个·厘米。侧枝长度与生殖托数量关系如图2所示,分析结果显示侧枝长度与生殖托数量存在线性正相关关系($r^2=0.929$, $P<0.01$),其中回归方程见表1。

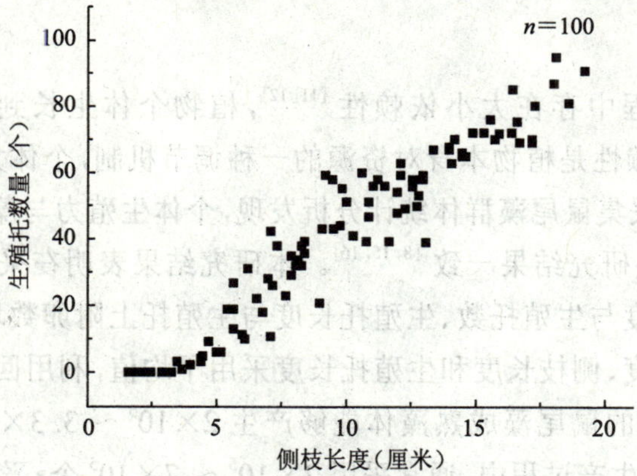

图 2　侧枝长度与生殖托数的统计关系

2.3 生殖托长度与生殖托挂卵数关系

试验群体生殖托长度测量结果显示，生殖托平均长度为 9.4 mm±1.2 mm，其中生殖托长度最大值为 11.5 mm，生殖托长度最小值为 7.1 mm。生殖托上附卵数量为(234±34)个，其中单个生殖托上附卵数最多的为 314 个，最少的为 164 个。生殖托上的平均附卵密度为 25±3 个·毫米。生殖托长度与附卵数量关系如图 3 所示，结果表明生殖托长度与生殖托上附卵数量存在线性正相关关系($r^2 = 0.456$, $P < 0.01$)，其中回归方程见表 1。

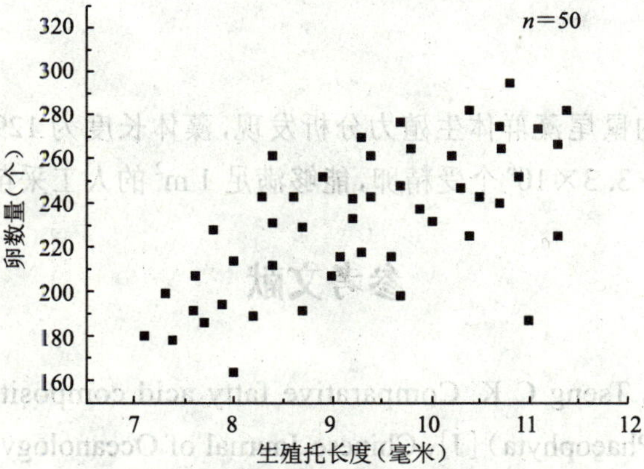

图 3　生殖托长度与生殖托挂卵数的统计关系

表 1　鼠尾藻群体生殖力相关因子回归分析

相关因子	F	P	回归方程	r^2
TL-NLB	75.329	< 0.01	NLB = 0.689×TL + 43.223	0.435
LBL-NR	1 275.224	< 0.01	NR = 5.513×LBL ～ 13.337	0.929
RL-NE	40.290	< 0.01	NE = 18.509×RL + 60.247	0.456

注：TL 代表藻体长度；NLB 代表侧枝数；LBL 代表侧枝长度；NR 代表生殖托数；RL 代表生殖托长度；NE 代表受精卵数量。

3 讨论

在植物的繁殖过程中存在大小依赖性[11, 12]，植物个体生长到一定长度才会进行生殖[13]。生殖的大小依赖性是植物本身对资源的一种调节机制，个体大小对营养资源分配具有重要的影响[14]。对采集鼠尾藻群体统计分析发现，个体生殖力与藻体大小具有相关性，这与在其他海藻中的相关研究结果一致[8, 15, 16]。本研究结果表明在采集鼠尾藻群体中，藻体长度与侧枝数、侧枝长度与生殖托数、生殖托长度与生殖托上附卵数均存在线性关系。在本试验群体中，对藻体长度、侧枝长度和生殖托长度采用平均值，利用回归方程可推算出，长度为 129. 9 cm±48. 7 cm 的鼠尾藻成熟藻体能够产生 2×10^5 ～ 3.3×10^6 个受精卵。而在马尾藻科海藻的人工采苗生产过程中，通常采用 2×10^5 ～ 7×10^5 个•平方米的采苗浓度[17-19]。因此，在本试验群体中一株具有平均长度的海藻即可满足 1 m^2 的采苗需求。但在实际生产中，考虑到采集过程的损失以及种菜成熟放散的不同步性，应当适当增加采苗种菜的用量。

此外，生殖分配还受到环境因子的影响，Russell 研究[20]发现墨角藻（*Fucus vesiculosus*）在不同海流冲击环境下对有性繁殖和营养组织的分配比例明显不同，潘金华等[8]研究发现潮位和海浪冲击都会影响鼠尾藻的生殖分配。鼠尾藻在我国沿海分布广泛，而其群体分布生境差异很可能导致不同群体生殖分配比例存在差异。由于本研究采用单一生境的鼠尾藻群体，因此研究结果存在一定局限性，鼠尾藻群体在不同生境下的生殖力分析有待于进一步的研究。

4 结论

通过对浙江洞头的鼠尾藻群体生殖力分析发现，藻体长度为 129 cm±48. 7 cm 的成熟藻体能够产生 2×10^5～3.3×10^6 个受精卵，能够满足 1 m^2 的人工采苗的生产需求。

参考文献

[1] Wu X C, Lu B R, Tseng C K. Comparative fatty acid composition of four Sargassum species (Fucales, Phaeophyta) [J]. Chinese Journal of Oceanology and Limnology, 1995, 13 (4) : 370-373.

[2] 孙侦龙，等. 不同配比饲料对刺参 C、N、P 营养盐收支的影响 [J]. 中国海洋大学学报（自然科学版），2012: 67-74.

[3] 魏玉西，等. 鼠尾藻多糖的制备及其抗凝血活性的初步研究 [J]. 中国海洋药物，2006, 25: 41-44.

[4] 魏玉西，等. 鼠尾藻多酚的抗肿瘤活性研究 [J]. 中草药，2008. 39: 93-95.

[5] 潘金华，张全胜，许博. 鼠尾藻有性繁殖和幼孢子体发育的形态学观察 [J]. 水产科学，2007, 26: 589-592.

[6] 王飞久，孙修涛，李锋. 鼠尾藻的有性繁殖过程和幼苗培育技术研究 [J]. 海洋水产研究，2006, 27 (5) : 1-6.

[7] Zhang Q, et al. Size-dependence of reproductive allocation of Sargassum thunbergii (Sargassaceae, Phaeophyta) in Bohai Bay, China[J]. Aquatic Botany, 2009, 91: 194-198.

[8] 潘金华，等. 黄海太平角鼠尾藻有性繁殖分配 [J]. 应用生态学报，2011，22（8）：2 167-2 172.

[9] 孙修涛，王飞久，刘桂珍. 鼠尾藻新生枝条的室内培养及条件优化 [J]. 海洋水产研究，2006，27（5）：7-12.

[10] 詹冬梅，等. 鼠尾藻有性繁育及人工育苗技术的初步研究 [J]. 海洋水产研究，2006，27（6）：55-59.

[11] Ang Jr P O. Cost of reproduction in Fucus distichus. Marine ecology progress series[J]. Oldendorf, 1992, 89: 25-35.

[12] Gillespie R, A. Critchley. Reproductive allocation and strategy of Sargassum elegans Suhr and Sargassum incisifolium (Turner) C. Agardh from Reunion Rocks, KwaZulu-Natal, South Africa[J]. Botanica Marina, 2001, 44 (3): 231-235.

[13] Weiner J. The influence of competition on plant reproduction. Plant reproductive ecology: patterns and strategies, ed. D. J. L and D. L. L[M]. New York: Oxford University Press, 1998. 228-245.

[14] H Y, T D Y. Size-dependent reproductive output and life-history strategies in four ephemeral species of Trigonella[J]. Acta Phytoecologica Sinica, 2005, 29 (6): 954-960.

[15] Zou D, K Gao, Z Ruan. Seasonal Pattern of Reproduction of Hizikia Fusiformis (Sargassaceae, Phaeophyta) from Nanao Island, Shantou, China[J]. Journal of Applied Phycology, 2006, 18 (2): 195-201.

[16] Fernandez C, F Arenas. Ecology of Sargassum muticum (Phaeophyta) on the North coast of Spain III: Reproductive ecology[J]. Botanica Marina, 1998, 41 (2): 209-216.

[17] Pang S J, et al. Cultivation of the intertidal brown alga Hizikia fusiformis (Harvey) Okamura: mass production of zygote-derived seedlings under commercial cultivation conditions, a case study experience[J]. Aquaculture Research, 2008, 39 (13): 1 408-1 415.

[18] Xie E, et al. Artificial seed production and cultivation of the edible brown alga Sargassum naozhouense Tseng et Lu[J]. Journal of Applied Phycology, 2013, 25 (2): 513-522.

[19] Zhang Q S, et al. Zygote-derived seedling production of Sargassum thunbergii: focus on two frequently experienced constraints in tank culture of seaweed[J]. Journal of Applied Phycology, 2012, 24 (4): 707-714.

[20] Russell G. Heavy receptacles in estuarine Fucus vesiculosus L. Estuarine and Coastal[J] Marine Science, 1979, 9 (5): 659-661.

（刘玮，丁刚，吴海一，詹冬梅）

（载自《广西科学院学报》2015-11）

海黍子有性生殖相关形态建成因子分析

海黍子(*Sargassum muticum*)隶属于褐藻门墨角藻目马尾藻科,为我国黄渤海沿岸常见海藻种类。海黍子具有重要的经济价值,不仅可用于海珍品的养殖饲料,而且可作为医药、化工行业的重要原料,用于提取多糖、多酚等生物活性物质[1,2]。此外海黍子还具有重要的生态价值,其常在近海岩礁区聚集生长形成海藻床,而海藻床为无脊椎动物提供了栖息、觅食及繁殖的场所[3],是近海生态系统的重要组成部分。

随着近年来对海黍子自然资源的过度攫取[4],海黍子野生群体数量明显下降,急需对海黍子种群资源进行保护。海黍子苗种人工繁育是保护和恢复海黍子种群的重要手段。相对于海带人工繁育技术,海黍子苗种繁育目前还处于初级阶段[5],海黍子有性繁殖相关文献资料较少[4,6,7],一定程度上制约了海黍子人工苗种繁育技术的发展。因此,研究海黍子群体有性繁殖能力,尤其是群体中个体的生殖力,对海黍子群体资源保护及优化幼苗人工繁育技术具有重要理论意义和实践价值。

本研究以海黍子有性繁殖相关形态建成因子为研究对象,分析了各形态建成因子间的相关性,并进一步评估了该海黍子群体的个体生殖力,以期揭示生殖力与藻体大小的相关性,也可为海黍子资源保护及人工繁育提供数据支持和参考。

1 材料方法

1.1 材料

试验群体为2014年5月采集于山东青岛(N 36°3′, E 120°19′)潮下带的野生海黍子群体,采集数量150份,采集时选取生殖托明显的藻体。采集后用4℃保温箱转运至山东俚岛(N 37°12′, E 120°19′)进行人工夹苗,用直径0.8 cm的尼龙绳将3～5株藻体夹为一簇,每簇间距10 cm。海黍子夹苗后苗绳平挂于海上养殖筏架区进行海上暂养,每2～3天检查藻体成熟情况。当藻体生殖枝上明显有卵挂托时即被视为成熟藻体,用保温箱将成熟藻体带回实验室进行后续测量统计。

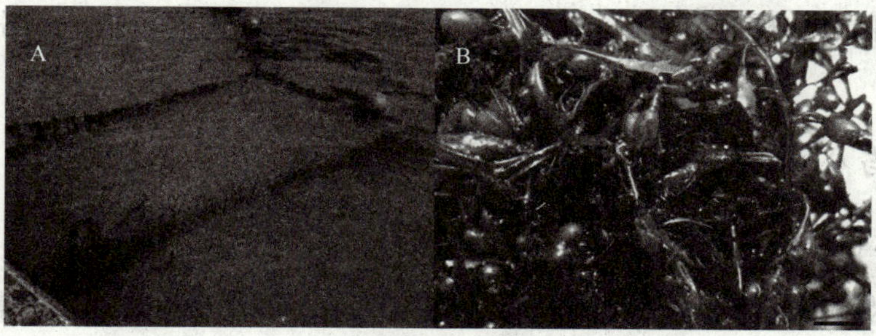

图1　海黍子海上暂养情况

A. 海黍子筏架区暂养；B. 成熟的海黍子藻体，比例尺 1 cm

1.2 藻体形态建成因子测量统计

试验主要测量统计的形态建成因子主要包括藻体长度、侧枝数量、侧枝长度、生殖托数量、生殖托长度、生殖托挂卵数量 6 个变量因子。测量时随机选取 100 株成熟藻体，用于测量藻体长度及侧枝数量。其中，以海黍子主枝长度记为该株海藻的藻体长度，主枝上的侧枝数记为该株海藻的侧枝数量。从测量的 100 株海藻的主枝中各随机选取 1 条侧枝用于测量藻体侧枝长度及生殖托数量。再从测量的 100 株海藻的侧枝上随机选取 50 个生殖托用于测量生殖托长度及生殖托挂卵数量。其中测定生殖托挂卵数时，需预先用洁净的手术刀小心刮下生殖托上的卵置于盛有 10 mL 过滤海水的培养皿中，在体式镜（江南 SE2200）下计数。

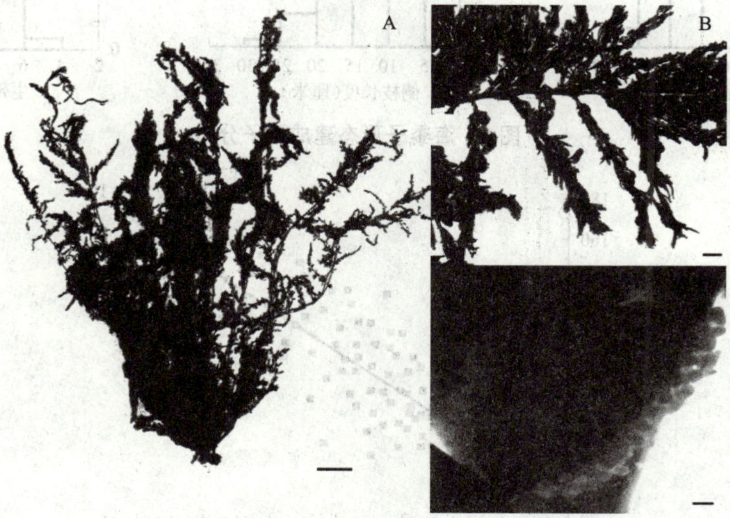

图2　海黍子藻体

A. 海黍子整株藻体，比例尺 20 cm；B. 海黍子侧枝，比例尺 1 cm；C. 附着在生殖托表面的卵，比例尺 200 μm

1.3 数据处理

数据分析采用 SPSS 22.0 软件完成。本研究结果以平均值 ± 标准差（$\bar{x}\pm SD$）表示；分别对藻体长度与侧枝数、侧枝长度与生殖托数、生殖托长度与生殖托挂卵数等各形态建成因子间进行线性回归分析，显著水平选取 $\alpha = 0.05$；用相关性系数 r^2 指示了各形态建成因子间的相关性。

2 结果与分析

2.1 藻体长度与侧枝数关系

试验结果显示：成熟藻体的平均长度为 164.5 cm±59.9 cm，其中成熟藻体的长度分布范围为 67.3～344.2 cm，超过半数的藻体长度分布在 100～200 cm 范围内(图 3)。平均每株藻体侧枝数为 89±31 个，其中成熟藻体的侧枝数量分布范围为 80～164 个。在本试验群体中成熟海黍子藻体的侧枝密度平均为 0.6±0.1 个·厘米。藻体长度与侧枝数的散点分布如图 4 所示，结果显示藻体长度与侧枝数之间为线性正相关关系($r^2 = 0.644$, $P < 0.05$)，其中回归方程见表 1。

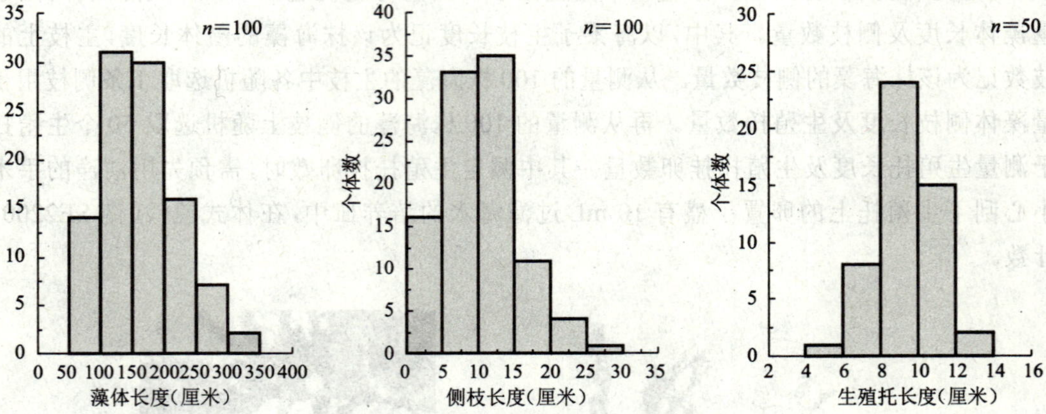

图 3　海黍子形态建成因子分布

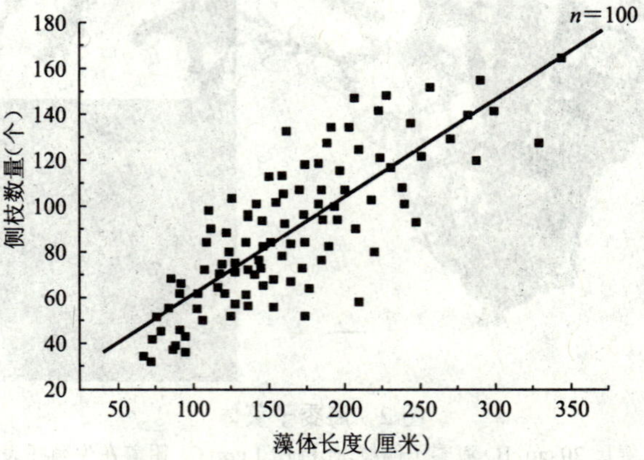

图 4　藻体长度与侧枝数的关系

2.2 侧枝长度与生殖托数关系

对侧枝长度统计分析发现，试验群体侧枝平均长度 10.4 cm±5.3 cm，侧枝长度分布范围为 1.6～25.7 cm，超过半数的侧枝长度分布在 5～15 cm 范围内(图 3)。侧枝上生殖托平均数量为43±35个，其中单条侧枝上生殖托数分布范围为0～150个。侧枝上生殖托的平均密度为3.5±2.0个·厘米。侧枝长度与生殖托数量关系如图5所示，分析结果显示侧枝长度与生殖托数量存在线性正相关关系（$r^2 = 0.826$，$P < 0.05$），其中回归方程见表1。此外，对试验群体测量发现，位于藻体主枝顶部的侧枝长度短于主枝中部和基部的侧枝长度，而且位于成熟藻体主枝顶部的部分侧枝上并未形成生殖托。

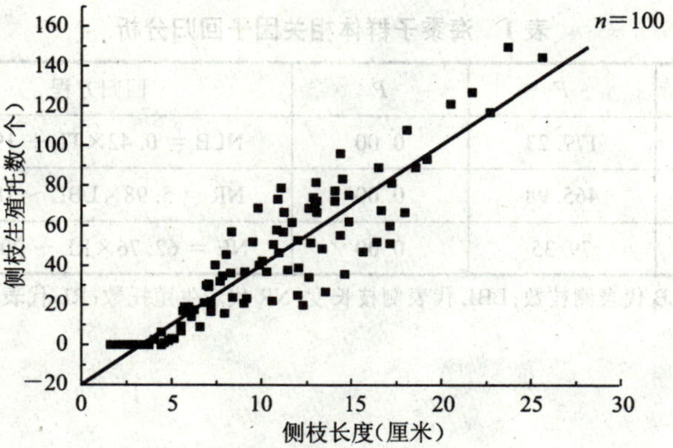

图5　侧枝长度与生殖托数的关系

2.3 生殖托长度与生殖托挂卵数关系

测量结果显示，生殖托平均长度为9.3 mm±1.5 mm，其中生殖托长度分布范围为5.6～12.7 mm，接近半数的生殖托长度分布在8～10 mm范围内（图3）。生殖托上平均附卵数量为378±121个，其中单个生殖托上附卵数分布范围为0～564个。生殖托上的平均附卵密度为41±15个·毫米。生殖托长度与附卵数量关系如图6所示，结果表明生殖托长度与生殖托上附卵数量存在线性正相关关系（$r^2 = 0.623$，$P < 0.05$），其中回归方程见表1。此外，对试验群体测量发现，藻体侧枝顶部的生殖托长度短于侧枝其他部分的生殖托长度，且位于侧枝顶部的部分生殖托上没有发现有卵挂托。

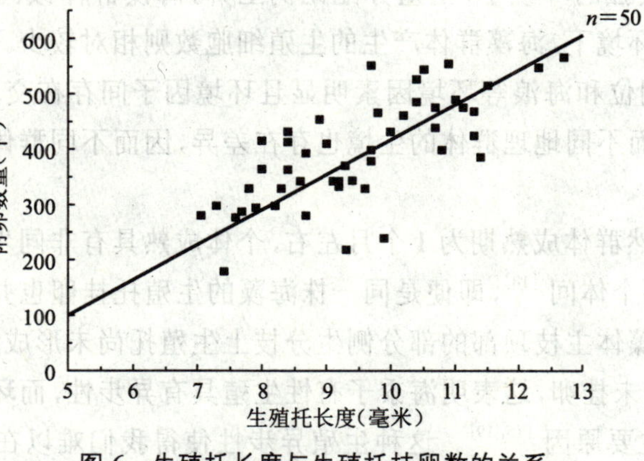

图6　生殖托长度与生殖托挂卵数的关系

2.4 海黍子生殖力估算

基于海黍子藻体自身结构特点，单株海藻的生殖力（产生卵细胞数量）= 侧枝数 × 生殖托数 × 生殖托附卵数量。利用试验群体藻体长度、侧枝长度、生殖托长度的平均值，并结合试验数据分析获得的回归方程，可以推算该海黍子群体单株藻体生殖力为 2.1×10^5 ～ 4.0×10^6 个·株。

表 1　海黍子群体相关因子回归分析

相关因子	F	P	回归方程	r^2
TL-NLB	177.23	0.00	NLB = 0.42×TL + 19.57	0.644
LBL-NR	465.98	0.00	NR = 5.98×LBL ～ 18.88	0.826
RL-NE	79.35	0.00	NE = 62.76×RL ～ 208.84	0.623

注：TL 代表藻体长度；NLB 代表侧枝数；LBL 代表侧枝长度；NR 代表生殖托数；RL 代表生殖托长度；NE 代表受精卵数量。

3 讨论

植物繁衍生殖依赖于其形态建成[8]，墨角藻目海藻相关研究也表明海藻有性繁殖过程中对藻体形态大小具有依赖性[9, 10]。海黍子有性繁殖依赖于生殖托形成发育，试验发现海黍子生殖托主要分布于侧枝上，海黍子主枝长度限制了侧枝的数量，而侧枝长度则制约着生殖托的数量，生殖托的长度则直接制约附卵数量。因此，海黍子藻体大小影响着个体生殖力，这与 Fernandez 等[6]对欧洲海黍子种群的研究结果一致。生殖力对藻体大小的依赖反映了藻体营养资源对生殖构件的分配[11]，个体生殖力与藻体大小具有一定相关性，这与马尾藻科海藻生殖分配的相关研究结果一致[12-16]。

海藻个体发育受潮位、海浪等多种环境因素影响，群体的生殖分配比例也随环境因子不同而改变，从而海藻个体生殖力大小具有波动性。Russell[17]研究发现墨角藻（*Fucus vesiculosus*）在海浪较强的环境下，生殖分配比例上升，海藻群体倾向于产生更多的生殖细胞；而在海浪较弱的环境下，海藻群体产生的生殖细胞数则相对较少。对鼠尾藻的研究发现其群体生殖分配受潮位和海浪等环境因素明显且环境因子间存在交互作用[12]。海黍子在我国沿海分布广泛，而不同地理群体的生境也存在差异，因而不同群体的个体生殖力可能存在差异。

此外，海黍子自然群体成熟期为 1 个月左右，个体成熟具有非同步性。成熟非同步性不仅表现在不同海藻的个体间[18]，即便是同一株海藻的生殖托挂卵也并非完全同步。本研究发现，在成熟海黍子藻体主枝顶部的部分侧生分枝上生殖托尚未形成，而在侧枝顶部的部分生殖托个体较小且尚未挂卵，这表明海黍子有性生殖具有异步性，而环境因子很可能是导致海藻生殖异步性的主要原因[15, 19]。这种生殖异步性使得我们难以在一个时间点估算成熟个体的完整生殖力，因此本研究测算获得的海黍子生殖力可能会比实际值略小。

海黍子有性繁殖能形成大量生殖细胞，但在我国沿海地区自然种群扩张能力有限，可采用人工繁育方法获得大量人工苗种。海黍子每年可有性繁殖一次[7]，但受精卵需要在放散后避开水流刺激才能在附着基上形成稳定固着[20, 21]，而海黍子群体多分布于近岸大潮线下[22]，在潮汐海流的冲击作用下，有性繁殖个体成活率不高。但利用海黍子有性繁殖特点进行人工苗种繁育，则能在短时间内获得大量幼苗[5]。马尾藻科海藻人工育苗实践表明，$2\times10^5\sim7\times10^5$个·平方米的采苗密度适用于人工幼苗培育[23-25]。研究结果表明一株具有平均长度(164. 5±59. 9) cm的海黍子成熟藻体能够产生$2.1\times10^5\sim4.0\times10^6$个卵细胞，即一株成熟海黍子藻体产卵量可基本满足1 m^2的采苗生产需要。

4 结论

通过对青岛海黍子群体统计分析发现，海黍子生殖力与藻体大小具有一定的相关性，试验群体中单株海黍子能够产生$2.1\times10^5\sim4.0\times10^6$个受精卵可基本满足1 m^2的采苗生产需要。由于时间、环境等因素的制约，本研究结果具有一定局限性，不同生境、成熟期不同阶段海黍子生殖力的状况有待于进一步研究。

参考文献

[1] 吕志华，于广利，迟连利，等. 海黍子多酚对亚油酸甲酯氧化的抑制作用 [J]. 中国海洋药物，2001，84 (6)：25-28.

[2] 马伟伟，李丽，周革非. 海黍子硫酸多糖体外免疫与抗肿瘤活性 [J]. 食品科学，2013，(7)：270-274.

[3] Jobe C F，Brooks W R. Habitat selection and host location by symbiotic shrimps associated with Sargassum communities: The role of chemical and visual cues[J]. Symbiosis，2009，49 (2)：77-85.

[4] 柴雨，王丽梅，宋广军，等. 海黍子新生枝条的室内培养及有性生殖同步化 [J]. 海洋渔业，2012，(4)：422-428.

[5] 曹淑青，张泽宇，王国书，等. 海黍子室内人工育苗技术的研究 [J]. 大连水产学院学报，2008，(5)：359-363.

[6] Fernandez C，Arenas F. Ecology of *Sargassum muticum* (Phaeophyta) on the North coast of Spain III: Reproductive ecology[J]. Botanica Marina，1998，41 (2)：209-216.

[7] Deysher L E. Reproductive phenology of newly introduced populations of the brown alga, *Sargassum muticum* (Yendo) Fensholt[J]. Hydrobiologia，1984，116/117: 403-407.

[8] Weiner J. Plant reproductive ecology: patterns and strategies[M]. New York: Oxford University Press，1988.

[9] Ang Jr P O. Cost of reproduction in *Fucus distichus*[J]. Marine ecology progress，1992，89: 25-35.

[10] Gillespie R，Critchley A. Reproductive allocation and strategy of *Sargassum elegans* Suhr

and *Sargassum incisifolium* (Turner) C. Agardh from Reunion Rocks, KwaZulu-Natal, South Africa[J]. Botanica Marina, 2001, 44 (3) : 231-235.
[11] Yao H, Tan D Y. Size-dependent reproductive output and life-history strategies in four ephemeral species of *Trigonella*[J]. Acta Phytoecologica Sinica, 2005, 29 (6) : 954-960.
[12] 潘金华，张全胜，李晓捷，等. 黄海太平角鼠尾藻有性繁殖分配 [J]. 应用生态学报，2011, 22 (8) : 2 167-2 172.
[13] Zou D, Gao K, Ruan Z. Seasonal pattern of reproduction of *Hizikia Fusiformis* (Sargassaceae, Phaeophyta) from Nanao Island, Shantou, China[J]. Journal of Applied Phycology, 2006, 18 (2) : 195-201.
[14] Zhang Q S, Li W, Liu S, et al. Size-dependence of reproductive allocation of *Sargassum thunbergii* (Sargassaceae, Phaeophyta) in Bohai Bay, China[J]. Aquatic Botany, 2009, 91: 194-198.
[15] Liu W, Wu H Y, Zhan D M, et al. Phenological study of *Sargassum thunbergii* (Fucales, Phaeophyta) in Lidao Bay, Rongcheng, China[J]. Chinese Journal of Oceanology and Limnology, 2015. (online http: // dx. doi. org/10. 1007/s00343-016-5046-9)
[16] 张树宝，唐永政，王志芳，等. 鼠尾藻生长与生殖的权衡 [J]. 生态学报，2010, 30 (22) : 6 027-6 034.
[17] Russell G. Heavy receptacles in estuarine *Fucus vesiculosus* L[J]. Estuarine and Coastal Marine Science, 1979, 9 (5) : 659-661.
[18] Pang S J, Chen L T, Zhuang D G, et al. Cultivation of the brown alga *Hizikia fusiformis* (Harvey) Okamura: enhanced seedling production in tumbled culture[J]. Aquaculture, 2005, 245 (1) : 321-329.
[19] Engelen A H, Breeman A M, Olsen J L, et al. Life history flexibility allows *Sargassum polyceratium* to persist in different environments subjected to stochastic disturbance events[J]. Coral Reefs, 2005, 24 (4) : 670-680.
[20] Norton T A, Fetter R. The settlement of *Sargassum muticum* propagules in stationary and flowing water[J]. J. mar. biol. Ass. UK, 1981, 61 (4) : 929-940.
[21] Liu W, Wu H Y, Liu M X, et al. Improvement of the zygote utilization and reduction of the seedling loss in the early stage of seedling production of *Sargassum thunbergii* (Fucales, Phaeophyta)[J]. Chinese Journal of Oceanology and Limnology, 2015. (online http: //dx. doi. org/10. 1007/s00343-016-5041-1)
[22] 丁兰平，夏恩湛，郑宝福. 中国黄渤海海藻 [M]. 北京：科学出版社，2008.
[23] Xie E, Liu D, Jia C, et al. Artificial seed production and cultivation of the edible brown alga *Sargassum naozhouense* Tseng et Lu[J]. Journal of Applied Phycology, 2013, 25 (2) : 513-522.

[24] Pang S J, Shan T F, Zhang Z H, et al. Cultivation of the intertidal brown alga *Hizikia fusiformis*（Harvey）Okamura: mass production of zygote-derived seedlings under commercial cultivation conditions, a case study experience[J]. Aquaculture Research, 2008, 39（13）: 1 408-1 415.

[25] Zhang Q S, Tang Y Z, Liu S K, et al. Zygote-derived seedling production of *Sargassum thunbergii*: focus on two frequently experienced constraints in tank culture of seaweed[J]. Journal of Applied Phycology, 2012, 24（4）: 707-714.

（刘玮，吴海一，王翔宇，辛美丽，刘梦侠）

（载自《大连海洋大学学报》2016-12）

水动力条件对鼠尾藻幼苗生长的影响

水动力条件的变化，可以引起藻类生长环境的光照强度变化、营养盐运送能力变化及敌害生物捕食行为的变化，从而对藻类的生长产生不同程度的影响 [1-5]。水流速度是水动力条件中最基本和最直观的参数。焦世珺等研究发现，三峡水库流速减缓，导致库区泥沙沉积，透明度增加，藻类生长繁殖加快，叶绿素 a 含量升高 [6]；廖平安等研究发现，增加水体的流速可以在一定程度上抑制藻类的生长，延缓水华的发生 [7]；Devercellim 通过多变量 RDA 研究发现，河流的水流量和透明度能明显影响藻类的群落组成 [8]；陈伟明等认为，水动力作用可以增加水体中的悬浮物质、降低透明度、改变水下光照条件，从而使浮游植物种群结构和数量发生改变 [9]；王红萍等总结影响汉江水化的水文因素包括流量、流速和水面比降，认为汉江中的藻类浓度与水流速度成指数关系 [10]；王利利研究认为，在小型模拟河道中，藻类生长在不同流速下可能存在临界值，在临界值之下，叶绿素 a 含量随流速增大而增大，在临界值之上，叶绿素 a 含量随流速增大而减小 [11]。鼠尾藻是我国沿海分布较广的一种经济褐藻，近年来受到广泛的关注 [12-14]，对于养殖水层和水流速度变化对其生长影响也有相关研究开展 [15-18]，但多关注其生长速率变化，对于人工幼苗养殖阶段的生化物质组成变化及生物量积累未有研究进行。作者进行了鼠尾藻人工幼苗的养殖试验，以生长速率和叶绿素 a 含量为监测指标，研究并探讨鼠尾藻幼苗生长发育对不同强度的水流刺激和不同培育水层的适应情况，为鼠尾藻人工幼苗适应产业化养殖提供理论依据和试验基础。

1 材料和方法

1.1 试验材料

试验材料选用人工培育的鼠尾藻幼苗。材料采集后于消毒海水中反复冲洗，清理附着杂藻及污物，然后于实验室条件下（海水盐度 29±1，温度 15℃ ±1℃）暂养 15 d 后进行试验，期间充气并每天更换海水。试验时选取 20 株幼苗为一组，选取质量总重相近的为 1 组，每组湿重为 14. 94 ～ 15. 48 g（平均数 ± 标准差＝ 15. 21 g±0. 27 g）。

1.2 试验方法

试验在鲍鱼饵料培育池内进行，培育池规格 3 m×3 m×2 m。采用侧位进水，中央排水的方法，形成水流，并用流速计分别确定水流速度。选择在试验要求的水层和水流速度下固定鼠尾藻幼苗进行培育。光照条件为日常光照。

单因子试验中，水流速度水平为 $0\ m \cdot s^{-1}$，$0.3\ m \cdot s^{-1}$，$0.6\ m \cdot s^{-1}$，$0.9\ m \cdot s^{-1}$，$1.2\ m \cdot s^{-1}$，$1.5\ m \cdot s^{-1}$，水层深度水平为 0 m，−0.3 m，−0.6 m，−0.9 m，−1.2 m，−1.5 m。

双因子试验中设置水流速度 5 个水平、水层深度 4 个水平，试验因子水平见表 1。

表 1 双因子试验因子水平

水平	水流速度($m \cdot s^{-1}$)	水层深度(m)
1	0.0	0.0
2	0.3	−0.3
3	0.6	−0.6
4	0.9	−0.9
5	1.2	

试验时间为 7 d。试验结束后测定藻体的湿质量，并计算特定生长率(SGR)。

$$SGR = (\ln W_t - \ln W_0)/t \times 100\%$$

式中，W_0 为初始藻的鲜质量(g)；W_t 为试验结束时藻的鲜质量(g)；t 为试验持续的天数(d)。试验期间的盐度、pH 和光周期与预培养条件相同。

叶绿素 a 含量的测定方法采用 Seely[19] 的褐藻叶绿素测定方法。

数据以平均值 ± 标准差 ($\bar{x} \pm SD$) 表示。分析软件使用 SPSS 13.0，分别对数据进行单因素方差分析(ANOVA)和 Duncan 多重比较，用以检验数据间的差异显著性($P < 0.05$)。

2 结果与分析

2.1 不同水流速度对鼠尾藻幼苗生长速率和叶绿素 a 含量的影响

不同水流速度对鼠尾藻幼苗生长速率和叶绿素 a 含量的影响结果见图 1。由图 1 可见，在水流速度为 $0.9\ m \cdot s^{-1}$ 时，鼠尾藻幼苗特定生长率最高，显著高于其他水流速度。方差分析表明，不同水流速度对鼠尾藻幼苗生长速率影响显著($P < 0.05$)。随着水流速度的升高，鼠尾藻幼苗叶绿素 a 含量呈下降趋势。方差分析表明，不同水流速度对鼠尾藻幼苗叶绿素 a 含量的影响显著($P < 0.05$)。

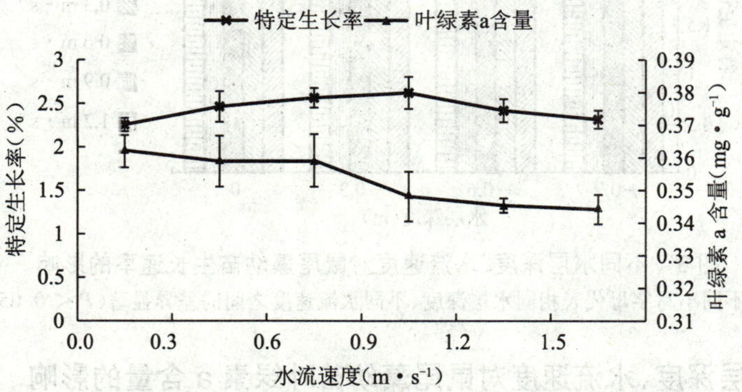

图 1 不同水流速度对鼠尾藻幼苗生长速率和叶绿素 a 含量的影响

2.2 不同水层深度对鼠尾藻幼苗生长速率和叶绿素 a 含量的影响

不同水层深度对鼠尾藻幼苗生长速率和叶绿素 a 含量的影响结果见图 2。由图 2 可见，在水层深度为 −0.3 m 时，鼠尾藻幼苗特定生长率最高，显著高于其他水层深度。方差分析表明，不同水层深度对鼠尾藻幼苗生长速率的影响极显著($P < 0.01$)。在水层深度为 −0.9 m 时，鼠尾藻幼苗叶绿素 a 含量最高，显著高于其他水层深度。方差分析表明，不同水层深度对鼠尾藻幼苗叶绿素 a 含量的影响极显著($P < 0.01$)。

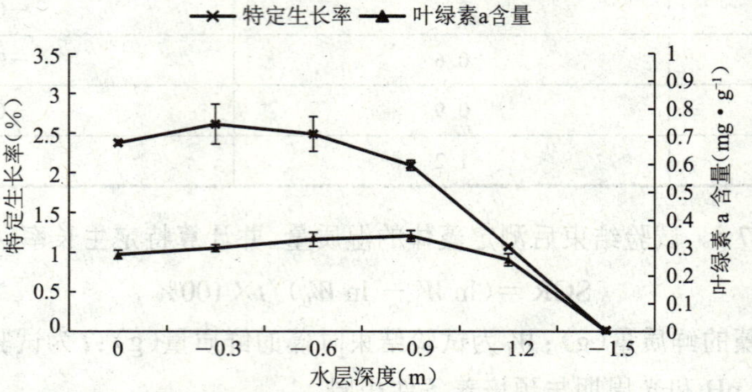

图 2　不同水层深度对鼠尾藻幼苗生长速率和叶绿素 a 含量的影响

2.3 不同水层深度、水流速度对鼠尾藻幼苗生长速率的影响

不同水层深度、水流速度对鼠尾藻幼苗生长速率的影响结果见图 3。双因子方差分析表明，二者对幼苗生长速率的交互作用极显著($P < 0.01$)。从图 3 中可以看到，表层(水深 0 m)由于光照强度强烈，鼠尾藻幼苗特定生长率随水流速度变化较大。由此可见，不同程度的水流扰动，对鼠尾藻幼苗生长速率可构成不同程度的影响。同时，在水深较浅(−0.3 m)处，水体的流动($0.3\ m·s^{-1}$，$0.6\ m·s^{-1}$，$0.9\ m·s^{-1}$)对鼠尾藻幼苗生长具有积极的影响。

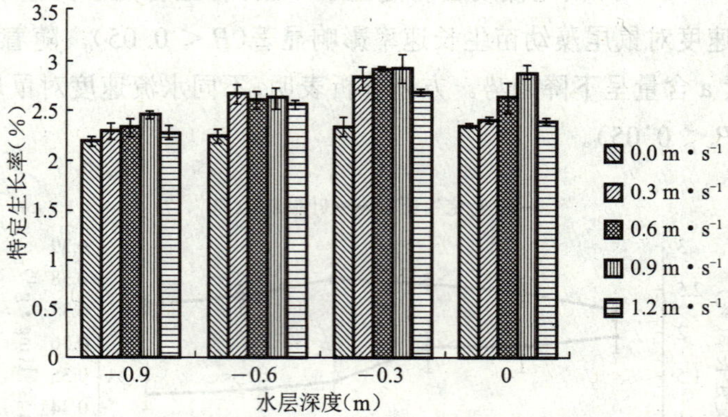

图 3　不同水层深度、水流速度对鼠尾藻幼苗生长速率的影响

注：不同小写字母代表相同水层深度、不同水流速度之间的差异显著($P < 0.05$)。

2.4 不同水层深度、水流速度对鼠尾藻幼苗叶绿素 a 含量的影响

不同水层深度、水流速度对鼠尾藻幼苗叶绿素 a 含量的影响结果见图 4。双因子方差分

析表明，二者对幼苗生长速率的交互作用极显著($P < 0.01$)。从图 4 可以看到，鼠尾藻幼苗叶绿素 a 含量随着水层逐渐加深而增多，可见水层越深，鼠尾藻幼苗会为了满足光合作用需求而进行自身调节，从而满足自身生长的要求。同时，在不同水层深度，鼠尾藻幼苗叶绿素 a 含量均随水流速度的增加而减少，可见水流速度的增强，为鼠尾藻幼苗的光合作用提供了更多的光照来源。

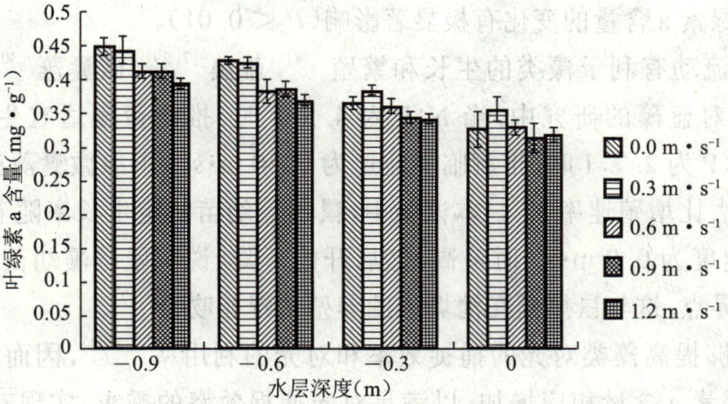

图 4 不同水层深度、水流速度对鼠尾藻幼苗叶绿素 a 含量的影响

注：不同小写字母代表相同水层深度、不同水流速度之间的差异显著($P < 0.05$)。

3 讨论

3.1 不同水层深度对鼠尾藻幼苗生长速率和叶绿素 a 含量的影响

单因子试验结果表明，不同水层深度对鼠尾藻幼苗的生长有显著影响($P < 0.05$)，对鼠尾藻幼苗的叶绿素 a 含量有极显著影响($P < 0.01$)。

不同水层深度对海藻生长影响的主要因素是光照强度，光照强度随着水层深度的变化而变化，即水层越深，光照强度越弱，尤其是正午时不同水层光强变化较大，存在指数关系[20]，因而水层试验主要是研究光照强度的影响[21]。对江蓠的研究表明，位于水层表面的浮筏养殖年产量最高[22]；对金鱼藻、苦草、轮叶黑藻、水盾草等沉水植物的研究表明，不同沉水植物在不同水层的生长情况不同。光照强度能够影响鼠尾藻对营养盐(N、P)的吸收[23]，是影响藻类生长的重要影响因子[24]。本试验中，在水层深度为−0.3 m 时，鼠尾藻幼苗特定生长率最高，较浅的水层适宜其生长；在水层深度为−1.5 m 时，鼠尾藻幼苗已经开始溃烂，藻体脱落，显然过深的水层已经不适合鼠尾藻幼苗的生长。

叶绿素 a 是进行光合作用的主要物质，受光照强度的影响较大。由图 4 可见，随着水层深度变深，光照强度逐渐减弱，鼠尾藻幼苗叶绿素 a 的含量逐渐增多，在水层深度为−0.9 m 时含量最高，这与 Ramus[25]、林贞贤[26]和刘静雯[27]的研究结果相似。但是，随着水层继续变深而含量减少，显然由于过深的水层光照强度较弱，在鼠尾藻幼苗生长受到影响的同时，叶绿素 a 含量变化也受到不利的影响，在水层深度为−1.5 m 时藻体甚至开始溃烂并脱落。

在较深的水层中，鼠尾藻幼苗的生长受到抑制，但是藻体内叶绿素 a 含量却有相应增加，这是海藻对自身进行调节以适应环境变化的机制，可以保证藻类的正常生长，对其在不同环境中生存具有积极的意义。从为生产服务的角度出发，需要在保证幼苗能够生长的前提下，实现较高的生长速率，因而，较浅的水层由于具备充足的光照条件，成为幼苗生长的适宜水层。

3.2 不同水流速度对鼠尾藻幼苗生长速率和叶绿素 a 含量的影响

单因子试验结果表明，不同水流速度对鼠尾藻幼苗特定生长率有显著影响（$P < 0.05$），对鼠尾藻幼苗叶绿素 a 含量的变化有极显著影响（$P < 0.01$）。

适当的水体流动有利于藻类的生长和繁殖[28]，蓝藻[7, 29]、微囊藻[30, 31]等均可能存在最佳流速条件。对蓝藻的研究中，当 N:P 为 4.5:1 时，推测蓝藻适宜生长的临界流速为 0.50 $m \cdot s^{-1}$；在 N:P 为 2.7:1 时，推测临界流速为 0.30 $m \cdot s^{-1}$；铜绿微囊藻在流速 0.50 $m \cdot s^{-1}$ 条件下获得了最大比增殖速率[32]。本试验中，鼠尾藻幼苗特定生长率随着水流速度的增加而增加，在水流速度为 0.9 $m \cdot s^{-1}$ 时最高，然后开始下降，说明鼠尾藻幼苗在生长过程中，水流速度也存在临界点，这与鼠尾藻在池塘中的养殖情况相吻合[17]。

水体流动能够提高藻类对光的捕捉效率和对光的利用率[33-35]，因而，在较低的水流速度下，藻类内叶绿素 a 含量相应增加，以满足对光捕捉效率的需求，实现对光线的利用。本试验中，随着水流速度的升高，叶绿素 a 含量呈下降趋势。可见水流速度的增加对光照强度的变化有着积极的影响。从为生产服务的角度出发，适度的水流速度有利于鼠尾藻幼苗的快速生长。

3.3 不同水层深度和水流速度对鼠尾藻幼苗培育的意义

双因子方差分析表明，水层深度和水流速度对鼠尾藻幼苗特定生长率和叶绿素 a 含量均影响极显著（$P < 0.01$）。

水动力条件的变化将直接影响到光照强度、温度、营养盐在不同水层的分布，从而影响鼠尾藻幼苗的培育过程。从本试验中可以看出，鼠尾藻幼苗在较浅的水层获得了较高的生长速率，因为较浅的水层更有利于其光合作用的进行；同时鼠尾藻幼苗在有水流的条件下能够快速生长，是因为水流的扰动便于鼠尾藻幼苗更容易获取光照来源。试验结果显示，在较浅的培育水层（−0.3 m）和适度的水流速度（0.9 $m \cdot s^{-1}$）条件下，鼠尾藻幼苗的特定生长率获得了较高的水平。在鼠尾藻幼苗培育过程中，需要综合考虑光照强度、温度、营养盐、水动力条件等不同条件。如何在培育过程中将诸多动态因子结合在一起并形成模式，需要进一步在实践中探索。

4 结论

鼠尾藻幼苗在较浅水层（−0.3 m）和适度的水流速度（0.9 $m \cdot s^{-1}$）下获得了较高的生长速率，较深的水层（−1.5 m）不适宜鼠尾藻幼苗生长。鼠尾藻幼苗体内光合色素含量在低水流速度下较高，随着水层加深而不断积累增多，是因为在光合作用过程中，鼠尾藻幼苗对光捕捉效率和利用率的需求不断增加所致。

参考文献

[1] 颜润润，逄勇，赵伟，等．环流型水域水动力对藻类生长的影响 [J]. 中国环境科学，2008，28（9）：813-817.

[2] GROBBELAAR J U. Turbulence in mass algal cultures and the role of light/dark fluctuations[J]. Journal of Applied Phycology，1994，6：331-335.

[3] 张运林，秦伯强，陈伟民，等．模拟水流条件下初级生产力及光动力学参数 [J]. 生态学报，2004，24（8）：1 808-1 815.

[4] Alldredge A L，Silver M W. Characteristics，dynamics andsignificance of marine snow[J]. Progress in Oceanography，1988，20：41-82.

[5] Kiorboe T，Anderson K P，Dam H G. Coagulation efficiency andaggregate formation in marine phytoplankton [J]. Marine Biology，1990，107：235-245.

[6] 焦世珺，钟成华，邓春光．浅谈流速对三峡库区藻类生长的影响 [J]. 微量元素与健康研究，2006，23（2）：48-50.

[7] 廖平安，胡秀琳．流速对藻类生长影响的试验研究 [J]. 北京水利，2005，2：12-14.

[8] Devercell M. Phytoplankton of the Middle Parana River duringan anomalous hydrological period：a morphological and functional approach[J]. Hydrobiologia，2006，563：465-478.

[9] 陈伟明，陈宇炜，秦伯强，等．模拟水动力对湖泊生物群落演替的实验 [J]. 湖泊科学，2000，12（4）：343-352.

[10] 王红萍，夏军，谢平，等．汉江水华水文因素作用机理——基于藻类生长动力学的研究 [J]. 长江流域资源与环境，2004，3：282-285.

[11] 王利利．水动力条件下藻类生长相关影响因素研究 [D] 重庆：重庆大学，2006.

[12] 王飞久，孙修涛，李锋．鼠尾藻的有性繁殖过程和幼苗培育技术研究 [J]. 海洋水产研究，2006，27（5）：1-6.

[13] 詹冬梅，李美真，丁刚，等．鼠尾藻有性繁育及人工育苗技术的初步研究 [J]. 海洋水产研究，2006，27（6）：55-59.

[14] 张泽宇，李晓丽，韩余香，等．鼠尾藻的繁殖生物学及人工育苗的初步研究 [J]. 大连水产学院院报，2007，22（4）：255-259.

[15] 王丽梅，宋广军，何平，等．鼠尾藻人工苗种保苗及海上养殖技术研究 [J]. 渔业现代化，2011，4：37-40.

[16] 李美真，丁刚，詹冬梅，等．北方海区鼠尾藻大规格苗种提前育成技术 [J]. 渔业科学进展，2009，5：75-82.

[17] 胡凡光．鼠尾藻池塘栽培技术研究 [D]. 青岛：中国海洋大学，2011.

[18] 崔志峰．烟台沿海鼠尾藻的生态学研究 [D]. 北京：中国农业科学院，2009.

[19] Seely G R，Duncan M J，Vidaver W E. Preparative and analytical extraction of pigments from brown algae with dimethyl sulfoxide [J]. Marine Biology，1972，12：184-188.

[20] 季高华，徐后涛，王丽卿，等．不同水层光照强度对4种沉水植物生长的影响[J]．环境污染与防治，2011，10:29-32.

[21] 李宏基，李庆扬，庄保玉．温度和水层对石花菜生长的影响[J]．水产学报，1983，4:373-383.

[22] 刘思俭，曾淑芳．江蓠在不同水层中的光合作用与生长[J]．水产学报，1982，1:59-64.

[23] 包杰，田相利，董双林，等．温度、盐度和光照强度对鼠尾藻氮、磷吸收的影响[J]．中国水产科学，2008，2:293-300.

[24] Hanisak M D, Harlin M M. Uptake of nitrogen by Codium fragile subsp. Tomentosoides (Chlorophyta)[J]. J Phycol, 1978, 14:450-454.

[25] Ramus J, Beale S I, Mauzerall D, et al. Changes in photosynthetic pigment concentration in seaweeds as a function of water depth[J]. Marine Biology, 1976, 37:223-229.

[26] 林贞贤，宫相忠，李大鹏．光照和营养盐胁迫对龙须菜生长及生化组成的影响[J]．海洋科学，2007，11:22-26.

[27] 刘静雯，董双林，马甡．温度和盐度对几种大型海藻生长率和NH_4^+-N吸收的影响[J]．海洋学报，2001，2:109-116.

[28] 福迪·B．藻类学[M]．罗迪安，译．上海：上海科学技术出版社，1980:392-394.

[29] 张毅敏，张永春，张龙江，等．湖泊水动力对蓝藻生长的影响[J]．中国环境科学，2007，27(5):707-711.

[30] 金相灿，李兆春，郑朔方．铜绿微囊藻生长特性研究[J]．环境科学研究，2004，17(增刊):52-54.

[31] 王婷婷，朱伟，李林．不同温度下水流对铜绿微囊藻生长的影响模拟[J]．湖泊科学，2010，4:563-568.

[32] 赵颖，张永春．流速与温度的交互作用对铜绿微囊藻生长的影响[J]．江苏环境科技，2008，1:23-26.

[33] 李林，朱伟．不同光照条件下水流对铜绿微囊藻生长的影响[J]．湖南大学学报（自然科学版），2012，9:87-92.

[34] 张青田，王新华，林超，等．温度和光照对铜绿微囊藻生长的影响[J]．天津科技大学学报，2011，2:24-27.

[35] Mitsuhashi S, Hosaka K, Tomonaga E, et al. Effects of shear flow on photosynthesis in a dilute suspensionof microalgae[J]. Applied Microbiology and Biotechnology, 1995, 42(5):744-749.

（丁刚，吴海一，辛美丽，詹冬梅）

（载自《广西科学院学报》2015-11）

沙蚕类性信息素研究进展

从个体生物学的角度来看，任何生命活动的正常进行，都离不开信息的传递。而从生态学的角度来看，信息的传递在种间以及与其他生物的种间关系维系上，显得更为重要。这不仅涉及生物种群的繁衍，而且对于维持整个生态系统的平衡都起到至关重要的作用。生物体在信息传递的过程中会利用各种手段和途径，包括物理的、化学的以及行为学的信息传递。在进化的过程中，各种方式相互作用，形成了多源信息传递的特征。其中，种群之间的化学传递系统，广泛地存在于生物界，尤其对于种群内个体之间的信息交流起到核心作用。在种群内部，也就是同种类之间，这种核心作用的物质基础主要就是信息素（pheromones），信息素几乎存在于整个动物界，包括从低等的纤毛虫、酵母到最高等的人类[1-3]。相对地，在非同类之间进行的化学信息交流素称为化感物质（allelochemicals）。两者同属于信息化合物（semiochemicals）的范畴[4]。

信息素是由动物产生并释放于体外的，能够引起同种个体生理上和行为模式变化的一种化学物质，由于其在体外起作用，为了与内分泌激素相区别，因此又被称为外激素。1959年在昆虫中发现第一个信息素，之后在昆虫和哺乳类中进行了广泛的研究[5,6]。目前，昆虫信息素已经成功地应用于实际生产的病虫害防治中，这其中主要包括性信息素（sex pheromone）的诱导异性作用以及聚集信息素（schooling pheromone）的聚集作用等[7]。

不同于陆生动物，水生物种信息素的研究虽然起步较晚，进展缓慢，但是应用前景同样十分广阔，例如鱼类相关信息素的研究[4,8]。与其他无脊椎动物类似，沙蚕类也是充分利用性信息素来协调其繁殖行为[9,10]，由于其特殊的繁殖行为（群游，swarming；婚舞，nuptial dance）容易观察，以及特定性信息素的确立并能够人工合成（见下节），已经成为研究海洋无脊椎动物信息素的模式生物类群[11]。国内在此方面的研究和报道较少，仅见朱明远等[12,13]进行过相关研究。

由于沙蚕科的大部分种类都是重要的经济多毛类，除了在海水养殖业上占据重要地位外，还能够在自然界中降解有机质中的毒害物质，对于近岸水域海洋环境的修复和改善具有更大的生态价值。目前大规模人工繁殖和育苗技术正在开展，例如国内沙蚕的主要养殖品种有日本刺沙蚕（*Neathes japocica*）、多齿围沙蚕（*Perinereis nuntia*）和双齿围沙蚕（*Perinereis aibuhitensis*）等。国外的养殖和商业化已经非常成熟，主要是因为其在垂钓休闲渔业和渔业饵料中的重要地位。因此，对沙蚕等多毛类的性信息素的研究，无疑会为其大规模人工繁育技术的突破提供帮助。

1 信息素系统的主要特点

生物信息的传递如正常信息一样，也包括 3 个基本环节：信源、信道、信宿。不同于其他已经研究的动物，沙蚕信息素的唯一来源是体腔液，都是由具有导管的外分泌腺体分泌到体外，包括皮肤、胆汁、尿液等。沙蚕类独特的生存环境，使水域（包括海水、淡水和半咸水）与底质的界面成为其信息传递的唯一通道 [14]，在这一点上区别于陆生动物的空气传播途径，以及不同昆虫所具有的水体和空气两种传播方式。沙蚕信息素在作用上属于化学感应系统，所以对于信号的接收，也就是信宿主要涉及嗅觉和味觉系统，与昆虫类相同。信息素系统产生的化学信号能够调节群体间很多生态意义上的行为，包括防御、繁殖、种群恢复以及摄食等 [15, 16]。因此可以根据信息素的功能，将沙蚕等多毛类的信息素划分为性信息素（sex pheromone）[17]、警戒信息素（alarm pheromone）[18]、集群信息素（schooling pheromone）等几大类。

信息素系统在同种类个体间的化学交流与内分泌系统激素在个体水平上的信息传递有很多相似之处 [19]。① 两者都涉及特定的化学受体：在很低的浓度下，通过特殊的受体引起同类个体或者自身靶器官的生理性或者行为学效应。例如，琥珀刺沙蚕（*Neathes succinea*）在 CSSG 的浓度为 $10^{-7}\sim10^{-6}$ mol·L^{-1} 时可引起婚舞和繁殖行为 [20]，而更低的浓度可以吸引雄性接近雌性个体 [21]。② 作为外源化学信使的信息素通常都是通过同类个体的内分泌和神经内分泌系统来发挥其作用，与自身激素的作用机理相同。③ 大多数物种的信息素，尤其是陆生动物的性信息素，本身就是激素或者激素的代谢物。例如，金鱼通过 17α, 20β-DP 和 PGF2a 这两种性激素来协调自身的性腺发育与繁殖行为，而且能够利用两者作为外源的信息素来协调不同个体间繁殖行为的同步化 [22]；多毛类中的典型代表是覆瓦哈鳞虫（*Harmothoe imbricata*），其口前叶成熟激素（prostomial maturation hormone）能够诱导体腔成熟因子（coelomic maturation factor, CMF）的产生，后者能够启动卵母细胞第一次减数分裂过程的前期向中期过渡 [23, 24]，雌性就是利用口前叶的激素作为外源信息素来协调不同个体间卵母细胞发育和繁殖行为的同步化，同时还能够吸引雄性完成繁殖 [25, 26]。④ 信息素的保守性和通用性。类似于激素系统，信息素上的结构和功能性都存在保守性和通用性。例如褐片阔沙蚕（*Platynereis dumerilii*）、琥珀刺沙蚕（*N. succinea*）、多齿围沙蚕（*Perinereis nuntia Savigny*）等都是利用 5- 甲基 -3- 庚酮（5M3H）作为繁殖中的第一个性信息素来吸引同类的异性 [27]。

2 沙蚕类特殊繁殖习性

对沙蚕繁殖习性的了解是研究沙蚕性信息素的前提和基础。首先，沙蚕属于终生繁殖一次的生物，繁殖为其生活史的最后一个事件，也就是繁殖后死亡。因此雌雄的同步成熟和集中繁殖对于提高个体繁殖成功率的重要性不言而喻。与其他无脊椎动物类似，沙蚕类在临近繁殖季节（一般为夏季）时，会受到外界环境因素（温度、盐度、光照，潮汐或月亮周期等）

和自身内分泌系统的双重调控[28-31]。沙蚕经过特殊生理变化，进行二次变态（区别于早期发育的变态过程），或称为生殖态或婚前态成为异沙蚕体，在形态结构上，异沙蚕体发生的变化主要包括复眼的增大、为适应游动形成特殊刚毛，以及肠道和消化能力的消失[29]。异沙蚕体在特定时期（新月或满月的大潮期间）集中于水面，进行群游，当雌雄选择到合适的异性后，两者接近（距离小于3 cm时）进行婚舞，然后各自释放精子或卵子，完成一次受精。此后，部分雄性继续寻找其他雌性，而雌性产卵后沉入水底，死亡[29]。在此期间，性信息素与性类固醇激素共同作用，目的就是为了在不同层面和不同阶段保证雌雄配子成熟的同步性以及特殊繁殖行为的顺利进行。

3 沙蚕性信息素的化学本质及特点

与其他物种类似，沙蚕的性信息素具有种属的特异性，并且在繁殖的不同阶段都有特异性的性信息素起作用，但基本都是一些易挥发的小分子化合物，例如烷酮类（甲基癸烷、辛烯酮等）、小肽类（CSSG）、尿酸等[32-34]。

异沙蚕体的体腔液是性信息素的来源，有些种类的异沙蚕体，可以整个体腔充满性信息素[35]。最早发现的沙蚕性信息素是从褐片阔沙蚕（*Platynereis dumerilii*）体腔中提取的一种挥发性物质，为5-甲基-3-庚酮（5M3H），雌雄个体都能够分泌，唯一的区别是雌雄分泌的互为镜像异构体，雄性分泌的为S（+），吸引雌性个体；而雌性分泌的为R（−），吸引雄性个体[9]。第二种挥发性物质为辛二烯-[3, 5]-酮-[2]。随后的试验证实，在琥珀刺沙蚕（*Neanthes succinae*）体腔液中也同时存在这两种物质[27]，而5M3H的分布更广，作为性信息素存在于多种沙蚕的体腔液中[12]。5M3H的作用主要是使成熟的异沙蚕体在婚舞时增加游动速度和诱导围绕异性个体周围做小圈游动，同时雄性能够分泌少量的精液[12, 27]。而接下来配子成熟诱导的性信息素却具有种类和雌雄的差异。雄性褐片阔沙蚕分泌的混合物（不确定）诱导雌性产卵，而雌性则分泌尿酸来作为性信息素刺激雄性排精[36, 37]。

对于琥珀刺沙蚕（*Neanthes succinae*）来说，整个繁殖过程中，雌雄性都利用不同的信息素来诱导对方，包括性信息素的混合物，而且与其浓度相关[21]。首先雌性在群游行为时，产生一种被称为“nereithione”的四肽（即半胱胺谷胱甘肽，CSSG），其二硫化合物是主要的活性物质。低浓度的CSSG吸引雄性找到雌性个体，属于雌雄性认知过程[21]；CSSG浓度较高时可诱导雄性初次排放精子，此时的精液量很小，但可以观察到[10]；在雄性排放的少量精子中混杂着体腔液，体腔液中含有卵子释放的性信息素混合物（主要包括L-谷氨酸、L-谷氨酰胺和肌苷，第4种推测为鸟苷酸）[35, 37]，此时雌性接收到反馈信号后，才开始进行婚舞（在小范围内高速旋转游动，相对于群舞的速度要快），10～40 s内，释放卵子和含有诱导精子释放的性信息素（仍然是CSSG）的体腔液后，雄性跟随雌性进行最后的婚舞，释放最大量的精子，完成受精和繁殖过程。由此可见，CSSG是一个具有多重作用的信号分子：包括雌雄成熟个体的认知，群舞行为的发生和最后繁殖的完成，只是根据浓度的不同而发挥不同的作用（表1）。

表 1　性信息素情况归纳

信息素	物种	雌雄	作用及特点	阈值（mol·L⁻¹）	参考文献
5M3H S（+）	Ns, Np, Pb, Pd, Pn	♂→♀	婚舞时增加游动速度和诱导围绕异性个体周围做小圈游动	3×10^{-12}	[9, 12]
5M3H R（−）	Ns, Np, Pb, Pd, Pn	♀→♂	同上，另诱导少量精子释放	3×10^{-12}	[9, 12]
辛二烯-[3, 5]-酮-[2] 3, 5-Octadiene-2-one	Nj（不明显生殖态，无婚舞现象）	♀→♂	增加游动速度，但不释放配子，因此推断为性信息素混合物成分（单独不起作用）	4×10^{-8}	[12]
辛二烯-[3, 5]-酮-[2] 3, 5-Octadiene-2-one	Ns, Pb, Nv	♀→♂	仅仅有电生理活性	不清楚	[12]
CSSG	Ns	♀→♂	诱导雄性寻找到雌性	10^{-10}	[10, 21]
CSSG	Ns	♀→♂	诱导精子释放	6×10^{-8}	[42]
Uric acid	Pd	♀→♂	诱导精子释放	6×10^{-7}	[36]
A: inosine	Ns	♂→♀	诱导卵子释放	1×10^{-6}（当 B 的浓度为 2×10^{-6}）	[35]
B: L-glutamine	Ns	♂→♀	诱导卵子释放	单独不起作用，协调 A	[35]
C: L-glutamic acid	Ns	♂→♀	诱导卵子释放	类似 B	[35]
D: guanosine	Ns	♂→♀	推测成分	不详	[35]

注：Nj＝日本刺沙蚕（*Neathes japocica*）；Np＝游沙蚕（*Neanthes pelagica*）；Ns＝琥珀刺沙蚕（*N. succinae*）；Nv＝绿沙蚕（*Nereis virens*）；Pb＝双管阔沙蚕（*Platynereis bicanaliculata*）；Pd＝褐片阔沙蚕（*P. dumerilii*）；Pn＝多齿围沙蚕（*Perinereis nuntia*）。

其实，除了沙蚕外，很多水生物种（两栖类，甚至纤毛虫以及细菌等）在很大程度上都是利用多肽而不是类固醇激素来作为性信息素，用于同类间的交流[10, 11]。这就造就了沙蚕性信息素系统的特殊性。由于生物转化作用，多肽类在海洋环境中半衰期很短[38]，因此利用多肽作为信息化合物的物种必须要严格控制多肽类在时空中的分布情况，尽量避免不必要的损失，以保证繁殖的成功率。

包括 CSSG 在内（半胱氨酸＋谷胱甘肽），多数沙蚕性信息素都属于生物体内的常见物质（表 1），因此其在水域中存在的可能性特别高，所以作为信号物质必须要具有较高浓度，才能区别于水域背景中的其他化学物质。例如，虽然尿酸是陆生动物的常见排泄物（包括昆虫、软体动物、爬行类和鸟类等），但在海洋环境中也具有一定的浓度，除了沙蚕类，部分海洋软体动物也排泄尿酸[39]，尤其是潮间带种类，体内尿酸含量很高，例如滨海螺（*Littorina littorea*）。在高浓度尿酸下（6×10^{-7} mol·L^{-1}），雄性褐片阔沙蚕（*Platynereis dumerilii*）才会释放精子，这样高的阈值具有重要的生态意义。否则，过低的阈值会诱导雄性在没有达到有效值的范围内（最大限度靠近雌性沙蚕）提早排精，这样会导致受精率很低或失去受精卵子的机会，而沙蚕特殊的繁殖行为（群游、婚舞和一生繁殖一次）和卵子的特性（沉性卵和／或黏性卵),更好地说明了近距离受精对沙蚕繁殖成功的重要性和特殊性,这也是性信息素的主要作用。

其次,沙蚕类的性信息素大多数为混合物,因此具有协同作用。如雄性琥珀刺沙蚕能够分泌一种混合物,用来刺激卵子释放,其中有的成分(L-谷氨酰胺)单独存在时不起作用,而与其他成分混合后则大大降低作用(4～8倍)[35]。另外一个作用就是,通过不同的成分作为主要的性信息素而起作用,可以避免与生态位重叠的近亲种类发生杂交,有效进行生殖前隔离。这种以混合物为性信息素的例证在动物界很常见,例如昆虫和鱼类等[40, 41]。

4 展望

实际上,任何物种,包括沙蚕类中研究最为透彻和翔实的就是性信息素,这不仅仅是因为性信息素是沙蚕种群繁衍最关键的因素,而且性信息素能引起沙蚕发生明显的繁殖行为,容易观察和操作等。然而,从个体发生的角度来看,性信息素只在繁殖季节起作用,除了时期的限制外,其出现的时序也应该是最后一个发挥功能的信息素,而且仅仅发挥一次作用(因为沙蚕繁殖后死亡)。

昆虫信息素应用于农业生产已超过30年,相对地,沙蚕性信息素研究较晚,但是根据性信息素的功能区分和作用模式以及沙蚕类人工养殖的兴起,该类性信息素的研发和应用必然会如同昆虫信息素一样在实际生产中发挥重要作用。性信息素的进化与物种的繁殖方式密切相关。因此,首先要对不同种类的繁殖行为和特点进行相关研究,侧重于特殊行为的发生和不同种类性信息素的关系。例如,5M3H作为多种沙蚕的性信息素,却对日本刺沙蚕不起作用;对应地,日本刺沙蚕体内也不含有5M3H,从地理分布上来看,日本刺沙蚕仅仅分布于黄、渤海及日本海域,为中日特有种。另外,其繁殖行为(婚舞)和婚前变态都不如其他沙蚕明显,这可能是特殊地理位置导致不同沙蚕的独立进化所致,因为有证据表明,日本刺沙蚕的性信息素含有另外一种成分——辛二烯-[3, 5]-酮-[2]。CSSG虽然业已证实其在琥珀刺沙蚕繁殖过程中的多重作用,包括引起雄性的电生理反应,但是雌性调控合成和释放CSSG的机理,雄性对该信息素的分子受体的定位,以及其作用机制我们还一无所知[20-21]。因此,还需进一步对沙蚕繁殖以及性信息素相关的感觉器官的定位进行研究。

从本质上,信息素属于信息化合物。如上所述,野外观察和实验室试验都有证据表明特定沙蚕性信息素可以作用于同一生态位其他沙蚕类种群,也就是具有化感物质的作用。从另一个角度考虑,也说明信息素在进化上的保守性,最为经典的例子就是5M3H是多种沙蚕的性信息素[27]。无独有偶,H3NO(功能团为一氧化氮)也是作为很多鱼类的警戒信号(也就是警戒信息素)而存在的[43]。因此,如何将性信息素的这一特点应用于生产值得我们进一步研究和探讨。

沙蚕类的性信息素都是比较常见的小分子物质,因此容易受到外界环境以及特殊污染物的干扰。例如,石油中的五碳烷基化芳烃系列物具有类似性信息素的作用,可在很低的浓度下(甚至低于天然性信息素)诱导沙蚕的繁殖行为[44]。这类似于以雌激素为主的内分泌干扰物(endocrine disrupting chemicals, EDCs)对两栖类和鱼类的影响,涉及生长和外部形态、行为学、繁殖生理、性别分化和性逆转诸多方面[45, 46]。因此，该方向的研究和机理性的探讨有利于我们进一步了解沙蚕类性信息素，包括性信息素类似物的干扰作用及作用方式，是否存在功能团以及功能团的确定。如鱼类的警戒信息素的功能团为NO，因此含有一氧化氮功能团的一系列芳香化合物，都可以作为鱼类的警戒信息素而起作用[43]。生物体利用的性信息素大部分为性激素类，典型的例子为鱼类。多肽类的应用也不少，而沙蚕类利用肌苷、次黄嘌呤等含有嘌呤环的化合物还属于生物界的第一个例证。这种利用新型化合物来作为性信息素是否具有进化上和生态上的意义。例如用于避开其他物种繁殖的干扰，因为在潮间带和珊瑚礁区域，存在大量不同物种同时繁殖的现象，5 d 内，有近 130 个物种同时进行繁殖[47]。如此大量的物种种类和数量，势必会造成局域海水混合大量不同的性信息素，且浓度很高，为了避免产生错误的繁殖信号（异种的化感作用），除了增加浓度外，直接改变化合物的结构似乎更是明智之举。而在自然界，这种异种类性信息素影响繁殖行为的例子的确存在[17]。沙蚕是否是据此进化出利用嘌呤类化合物作为性信息素，还需要进一步研究和探讨。

信息素在农业（昆虫病害治理）和渔业管理上的应用（如利用信息素来治理五大湖鳗鲡问题），使人工合成信息素产业显示出巨大的生命力[48]。性信息素作为信息素的重要种类，随着人工合成技术的实现，将为沙蚕类信息素的利用开辟新的途径。现阶段沙蚕的收获仍然没有较好的方式，一般利用农药等化学物，容易造成环境污染。如果能利用性信息素创造出沙蚕类收获（诱集）的方法，必将会为沙蚕养殖产业的大规模生产提供新的契机。

参考文献

[1] Roberto T, Michele D, Simone P, et al. From pheromones to behavior[J]. Physiological Reviews, 2009, 89 (3): 921-956.

[2] Kodama T, Hisatomi T, Kanemura T, et al. Molecular cloning and DNA analysis of a gene encoding a mating pheromone from the yeast *Saccharomyces naganishii*[J]. Yeast, 2003, 20 (2): 109-115.

[3] La Terza A, Dobri N, Alimenti C, et al. The water-borne protein signals (pheromones) of the Antarctic ciliated protozoan *Euplotes nobilii*: Structure of the gene coding for the En-6 pheromone[J]. Canadian Journal of Microbiology, 2009, 55 (1): 57-62.

[4] Corkum L D, Belanger R M. Use of chemical communication in the management of freshwater aquatic species that are vectors of human diseases or are invasive[J]. Gen Comp Endocrinol, 2007, 153 (1/2/3): 401-417.

[5] Plimmer J R, Gammon D. Insect Pheromones[M]. [S. l.]: John Wiley & Sons Inc, 2003.

[6] García Velázquez D, Marrero Tellado J J, Ravelo Á G. Roles of insect and mammal pheromones: Vomeronasal receptors[J]. Studies in Natural Products Chemistry, 2008, 34 (8): 393-451.

[7] baker T C, Heath J J, Lawrence I G, et al. Pheromones: Function and use in insect control[M]//Comprehensive Molecular Insect Science. Amsterdam: Elsevier, 2005: 407-459.
[8] Chung-davidson Y W, Huertas M, Li W, et al. A Review of Research in Fish Pheromones in Chemical Communication in Crustaceans[M]. Thomas B, Martin T(eds.). New York: Springer, 2011: 467-482.
[9] Zeeck E, Hardege J, Bartels-hardege H, et al. Sex pheromone in a marine polychaete: Determination of the chemical structure[J]. Journal of Experimental Zoology, 1988, 246 (3): 285-292.
[10] Hardege J D, Bartels-hardege H, Müller C T, et al. Peptide pheromones in female *Nereis succinea*[J]. Peptides, 2004, 25(9): 1 517-1 522.
[11] Hardege J D. Nereidid polychaetes as model organisms for marine chemical ecology[J]. Hydrobiologia, 1999, 402(402): 145-161.
[12] 朱明远，杨宇，吴宝铃. 日本刺沙蚕的性信素研究 [J]. 海洋科学的进展，1995, 13: 40-46.
[13] 朱明远，杨宇，吴宝铃. 沙蚕科性信息素的种间作用 [J]. 海洋学报，1992, 14 (5): 95-100.
[14] Weissburg M J. The fluid dynamical context of chemosensory behavior[J]. Biological Bulletin, 2000, 198(2): 188-202.
[15] Zimmer R K, Butman C A. Chemical signaling processes in the marine environment[J]. Biological Bulletin, 2000, 198(2): 168-187.
[16] Ferrari M C O, Wisenden B D, Chivers D P. Chemical ecology of predato-prey interactions in aquatic ecosystems: A review and prospectus[J]. Canadian Journal of Zoology, 2010, 88(7): 698-724.
[17] Watson G J, Bentley M G, Gaudron S M, et al. The role of chemical signals in the spawning induction of polychaete worms and other marine invertebrates[J]. Journal of Experimental Marine Biology and Ecology, 2003, 294: 169-187.
[18] Watson G J, Hamilton K M, Tuffnail W E. Chemical alarm signalling in the polychaete Nereis (*Neanthes*) virens (Sars) (Annelida: Polychaeta) [J]. Animal Behaviour, 2005, 70(5): 1 125-1 132.
[19] Hubard P, Scott A. Pheromone and other chemical communication[J]. General and Comparative Endocrinology, 2007, 153(1/2/3): 390-391.
[20] Ram J L, Mller C T, Beckmann M, et al. The spawning pheromone cysteine-glutathione disulfide ("Nereithione") arouses a multicomponent nuptial behaviour and electrophysiological activity in *Nereis succinea* males[J]. The Faseb Journal, 1999, 13 (8): 945-952.

[21] Ram J L, Fei X, Danaher S M, et al. Finding females: Pheromone-guided reproductive tracking behavior by male *Nereis succinea* in the marine environment[J]. Journal of Experimental Biology, 2008, 211 (pt5) : 757-765.

[22] Stacey N E, Sorensen P W. Fish hormonal pheromones, in hormones, brain and behavior[J]. New York: Academic Press, 2002: 375-435.

[23] Watson G J, Bentley M G. Action of CMF (Coelomic Maturation Factor) on oocytes of the polychaete *Arenicola marina* (L.) [J]. Journal of Experimental Zoology, 2015, 43 (5) : 65-71.

[24] Watson G J, Bentley M G. Evidence for a coelomic maturation factor controlling oocyte maturation in the polychaete *Arenicola marina* (L.) [J]. Invertebrate Reproduction and Development, 1997, 31 (1) : 297-306.

[25] Gaudron S M, Watson G J, Bentley M G. Induction of pairing in male scale worm *Harmothoe imbricata* (Polychaeta: Polynoidae) by chemical signals[J]. Journal of the Marine Biological Association, United Kingdom, 2007, 87 (5) : 1 115-1 116.

[26] Watson G J, Langford F M, Gaudron S M, et al. Factors influencing spawning and pairing in the scale worm *Harmothoe imbricata* (Annelida: Polychaeta) [J]. Biological Bulletin, 2000, 199 (1) : 50-58.

[27] Zeeck E, Hardege J D, Bartels-hardege H D, Sex pheromones and reproductive isolation in two nereidspecies, *Nereis succinea* and *Platynereis dumerilii*[J]. Marine Ecology Progress Series, 1990, 67: 183-188.

[28] Mercier A, Zhao S, Baillon S, et al. Lunar rhythms in the deep sea: Evidence from the reproductive periodicity of several marine *invertebrates*[J]. Journal of Biological Rhythms, 2011, 26 (1) : 82-86.

[29] Hardege J D, Bartels-hardege H D, Zeeck E, et al. Induction of swarming of *Nereis succinea*[J]. Marine Biology, 1990, 104 (2) : 291-295.

[30] Olive P J W, Garwood P R. The importance of long term endogenous rythms in the maintenance of reproductive cycles of marine invertebrates: A reappraisal[J]. International Journal of Invertebrate Reproduction, 1983, 6 (5) : 339-347.

[31] Andries J C. Endocrine and environmental control of reproduction in Polychaeta[J]. Canadian Journal of Zoology, 2001, 79 (2) : 254-270.

[32] Hardege J D, Bentley M G, Beckmann M, et al. Sex pheromones in marine polychaetes: Volatile organic substances isolated from *Arenicola marina*[J]. Marine Ecology Progress Series, 1996, 139 (1/2/3) : 157-166.

[33] Lindsay S M. Ecology and biology of chemoreception in polychaetes[J]. Zoosymposia, 2009, 2: 339-367.

[34] Bartels-hardege H D, Hardege J D, Zeeck E, et al. Sex pheromones in marine polychaetes

V: A biologically active volatile compound from the coelomic fluid of female *Nereis* (*Neanthes*) japonica (Annelida: Polychaeta) [J]. Journal of Experimental Marine Biology and Ecology, 1996, 201 (1/2): 275-284.

[35] Zeeck E, Harder T, Beckmann M. Inosine, L-glutamic acid and L-glutamine as components of a sex pheromone complex of the marine polychaete Nereissuccinea (Annelida: Polychaeta) [J]. Chemoecology, 1998, 8 (2): 77-84.

[36] Zeeck E, Harder T, Beckmann M, Uric acid: The sperm-release pheromone of the marine Polychaete *Platynereis dumerilii* [J]. Journal of Chemical Ecology, 1998, 24 (1): 13-22.

[37] Zeeck E, Harder T, Beckmann M, et al. Marine gamete-release pheromones [J]. Nature, 1996, 382 (6588): 214-214.

[38] Rittschof D. Peptide-mediated behaviors in marine organisms evidence for a common theme [J]. Journal of Chemical Ecology, 1990, 16 (1): 261-272.

[39] Ryther J H, Dunstan W M. Nitrogen, phosphorus, and eutrophication in the coastal marine environment [J]. Science, 1971, 171 (3975): 1 008-1 013.

[40] Fine J, Sorensen P. Isolation and biological activity of the multi-component sea lamprey migratory pheromone [J]. Journal of Chemical Ecology, 2008, 34 (10): 1 259-1 267.

[41] Silverstein R M, Young J C. Insects generally use multicomponent pheromones [J]. Acs Symp Ser Amer Chem Soc, 1976, 170 (23): 1-29.

[42] Zeeck E, Müller C T, Beckmann M, et al. Cysteine-glutathione disulfide, the sperm-release pheromone of the marine polychaete *Nereis succinea* (Annelida: Polychaeta) [J]. Chemoecology, 1998, 8 (1): 33-38.

[43] Brown G E, Adrian J C, Smyth E, et al. Ostariophysan alarm pheromones: Laboratory and field tests of the functional significance of nitrogen oxides [J]. Journal of Chemical Ecology, 2000, 26 (1): 139-154.

[44] Müller C T, Priesnitz F M, Beckmann M. Pheromonal communication in Nereids and the likely intervention by petroleum derived pollutants [J]. Integrative and Comparative Biology, 2005, 45 (1): 189-193.

[45] Knacker T, Boettcher M, Frische T, et al. Environmental effect assessment for sexual endocrine-disrupting chemicals: Fish testing strategy [J]. Integrated Environmental Assessment and Management, 2010, 6 (4): 653-662.

[46] Kloas W, Urbatzka R, Opitz R, et al. Endocrine disruption in aquatic vertebrates [J]. Annals of the New York Academy of Sciences, 2009, 1163 (1): 187-200.

[47] Babcock R C, Bull G D, Harrison P L, et al. Synchronous spawnings of 105 scleractinian coral species on the Great Barrier Reef [J]. Marine Biology, 1986, 90 (3): 379-394.

[48] Sorensen P W, Stacey N E. Brief review of fish pheromones and discussion of their

possible uses in the control of non-indigenous teleost fishes[J]. New Zealand Journal of Marine and Freshwater Research, 2004, 38(3): 399-417.

（于超勇，刘名，刘莹，周健，宋静静，盖珊珊，徐涛，于道德）

（载自《广西科学院学报》2016-05）

MS-222 麻醉黑鲷幼鱼的初步研究

黑鲷(*Sparusmacrocephlus*)又名黑棘鲷,俗称海鲋、青鳞加吉、青郎等,属鲈形目(Perciformes)鲈亚目(Percoidei)鲷科(Sparidae)棘鲷属(Acanthopagrus),为广温、广盐性鱼类,主要分布于北太平洋西部;中国沿海均产之,以黄、渤海产量较多。黑鲷肉味鲜美、营养丰富,是我国重要的海产经济鱼类之一。黑鲷体侧扁,呈长椭圆形,头大,前端钝尖,第一背鳍有硬棘 11～12 个,软条 12 个。因此极易相互刺伤,并对人工授精、活体运输等人为操作造成困难。

适量使用鱼类麻醉剂能够依次抑制大脑皮层、基底神经节及脊椎,使鱼体需氧量及呼吸频率下降,体内代谢减缓,鱼体应激反应减弱,使鱼体处于平静的状态,在不影响成活率的情况下,便于进行各种人为操作。常用的鱼类麻醉剂有 MS-222、丁香酚、2- 苯氧乙醇、喹哪丁等。

MS-222,化学名称为间氨基苯甲酸乙酯甲磺酸盐,国内商品名为鱼安定、鱼安保、鱼保安及鱼静安等,为白色晶体粉末,易溶于淡水或海水中 [1],MS-222 麻醉的起效时间短、药物代谢快导致药物残留小,在活鱼到达目的地后换成清水 10 ～ 20 min,鱼儿即可苏醒,MS-222 对鱼、人体较安全,因而可被广泛应用于多种鱼的运输。截至目前,国内学者对 MS-222 麻醉美洲鲥 [2]、斑马鱼 [3]、中华鲟和施氏鲟 [4]、鲶鱼 [5]、许氏平鲉 [6]、半滑舌鳎 [7] 及一些淡水鱼 [8] 等进行了研究。但对于 MS-222 对黑鲷幼鱼的麻醉研究并未进行报道。本研究使用 MS-222 对黑鲷幼鱼进行麻醉研究,以期测定 MS-222 对于黑鲷幼鱼的最适麻醉浓度,为 MS-222 应用于黑鲷幼鱼提供参考资料。

1 材料与方法

1.1 试验用水

使用温度为 20 ～ 21℃的沙滤自然海水,盐度 32 ～ 33,pH 7.8 ～ 8.2,微充气。

1.2 试验用鱼

黑鲷幼鱼(体长 70 ～ 121 mm,平均体重为 10.8 g),饲养于日照欣彗水产有限公司。

1.3 试验药品配制

麻醉剂 MS-222 为 Fluka 公司生产。试验前用分析天平按所需质量准确称量，然后溶解于 10 L 的沙滤海水中，用药液搅拌均匀后，方可进行试验。

1.4 麻醉剂对鱼体呼吸频率影响的测定

单位时间内鱼体鳃盖的张合次数，称为鱼体呼吸频率，本研究记录每 20s 的呼吸次数（次/20 秒）。初始呼吸频率为将黑鲷幼鱼收容至盛有 10 L 清洁海水的塑料箱中，放置 10 min 后的呼吸频率，然后将指定质量浓度的 MS-222 加入水体中，在不同麻醉时间分别测定呼吸频率。试验共设计了 9 个浓度梯度：20 $mg\cdot L^{-1}$, 40 $mg\cdot L^{-1}$, 60 $mg\cdot L^{-1}$, 80 $mg\cdot L^{-1}$, 100 $mg\cdot L^{-1}$, 120 $mg\cdot L^{-1}$, 150 $mg\cdot L^{-1}$, 200 $mg\cdot L^{-1}$, 300 $mg\cdot L^{-1}$ 和 1 个空白对照，观察时间为 1 min, 5 min, 10 min, 15 min，每个浓度试验用鱼 10 尾，每次随机测定 3 尾，试验设置 3 个平行。计算 3 个平行共 9 个个体的数据平均值，作为幼鱼在该麻醉时间下的呼吸频率。

1.5 麻醉、复苏时间测定

设置 9 个 MS-222 浓度梯度：20 $mg\cdot L^{-1}$, 40 $mg\cdot L^{-1}$, 60 $mg\cdot L^{-1}$, 80 $mg\cdot L^{-1}$, 100 $mg\cdot L^{-1}$, 120 $mg\cdot L^{-1}$, 150 $mg\cdot L^{-1}$, 200 $mg\cdot L^{-1}$, 300 $mg\cdot L^{-1}$，各梯度处理收容黑鲷幼鱼 10 尾，微充气；观察幼鱼至各浓度梯度中的行为表现，记录幼鱼达到不同麻醉状态所需的时间。然后将被麻醉的幼鱼放回清洁海水中，记录复苏时间。

麻醉状态：肌肉张力丧失，鱼体失去平衡、无触觉反应。

休克状态：呼吸停止，身体各部位静止不动。

复苏状态：被麻醉的个体在清洁海水中复苏，至身体重新找回平衡、游动自如、呼吸恢复正常，对外界刺激反应灵敏。

麻醉所需时间指鱼体被放入麻醉药物溶液开始，达到麻醉状态所需时间。

休克时间指鱼体被放入麻醉药物溶液开始，达到休克状态所需时间。

复苏所需时间指被麻醉的鱼体转入清洁海水中，达到复苏状态所需时间。

1.6 麻醉剂理想浓度的测定

麻醉剂理想浓度的标准为：鱼体在 MS-222 麻醉剂中，3 min 之内达到麻醉期，5 min 之内复苏，且成活率 100% 的浓度 [9]。

1.7 数据统计及分析

所得数据用 SPSS9.0 软件进行单因素方差分析，$P < 0.05$ 为显著水平，$P < 0.01$ 为极显著水平。

2 结果与分析

2.1 不同浓度 MS-222 对黑鲷幼鱼呼吸频率的影响

黑鲷幼鱼的初始呼吸频率为 56.7 次 /20 秒。不同浓度的 MS-222 对黑鲷幼鱼呼吸频率的影响图 1。黑鲷幼鱼进入麻醉液后，出现短暂的不适应，随后呼吸处于稳定状态。麻醉程度处于 4 期之前时，会出现呼吸频率加快的情况，达到麻醉 4 期后，呼吸频率略微减弱且稳定，当到达麻醉 5 期时，呼吸频率迅速下降，且出现呼吸间断性，当达到麻醉 6 期后，呼吸频率降为 0，达到休克状态。

在质量浓度为 20 ~ 150 mg·L^{-1} 的 MS-222 中，呼吸频率与对照组差别不大，在 100 ~ 150 mg·L^{-1} MS-222 中，最终呼吸频率略微下降，质量浓度为 200 mg·L^{-1}，300 mg·L^{-1} 中的幼鱼，呼吸频率显著下降，分别在 5 min 和 1 min，达到休克状态。

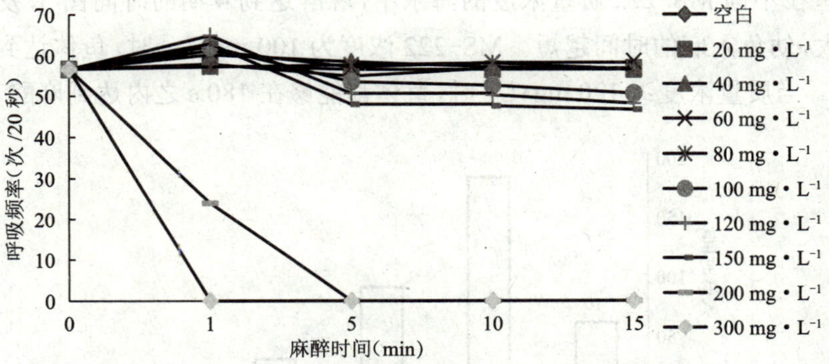

图 1 不同质量浓度 MS-222 对黑鲷幼鱼呼吸频率的影响

2.2 不同浓度 MS-222 中黑鲷幼鱼的麻醉及复苏过程

根据黑鲷幼鱼在加入麻醉剂的海水中的行为变化，将黑鲷幼鱼的麻醉过程分为 6 段（表 1）。黑鲷幼鱼在不同浓度 MS-222 中，20 min 能达到的最终麻醉程度图 2。

表 1 黑鲷幼鱼麻醉程度分期

	麻醉鱼行为特征
初始状态	呼吸频率正常，鱼体侧放后，能迅速调整维持身体平衡
1	应激性下降，鱼体侧放后，仍能迅速调整维持身体平衡
2	丧失应激性，挣扎后可勉强维持身体平衡
3	鱼体侧放时，挣扎，无法恢复身体平衡状态
4	鱼体侧放时，不挣扎，呼吸频率降低但有规律性
5	鱼体静止，间断呼吸
6	呼吸停止，进入休克状态，应迅速移入清水复苏

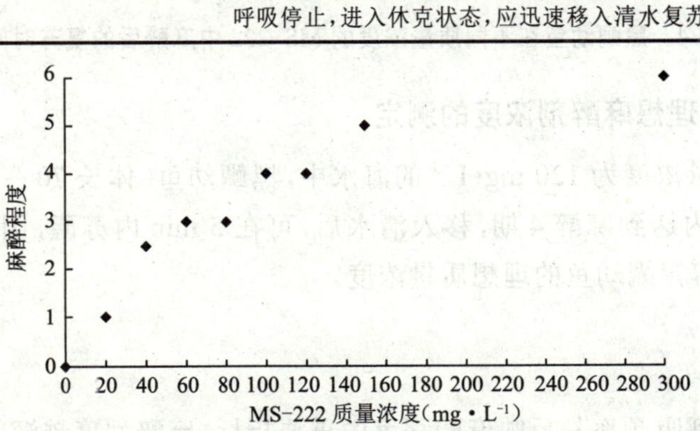

图 2 不同质量浓度 MS-222 中黑鲷幼鱼能达到的最终麻醉程度

黑鲷幼鱼的最终麻醉程度随MS-222浓度的增加而增加。试验鱼在质量浓度为20 mg•L^{-1}时，应激性下降，达到麻醉1期；40 mg•L^{-1}时，部分鱼停留在2期，另一部分鱼停留在3期；60～80 mg•L^{-1}时，最终麻醉程度为3期；100～120 mg•L^{-1}时，达到麻醉4期；150 mg•L^{-1}时，达到麻醉5期；当MS-222浓度≥200 mg•L^{-1}时，鱼体最终达到麻醉6期，即休克状态，若不及时复苏，鱼体死亡。当浓度在100～150 mg•L^{-1}时，复苏后，成活率为100%，分析认为，MS-222麻醉黑鲷幼鱼的有效质量浓度为100～150 mg•L^{-1}。

黑鲷幼鱼在不同MS-222质量浓度的海水中，麻醉达到4期的时间图3，发现麻醉剂的质量浓度越大，幼鱼入麻的时间越短。MS-222浓度为100 mg•L^{-1}时，鱼体达到麻醉4期的时间＞180 s。当质量浓度≥120 mg•L^{-1}时，鱼体都能够在180 s之内达到麻醉4期。

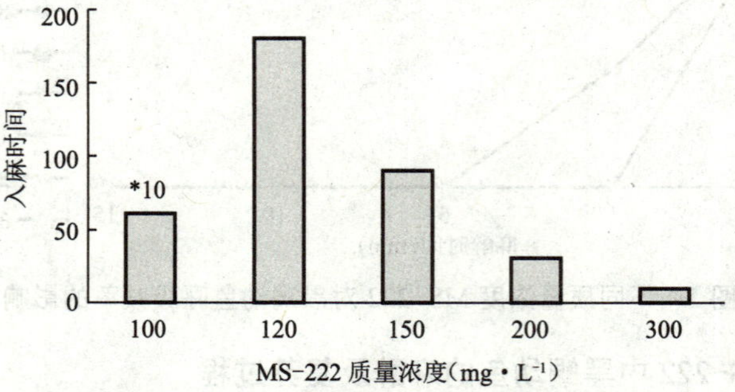

图3　黑鲷幼鱼在不同质量浓度的MS-222中达到4期麻醉的时间

MS-222质量浓度≥100 mg•L^{-1}时，达到麻醉4期，对麻醉后的黑鲷幼鱼进行复苏，被麻醉后复苏时间图4，发现麻醉剂浓度越高，入麻时间越短，复苏时间越长。

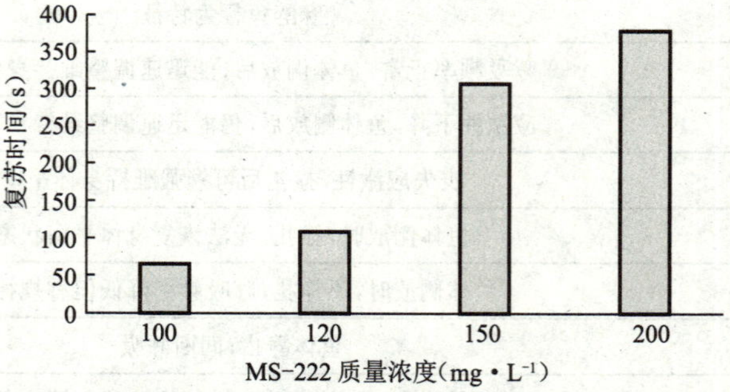

图4　黑鲷幼鱼在不同质量浓度的MS-222中麻醉后的复苏时间

2.3 黑鲷幼鱼理想麻醉剂浓度的测定

在MS-222质量浓度为120 mg•L^{-1}的海水中，黑鲷幼鱼(体长70～121 mm，平均体重10.8 g)可在180 s内达到麻醉4期，移入清水后，可在5 min内苏醒，因此认为120 mg•L^{-1}为使用MS-222麻醉黑鲷幼鱼的理想质量浓度。

3 讨论

鱼体麻醉后的呼吸频率是反映麻醉程度的重要指标，麻醉程度越深，呼吸频率越低[10]。

但在本研究中，MS-222麻醉黑鲷幼鱼到1～3期时，呼吸频率略有上升（$P > 0.05$），达到麻醉状态时，呼吸频率开始下降，这与MS-222麻醉许氏平鲉幼鱼[6]、麻醉半滑舌鳎成鱼[7]的研究相一致。当麻醉深度大于4期时，鱼体呼吸频率明显下降，直至休克。

本研究发现短期麻醉黑鲷全长为70～121 mm，幼鱼的最佳MS-222质量浓度是120 mg·L^{-1}。本试验的麻醉目的主要为将黑鲷幼鱼麻醉后，用于各种生产及试验操作，比如采血、测量、挤卵等，待操作完毕后，将幼鱼移入清水中，即可使黑鲷幼鱼在短时间内复苏，因此，与以运输为目的的MS-222最佳浓度有差别[11]。

目前，在水产行业中，应用于鱼类麻醉的麻醉剂种类繁多，在选择鱼类麻醉剂时应考虑鱼体与人的安全性、经济性等因素，MS-222是目前唯一通过质量管理体系认证的鱼用麻醉剂[12]，根据本试验结果，MS-222对黑鲷幼鱼的麻醉效果良好，安全性高，适用于后续的实际生产及试验操作，可为黑鲷其他方面的研究打下基础。

参考文献

[1] 刘长琳，李继强，陈四清．丁香酚麻醉半滑舌鳎成鱼的试验研究 [J]．海洋水产研究，2007，28（3）：50-56.

[2] 杜浩，危起伟，样德国．MS-222、丁香油、苯唑卡因对养殖美洲鲥幼鱼的麻醉效果 [J]．大连水产学院学报，2007，22（1）：20-26.

[3] 甘静雯，邱绍扬，许忠能．麻醉剂MS-222对斑马鱼行为的影响 [J]．生态科学，2006，25（3）：236-239.

[4] 陈细华，朱永久，刘鉴毅．MS-222对中华鲟和施氏鲟的麻醉试验 [J]．淡水渔业，2006，36（1）：39-42.

[5] 董裳亮．麻醉剂MS-222和低温对鲶鱼电感觉中枢的影响 [J]．山东海洋学院学报，1984，14（2）：57-61.

[6] 官曙光，关健，刘洪军，等．MS-222麻醉许氏平鲉幼鱼的初步研究 [J]．海洋科学，2011，35（5）：1-6.

[7] 刘长琳，陈四清，何力，等．MS-222对半滑舌鳎成鱼的麻醉效果研究 [J]．中国水产科学，2008，15（1）：92-99.

[8] 任洁，黄永涛，黄二春．MS-222用于几种活鱼运输的效果 [J]．淡水渔业，1998，28（1）：24-26.

[9] Marking L L, Meyer F P. Are batter anesthetics needed in fisheries?[J] Fisheries，1985，10（6）：2-5.

[10] 张朝晖，丛娇日，王波．麻醉剂丁香酚对黄腊够耗氧的影响 [J]．海洋科学，2003，27（6）：11-14.

[11] 周竹君，宋志修，周振红．应用MS-222运输海水鱼初探 [J]．水利渔业，1999，19（4）：52-53.

[12] Pirhone J, Schreck C B. Effect of anaesthesia with MS-222, clove oil and CO_2 on feed intake and plasma cortisol in steelhead trout (*Oncorhynchus mykiss*) [J]. Aquaculture, 2003: 507-514

（刘莹，于超勇，官曙光，于道德，李绍彬，赵文溪）

（载自《齐鲁渔业》2015-10）

大泷六线鱼精子的超微结构观察

大泷六线鱼(*Hexagrammos otakii*)隶属于鲉形目(Scorpaeniformes)六线鱼科(Hexagrammidate)六线鱼属(*Hexagrammos*),又名欧氏六线鱼,为黄、渤海地区常见的一种冷温性近海底层经济鱼类。主要分布于我国山东和辽宁近海的多岩礁海区,也见于朝鲜、日本和俄罗斯远东诸海。此鱼最适生长水温16～21℃。由于大泷六线鱼肉质细嫩、味道鲜美、营养价值高,素有"北方石斑"之称,深受广大消费者的喜爱,具有较高的经济价值,是中国北方网箱养殖的理想种类。随着人民生活水平的提高,对名贵海水鱼类的需求越来越旺盛,使大泷六线鱼作为北方特有的名贵海水鱼类具有广阔的推广前景。

硬骨鱼类种类繁多,在过去的几十年里,国内外已对300多种鱼类进行了精子超微结构的研究[1-5]。动物精子形态结构的研究是生殖细胞的结构与机能研究的重要组成部分,是发育生物学的一个重要研究内容[6]。精子的结构及生理、生化作用往往会影响其受精生物学过程。目前尚未见对大泷六线鱼精子超微结构的报道。本研究通过扫描电镜和透射电镜对大泷六线鱼精子的超微结构进行观察研究,旨在为大泷六线鱼的繁殖生物学及资源增殖研究提供一些基础理论资料。

1 材料和方法

1.1 材料

试验所用大泷六线鱼雄性性成熟亲鱼由山东省海洋生物研究院育种研究中心中试基地提供,全长21.5～29.3 cm,体重194.8～426.3 g,养殖密度3～5尾·米$^{-3}$,培育用水为沙滤自然海水,培育水温14～18℃,每天换水量3～5个量程,盐度29～31,pH 7.8～8.1,溶解氧保持在5 mg·L^{-1}以上,连续充气,光照强度控制在500～1 000 Lx。日投喂配合饲料两次,投喂量为与体重的3%～5%,定期清底。

1.2 方法

1.2.1 精液采集

对性成熟的雄性亲鱼采用人工挤压的方式采集精液。具体方法为:将亲鱼从养殖池中捞出,双手托住亲鱼用干毛巾擦干体表水分,将生殖孔朝下,一人用手轻轻按住雄鱼头部,另一人用手轻轻从雄鱼腹部按照从右后向前的顺序向生殖孔方向用力按压,将精液挤出。挤出精液后先弃去粪便和血等污物，待挤出的精液呈较纯的乳白色后，用经过消毒的吸液管将精液吸出并置于干净的 1. 5 mL 离心管中保存。

取 1 μL 精液，稀释、激活后，在显微镜下观察运动精子的百分率，取活力大于 90%的精子，没有被污染的精液样本用于试验。

1.2.2 扫描电镜样品制备

将精液用预冷的 2. 5%戊二醛固定液 4 ℃固定 4 h，PBS 缓冲液漂洗 3 次。用 30%，50%，75%和 95%乙醇梯度脱水各一次，每次 10 min。然后用无水乙醇重复脱水两次，每次 20 min 左右。最后用 50%，70%，90%和 100%乙酸异戊酯逐级取代乙醇。将样品放入 Eiko 公司 DX-1 型临界点干燥器内，加干冰作介质进行干燥，然后放入 Eiko 公司 IB-3 离子镀膜仪中喷金镀膜。用 JSM-840 型扫描电镜观察。

1.2.3 透射电镜样品制备

将样品用 2. 5%的戊二醛固定液 4℃固定 4 h，PBS 缓冲液冲洗，重复 3 次。1%锇酸 4℃固定 2 h。PBS 缓冲液冲洗后，用乙醇系列梯度脱水，Epon812 环氧树脂包埋，37℃，45℃，65℃温箱固化。UltracutE 超薄切片机半薄切片，甲苯胺蓝染色，半薄定位。醋酸双氧铀硝酸铅染色。JEOL 公司 JEM-1200EX 透射电镜观察。

2 结果

大泷六线鱼的精子主要由头部（head）、中段（midpiece）和尾部（flagellum）3 部分组成。中段与头部紧紧相连，主要由中心粒复合体和线粒体和袖套等构成；尾部的主要结构为鞭毛，由轴丝构成。

2. 1 精子头部超微结构

大泷六线鱼的精子头部钝顶锥形，直径为 1. 28～1. 49 μm（图 1-1、图 1-2）。其主要构成是细胞核，前端无顶体，细胞质很少，细胞质膜表面不平整，精子头部质膜与核膜之间的空隙很小，在质膜和核膜之间分布着一些囊泡结构。细胞核中染色质密集，并呈颗粒状。在细胞核的后端有一个较深的凹陷，为植入窝，中心粒复合体位于植入窝内。

2. 2 精子中段超微结构

中心粒复合体（centriolar complex）位于精子头部的植入窝内，中心粒复合体包括近端中心粒和基体。近端中心粒在植入窝的内端，位于细胞核中（图 1-3）；基体在植入窝的外端，位于细胞核的底部。基体的头端较粗，末端略细并与轴丝相连。在精子的横切面图上，基体头端呈一环状结构，由电子致密物质构成，基体的末端呈 9 个电子致密斑（图 1-6、图 1-7）；纵切可见清晰的微管结构（图 1-5）。精子头部细胞质膜和核膜之间有空隙，其间分布有细胞质、囊泡等（图 1-5）。囊泡分散于细胞质中，位置不固定。在细胞核后端，外核膜与质膜之间的空隙最大，空隙中除含有细胞质外，还含有线粒体和袖套等结构（图 1-3），线粒体位于细胞核后端质膜和核膜之间，有 1～2 个，线粒体呈球形，较大（图 1-3，图 1-4，图 1-5）。袖套位于头部的后端，基体下方，袖套较发达，与细胞核后端相连，呈筒状中央的空腔为袖套腔，袖套中还有少量的囊泡和空腔(图 1-3)。

2.3 精子尾部超微结构

大泷六线鱼精子的尾部长度为 10.2～16.1μm，尾部为一条细长的鞭毛，鞭毛的起始端位于袖套腔中，并从袖套中伸出，由远端中心粒向外延伸而成(图 1-5)。鞭毛两侧有侧鳍(图 1-8)，侧鳍呈波纹状且不连续，因此鞭毛表面的细胞质膜起伏不平。鞭毛的核心结构是轴丝，轴丝的起始端无中央微管，由外周 9 组二联微管及中央 1 对微管对组成，轴丝具有典型的"9＋2"结构(图 1-6、图 1-7)，其前端与基体尾端相连接，轴丝的外部有细胞质膜。

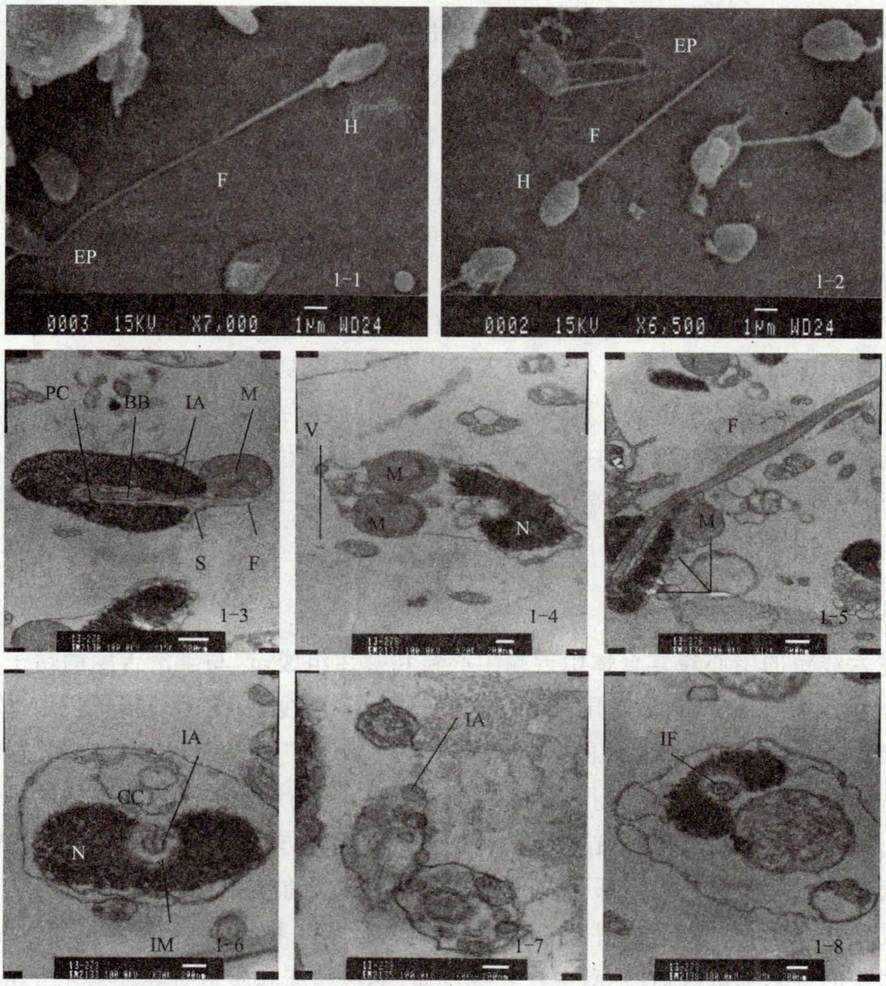

图 1　大泷六线鱼精子超微结构

说明：图 1-1、图 1-2：精子整体；图 1-3：精子头部纵切；图 1-4：经线粒体的精子纵切；
图 1-5：精子尾部横切面；图 1-6：精子头部横切面；图 1-7、图 1-8：经线粒体的精子头部横切。
A：轴丝(axoneme)；BB：基体(basal body)；CC：中心粒复合体(centriolar complex)；EP：鞭毛末端(end piece)；
H：精子头部(head of the spermatozoon)；LF：侧鳍(lateral fin)；IA：轴丝的起始端(initial part of the axoneme)；
IM：袖套内膜(inner memberane of the sleeve)；F：鞭毛(flagellum)；M：线粒体(mitochondrion)；N：细胞核(nucleus)；
PC：近端中心粒(proximal centriole)；S：袖套腔(central space of the sleeve)；V：囊泡(vesicle)

3 讨论

硬骨鱼种类繁多，生殖方式各有特点，精子结构也有所不同。硬骨鱼的受精方式有体内受精和体外受精两种。对硬骨鱼精子的超微结构的研究，在国内外已有一些报道[7-11]，但未见有关大泷六线鱼精子结构的研究报道。

3.1 大泷六线鱼精子区段的划分

硬骨鱼的精子多分为头部、中段和尾部3部分。头部的主要结构为细胞核；中段主要由中心粒复合体和线粒体等组成，与头部相连；尾部的主要结构为鞭毛，由轴丝构成。大泷六线鱼的核隐窝较深，深入细胞核中，中心粒复合体也深入细胞核的前半部，因此，将中心粒复合体与细胞核一起称为精子的头部。

3.2 头部

大泷六线鱼精子的头部主要被细胞核所占据，头部为钝顶锥形，顶部稍窄，核膜与细胞质膜之间的间隙较小，这与大黄鱼[8]和草鱼[12]等的精子结构特点较为相似。大泷六线鱼精子细胞核内有浓缩的呈颗粒状的染色质，分布较均匀。核膜与染色质之间存在一定的空隙，多靠近头部最前端。此空隙不是真空隙，是染色质浓缩、聚集而导致核基质染色较浅的结果。核前无顶体，核后有植入窝，植入窝中有中心粒复合体和基体，这些结构与斜带石斑鱼[13]的精子结构有些相似。大泷六线鱼的核隐窝较为发达，凹入深度约占核长直径的5/6，近端中心粒与基体首尾相对排列在一条直线上，且都位于植入窝中，主轴与精子的长轴平行，位于核隐窝的最前端。近端中心粒和基体都由9组三联微管构成，在中心粒和基体内部和之间的空隙处都有体积很小的囊泡存在。

3.3 中心粒复合体和袖套

大泷六线鱼的中心粒复合体由近端中心粒和基体组成，这与半滑舌鳎的精子结构较为相似[14]。近端中心粒与基体首尾相对，排列在同一条直线上，主轴与精子长轴平行。一般硬骨鱼类中，近端中心粒和基体的排列往往呈“T”或“L”型，即近端中心粒长轴与精子长轴垂直、基体长轴与精子长轴平行，牙鲆[15]、大菱鲆[16]的近端中心粒与基体的排列是相互垂直的。由此看出，硬骨鱼类中心粒复合体的组成及组成方式在种间具有明显的差异。

袖套是硬骨鱼类精子大多都存在的结构，是精子内部能量物质等的储藏仓库，主要为精子的运动等提供能量。袖套内外膜皆为细胞质膜，属于生物膜，由脂质双层和蛋白质构成。大泷六线鱼的袖套基本对称，袖套中含有线粒体、囊泡和细胞质基质等。褐牙鲆精子线粒体在袖套中分布不均衡[15]，而在大泷六线鱼精子的袖套部分分布有1～2个较大的线粒体，精子的活力与寿命，与精子含有的线粒体数量是相适应的。

3.4 尾部

硬骨鱼类精子一般较为细长，起始部位位于袖套腔中，绝大部分伸出袖套之外，大泷六线鱼精子属于有鞭毛型精子，通过鞭毛摆动驱动精子运动。尾部主要结构为轴丝，由基体延伸而成，轴丝具有典型的"9 + 2"型双联微管结构。鞭毛轴丝的外方观察到由细胞质向两侧扩展而成的侧鳍，研究发现大菱鲆精子其精子鞭毛不但具有侧鳍，且中段部分呈现为薄板样[16]，在其他鱼中未见类似的报道。除了侧鳍，在大泷六线鱼鞭毛的轴丝外侧偶尔还能看见一些少量的囊泡，囊泡内无明显可见的电子致密物质，在黄颡鱼[9]等精子的鞭毛处也有类似的结构，目前还没有对鞭毛内的这一结构的来源及存在意义进行研究，张耀光[17]等推测这一囊泡结构可能是一种储能结构，为精子变态和变态后的精子提供营养物质和能量。

参考文献

[1] Abascal F J, Medina A, Megina C. et al. Ultrastructure of *Thunnus thynnus and Euthynnus alletteratus* spermatozoa[J]. J. Fish Biol, 2000, 60: 147-153.

[2] Lahnsteiner F, Patzner R A. Sperm motility of the marine teleosts *Boops boops, Diplodus sargus, Mullusbarbatus and Trachurus mediterraneus*. [J]. Fish Biol, 1998, 52: 726-742.

[3] Mattei X. Spermatozoon ultrastructure and its systematic implications in fishes[J]. Can. J. Zool, 1991, 69: 3 038-3 055.

[4] Medina A, Megina C, Abascal F J, et al. The spermatozoon morphology of *Solea senegalensis* (Kaup, 1858) (Teleostei, Pleuronecti-formes) [J]. Submicrosc. Cytol. Pathol, 2000, 32: 645-650.

[5] Quagio-Grassiotto I, Oliveira C, Gosztonyi A E. The ultrastructure of spermiogenesis and spermatozoa in *Diplomystes mesembrinus*[J]. J. Fish Biol, 2001, 58: 1 623-1 632.

[6] 高悦勉，白胡木吉力图，孙静娴．青蛤精子的超微结构 [J]. 水产科学，2007, 26 (2): 95-98.

[7] Mansour N, Lahnsteiner F, Patzner R A. The spermatozoon of the African catfish: fine structure, motility, viability and its behaviour in seminal vesicle secretion[J]. Journal of Fish Biology, 2002, 60: 545-560.

[8] 林丹军，尤永隆．褐菖精细胞晚期的变化及精子结构研究 [J]. 动物学研究，1998, 19 (5): 359-366.

[9] 尤永隆，林丹军．黄颡鱼 (*Pseudobagrus fulvidraco*) 精子的超微结构 [J]. 实验生物学报，1996, 29 (3): 235-239.

[10] 尹洪滨，孙中武，刘玉堂，等．索氏六须鲶精子的超微结构 [J]. 水产学报，2000, 24 (4): 302-305.

[11] Hu J H, Zhang Y Z, Fu C L, et al. Ultrastructure of rosy barb *Puntius conchonius* spermatozoon [J]. Acta Zoologica Sinica, 2005, 51 (5): 892-897.

[12] 林光华，林琼，胡成玨，等．草鱼、兴国红鲤和革胡子鲇精子超微结构的比较研究 [J]. 南昌大学学报：理科版，1998, 22 (3): 284-287.

[13] 赵会宏，刘晓春，林浩然，等．斜带石斑鱼精子超微结构及盐度、温度、pH 对精子活力及寿命的影响［J］．中国水产科学，2003，10（4）：286-292.
[14] 吴莹莹，柳学周，王清印，等．半滑舌鳎精子的超微结构［J］．海洋学报，2007，29（6）：167-171.
[15] 王宏田，徐永立，张培军．牙鲆精子的超显微结构［J］．海洋科学，1999，6：5-7.
[16] Suquet M, Dorange G, Omnes M H, et al. Composition of the seminal fluid and ultrastructure of the spermatozoon of turbot *Scophthalmus maximus*［J］. J Fish Biology, 1993, 42: 509-516.
[17] 张耀光，罗泉笙，钟明超．长吻鮠精巢及精子结构的研究［J］．水生生物学报，1993，17（3）：246-251.

（李莉，胡发文，王雪，高凤祥，菅玉霞，刘元文，潘雷，郭文）

（载自《水产科技情报》2016-11）

大泷六线鱼全人工繁育技术研究

大泷六线鱼(*Hexagrammos otakii*)又名欧氏六线鱼、六线鱼，俗称黄鱼，为冷温性近海底层岩礁鱼类，属鲉形目(Scorpaeniformes)、六线鱼科(Hexagrammidate)、六线鱼属(*Hexagrammos*)。大泷六线鱼耐低温，生存温度2～26℃，主要分布于中国黄海和渤海，也见于朝鲜、日本和俄罗斯远东诸海[1]，在我国主要分布于山东、辽宁和江苏等地的近海多岩礁海区。大泷六线鱼因肉质细嫩、味道鲜美、口感独特，素有“北方石斑”之称，经济价值较高，深受广大消费者和养殖者青睐。大泷六线鱼是我国北方海上网箱养殖的理想种类，也是开展渔业增殖放流和发展休闲渔业的理想品种，作为北方特有名贵海水鱼类推广前景广阔。

国内外关于大泷六线鱼的研究多集中于基础生物学方面[2-6]，早期人工繁育试验均未取得突破[7-9]。自2009年我院开始大泷六线鱼人工繁育技术的系统研究，相继在亲鱼促熟培育、生殖调控、人工授精、孵化、苗种培育方面进行了系列报道[10-16]，获得规模化人工繁育的成功，为大泷六线鱼产业的健康持续发展奠定了基础。本文以人工繁殖培育的F_1代成鱼为亲本，在2012～2014年成功地建立了大泷六线鱼的规模化全人工繁育技术，培育F_2代全人工苗种11.7万尾。这些结果不仅丰富了大泷六线鱼养殖基础资料，也将对大泷六线鱼全人工养殖的产业开展和发展进行指导。

1 材料与方法

1.1 亲鱼来源与培育方法

试验所用亲鱼为2010年人工繁育的大泷六线鱼F_1代，F_1代苗种培育成功后，先进行1年的室内工厂化中间培育，2012年5月挑选1万尾移入大连市长海县海上网箱养殖，网箱规格为6 m×6 m×6 m，每箱放鱼5000尾，后期分箱1次，主要投喂新鲜玉筋鱼等小杂鱼，每日投喂1～2次，按鱼体重3%投喂，冬季水温低于3℃，夏季水温高于23℃时停止投喂，养殖区海水深度18～20 m，盐度31。

1.2 亲鱼促熟培育

2013年10月，养殖大泷六线鱼逐渐成熟，起捕后挑选全长30 cm以上、健康活泼的成鱼800尾，采用活水车运输至青岛进行室内营养强化培育，投喂优质新鲜的玉筋鱼、小虾等，并适量添加复合维生素和卵磷脂等，日投喂两次，投喂量为鱼体重量的2%～3%。亲鱼培育密度为 3 ～ 5 尾•立方米，雌、雄比例为 2:1。流水培育，日流水量为 3 ～ 5 个量程，培育用水为沙滤自然海水，水温 16 ～ 18℃，盐度 31，pH 7. 8 ～ 8. 1，连续充气，溶解氧保持在 6 $mg \cdot L^{-1}$ 以上，光照强度控制在 500 ～ 800 Lx，光照时间为 6：00 ～ 22：00。

1. 3 人工授精与孵化

经过一段时间的促熟培育后，观察发现部分雌鱼腹部膨大松软、生殖孔红肿，轻挤腹部即有鱼卵排出，鱼卵圆润、规格均匀，镜检卵子均成熟良好，可进行人工授精。对于发育滞后的雌鱼可进行人工激素催产，采用促黄体素释放激素 A2（LHRH–A2，宁波第二激素厂），背部肌肉注射，注射剂量 50 $\mu g \cdot kg^{-1}$ 体重，分 2 ～ 3 次注射完毕，每次间隔 24 h。雄鱼成熟一般早于雌鱼，一般自然成熟，无须注射激素即可人工挤出精液，镜检精子活力好，成熟良好，即可用于人工授精。

人工授精采用半干法授精，选择性腺发育良好的雌鱼，直接将鱼卵挤入容器内。同时，选择性腺发育良好的雄鱼，尽快将精液挤入同一容器内，混合均匀后将鱼卵整形成单层平面薄片状。2 min 后加入海水，受精卵片凝结变硬，3 ～ 5 次洗卵后，移入孵化网箱中流水孵化，孵化密度 1. 0 ～ 1. 5×10^5 粒•立方米，日流水量为 8 ～ 10 个全量，孵化用水为沙滤自然海水，水温 16 ～ 17℃，盐度 31，pH 7. 8 ～ 8. 1，溶解氧 6 $mg \cdot L^{-1}$ 以上，光照强度 500 ～ 800 Lx [11]。在上述条件下，受精卵经过 20 ～ 23 d 孵化破膜。

1.4 鱼苗培育

仔鱼孵出后，多集中于孵化网箱底部和边缘，随后逐渐活跃上浮到水体中上层，此时，小心收集仔鱼转移至培育池培育，培育池规格为 3 m×1 m×0. 8 m。

初孵仔鱼放养密度 0. 5 ～ 0. 8 万尾•立方米，并随鱼苗生长及时分池，在鱼苗全长为 3 ～ 5 cm 后，控制在 800 ～ 1 000 尾•立方米。开始放苗时培育池中水位只需达到 1/2 池深即可，此后每日添加新水 10% 至池满为止，后改为换水培育，初期日换水量为 15%，随着苗种生长发育和摄食量的增加换水量逐渐增大到 200% ～ 400%。苗种培育期间，每天向育苗水体加入新鲜小球藻，保持培育水体藻液浓度 50×10^4 cell• mL^{-1}，饵料系列依次为强化的轮虫、卤虫无节幼体和配合饲料（图 1）。

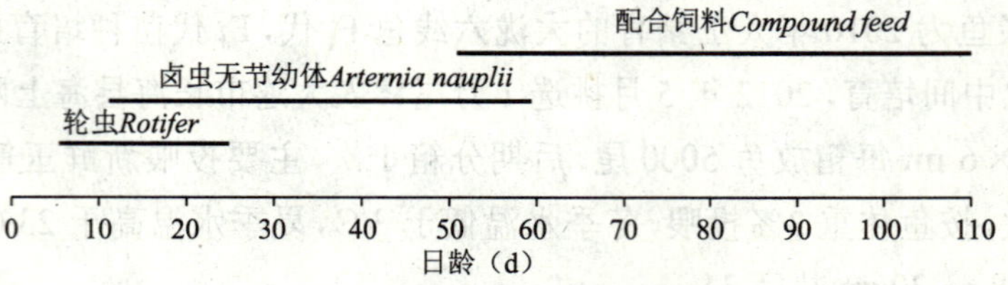

图 1　大泷六线鱼苗种培育饵料系列

苗种培育期间，水温 16 ～ 17℃，盐度 31，pH 7. 8 ～ 8. 1，溶解氧 6 $mg \cdot L^{-1}$ 以上，每天昼夜两次监测培育水体的水质情况，保证水质指标稳定。每天使用清底器吸底 1 次，保证培育池底清洁无死鱼、残饵。

2 结果

2.1 大泷六线鱼 F_1 代存活与生长情况

大泷六线鱼 F_1 代存活与生长情况见图 2。试验用大泷六线鱼亲鱼为 2010 年 11 月人工繁育获得的 F_1 代，初孵仔鱼平均全长 0.6 cm±0.09 cm，平均体重 5 cm±0.8 mg。经过 4 个月的苗种培育，至 2011 年 3 月，平均全长 6.3 cm±1.1 cm，平均体重 1.7 g±0.4 g，此后至2012年5月下网箱前为中间培育期，平均全长16.2 cm±2.0 cm，平均体重46.2 g±6.8 g。海上养殖半年后的 2012 年 11 月，平均全长 26.1 cm±2.4 cm，平均体重 309.8 g±11.7 g，再经 1 年养殖，2013 年 10 月进入大泷六线鱼繁殖季节，部分 F_1 代成鱼开始成熟，平均全长 32.5 cm±3.1 cm，平均体重 680.6 g±14.9 g。

2013 年 10 月，起捕收获成鱼 7 322 尾，共计 4 983 kg，海上网箱养殖成活率 73.2%。

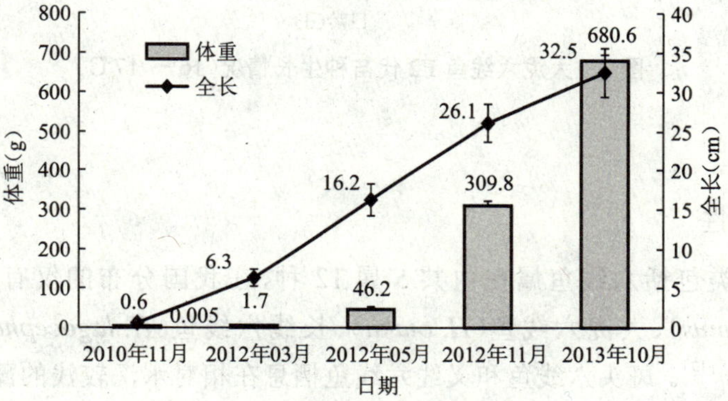

图 2 大泷六线鱼 F_1 代生长情况

2.2 F_1 代亲鱼人工繁育情况

成鱼起捕后，选取全长 30 cm 以上、色泽正常、体形完整、无病无伤成鱼 800 尾，用活水车运回青岛，经过室内人工促熟培育后，筛选用于全人工繁育亲鱼 558 尾，其中雄鱼 231 尾，雌鱼 327 尾。

大泷六线鱼 F_1 代人工繁育情况见表 1。人工授精共采集鱼卵 33.7 万粒，鱼卵为沉性卵，油球多而分散，平均卵径 1.97 mm±0.21 mm（$n=60$），获得受精卵 33.0 万粒，受精率 98%。

表 1 大泷六线鱼 F_1 代人工繁育情况

采卵量（万粒）	受精卵（万粒）	受精率（%）	初孵仔鱼（万尾）	孵化率（%）	平均全长（mm）	苗种数量（万尾）	成活率（%）
33.7	33.0	98	30	91	62.4±4.3	11.7	39

在水温 16～17℃，盐度 29～31 条件下，受精卵经过 20～23 d 孵化破膜，共获 F_2 代初孵仔鱼 30 万尾，孵化率 91%。

2.3 F_2代苗种培育情况

大泷六线鱼F_2代苗生长情况见图3。在水温16～17℃，盐度29～31，溶解氧6 mg·L^{-1}条件下，经过110 d的培育，共培育6 cm以上F_2代苗种11.7万尾，育苗成活率39%。

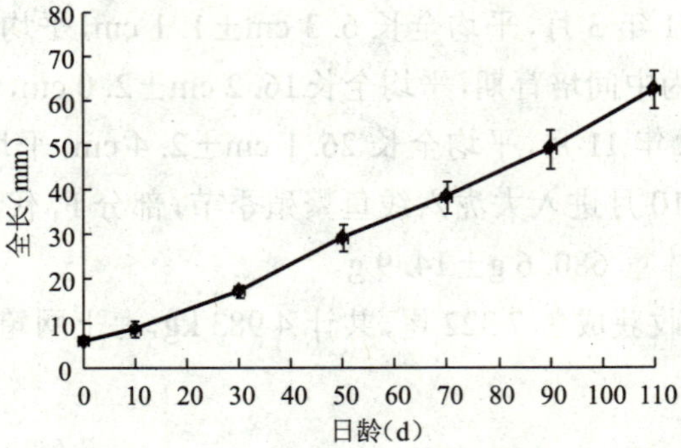

图3 大泷六线鱼F2代苗种生长情况(16～17℃)

3 讨论

3.1 繁殖习性

六线鱼科鱼类包括六线鱼属在内共5属12种，在我国分布的仅有4种，分别为斑头六线鱼(*H. agrammus*)、大泷六线鱼(*H. otakii*)、长线六线鱼(*H. lagocephalus*)、叉线六线鱼(*H. octogrammus*)[17]。斑头六线鱼和叉线六线鱼栖息在相对水深较浅的藻礁，而大泷六线鱼栖息于较深的岩礁区域[18, 19]。大泷六线鱼性成熟较早，雄鱼一般2龄成熟，雌鱼一般3龄才达性成熟。大泷六线鱼产黏性卵，雌鱼怀卵量较少，一般在万粒之内，多产卵于岩礁、砾石、贝壳或海藻上[10, 20]。雌鱼产卵后，雄鱼排出精液完成交配，雄性则开始护巢直到仔鱼孵化[21]。六线鱼科鱼类胚胎孵化时间较长，大泷六线鱼20 d左右[11, 12]，单鳍多线鱼40～45 d[22]。

根据鱼类自然产卵季节光照时间的长短，分为长光照型和短光照型鱼类。长光照型鱼类多在春、夏季产卵，如真鲷(*Pagrososmus major*)，而同为鲷科鱼类的金头鲷(*Sparus aurata*)则为短光照型，在秋、冬季产卵[23]，大泷六线鱼繁殖季节为每年10月下旬到11月中下旬[11]，属短光照型鱼类，另外六线鱼科鱼类多属短光照型鱼类，且彼此繁殖季节出现重叠，存在自然杂交现象[24]，有关六线鱼科鱼类杂交方面还需进一步研究。

3.2 人工繁殖

六线鱼科鱼类人工繁殖方面的研究仅见于大泷六线鱼。我院从20世纪末就开始大泷六线鱼的人工育苗技术研究[9]，经过两代人的努力，最终实现了大泷六线鱼的全人工繁殖。

培育优质亲鱼是全人工繁育成功的关键，亲鱼质量的好坏直接影响人工繁育的成败。本试验采用大泷六线鱼亲鱼为我院人工繁育的F_1代(其亲本为野生海捕亲鱼)，经过海上网箱养殖，共捕获成鱼7 332尾，从中筛选800尾作为预备亲鱼在车间促熟培育，亲鱼群体大，数量充足，个体均匀，为大泷六线鱼全人工繁育的成功奠定了基础。经过促熟培育后，最终筛选用于全人工繁育亲鱼558尾，其中雄鱼231尾，雌鱼327尾。研究发现雄鱼成熟早于雌鱼，且成熟度好于雌鱼，为了获得同步成熟的雌雄亲鱼，在亲鱼生殖调控方面还需进一步研究。

大泷六线鱼鱼卵有高黏性，易黏结成块，人工授精与孵化困难，是水产界公认的人工繁育难度大的品种。2009年，我院首次突破人工繁育难关，采用人工平面授精孵化方式，受精率达90%以上，孵化率80%以上，成功培育苗种4.1万尾[11]。此次全人工繁育同样采用上述人工授精和孵化方式，共采集受精卵33.0万粒，受精率98%，受精卵经过20～23 d孵化破膜，共获初孵F2代仔鱼30万尾，孵化率91%，取得了较为理想的效果。

3.3 苗种培育

有学者认为仔、稚鱼由吸收卵黄囊内源性营养转变为摄取人工培养的浮游动物或人工配合微粒饲料等外源性营养后，某些营养物质的缺乏是导致仔、稚鱼大量死亡的一个重要原因[23, 25]。所以充足、均衡的营养是保证苗种培育成活率的首要条件。大泷六线鱼为秋、冬季产卵鱼类，水温低，正是海水水质较瘦的季节，因此，人工培养饵料质量好坏、充足与否直接关系到育苗是否成功。苗种培育初期，每日向育苗水体添加新鲜的小球藻，一方面可以改善水质，另一方面可以作为池中轮虫的饵料，保证轮虫的营养质量。

大泷六线鱼苗种培育采用的饵料系列为轮虫，卤虫无节幼体，配合饲料。有学者研究了青岛近海大泷六线鱼的生长和食性，发现幼鱼饵料中端足类等足类栅幼蟹等较为常见，成鱼则以鱼虾蟹为主，但均属底栖动物食性，并认为大泷六线鱼成鱼和幼鱼之间食性转换不明显[26, 27]。为了提高育苗成活率，笔者建议苗种培育过程中适当延长轮虫和卤虫的投喂时间，同时为了保证营养，轮虫、卤虫在投喂之前，需先进行营养强化。为了进一步提高开口期仔鱼成活率，还应开展贝类担轮幼虫或S型轮虫的开口投喂试验。

幼鱼阶段鱼苗逐渐潜入水底，开始寻找遮蔽物躲藏，此时应及时在池底设置空心砖、水泥制件等供其栖息躲藏。除此之外，在培育水体中适量添加有益菌（益生菌、光合细菌等），通过改善水质，稳定环境，提高苗种成活率。

3.4 发展前景

大泷六线鱼作为我国北方优良的养殖品种，在生态习性、繁殖特点、养殖方法等方面独具特色，是典型的底层岩礁性鱼类，栖息于0～50 m的近海岩礁区，是网箱养殖、渔业增殖放流、休闲渔业等的理想品种。

我国网箱养殖大泷六线鱼有多年历史[28]，目前主要采用网箱单养或与黑鲪等鱼类混养的模式。由于生长速度相对较慢，室内工厂化养殖仅处于试验阶段[29]，还有待于进一步研究。

大泷六线鱼全人工繁育的成功，使人工繁育摆脱了对野生亲鱼的依赖，人工苗种产量更加稳定可控，为渔业增殖放流、休闲渔业和网箱养殖奠定了坚实基础，对近海渔业资源修复与养护具有重要意义，发展前景广阔。

参考文献

[1] 成庆泰．中国经济动物志（海产渔类）[M]．北京：科学出版社．1962：135-137.

[2] 刘奇，王亮，高天翔，等．北黄海大泷六线鱼主要生物学特征比较研究 [J]．中国海洋大学学报，2009，39（9）：13-18.

[3] 温海深，王连顺，牟幸江，等．大泷六线鱼精巢发育的周年变化研究 [J]．中国海洋大学学报，2007，37（4）：581-585.

[4] Chen Lin，Miao Gui Dong，Shao Chang Wei，et al. Isolation and characterization of polymorphic microsatellite loci from fat greenling（*Hexagrammos otakii*）[J]. Conserv Genet，2009，10：1 429-1 431.

[5] Masahiro Matsumiya，Yasuyuki Arakane，Atsunobu Haga，et al. Substrate Specificity of Chitinases from Two Species of Fish，Greenling，*Hexagrammos otakii*，and *Common Mackerel*，*Scomber japonicus*，and the Insect，Tobacco Hornworm，Manduca sexta[J]. Bioscience，Biotechnology，and Biochemistry，2006，70（4）：971-979.

[6] 冯昭信，韩华．大泷六线鱼资源合理利用研究 [J]．大连水产学院学报，1998，13（2）：24-28.

[7] Osamu Fukuhara，Toru Fushimi. Development and Early Life History of the Greenlings *Hexagrammos otakii*（*pices*：*Hexagrammidae*）Reared in the Laboratory[J]. Bulletin of the Japanese Society of Scientific Fishries，1983，49（12）：1 843-1 848.

[8] 吴立新，秦克静，姜志强，等．大泷六线鱼（*Hexagrammos otakii*）人工育苗初步试验 [J]．海洋科学，1996，（4）：32-34.

[9] 庄虔增，于鸿仙，刘岗，等．六线鱼苗种生产技术的研究 [J]．中国水产科学，1999，6（1）：103-106.

[10] 郭文，于道德，潘雷，等．六线鱼科鱼类特殊体色与繁殖特性 [J]．海洋科学，2011，35（12）：1-5.

[11] 潘雷，胡发文，高凤祥，等．大泷六线鱼人工繁殖及育苗技术初步研究 [J]．海洋科学，2012，36（12）：39- 44.

[12] 胡发文，潘雷，高凤祥，等．大泷六线鱼胚胎发育及其与水温的关系 [J]．渔业科学进展，2012，33（1）：28-33.

[13] 高凤祥，潘雷，胡发文，等．大泷六线鱼的外形特征与消化系统结构 [J]．渔业科学进展，2012，33（2）：24-28.

[14] 菅玉霞，潘雷，胡发文，等．温度和盐度对大泷六线鱼仔鱼存活与生长的影响 [J]．渔业科学进展，2012，33（5）：24-29.

[15] 胡发文，郭文，潘雷，等．大泷六线鱼仔稚幼鱼形态发育与生长特性渔业科学进展 [J]．2012，33（6）：16-22.

[16] 潘雷，房慧，张少春，等．大泷六线鱼仔、稚、幼鱼期消化酶活力的变化 [J]．渔业科学

进展，2013，34（3）：54-60.
[17] 金鑫波．中国动物志 硬骨鱼纲－鲉形目[M]//金鑫波．北京：北京科学出版社，2006：550-561.
[18] Crow K D，Munehara H，Kanamoto Z，et al. Maintenance of species boundaries despite rampant hybridization between three species of reef fishes（*Hexagrammidae*）：implications for the role of selection [J]. Biological Journal of the Linnean Society，2007，91（1）：135-147.
[19] Crow K D，Munehara H，Bernardi G. Sympatric speciation in a genus of marine reef fishes[J]. Molecular Ecology，2010，19（10）：2 089-2 105.
[20] 刘奇．大泷六线鱼（*Hexagrammos otakii*）生物学特征与遗传多样性研究 [D]．青岛：中国海洋大学，2010：5-15.
[21] Crow K D，Powers D A，Bernardi G. Evidence for multiple maternal contributors in nests of kelp greenling（*Hexagrammos decagrammus*，*Hexagrammidae*）[J]. Copeia，1997，1：9-15.
[22] Nichol D G，Somerton D A. Diurnal vertical migration of the Atka mackerel *Pleurogrammus monopterygius* as shown by archival tags[J]. Marine Ecology Progress Series，2002，239：193-207.
[23] 王彦怀，康文义，许文静，等．金头鲷全人工育苗技术研究 [J]．水产科学，2007，26（12）：675-677.
[24] Munehara H，Kanamoto Z，Miura T. Spawning behavior and interspecific breeding in three Japanese greenlings（*hexagrammidae*）[J]. Ichthyological Research，2000.
[25] 刘镜恪，徐世宏．海水仔稚鱼必需脂肪酸和磷脂的营养需求 [J]．海洋科学，2006，30（11）：75-87
[26] 叶青．青岛近海欧氏六线鱼食性的研究 [J]．海洋湖沼通报，1992，14（4）：50-55.
[27] 叶青，郑家声．青岛近海欧式六线鱼（*Hexagrammos otakii*）年龄和生长的研究 [J]．青岛海洋大学学报，1993，23（2）：59-68.
[28] 史会来，楼宝，毛国民．六线鱼科鱼类人工繁养技术 [J]．水产养殖．2009，9：10-11.
[29] 苏利，邢光敏，黄学玉．大泷六线鱼地下海水室内养殖试验 [J]．水产科技情报，2011，38（3）：160-162.

（胡发文，张少春，王雪，高凤祥，菅玉霞，李莉，潘雷，郭文）

（载自《海洋科学》2016-03）

源核苷酸对大菱鲆幼鱼生长和溶菌酶活力的影响

大菱鲆(*Scophthalmus maximus*)作为我国北方地区海水养殖的主要鱼种,在掀起第四次海水养殖浪潮的同时,也充分暴露出我国海水养殖的弊端:养殖环境不断恶化,病害日趋严重,传统的抗生素和化学药物的使用引起耐药性菌株增加等,这些已成为制约养殖业可持续发展的瓶颈[1-4]。面对世界鱼粉蛋白紧缺的现状,水产业界开始反思我国大菱鲆养殖业的出路,必须开展种质优化、加强良种选育,改善传统养殖模式,优化饵料配比,才能够维持我国大菱鲆养殖业甚至整个水产业的可持续发展,完善我国海水鱼类养殖大产业架构[5,6]。核酸是一切生物遗传的物质基础,是合成蛋白质、组成细胞的重要生理活性物质。核酸及其相关物质具有抗氧化作用,可作为内源性自由基清除剂和抗氧化剂,具有抗衰老、增强免疫功能等作用[7]。由于动物能在体内合成核苷酸,通常又无特异性缺乏症,并且饲料中的核苷酸含量很低,因此长期以来人们一直视其为非必需营养素。但随着水产养殖业的发展,人们在对鲑鱼、海鲈、虹鳟、河豚、鲤鱼等鱼类及龙虾的养殖过程中发现,添加核苷酸可促进幼鱼的早期组织发育,影响鱼类摄食行为和非必需氨基酸的合成,增强鱼类提高机体抗病力,同时,也能通过增强亲鱼饵料的营养来强化幼鱼的体质[7,8]。Burrells 等[9-10]的研究确定核苷酸作为鱼类营养的概念,并在全球水产营养领域引起轰动。随着对核苷酸饲料添加剂研究的不断深入,大多数研究已经确立核苷酸的外源添加能促进水产动物的生长发育,提高水产动物的免疫力[11]。目前核苷酸作为一种半必需营养物质,已应用到食品、医药和饲料等多个领域。本试验以鱼粉为主要蛋白源,在基础饲料中分别添加不同含量的核酸,在人工养殖的情况下(自然光照,水温 11～16.3℃),对初始体重为 12.07～12.29 g 的大菱鲆幼鱼进行核酸营养的外源添加试验。通过对大菱鲆的生产性能和血清中溶菌酶活力的统计分析,探讨其对鱼类生长及其免疫机能的影响,以期为核酸营养在大菱鲆养殖上的推广应用提供科学依据,为研制开发鲆鲽类无公害环保配合饲料提供技术支撑。

1 材料与方法

1.1 试验饲料

基础饲料参照刘兴旺对大菱鲆的营养需求研究(表 1)。在此基础上,分别添加质量比为 0.01%,0.03%,0.10%,0.30%,0.50%核苷酸作为试验饲料,对照组为基础饲料,各组饲料在全自动渔用饵料机中加工成 3.0 mm×3.0 mm 的颗粒,在 50℃恒温下干燥 12 h,干燥颗粒置于－20℃冰箱备用。

表 1　基础饲料配方和营养成分（%）[12]

原料	含量（%）	营养成分	含量
鱼粉	54.00	粗蛋白	47.22%
高筋面粉	15.00	粗脂肪	11.47%
次粉	19.40	灰分	12.63%
鱼油	6.70	总能	20.66 kJ/g
大豆卵磷脂	1.00		
维生素预混料	1.00		
矿物质预混料	2.00		
VC磷酸酯（35%）	0.10		
氯化胆碱（50%）	0.30		
磷酸二氢钙	0.50		

1.2 方法

试验所用大菱鲆为当年人工培育的同一批苗种，共400尾。试验地点为山东省海洋生物研究院鳌山卫鱼类试验基地。

试验开始前，先将幼鱼用饲料暂养2周以适应养殖环境。试验开始前，大菱鲆饥饿24 h，选择大小均匀、体格健壮的大菱鲆幼鱼，第1组设为对照组，核苷酸添加量为0%，第2～5组设为试验组，核苷酸添加量分别为0.01%，0.03%，0.10%，0.30%，0.50%。每试验组分3个平行组，共18个试验组。试验所用养殖桶（总体积400 L，水体体积300 L）均为玻璃纤维桶。海水为自然海水经沙滤以及紫外消毒处理，采用循环流水系统，每桶进水量（流水速度）1.0 $L \cdot min^{-1}$。每天投喂两次，上午9点和下午4点进行投喂至饱食。整个试验过程水体条件维持在13～15℃，溶氧5 $mg \cdot L^{-1}$以上，盐度28～30。

1.3 生长性能的测定

在喂养4周与8周后分别进行称重，并计算饵料使用量，然后根据公式计算出特定生长率和生态转换效率：

生态转换效率（E_g）：

$$E_g = (P_t / I_t) \times 100\%, \tag{1}$$

式中，P_t，I_t分别为一定时间内体质量增长量（g）和摄食量（g）。

重量的特定生长率：

$$R_{SG,W} = (\ln W_t - \ln W_0)/t \times 100\%, \tag{2}$$

式中，W_t为大菱鲆试验后的重量（g），W_0为试验前的重量（g），t为时间。

1.4 溶菌酶活力的测定

1.4.1 样品收集

在喂养8周时，每组取5尾样品，取血，室温下静置1 h，待其凝固，置4℃冰箱保持4 h，于4℃条件下以4 000 $r \cdot min^{-1}$离心15 min，收集血清，保存于4℃冰箱中，供血清溶菌酶和补体ACH50活性测定用。

1.4.2 仪器

ME104E电子分析天平、photoLab 6600紫外可见分光光度计、因斯特pH计、Eppendorf移液枪、Eppendorf小型台式离心机。

1.4.3 药品

（1）磷酸钠缓冲液。准确称取35. 8 g $Na_2HPO_4 \cdot 12H_2O$于78. 4 mL蒸馏水中，并用玻璃棒搅拌使之溶解；另外称取15. 6 g $NaH_2PO_4 \cdot 2H_2O$于96. 4 mL蒸馏水中，使之溶解，然后用移液管分别移取17. 8 mL磷酸氢二钠溶液、82. 2 mL磷酸二氢钠溶液于烧杯中，用pH计测得pH为6. 15。

（2）微壁溶球菌悬液。称取0. 0202 g微壁溶球菌置于100 mL磷酸钠缓冲液中，稀释菌液浓度为0. 2 $mg \cdot mL^{-1}$，－20℃条件下保存备用。

1.4.4 血清中溶菌酶活力的测定步骤

参照王雷等[11]的方法，略作修改。以溶壁微球菌粉（Sigma公司产品）为底物，按下列步骤进行：取微壁溶球菌悬液1 950 μL放入比色皿中，加入50 μL血清混匀，25℃下反应，分别在0. 5 min和4. 5 min时测其在530 nm处的吸光值OD，然后根据酶活力的定义［每分钟减少0. 001吸光度的样品量（mL）］，测定溶菌酶活力。

1.5 统计分析

试验结果均以平均值 ± 标准误差表示。所得数据使用统计软件SPSS17. 0在$\alpha = 0.05$水平下进行单因素方差（ANOVA）分析，数据经方差分析后进行Tukey组间多重比较分析检验。$P > 0.05$认为结果差异不显著，$P < 0.05$认为结果差异显著。

2 结果与分析

2.1 核苷酸对大菱鲆生长性能的影响

经单因素方差分析：5个试验组和对照组之间的特定生长率和生态转化效率差异不显著（$P > 0.05$）。

由图1看出：4周后，试验1组与对照组之间差异显著（$P < 0.05$），且试验1组的特定生长率明显低于对照组，其余各试验组与对照组之间差异不显著（$P > 0.05$），且其余试验组的特定生长率也都低于对照组。而且各个试验组之间差异也不显著（$P > 0.05$），说明饲料中核苷酸添加量的不同对于大菱鲆的特定生长率影响不显著。由此可以得出：在此阶段添加核苷酸对大菱鲆的生长并无促进作用，且可能存在一定的抑制作用。

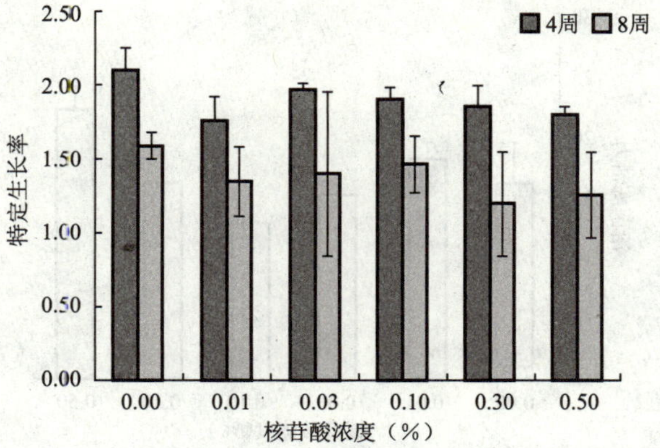

图 1　1 ～ 8 周大菱鲆的特定生长率

当核苷酸添加量为 0. 01％时，大菱鲆的特定生长率最低，说明在此浓度下，核苷酸对大菱鲆生长的抑制作用较强；当添加量≥ 0. 03％时，大菱鲆的特定生长率呈逐渐下降趋势，说明添加量越大，核苷酸的抑制作用越显著。

由图 1 可以看出：8 周后，各试验组与对照组之间差异不显著（$P > 0.05$），且各个试验组的特定生长率也都低于对照组；由此可以得出：在此阶段添加核苷酸对大菱鲆的生长也无促进作用，且可能存在一定的抑制作用。当核苷酸添加量为 0. 3％时，大菱鲆的特定生长率最小。

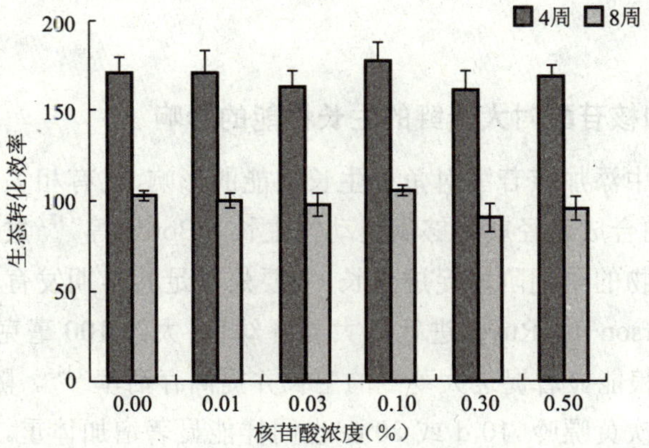

图 2　1 ～ 8 周大菱鲆的生态转化效率

从图 2 可以看出，不论 4 周还是 8 周，各试验组与对照组之间差异都不显著（$P > 0.05$），说明饲料中核苷酸添加量的不同对于大菱鲆的生态转化效率影响都不显著。当核苷酸添加量为 0. 1％时，不论哪一周，此试验组的生态转化效率大于对照组，而添加其他浓度时，各组的生态转化效率小于对照组。由此可以得出：在此阶段，总体上说饲料中添加核苷酸对大菱鲆的生长并无促进作用。

2. 2　核苷酸对大菱鲆溶菌酶活性的影响

经单因素方差分析，5 个试验组和对照组之间的大菱鲆的溶菌酶活力差异显著（$P < 0.05$）。

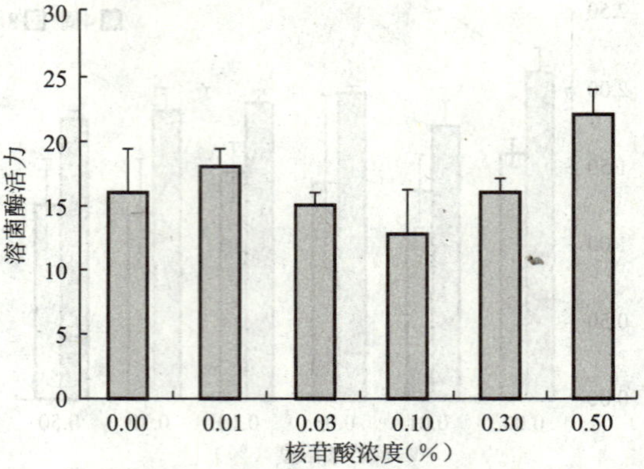

图 3　不同大菱鲆血清中的溶菌酶活力

由图 3 可知：当核苷酸的添加量分别为 0. 1% 和 0. 5% 时，其组中的大菱鲆血清中的溶菌酶活力与对照组相比，差异显著($P > 0.05$)，而其他试验组和对照组之间差异不显著($P < 0.05$)。试验 3 组与试验 1、5 组之间差异显著($P > 0.05$)，试验 5 组与试验 2、3、4 组之间差异显著($P > 0.05$)，说明在饲料中添加核苷酸对大菱鲆血清中的溶菌酶活力影响很大。当核苷酸添加量为 0. 1% 时，大菱鲆血清中溶菌酶的活力最小，且小于对照组，当添加量为其他浓度时，各试验组的溶菌酶活力总体表现出增加的趋势，且大于对照组，由此表明在此阶段添加核苷酸对大菱鲆的天然免疫功能具有一定促进作用。

3 讨论

3. 1 饲料中添加核苷酸对大菱鲆的生长性能的影响

关于在基础饲料中添加核苷酸对鱼类生长性能的影响，已有相关的报道。一般认为在正常条件下，核苷酸的合成途径就足够满足动物生长。Borda 等 [13] 发现外源性核苷酸能在鱼和甲壳类等水产动物的早期阶段促进生长，主要是满足其早期发育所需要的快速细胞复制。早在 1983 年，Person-Le Ruyet 进行的大菱鲆幼鱼（大约 100 毫克·尾）试验，就证实了投喂含次黄嘌呤的日粮能显著促进大菱鲆的生长并提高存活率 [14]。随后的研究表明，在大约 230 mg 阶段，投喂次黄嘌呤（10 d 或 20 d）也同样能显著增加体重。有的学者认为，次黄嘌呤促生长作用是由于其能改善饲料适口性，具有诱食作用，在饵料转化过程中通过提高摄食率和减少营养物质过滤到水中，或者是在新陈代谢过程中起作用 [15]。除了次黄嘌呤，核苷酸代谢物对罗非鱼幼鱼 [16] 和虹鳟鱼 [17] 也表现出促生长作用。因此，核苷酸对鱼类早期发育阶段的促生长作用是毋庸置疑的 [7]。

但是本试验研究结果表明：随着添加核苷酸量的增加，大菱鲆的特定生长率和生态转化效率总体上逐渐降低，且试验组明显低于对照组，说明在该阶段添加核酸对生长并不具有促进作用，无论是分开的两个 4 周，还是 8 周的生长都是以对照组的生长为最佳。虽然核苷酸添加量为 0. 1% 时，其大菱鲆的生态转化效率较高，但是其特定生长率并不十分突出。究其原因可能存在以下几种情况：

（1）该阶段大菱鲆为幼鱼，与已报道其他种类的早期发育阶段不同，此时鱼体主要处于生长阶段，与早期发育所需要的快速细胞复制[13]不同，因此该阶段的核酸促生长作用不明显。

（2）过多的核酸可能造成肝脏在脱嘌呤过程的负担，因而降低生长率。

（3）试验所使用的核酸为4种核苷酸的混合物，另外本试验配方中鱼粉的含量过高都可能是掩盖核酸作用的因素，因为大部分核酸试验都是基于低含量鱼粉的前提下进行的[7]。

（4）虽然在鱼粉替代试验中，核酸可能起到很好的替代作用。但是核酸的用量需要根据鱼的种类进行调整，不可忽视核酸的毒副作用。

3.2 饲料中添加核苷酸对大菱鲆溶菌酶活性的影响

溶菌酶是广泛存在于鱼类各种体液、血清和巨噬细胞中的一种水解酶，是生物机体在免疫反应过程中分泌的具有溶解细菌作用的非特异性免疫因子，在鱼类的免疫防御中发挥重要作用[18]。溶菌酶的活性是决定吞噬细胞能否杀灭所吞噬的致病菌的物质基础之一。溶菌酶能水解细胞壁中黏肽的乙酰氨基多糖并使之裂解被释放出来，从而破坏和消除侵入体内的异物，实现机体防御的功能。鱼体内溶菌酶的水平和活性，直接关系到鱼体的免疫功能和健康。

基于哺乳类（主要是人类和啮齿类）的研究发现，核苷酸能影响巨嗜细胞的吞噬作用[19, 20]和自然杀伤细胞活性的作用[20]。对鱼类的研究也证明外源核苷酸能影响先天性免疫系统的激素分泌和细胞组分[7]。Sakai等[21]证明外源核苷酸能增加鲤鱼体内血清补体和溶菌酶活性及其巨嗜细胞的吞噬作用和肾脏超氧阴离子合成。Ramadan等[22]通过嗜水气单胞菌的免疫接种方式，证实了外源核苷酸能促进罗非鱼体液免疫和细胞免疫显著增强。

本试验结果显示：添加核苷酸，大菱鲆的溶菌酶活力基本处于上升状态（除0.1%外），当核苷酸量为0.5%时大菱鲆的溶菌酶活力最大，试验组说明了饲料中添加核苷酸对大菱鲆血清中溶菌酶活力具有促进作用，与以上相关报道相符，初步说明外源核苷酸可导致大菱鲆幼鱼免疫作用增强，加强了其免疫防御能力和抵抗疾病的能力。

虽然从图3分析，在添加量为0.03%，0.1%时溶菌酶活力比对照组要小，造成上述情况的原因可能有以下几点：一是大菱鲆血清中的溶菌酶活力与核苷酸添加剂量、投喂周期和方式有关；二是在试验过程中，由于一些非主观性失误造成的，比如在测溶菌酶活力时，反应的温度、试剂的pH等都可能导致试验的偏差。

4 结论

虽然Li等提出核酸在鱼类的幼鱼阶段或养成期的生长作用不明显[23]，关于核酸的负面报道却没有，本文首次证实了高含量核酸对生长并不具有促进作用，且可能存在一定的抑制作用。在全球鱼粉蛋白危机的今天，我们在寻找新型蛋白源以及替代产品时需要慎重，核酸作为半必需营养素在鱼类营养上的应用，仍需广大科研工作者进一步的研究。

外源核酸对于鱼类免疫系统组分的正面影响，主要是通过节约能量。例如，向淋巴细胞等免疫细胞自身不具有从头合成核酸的能力，在环境胁迫的条件下，可以通过外源提供的核酸来进行快速的复制，从而维持其正常的免疫功能的发挥。尽管对于不同组织来说，核酸的作用是不同的，但是维持机体循环中的核酸含量，似乎是鱼类免疫功能正常发挥的保障[24]。

参考文献

[1] 潘连德，陈辉．药物防治的临床药理学与水产药物学问题 [J]．水产科技情报，1998，25（4）：169-173.

[2] 范文辉，黄倢，王秀华，等．养殖大菱鲆溃疡症病原菌的分离鉴定及系统发育分析 [J]．微生物学报，2005，45（5）：666-670.

[3] 史成银，王印庚，黄倢，等．大菱鲆病毒性疾病研究进展 [J]．高技术通讯，2003，13（9）：99-105.

[4] 邹玉霞，张培军，莫照兰，等．大菱鲆出血症病原菌的分离和鉴定 [J]．高技术通讯，2004.

[5] 雷霁霖，马爱军，陈超，等．大菱鲆（*Scophthalmus maximus* L.）养殖现状与可持续发展 [J]．中国工程科学，2005，7（5）：30-34.

[6] 雷霁霖．我国海水鱼类养殖大产业架构与前景展望 [J]．海洋水产研究，2006，27（2）：1-9.

[7] Li P，Gatlin Iii D M. Nucleotide nutrition in fish：Current knowledge and future applications[J]. Aquaculture，2006，251（2-4）：141-152.

[8] Mackie A M. The chemical basis of food detection in the lobster Homarus gammarus[J]. Marine Biology，1973，21（2）：103-108.

[9] Burrells C，Williams P D，Southgate P J，et al. Dietary nucleotides：a novel supplement in fish feeds：2. Effects on vaccination，salt water transfer，growth rates and physiology of Atlantic salmon（*Salmo salar* L.）[J]. Aquaculture，2001，199（1-2）：171-184.

[10] Burrells C，Williams P D，Forno P F. Dietary nucleotides：a novel supplement in fish feeds：Effects on resistance to disease in salmonids[J]. Aquaculture，2001，199（1-2）：159-169.

[11] Leonardi M，Sandino A M，Klempau A. Effect of a nucleotide-enriched diet on the immune system，plasma cortisol levels and resistance to infectious pancreatic necrosis（IPN）in juvenile rainbow trout（*Oncorhynchus mykiss*）[J]. Bull. Eur. Assoc. Fish Pathol，2003，23：52-59.

[12] 刘兴旺．大菱鲆及半滑舌鳎蛋白质营养生理研究 [D]．青岛：中国海洋大学，2010：66.

[13] Borda E，Martinez-Puig D，Cordoba X. A balanced nucleotide supply makes sense[J]. Feed Mix，2003，11：24-26.

[14] Person-Le Ruyet J，Menu B，Cadena-Roa M，et al. Use of expanded pellets supplemented with attractive chemical substances for the weaning of turbot（*Scophthalmus maximus*）

[J]. Journal of the World Aquaculture Society, 1983, 14: 676-678.

[15] Metailler R, Cadena-Roa M, Ruyet J P-L. Attractive chemical substances for the weaning of Dover sole (Solea vulgaris): qualitative and quantitative approach[J]. Journal of the World Mariculture Society, 1983, 14 (1-4): 679-684.

[16] Ramadan A, Atef M, Afifi N A. Effect of the biogenic performance enhancer (Ascogen "S") on growth rate of tilapia fish[J]. Acta Vet Scand, 1991, 87: 304-306.

[17] Adamek Z, Hamackova J, Kouril J, et al. Effect of Ascogen probiotics supplementation on farming success in rainbow trout (*Oncorhynchus mykiss*) and wels (Silurus glais) under conditions of intensive culture[J]. Krmiva (Zagreb), 1996, 38: 11-20.

[18] Magnadóttir B. Innate immunity of fish (overview) [J]. Fish & Shellfish Immunology, 2006, 20 (2): 137-151.

[19] Gil A. Modulation of the immune response mediated by dietary nucleotides[J]. European Journal of Clinical Nutrition, 2002, 56 (Suppl. 3): S1-S4.

[20] Carver J D, Cox W I, Barness L A. Dietary nucleotide effects upon murine natural killer cell activity and macrophage activation[J]. J. Parenter. Enteral Nutr, 1990, 14: 18-22.

[21] Sakai M, Taniguchi K, Mamoto K, et al. Immunostimulant effects of nucleotide isolated from yeast RNA on carp[J]. J. Fish Dis., 2001, 24: 433-438.

[22] Ramadan A, Afifi N A, Moustafa M M, et al. The effect of ascogen on the immune response of Tilapia fish to Aeromonas hydrophila vaccine[J]. Fish & Shellfish Immunology, 1994, 4 (3): 159-165.

[23] Li P, Lewis D H, Gatlin D M. Dietary oligonucleotides from yeast RNA influence immune responses and resistance of hybrid striped bass (Morone chrysops × Morone saxatilis) to Streptococcus iniae infection[J]. Fish & Shellfish Immunology, 2004, 16 (5): 561-569.

[24] Low C, Wadsworth S, Burrells C, et al. Expression of immune genes in turbot (Scophthalmusmaximus) fed a nucleotide-supplemented diet[J]. Aquaculture, 2003, 221: 23-40.

（刘莹，刘名，于超勇，宋静静，官曙光，徐涛，于道德）

（载自《广西科学院学报》2016-05）

Improvement of the zygote utilization and reduction of the seedling loss in the early stage of seedling production of *Sargassum thunbergii* (Fucales, Phaeophyta)

1 Introduction

With the expansion of market demand, the natural resource of *S. thunbergii* has been exploited excessively, so the large-scale cultivation of *S. thunbergii* is an effective way to mitigate the tension of demand. Previously, artificial seedling production and cultivation of *S. thunbergii* was conducted [1-5], and the large-scale seedling trials and cultivations were implemented by many efforts[6, 7]. Nevertheless, the cultivation technique of *S. thunbergii* is still preliminary, compared with that of Laminaria.

The parental resource was usually collected excessively, and many parental plants were wasted especially when natural population was used as the parental resource. Although there were many reports about seedling density[8], the time of seedlings collection, which was an important factor to fully utilizing the parental resource, did not receive deserved attentions due to excessive usage amount of parental plants in seeding process.

Germlings which just settled on the substratum need to be cultured in stationary water, and the length of period in static culture is related to the development of rhizoids and attachment rate of germlings. Although there were some reports on the development of *Sargassum* germlings under laboratory conditions [9-12], the relationship between the development of germlings and variations of attachment rate were not yet reported, which affected the length of static culture period.

Jet washing is considered as a suitable method to remove fouling and epiphyte in aquaculture [7, 13, 14.]. However, the loss of germlings resulted from jet washing is a crucial problem. Zhang et al [7] reported that jet washing could be used in the early seedling nursery and only < 10% of seedlings were lost due to jet washing, but the seedlings size was not showed in the study. The tolerant of jet washing is correlated with the size of seedlings, so the further investigation is required.

2 Material and method

The parental plants of *S. thunbergii* were collected from a cultivated population in Rongcheng (N37°15′, E122°35′), Shandong. By the time of collection on 22 May, 2013, approximate 15% of the parental plants were observed with eggs on the surface of the female receptacles. The mature parental plants were chosen and cleaned to remove mud and dirt on surface, and then transported to an indoor tank with filtered seawater (20 cm in depth). Then some receptacles with eggs produced on surface were selected and conducted in zygote releasing assay. After the mature parental plants were culture for 2～4 days, the zygotes released from receptacles were collected by 80 μm nylon sieves. The collected zygotes in suspension were settled on glass slides, which were used in morphological observation and germlings attachment assay. To estimate the influence of jet washing, the strips were applied as seedling collectors in the experiment. The strip which was made of mixed nylon and polypropylene fibers was widely used in the practical seedling production of *Sargassum fusiformis* [8].

2.1 Zygote releasing assay

The female receptacles with eggs were selected, and were transferred into the Petri dishes immersed with 20 mL of sterile seawater. Each Petri dish contained 10 receptacles which belonged to a same lateral branch. The number of zygotes released from receptacles in the Petri dish was counted in every 6 h until there were no more zygotes released. Before the each count, the receptacles with the residual zygotes were transferred to another Petri dish with sterile seawater for the next 6 h. This experiment was repeated 8 times and the culture condition was 18℃, 80 μmol $\cdot m^{-2} \cdot s^{-1}$.

2.2 Morphological observation

The experiment was performed at 18℃, 80 μmol$\cdot$ $m^{-2} \cdot s^{-1}$ beginning at the moment when zygotes settled on the slides. A series of observations were conducted at different time (1 h, 6 h, 12 h, 24 h, 48 h, 96 h) after the settlement (AS). Before each observation, the *S. thunbergii* germlings were scraped off from the slides carefully and observed under a digital microscope (agio LCD digital microscope EV5610).

2.3 Germlings attachment assay

Attachment rate of germlings on the slides was examined from 1 to 120 h AS. To eliminate the unattached germlings, all germlings settled on the slides were subjected to the seawater flow (1 kg$\cdot cm^{-2} \cdot s^{-1}$) for exactly 1 min at the specific time (1 h, 2 h, 3 h, 4 h, 5 h, 6 h, 12 h, 18 h, 24 h, 30 h, 36 h, 42 h, 48 h, 54 h, 60 h, 72 h, 96 h and 120 h AS), respectively. Numbers of germlings on the slide (76mm×25 mm) were both counted before and after treatment under the dissecting microscope, and the number of germlings remained on the slides was used to calculate germlings attachment rate. The culture condition was 18℃, 80 μmol $m^{-2}•s^{-1}$ and there were 15 replications for each treatment.

2.4 Influence of jet washing

The germlings which settled on the strip collectors had 48 hrs to establish the attachment to the substrate. Then the germlings were culture at the bottom of an indoor tank with filtered seawater (40 cm in depth). The seawater was renewed every 3 days and temperature was in the range of 18～20 ℃. The irradiance was 100 μmol $m^{-2}•s^{-1}$ and 14 L: 10D (light: dark cycle). The detachment rate of germlings were testified by the different velocities (15 $kg•cm^{-2}•s^{-1}$, 20 $kg•cm^{-2}•s^{-1}$, 25 $kg•cm^{-2}•s^{-1}$) of jet washing for exactly 1 min at 0, 5, 10, 15, 20 day after attachment (AA), respectively. The length of thalli was recorded before the treatment, and the numbers of seedlings in a designated area (10 cm^2) on the strip were counted before and after treatment under the dissecting microscope. The number of germlings washed out in the designated area was used to calculate germlings detachment rate. Each treatment was replicated 15 times.

3 Result

3.1 Zygote release characteristics

The results showed that almost 90 % of zygotes released in 42 h, and there were no zygotes released after 60 h (Fig. 1). However, there were still residual zygotes (4%) on the receptacles after 66 hrs. Moreover, one-way ANOVA tests indicated that the frequencies of the release changed significantly with time ($F = 85.459$, $P < 0.01$), and there was bimodality in the frequency distribution. Frequencies of the release reached the first peak (20.0%) during the 18～24 h, and the second peak (26%) of frequencies appeared during the 30～36 h. Although the former peak was lower than the later one, there were no significant differences between them (Tukey, $P > 0.05$).

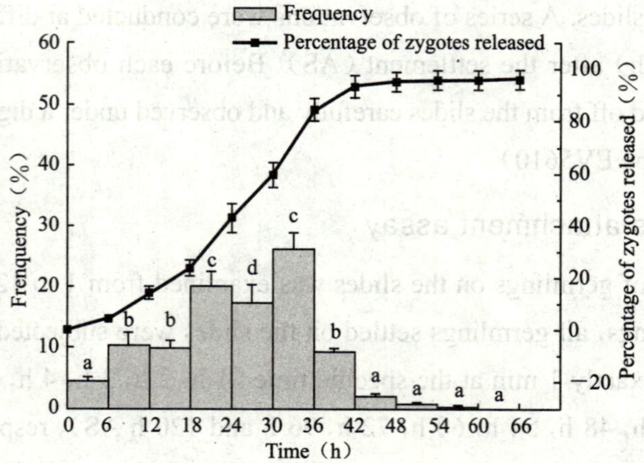

Fig.1 Temporal variations in the stage of Zygotes released

3. 2 Morphological observations

At 1 h AS, there were no obvious changes on the zygote (Fig. 2a). The emergence of rhizoids was found at the 6 h AS (Fig. 2b). There were 4 rhizoids protruded from the zygote with thick mucilage surrounded the rhizoid pole. Both the thallus and rhizoids elongated at 12 h AS (Fig. 2c). The number of rhizoids was increased to 10～12 during the 24～48 h AS (Fig. 2 d, e).

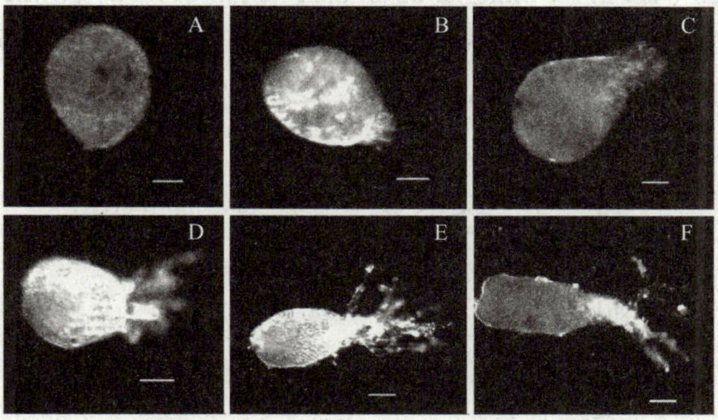

Fig.2　Observations after zygotes settlement

(A) a zygote of *S. thunbergii* at 1 h AS, bar = 50 μm; (B) a germling of *S. thunbergii* at 6 h AS, bar = 50 μm; (C) a germling of *S. thunbergii* at 12 h AS, bar = 50 μm; (D) a germling of *S. thunbergii* at 24 h AS, bar = 100 μm; (E) a germling of *S. thunbergii* at 48 h AS, bar = 100 μm; (F) a germling of *S. thunbergii* at 96 h AS, bar = 100 μm.

3. 3 Variations of germlings attachment rate

In the first 6 hrs AS, attachment rates were ranged in 7. 2%～19. 9 % without any significant changes (Tukey, $P > 0.05$, Fig. 3). Thereafter, four significant enhancements in attachment rate were detected at 12 h AS, 24 h AS, 30 h AS, and 48 h AS, respectively (Tukey, $P < 0.01$). One-way ANOVA analysis showed the attachment capacity of germlings was significantly increased with time ($F = 80.141$, $P < 0.01$), and attachment rate reached a relatively steady status (84. 7% ～ 89. 3 %) after 48 h AS.

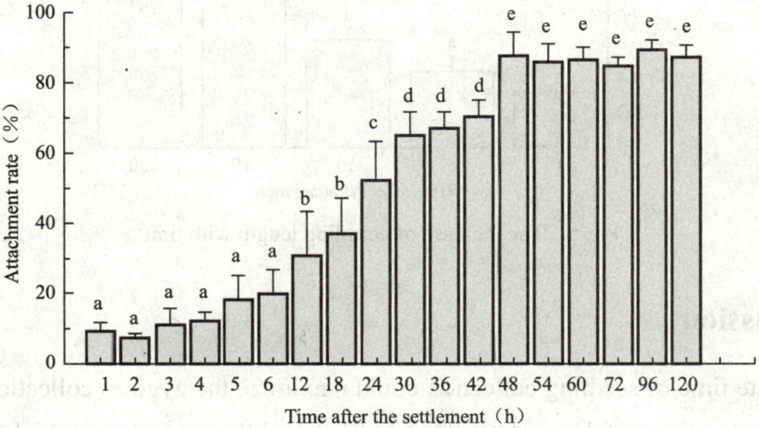

Fig.3　Variations of germlings attachment rate after settlement

3. 4 Influence of jet washing

Two-way ANOVA tests indicated that germlings detachment were significantly influenced not only by the start time（$F = 265.292, P < 0.01$）and the velocities（$F = 107.657, P < 0.01$）, but also by the interaction between the time and velocity（$F = 11.755, P < 0.01$, Fig. 4）. The results showed the detachment rate was reduced with the growth of germlings. At the 20 day AA, germlings were 1. 74 mm±0. 23 mm in length（Fig. 5）, while the detachment rate was at the relatively lowest level. However, the loss of germlings due to jet washing was ≥ 50% even at the lowest velocity（0. 15 kg $\cdot$cm$^{-2}\cdot$s^{-1}）.

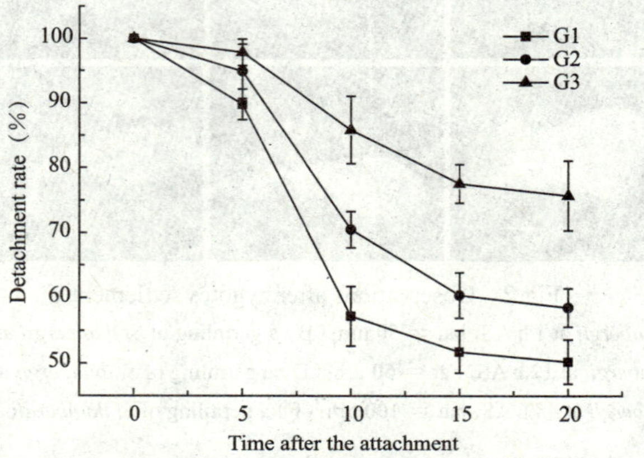

Fig. 4 Variations of detachment rate in the jet washing.
Mass velocity:（■）G1 = 15×10^{-2} kg$\cdot$ cm$^{-2}\cdot$s^{-1};（●）G2 = 20×10^{-2} kg$\cdot$cm$^{-2}\cdot$s^{-1};
（▲）G3 = 25×10^{-2} kg$\cdot$cm$^{-2}\cdot$s^{-1}.

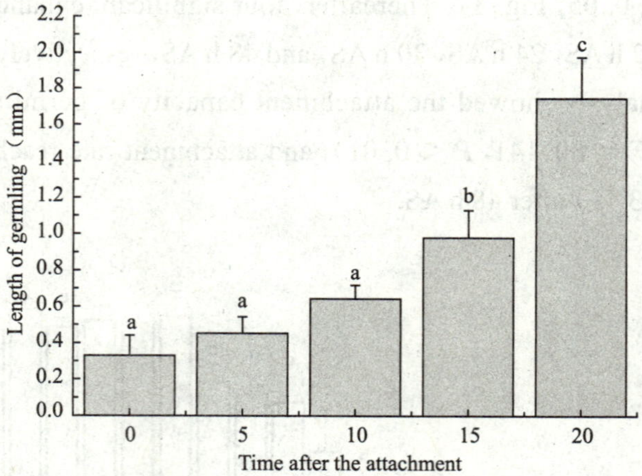

Fig.5 The increase of germling length with time

4 Discussion

Appropriate time of seedling collection could maximize the zygotes collection and improve the utilization rate of parental resources. However, asynchronism was a crucial problem which restricted the production. The results showed that only 15% of the *S. thunbergii* population could be used in the seeding process at the beginning of maturation, so selecting the parental plants which matured in synchrony could help shorten the time of seedling collection, as reported in the S. fusiformis production [15]. Additionally, the results showed that the release of zygotes could last for 60 h and there were no significant variations in the release from the 42 h AS. Therefore, we suggested that 42 ～ 60 h AS was suitable for the seedling collection of *S. thunbergii*.

Attachment rate of germlings was a crucial factor in seedling production, which was usually associated with the development of germlings in the early stage of seedling nursery. There was no rhizoids found at 1 h AS (Fig. 2a), however, approximate 10% of zygotes (Fig. 3) could attach to the substratum and sustain the weak flow (1×10^{-2} $kg\cdot cm^{-2}\cdot s^{-1}$) at the same time. It indicated that there was quite a low level in attachment rate when the germlings had no rhizoids. This agreed with the reports in Fucales [9-11], but it was contrary to the findings in S. mutimum that zygotes were not able to anchor to substratum without rhizoids [16]. In addition, the results showed the significant enhancements of attachment rate were coincident with the development of rhizoids. When there were new rhizoids protruded out (Fig. 2d, e), the germlings attachment rate was significantly increased (Fig. 3) at the same time. Subsequently, the attachment rate was gradually increased with the elongation of the rhizoids, and then it reached a relatively steady state after 48 h AA. It indicated that the germlings should be kept in stationary water for at least 48 h AA to ensure that firm attachment was established between the germlings and the substratum.

There was significant germling detachment (> 50%) with the mass velocities of washing during 0～15 d AA (Fig. 4), while the average length of germlings was < 1 mm (Fig. 5). After 15 day AA, there was still about 50 % of germlings (average length: 1. 74 mm±0. 23 mm) detached at the lowest mass velocity (15×10^{-2} $kg\cdot cm^{-2}\cdot s^{-1}$). It was different with the results of Norton (1983) and Zhang et al [7] which reported the germlings could bear the impact of water flow during the nursery culture. However, the result indicated that jet washing resulted in serious losses of germlings during the nursery culture, especially when the mass velocity of jet washing was ≥ 15×10^{-2} $kg\cdot cm^{-2}\cdot s^{-1}$ within 20 day AA.

5 Conclusion

Appropriately arranging the time (42 ～ 60 h AS) of seedling collection was an effective way to improve the utilization of zygotes. The results form morphological observation and germlings attachment assay indicated that the germlings required at least 48 h under static culture for the steady attachment. Jet washing was not suitable within the 20 d AA, which could resulted in > 50% detachment rate of germlings (≤ 1. 74 mm±0. 23 mm) even at the lowest mass velocity (15×10^{-2} $kg\cdot cm^{-2}\cdot s^{-1}$).

6 Acknowledgements

This work was supported by the Public Science and Technology Research Funds Projects of Ocean (No. 201305021, 201305043, 201305005 & 201405040), the National Natural Science Foundation of China (No. 41376129), Scientific Funds for outstanding young scientists of Shandong Province Award (BS2012HZ013).

References

[1] Wang F J, Sun X T, Li F. Studies on sexual reproduction and seedling-rearing of *Sargassum thunbergii*[J]. Mar. Fish. Res., 2006, 27 (5): 1-6.

[2] Zhan D M, Li M Z, Ding G., et al. Study on reproduction biology and artificial breeding techniques of *Sargassum thunbergii*[J]. Mar. Fish. Res., 2006, 27 (6): 55-59.

[3] Zhang Z Y, Li X L, Han Y X, et al. Indoor artificial seeding in sea weed *Sargassum thunbergii*[J]. J. Dalian Fish. Univ., 2007, 22 (4): 255-259.

[4] L M, Li S G, Chai Y, et al. Indoor culture and sexual reproduction synchronization of *Sargassum thunbergii* young seedlings[J]. J. Fish. China, 2011, 35 (3): 395-404.

[5] Xie E Y, Liu D C, Jia C, et al. Artificial seed production and cultivation of the edible brown alga *Sargassum naozhouense* Tseng et Lu[J]. J. Appl. Phycol., 2013, 25 (2): 513-522.

[6] Li M Z, Ding G, Zhan D M, et al. A method for early production of large-size *Sargassum thunbergii* seedling in north China[J]. Prog. Fish. Sci., 2009, 30 (5): 75-82.

[7] Zhang Q S, Tang Y Z, Liu S K, et al. Zygote-derived seedling production of *Sargassum thunbergii*: focus on two frequently experienced constraints in tank culture of seaweed[J]. J. Appl. Phycol., 2012, 24 (4): 707-714.

[8] Pang S J, Shan T F, Zhang Z H, et al. Cultivation of the intertidal brown alga *Hizikia fusiformis* (Harvey) Okamura: mass production of zygote-derived seedlings under commercial cultivation conditions, a case study experience[J]. Aquac. Res., 2008, 39 (13): 1 408-1 415.

[9] Moss B. Attachment and germination of the zygotes of Pelvetia *canaliculata* (L.) Dcne. et Thur. (Phaeophyceae, Fucales)[J]. Phycologia, 1974, 13 (4): 317-322.

[10] Hardy F, Moss B. The attachment of zygotes and germlings of *Halidrys siliquosa* (L.) Lyngb. (Phaeophyceae, Fucales)[J]. Phycologia, 1978, 17 (1): 69-78.

[11] Hable W E, Kropf D L. Roles of secretion and the cytoskeleton in cell adhesion and polarity establishment in *Pelvetia compressa* zygotes[J]. Dev. Biol., 1998, 198 (1): 45-56.

[12] Zhao Z G, Zhao F J, Yao J T, et al. Early development of germlings of *Sargassum thunbergii* (Fucales, Phaeophyta) under laboratory conditions[J]. J. Appl. Phycol.,

2008, 20 (5): 925-931.

[13] Fletcher R L. Epiphytism and fouling in *Gracilaria cultivation*: an overview[J]. J. Appl. Phycol., 1995, 7 (3): 325-333.

[14] Xu B, Zhang Q S, Qu S C, et al. Introduction of a seedling production method using vegetative gametophytes to the commercial farming of *Laminaria* in China[J]. J. Appl. Phycol., 2009, 21 (2): 171-178.

[15] Pang S J, Chen L T, Zhuang D G, et al. Cultivation of the brown alga *Hizikia fusiformis* (Harvey) Okamura: enhanced seedling production in tumbled culture[J]. Aquaculture, 2005, 245 (1): 321-329.

[16] Fletcher R, Fletcher S. Studies on the recently introduced brown alga *Sargassum muticum* (Yendo) Fensholt I. Ecology and reproduction[J]. Bot. Mar., 1975, 18 (3): 149-156.

(Liu Wei, Wu Haiyi, Liu Mengxia, Duan Delin)

（载自 *Chinese Journal of Oceanology and Limnology*, 2015-02）

第三章

健康养殖技术

芽孢杆菌组合对海水养殖水体 COD 的降解效果

随着养殖业的发展，工厂化密度养殖发展迅速，但密集化养殖，大量残饵、粪便严重破坏了养殖水体水质，从而造成养殖生物病害频发。微生态制剂因其对水质中有机质及氨氮等降解效果良好，能增强养殖生物免疫力，并且具有无污染，无残留等优势，逐渐被人们所接受并在各方面施用[1-4]。芽孢杆菌(*Bacillus*)因其稳定性广泛应用于水产养殖中。研究人员发现[5,6]，用地衣芽孢杆菌(*Bacillus lincheniformis*)对草鱼(*Ctenopharyngodonidellus*)进行投喂，草鱼的肠道胰蛋白酶、淀粉酶和脂肪酶活性都比对照组显著提高；枯草芽孢杆菌(*Bacillus subtilis*)、硝化细菌(*Nitrifying bacteria*)与巨大芽孢杆菌(*Bacillus megaterium*)，应用于养殖水体，可对水体中的氨氮、有机质、有机磷、亚硝态氮等有明显的降低效果[7-10]。单一菌株的降解性能已无法满足实际应用。从刺参养殖池塘中获得的单菌株进行两两、三三组合，研究不同组合对 COD 的降解效果，以期获得在 COD 降解方面优于单菌株的菌株组合，从而对实践进行一定程度的指导。

1 材料和方法

1.1 材料

菌株来源：从即墨盐厂刺参养殖池塘中分离得到 16 种芽孢杆菌，保种于－80℃冰箱中。使用前用灭菌的接种针接种于液体培养基，在 28℃，160 r·min^{-1} 条件下培养 24 h，得到种子液。

表1　16 株芽孢杆菌的来源

菌株	B_1	B_2	B_3	B_4	B_5	B_6	B_7	B_8	B_9	B_{10}	B_{11}	B_{12}	B_{13}	B_{14}	B_{15}	B_{16}
来源	底泥	底泥	底泥	粪便	粪便	粪便	粪便	肠道	肠道	肠道	肠道	肠道	肠道1	水	水	水

固体培养基：蛋白胨 10 g，牛肉膏 3.5 g，氯化钠 5 g，溶于 1 000 mL 的海水中，调节 pH 为 8.2，12 g 琼脂加热溶解，121℃下灭菌 15 min。

刺参饵料液体培养基：取 20 g 刺参饵料装于 1 L 过滤海水中，静置过夜，过滤，取滤液定容至 1 L，在 121℃下灭菌 15 min。

1.2 方法

1.2.1 单菌株降解效果研究

将－80℃超低温保存的16种单菌株活化画线接种于营养琼脂斜面培养基上，28℃下培养24 h，用无菌生理盐水将平板菌落洗入灭菌的富集培养基中，于振荡培养箱内振荡培养2 d后，将菌株依次接种于装有100 mL刺参饵料培养基的250 mL锥形瓶中，以血球计数板计数，使菌株初始浓度都为1×10^6 cfu•mL^{-1}。于28℃下，160 r•min^{-1}振荡培养6 d，每天记录饵料中COD含量的变化。

1.2.2 菌株拮抗效果研究

采用平板十字交叉划线法，将降解效果良好的菌株培养于固体平板培养基中。28℃，160 r•min^{-1}条件下培养48 h后，查看其拮抗效果。

1.2.3 组合菌株的降解效果研究

综合考虑单菌株的降解效果及菌株间的拮抗作用，将菌株两两、三三组合，各菌株按照密度比1:1或1:1:1比例接种于刺参饵料培养基内，采用血球计数板计数使培养基中各组合菌体总浓度为1×10^6 cfu•mL^{-1}。在28℃，160 r•min^{-1}摇床振荡培养，分别于第1 d、第2 d与第6 d测定培养基中的COD含量。

1.2.4 组合菌株的鉴定

（1）菌株生理生化指标的测定。采用北京陆桥技术有限责任公司生产的细菌微量生化鉴定管对菌株的生理生化指标进行测定。具体操作方法参照说明书。按照《伯杰细菌鉴定手册》[11]，对菌株进行鉴定。

（2）菌株16rs分析。16SrDNA序列分析：

采用水煮法[12]提取细菌基因组DNA后，再进行扩增，所用正向引物：5′-AGAGTT TGA TCC TGG CTC AG-3′（E. coli 27F），反向引物：5′-TAC GGC TAC CTT GTT ACG ACTT-3′（E. coli 1492R）。PCR产物（1.5 kb左右）送至上海生工生物工程股份有限公司进行测序。将测序结果在NCBI库中进行Blast，得到与目标菌株相似性高的序列，再用CLUSTAL X程序进行比对，最后采用MEGA 4.1工具构建Neighbor-Joining树[13]。

采用综合菌株的生理生化指标及16rs分析，对菌株进行鉴定。

2 结果与分析

2.1 单菌株降解效果

从图1可以看出，16株菌对于培养液中COD的降解均有明显效果，菌株在第1～2 d时，对培养液中COD降解效果比较明显，大部分菌株在第2 d时，使培养液中COD含量达到相对比较低的点，少部分菌株在第3 d时达到这个低点。这应该与菌株在对数生长期有关。到第6 d时，对COD的降解趋于平稳。在后续的试验时，取样时选择第2 d与第6 d作为取样时间点。

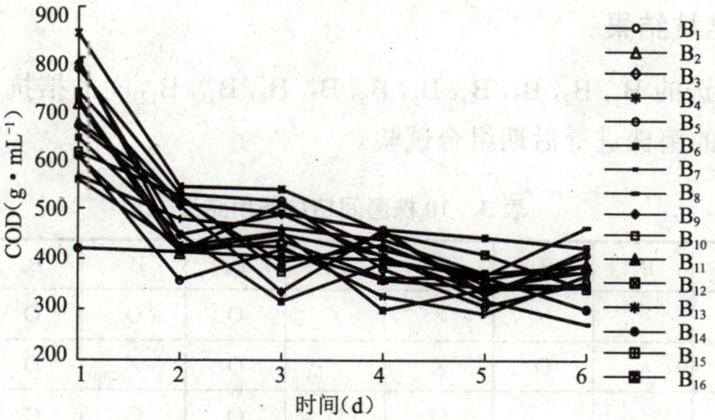

图 1 16 株菌株培养液中 COD 含量变化

从表 1 可以看出，部分菌株在第 2 d 时对于 COD 的降解能达到最终降解率的 80% 以上(菌株 B_1，菌株 B_2，菌株 B_3，菌株 B_6，菌株 B_8)，部分菌株在第 2 d 时能达到最终降解率的 50% 以上(菌株 B_4，菌株 B_5，菌株 B_7，菌株 B_9，菌株 B_{12}，菌株 B_{13}，菌株 B_{15}，菌株 B_{16})，从而看出菌株在液体培养基的扩繁速率。从菌株第 6 d 比 1 d 的降解率可以看出，部分菌株(菌株 B_3，菌株 B_4，菌株 B_5，菌株 B_6，菌株 B_7)降解率达到 50% 以上，其中菌株 B_7 降解率最高为 65. 84%。综合考虑菌株的生长速率与第 6 d 的降解率，最终确定初筛菌株 B_1，B_2，B_3，B_4，B_5，B_6，B_7，B_9，B_{11}，B_{12} 进行后续试验。

表 2 16 种菌株的降解率

编号	降解率(2 d 比 1 d)	降解率(6 d 比 1 d)
1	40.93%	37. 88%
2	42. 03%	45. 07%
3	43. 15%	50. 66%
4	35. 97%	50. 75%
5	32. 13%	54. 65%
6	40. 67%	52. 20%
7	47. 61%	65. 84%
8	30. 90%	23. 06%
9	23. 72%	38. 49%
10	14. 38%	44. 44%
11	22. 77%	48. 45%
12	29. 84%	42. 00%
13	15. 19%	31. 44%
14	11. 62%	28. 66%
15	30. 54%	42. 25%
16	23. 31%	34. 05%

2.2 单菌株拮抗结果

表 2 显示了筛选的 B_1, B_2, B_3, B_4, B_5, B_6, B_7, B_9, B_{11}, B_{12} 间的拮抗作用，选取相互之间没有生长抑制作用的菌株进行后期组合试验。

表 3　10 株菌间拮抗作用结果

编号	B_1	B_2	B_3	B_4	B_5	B_6	B_7	B_9	B_{11}	B_{12}
B_1		×	×	×	×	O	O	O	O	O
B_2			O	×	×	O	×	O	O	×
B_3				O	O	O	O	O	O	×
B_4					O	O	O	O	O	×
B_5						×	×	O	O	×
B_6							O	O	O	O
B_7								O	O	×
B_9									O	O
B_{11}										O
B_{12}										

注：X 代表有拮抗作用，O 代表无拮抗作用。

2.3 组合菌株降解试验结果

从表 3 和表 4 的结果可以看出，并不是所有的三三组合降解效果都优于两两组合。但两两组合第 6 d 时 COD 含量的均值为 422.57 $mg\cdot L^{-1}$，标准差为 63.85，三三组合第 6 d 时 COD 含量的均值为 365.61 $mg\cdot L^{-1}$，标准差为 67.63。这说明，三三菌株组合整体降解效果比两两组合的好，而且较容易获得降解效率更好的组合。

表 4　菌株组合设计

组合编号	C_1	C_2	C_3	C_4	C_5	C_6	C_7	C_8	C_9
菌株组合	(B_1, B_6)	(B_1, B_7)	(B_1, B_{11})	(B_2, B_6)	(B_2, B_{11})	(B_6, B_7)	(B_6, B_{11})	(B_7, B_{11})	(B_2, B_7)
组合编号	C_{10}	C_{11}	C_{12}	C_{13}	C_{14}	C_{15}			
菌株组合	(B_1, B_6, B_7)	(B_1, B_6, B_{11})	(B_1, B_7, B_{11})	(B_2, B_6, B_7)	(B_2, B_6, B_{11})	(B_2, B_7, B_{11})			

表 5　组合菌株 COD 变化规律（$mg\cdot L^{-1}$）

编号	第 1 d	第 2 d	第 6 d
C_1	639.74±8, 13	454.72±6.52	536.26±36.87
C_2	653.86±17.23	481.38±8.97	396.70±26.11

续表

编号	第 1 d	第 2 d	第 6 d
C3	666. 40±35. 76	501. 76±29. 82	392. 00±78. 54
C4	588. 00±7. 54	650. 72±33. 45	388. 86±79. 44
C5	642. 88±6. 09	446. 88±56. 41	512. 74±56. 90
C6	658. 56±27. 89	492. 00±33. 17	405. 25±32. 99
C7	680. 51±28. 91	572. 32±68. 03	445. 31±42. 79
C8	548. 80±29. 64	495. 49±77. 85	384. 16±43. 56
C9	611. 52±30. 76	508. 03±95. 67	341. 82±44. 75
C10	603. 68±28. 71	434. 34±24. 54	426. 50±46. 78
C11	611. 52±18. 91	486. 08±13. 61	373. 18±47. 10
C12	666. 40±17. 34	404. 54±35. 72	392. 00±35. 78
C13	635. 04±24. 55	481. 38±36. 51	363. 78±45. 60
C14	658. 56±78. 90	580. 16±15. 62	235. 20±46. 74
C15	620. 93±56. 83	401. 41±34. 77	402. 98±5. 98

根据表 5 结果，确定最优菌株组合为组合 C_{14}(B_2, B_6, B_{11})，COD 降解率为 64. 29%。

表 6 菌株组合降解率(%)

编号	降解率(2 d 比 1 d)	降解率(6 d 比 2 d)	降解率(6 d 比 1 d)
1′	28. 92	−17. 93	16. 18
2′	26. 38	17. 59	39. 33
3′	24. 71	21. 88	41. 18
4′	−10. 67	40. 24	33. 87
5′	30. 49	−14. 74	20. 24
6′	40. 48	−54. 40	8. 10
7′	15. 90	22. 19	34. 56
8′	9. 71	22. 47	30. 00
9′	16. 92	32. 72	44. 10
10′	28. 05	1. 81	29. 35
11′	20. 51	23. 23	38. 97
12′	39. 29	3. 10	41. 18
13′	24. 20	24. 43	42. 72
14′	11. 90	59. 46	64. 29
15′	35. 35	−0. 39	35. 35

2.4 菌株鉴定

2.4.1 菌株生理生化

菌株 B_2，革兰氏阳性，有芽孢，杆状，菌落为圆形；边缘不整齐，表面隆起呈白色，VP 反应阳性，接触酶阳性，可水解淀粉。菌株 B_6，革兰氏阳性，有芽孢，菌株呈杆状；菌落白色，边缘整齐，表面光滑，凸状隆起，VP 反应阴性，可水解淀粉。菌株 B_{11}，革兰氏阳性，有芽孢，呈杆状，圆头，菌落白色，表面粗糙，边缘不整齐，接触酶阳性，水解淀粉，VP 反应阳性。

2.4.2 菌株系统发育树

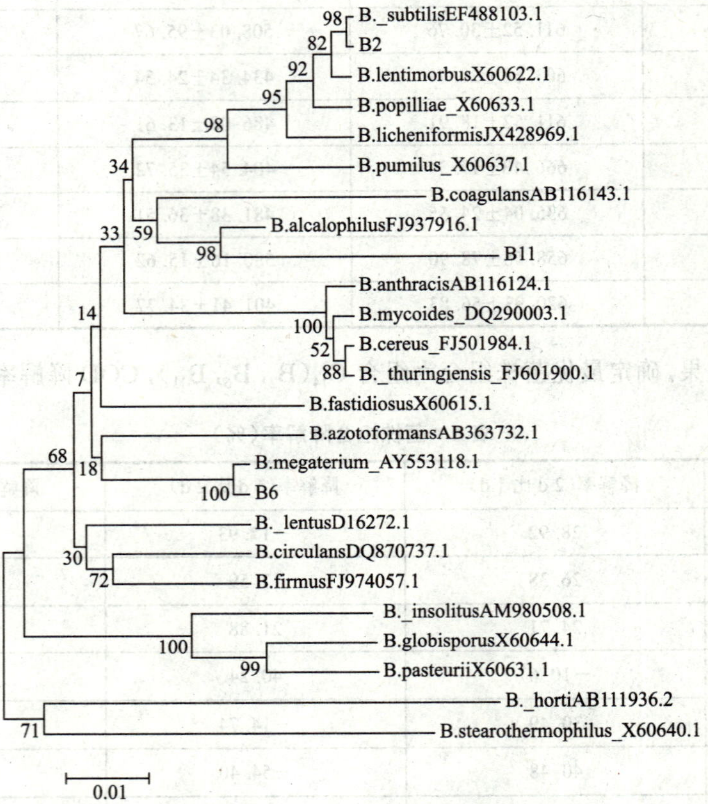

图 2 菌株 B_2、B_6、B_{11} 系统发育树

从三株菌的系统发育树可以看出，菌株 B_2 与枯草芽孢杆菌的亲缘关系最近，菌株 B_6 与巨大芽孢杆菌的亲缘关系最近，菌株 B_{11} 与嗜碱性芽孢杆菌的亲缘关系最近。综合考虑菌株的生理生化指标结果，判断菌株 B_2 为枯草芽孢杆菌（*Bacillus megaterium*），菌株 B_6 为巨大芽孢杆菌（*Bacillus megaterium*），菌株 B_{11} 为嗜碱性芽孢杆菌（*Bacillus alcalophilus*）。

3 结论

单菌株对 COD 的降解与菌株的生长曲线存在相关性，在第 1 ～ 2 d 时，菌株处于对数期间，随着菌浓度的直线增长，COD 的含量也直线下降，当菌株达到稳定期后，COD 的含量变化也趋于平稳。当菌株达到衰亡期时，因细胞代谢产物的积累，死亡细胞裂解，造成培养基内的 COD 含量升高。

不同菌株间存在拮抗作用，综合考虑其拮抗作用及其降解特性进行菌株组合设计，得到的结果显示，并不是所有三三组合降解效果都优于两两组合。但两两组合在第 6 d 时 COD 含量的均值为 422. 57 $g \cdot mL^{-1}$，标准差为 63. 85，三三组合在第 6 d 时 COD 含量的均值为 365. 61 $g \cdot mL^{-1}$，标准差为 67. 63。其结果说明，三三菌株组合比两两组合的整体降解效果更好，而且较容易获得降解效率更好的组合。

根据试验结果确定最优菌株组合为组合 C_{14}（菌株 B_2，菌株 B_6，菌株 B_{11}），对 COD 降解率为 64. 29%。经鉴定，菌株 B_2 为枯草芽孢杆菌（*Bacillus megaterium*），菌株 B_6 为巨大芽孢杆菌（*Bacillus megaterium*），菌株 B_{11} 为嗜碱性芽孢杆菌（*Bacillus alcalophilus*）。

参考文献

[1] 辛美丽，吕芳，孙福新，等．一株具有降解性能的芽孢杆菌的鉴定与发酵条件优化 [J]．广西科学院学报，2015，31（4）：247-252.

[2] 樊海平，曾占壮，林煜，等．养殖鳗鲡肠道益生菌的筛选 [J]．水产学报，2006，30（1）：97-102.

[3] 孙云章，杨红玲，马如龙，等．斜带石斑鱼消化道乳酸菌在模拟胃肠道环境中的存活 [J]．中国水产科学，2010，17（1）：128-135.

[4] 曹煜成，李卓佳，林黑着，等．地衣芽孢杆菌 De 在优质草鱼养殖中的应用研究 [J]．南方水产，2008，4（3）：15-19.

[5] 姚东林，邹青，刘文斌，等．地衣芽孢杆菌和低聚木糖对草鱼生长性能肠道菌群和消化酶活性的影响 [J]．大连海洋大学学报，2014，29（2）：137-140.

[6] 田相利，赵坤，王军，等．泼洒和投喂芽孢杆菌对刺参生长以及消化和免疫相关酶活性的影响 [J]．中国海洋大学学报，2015，45（1）：18-25.

[7] 高金伟，张海红，陈瑞楠，等．硝化细菌与枯草芽孢杆菌对养殖水质调控作用研究 [J]．天津农学院学报，2014，21（1）：5-8.

[8] 汤保贵，徐中文，张金燕，等．枯草芽孢杆菌的培养条件及对水质的净化作用 [J]．淡水渔业，2007，37（3）：45-48.

[9] 李卫芬，邓斌，陈南南，等．芽孢杆菌对草鱼生长和肠黏膜抗氧化功能及养殖水质的影响 [J]．水生态学杂志，2012，33（1）：66-69.

[10] 李永芹，许乐乐，陈克卫，等．1 株芽孢杆菌的筛选鉴定及其净水效果研究 [J]．水生态学杂志，2013，34（1）：96-100.

[11] 布坎南 R E，吉本斯 N E．伯杰细菌鉴定手册 [M]．中国科学院微生物研究所，译．北京：科学出版社，1984：729-794.

[12] 赵伟伟，王秀华，孙振，等．一株产絮凝剂芽孢杆菌的分离鉴定及絮凝剂特性分析 [J]．中国水产科学，2012，19（4）：647-653.

[13] 陶天申，杨瑞馥，东秀珠．原核生物系统学［M］．北京：化学工业出版社，2007：63.

（辛美丽，宋爱环，王志刚，胡凡光，逄劭楠，孙福新）

（载自《广西科学院学报》2016-08）

一株刺参养殖池塘降解菌的鉴定及其发酵条件的优化

近年来刺参的养殖成规模增长，到 2012 年养殖面积已达 6.7 万公顷，产量达 9 万吨，总产值达 180 亿元。现如今刺参主要以集约化养殖为主，造成残饵，粪便大量积累使养殖水体的氨氮与有机质的含量升高，影响刺参的正常生长[1]。故研究能有效降解水质的微生态制剂有很大的意义。微生态制剂因其绿色，环保，无残留等特点得到研究者的广泛关注[2,3]。暴增海等[4]与李斌等[5]通过往养殖水体中添加菌株，发现可明显改善养殖水质。不仅如此，Rengpipat 等[6]和 Panigrahi 等[7]的研究表明，在日粮中添加芽孢杆菌具有促进饵料蛋白的降解，鱼类生长，降低饵料用量以及改善鱼肉品质的作用。其中芽孢杆菌因其会产生大量的胞外酶，而且耐受性强，成为水产养殖行业比较常用的菌株之一[8,9]。现阶段，实际养殖所施用的菌株多为外来菌株，在施用过程中难以形成优势菌株，需重复施用。故本研究从刺参养殖池塘筛选得到一株菌株 B_{11}，前期研究结果证实，其对饵料培养基的降解效果比较好，经过生理生化及系统发育树分析，初步鉴定其为巨大芽孢杆菌，对其发酵条件进行研究，为菌株 B_{11} 的扩大培养及应用提供数据支持。

1 材料与方法

1.1 试验用菌株

试验用菌株为从青岛即墨刺参养殖池塘中分离得到的芽孢杆菌。

1.2 试验用培养基

液体培养基：称取 25 g 刺参饵料培养基，溶于 1 L 海水中，浸泡过夜，24 h 后抽滤得浸出液。稀释至 1 L，用 5 mol·L^{-1} 的 NaOH 溶液调节 pH 至 7.0，于 121℃下灭菌 15 min，得到液体培养基。

固体培养基：1 L 液体培养基在灭菌前加 20 g 琼脂，加热至琼脂溶解，将培养基于 121℃下灭菌 15 min，得到固体培养基。

1.3 菌株生理生化指标的测定

采用北京陆桥技术有限责任公司生产的细菌微量生化鉴定管对菌株的生理生化指标进行测定。具体操作方法参照说明书。按照《伯杰细菌鉴定手册》[10]，对菌株 B_{12} 进行鉴定。

1.4 菌株 B_{12} 的系统发育树的构建

16SrDNA 序列分析：

采用水煮法[11] 提取细菌基因组 DNA 后，再进行扩增，所用正向引物：5′-AGAGTT TGA TCC TGG CTC AG-3′（E. coli 27F），反向引物：5′-TAC GGC TAC CTT GTT ACG ACTT-3′（E. coli 1492R）。PCR 产物(1.5 kb 左右)送至上海生工生物工程股份有限公司进行测序。将测序结果在 NCBI 库中进行 Blast，得到与目标菌株相似性高的序列，再用 CLUSTAL X 程序进行比对，最后采用 MEGA 4.1 工具构建 Neighbor-Joining 树[12]。

1.5 菌株发酵条件的研究

1.5.1 单因素试验

温度、pH、接种量、装液量，转速固定其他三个变量，变化考察变量。

（1）考察装液量。装液量分别为 20 mL/250 mL，40 mL/250 mL，60 mL/250 mL，80 mL/250 mL，100 mL/200 mL，温度为 28℃，pH 为 7.0，接种量为 2%，振荡 160 $r\cdot min^{-1}$。

其中接种量为所接种子液的百分比［种子液：用接种针在保种管内蘸取保种液，画线接种于平板培养基上，培养 48 h，用接种针挑单菌株再接种于液体，培养基内（200 mL 容量瓶内，100 mL 液体培养基）］培养基成分：蛋白胨 10 g，牛肉膏 5 g，NaCl 5 g，1L 培养基。培养 48 h 后即得种子液备用。

（2）考察接种量。接种量分别为 1%，3%，6%，9%，12%，温度为 28℃，pH 为 7.0，装液量为其单因素试验中得到的较优值，转速 160 $r\cdot min^{-1}$。

（3）考察 pH。pH 分别为 4.0，6.0，8.0，10.0，12.0，温度为 28℃，接种量与装液量分别采用单因素试验中得到的较优值，转速 160 $r\cdot min^{-1}$。

（4）考察温度。温度分别为 15℃，20℃，25℃，30℃，35℃，pH、接种量与装液量分别采用单因素试验中得到的最优值，转速 160 $r\cdot min^{-1}$。

（5）考察转速。转速分别为 70 $r\cdot min^{-1}$，110 $r\cdot min^{-1}$，150 $r\cdot min^{-1}$，190 $r\cdot min^{-1}$，230 $r\cdot min^{-1}$，其他发酵条件采用单因素试验中得到的最优值。

1.5.2 正交试验

通过单因素寻找到最优点，在最优点左右各取一个点，加上最优点，分别得到单因素的三个水平。设计四因素三水平的正交试验。

2 试验结果

2.1 菌株的鉴定

2.1.1 菌株的生理生化指标

菌株的生理生化指标见表 1。菌株 B_{11} 的菌落形态为乳白色，圆菌落，边缘整齐，表面光滑，隆起，菌体呈杆状，革兰氏染色阳性。吲哚试验阴性，VP 测定阴性，可利用柠檬酸盐，可水解淀粉，可在 7.5% NaCl 培养基上生长。

表 1 菌株的生理生化指标

测定项目	测定结果	测定项目	测定结果
革兰氏染色	+	明胶液化	−
乳糖发酵试验	−	淀粉水解试验	+
甲基红	−	吲哚试验	−
VP	−	酪蛋白水解	+
靛基质	−	7.5% NaCl	+
H_2S	+	接触酶	+
柠檬酸利用试验	+		

2.1.2 菌株的 16SrDNA 系统发育树

将 B_{11} 的 16SrDNA 基因在 NCBI 中进行 Blast。从中选取 30 个菌株的 16SrDNA 基因序列，B_{11} 与巨大芽孢杆菌 *B. megaterium*（AY553118.1）聚成一分支，遗传距离为 0.01，表明 B_{11} 与巨大芽孢杆菌的亲缘关系最近。菌株 B_{11} 的系统发育树如图 1 所示。综合考虑菌株的生理生化指标，该菌为巨大芽孢杆菌（*Bacillus megaterium*）。

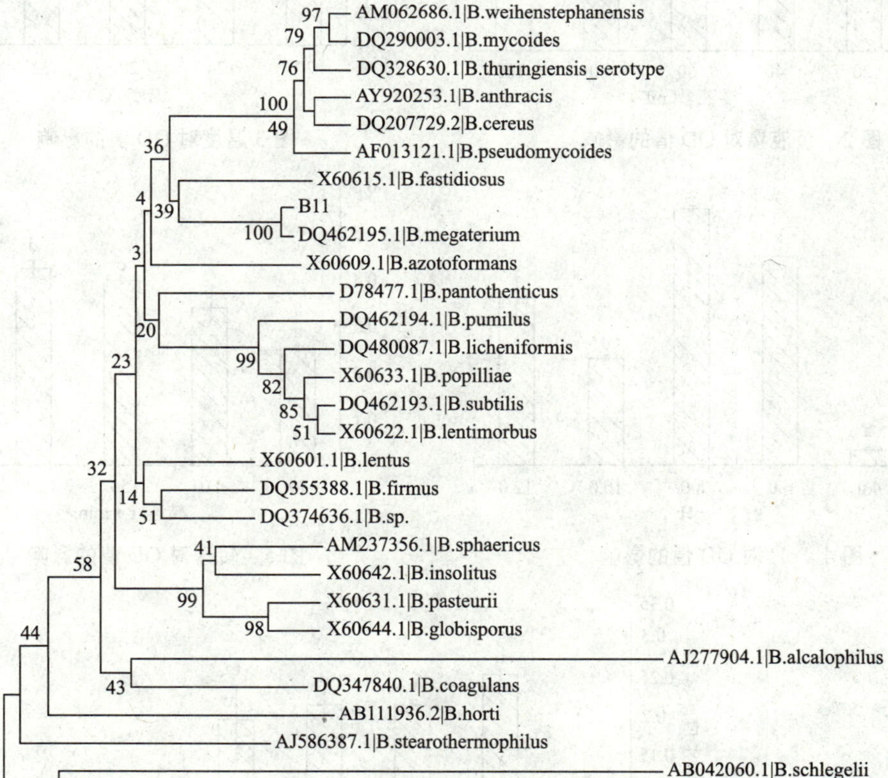

图 1 菌株 B_{11} 的系统发育树

2.2 菌株发酵条件结果

2.2.1 菌株发酵单因素试验结果

大量试验证明，菌株在 600 nm 时的 OD 值与菌浓度线性相关，故试验表征菌浓度所采用指标为 OD 值。图 2～图 6 分别为装液量、温度、pH、转速、接种量变化对菌株 OD 值的影响，可以看出其中 pH 变化时，OD 值呈现先增高后降低，再升高的趋势，菌株浓度波动最大。OD 值随着温度的变化呈现先升高后降低的趋势，在 28℃时最高。OD 值随着转速的升高逐渐升高，但超过 190 $r\cdot min^{-1}$ 时，转速继续升高，OD 值的升高不太明显，考虑到工业化的经济效益，正交试验选转速水平时定在 160 $r\cdot min^{-1}$ 左右。接种量在＞3%后，对 OD 值的影响较小，故后期正交试验时不考察接种量，接种量为 3%。

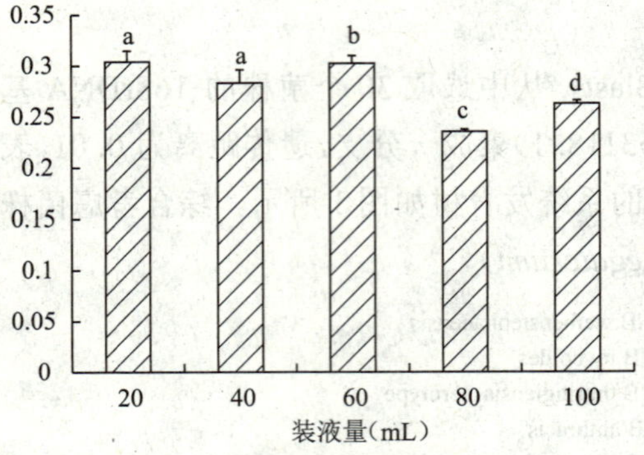

图 2　装液量对 OD 值的影响

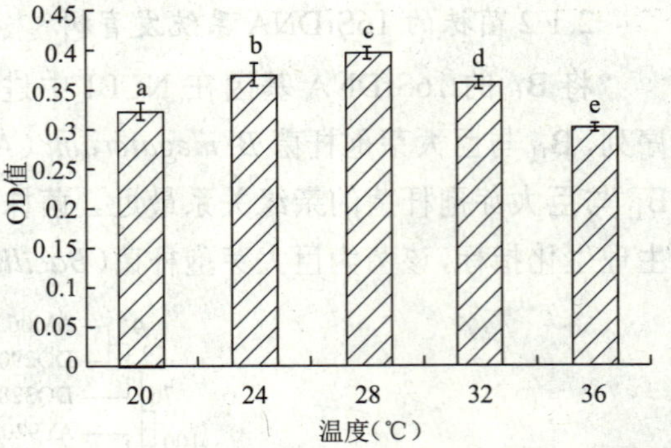

图 3 温度对 OD 值的影响

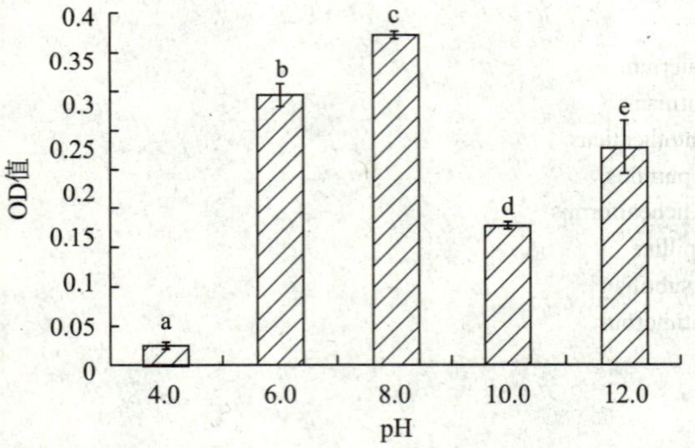

图 4　pH 对 OD 值的影响

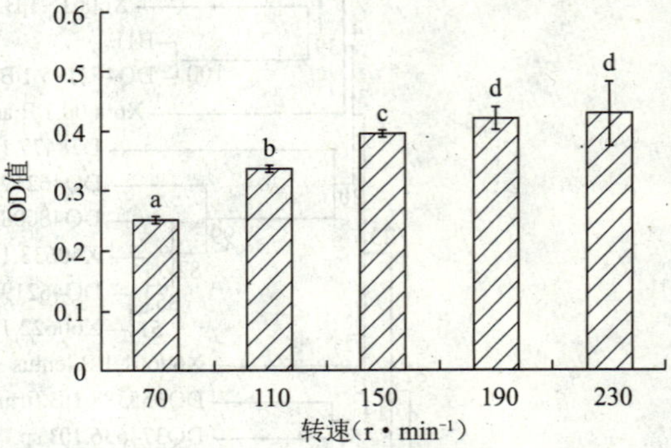

图 5　转速对 OD 值的影响

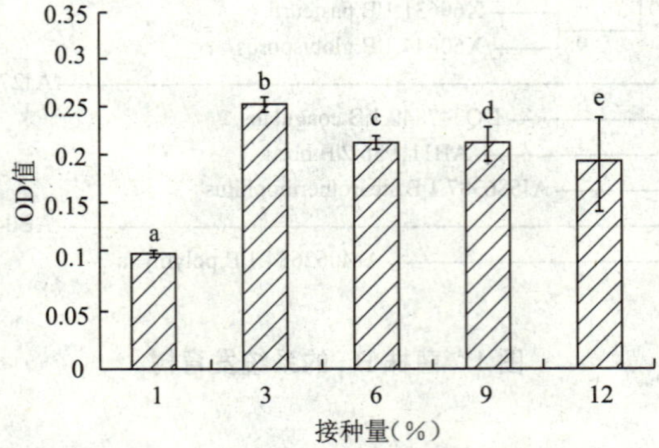

图 6　接种量对 OD 值的影响

2.2.2 正交试验结果

根据单因素试验结果，确定正交试验考察因素为装液量，转速，pH 与温度，各因素各取三个水平，建立 $L4^3$ 正交试验表，如表 2 所示。

表 2 正交试验设计

因素	装液量(mL/250 mL)	转速($r \cdot min^{-1}$)	pH	温度(℃)
水平	50	140	7.0	28
	60	160	8.0	30
	70	180	9.0	32

表 3 正交试验结果

试验号	因素				菌密度(OD 值)
	(A)装液量(mL)	(B)转速($r \cdot min^{-1}$)	(C)pH	(D)温度(℃)	
1	50	140	7.0	28	0.2704±0.0173
2	50	160	8.0	30	0.3162±0.0078
3	50	180	9.0	32	0.2942±0.0104
4	60	140	8.0	32	0.3678±0.0134
5	60	160	9.0	28	0.4302±0.0354
6	60	180	7.0	30	0.4234±0.0565
7	70	140	9.0	30	0.3814±0.0130
8	70	160	7.0	32	0.3962±0.0067
9	70	180	8.0	28	0.4766±0.0227
K_1	0.881	1.020	1.089	1.176	
K_2	1.221	1.143	1.161	1.122	
K_3	1.254	1.194	1.107	1.059	
k_1	0.294	0.340	0.363	0.392	
k_2	0.407	0.381	0.387	0.374	
k_3	0.418	0.398	0.369	0.353	
极差 R	0.124	0.058	0.024	0.039	
主次顺序	A > B > C > D				
优水平	A_3	B_3	C_2	D_1	
优组合	$A_3B_3C_2D_1$				

正交试验结果如表 3 所示，四个因素中，四个因素的极差水平为装液量＞转速＞pH＞温度，以装液量与转速对菌株发酵影响最大。计算各因素不同水平下试验指标的平均值(k_1, k_2, k_3)，可以看出，装液量越高均值越大，转速越高均值越大，均值随着 pH 的升高而呈现先升高后降低的趋势，当 pH 为 8.0 时均值最大。均值随着培养温度的逐渐升高而逐渐降低。

故最终确定装液量为 70 mL/250 mL，转速为 180 r•min^{-1}，培养温度为 28℃，pH 为 8. 0 时最优。

3 结论

随着养殖业的迅猛发展，养殖密度的逐渐增大，养殖水环境日益恶化，而传统地通过投放抗生素、药物等方式保证养殖生物成活会造成有毒物质残留、不环保，人工换水或者建立循环水养殖方式资金投入过大，而益生菌无残留，投资小得到了广泛的关注 [13, 14]。本研究从刺参池塘中分离得到了一株降解性芽孢杆菌，对菌株 16SrDNA 基因进行分析后，建立菌株 B_{11} 系统发育树，可以看出，菌株 B_{11} 与巨大芽孢杆菌聚成一个分支，亲缘关系最近，结合菌株的生理生化指标，最终确定菌株 B_{11} 为巨大芽孢杆菌（*Bacillus megaterium*）。

前期对于菌株的研究工作表明，菌株 B_{11} 的降解性能良好，如在工业上大规模使用需要对菌株 B_{11} 扩大培养的条件进行优化。本研究先通过单因素试验选定对于菌株发酵 OD 值影响较大的因素，如温度、转速、pH 与装液量，再通过正交试验对菌株的培养条件，如温度、转速、pH 与装液量的水平进行优化，最终确定装液量为 70 mL/250 mL，转速为 180 r•min^{-1}，培养温度为 28℃，pH 为 8. 0 为最优发酵条件，在此条件下，菌株 B_{11} 生长良好，为菌株 B_{11} 在工业上大规模使用提供了技术支持。

参考文献

[1] Funge -Smith S J, Brigg S R P. Nitrogen budgets in intensive shrimp ponds: Implication s for sustainability [J]. A quac，1998，164（1/4）: 117-133.

[2] 乔志刚，张卫芳，马龙 . 2 种微生态制剂对淇河鲫幼鱼摄食生长和体成分的影响 [J]. 水产科学，2015，34（1）: 27-30.

[3] 冯俊荣，陈营，李秉钧 . 微生态制剂对牙鲆幼鱼脂肪酶的影响 [J]. 水产科学，2008，27（2）: 64-66.

[4] 暴增海，马桂珍，王淑芳，等 . 海洋细菌 L_1-9 菌株在日本囊对虾养殖池中的定殖及其抑菌和水质净化作用 [J]. 水产科学，2013，32（11）: 671-673.

[5] 李斌，张秀珍，马元庆，等 . 生物絮团对水质的调控作用及仿刺参幼参生长的影响 [J]. 渔业科学进展，2014，35（4）: 87-89.

[6] Rengpipat S，Rukpratanporn S，Piyatiratitivorakul S，et al. Immunity enhancement in black tiger shrimp（*Penaeusmonodon*）by a probiont bacterium（*Bacillus* S_{11}）[J]. Aquaculture，2000，191（4）: 271-288.

[7] Panigrahi A，Kiron V，Satoh S，et al. Immune modulationand expression of cytokine genes in rainbow trout *Oncorhynchus mykiss* upon probiotic feeding[J]. Developmental and Comparative Immunology，2007，31（4）: 372-382.

[8] 姚东林，邹青，刘文斌 . 地衣芽孢杆菌和低聚木糖对草鱼生长性能肠道菌群和消化酶

活性的影响 [J]. 大连海洋大学学报，2014，29（2）：136-139.
[9] 王嘉妮，熊焰，胡敏．高效降解蛋白枯草芽孢杆菌的筛选及促建鲤生长的研究 [J]. 微生物学通报，2014，41（10）：2 043-2 051.
[10] 布坎南 R E，吉本斯 N E. 伯杰细菌鉴定手册 [M]. 中国科学院微生物研究所，译. 北京：科学出版社，1984：729-794.
[11] 赵伟伟，王秀华，孙振，等．一株产絮凝剂芽孢杆菌的分离鉴定及絮凝剂特性分析 [J]. 中国水产科学，2012，19（4）：647-653.
[12] 陶天申，杨瑞馥，东秀珠．原核生物系统学 [M]. 北京：化学工业出版社，2007：63.
[13] 武鹏，赵大千，蔡欢欢，等．3 种微生态制剂对水质及刺参幼参生长的影响 [J]. 大连海洋大学学报，2013，28（1）：21-26.
[14] 吴保承，沈国强，杨春霞，等．微生态制剂在水质净化中的应用现状及展望 [J]. 环境科学与技术，2010，33（12）：408-410.

（辛美丽，吕芳，孙福新）

（载自《广西科学院学报》2015-04）

海黍子对仿刺参生长及水环境因子的影响

海黍子（*Sargassum muticum*）是马尾藻属中藻体较大的一种，为多年生的大型褐藻，广泛分布于日本、越南、中国北方的黄海和渤海沿岸[1]。海黍子作为一种重要饲料一直广泛应用于仿刺参（*Apostichopus japonicus*）稚参培育和成参养殖中[2]，需求量逐年增大。近年来随着对大型褐藻的研究不断深入，海黍子的其他应用不断扩大。海黍子藻体中含30%褐藻胶，已成为制造褐藻胶的主要原料之一[3]；其藻体本身具有吸附作用，可作为生物吸附剂吸附分离重金属，在低浓度废水处理上前景广阔[4]；藻体中含有的多糖具有抗菌、抗病毒、抗肿瘤、免疫调节等作用，可作中药海藻[5,6]。刘元刚等[7]向刺参养殖池中移植大叶藻，杨红生等[8]在烟台40里湾海区建立了贝藻参混养系统，周毅等[9]测定了贝藻参混养系统中沉积物有机质含量的变化，均取得了较好的效果。由此可见，养殖大型海藻是吸收和利用营养物质、净化水质和延缓水域富营养化的有效措施之一。

每一个养殖生态系统的养殖容量和环境容量是一定的。通过大型海藻吸收水体无机营养盐，使系统的自净能力增强，提高养殖水体的养殖容量。但养殖生物的放养密度和搭配是系统维持长时间稳定的关键。大型海藻的养殖密度过低，就起不到清洁水体的目的，过高又会导致营养盐含量过低的“瘦水”环境。目前对仿刺参－海藻混养等已有较多研究，但这种养殖模式比较粗放，对海藻的养殖密度以及海藻与仿刺参的搭配量等研究尚少。

1 材料与方法

1.1 试验设计与管理

将平均湿重为25.2 g±1.21 g、外观正常、体质健壮的同批次仿刺参和仿刺参池中处于生长旺盛期的海黍子藻体饲养在1 m^3水体的塑料试验桶内。试验分为9组，每组3个重复。初始放养密度：仿刺参A_1～A_3组为600 $g \cdot m^{-3}$，B_4～B_6组为400 $g \cdot m^{-3}$，C_7～C_9组为200 $g \cdot m^{-3}$；A_1、B_4、C_7组未放养海黍子，A_2、B_5、C_8组放养1 000 $g \cdot m^{-3}$，A_3、B_6、C_9组放养2 000 $g \cdot m^{-3}$。试验期间，水温7.0～19.5 ℃，pH 7.8～8.2，盐度28.7～30.9，溶解氧≥6.0 $mg \cdot L^{-1}$，不投饵不换水。

1.2 指标测定

2013年4月8日～2013年5月13日期间，每7天测量1次试验桶内仿刺参及海黍子

藻体湿重。计算仿刺参平均日增重率(Mdwg)、仿刺参和海黍子的特定生长率(SGR):

$$Mdwg\ (g\cdot d^{-1}) = (W_t - W_o)/t$$

$$SGR\ (\%\cdot d^{-1}) = 100\% \times (\ln W_t - \ln W_o)/t$$

式中,W_o为仿刺参或海黍子初始平均湿重(g);W_t为试验结束仿刺参或海黍子平均湿重(g);t为试验天数(d)。

每日9:30～10:00、16:00～16:30用水质参数分析系统(CEL/850)测定水温、盐度、溶氧(DO)和pH。采用次溴酸盐氧化法测定氨氮(NH_4^+-N)含量;萘乙二胺分光光度法测定亚硝酸盐氮(NO_2^--N)含量;镉柱还原法测定硝酸盐氮(NO_3^--N)含量;采用抗坏血酸–磷钼蓝法测定磷酸盐(PO_4^--P)含量。

1.3 统计分析

所有测定结果用平均数 ± 标准差表示($n \geq 3$),用方差分析(ANOVA)和t-检验进行统计显著性分析,以$P < 0.05$作为差异的显著性水平。

2 结果与分析

2.1 不同养殖模式下仿刺参的生长

由表1可知,仿刺参和海黍子密度显著影响仿刺参的Mdwg和SGR($P < 0.05$)。A_1、B_4组仿刺参的Mdwg和SGR最小,差异不显著($P > 0.05$);C_8、C_9组仿刺参的Mdwg和SGR差异不显著($P > 0.05$),但生长速度最快;A_1、B_4、C_7组和A_3、B_6、C_9组仿刺参的Mdwg和SGR差异显著($P < 0.05$);数据分析显示,A_1、B_4组仿刺参生长较差;C_8、C_9组仿刺参生长最好,说明仿刺参的生长受海黍子密度的影响非常显著。

表1 不同养殖模式下仿刺参的生长

组别	平均湿重(只)		Mdwg ($g\cdot d^{-1}$)	SGR ($\%\cdot d^{-1}$)	存活率(%)
	初始值(g)	结束值(g)			
A_1	25.13±1.38	$26.75±1.06^a$	$0.046±0.011^a$	$0.18±0.006^a$	100
A_2	24.79±0.89	$29.25±2.20^b$	$0.127±0.015^{ab}$	$0.475±0.012^b$	100
A_3	26.09±1.35	$31.83±1.75^{bc}$	$0.164±0.012^b$	$0.570±0.042^b$	100
B_4	26.57±1.06	$29.87±1.41^b$	$0.094±0.006^a$	$0.334±0.014^{ab}$	100
B_5	24.89±1.29	$30.00±1.68^b$	$0.146±0.017^b$	$0.531±0.037^b$	100
B_6	25.02±0.59	$31.5±1.43^{bc}$	$0.185±0.013^b$	$0.657±0.030^{bc}$	100
C_7	25.13±1.53	$30.04±1.55^b$	$0.14±0.020^{ab}$	$0.511±0.028^b$	100
C_8	24.69±1.63	$33.88±2.11^c$	$0.263±0.022^c$	$0.907±0.082^c$	100
C_9	25.49±1.03	$33.50±1.36^c$	$0.229±0.007^c$	$0.783±0.067^c$	100

注:表中数据为平均值 ± 标准差($n = 3$),表中同一列数据上标不同字母表示有显著性差异($P < 0.05$),下同。

2.2 不同养殖模式下海黍子的生长

由表2可知,海黍子和仿刺参密度显著影响海黍子的SGR($P < 0.05$)。仿刺参密度相

同时，海黍子的密度显著影响其生长及 SGR（$P < 0.05$）；A_2、B_5、C_8 组海黍子的 SGR 差异显著（$P < 0.05$）；A_3、B_6 组海黍子的 SGR 差异不显著（$P > 0.05$），说明海黍子的生长受仿刺参密度影响较大。数据显示，A_2 组海黍子的 SGR 最大；C_9 组海黍子的 SGR 最小，说明相同条件下，仿刺参的密度对海黍子的生长影响较为显著（$P < 0.05$），其原因可能是仿刺参密度大时，其排泄的氨氮等营养物质多，海黍子吸收的营养盐多，因此促进了自身的生长。

表 2　不同养殖模式下海黍子的生长

组别	初始密度（g·m^{-3}）	结束密度（g·m^{-3}）	SGR（%·d^{-1}）
A_2	1 000	2 560±97.62^{b}	2.686±0.132^{c}
A_3	2 000	3 362±79.57^{c}	1.485±0.023^{ab}
B_5	1 000	2 200±25.09^{ab}	2.254±0.052^{bc}
B_6	2 000	3 469±15.06^{c}	1.575±0.082^{ab}
C_8	1 000	1 787±75.30^{a}	1.660±0.054^{b}
C_9	2 000	2 805±62.67^{b}	0.968±0.051^{a}

2.3 不同养殖模式水体营养因子的变化

2.3.1 养殖水体中氮盐含量的变化

仿刺参和海黍子养殖量显著影响水体中氨氮、亚硝酸盐、硝酸盐的含量（$P < 0.05$）。A_1、B_4 组含量较高；其他组的含量受海黍子养殖量的影响较显著（$P < 0.05$），随着海黍子养殖量的增加，营养因子含量逐渐降低；B_6、C_9 组的含量较低（图 1）。

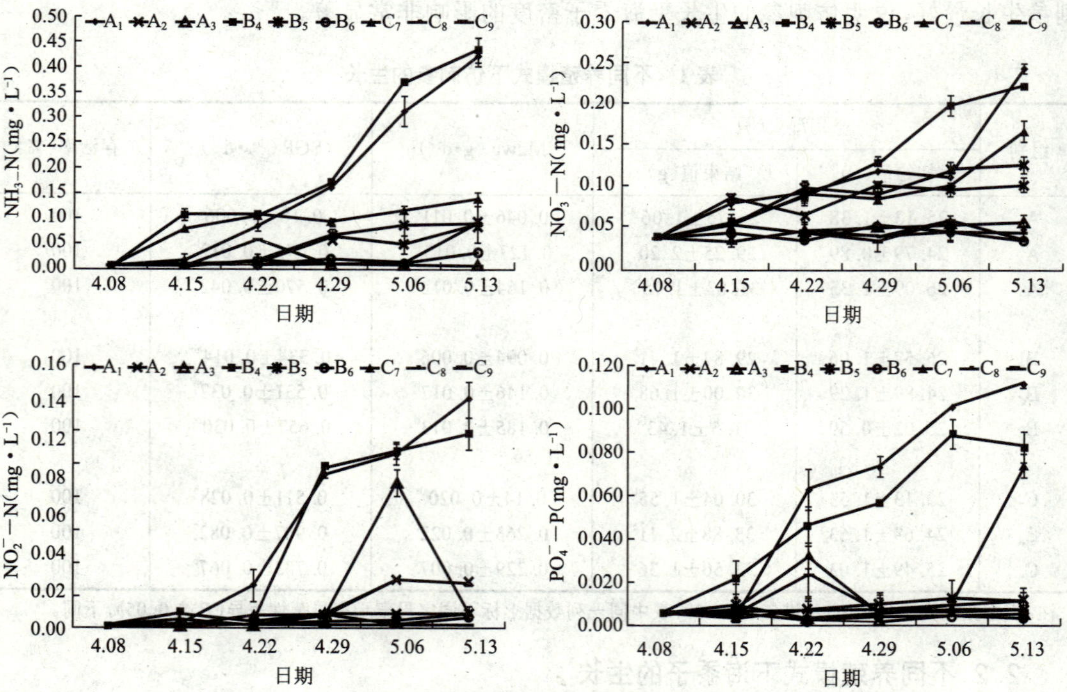

图 1　养殖水体中氨氮、亚硝酸盐、硝酸盐、磷酸盐含量变化

2.3.2 养殖水体中磷酸盐含量的变化

图 1 显示，仿刺参和海黍子养殖量显著影响磷酸盐的含量($P < 0.05$)。A_1、B_4、C_7 组 PO_4^--P 的含量较高；其他试验组的含量受海黍子养殖量的影响较显著($P < 0.05$)；A_3、B_6、C_9 组的含量较低，说明随海黍子养殖量的增加，其吸收磷酸盐的能力增大，致使其含量逐渐降低($P < 0.05$)。

3 讨论

3.1 仿刺参与海黍子的生长

试验结果显示，仿刺参和海黍子的生长与其比例息息相关。A_1、B_4 组仿刺参生长较差，Mdwg 和 SGR 值最小；C_8、C_9 组仿刺参生长最好，说明在一定养殖水体空间及相同条件下，仿刺参养殖量越少生长越好。王肖君等[10] 认为密度为 25 个•平方米时仿刺参生长状况最差，特定生长率显著低于密度为 15 个•平方米和 20 个•平方米时。研究显示，仿刺参的特定生长率随密度的升高显著降低，个体间的生长差异增大[11]。放养密度过大会加剧空间和食物竞争，导致个体生长差异随密度的升高而增大[12, 13]，这些结果与本研究相似。

A_1、B_4 组仿刺参的 Mdwg 和 SGR 最小，C_8、C_9 组的最大，说明仿刺参的生长受海黍子密度的影响非常显著。A_2 组海黍子的 SGR 最大，C_9 组的最小，说明在相同条件下，仿刺参的密度对海黍子的生长影响较为显著($P < 0.05$)，可能是仿刺参密度大时排泄的氨氮等营养物质多，海黍子吸收的营养盐多，生长加快。

3.2 参藻混养对水体营养因子的影响

A_1、B_4 组的氨氮、亚硝酸盐、硝酸盐和磷酸盐含量较高，A_3、B_6、C_9 组各营养因子含量较低，说明海黍子对水体中的营养因子具有较高的吸收能力。包杰等[14] 研究发现，鼠尾藻(*Sargassum thunbergii*)在不同环境条件下都能较快地吸收水体中的氮、磷，较好地同时吸收氨氮和硝酸盐；真江蓠(*G. verrucosa*)、脆江蓠(*Gracilaria bursapastoris*)和蜈蚣藻(*Grateloupiaceae*)对水体中的硝酸盐和磷酸盐同样有较好的去除效果[15]；胡凡光等[16] 比较了养殖池塘海藻栽培区和无海藻栽培区的氨氮、硝酸盐及磷酸盐含量，发现海藻栽培区氨氮、硝酸盐及磷酸盐含量明显低于无海藻栽培区。以上研究均表明，海黍子对养殖环境中营养盐具有较强的吸收能力。

4 结论

仿刺参和海黍子密度显著影响仿刺参的 Mdwg 和 SGR($P < 0.05$)，仿刺参密度 600 $g \cdot m^{-3}$ 和 400 $g \cdot m^{-3}$，海黍子密度 0 $g \cdot m^{-3}$ 时，仿刺参生长较差；仿刺参密度 200 $g \cdot m^{-3}$，海黍子密度 1 000 $g \cdot m^{-3}$ 和 2 000 $g \cdot m^{-3}$ 时，仿刺参生长最好。海黍子和仿刺参密度显著影响海黍子的 SGR($P < 0.05$)，仿刺参密度 600 $g \cdot m^{-3}$，海黍子密度 1 000 $g \cdot m^{-3}$ 时，海黍子的 SGR 最大；仿刺参密度 200 $g \cdot m^{-3}$，海黍子密度 2 000 $g \cdot m^{-3}$ 时，海黍子的 SGR 最小。仿刺参密度 600 $g \cdot m^{-3}$ 和 400 $g \cdot m^{-3}$，海黍子密度 0 $g \cdot m^{-3}$ 时，NH_4^+-N、NO_2^+-N、NO_3^--N 和 PO_4^--P 含量较高；仿刺参密度 600 $g \cdot m^{-3}$，400 $g \cdot m^{-3}$，200 $g \cdot m^{-3}$，海黍子密度 2 000 $g \cdot m^{-3}$ 时各营养因子含量较低。

参考文献

[1] 詹冬梅，吴海一，刘梦侠，等．光照强度对海黍子生长及部分生化指标的影响 [J]．渔业科学进展，2013，34（1）：140-144.

[2] 曹淑青，张泽宇，王国书，等．海黍子室内人工育苗技术的研究 [J]．大连水产学院学报，2008，21（5）：359-363.

[3] 孙鸿烈．中国资源科学百科全书 [M]．北京：中国大百科全书出版社和石油大学出版社，2000：498.

[4] 常秀莲，王文华，冯咏梅，等．海黍子吸附重金属镉离子的研究 [J]．海洋通报，2003，22（4）：26-31.

[5] 陈群，许宁．羊栖菜活性成分和药理作用研究进展 [J]．中国药业，2005，14（6）：95-96.

[6] 张倩茹，王强．中药海藻质量评价研究 [J]．中国野生植物资源，2007，2（4）：60-67.

[7] 刘元刚，王光辉．大叶藻移植在海参养殖中的应用 [J]．齐鲁渔业，2006，4（23）：12.

[8] 杨红生，王健，周毅，等．烟台浅海区不同养殖系统养殖效果的比较 [J]．水产学报，2000，24（2）：140-145.

[9] 周毅，杨红生，吴玉霖．桑沟湾栉孔扇贝生物沉积的现场测定 [J]．动物学杂志，2003，38（4）：40-44.

[10] 王肖君，孙慧玲，谭杰，等．龙须菜对刺参生长及环境因子的影响 [J]．渔业科学进展，2011，32（5）：58-66.

[11] 裴素蕊，董双林，王芳，等．限定食物资源下密度对刺参个体生长的影响 [J]．中国海洋大学学报，2013，43（3）：32-37.

[12] Sanchez P Ambrosio P P, Flos R. Stocking density and sex influence individual growth of Senegalese sole（*Solea senegalensis*）[J]．Aquaculture, 2010, 300（1/4）：93-101.

[13] Schram E, Van Der Heui J W, Kamstra A. Stocking density-dependent growth of Dover sole（Solea solea）[J]. Aquaculture, 2006, 252（2/4）：339-347.

[14] 包杰，田相利，董双林，等．温度、盐度和光照强度对鼠尾藻氮、磷吸收的影响 [J]．中国水产科学，2008，15（2）：293-300.

[15] 李恒，李美真，徐智广．不同营养盐浓度对 3 种大型红藻氮、磷吸收及其生长的影响．中国水产科学，2012，19（3）：462-470.

[16] 胡凡光，王志刚，李美真，等．鼠尾藻池塘栽培生态观察 [J]．渔业科学进展，2013，6（34）：124-132.

（王志刚，胡凡光，魏庆钢，郭萍萍，孙福新，吴志宏，宋娴丽，王保廷，逄邵楠）

（载自《渔业现代化》2015-02）

鼠尾藻(*Sargassum thunbergii*)对刺参生长及水环境的影响

鼠尾藻(*Sargassum thunbergii*)隶属褐藻门、圆子纲、墨角藻目、马尾藻科、马尾藻属，是北太平洋西部特有的暖温带海藻，在我国北起辽东半岛，南至雷州半岛均有分布，是沿海常见海藻[1,2]，具有重要的经济价值，在海洋生态系统中占有重要地位[3]。许多学者研究表明，鼠尾藻在自然海区中具有极高的生产力，在快速生长的同时能够从周围环境中大量吸收N、P和CO_2，而使海水中营养盐浓度下降[4,5]。包杰等[6]的研究表明，鼠尾藻对水体氮、磷均具有较高的吸收速率，且能较好地同时吸收NH_4^+-N和NO_3^--N。姜宏波等[7]在实验室条件下研究了温度、盐度和光照强度对鼠尾藻N、P吸收的影响及藻体生长和生化组成的影响。刘元刚等[8]向刺参养殖池中移植大叶藻。杨红生等[9]在烟台四十里湾海区建立了贝藻参混养系统。周毅等[10]测定了贝藻参混养系统中沉积物有机质含量的变化，以上研究均取得了较好的效果。由此可见，养殖大型海藻是吸收、利用营养物质、净化水质和延缓水域富营养化的有效措施之一。

每一个养殖生态系统，其养殖容量和环境容量是一定的，通过大型海藻吸收水体无机营养盐，使系统的自净能力增强，养殖水体的养殖容量提高，但养殖生物的放养密度和密度搭配仍然是生态系统维持较长时期稳定的关键。如果大型海藻的养殖密度太低，就起不到清洁水体的目的，过高又会导致营养盐含量过低的“瘦水”环境。目前国内在刺参－海藻混养等方面已有较多的研究，但总体来看其养殖模式比较粗放，对海藻的养殖密度以及海藻与刺参的搭配量等方面研究尚少。本研究选取刺参和鼠尾藻为试验混养材料，设计不同量的刺参－鼠尾藻组合养殖模式，测定刺参、鼠尾藻的生长及养殖水环境因子的变化情况，探讨刺参－鼠尾藻综合养殖的生态平衡点，寻求一定养殖空间内刺参－鼠尾藻适宜的养殖容量和养殖密度，为刺参池塘养殖可持续发展提供基础理论依据。

1 材料与方法

1.1 试验设计与管理

将平均体质量为16.7 g±0.95 g、外观正常、体质健壮的同批次刺参和刺参养殖池中处于生长旺盛期的鼠尾藻藻体饲养在1 m^3水体的塑料试验桶内。试验分为12组，每组设 3 个重复，试验期间不投饵不换水。试验期间，水温 8.5 ～ 21.5℃，pH7.8 ～ 8.4，盐度 28 ～ 31.2，溶氧 ≥ 6.0 mg·L^{-1}。试验分组设计如表 1 所示。

表 1 各试验模式分组情况

组别	初始放养密度（g·m^{-3}）		组别	初始放养密度（g·m^{-3}）	
	刺参	鼠尾藻		刺参	鼠尾藻
1	750	0	7	500	1 000
2	750	500	8	500	1 500
3	750	1 000	9	250	0
4	750	1 500	10	250	500
5	500	0	11	250	1 000
6	500	500	12	250	1 500

生长测定：在 2014 年 4 月 14 日～ 5 月 19 日的试验期间，每 7 d 测量一次试验桶内刺参体质量及鼠尾藻藻体湿重。

水质测定：每日 09:30 ～ 10:00、16:00 ～ 16:30 测量水温、盐度、溶解氧和 pH，使用水质参数分析系统（CEL/850）测定。每 7 天测量一次试验桶内水质水样，采用次溴酸盐氧化法测定氨氮（NH_4^+-N），采用萘乙二胺分光光度法测定亚硝酸盐氮（NO_2^--N），采用镉柱还原法测定硝酸盐氮（NO_3^--N），抗坏血酸 - 磷钼蓝法采用磷酸盐（PO_4^--P）含量测定。

1.2 指标测定

测定刺参平均日增重率（Mdwg）、刺参的特定生长率（SGR）和鼠尾藻的特定生长率（SGR）3 种生长指标。

刺参平均日增重率：Mdwg（g·d^{-1}）=（$W_t - W_o$）/ T；

刺参的特定生长率：SGR（%·d^{-1}）= 100·（$\ln W_t - \ln W_o$）/ T；

鼠尾藻的特定生长率：SGR（%·d^{-1}）= 100·（$\ln W_2 - \ln W_1$）/ T

式中，W_o 为初始刺参平均体重（g）；W_t 为试验结束刺参平均体重（g）；W_1 为初始鼠尾藻质量（g）；W_2 为试验结束时鼠尾藻质量（g）；T 是试验时间（d）。

1.3 统计分析

所有测定结果为平均数 ± 标准差（$n \geq 3$），用方差分析（ANOVA）和 t- 检验进行统计显著性分析，以 $P < 0.05$ 作为差异的显著性水平。

2 结果与分析

2.1 不同试验模式对刺参生长的影响

由表 2 可以看出，刺参 - 鼠尾藻组合养殖模式下生长的刺参，其 Mdwg 和 SGR 受刺参密度和鼠尾藻密度影响显著（$P < 0.05$）。鼠尾藻密度为 0 g·m^{-3}，刺参密度为 750 g·m^{-3} 和 500 g·m^{-3} 时，Mdwg 和 SGR 差异不显著（$P > 0.05$）；刺参密度为 500 g·m^{-3} 和 250 g·m^{-3}，

鼠尾藻密度为 1 500 $g·m^{-3}$ 时和刺参密度为 250 $g·m^{-3}$ 时，鼠尾藻密度为 1 000 $g·m^{-3}$ 和 1 500 $g·m^{-3}$ 时，Mdwg 和 SGR 差异不显著（$P > 0.05$）；刺参密度为 750 $g·m^{-3}$，鼠尾藻密度为 0 $g·m^{-3}$，500 $g·m^{-3}$，1 000 $g·m^{-3}$，1 500 $g·m^{-3}$ 时，Mdwg 和 SGR 差异显著（$P < 0.05$）；刺参密度为 500 $g·m^{-3}$，鼠尾藻密度为 0 $g·m^{-3}$，500 $g·m^{-3}$，1 000 $g·m^{-3}$，1 500 $g·m^{-3}$ 时，Mdwg 和 SGR 差异显著（$P < 0.05$）；刺参密度为 250 $g·m^{-3}$，鼠尾藻密度为 0 $g·m^{-3}$，500 $g·m^{-3}$ 时，Mdwg 和 SGR 差异显著（$P < 0.05$）。试验数据分析显示，刺参密度为 750 $g·m^{-3}$，500 $g·m^{-3}$，250 $g·m^{-3}$，鼠尾藻密度为 0 $g·m^{-3}$ 时，刺参生长相对较差；刺参密度为 250 $g·m^{-3}$，鼠尾藻密度为 1 000 $g·m^{-3}$，1 500 $g·m^{-3}$ 时，刺参生长相对最好，说明鼠尾藻密度对刺参生长起着非常显著的影响。

表 2 不同试验模式下刺参生长情况

组别	刺参平均体质量 / 只		日均增重 / 只 ($g·d^{-1}$)	特定生长率 ($\%·d^{-1}$)	存活率 (%)
	初始值(g)	结束值(g)			
1	16.73±0.38	18.01±0.46[a]	0.036±0.002[a]	0.21±0.012[a]	100
2	16.46±0.79	19.25±1.13[ab]	0.08±0.01[ab]	0.446±0.032[ab]	100
3	16.59±0.32	19.75±0.33[ab]	0.092±0.003[ab]	0.497±0.025[ab]	100
4	16.57±0.86	20.25±1.07[b]	0.105±0.006[b]	0.574±0.003[b]	100
5	16.37±0.96	18.82±1.31[a]	0.07±0.01[a]	0.397±0.033[a]	100
6	17.19±1.09	21.29±1.75[bc]	0.117±0.02[b]	0.609±0.057[bc]	100
7	17.09±0.89	21.57±0.93[bc]	0.128±0.001[b]	0.667±0.026[bc]	100
8	17.16±1.08	22.59±1.81[c]	0.155±0.021[c]	0.793±0.049[c]	100
9	15.83±0.53	19.24±0.55[ab]	0.098±0.001[ab]	0.558±0.017[b]	100
10	16.69±1.33	21.74±1.31[bc]	0.144±0.019[bc]	0.758±0.119[c]	100
11	16.49±1.34	22.13±2.02[c]	0.161±0.021[c]	0.838±0.051[c]	100
12	16.83±1.09	22.81±1.85[c]	0.175±0.025[c]	0.866±0.087[c]	100

注：表中数据为平均值 ± 标准差（$n = 3$），表中同一列数据上标不同字母代表有显著性差异（$P < 0.05$）。

2.2 不同试验模式对鼠尾藻生长的影响

由表 3 可以看出，该试验模式下生长的鼠尾藻，其 SGR 受鼠尾藻密度和刺参密度影响显著（$P < 0.05$）。刺参密度相同的条件下，鼠尾藻的生长及 SGR 受其密度影响显著（$P < 0.05$）；刺参密度为 250 $g·m^{-3}$，鼠尾藻密度为 1 000 $g·m^{-3}$ 和 1 500 $g·m^{-3}$ 时，其 SGR 差异不显著（$P > 0.05$）；刺参密度不同，鼠尾藻密度相同的情况下，鼠尾藻的生长和 SGR 差异显著（$P < 0.05$），说明鼠尾藻的生长受刺参密度影响较大。数据显示，刺参密度为 750 $g·m^{-3}$，鼠尾藻密度为 500 $g·m^{-3}$ 时，其 SGR 最大；刺参密度为 250 $g·m^{-3}$，鼠尾藻密度为 1 500 $g·m^{-3}$ 时，其 SGR 最小，说明相同条件下，刺参密度的大小对鼠尾藻的生长影响较为显著（$P < 0.05$），可能刺参密度大时，其排泄的氨氮等营养物质多，鼠尾藻吸收的营养盐多，故促进其生长。

表 3　不同试验模式下鼠尾藻生长情况

组别	试验初始密度(g·m^{-3})	试验结束密度(g·m^{-3})	特定生长率(%·d^{-1})
1			
2	500	1 905±77. 62^{b}	3. 82±0. 177^{c}
3	1 000	2 387±27. 32^{bc}	2. 487±0. 033^{b}
4	1 500	2 955±122. 6^{c}	1. 937±0. 119^{ab}
5			
6	500	1 604±26. 23^{ab}	3. 33±0. 047^{bc}
7	1 000	2 053±45. 09^{b}	2. 055±0. 063^{ab}
8	1 500	2 776±75. 06^{c}	1. 759±0. 077^{a}
9			
10	500	1 103±45. 09^{a}	2. 257±0. 114^{b}
11	1 000	1 856±55. 30^{ab}	1. 767±0. 086^{a}
12	1 500	2 505±52. 68^{bc}	1. 466±0. 06^{a}

注：表中数据为平均值 ± 标准差($n = 3$)，表中同一列数据上标不同字母代表有显著性差异($P < 0.05$)。

2.3 不同试验模式养殖水体营养盐浓度的变化

2.3.1 养殖水体中氮盐含量变化

图 1～图 3 为各试验模式养殖水体中 NH_4^+-N、NO_2^--N 和 NO_3^--N 含量的变化趋势，由图 1～图 3 可以看出，NH_4^+-N、NO_2^--N 和 NO_3^--N 含量变化受刺参和鼠尾藻养殖量的影响显著($P < 0.05$)。刺参密度为 750 g·m^{-3}，500 g·m^{-3}，250 g·m^{-3}，鼠尾藻密度为 0 g·m^{-3} 时，试验组 NH_4^+-N、NO_2^--N 和 NO_3^--N 含量相对较高，其中以刺参 750 g·m^{-3} 试验组含量最高；其他实验组 NH_4^+-N、NO_2^--N 和 NO_3^--N 含量受鼠尾藻养殖量的影响较显著($P < 0.05$)，随着鼠尾藻养殖量的增加，营养因子含量逐渐降低；刺参密度为 500 g·m^{-3}，鼠尾藻密度为 1 500 g·m^{-3} 的试验组，刺参密度为 250 g·m^{-3}，鼠尾藻密度为 1 000 g·m^{-3}，1 500 g·m^{-3} 时，试验组 NH_4^+-N、NO_2^--N 和 NO_3^--N 含量相对较低，说明养殖水环境因子变化受刺参和鼠尾藻养殖量的影响较显著($P < 0.05$)。

图 1　水体中 NH_4^+-N 含量变化

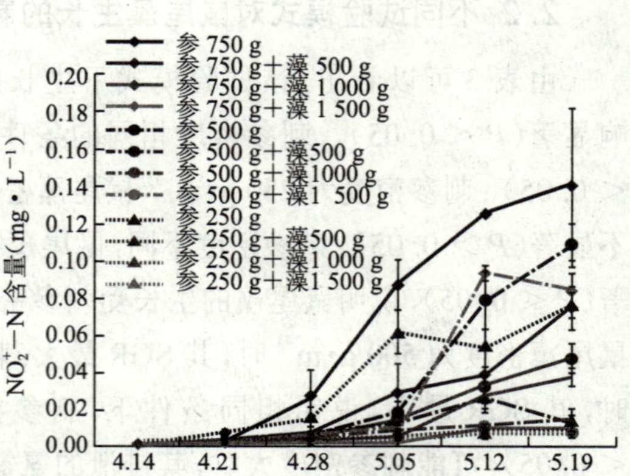

图 2　水体中 NO_2^--N 含量变化

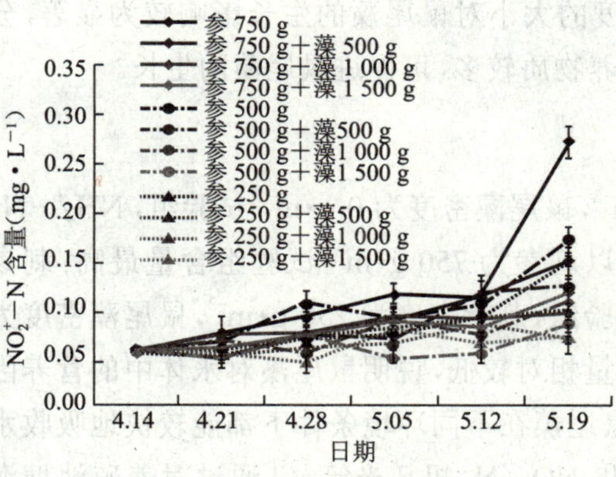

图 3　水体中 NO_3^--N 含量变化

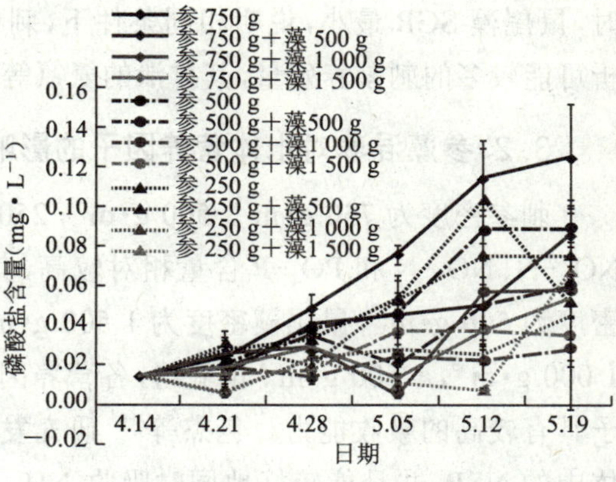

图 4　水体中 PO_4^--P 含量变化

2.3.2 养殖水体中 PO_4^--P 含量变化

图 4 为各试验模式养殖水体中 PO_4^--P 含量的变化趋势，PO_4^--P 含量变化受刺参和鼠尾藻养殖量的影响较显著($P < 0.05$)。刺参密度为 750 g·m^{-3}, 500 g·m^{-3}, 250 g·m^{-3}，鼠尾藻密度为 0 g·m^{-3} 时，试验组 PO_4^--P 含量相对较高，其中以刺参为 750 g·m^{-3} 试验组含量最高，至试验结束时至 0.125 ml·L^{-1}；其他试验组 PO_4^--P 含量受鼠尾藻养殖量的影响较显著($P < 0.05$)，随着鼠尾藻养殖量的增多，PO_4^--P 含量逐渐降低；刺参密度为 750 g·m^{-3}, 500 g·m^{-3}，鼠尾藻密度为 1 500 g·m^{-3} 试验组，刺参密度为 250 g·m^{-3}，鼠尾藻密度为 1 000 g·m^{-3}, 1 500 g·m^{-3} 试验组，PO_4^--P 含量相对较低，其中，刺参密度为 250 g·m^{-3}，鼠尾藻密度为 1 000 g·m^{-3}, 1 500 g·m^{-3} 试验组，PO_4^--P 含量最低，说明随鼠尾藻养殖量的增加，其吸收 PO_4^--P 的能力增大，致使 PO_4^--P 含量逐渐降低($P < 0.05$)。

3 讨论

3.1 刺参与鼠尾藻生长情况

本研究结果表明，刺参和鼠尾藻的生长与试验桶内养殖刺参与鼠尾藻量的比例息息相关。刺参密度为 750 g·m^{-3}, 500 g·m^{-3}, 250 g·m^{-3}，鼠尾藻密度为 0 g·m^{-3} 时，刺参生长相对其他试验组合较差，其中刺参密度为 750 g·m^{-3}，鼠尾藻密度为 0 g·m^{-3} 时，刺参生长最差，其 SGR 最小，说明在一定养殖水体空间与相同养殖条件下，刺参养殖量越少，则生长越好。王肖君等[11]研究刺参密度为 25 ind·m^{-2} 时，刺参生长状况最差，SGR 显著低于刺参密度为 15 ind·m^{-2}, 20 ind·m^{-2} 时刺参的 SGR，研究显示，刺参的 SGR 随密度的升高显著降低，个体间的生长差异增大[12]，放养密度过大会加剧动物个体对空间和食物的竞争，导致个体生长差异随密度的升高而增大[13, 14]，以上研究与本研究具有相似之处。

刺参密度为 500 g·m^{-3}，鼠尾藻密度为 1 500 g·m^{-3} 和刺参密度为 250 g·m^{-3}，鼠尾藻密度为 500 g·m^{-3}, 1 000 g·m^{-3}, 1 500 g·m^{-3} 试验组合，刺参 SGR 差异不显著($P > 0.05$)，其中，刺参密度为 250 g·m^{-3}，鼠尾藻密度为 1 000 g·m^{-3}, 1 500 g·m^{-3} 试验组合，刺参 SGR 最大；说明鼠尾藻密度的大小对促进刺参的生长起着非常明显的影响。刺参密度为 750 g·m^{-3}，鼠尾藻密度为 500 g·m^{-3} 时，鼠尾藻 SGR 最大；刺参密度为 250 g·m^{-3}，鼠尾藻密度为 1 500 g·m^{-3}

时，鼠尾藻SGR最小，说明相同条件下，刺参密度的大小对鼠尾藻的生长影响较为显著，分析可能较多的刺参养殖量，其排泄的氨氮等富营养物质较多，可促进鼠尾藻的生长。

3.2 参藻混养对水体营养因子的影响

刺参密度为750 $g\cdot m^{-3}$，500 $g\cdot m^{-3}$，250 $g\cdot m^{-3}$，鼠尾藻密度为0 $g\cdot m^{-3}$试验组，NH_4^+-N、NO_3^--N、NO_2^--N和PO_4^--P含量相对较高，其中，以刺参为750 $g\cdot m^{-3}$试验组含量最高；刺参密度为500 $g\cdot m^{-3}$，鼠尾藻密度为1 500 $g\cdot m^{-3}$试验组，刺参密度为250 $g\cdot m^{-3}$，鼠尾藻密度为1 000 $g\cdot m^{-3}$，1 500 $g\cdot m^{-3}$试验组，各营养因子含量相对较低，说明鼠尾藻对水体中的营养因子具有较高的吸收能力。包杰等[6]研究发现，鼠尾藻在不同环境条件下都能较快地吸收水体中的N、P，并且能较好地同时吸收NH_4^+-N和NO_3^--N；胡凡光等[15]通过对养殖池塘海藻栽培区和无海藻栽培区的NH_4^+-N、NO_3^--N及P等指标进行测量对比发现，海藻栽培区NH_4^+-N、NO_3^--N及P等指标明显比无海藻栽培区低。以上研究均显示了鼠尾藻对养殖环境中营养盐具有较强的吸收能力。

参考文献

[1] 原永党，张少华，孙爱凤，等. 鼠尾藻劈叉筏式养殖试验[J]. 海洋湖沼通报，2006(2)：125-128.

[2] 胡凡光，王志刚，李美真，等. 鼠尾藻池塘栽培生态观察[J]. 渔业科学进展，2013a，34(6)124-132.

[3] 李美真，丁刚，詹冬梅，等. 北方海区鼠尾藻大规格苗种提前育成技术[J]. 渔业科学进展，2009，30(5)：75-82.

[4] 杨宇峰，宋金明，林小涛，等. 大型海藻栽培及其在近海环境的生态作用[J]. 海洋环境科学，2005，2(1)：76-80.

[5] 关春江，刘青，赵冬至，等. 鼠尾藻对养殖水体净化的围隔试验[J]. 海洋环境科学，2012，31(5)701-703.

[6] 包杰，田相利，董双林，等. 温度、盐度和光照强度对鼠尾藻氮、磷吸收的影响[J]. 中国水产科学，2008，15(2)：293-300.

[7] 姜宏波，田相利，董双林，等. 温度和光照强度对鼠尾藻生长和生化组成的影响[J]. 应用生态学报，2009，20(1)：185-189.

[8] 刘元刚，王光辉. 大叶藻移植在海参养殖中的应用[J]. 齐鲁渔业，2006，4(23)：12.

[9] 杨红生，王健，周毅，等. 烟台浅海区不同养殖系统养殖效果的比较[J]. 水产学报，2009，24(2)：140-145.

[10] 周毅，杨红生，吴玉霖. 栉孔扇贝生物沉积的模拟测定[J]. 贝类学论文集Ⅸ，2001，99-111.

[11] 王肖君，孙慧玲，谭杰，等. 龙须菜对刺参生长及环境因子的影响[J]. 渔业科学进展，2011，32(5)：58-66.

[12] 裴素蕊，董双林，王芳，等．限定食物资源下密度对刺参个体生长的影响 [J]．中国海洋大学学报，2013，43（3）：32-37.

[13] Schram E, van der Heui JW, Kamstra A, et al. Stocking density-dependent growth of Dover stole（*Solea solea*）[J]. Aquaculture, 2006, 252（2-4）: 339-347.

[14] Sanchez P, Ambrosio P P, Flos R. Stocking density and sex influence individual growth of Senegalese sole（*Solea senegalensis*）[J]. Aquaculture, 2010, 300（1-4）: 93-101.

[15] 胡凡光，王志刚，李美真，等．2 鼠尾藻池塘秋冬季栽培生态观察 [J]．渔业科学进展，2013b，34（1）：151-158.

[16] 李成林，宋爱环，胡炜，等．山东省刺参养殖产业现状分析与可持续发展对策 [J]．渔业科学进展，2010，31（4）：126-133.

（王志刚，胡凡光，郭萍萍，吴志宏，宋娴丽，孙福新，李美真，王保廷，逄邵楠）

（载自《渔业科学进展》2015-06）

海黍子(*Sargassum muticum*)池塘养殖及对氮磷去除效果的研究

近年来,我国浅海海水养殖业逐渐走上高密度、规模化的发展道路。但同时也带来了很多的污染问题,大量残饵及生物残骸的积累,使养殖水体中的有机物、氨氮和亚硝酸氮等污染物的浓度日益增加,导致水质恶化,影响产业的可持续健康发展[1],其中海水池塘养殖业因其环境较为封闭,以及经济利益的驱使,生态环境恶化的趋势更为明显。而人们普遍认为,在养殖系统中混养大型海藻,能够修复或者缓解水质富营养化[1-3],黄道建筛选了石莼(*Ulva lactuca*)和羽藻(*Bryopsis plumosa*)作为近海环境修复的工具藻[4],岳维忠等用砺菜(*Uluv conglobata*)和草叶马尾藻(*Sargassum graminifolium*)作为净化水质的优良材料[5],胡凡光等在海参池塘养殖脆江篱(*Gracilaria bursapastoris*)[6],Oliveira[7] 和 Marinho-Soriano[8] 在虾池中养殖江蓠(*Gracilaria*)都取得了良好效果。因此养殖大型海藻是近海环境修复的有效措施,本研究在养殖方式和海藻种类方面进一步研究,以期找到适合海参养殖池塘的工具藻和养殖模式,并初步研究对水体修复的效果。

1 材料和方法

1.1 试验场地

试验点位于山东半岛北部沿海的莱州仓上的海参养殖池塘(图 1),此处北靠渤海,属于东亚季风区大陆性气候,温差较大,雨水较少。池塘环境条件:面积 6 000 m^2,平均水深 2 m,底部平坦,砂质底;水温变化较大,冬季水温到冰点以下,夏季达到 30℃,温度变化较为剧烈,但是长期水温检测表明其水底和 0.5 m 水深的温差不大,小于 0.5℃,水质较清,年平均 pH 8.2,盐度 30;换水量一是根据潮汐变化,二是根据生产要求,在养殖海藻期间,每 5 天换 1/3 水体。

1.2 试验材料

养殖海藻为海黍子(*Sargassum muticum*),它属褐藻门、墨角藻目、马尾藻科、马尾藻属,是我国黄渤海沿岸习见种类,长达 2 ~ 3 m,多生长在背浪的潮间带到潮下带。其特征有三:一是次生分枝上有楔形或亚楔形的三生叶;二是初生分枝表面光滑,无突起,具有 3 ~ 5 条

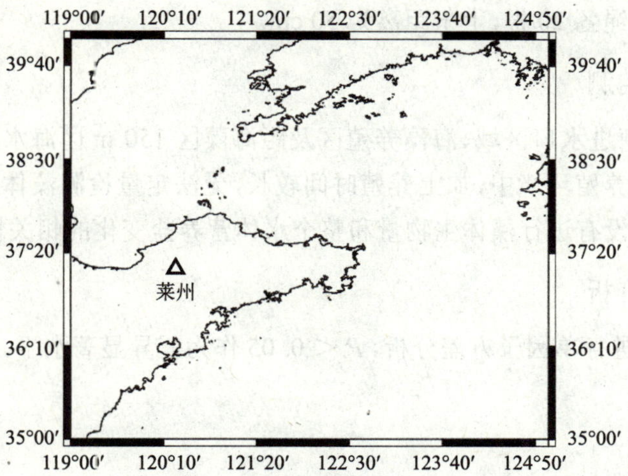

图 1　试验点地理位置

纵沟，有轻度的扭转；三是雌雄同株同托，雌窝和雄窝分别在托的上部和下部，快速生长期在 3 ～ 5 月。其含有 30% 的褐藻胶，是制造褐藻胶的主要原料之一 [9]。养殖用海黍子来自青岛八大峡海域野生资源，用保温箱运送，其中加冰块。

1.3 养殖方法

养殖筏架：一是底播筏式养殖；二是制作可在水中旋转的养殖基（图 2），转速为 2 $r \cdot min^{-1}$，水流流速为 0.21 $m \cdot s^{-1}$。目的在于比较不同的水层高度，以及在有水流的情况下的海黍子（*Sargassum muticum*）的生长情况。

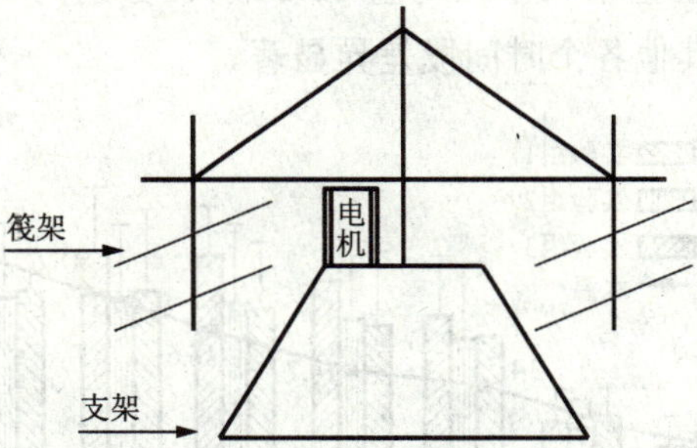

图 2　旋转式养殖基平面示意

养殖方式：采用平挂方式，将海藻夹于苗绳上，苗绳长度为 3 m，两端系于缆绳上，初始重量为 0.74 kg（根据合理的夹苗密度），共 3 个试验组，分别是试验组 1：底部筏式养殖；试验组 2：养殖基高水层；试验组 3：养殖基低水层，其中组 2 和其他试验组的高度差距 50 cm。每 10 天测量 20 绳的重量，测量 30 株长度，根据公式 $SGR = [(W_t/W_0)^{1/t} - 1] \times 100$，计算特定生长率（SGR），式中，$W_t$ 为每 10 天结束时的藻体鲜重（g），W_0 指每 10 天开始时的藻体鲜重（g），t 为培养时间（d）。

养殖量：筏架在池塘中间，面积 1 200 m^2，约占池塘面积的 1/5。其中底部筏式养殖是 4 排，排间距 1 m，每排长度 80 m，宽度是 3 m，苗绳养殖间隔 50 cm。其中养殖基的海藻养殖面积是 30 m^2，上下苗绳各 20 根，上下距离为 50 cm。

1.4 水质指标监测

每 10 天监测池塘进水口区域、海藻养殖区及距海藻区 150 m 区海水的氨氮和活性磷浓度。因为在开放式的养殖环境中，加上养殖时间较长，无法定量检测藻体生物量和营养盐变化的具体关系，所以，没有进行藻体生物量和整个水体营养盐变化的相关性分析。

1.5 数据统计分析

采用 Excel 软件进行单因子方差分析，$P < 0.05$ 作为差异显著水平。

2 结果

2.1 海黍子生长情况

不同养殖方式下海黍子长度和重量增长的结果如图 3、图 4 所示。在整个试验期间(60 d)，养殖基低水层(组 3)长度和重量最大，长度从 43.8 cm 增长到 81.3 cm，增长 85.6%；重量从 0.74 kg 增长到 2.59 kg，为 3.5 倍；组 1 增长最小，从 50.0 cm 增长到 74.5 cm，增长 49.0%；组 1 和组 2 增重都为 3.3 倍。方差分析结果表明，组 1、组 2 和组 3 长度、重量差异明显，但是组 1 和组 2 长度差异不明显，说明适量的水流对海黍子生长有促进作用。每 10 天的增长率试验结果如图 5、图 6 所示，从图 3 中可以看出，到水温接近 21℃时，长度和重量的增长都很小，实际观察也发现生殖托长得较大，说明此时海黍子进入繁殖时期。长度增长率在均温 14℃达到最大，分别为 2.9%，5.0%，3.6%。方差分析表明，14℃时 SGR 与其他各个时间段差异显著；重量增长率在均温 12℃最大，分别为 4.3%，3.9%，3.6%，除与 14℃组 1 差异不显著外，与其他各个时间段差异显著。

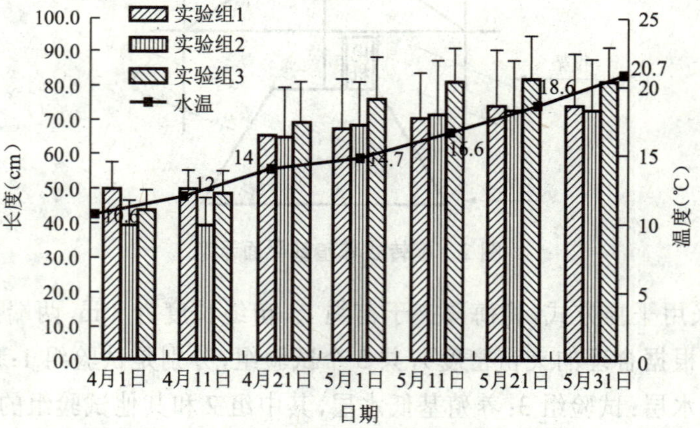

图 3 海黍子长度增长的变化

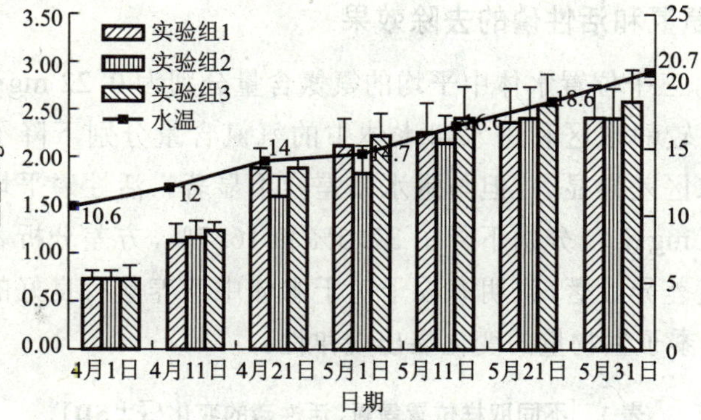

图4 海黍子重量增长的变化

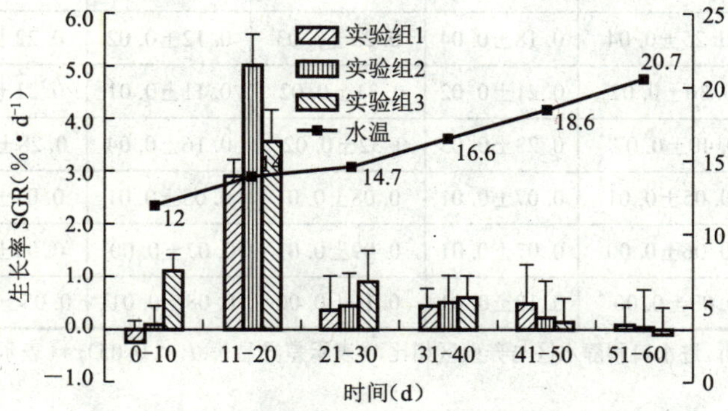

图5 海黍子长度增长率的变化

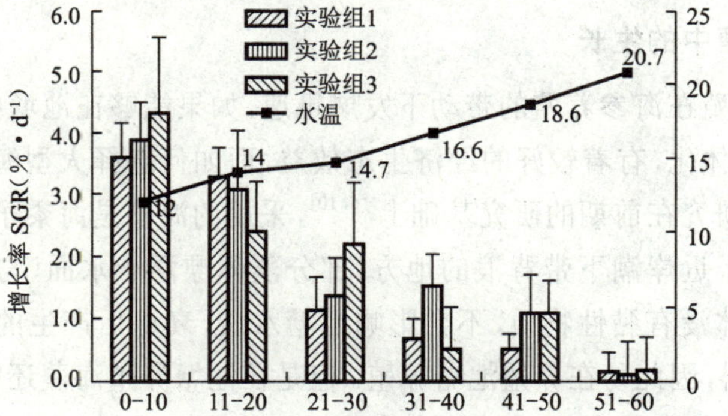

图6 海黍子重量增长率的变化

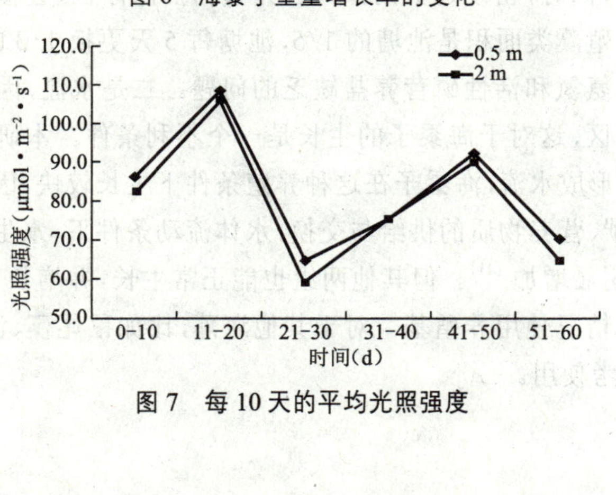

图7 每10天的平均光照强度

2.2 对水体中氨氮和活性磷的去除效果

试验结果见表 1,三个位置水体中平均的氨氮含量分别为 0.22 mg•L^{-1}, 0.20 mg•L^{-1} 和 0.27 mg•L^{-1},养殖区较静水区和进水口水体中的氨氮含量分别下降了 25.9%和 0.09%,方差分析表明与静水区差异显著,但与进水口差异不显著。活性磷平均含量 0.06 mg•L^{-1}, 0.05 mg•L^{-1} 和 0.08 mg•L^{-1},分别下降了 37.5%和 16.7%,方差分析表明养殖区与静水区和进水口水体中浓度差异显著,说明海黍子对于水体中营养盐有良好的吸收作用。但是浓度变化并没有随着海黍子生物量的变化显出规律性。

表 1 不同取样位置氨氮、活性磷的变化($\bar{x}\pm SD$)

项目	位置	4月3日	4月13日	4月23日	5月3日	5月13日	5月23日
NH_4-N 浓度(mg•L^{-1})	养殖区	0.25±0.04	0.18±0.04	0.25±0.03	0.12±0.02	0.22±0.03	0.14±0.03
	进水口	0.30±0.02*	0.21±0.02	0.31±0.02*	0.11±0.01	0.21±0.02	0.12±0.01
	静水区	0.40±0.07**	0.23±0.03	0.32±0.02**	0.16±0.04	0.28±0.02*	0.24±0.01**
PO_4-P 浓度(mg•L^{-1})	养殖区	0.05±0.01	0.07±0.01	0.08±0.01	0.05±0.01	0.03±0.01	0.07±0.02
	进水口	0.06±0.00	0.07±0.01	0.09±0.01	0.07±0.00*	0.03±0.01	0.08±0.01
	静水区	0.09±0.00**	0.10±0.01	0.11±0.00	0.08±0.01*	0.05±0.01**	0.12±0.00**

注:用 t- 检验法进行分析。进水口和静水区与养殖区相比,* 表示差异显著($P < 0.05$),** 表示差异极显著($P < 0.01$)。

3 讨论

3.1 海藻在池塘中的生长

我国海水池塘养殖在海参养殖的带动下发展迅速,如果能够在池塘中养殖大型海藻,可以促进池塘养殖的立体化,有着较好的经济生态效益,而如何选择大型海藻及其适宜的养殖方式是关键问题。本研究在前期的研究基础上[6,10],采用的海藻是海黍子,其是褐藻的一种,马尾藻属,自然生长于近岸潮下带背浪的地方,部分藻体漂浮于水面,与一般养殖池塘的生长水位基本相同;藻体没有黏性物质,不会影响池塘水质,衰退后产生的碎屑可作为养殖动物,比如海参等的饲料,因此易在养殖池塘养殖。但是在池塘养殖海藻还需要注意两个问题,一是海藻养殖密度,本研究发现海黍子的生物量增长较快,可增长 3.5 倍,这就需要吸收水体中的大量营养物质,同时,密度过大的藻体因为其自然漂浮性,会覆盖在水表面影响光照强度。在本研究中养殖藻类面积是池塘的 1/5,池塘每 5 天更换 1/3 的水体,营养盐测试结果没有显示水体中的氨氮和活性磷营养盐缺乏的问题。二是水流,因为一般的养殖池塘的水交换量小于自然海区,这对于海黍子的生长是一个不利条件。本研究发明了一种可以在池塘使用的养殖基可形成水流,海黍子在这种养殖条件下生长较快,因为水体流动有利于水环境中氧气、二氧化碳、营养物质的供给与交换,水体流动条件下,水生植物同化作用率有增加,而呼吸速率也会明显增加[11]。但其他两组也能正常生长,并增长了 3.3 倍,说明池塘养殖海黍子可根据实际情况使用养殖基。对于其他海藻,比如鼠尾藻、江蓠等池塘养殖,本研究中的养殖基也可参考使用。

海黍子采集时间在3月底，此时海黍子正处于生长旺盛期，因此在养殖初期海黍子生长较快，这也可能与池塘中营养盐较为丰富有关，快速生长对于海黍子在池塘养殖有益，因为生物量的快速增长能够保证藻体的群体优势，池塘内的其他杂藻对其影响较小。

本研究中发现海黍子长度和重量最大增长速度有不同的适温，分别为14℃和12℃，这可能因为海黍子有一段时间积累干物质，有一段时间细胞分裂较快，至于其中的规律需要从海黍子生活史开始，结合池塘的生长环境深入探讨。

3.2 海藻对水体中营养盐的去除效率

大型海藻一般都有将强的氮磷吸收的能力，利用这种特性可以减少养殖水体中的营养盐，有研究表明龙须菜对氨氮和活性磷的最大去除效率为83.7%和70.4%[12]。叙永建等[13]人使用菊花江蓠与虾鱼在池塘中混养，对比单养虾鱼的池塘，水体中的无机氮和无机磷含量明显下降，可维持良好的水质情况。本研究也发现，海黍子对于氨氮和活性磷都有较高的去除效率，但仅限于海藻养殖中心区和其他区域的对比，并且不同养殖方式的海黍子在一个区域，也无法比较不同养殖方式去除氮磷的区别，研究结果较为浅显，在这种动态的大的水体中，影响因子较多，如水体大小，水流交换，不同季节及海藻多少等，要精确地研究养殖方式或者养殖密度对于水体中氮磷的去除作用还需要长期系统研究。

研究表明海黍子适合于试验点的养殖池塘，并能有效地去除氨氮和活性磷这两个主要的营养元素，可以作为提高池塘经济价值和生境修复的工具藻种。

参考文献

[1] 董双林，李德尚，潘克厚．论海水养殖的养殖容量［J］．青岛海洋大学报，1998，28（2）：245-250.

[2] 胡文佳，杨圣云，朱小明．海水养殖对海域生态系统的影响及其生物修复［J］．厦门大学学报（自然科学版），2007，46 增刊（1）：196-202.

[3] 杨宇峰，宋金明，林小涛，等．大型海藻栽培及其在近海环境的生态作用［J］．海洋环境科学，2005，24（2）：77-80.

[4] 黄道建，黄小平，岳维忠．大型海藻体内TN和TP含量及其对近海环境修复的意义［J］．台湾海峡，2005，24（3）：316-321.

[5] 岳维忠，黄小平，黄良民，等．大型藻类净化养殖水体的初步研究［J］．海洋环境科学，2004，23（1）：13-15.

[6] 胡凡光，王志刚，王翔宇，等．脆江蓠池塘栽培技术［J］．渔业科学进展，2011，32（5）：67-73.

[7] Oliveirade，V. P.，F. A. M. Freire，and E. M. Soriano. Influence of depth on the growth of the seaweed *Gracilaria birdiae*（Rhodophyta）in a shrimp pond［J］. Brazilian Journal of Aquatic Science and Technology，2012，16（1）：33-39.

[8] Marinho-Soriano，E.，C. Morales，and W. S. C. Moreira. Cultivation of *Gracilaria*

(Rhodophyta) in shrimp pond effluents in Brazil [J]. Aquaculture Research, 2002, 33 (13): 1 081-1 086.

[9] 曾呈奎 . 中国黄渤海海藻 [M]. 北京：科学出版社，2009.

[10] 王翔宇，詹冬梅，李美真，等 . 大型海藻吸收氮磷营养盐能力的初步研究 [J]. 渔业科学进展，2011，32（4）：67-71.

[11] 魏华，成水平，吴振斌 . 水文特征对水生植物的影响 [J]. 现代农业科技，2010，7：13-16.

[12] 毛玉泽，杨红生，周毅，等 . 龙须菜（*Gracilaria lemaneiformis*）的生长、光合作用及其对扇贝排泄氮磷的吸收 [J]. 生态学报，2005，26（10）：3 225-3 231.

[13] 徐永健，陆开宏，韦玮 . 大型海藻江蓠对养殖池塘水质污染修复的研究 [J]. 2007，15（5）：156-159.

（王翔宇，王志刚，吴海一）

（载自《海洋湖沼通报》2015-03）

龙须菜池塘养殖及对氮磷去除效果的研究

1 材料和方法

1.1 试验场地

试验点位于山东半岛南部沿海的山东乳山徐家镇的海参养殖池塘，此处南濒黄海，属于中纬度暖温带季风气候区，气候温和，温差较小，雨水丰沛。池塘环境条件：面积 6 000 m^2，平均水深 2 m，但其底部有石块，不平坦；水温在 17～25℃之间，水体较为浑浊，透明度较差，平均盐度 28，年平均 pH 8.2；在养殖海藻期间，换水量基本上每 3 天换 1/3 水体。

1.2 试验材料

养殖海藻为龙须菜（*Gracilaria lemaneiformis*），其在自然分类系统上属红藻门、真红藻纲、杉藻目、江蓠科、江蓠属，产地在荣成、乳山等山东沿海地区，其多生长在潮间带下部到潮下带，生长繁殖季节在每年的 6～10 月份，最长可达 1 m 以上，生物量较大 [9]，目前在我国浅海已有大面积养殖 [10]，是一种生长范围较广、经济价值较高的海藻。养殖所用的龙须菜来自荣成俚岛养殖筏架，用保温车运到养殖地。

1.3 养殖方法

养殖筏架：移动可调筏架，具体做法是用直径 6 cm 的塑料管做成 3 m×6 m 的长方形筏架，固定于两条缆绳上。目的在于：一是可以随时调节整个养殖筏架的深度，不必调节单个苗绳，大大减少了劳动量；二是通过移动固定筏架的绳子，调节筏架间的距离，以方便人员维护池塘。

养殖方式：海藻夹于苗绳上，苗绳长度为 3 m，分别是平挂和垂挂，平挂即将苗绳两端系于筏架上，沉于 0.5 m 的水层，垂挂是苗绳系于筏架一端，苗绳垂到水底。苗绳之间的间隔为 20 cm，初始重量分别为 0.7 kg 和 1 kg，共 4 个试验组，每 10 天测量 20 个样的重量，增长率测定方法同海黍子。

养殖量：筏架在池塘中间，面积 2 000 m^2，约占池塘面积的 1/3。其中 4 排筏架，筏架横纵向间距 1 m，每排长度 80 m，宽度是 3 m，苗绳养殖间隔 50 cm。

表 1　试验组设置

	试验组 1	试验组 2	试验组 3	试验组 4
初始重量	1kg	0. 7kg	1kg	0. 7kg
养殖方式	平挂		垂挂	

1. 4 水质指标监测

监测池塘每天的养殖表层和底层的光照及温度，每 10 天监测池塘进水口区域及海藻养殖中心区海水的氨氮和活性磷浓度。其中氨氮和活性磷测量方法是：取（0. 5 ±0. 1）m 水深的水样，用孔径 0. 2 μm 的滤膜过滤后，置于 100 mL 取样瓶，加入 2 滴四氯化碳，用保温箱低温运回实验室，分析方法标准为 GB 17378. 4—2007，其中氨氮采用次溴酸钠氧化法，活性磷采用抗坏血酸还原钼蓝法（分光光度计型号 Spectrum722E）。因为在开放式的养殖环境中，而且养殖时间较长，无法定量检测藻体生物量和营养盐变化的具体关系，所以，没有进行藻体生物量和整个水体营养盐变化的相关性分析。

1. 5 数据统计分析

采用 Excel 软件进行统计分析，$P < 0.05$ 作为差异显著水平。

2 结果与分析

2. 1 龙须菜生长情况

不同养殖方式下龙须菜生长的试验结果如图 1 所示。在整个试验期间（80 d），组 2 重量最大为 6. 1 kg，增重 8. 5 倍；组 4 重量最小为 4. 7 kg，但增重倍数第二，为 6. 6 倍。方差分析结果表明，组 1、2、3 和组 4 增重差异明显，其他各试验组之间差异不明显。说明适当提高养殖初始重量和充足的光照都能够提高龙须菜的产量。每 10 天的增长率试验结果如图 2 所示，从图中可以看出，龙须菜生长率的变化没有明显的规律。

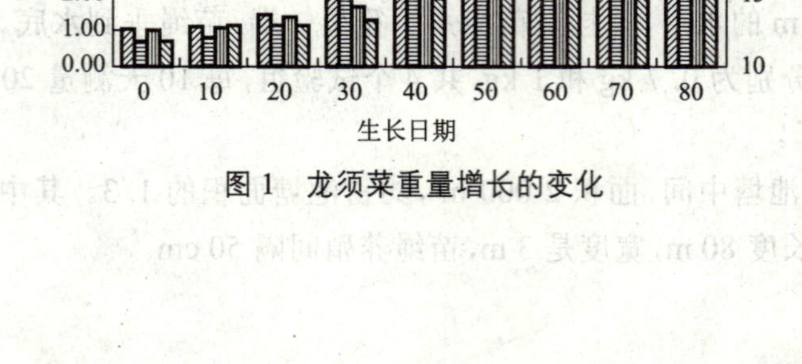

图 1　龙须菜重量增长的变化

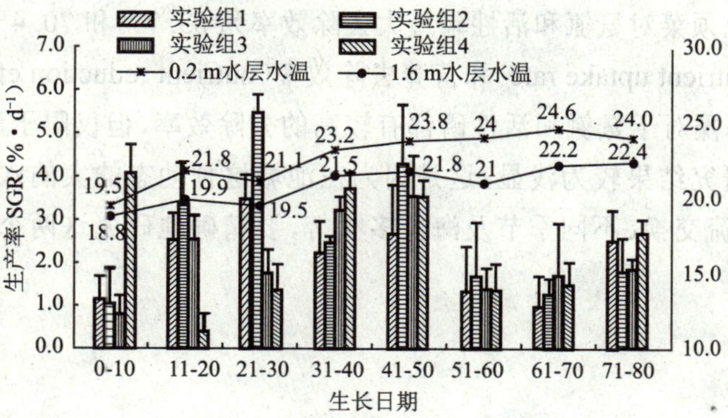

图 2 龙须菜每 10 天增长率的变化

2.2 对水体中氨氮和活性磷的去除效果

试验结果见表 2，两个位置水体中平均的氨氮含量分别为 0.44 $mg\cdot L^{-1}$ 和 0.34 $mg\cdot L^{-1}$，养殖区的氨氮下降了 22.7%，活性磷平均含量为 0.14 $mg\cdot L^{-1}$ 和 0.11 $mg\cdot L^{-1}$，下降了 21.4%，方差分析表明两个取样点水体中浓度差异显著，说明龙须菜对于水体中营养盐有良好的吸收作用。但是浓度变化并没有随着龙须菜生物量的变化显出规律性。

表 2 不同取样位置氨氮、活性磷的变化($\bar{x}\pm SD$)($mg\cdot L^{-1}$)

项目	位置	10 d	20 d	30 d	40 d	50 d	60 d	70 d	80 d
NH_3-N 浓度($mg\cdot L^{-1}$)	进水口	0.54±0.04	0.59±0.05	0.46±0.04	0.29±0.02	0.31±0.02	0.25±0.01	0.57±0.03	0.49±0.05
	养殖区	0.44±0.05	0.46±0.03 0.41±0.02		0.14±0.01	0.21±0.02	0.18±0.01	0.49±0.02	0.39±0.05
PO_4-P 浓度($mg\cdot L^{-1}$)	进水口	0.14±0.01	0.18±0.02	0.20±0.01	0.12±0.01	0.09±0.01	0.06±0.01	0.19±0.04	0.16±0.02
	养殖区	0.08±0.01	0.06±0.00	0.15±0.01	0.08±0.01	0.07±0.00	0.05±0.00	0.14±0.03	0.09±0.02

3 讨论

3.1 海藻在池塘中的生长

我国海水池塘养殖在海参养殖的带动下发展迅速，如果能够在池塘中养殖大型海藻，可以促进池塘养殖的立体化，有着较好的经济生态效益，而如何选择大型海藻及适宜的养殖方式是关键问题。本研究采用的海藻是龙须菜，重点探讨了不同的养殖方式对它们的影响，不仅发明了适宜于它们的养殖筏架，而且研究了不同条件的影响，结果表明其能够在池塘中适宜条件下长时间生长，达到较大的生物量。

本研究也发现龙须菜生长需要较强的光照，平挂于浅水层较适宜于龙须菜，但是从 17 ～ 23℃，其生长速度没有明显的规律性，分析其原因可能是龙须菜在池塘养殖时附着了海鞘等，并且其附着密度不同，影响了龙须菜的生长，这在池塘养殖中是正常现象。

3.2 海藻对水体中营养盐的去除效率

大型海藻一般都有较强的氮磷吸收能力，利用这种特性可以减少养殖水体中的营养盐[8]，有研究表明龙须菜对氨氮和活性磷最大去除效率为83.7%和70.4%[9]。通常的指标包括营养吸收率（nutrient uptake rate）和营养去除效率（nutrient reduction efficiency）。本研究也发现，两种大型海藻对于氨氮和活性磷都有较高的去除效率，但仅限于海藻养殖中心区和其他区域的对比，研究结果较为浅显，这是因为在池塘这种动态的大的水体中，影响因子较多，如水体大小、水流交换、不同季节及海藻多少等，要精确地研究这两个指标，需要长期系统研究。

4 结论

研究表明龙须菜适合于池塘养殖，并能有效地去除氨氮和活性磷这两个主要的营养元素，可以作为提高池塘经济价值和生境修复的藻种。

参考文献

[1] 李京梅，郭斌．我国海水养殖的生态预警评价指标体系与方法［J］．海洋环境科学，2012，31（3）：448-452.

[2] 胡文佳，杨圣云，朱小明．海水养殖对海域生态系统的影响及其生物修复［J］．厦门大学学报：自然科学版（增刊），2007，46（1）：197-202.

[3] 黄道建，黄小平，岳维忠．大型海藻体内TN和TP含量及其对近海环境修复的意义［J］．台湾海峡，2005，24（3）：316-321.

[4] 岳维忠，黄小平，黄良民，等．大型藻类净化养殖水体的初步研究［J］．海洋环境科学，2004，23（1）：13-15.

[5] 胡凡光，王志刚，王翔宇，等．脆江蓠池塘栽培技术［J］．渔业科学进展，2011，32（5）：67-73.

[6] Oliveira V P, Freire F A M, Soriano E M. Influence of depth on the growth of the seaweed *Gracilaria birdiae*（Rhodophyta） in a shrimp pond［J］. Brazilian Journal of Aquatic Science and Technology, 2012, 16（1）: 33-39

[7] E Marinho-Soriano, C Morales, W S C Moreira. Cultivation of *Gracilaria*（Rhodophyta） in shrimp pond effluents in Brazil［J］. Aquaculture Research, 2002, 33（13）: 1 081-1 086.

[8] 王翔宇，詹冬梅，李美真，等．大型海藻吸收氮磷营养盐能力的初步研究［J］．渔业科学进展，2011，32（4）：67-71.

[9] 毛玉泽，杨红生，周毅，等．龙须菜（*Gracilaria lemaneiformis*）的生长、光合作用及其对扇贝排泄氮磷的吸收［J］．生态学报，2005，26（10）：3 225-3 231.

（王翔宇，张少春，吴海一）

（载自《广西科学院学报》2016-05）

鼠尾藻(*Sargassum thunbergii*)增殖技术初步研究

鼠尾藻属于褐藻门(Phaeophyta)墨角藻目(Fucales)马尾藻科(Sargassaceae)马尾藻属(*Sargassum*),是北太平洋西部常见的暖温性海藻,是我国沿海习见种类,其多集生于中潮带和低潮带的岩礁底质上,少数生长在高潮带的水洼中,为雌雄异株[1]。藻体具有营养繁殖的能力,每年从藻体基部多年生的固着器萌发出的新的个体,与有性生殖补充的个体共同维系种群[2]。

鼠尾藻利用价值较高,其藻胶含量较低,叶片鲜嫩,是海参鲍鱼等的天然优质饵料[3];鼠尾藻在生长区域一般是优势种群,为众多海洋生物提供食物来源和栖息场所,近年来对于鼠尾藻破坏性的采收导致鼠尾藻资源量急剧下降,因此需要采取合适的增殖方法恢复鼠尾藻资源。

海藻增殖方法一般包括清礁增殖、投石增殖及海底插枝增殖三种,早期的海带和裙带菜等增殖工作采用过这些方法[4],而鼠尾藻增殖研究较少,于永强等[5]采用"生境营造 - 种苗播种 - 遮阳网覆盖"的修复模式,增殖鼠尾藻,构建鼠尾藻床。

本文试探索另一种潮间带鼠尾藻增殖的方法,基本步骤是在室内培育鼠尾藻幼苗,在潮间带构建适宜鼠尾藻幼苗生长的条件,将附着幼苗的藻礁固定在潮间带。其目的在于提供一种便捷可行,成活率高的鼠尾藻增殖方法。

1 材料与方法

1.1 种菜来源

种菜采集于山东荣成俚岛海域,此地区自然生长的鼠尾藻5月中下旬形成生殖托,但是生殖托大小和数量也不一样。5月13日采集此海区的低潮带直接受风浪冲击的地方生长的鼠尾藻,采集方式为剪取鼠尾藻主枝,只留下其固着器。夹苗方式是将种菜中部夹于苗绳上,苗绳是直径0.6 cm的聚乙烯绳,3～5株鼠尾藻为一簇,簇间隔10 cm,采用平挂方式置于近海空置的海带筏架上。3～5 d观察一次,并且轻微摆洗种菜,去除藻体上的杂藻,将缠绕的种菜分开。

1.2 藻礁

选用4种材料作为藻礁,即水泥块、红砖块、贝壳和鼠尾藻生长的海区石块。用毛刷将藻礁刷洗干净，置于淡水中浸泡 15 d，然后再置于海水中浸泡 15 d，期间需经常洗刷和换水，浸泡后暴晒 7 d。每种礁 10 块，共 40 块藻礁。

1.3 人工育苗

鼠尾藻在海上暂养 20 d 后，用生殖托挂卵，选择成熟度较好的种菜开始育苗。育苗方法参考詹冬梅等方法 [6]，将种藻置于育苗池中，搅动数次让受精卵脱落，然后将藻体取出。受精卵附着 48 h 后，微流水培育，光照来源是自然光，但育苗池上部架设遮阳网，温度为 16℃ ±1.5℃。附着 20 d 左右，苗种长到 0.2 ～ 0.3 cm 即可用于增殖。

1.4 增殖环境构建

试验在山东省荣成市俚岛自然海区潮间带进行，此处海区潮汐为半日潮，潮间带高低不平，为岩礁底质，有鼠尾藻自然分布。

选择潮间带高潮带、中潮带和低潮带增殖地点的低凹处作为藻礁的固定地点，将低凹处的漏水点用速凝水泥堵住，形成人工堤坝，在堤坝最低处加引流口。加入引流口的目的在于需要固定藻礁时，可以将引流口打开，排干海水。在涨潮时堵住引流口，使海水基本能浸没藻礁。

1.5 藻礁固定

藻礁固定步骤是：增殖时间选在大潮枯潮期，首先将固着地点的礁石用毛刷清扫，通过引流口放出海水，然后堵住引流口，将附有幼苗的藻礁用湿润的遮阳网覆盖，运输到增殖地点，用速凝水泥将藻礁固定在经过清礁的礁石上。

1.6 观察测定

1.6.1 生长发育观察

在鼠尾藻挂到海上暂养后，每 3 天在显微镜下观察鼠尾藻的发育生长过程，主要目的是观察卵的产生和脱落，并且观察鼠尾藻幼植体产生分蘖的情况，目的在于为鼠尾藻育苗和增殖时间的选择提供参考。

1.6.2 密度统计

定期统计藻礁上的鼠尾藻株数，采用 3 cm×3 cm 采样框进行测量，随机取 6 个采样框，分别计数株数，后取算数平均数。试验期间共统计 3 次，分别在 6 月 26 日，7 月 25 日，8 月 25 日。用 Excel 2007 对数据进行统计分析，所有测定结果均表示为平均值 ± 标准差。以 $P < 0.05$ 为显著性差异标准。

2 结果

2.1 鼠尾藻生长发育情况

图 1 为鼠尾藻生殖托产生卵和卵脱落的情况，观察发现，鼠尾藻的卵是从生殖窝排出（图 1-A），受精后挂在生殖托上，其边缘变得透明时开始脱落（图 1-B），从开始排

卵经过 7 d 左右，大部分卵细胞开始分裂成上下两个部分（图 1-C），此时卵在轻微的水流刺激下即可脱落，脱落后 24 h 内即产生假根（图 1-D）。经过 20 d 鼠尾藻在根部向上约 1/3 处开始产生突起，形成分蘖（图 1-E）。待第一个分蘖明显突出后再产生新的分蘖（图 1-F）。

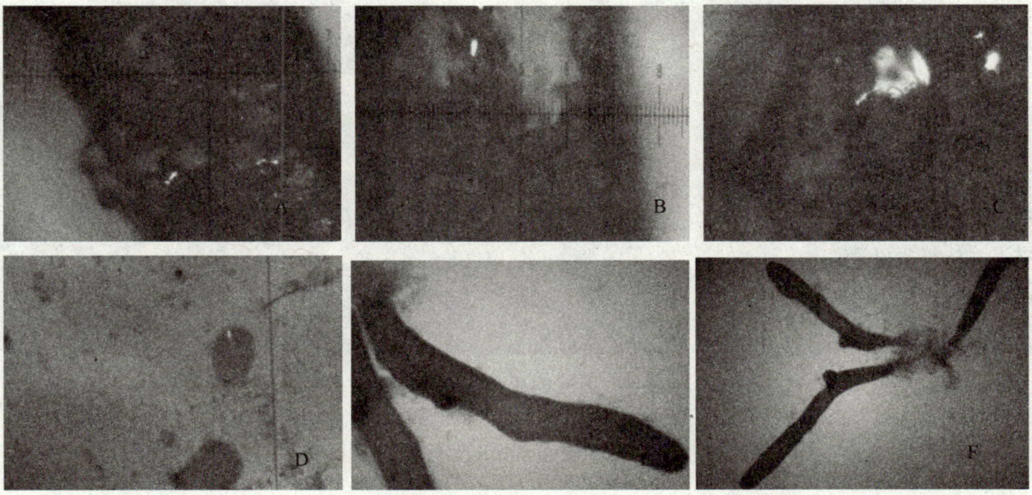

图 1　鼠尾藻卵排放和幼枝生长

A：卵子从生殖窝排出；B：受精卵附着在生殖托上；C：受精卵脱落前部分卵已经开始分裂；D：幼苗形成假根；E：主枝上分蘖产生；F：主枝上形成 2～3 个分蘖

2.2 不同藻礁幼苗生长情况

鼠尾藻幼苗经过 15 d 的生长后，发现海区石块上无鼠尾藻幼苗，其他礁体上有鼠尾藻幼苗生成，移到潮间带 5 d 后统计潮间带采样框内礁体表面鼠尾藻株数。分析显示，贝壳礁基本没有藻体附着，而水泥块礁和砖块礁都可用于鼠尾藻增殖，统计显示两者附着数量无显著差异（表 1）。鼠尾藻幼苗数量由多到少顺序是低潮带＞中潮带＞高潮带。

表 1　鼠尾藻幼苗株数（株）

日期	低潮带				中潮带				高潮带			
	石块	贝壳	砖块	水泥	石块	贝壳	砖块	水泥	石块	贝壳	砖块	水泥
6-26	0±0	1±0	2.0±1.8	1.9±1.7	0±0	1±0	8±1.2	9±1.4	0±0	0±0	3±0.2	4±0.2
7-25	0±0	0±0	15±1.2	16±1.6	0±0	0±0	5±0.8	4±0.7	0±0	0±0	2±0.3	2±0.2
8-25	0±0	0±0	6±0.8	5±1.1	0±0	0±0	2±0.4	2±0.3	0±0	0±0	1±0.1	1±0.2

持续观察发现鼠尾藻已经长成成体（图 2-A），并且能成活到第二年度（图 2-B 和 2-C），说明这种方式适合于鼠尾藻增殖。

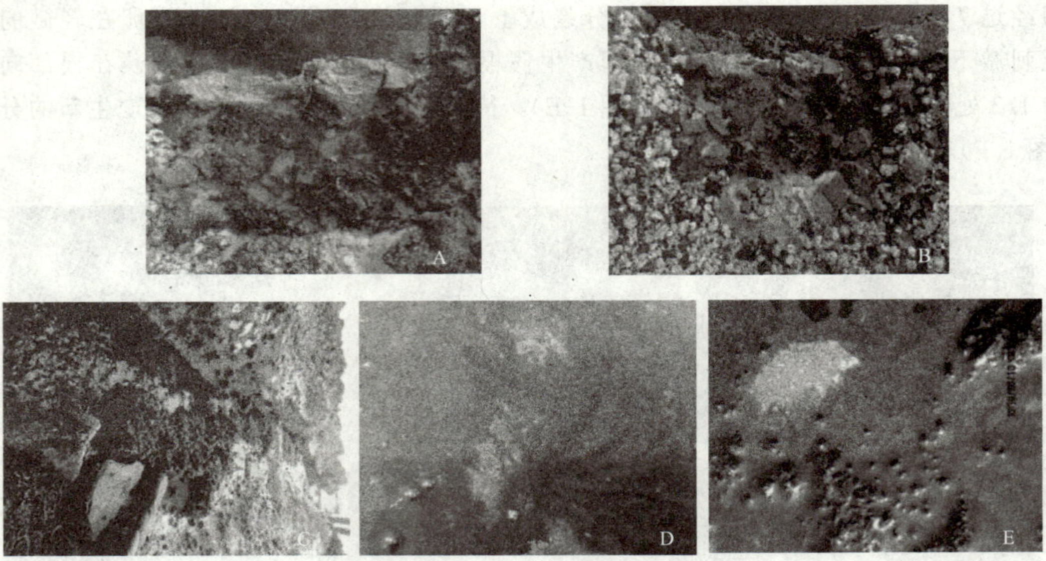

图 2　增殖的鼠尾藻生长情况

A: 第一年度鼠尾藻生长; B: 中潮带不同位置鼠尾藻增殖对比;
C: 第二年度鼠尾藻生长; D: 砖块礁近景图; E: 水泥礁近景图

3 讨论

3.1 人工育苗

鼠尾藻人工育苗需要把握排卵时机，自然繁殖的鼠尾藻生殖期至少会持续一个月[7]，而筏式养殖的鼠尾藻在分散均匀不互相遮挡的情况下，集中放散期在 2 ～ 4 d, 5 d 基本放散完。因此人工育苗需要根据生殖托状态及时安排，首先观察生殖托颜色，有暗红色的斑点即说明有卵产生[8]，结合镜检，发现有排卵现象(图 1-A)，在 3 d 之内就要开始采苗工作。再就是鼠尾藻幼苗的下海时间，本研究中是鼠尾藻平均长到 0. 2 cm，开始产生第二条分蘖的时候(图 1-F)，因为作者认为这个时间鼠尾藻幼苗根部已经附着牢固，并且藻体产生新的构件，即已经能够持续发育生长。在观察中还发现一个问题，鼠尾藻受精卵在脱落时是否产生假根[9]，本研究观察发现，在脱落时未产生假根，脱落需要水流刺激，如果没有刺激，有些受精卵仍留在生殖托上，发育产生假根。

3.2 藻礁选择

关于鼠尾藻增殖礁体的选择，包括 4 种材料，即石块、贝壳、砖块和水泥块。在人工育苗期间观察鼠尾藻幼苗在 4 种藻礁材料上的附着情况后发现，肉眼刚能看到幼苗时，因其初始放散密度较大，肉眼不能区分密度的大小。

室内培育 7 d 后，石块和贝壳密度变小。其原因可能是鼠尾藻在自然条件下受精卵转化为幼苗比例不到 1/105[10]，其幼苗附着能力较差，而且石块和贝壳表面较光滑，两种不利因素导致幼苗流失。

在鼠尾藻自然生长的石块上，在增殖时反而没有发现有幼苗生长，其原因可能是自然生长的鼠尾藻绝大部分是营养生长，根部并不腐烂，因此可以附着牢固。同时，长期观察发现：将鼠尾藻彻底拔掉（笔者彻底清除过4个小区域的鼠尾藻），这个地方并不会再生成新的鼠尾藻，或者数量极少；二是在同样潮间带环境，比如说，紧靠的10 m^2 的两边，一边鼠尾藻生长茂盛，一边却没有鼠尾藻。因此，石块藻礁可能不适合鼠尾藻幼苗的附着，其根本原因涉及鼠尾藻种群最初形成的机制。扇贝壳上面的鼠尾藻幼苗在放到潮间带后很快就消失了，观察也发现自然生长的鼠尾藻根部不会附着在牡蛎壳上，即使牡蛎壳周围都是鼠尾藻覆盖，但是其根也不会长在牡蛎壳上，可能贝壳表面较为光滑，其假根不能有效附着[11]。投礁两个月后，水泥块和砖块附着密度基本一致，例如低潮带分别为6株和5株，因此这两种材料可作为鼠尾藻附着的有效材料。

3.3 增殖条件

本研究中采用的鼠尾藻增殖基于有性繁育的基础上，关于鼠尾藻有性繁殖的环境要求的研究较多[12-14]，但是自然条件下的有性繁殖发育为成体的过程未见详细报道，而基于有性繁殖的鼠尾藻增殖成功的关键就在于如何在潮间带营造合适的环境以实现鼠尾藻的大量有性繁殖，因此需要探讨鼠尾藻自然条件下的有性繁殖发育的条件。鼠尾藻自然分布在潮间带，虽然其主要繁殖方式是营养繁殖，但也有少部分有性繁殖，这为利用人工育苗增殖鼠尾藻提供了理论依据，因此可在室内大规模繁育鼠尾藻幼苗用于增殖。但是在自然条件下，有性繁殖占的比例很小，因此增殖难度就在于如何使鼠尾藻幼苗能够在潮间带存活。在野外观察发现，鼠尾藻生长的环境是受到较多海浪冲击的低潮带或者有海浪冲击的中高潮水洼中，再结合有性繁殖的鼠尾藻育苗研究中，鼠尾藻生活史全部在水中完成，而且鼠尾藻生长良好[15-17]，因此推测海水和海浪冲击是幼苗能够正常生长的限制因子，鼠尾藻幼苗需接触到海水才能够生长。而根据鼠尾藻自然生长的规律，低潮带长得最好，推测构建的有水环境尽量靠近低潮带，能够促使鼠尾藻生长良好，形成大量的种群，取得良好的增殖效果。

本文没有进行人工繁育的鼠尾藻不同阶段发育在潮间带增殖效果的比对，以及育苗密度等比对，这是后续需要再研究的。同时，在本试验中也发现，在落潮时没有海水浸没的藻礁，中潮带没有鼠尾藻生长（图2-B），而受海浪冲击较大的低潮带即使没有海水浸没（图2-C），鼠尾藻生长也较好，说明鼠尾藻生长所需的环境因子较为复杂，需要深入研究。

4 结论

人工育苗—生境营造—藻礁固着的增殖方式的本质是投石增殖法应用于潮间带，这种方法基于鼠尾藻人工育苗，根据鼠尾藻生长的潮间带环境特点，选择合适的附着基，同时在潮间带顺应其自然环境，构建合适的增殖条件，实现鼠尾藻增殖的目的。

综上所述，本研究所提供的鼠尾藻增殖技术可用于不同潮间带鼠尾藻增殖工作，对鼠尾藻资源的恢复作用明显，是一种适合于推广的鼠尾藻增殖方式。

参考文献

[1] 曾呈奎. 中国黄渤海海藻 [M]. 北京:科学出版社,2008:371-372.

[2] 王志芳,张全胜,潘金华. 烟台芦洋湾鼠尾藻种群生物量结构的季节变化 [J]. 中国水产科学,2008,15(6):992-998.

[3] 吴海一,刘洪军,詹冬梅,等. 鼠尾藻研究与利用现状 [J]. 国土与自然资源研究,2010,1:95-98.

[4] 缪国荣. 海藻养殖 [M]. 北京:海洋出版社,1992:53-57.

[5] Yong Qiang Yu, Quan Sheng Zhang, Yong Zheng Tang, et al. Establishment of intertidal seaweed beds of *Sargassumthunbergii* through habitat creation and germlingseeding[J]. Ecological Engineering, 2012, 44: 10-17.

[6] 詹冬梅,李美真,丁刚,等. 鼠尾藻有性繁育及人工育苗的初步研究 [J]. 海洋水产研究,2006,27(6):55-59.

[7] 许博. 鼠尾藻繁殖生态学研究 [D]. 青岛:中国海洋大学,2009.

[8] 刘启顺,姜洪涛,刘雨新,等. 鼠尾藻人工育苗技术研究 [J]. 齐鲁渔业,2006,23(12):5-10.

[9] 赵凤娟. 马尾藻种群遗传及早期发育的研究 [D]. 北京:中国科学院研究生院,2007. 68.

[10] 邵魁双,巩宁,王金霞,等. 鼠尾藻种群生态学研究 [J]. 海洋环境科学,2010,29(3):332-336.

[11] 施超,张迪,梁振林,等. 附着基粗糙度及表面沉积物对6种海藻孢子附着和幼苗数量的影响 [J]. 海洋湖沼通报,2014,2:118-124.

[12] 梁洲瑞,孙修涛,王飞久,等. 光、温对鼠尾藻卵子排放和幼孢子体生长的影响 [J]. 渔业科学进展,2012,33(1):109-113.

[13] 马兴宇,梁洲瑞,刘福利,等. 鼠尾藻幼孢子体培育条件探究 [J]. 渔业科学进展,2013,6:133-137.

[14] Xuemeng Li, Quansheng Zhang, Jun He, et al. Photoacclimation characteristics of *Sargassum thunbergii* germlings under different light intensities[J]. Journal of Applied Phycology, 2014, 26(5): 2 151-2 158.

[15] 王增福,刘建国. 鼠尾藻有性生殖过程与育苗 [J]. 海洋与湖沼,2007,38(5):453-457.

[16] 李美真,丁刚,詹冬梅,等. 北方海区鼠尾藻大规格苗种提前育成技术 [J]. 渔业科学进展,2009,30(5):76-82.

[17] 孙修涛,王飞久,汪文俊,等. 基于有性繁殖的鼠尾藻规模化繁育试验 [J]. 渔业科学进展,2010,31(3):84-91.

（王翔宇,詹冬梅,吴海一）

（载自《中国海洋大学学报》2016-10）

人工养殖溢值空间——渔光互补

农业是国民经济基础，能源是国民经济的命脉。十多年来，我国水产品产量高居世界首位，同时也是世界上唯一一个水产养殖产量超过捕捞产量的国家，这对保障我国水产品的供应发挥了重要作用。但从我们的养殖现状看，水产养殖自身的生态结构和传统养殖方式存在很大缺陷，养殖营养物的外排、化学药物的使用造成水体自身污染，环境恶化；主要养殖品种病情严重且呈暴发性流行；在海水养殖业中，由于人为对滩涂和养殖海域的破坏，造成大面积赤潮，使沿岸生态环境严重恶化、水域生物多样性减少等，致使在传统养殖方式下，虽然可以通过增加养殖面积进而增加养殖总量，但养殖效益明显下降，质量降低。加之人工养殖大多缺乏整体规划，极易陷入密集上马、价格暴跌、养殖企业亏损的恶性循环之中，给养殖户造成严重经济损失。至此，人们才逐渐认识到问题的严重性，并开始探索新的养殖模式，研究新的养殖技术、方法等来减轻养殖压力，维系水产养殖业的可持续发展，进而提高养殖户利润。

电力产业作为国民经济发展支柱产业，已引起党和国家的高度重视，其发展受到更为广泛的关注。如何建设生态农业、促进能源供应成为我国经济建设的重要命题。2014年9月2日，国家能源局发布的《关于进一步落实分布式光伏发电有关政策的通知》中提到，应因地制宜利用废弃土地、荒山荒坡、农业大棚、滩涂、鱼塘、湖泊等建设就地消纳的分布式光伏电站，鼓励分布式光伏发电与农户扶贫、新农村建设、农业设施相结合，促进农村居民生活改善和农业农村发展。这样既可以发展规模设施农业，又可解决能源不足造成的经济发展“瓶颈”问题，促进农业、工业共同发展，利用农业建设工业，借助工业促进农业。

1 国外“渔光互补”发展现状

随着时代的变迁，在国外养殖水体已经不再局限于水产养殖。以日本为例，日本农民别出心裁，早在2010年左右就开始通过在池塘上安装光伏电站来增加鱼塘的溢值空间。池塘上建光伏电站，行业给了一个很好听的名字，即“渔光互补”，也就是说渔业养殖与光伏发电相互结合，目前水面光伏电站建设模式主要分为固定式和漂浮式。当许多人还停留在“半亩方塘一鉴开、天光云影共徘徊”的欣赏池塘美景上面，日本农民却已经在池塘上面建起光伏电站，来提高农民的收益。

日本水面光伏电站已经广泛应用，是目前世界上水上漂浮式光伏电站实际应用最多的国家，根据截至2014年年底的统计，已有3.824 MW并网，2015年约15 MW并网，另还有约15 MW于2016年年初并网。为什么日本人青睐这种分布式“渔光互补”模式的发展呢？这是因为日本的渔民意识到：把发电站建设在养殖场上面（包括池塘、湖泊、人工养殖场、内海等），不但可以发电，还可以给鱼塘遮光，减少水分的蒸发，从而带来额外的收益。

2 国内分布式光伏电站利用现状

基于我国中、东部地区的现状：人口稠密、土地资源稀缺，从而让建设集中式光伏电站成为难题。而“渔光互补”模式既可以充分利用广阔的水面资源、不再额外占用土地资源，又可就地并网、减少电能输送带来的损耗，因而具有巨大的发展空间。

但是，相对于日本水面光伏电站发展境况，我国起步晚、发展慢，不为老百姓认可，甚至产生怀疑，主要因为以下几个方面：

（1）国民接受度。老百姓对此认知度不高，对于光伏发电存在质疑，甚至抵触。

（2）初期投资高。光伏电站的初期投资高，虽然每天都可以获得部分收益，但是投资回报率较低，回本周期太长。

（3）技术障碍。在建设过程中需要考虑防潮、防腐技术，对于逆变器、组件、线缆、箱变、支架都有严格的要求。

（4）设备维护比较复杂。不管是漂浮式还是固定式光伏电站，后期配件的维护更换都是一个比较麻烦的问题。

3 推进“渔光互补”模式的建议

（1）政策激励。不管在哪个国家，政策激励都是行业能否快速发展的关键，再以日本为例：与补贴强度很大的德国相比，假若德国并网电价补贴1元•瓦，那么日本的补贴为2.5～3元•瓦。即便这几年日本在削减补贴，但是相比而言日本的政策仍是非常慷慨的。反观我国对光伏产业的国家补贴力度则相对较小，不利于调动养殖从业者的积极性。

（2）提高农民环保投资意识。光伏发电在国外已经和常规电器一样随处可见，节能、环保、稳定收益的模式已经深入人心，这就使得不管是水面电站还是屋顶电站，推广起来就容易很多，而这也正是我国现阶段所欠缺的。

（3）金融机构扶持。分布式光伏电站初期投入比较高，如果全靠农民自己投资显然不现实，这就需要金融机构提供低利率贷款支持。

（4）进行新材料研发，提高光电转换率。据最新数据显示，目前光电转化效率最高的光伏材料在德国转化率在12%左右，这也是制约光伏产业发展的一个重要瓶颈。

（张伟）

（载自《科学养鱼》2016-10）

鲑鳟鱼类(降海型)陆海接力养殖技术

鲑鳟鱼类是目前人工养殖的名贵鱼类之一,属肉食性鱼类。其具有肉味鲜美、营养丰富、刺少肉多、食用价值高、生长迅速、人工繁殖简便易行等特点,目前已成为联合国粮农组织向世界推广的、产量高且品质优良的四大淡水养殖品种之一。

现在人们所说的鲑鳟鱼类,是一个笼统的概念,它不是特指某一种鱼,而是鲑科鱼类的统称。鲑鳟鱼类以其只能在低温水域中繁衍、生长,其正常生长的上限水温很低、没有明显的下限温度,因此被称为冷水鱼。鲑鳟鱼鱼体呈流线型,口大而斜,牙锥状,体背小圆鳞,背鳍和腹鳍各一个,尾鳍稍凹入或呈叉形。

鲑鳟鱼类能适应各种盐度,自然条件下它们多生长于常年水温不超过20℃、水质为贫营养性、没有化学污染和有机污染的低温泉水或清澈的溪流中养殖,因此又被称为冷水性鱼类。由于鲑鳟鱼类对生存水质有非常高的要求,略有污染即无法生存,所以鲑鳟鱼鱼体干净,无任何污染,是名副其实的无公害绿色食品。

陆基工厂化养殖具有受自然环境影响小,可持续生产,操作自动化等优点,利用地下低温井水可以很好地解决鲑鳟鱼类的安全度夏问题,但大规模的工厂化养殖会导致深井海水资源开发过度,耗能高、养殖成本增加,经济效益下降,严重阻碍了这一产业的发展。

陆海接力养殖技术是近年来兴起的一种新型工业化养殖模式,它将陆基工厂化养殖和离岸网箱养殖结合,根据季节变化交替进行养殖,本文详细介绍了鲑鳟鱼类陆海接力养殖技术要点。

1 鲑鳟鱼类陆海接力养殖周期

适宜网箱养殖的鲑鳟鱼类大规格苗种(100 g以上)育成时间一般为每年9～10月份,待海区水温下降到18℃时,即可将大规格苗种运输到海上网箱养殖,次年6月,水温上升到18℃时,将鲑鳟鱼类运回陆上工厂化车间进行养殖,到10月中旬,水温再次回落到18℃,再将鲑鳟鱼类运输到网箱养殖,根据养殖规格需求依次交替。鲑鳟鱼类陆海接力养殖时间分布如图1所示。

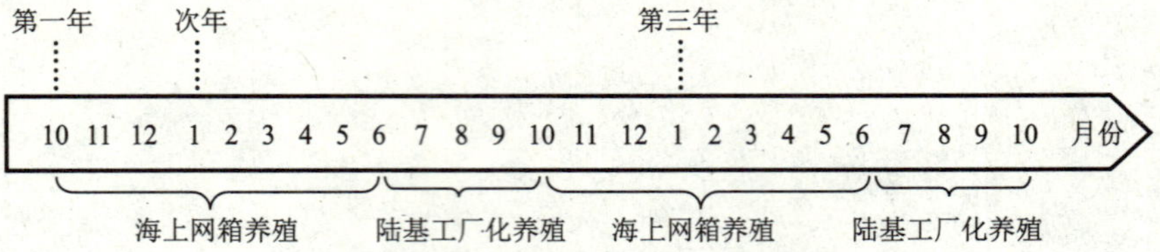

图 1　鲑鳟鱼类陆海接力养殖周期分布

2 海上网箱养殖

2.1 海区选择

选择水质良好、天然饵料丰富的水域，还应有良好的地理环境和生态条件。一般选择海陆交通方便，水质清新，无污染，水流畅通、流向不紊乱，流速较低的半封闭海湾，符合国家渔业二级水质标准。

2.2 养殖设施

鲑鳟鱼类海上养殖网箱主要有传统简易网箱和深水网箱两种。传统简易网箱结构简单，抗流抗风浪能力差，使用寿命短，但是价格便宜，制作方便，适合小规模及近岸浅海养殖。深水网箱有圆形及多边形等多种形式，周长 30 ~ 100 m，网深 5 ~ 20 m，抗流及抗风浪能力强，产量高，但是价格较贵，适合大规模离岸养殖。

2.3 养殖管理

养殖期间日常管理工作的好坏，不仅影响产量，而且直接关系到网箱养鱼的成败，为此，应做好以下几项工作。

2.3.1 放养密度

据鲑鳟鱼类的不同规格确定放养密度，一般投放 50 克•尾以上的苗种，通常放养密度是 100 ~ 200 尾•立方米；如放养的鱼种规格为 100 ~ 150 g，放养密度为 30 ~ 50 尾•立方米，最终的养殖产量在 15 ~ 25 $kg\cdot m^{-3}$。一般养殖产量最高设计不超过 40 ~ 50 $kg\cdot m^{-3}$。

2.3.2 饵料投喂

成鱼的饲养主要投喂人工合成的全价颗粒饲料。鲑鳟鱼类养殖所用的饲料采用鲑鳟鱼配合饲料，其中包含有适量的多种维生素、矿物质和高度不饱和脂肪酸等。所用饲料要容易投喂，饲料颗粒成型良好，在水中不易溃散。

鱼种放养 3 ~ 5 d，基本适应网箱环境，即可开始投饵。一般每日投喂 2 次，时间最好选择在白天平潮时，如赶不上平潮，一定要在潮流的上方投喂，以提高饵料利用率。采用“慢、快、慢”的步骤，即开始投饵时少投慢投，把鱼引到网箱上层，待鱼游到上层时要多投快投，当大部分鱼已吃饱散去或下沉时，则减慢投喂速度，以照顾尚未吃饱的鱼类。投喂的饵料大小必须根据鱼类的摄食习性及规格大小来决定。大规格鱼尽量不使用小型饵料投喂，以免影响其适口性及食欲，还造成饵料浪费。

随时根据情况调整投喂量，小潮水流平缓时多投，大潮水流急时少投；风浪小时多投，风浪大时少投或不投;水清时多投,水混时少投;水温适宜时多投,水温较高或较低时少投或不投。

2.3.3 定期检查,防灾防逃

网箱养鱼最怕网破逃鱼,一般应每周检查1次,一般在风浪小的天气,上午或下午进行检查,要特别注意水面下30～40 cm的网衣,该处因常受漂浮物的撞击,以及水老鼠等敌害侵袭,很容易破损逃鱼。检查网身后,再检查底网及网衣与网框联结的各点,这些地方的网衣容易磨损或撕裂而形成漏洞,凡缝合接线处都要仔细检查,防止发生松结。发现漏洞,及时补好。

网箱下水后,易着生青泥苔等藻类黏附堵塞网目,影响水体交换,增加网箱体重,腐蚀网片材料,潜伏鱼类病原体,严重影响养殖效果,因此,必须及时捞出网箱中的残渣剩饵和死鱼,坚持定期清洗网箱。

3 工厂化养殖

3.1 养殖设施

工厂化养殖场应包括养鱼车间、养殖池、充氧、调温、调光、进排水及水处理设施、发电机组和分析化验室等。鲑鳟鱼类为上层、冷水性鱼类,所以在养殖过程中不需要遮光,温度不宜过高。调光设施的光线应均匀、柔和、不刺眼,感觉舒适即可。光照节律与自然光相同。养鱼车间应选择在沿岸水质优良、无污染、能打出海水井的岸段建设,车间内保持安静,保温性能良好。养鱼池面积以30～60 m^2为宜,池深在0.8～2 m范围内均可。养殖区附近海面无污染源,水质清澈,符合国家渔业二级水质标准。海水井水水质优良,不含任何沉淀物和污物,水质透明、清澈,不含有有害重金属离子,硫化物不超过0.02 $mg \cdot L^{-1}$,总大肠杆菌数小于5 000个•升,盐度在20以上,溶解氧大于6 $mg \cdot L^{-1}$,pH维持在6.5～8.5之间。

3.2 放养密度

工厂化养殖放养密度可参考表1。

表1 鲑鳟鱼类工厂化养殖放养密度

平均全长(m)	平均体重(g)	放养密度(尾•立方米)
5	1.5	1 500
8	6.5	1 000
10	12	800
20	100	150
25	200	80
30	380	45
35	650	35
40	1 050	30
45	1 600	25

续表

平均全长(m)	平均体重(g)	放养密度(尾·立方米)
50	2 300	20
55	3 000	15
60	3 800	10
65	4 700	8

3.3 饲料与投喂

鲑鳟鱼类养殖所用的饲料采用鲑鳟鱼专用配合饲料，其中包含有适量的多种维生素、矿物质和高度不饱和脂肪酸等，更适合鲑鳟鱼类生长。

投喂方法：干性颗粒饲料的投喂量依鱼体重、水温而定。一般在苗种期日投饵率在4%～6%，每天投喂4～6次，以后随着生长而逐渐减少投喂次数；长到200 g左右，投饵率大致为2%～4%，每天投喂3～4次；长到500 g以上大致掌握在1%～2%，每天投喂2～3次；长到1 000 g以上，投饵率0.5%～1%，每天投喂2次。在夏季高温期，每天投喂1次，或1～2天投喂1次，投饵量控制在饱食量的50%～60%。

鲑鳟鱼类出鱼前，投喂专用型增色功能饲料可使鲑鳟鱼类的肉色更红更鲜亮，提高鲑鳟鱼类的肉质。

3.4 养殖管理

养成期间要配齐仪器设备定时检测水质，每天抽样检测养殖用水的温度、溶解氧、盐度、pH、硫化物含量、氨氮浓度等，注意观察水质的色、味变化，保证水质稳定。一般换水量保持在4～6个量程／天，具体需要根据养殖密度、水温及供水情况等因素进行综合考虑。

为保证池内外环境清洁卫生，养鱼池要定期(1个月)倒池。当个体差异明显，需要分选或密度日渐增大、池子老化及发现池内外卫生隐患时应及时倒池，进行消毒、洗刷等操作。倒池时务必注意缺氧情况，池内充氧操作，倒池时注意动作快速、轻柔，避免损伤鱼体。每次分池和倒池前需充分做好计划，以保证放养鱼至少在一个水池内稳定一段时间，再进行分池操作。

4 病害防治

陆海接力养殖综合了海水网箱养殖与工厂化养殖，病害防治坚持“预防为主、防治结合”的方针，主要从以下几个方面着手：

(1) 保持水质稳定。做好水质跟踪监测，及时调控水质，保持水质稳定。

(2) 控制和消灭病原生物。养殖期间，定期在饵料中添加益生菌，定期用淡水浸泡鱼体，可防治皮肤病和体外寄生虫病。

(3) 增强鱼体的抗病力。保持合适的放养密度，投喂充足的饵料，使鱼体快速生长，可提高鱼体抗病力。

(4) 定时观察并记录。肉眼定时观察养殖鱼的摄食、游动和生长发育情况，及时发现病鱼及死鱼，捞出病鱼、死鱼进行解剖分析、显微镜观察，分析原因，记录在案。对病鱼、死鱼做焚埋处理。

参考文献

[1] 王波，郭文，刘学政，等．鲑鳟鱼类引种养殖前景初步分析 [J]. 齐鲁渔业，2011，28（5）：50-51.

[2] 郭文，高凤祥，潘雷，等．鲑鳟鱼类仔、稚、幼鱼的形态发育 [J]. 海洋渔业，2012，34（3）：263-269.

[3] 郭文，胡发文，菅玉霞，等．温度变化对鲑鳟鱼类仔鱼存活与生长的影响 [J]. 水产养殖，2012，33（7）：44-46.

[4] 张饮江，郭志泰，朱选才，等．对进一步发展上海地区观赏鱼产业的几点建议 [J]. 环球宠物科技，2008（创刊号）：98-103.

[5] 郭文，潘雷，张少春，等．鲑鳟鱼类发眼卵孵化及苗种培育试验 [J]. 水产科技情报，2012，40（3）：113-115.

（王雪，李莉，刘元文，菅玉霞，高凤祥，胡发文，潘雷，郭文）

（载自《齐鲁渔业》2016-07）

Habitat suitability of *Scapharca subcrenata* (Lischke) in the shallow water of Xiaoheishan Island

1 Introduction

Scapharca subcrenata (Lischke), belongs to the genus *Scapharca*, and is commonly distributed along the shallow coasts of China and Korea. Historical records indicate that it was an important commercial bivalve in the Bohai Sea, with a maximum annual production of about 200, 000 tonnes in the 1970s[1]. However, due toover fishing and environmental disruptions in recent years, the harvests of *S. subcrenata* have been substantially reduced. Although research on artificial breeding and the aquaculture technology of *S. subcrenata* is extensive[2-4], and some reports on the habitat suitability evaluation of bivalve[5, 6] published, there have been no evaluations of habitat for *S. subcrenata* restoration efforts.

Individual species only thrive within specific ranges of environmental conditions, and understanding how species are spatially and temporally distributed in response to these conditions is a central research topic in ecology[7]. The habitat suitability index (HSI) model aims to predict the likelihood of occurrence of species on the basis of environmental variables[8]. With the development of global positioning systems (GPS), remote sensing (RS), and geographic information system (GIS) technology, the HSI model has become more accurate and comprehensive, and has been identified as an operational tool to predict the presence/absence or the abundance of species throughout a study area.

Xiaoheishan Island (37°58′14″ N, 120°38′46″E, surface 1. 29 km^2) is positioned in the Miaodao Archipelago, located in the Bohai Strait, on the northern tip of Shandong Peninsula, China (Fig. 1). The results of monitoring and assessment show that: ① water quality is in good condition; ② there is an obvious seasonal change in physical, chemical, and hydrological factors; and ③ the reciprocal current and the main components of the tidal current providea plentiful supply offood for shellfish feeding (Island Topographies of China, 2013). Despite historic data showing the wide distribution and high abundance of *S. subcrenata* in shallow water of the Archipelago [9], the natural population of the shellfish has decreased considerably. The present study aims to support restoration decision making through identification of potential sites for sustainable establishment of *S. subcrenata*, using an HSI model based on GIS.

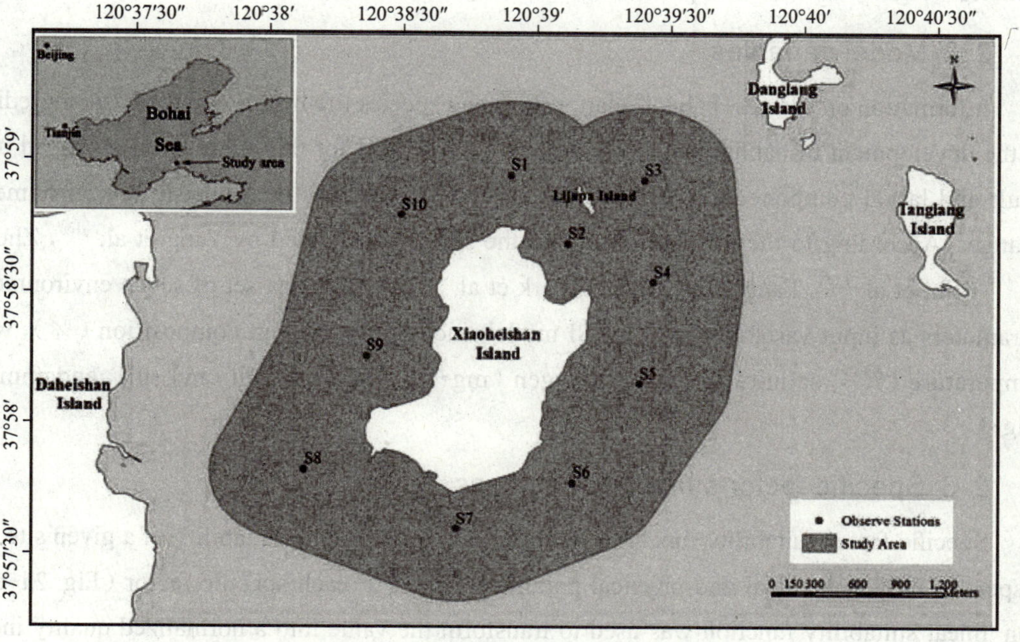

Fig.1 The Xiaoheishan Island and its position in the Bohai Sea

2 Material and methods

2.1 Study area and sampling campaign

The intertidal zones of the Xiaoheishan Island are generally stenosis, characterised by gradually sloped in seabed topography from southwest to northeast [10]. The eastern and southern intertidal zones are mostly underlain by gravel, while the western and northern areas are composed of rocky sand. The annual average salinity, pH and dissolved oxygen of coastal water are 30. 62 mg•L^{-1}, 8. 13 mg•L^{-1} and 9. 10 mg•L^{-1} respectively. The seawater temperature varies significantly throughout the year, and the ammonia content is close to but slightly lower than the other sea areas of the Miaodao Archipelago[10].

Ten survey stations were established around the island to obtain habitat parameters. The study area was defined as an area extending 500 m on both sides of these stations (Fig. 1). Overall, the total study area was 6. 43 km^2.

Sampling surveys were conducted during four seasons: spring (June 2013), summer

(August 2013), autumn (November 2013), and winter (March 2014)[11]. The physical, chemical, and hydrological data of the samples were analysed according to *The Specification for Marine Monitoring* (GB 17378. 4/5—2007). We should note that sediment type (% of silt) is the mean value of the four surveys, while the other variables were input for the value recorded during each seasonal survey. All of the data thus obtained were interpolated using the inverse distance weighted (IDW) interpolation method to generate raster data.

2.2 Model variables

Information on species-habitat relationships and species life history are the basic ingredients in the development of habitat suitability models[12]. The HSI for this study was developed using adult and larval components to capture the highest sensitivities of shellfish to environmental changes. According to the available data and the studies conducted by Yang et al. [13], Zhou et al. [14], Shi et al. [15], Fang et al. [16], and Park et al. [4], we chose a set of seven environmental parameters as input variables for the HSI model, including sediment composition (%), water temperature (°C), salinity, dissolved oxygen ($mg \cdot L^{-1}$), water depth (m), pH, andammonia ($\mu g \cdot L^{-1}$).

2.3 Specific factor suitability functions

Specific factor suitability functions were defined to assess the suitability of a given site with respect to biogeochemical and physical parameters [17]. For each specific factor (Fig. 2a-e), a non-linear suitability function was used to transform the value into a normalized quality index, ranging from 0 (non-suitability) to 1 (best suitability).

2.3.1 Sediment composition (SC)

Sediment composition is a critical factor limiting the distribution of *S. subcrenata*. Many larvae rearing experiments [4, 18] have shown that the optimal substrate is characterized by high silt ($\Phi < 63$ mm) percentage (70% ~ 90%), and that whole sand sediments are unsuitable for clam burrowing.

2.3.2 Water temperature (WT)

Water temperature affects survival and growth (e. g. gametogenesis, condition index, and spawning) of all life stages of *S. subcrenata*. Normally, species distribution occurs between 2°C and 30°C, with optimal water temperatureranging from 18°C to 28°C [19]. Shen et al. [20] found that the hatching speed of zygotes is positively related to increases in temperature, and high temperatures (25 ~ 30 °C) are even more suitable for embryos/larvae. Yang et al. [21] indicated that excrement activity was capped if water temperature was lower than 10°C.

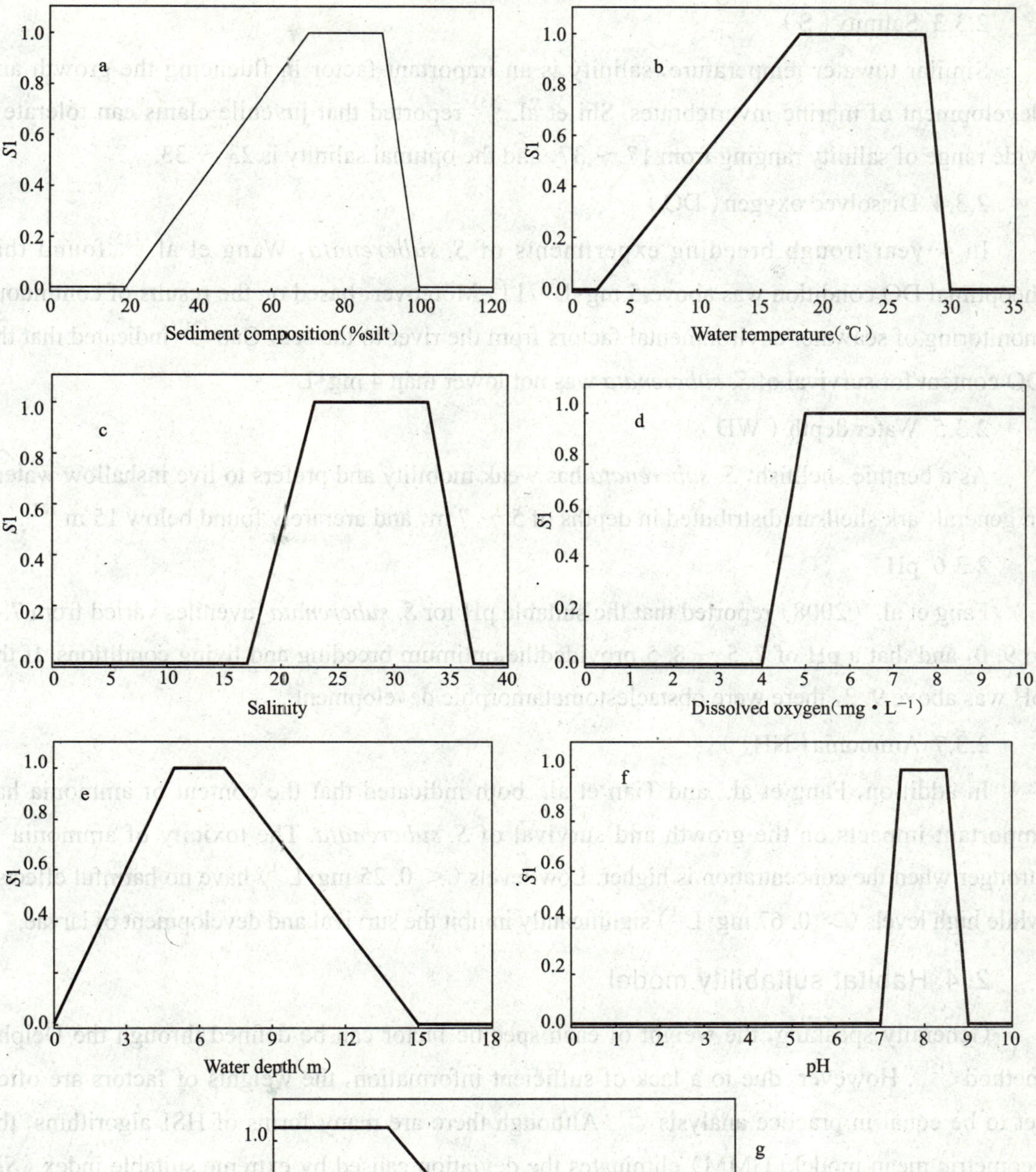

Fig.2 Suitability index diagrams for *Scapharca subcrenata*

(a) sediment composition; (b) water temperature; (c) salinity; (d) dissolved oxygen; (e) water depth; (f) pH; (g) ammonia

2.3.3 Salinity (S)

Similar towater temperature, salinity is an important factor in fluencing the growth and development of marine invertebrates. Shi et al. [15] reported that juvenile clams can tolerate a wide range of salinity ranging from 17 ~ 37, and the optimal salinity is 23 ~ 33.

2.3.4 Dissolved oxygen (DO)

In 4-year trough breeding experiments of *S. subcrenata*, Wang et al. [22] found that theoptimal DO condition was above 5 $mg \cdot L^{-1}/l^2l^2$. Moreover, based on the results of continuous monitoring of seawater environmental factors from the river to the sea, Gao [23] indicated that the DO content for survival of *S. subcrenata* was not lower than 4 $mg \cdot L^{-1}$.

2.3.5 Water depth (WD)

As a benthic shellfish, *S. subcrenata* has weak mobility and prefers to live inshallow water. In general, ark shellsaredistributed in depths of 5 ~ 7 m, and arerarely found below 15 m [24].

2.3.6 pH

Fang et al. (2008) reported that the suitable pH for *S. subcrenata* juveniles varied from 7. 0 to 9. 0, and that a pH of 7. 5 ~ 8. 5 providedthe optimum breeding and living conditions. If the pH was above 9. 2, there were obstaclestometamorphic development .

2.3.7 Ammonia (NH_4^+)

In addition, Fang et al. and Tian et al. both indicated that the content of ammonia has important impacts on the growth and survival of *S. subcrenata*. The toxicity of ammonia is stronger when the concentration is higher. Low levels ($<$ 0. 25 $mg \cdot L^{-1}$) have no harmful effects, while high levels ($>$ 0. 67 $mg \cdot L^{-1}$) significantly inhibit the survival and development of larvae.

2. 4 Habitat suitability model

Generally speaking, the weight of each specific factor can be defined through the Delphy method [12]. However, due to a lack of sufficient information, the weights of factors are often set to be equal in practice analysis [25]. Although there are many forms of HSI algorithms, the geometric mean model (GMM) eliminates the deviation caused by extreme suitable index (*SI*) values and has become the most common type of HSI model [26]. In this study, the algorithm of the HSI model was calculated according to Eq. (1):

$$HSI = \left(\prod_{i=1}^{7} SI_i\right)^{1/7} \tag{1}$$

where SI_i is the suitability value of a specific factor (i); and $i = 1, \ldots, 7$ is the index corresponding to the seven input factors of the model.

According to the HSI algorithm above, all of the environmental factors were included in the results of the comprehensive analysis through the raster calculate method.

3 Results

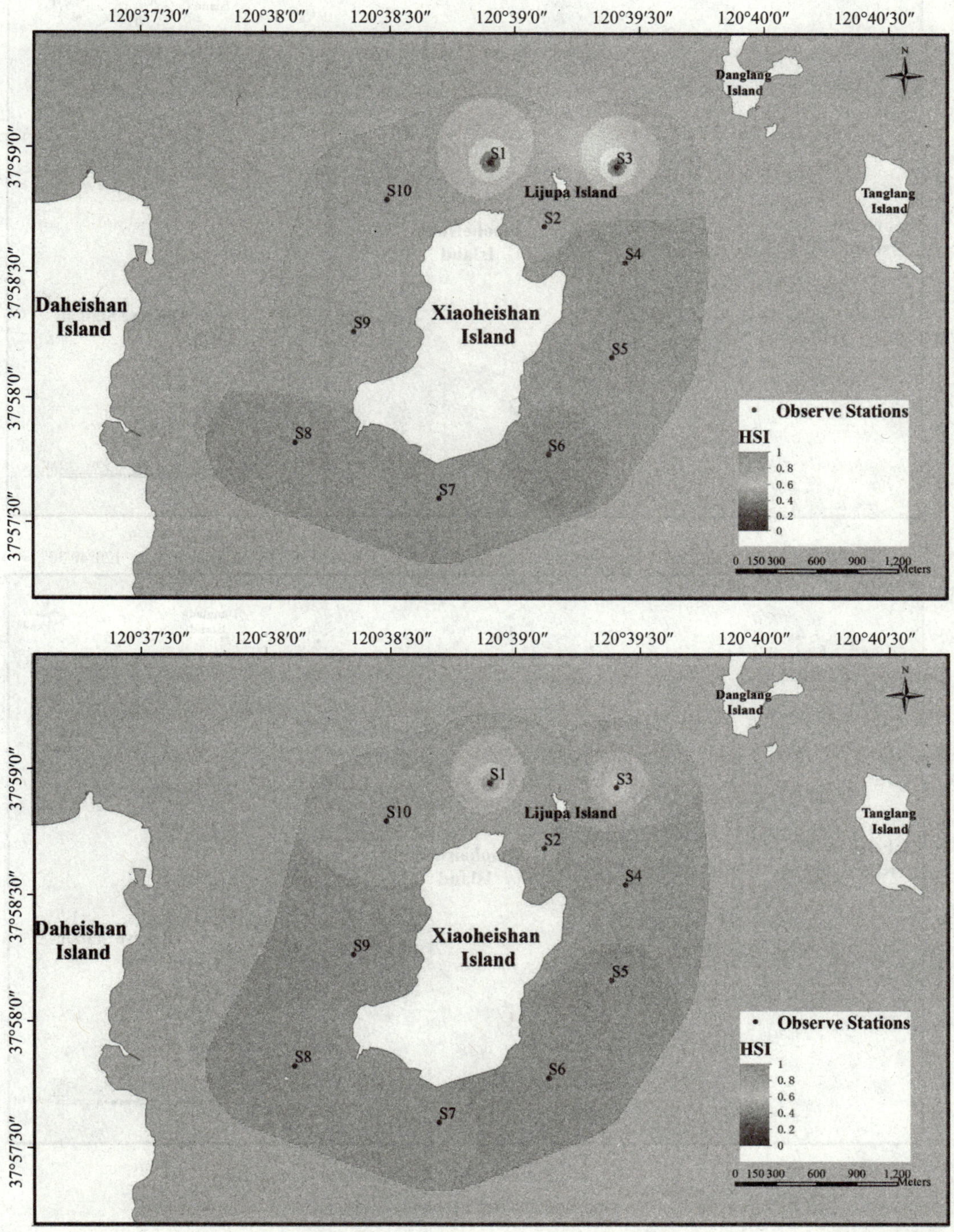

Fig.3 Map of suitable habitat for *Scapharca subcrenata*

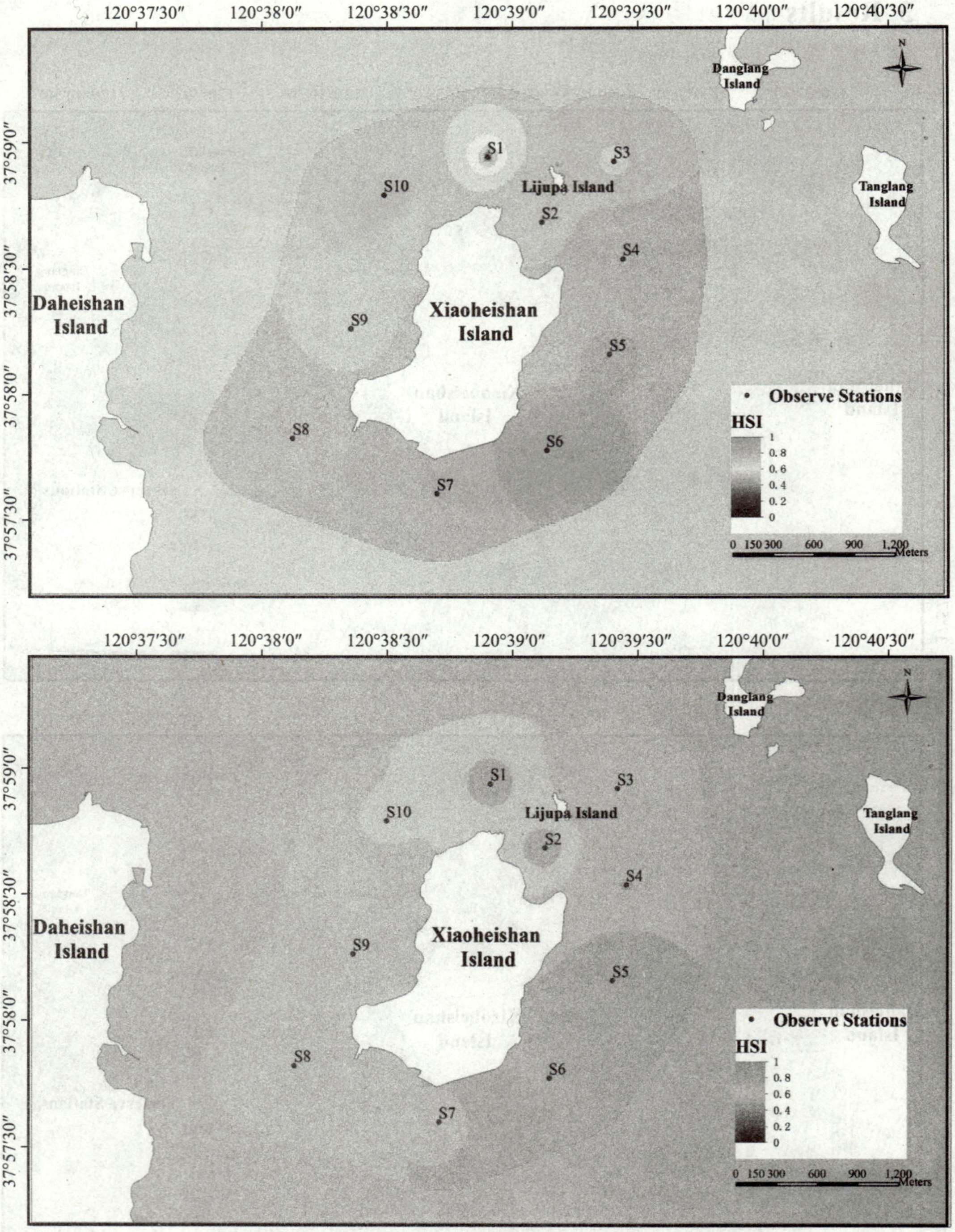

Fig.3（C） Map of suitable habitat for *Scapharca subcrenata*

a: spring, b: summer, c: autumn, d: winter

Table 1 Statistical results of 4 survey seasons over the study area

Season	< 0.5		0.5～0.6		0.6～0.7		0.7～0.8		0.8～0.9		0.9～1.0	
	Area (km^2)	Percent (%)	Area (km^2)	Percent (%)	Area (km^2)	Percent (%)	Area (km^2)	Percent (%)	Area (km^2)	Percent (%)	Area (km^2)	Percent (%)
Spring	0.03	0.47	0.08	1.24	0.42	6.53	2.53	39.35	3	46.66	0.38	5.91
Summer	0.01	0.16	0.06	0.93	0.24	3.73	1.6	24.88	3.24	50.39	1.29	20.06
Autumn	0.01	0.16	0.04	0.62	0.22	3.42	2.39	37.17	3.01	48.81	0.77	11.98
Winter	0.12	1.87	0.91	14.15	3.87	60.19	1.54	23.95	—	—	—	—

The habitat suitability analysis results of *S. subcrenata* for each individual season are shown in Fig. 3a～d and Table 1. To make the assessment results more intuitive, we reclassified the HSI values to create habitat suitability maps with gradient colours. Overall, most of the study area is in good condition, with virtually no portion of the study area is classified aspoor (HSI < 0.5). It is worth noting that the HSI model display results have quite similar plaque distribution trends for spring, summer, and autumn, accompanied by the major HSI values ranging from 0.7 to 1.0 (approximately 6 km^2, accounting for 93.3%). In contrast, the predictive results for winter are comparatively bad, scoring 0.42 to 0.77.

As Fig. 3 shows, the eastern and southern regions of study area were identified as suitable for *S. subcrenata* restoration, especially the optimal habitat centered on S5 and S6 (close to 1.2 km^2, accounting for 18.7%). The northern portion of the study area [centered on S1 (nearly 0.3 km^2, approximately 4.7%)] contained inferior habitat.

4 Discussion

There is a global consensus that restocking (or stock enhancement) is a practical approach to restore depleted stocks and meet the ever-growing demand for fishery resources. According to Food and Agriculture Organization (FAO, 2007) statistics, 94 countries of the world hadconducted restocking (or stock enhancement) activities. Many scholars have indicated that suitable site selection is vitally important factor for successful restoration[27-29]. However, the majority of marine resource enhancement projects do not achieve the desired effect [30]. There is an easily overlooked fact that most of the HSI models usually set the mean value of annual survey data as the input variable in empirical analyses. While some habitat parameters (such as sediment type) fairly constant in time, other parameters (such as salinity, dissolved oxygen and chlorophyll-a) can be considered exhibit remarkable variations among different seasons in the same region [31, 32]. In this paper, we conduct the habitat suitability analysis for four seasons respectively in order to gain more effective restoration plan of *S. subcrenata* (Lischke).

As Fig 3a～d and Table 1 show, the shallow water surrounding Xiaoheishan Island is generally suitable for the restoration of *S. subcrenata* (Lischke). Correspondence analysis

(CA, Fig4) indicated that seasonal differences of specific factor mainly in water temperature, ammoniaand DO. However, according to specific factor suitability functions described in section 2. 3, ammonia (3. 4 ~ 43. 1 μg·L^{-1}) and DO (7. 74 ~ 12. 4 mg·L^{-1}) both scored 1 in the HSI model throughout the year. Thus, the HSI value during winter ranged from 0. 42 to 0. 77, which was lower than the other three seasons due to variations in water temperature. 5 °C in winter resulting in SI value scoring 0. 19, with other 3 seasons (13 ~ 24. 8°C) scoring 0. 69 ~ 1. 0. Temperature is, as in most ectotherms, the major driver controlling and regulating metabolism and biochemical kinetics[33, 34]. Based on analysis of fortnightly data of food supply and hourly data of temperature (2010. 1 ~ 2010. 12), Rinaldi et al. [35] indicated that Ganzirriz Lake is fit for shellfish transplanted while Faro Lake fit for. in-situ aquaculture. It has been reported that the gametogenesis of *S. subcrenata* is initiated in winter when the water temperature is lowest [3, 35]. In the present study, the water temperature is not less than 2°C in winter which form the pivotal prerequisite for the ark shell restoration. Therefore, the majority of the study area has a high HSI value (> 0. 6) throughout the year, indicating a strong feasibility for *S. subcrenata* restoration.

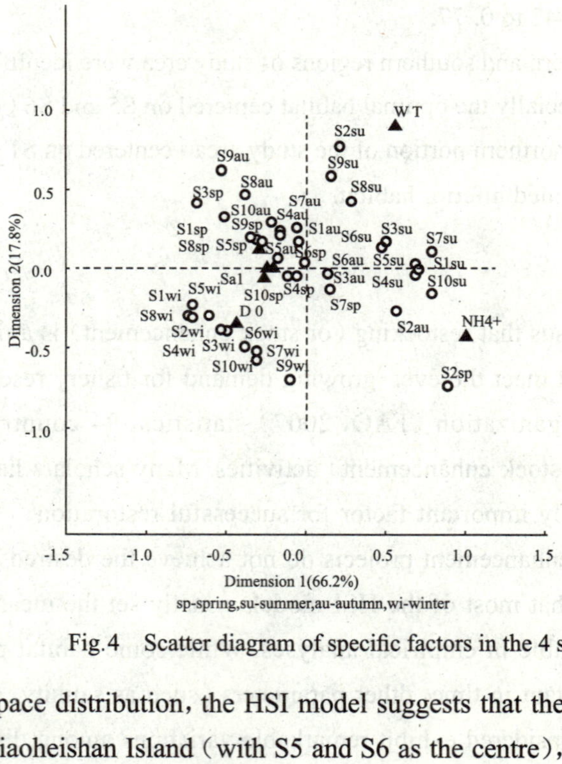

Fig.4 Scatter diagram of specific factors in the 4 seasons

In terms ofspace distribution, the HSI model suggests that the optimal habitat is located on the east side of Xiaoheishan Island (with S5 and S6 as the centre), meanwhile relatively inferior habitat was located on the northern side of the island (with S1 as the centre). Figure 5 reveals that sediment composition and water depth are two major reasons for the differences in the sites. Sediment composition is an essential abiotic factor determining benthic bivalve survival, affecting its growth, behaviour, and geographical distribution[36]. *S. subcrenata* gradually move towards deep-water throughout their life history, preferring ooze or sandy silt bottoms[37]. The slit percentage of sand (53. 86% /63. 12%) at S5/S6 was quite favourable for *S. subcrenata*, while that for S1 (44. 92%) was less suitable for the bottom sowing culture method of the ark shell. In addition, the SI value of depth at S1 (14. 9 m) was classified as close to 0, with S5 and S6 values scoring 0. 875 ~ 1. According to the consolidated calculation of the HSI model, the eastern region (with S5/S6 at the centre) was identified as optimal habitat, while the northern area around S1 was relatively inferior habitat. It is doubt that the conclusion should be meaningful to the study area to optimize restoration plan accuracy.

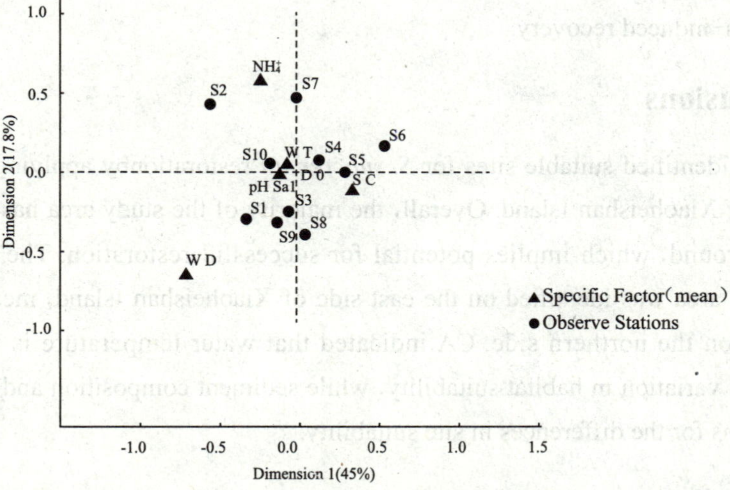

Fig.5 Scatter diagram of specific factors (mean) and survey stations.

Combing spatial information on water quality and bathymetry with the results of a 3D hydraulic model coupled to a complex trophic model made up by 14 state-variable and 52 parameters, Pastres et al. [4] proposed a multi-criteria approach to identify suitable areas for commercial rearing of *Tapes philippinarum*in the lagoon of Venice. Longdill et al. [38] aggregate the institutional and environmental factors (totally 14 parameters) to determine suitable locations of Perna canaliculus. However, Kliskey et al. [39] and Jørgensen[40] both indicated that the input variables need to be expected practical to measure at reasonably low-cost . With the information retrievable or available of Xiaoheishan Island, we built a simplified HSI model that does not contain these data, though very detailed and realistic, are usually costly to design and calibrate.

Although some parameters could be incorporated to improve, no model can account for every eventualityand has certain limitations[6, 41]. The effects of disease, predation, and other forms of natural or anthropogenic disturbanceare not examined. When such information (the effects of disease, predation, and other forms of natural or anthropogenic disturbance) become available and easily quantified, it can be incorporated into the model to make more accurate habitat suitability maps. Further, HSI models can be seen as operational applications of our understanding of ecological niches, while our knowledge of the relationships between habitat selection and niche characteristics will remain incomplete as long as the diversity of biological systems is not further explored [42]. Nonetheless, it is gratifying that increasingly easy access to data (remote-sensed) and computer software (GIS) means the HSI model analyses will be completed almost as a matter of routine for any species for which there are distribution records. Overall, strictly looks at average monthly and yearly habitat conditions becomes necessary in model interpretation [43]. We are confident that the habitat suitability maps could form the scientific basis for decisions related to the efficient restoration of *S. subcrenata* populations and the HSI model can be considered a meaningful screening approach in identifying optimal sites for natural or human-induced recovery.

5 Conclusions

This study identified suitable sites for *S. subcrenata* restorationby applying the HSI to the shallow water of Xiaoheishan Island. Overall, the majority of the study area has high HSI value (> 0. 6) year round, which implies potential for successful restoration. The optimal habitat within the study area was identified on the east side of Xiaoheishan Island, meanwhile inferior habitat located on the northern side. CA indicated that water temperature is the main factor causing seasonal variation in habitat suitability, while sediment composition and water depth are two major reasons for the differences in site suitability.

Acknowledgments

Sincerely thanks for partial data provided by the inspectors of Yantai Marine Environment Monitoring Central Station, State Oceanic Administration. The authors are also grateful to the anonymous reviewers who proposed helpful comments.

References

[1] Chen J H, Yan B L, Gao H. Research progress in the biological characteristics of *Scapharca subcrenata* (Lischke) [J]. Hebei Fishery (in Chinese), 2006, 9: 24-25, 49.

[2] Liu Aiying, Ma Yuncong, Zhao Guanghua, et al. Large scale artificial breeding of *Scapharca subcrenata* [J]. Transactions of Oceanology and Limnology (in Chinese), 2005, 1: 86-90.

[3] Kim S Y, Shin Y K, Lim H K, et al. Gonadal development and reproductive cycle of the ark shell, *Scapharca subcrenata* (bivalvia: arcidae) from Yeoja Bay [J]. Journal of

Aquaculture, 2008, 21: 252-258.

[4] Park H J, Lee W C, Choy E J, et al. Reproductive cycle and gross biochemical composition of the ark shell *Scapharca subcrenata* (Lischke, 1869) reared on subtidal mudflats in a temperate bay of Korea[J]. Aquaculture, 2011, 322: 149-157.

[5] Pastres R, Solidoro C, Cossarini G, et al. Managing the rearing of *Tapes philippinarum* in the lagoon of Venice: a decision support system[J]. Ecological Modelling, 2001, 138 (1): 231-245.

[6] Barnes T K, Volety A K, Chartier K, et al. A habitat suitability index model for the eastern oyster (*Crassostrea virginica*), a tool for restoration of the Caloosahatchee Estuary, Florida[J]. Journal of Shellfish Research, 2007, 26 (4): 949-959.

[7] Carvalho J, Martins L, Silva J P, et al. Habitat suitability model for red deer (*Cervus elaphus* Linnaeus, 1758): spatial multi-criteria analysis with GIS application[J]. Galemys, 2012, 24: 47-56.

[8] Rushton S P, Ormerod S J, Kerby G. New Paradigms for Modelling Species Distributions[J]? Journal of applied ecology, 2004, 41 (2): 193-200.

[9] Kong Mei, Huang Haijun, Gao Xingguo, et al. Assessment of the environmental impacts of Changdao Island development[J]. Marine Sciences (in Chinese), 2010, 34 (10): 96-100.

[10] Fan guokun, Han jiabo, Huang jucheng, Ma zhiqiang. The Spotted Seals in Miaodao Islands[J]. Fisheries Science (in Chinese), 2005, 24 (3): 16-18.

[11] Hou yingmin. The Sea Situation of Shandong Province (in Chinese) [M]. Beijing: Ocean Press, 2010: 72, 239.

[12] Vinagre C, Fonseca V, Cabral H, et al. Habitat suitability index models for the juvenile soles, Solea solea and Solea senegalensis, in the Tagus estuary: Defining variables for species management [J]. Fisheries Research, 2006, 82 (1): 140-149.

[13] Yang Yuxiang, Liang Weibo, Zheng Guofu. Reproductive Season of *Scapharca subcrenata* in Liaodong Bay[J]. Fisheries Science (in Chinese), 2003, 22 (3): 17-19.

[14] Zhou Jun, Zhang Haipeng, Li Yiqun, et al. Study on biological characteristics of *Scapharca subcrenata*[J]. Hebei Fishery (in Chinese), 2005, 2: 18-20.

[15] Shi Xiangyuan, You Zhongjie, Shen Weiliang, et al. Effects of salinity on growth and survival in juvenile clam *Scapharca subcrenata*[J]. Fisheries Science (in Chinese), 2007, 26 (10): 554-556.

[16] Fang Jun, Yan Maocang, Zhang Jiongming, et al. Preliminary studies on the effects of pH andammonia on growth and survival to *Scapharca subcrenata* juveniles[J]. Journal of Zhejiang Ocean University (Natural Science) (in Chinese), 2008, 27 (3): 281-285.

[17] Ranci Ortigosa G, De Leo G A, Gatto M. Integrating modelling and GIS in a software tool for habitat suitability assessment[J]. Environmental Modelling and Software, 2000, 15 (1): 1-12.

[18] Fu Zhuo, Zhu Shouwei. Investigation on the sowing effects of *Scapharca subcrenata* in the shallow sea of Jinzhou bay[J]. Hebei Fishery (in Chinese), 2008, 2: 40-42.

[19] Zhai Linxiang, Mao Hongqian. Study on reproductive biology and artificialbreeding technology of *Scapharca subcrenata*[J]. Modern Agricultural Science and Technology (in Chinese), 2010, 4: 345-346.

[20] Shen Weiliang, You Zhongjie, Shi Xiangyuan. The influence of temperature and salinity on zygote's hatching rateand larval growth of *Scapharca subcrenata*[J]. Experiment and Technology (in Chinese), 2009, 33 (10): 5-8.

[21] Yang Feng, Liu Dan, Yu Qian, et al. Influences of environmental factors on excrement and sandpurification in blood clamp *Scapharca subcrenata*[J]. Journal of Dalian Ocean University (in Chinese), 2012, 27 (6): 523-527.

[22] Wang Jianhua, Zhou Yanheng, Bai Jinhai, et al. Study on artificial breeding of Scapharacasubcrenata (Lischke) [J]. Hebei Fishery (in Chinese), 2009, 3: 18-19, 24.

[23] Gao Xiaolong. The impact of breeding densities, substratum, predators on the grown and survival of the bloody clam (*Scapharca subcrenata*) [D]. Qingdao: Ocean University of China, 2013.

[24] Song Feifei. Population Morphology and Genetics of Scapharcasubcrenata near the coasts of Shandong Peninsula. [D]. Qingdao: Ocean University of China, 2012.

[25] Gong Caixia, Chen Xinjun, Gao Feng, et al. Review on habitat suitability index in fishery science[J]. Journal of Shanghai Ocean University (in Chinese), 2011, 20 (2): 260-269.

[26] Jin Longru, Sun Keping, He Hongshi, et al. Research advances in habitat suitability index model[J]. Chinese Journal of Ecology (in Chinese), 2008, 27 (5): 841-846.

[27] Gomez E D, Mingoa-Licuanan S S. Achievements and lessons learned in restocking giant clams in the Philippines[J]. Fisheries Research, 2006: 80 (1): 46-52.

[28] Bell J D, Leber K M, Blankenship H L, et al. A new era for restocking, stock enhancement and sea ranching of coastal fisheries resources[J]. Reviews in fisheries science, 2008, 16 (1-3): 1-9.

[29] Elsäßer B, Fariñas-Franco J M, Wilson C D, et al. Identifying optimal sites for natural recovery and restoration of impacted biogenic habitats in a special area of conservation using hydrodynamic and habitat suitability modelling[J]. Journal of Sea Research, 2013, 77: 11-21.

[30] Cheng Jiahua, Jiang Yanzhou. Marine stock enhancement: Review and prospect[J]. Journal of Fishery Sciences of China (in Chinese), 2010, 17 (3): 610-617.

[31] Vincenzi S, Caramori G, Rossi R, et al. A GIS-based habitat suitability model for commercial yield estimation of *Tapes philippinarum* in a Mediterranean coastal lagoon (Sacca di Goro, Italy) [J]. Ecological Modelling, 2006, 193 (1): 90-104.

[32] Li Fengqing, Cai Qinghua, Fu Xiaocheng, et al. Construction of habitat suitability models (HSMs) for benthic macroinvertebrate and their applications to instream environmental flows: a case study in Xiangxi River of Three Gorges Reservior region, China[J]. Progress in Natural Science, 2009, 19 (3): 359-367.

[33] Ruiz C, Martinez D, Mosquera G, et al.. Seasonal variationsin condition, reproductive activity and biochemical composition of the flat oyster, Ostrea edulis, from San Cibran (Galicia, Spain) [J]. Marine Biology, 1992, 112 (1): 67-74.

[34] Kooijman, Sebastiaan Adriaan Louis Maria. Dynamic energy budget theory for metabolic organisation[M]. Third ed. Cambridge, U. K.: Cambridge University Press, 2010.

[35] Rinaldi A, Montalto V, Manganaro A, et al. Predictive mechanistic bioenergetics to model habitat suitability of shellfish culture in coastal lakes[J]. Estuarine, Coastal and Shelf Science, 2014, 144: 89-98.

[36] Huehner M K. Field and laboratory determination of substrate preferences of unionid mussels[J]. Ohio Journal of Science, 1987, 87 (1): 29-32.

[37] Liu Mengxia, Wang Qixiang, Liu Ming, et al. Research on habitat suitability of benthic organisms in the coastal water of Shandong Province (in Chinese) [M]. Beijing: Ocean Press, 2012: 176.

[38] Longdill P C, Healy T R, Black K P. An integrated GIS approach for sustainable aquaculture management area site selectio[J]. Ocean & Coastal Management, 2008, 51 (8): 612-624.

[39] Kliskey AD, Lofroth E C, Thompson W A, et al. Simulating and evaluating alternative resource-use strategies using GIS-based habitat suitability indices[J]. Landscape and Urban Planning, 1999, 45 (4): 163-175.

[40] Jørgensen S E. Ecosystem Ecology[M]. USA: Academic Press, 2009: 379.

[41] Short, F T, Davis, R C, Kopp, B S, et al. Site-selection model for optimal transplantation of eelgrass Zostera marina in the northeastern US[J]. Marine Ecology Progress Series, 2002, 227: 253-267.

[42] Hirzel A H, Le LayG.. Habitat suitability modelling and niche theory[J]. Journal of Applied Ecology, 2008, 45 (5): 1 372-1 381.

[43] Barnes, T K, Mazzotti, F J, Pearlstine, L G, et al. Habitat Evaluation in Coastal Southwestern Florida: A Policy Decision Model for the Blue Crab (*Callinectes sapidus*) [J]. Florida Scientist, 2006, 69: 140-151.

(Zhou Jian, Song Jingjing, Bai Qianling, Liu Chengyue, Zhang Zhipeng, Tang Haitian)

(载自 *Chinese Journal of Oceanology and Limnology* 2016-03)

第四章

营养生理与水产品安全

多棘海盘车体壁酸法脱钙工艺及体壁变化

多棘海盘车(*Asterias amurensis*),又名海星,属棘皮动物门(Echinodermata)海盘车纲(Asteroidea)钳棘目(Forcipulate)海盘车科(Asteriidate)[1],是我国北方海域的主要品种[2]。多棘海盘车喜食贝类,是底栖生物群落的重要捕食者,大量聚集时会对扇贝、魁蚶、牡蛎、鲍鱼等贝类养殖和底播增殖造成严重危害[3-6]。

多棘海盘车的功效首载于《东北动物药》[6]。在沿海地区,多棘海盘车黄[7](消化腺和生殖腺)常被作为食用点心或者药物[8],科研人员也相继从多棘海盘车黄内分离获得具有抗癌、抗菌、降血压等多种生理和药理活性[9]的皂甙、甾醇、多糖、生物碱类等特殊化学物质[10]。但是,目前对多棘海盘车的体壁利用研究较少。多棘海盘车体壁中的有机物主要为胶原蛋白,可提取胶原蛋白或明胶[6];无机物主要为羟基磷灰石(HAP)[$Ca_{10}(PO_4)_6(OH)_2$][11, 12],由于羟基磷灰石特殊的排列方式,对提取胶原十分不利[13]。因此,在多棘海盘车的体壁利用之前,要除去其中的钙,进行脱钙处理。多棘海盘车体壁成分与鱼鳞相似,而目前对鱼鳞脱钙工艺研究较多[14-16],为多棘海盘车体壁脱钙工艺的处理提供了借鉴。鱼鳞脱钙一般采用两种方法——EDTA 去钙或者酸脱钙[17],本文以多棘海盘车体壁为原料,采用盐酸作为脱钙液,研究脱钙工艺的最佳条件及体壁在脱钙前后的变化,旨在为多棘海盘车的开发利用提供基础数据及科学依据。

1 材料与方法

1.1 材料与仪器

多棘海盘车:采自青岛八大峡附近海域(2014 年 5 月);盐酸、乙二胺基四乙酸二钠(EDTA)、铬黑 -T、乙二醇甲醚、三乙醇胺、氨水、氢氧化钠、硫酸铜、氯化钙、氯化铵、酒石酸钾钠均为分析纯。

FA1604N 电子分析天平:上海精密仪器仪表有限公司;FMN10010-RO 纯水机、青岛富勒姆科科技有限公司;全自动氨基酸分析仪 A200 德国安米诺西斯公司;S-3400N 扫描电子显微镜、日本日立公司;IXRF systems 能谱仪、美国天美公司;JEE-420 真空喷镀仪、日本电子株式会社。

1.2 试验方法

1.2.1 前处理

样品采集后，冲洗泥沙，用刀具将多棘海盘车沿腹面步带沟剖开，分离生殖腺和体壁，洗净体壁待用。

1.2.2 理化成分的测定

粗蛋白、粗脂肪、总糖、灰分和钙分别参照 GB 5009. 5—2010 凯氏定氮法、GB/T 5009. 6—2003 酸水解法、GB/T 9695. 31—2008 直接滴定法、GB 5009. 4—2010 食品中灰分测定法和 GB 5009. 92—2003 食品中钙测定法进行测定。羟脯氨酸按照安米诺西斯氨基酸分析仪检测方法进行。

1.2.3 脱钙方法

称取多棘海盘车体壁，先以 0. 1 $mol \cdot L^{-1}$ 的 NaOH 浸泡 24 h，持续搅拌，去除附着在体壁上的色素及杂蛋白；用蒸馏水清洗至中性，随即浸泡于一定浓度、一定体积的盐酸溶液中，以脱除体壁中的钙质及其他无机成分。

1.2.4 单因素试验设计

1. 2. 4. 1 酸浓度对脱钙率的影响。

分别采取浓度为 0. 08 $mol \cdot L^{-1}$, 0. 1 $mol \cdot L^{-1}$, 0. 2 $mol \cdot L^{-1}$, 0. 4 $mol \cdot L^{-1}$, 0. 6 $mol \cdot L^{-1}$, 0. 8 $mol \cdot L^{-1}$, 1. 0 $mol \cdot L^{-1}$ 的盐酸多棘海盘车与盐酸的料液比 1:10，提取 24 h，测定溶液中的钙含量，计算脱钙率。

1. 2. 4. 2 提取时间对脱钙率的影响。

加入浓度为 0. 6 $mol \cdot L^{-1}$ 的盐酸，多棘海盘车与盐酸的料液比 1:10，改变反应时间，使反应时间分别为 3 h, 6 h, 9 h, 12 h, 15 h, 18 h, 21 h, 24 h，测定溶液中的钙含量，计算脱钙率。

1. 2. 4. 3 料液比对脱钙率的影响。

多棘海盘车与盐酸的料液比分别为 1:2. 5, 1:5, 1:10, 1:15, 1:20, 1:25, 1:30，加入浓度为 0. 6 $mol \cdot L^{-1}$ 盐酸，提取 24 h，测定溶液中的钙含量，计算脱钙率。

1.2.5 正交试验

在单因素试验的基础上，以酸浓度（A）、提取时间（B）、料液比（C）3 个因素进行 L9 (3^4) 正交试验，因素水平见表 1。

表 1 正交试验因素与水平

水平	A 酸浓度（$mol \cdot L^{-1}$）	B 时间（h）	C 料液比
1	0. 6	18	1:5
2	0. 8	21	1:10
3	1	24	1:15

1.2.6 钙含量的测定 [18]

1. 2. 6. 1 钙标准曲线的制定 [14]。

分别取 0 mL，0. 5 mL，1. 0 mL，1. 5 mL，2. 0 mL，3. 0 mL，4. 0 mL 的钙标准溶液，以蒸馏水补足至总体积 20 mL，加入 15 mL 氨性溶液（pH 10），3 滴铬黑 -T 指示剂，以 EDTA 标准溶液滴定，滴定终点溶液由酒红色变为蓝色，取两次平均值。以 EDTA 滴定体积为横坐标，钙含量为纵坐标作图，得到标准曲线。

1. 2. 6. 2 浸酸溶液中钙含量的测定。

取 1 mL 盐酸脱钙液，重复上述操作，记录消耗 EDTA 体积。根据标准曲线得到脱钙液中的钙含量。由下式得到脱钙率：

$$T = m \times V / H \times 100$$

式中，T 为脱钙率（%）；m 为由标准曲线得出的钙含量（mg）；V 为盐酸体积（mL）；H 为总钙含量（mg）。

1.2.7 体壁的固定方法及电镜扫描样品制备[19]

分别剪取未经处理和处理后的多棘海盘车体壁，浸入 8℃生理盐水，之后在由二甲胂酸盐缓冲溶液（pH 7. 3）配制的 3% 的戊二醛溶液中浸泡 2 h 固定，固定后将标本分两次置入 0. 1 $mol \cdot L^{-1}$ 磷酸缓冲溶液（pH 7. 4）中 20 min，加入 1% 锇酸在室温下固定 60 min，分别用 50%，70%，90%，100% 乙醇逐级脱水，浸透后以 Spurr 环氧树脂包埋，聚合。样品经过固定干燥后，切开横断面，断面向上，用乳胶黏附在样品桩上，放入 JEE-4X 真空喷镀仪上，加导电层（Au），以观测样品断面。

1.2.8 数据处理

运用 SPSS13. 0 统计软件进行数据分析，以 Origin8. 0 软件作图。

2 结果与分析

2. 1 多棘海盘车体壁基本理化成分

表 2 多棘海盘车体壁的主要组成成分（干重，%） $\bar{x} \pm SD$，%

样品	粗蛋白	脂肪	灰分	总糖	羟脯氨酸	钙
体壁	31. 94±0. 75	1. 67±0. 12	60. 39±1. 04	0. 67±0. 02	1. 89±0. 04	29. 70±0. 86

从表 2 可以看出，多棘海盘车体壁中的主要成分是蛋白和灰分，含有少量的脂肪和糖。对于陆生动物而言，羟脯氨酸的常用换算系数为 7. 1；而水生动物中一般采用 11. 1 或 14. 1[20]。由羟脯氨酸含量按换算系数 11. 1，得胶原含量为 20. 79%，胶原约占蛋白总量的 65. 09%，体壁可用于提取明胶或胶原蛋白[6, 14]。

多棘海盘车体壁灰分含量为 60. 39%，主要为羟基磷灰石，对提取胶原蛋白十分不利。本文较郝林华等[13]的测定结果（44. 44%）和王长云等[21]的测定结果（57. 92%）偏高。可能是多棘海盘车采集地点、时间及检测方法的差异导致了检测结果的不同。多棘海盘车体壁灰分含量高于海水真鲷（*Pagrosomus major*）鱼鳞[22]（34. 2%）和淡水鳙鱼（*Aristichthys nobilis*）鱼鳞[23]（27. 4%）。多棘海盘车体壁主要由胶原纤维形成的三维立体网构成，孔洞由无机物填充[11]，体壁韧性强、不易破碎，羟基磷灰石排列方式特殊。而鱼鳞表面覆盖一层以钙为主的无机物，胶原纤维分布在无机层之下[23]。构造的特殊性可能是多棘海盘车体壁灰分含量高的主要原因。

2.2 多棘海盘车体壁的脱钙工艺

2.2.1 盐酸浓度对脱钙率的影响

由图1可得，当盐酸浓度在 0.4～0.6 mol•L^{-1} 时，随着盐酸浓度的提高，脱钙率显著提高，当盐酸浓度大于 0.6 mol•L^{-1} 时，钙含量脱除的速度明显变缓，且 0.6 mol•L^{-1} 与 0.8 mol•L^{-1} 的盐酸脱钙效果在第 48 h 时比较无显著性差异。这与张丰香等[24]报道的利用盐酸对鱼鳞进行脱钙的结果类似。

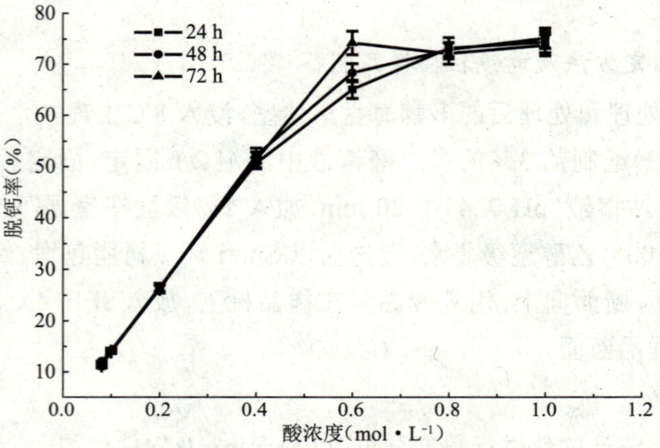

图1　盐酸浓度对脱钙率的影响

2.2.2 时间对脱钙率的影响

由图2可知，前 18 h 盐酸脱钙反应进行的速度很快，18 h 之后随着时间的增长，脱钙率略有增长；21 h 时浸出液中钙含量已达到最大值，之后脱钙率基本不随时间增加而变化。段蕊等[25]的研究也表明，钙离子的脱出并不是匀速的，在开始的 18 h 非常快，之后的 18 h 内，脱钙的速度有所降低，21 h 后脱钙率的增加非常缓慢。

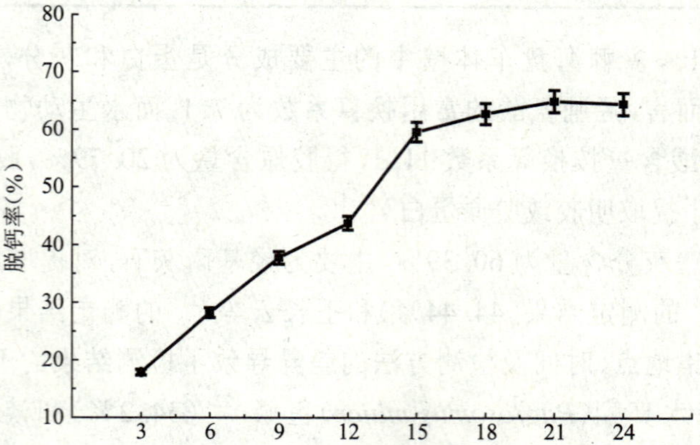

图2　时间对脱钙率的影响

2.2.3 料液比对脱钙率的影响

从图 3 中可以看出，随着液料比的增加，脱钙率呈波动状态。脱钙率开始呈增加趋势，在液料比为 1:10 的时候达到最大值。当液料比达到 1:15 时，效果最差，当液料比＞1:15 时，脱钙率反而随着液料比的增加有增加的趋势。

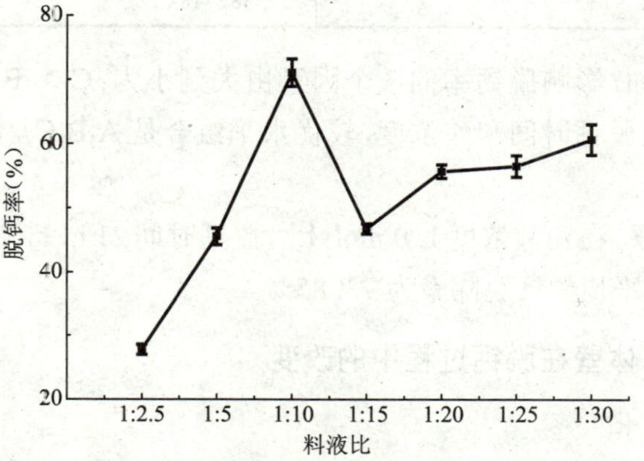

图 3 料液比对脱钙率的影响

2.2.4 正交试验结果与分析

正交试验的结果与分析见表 3，方差分析见表 4。

表 3 正交试验结果 L9(3^4)

试验号	A	B	C	脱钙率(%)
1	1	1	1	45. 12
2	1	2	2	71. 45
3	1	3	3	40. 23
4	2	1	2	72. 46
5	2	2	3	54. 41
6	2	3	1	60. 32
7	3	1	3	57. 03
8	3	2	1	63. 16
9	3	3	2	73. 43
K_1	156. 8	174. 61	168. 6	
K_2	187. 19	189. 02	217. 34	
K_3	193. 62	136. 75	151. 67	
R	36. 82	52. 27	65. 67	
优化方案	A_3	B_2	C^2	

表 4　方差分析表

方差来源	ss	df	S	F	sig
A	257. 845	2	128. 923	0. 888	0. 459
B	48. 25	2	24. 125	0. 134	0. 877
C	774. 973	2	387. 487	6. 576	0. 031

由表 3 及表 4 可知，影响脱钙率的 3 个因素由大到小为：C ＞ B ＞ A，即料液比对脱钙率的影响最大，其次是脱钙时间和酸浓度，较优水平组合是 $A_3B_2C_2$，料液比对脱钙率的影响差异显著（$P < 0.05$）。

根据上述优化结果，在乙酸浓度 1. 0 $mol \cdot L^{-1}$，脱钙时间 21 h，料液比 1:10 的优化条件下，重复 5 次试验，测得其平均的钙脱除率为 73. 85%。

2. 3　多棘海盘车体壁在脱钙过程中的改变

2.3.1　外观形态变化

图 4 是未经过脱钙处理和经过盐酸脱钙处理的体壁电镜扫描照片。盐酸处理前后，体壁纵切面的形态是有差别的。盐酸处理前，体壁纤维板层紧密整齐，经过切割后不松散；盐酸处理后，体壁纵切面变得松散、粗糙，出现孔洞，说明体壁在经过盐酸处理之后，形态从内到外都发生了一定的改变。多棘海盘车体壁经过盐酸脱钙处理后变得柔软，韧性增强，盐酸逐渐向内层渗透，浸润胶原纤维束，使钙化层变薄，胶原纤维束之间变得疏松。而脱钙后的鱼鳞厚度减小，透明度增强，韧性降低[12]。这体现了鱼鳞与多棘海盘车壁内部结构的不一致。鱼鳞是羟基磷灰石等钙化层覆盖在胶原纤维表面，而多棘海盘车体壁是羟基磷灰石填充胶原纤维形成的空洞。电镜观察脱钙后的多棘海盘车体壁内部结构变得松散、粗糙，并出现孔洞。

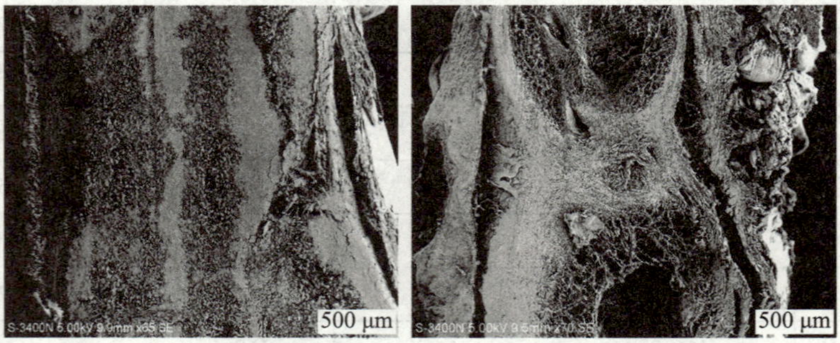

（a）未经过盐酸处理的体壁切片　　（b）经过盐酸处理的体壁切片

图 4　经过不同处理的多棘海盘车体壁内部结构

2.3.2　能谱扫描变化

图 5 是盐酸处理前后多棘海盘车体壁纵切面的能谱扫描图谱。未经过盐酸处理，在体壁内层都没有发现氯，但是钙和磷的含量都较高。经过盐酸处理后，在体壁内部纤维层的能谱扫描中出现氯，而钙、磷等含量下降。说明随着盐酸溶液逐渐向内部扩散，内部结构变疏

松；而钙、磷等溶解在酸液中，在浓度梯度的推动下扩散出来。能谱图显示脱钙后，盐酸溶液向多棘海盘车内部渗透，金属离子扩散出来，这点与鱼鳞是一致的[12]。各种无机离子在扩散过程中会渗入胶原层，因此脱钙后的体壁在提取胶原蛋白前应充分浸泡和清洗，防止灰分太多影响产品纯度。

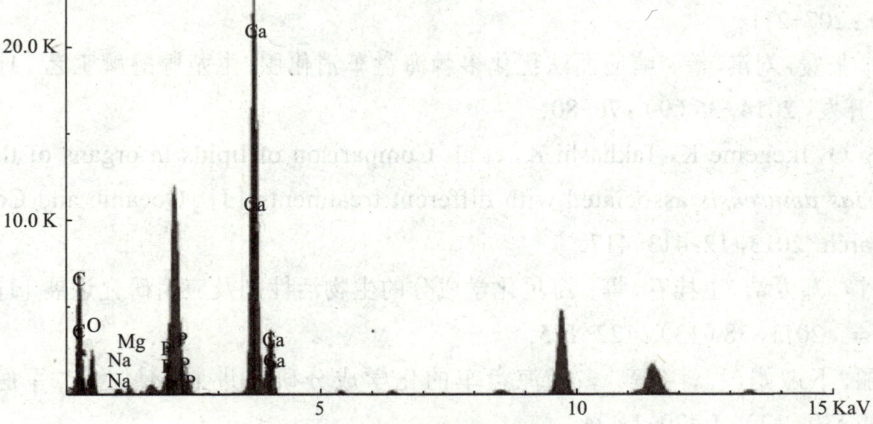

（a）未经盐酸浸泡体壁切面能谱

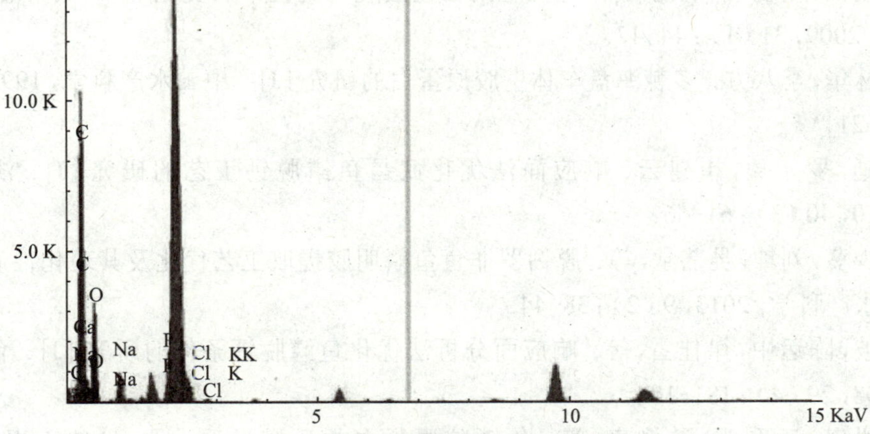

（b）经过盐酸浸泡体壁切面能谱

图 5　经过不同处理液处理后的多棘海盘车体壁内部的能谱扫描

参考文献

［1］杨德渐，孙世春．海洋无脊椎动物学［M］．青岛：青岛海洋大学出版社，1999：67．

［2］常丽媛，高淑华，李静辉，等．多棘海盘车的生药学研究［J］．吉林中医药，2001，6：6．

［3］O Hara T. Northern Parcific seastar［J］. Vic Nat，1995，112：261．

［4］Burna M，Morrice M G，Wolf B. Introduction of the northern Pacific asteroid *Asterias amurensis* to Tasmania: reproduction and current distribution[J]. Mar Bio, 1997, 127(4): 673-685.

[5] Spencer B E. Predators and methods of control in molluscan shelfish cultivation in North European waters[J]. EAS Special Publication, 1992, 16: 309-338.

[6] 李红艳，李晓，孙元琴，等. 多棘海盘车营养成分分析及评价 [J]. 食品科学，2014, 35(21): 207-211.

[7] 曹荣，张媛，刘淇，等. 响应面法优化多棘海盘车消化腺、生殖腺酶解工艺 [J]. 食品研究与开发，2014, 35(9): 76-80.

[8] Wang Q, Ikegeme K, Takhashi K, et al. Comparison of lipids in organs of the starfish *Asterias amurensis* associated with different treatments [J]. Oceanic and Coastal Sea Research, 2013, 12: 413-417.

[9] 刘铁铮，郑爱洁，王桂春，等. 海星化学成分的生物活性剂及应用研究进展 [J]. 广东农业科学，2011, 38(13): 122-125.

[10] 米丽，卜淑娟，程萍，等. 多棘海盘车的化学成分研究进展 [J]. 第二军医大学报，2009, 30(12): 1 420-1 424.

[11] Patricia O'neill. Structure and mechanics of starfish body wall[J]. J exp Biol, 1989, 147: 53-89.

[12] 张俊杰，段蕊，薛婉丽，等. 鲤鱼鱼鳞在盐酸脱钙过程中的变化 [J]. 氨基酸和生物资源，2009, 31(1): 44-47.

[13] 郝林华，李八方. 多棘海盘车体壁胶原蛋白的研究 [J]. 中国水产科学，1999, 6(2): 18-21.

[14] 王迪，罗永康，崔建云. 响应面法优化武昌鱼鳞脱钙工艺的研究 [J]. 淡水渔业，2010, 40(3): 61-66.

[15] 曾少葵，刘坤，吴艺堂，等. 脱钙罗非鱼鱼鳞明胶提取工艺优化及其理化性质 [J]. 南方水产科学，2013, 9(2): 38-44.

[16] 吴波，陈运中，律佳雪，等. 响应面分析法优化鱼鳞脱钙条件的研究 [J]. 食品科学，2008, 29(4): 181-184.

[17] 樊世芳，王利强，游柳青，等. 鱼鳞胶原蛋白的研究进展 [J]. 包装工程，2014, 35(23): 6-12.

[18] 华中师范学校，东北师大，陕西师大编. 分析化学实验 [M]. 北京：人民教育出版社，1981.

[19] 秧勇骥. 实用生物医学电子显微镜技术 [M]. 上海：第二军医大学出版社，2003: 65.

[20] 李莉，顾塞麟，王锡昌，等. 响应面法优化酶解提取大鲵皮胶原蛋白工艺 [J]. 中国水产科学，2013, 20(4): 876-883.

[21] 王长云，顾谦群，周鹏. 多棘海盘车用作新型海洋食品原料的可能性研究 [J]. 中国水产科学，1999, 6(4): 67-71.

[22] Toshiyuki I, Histonshi K, Junzo T, et al. Physical properties of type I collagen extracted from fish scales of *Pagrus major* and *Oreochromis niloticas*[J]. International Journal of Biological Marcomolecules, 2003, 32: 199-204.

[23] 曾江南，蒋柏泉，魏林生，等. 鳙鱼鱼鳞脱钙工艺的优化 [J]. 南昌大学学报，2011，33（4）：338-364.

[24] 张丰香，许时婴，王璋. 鱼鳞明胶生产的浸酸脱钙工艺研究 [J]. 食品工业科技，2008，29（3）：119-204.

[25] 段蕊，周银铃，张艳. 滴定法监控鱼鳞脱钙过程的研究 [J]. 淮海工学院学报（自然科学版），2004，113（2）：54-59.

（李晓，王颖，李红艳，吴志宏，刘天红，孙元芹，刘伟）

（载自《食品工业科技》2016-10）

响应面法优化罗氏海盘车生殖腺皂甙脱除技术研究

罗氏海盘车（*Asterias rollestoni* Bell）又名海星，属棘皮动物门，海星纲，钳棘目，海盘车科[1]。我国沿海有100多种，黄、渤海常见种类有多棘海盘车、罗氏海盘车、陶氏太阳海星等[2,3]。海星为肉食性动物，繁殖能力和再生能力很强，喜爱吞食各种软体动物、棘皮动物等，日吞食量很大，对沿海扇贝、牡蛎、贻贝、鲍鱼等贝类养殖业具有较大危害[4]。海星生殖腺味道鲜美，但含有皂甙[5,6]，限制了其多途径高效利用及产业化开发。王兵等人[7]从南海海星 *Craspidastethesperus* 中分离提取了总皂甙，并进行抗肿瘤活性研究，采用体外抗肿瘤细胞培养和体内抗肿瘤试验方法，测定海星总皂甙的体外和体内抗肿瘤作用，结果发现海星总皂甙对体外培养的小鼠移植性肿瘤肉瘤S180的生长、肝癌H22细胞有直接的细胞毒作用，即能明显抑制小鼠生肉瘤S180的生长，延长H22腹水小鼠的生存时间，说明海星总皂甙具有明显的抗肿瘤活性，可望用于恶性肿瘤的治疗。郭承华等人[8-10]研究了罗氏海盘车的皂甙制备方法，对其性质进行鉴定，并进行其组织中海星皂甙分布及活性的研究；文震等学者[11,12]研究对不同方法制备的海星皂甙进行细胞毒性评价，考察超临界二氧化碳（CO_2）萃取、乙醇萃取两种方法制备的南海产多棘海星皂甙的溶血过程，采用分光光度法测定溶血指数，结合红细胞形态血观察，评价其细胞毒性。结果显示，两种方法制备的海星皂甙都具有明显溶血作用，超临界 CO_2 萃取、溶剂萃取的海星皂甙溶血指数分别为19231、12821，超临界 CO_2 萃取的海星皂甙保持了更强的细胞毒性，这为海星皂甙制备工艺的选择，探索其物质基础提供了参考依据。上述均是学者关于海星生殖腺皂甙性质的基础性研究，缺乏生殖腺应用研究，而海星生殖腺皂甙的脱除是突破这一瓶颈的关键技术，本文利用响应面法优化罗氏海盘车（以下简称海星）生殖腺皂甙脱除条件，以期为海星变废为宝、变害为利，提供有效的数据支持。

1 材料与方法

1.1 材料

（1）人参皂甙标准品Rg1：CAS号；41753-43-9，纯度≥98%，分子量1109.29；

（2）罗氏海盘车2013年5月采自青岛八大峡海域，取其生殖腺；

（3）食用酒精；

（4）甲醇A.R.；

（5）UV2450 紫外分光光度计岛津公司。由于海星生殖腺脱毒后，需应用于食品和饲料开发，故脱毒剂不能采用强酸、强碱或其他有机试剂，使用超声提取与乙醇提取相结合的脱除方式。

1.2 海星皂甙标准曲线绘制

1.2.1 皂甙溶液配制

称取适量人参皂甙和自制海星粗皂甙粉末（1.2.4）分别溶于甲醇中，制得浓度为 0.5 $mg \cdot mL^{-1}$ 的人参皂甙溶液和海星皂甙溶液。

1.2.2 人参皂甙与海星皂甙溶液全扫描对比

分别取 1 mL 人参皂甙溶液和海星皂甙溶液放入 10 mL 比色管挥干试剂，加入 2 mL 浓硫酸，迅速置于 60℃水浴 60 min，流水冷却后定容至 10 mL，UV2450 全扫描。

1.2.3 标准曲线绘制

分别移取 0 mL，0.1 mL，0.3 mL，0.5 mL，0.7 mL，1 mL 皂甙溶液至 10 mL 比色管挥干试剂，加 2 mL 浓硫酸，迅速置于 60℃水浴 60 min，流水冷却后定容至 10 mL，$\lambda = 282$ nm 处测吸光值绘制标准曲线。

1.2.4 皂甙提取检测

参考郭承华等人[9]和文震等人[13]的检测方法，将全部生殖腺加入 300 mL 的 85% 的乙醇超声 10 min，抽滤后保留滤液，滤渣重复上述过程 2 次，合并滤液，减压浓缩至 50 mL，加入等体积的蒸馏水，加入 3 倍体积的石油醚脱脂，用水饱和正丁醇对水层萃取，减压浓缩得皂甙浸膏，冻干得到粗皂甙粉末，制成海星皂甙溶液，在波长 282 nm 下检测吸光值，按标准曲线折算为皂甙含量。

1.2.5 不同处理条件对海星皂甙脱除的影响

（1）超声波时间对海星皂甙脱除的影响。取新鲜海星生殖腺，加入 300 mL 3% 的乙醇分别超声 5 min，10 min，15 min，20 min，抽滤后保留滤渣，滤渣重复上述过程 2 次，留取滤渣按 1.2.4 检测皂甙。

（2）乙醇质量分数对海星生殖腺皂甙脱除的影响。取海星，分别加入 300 mL 1%，3%，5%，7% 的乙醇，超声 10 min，抽滤后保留滤渣，滤渣分重复上述过程 2 次，留取滤渣按 1.2.4 进行检测皂甙。

（3）抽提次数对海星生殖腺皂甙脱除的影响。取海星，加入 300 mL 3% 的乙醇，超声 10 min，抽滤后保留滤渣，滤渣分别重复上述过程 2 次，3 次，5 次，留取滤渣按 1.2.4 进行检测皂甙。

1.2.6 响应面法优化海星生殖腺皂甙脱除条件

选择超声波时间、乙醇质量分数、抽提次数作为影响海星生殖腺皂甙脱除的主要因素，按照响应面法（BBD）设计，每个因素取 3 个水平，以残渣中皂甙的含量为响应值，利用响应面经验模型，建立最优脱除条件。试验水平和因素设计见表 1。

表 1　Box-Bohnken 设计方案及响应值结果

运行编号	A: 超声时间	B: 乙醇质量分数	C: 抽提次数	皂甙含量（mg·g^{-1}）
1	5.00	3.00	2.00	0.293
2	10.00	1.00	4.00	0.218
3	10.00	3.00	3.00	0.075
4	10.00	5.00	2.00	0.068
5	10.00	3.00	3.00	0.063
6	10.00	3.00	3.00	0.077
7	15.00	3.00	4.00	0.052
8	15.00	3.00	2.00	0.103
9	10.00	3.00	3.00	0.087
10	5.00	3.00	4.00	0.266
11	15.00	1.00	3.00	0.247
12	10.00	5.00	4.00	0.081
13	15.00	5.00	3.00	0.084
14	10.00	1.00	2.00	0.218
15	5.00	1.00	3.00	0.313
16	10.00	3.00	3.00	0.08
17	5.00	5.00	3.00	0.29

2 结果与分析

2.1 人参皂甙和海星粗皂甙全波长扫描图

从图 1、图 2、图 3 可以看出人参皂甙 Rg 和海星皂甙分别在 283 nm 处有响应值，并且二者均为浓硫酸水浴法，与文震等人[13]的文献中海星皂甙在 282 nm 处有响应值较为接近，故选定 282 nm 作为检测波长。利用人参皂甙作为标准品，按照皂甙提取检测方法测得鲜海星生殖腺粗皂甙含量为 0.325 mg·g^{-1}。

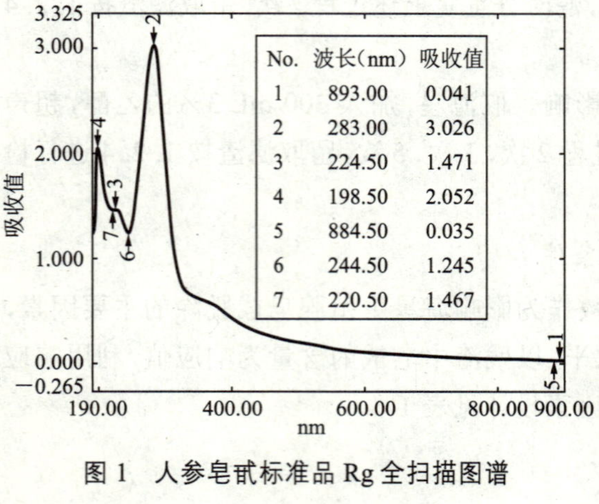

图 1　人参皂甙标准品 Rg 全扫描图谱

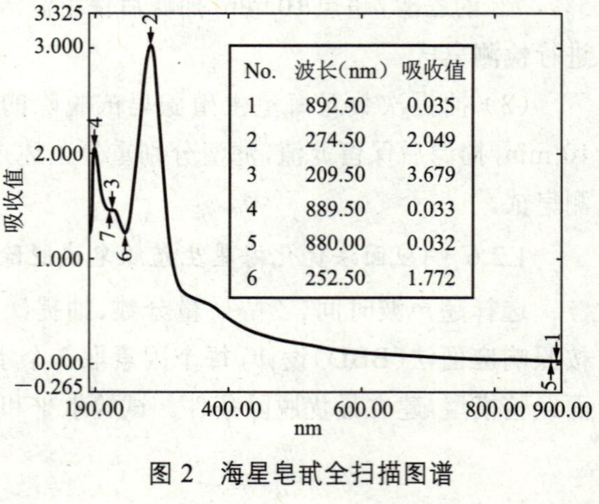

图 2　海星皂甙全扫描图谱

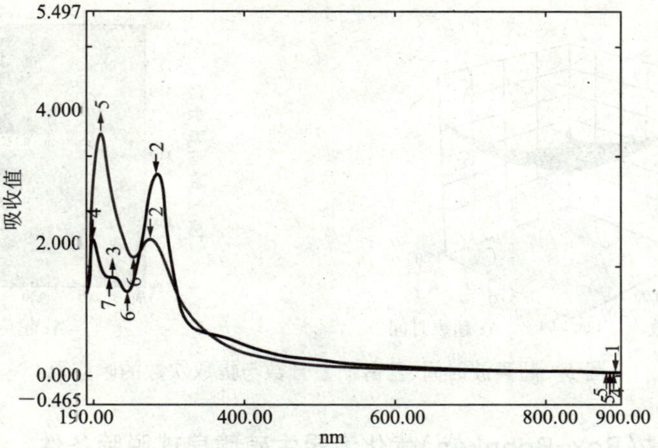

图 3　人参皂甙标准品 Rg 和海星皂甙全扫描图谱重叠图

2.2 单因素对海星皂甙脱除的影响

海星生殖腺脱除残渣中的皂甙含量随着超声波时间的延长、乙醇质量分数的增加、提取次数的增加而降低；超声波时间对残渣中皂甙含量影响极其显著($P<0.001$)，乙醇质量分数、提取次数对残渣中皂甙含量影响显著($P<0.05$)(图 4)，乙醇质量分数越高和提取次数越多，脱除效果越好，但在实际研究中，考虑到时间和成本问题，故在响应面优化时各条件如表 1 所示。

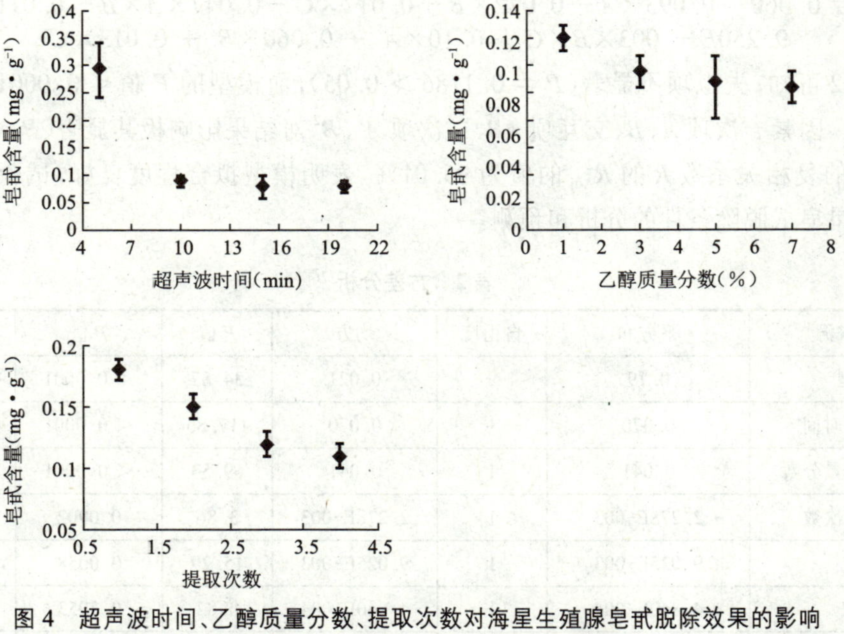

图 4　超声波时间、乙醇质量分数、提取次数对海星生殖腺皂甙脱除效果的影响

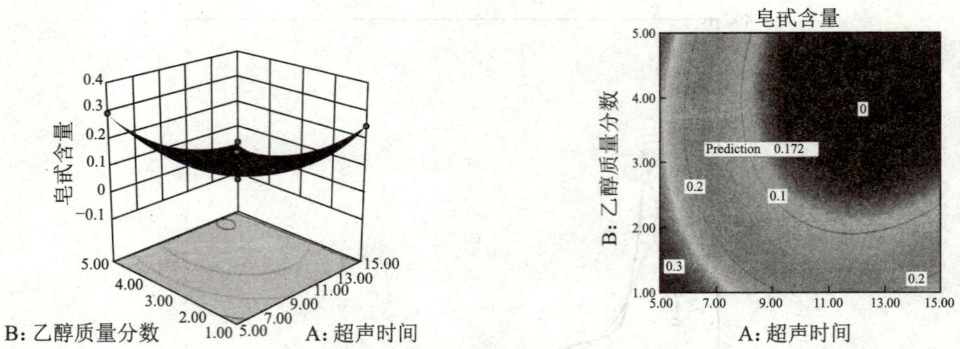

图 5 超声波时间、乙醇质量分数与提取次数的响应面

2.3 响应面法(Box-Bohnken)优化海星生殖腺皂甙脱除条件

使用 Design Expert8.0 优化超声波时间、乙醇质量分数、提取次数对海星皂甙脱除的影响，按照 Box-Bohnken 设计法每个因素取 3 个水平，以残渣中海星皂甙含量为响应值，进行数据分析，并建立二次响应面经验模型，确定海星皂甙最佳脱除条件。试验因素水平设计及结果如表 1 所示。

2.4 方差分析

利用软件对试验结果进行二次多元回归拟合，对表 1 的数据进行方差分析后得到模型的二次多项回归方程为：

$$皂甙含量 = 0.060 - 0.093\times A - 0.072\times B - 0.017\times C - 0.047\times A\times B - 0.011\times A\times C - 9.250E - 003\times B\times C + 0.10\times A^2 + 0.060\times B^2 + 0.013\times C^2$$

由表 2 可知，失拟项不显著($P = 0.1186 > 0.05$)，而模型的 P 值 < 0.0001，表明模型极其显著。因素一次项 A、B、交互项 AB、二次项 A^2、B^2 对结果影响极其显著($P < 0.0001$)；软件分析的复相关系数 R 的 R^2_{Adj} 的值为 95.01%，表明模型拟合程度良好，试验误差小，可用于对海星皂甙脱除条件的分析和预测。

表 2 方差分析

变异来源	平方和	自由度	均方	F 值	P 值	显著性
模型	0.19	9	0.021	34.87	< 0.0001	极其显著
A: 超声时间	0.070	1	0.070	117.85	< 0.0001	极其显著
B: 乙醇质量分数	0.041	1	0.041	69.53	< 0.0001	极其显著
C: 抽提次数	2.278E-003	1	2.278E-003	3.86	0.0902	不显著
AB	9.025E-003	1	9.025E-003	15.29	0.0058	极其显著
AC	4.840E-004	1	4.840E-004	0.82	0.3953	不显著
BC	3.422E-004	1	3.422E-004	0.58	0.4713	不显著
A^2	0.042	1	0.042	71.58	< 0.0001	极其显著
B^2	0.015	1	0.015	26.04	0.0014	极其显著

续表

变异来源	平方和	自由度	均方	F值	P值	显著性
C^2	7.034E-004	1	7.034E-004	1.19	0.3111	不显著
残差	4.132E-003	7	5.903E-004			
失拟项	3.041E-003	3	1.014E-003	3.72	0.1186	不显著
纯误差	1.091E-003	4	2.728E-004			
总变异	0.19	16				

通过 Design Expert8.0 软件对回归方程求解，在试验的因素水平范围内预测海星皂甙最佳脱除条件为：超声时间 13.31 min、乙醇质量分数 4.41%、脱除次数 2.30，残渣中皂甙含量 0.080 mg·g^{-1}。在此条件下，将各条件取整数，超声时间 13 min、乙醇质量分数 4.5%、脱除次数 2 次，进行 3 次验证试验，残渣中皂甙平均值为 0.094 mg·g^{-1}，与模型预测值接近，与处理前 0.325 mg·g^{-1} 对比，脱除率达 72.3%，说明海星皂甙脱除模型建立成功。

3 讨论

3.1 浓硫酸水浴法测定不同来源的皂甙

文中采用的是人参皂甙 Rg 作为海星皂甙检测的标准品，人参皂甙属于四环三萜类化合物，Rg1 是原人参三醇型皂甙（Protopanaxatriol 简称 PPT）[14] 的一种。该化合物与浓硫酸在一定的温度下呈现粉色，在 $\lambda = 283$ nm 处有响应值，笔者提取的海星粗皂甙利用浓硫酸水浴法所呈现的现象与人参皂甙 Rg 一样，且在 $\lambda = 282$nm 处有响应值。已有研究表明，海星皂甙是海星主要的次级代谢产物，由糖原和苷元两部分组成 [15]，部分苷元属于四环三萜类化合物，在浓硫酸和一定温度下反应后，在紫外光下有吸收值。

3.2 脱除剂选择和脱除效率

郭承华等人 [9] 对比甲醇和乙醇提取罗氏海盘车总皂甙，产率分别是 0.09% 和 0.11%，由此可见乙醇的提取效率更高一些；并且郭承华等人从罗氏海盘车（烟台，3 ～ 6 月）中利用甲醇为提取剂提取皂甙 0.503 mg·g^{-1}，高于本研究的 0.325 mg·g^{-1}，可能和地域差异引起个体差异有关，但甲醇提取可能会在生殖腺后续食品加工中有残留，影响食品品质。因本课题最终目的是将海星生殖腺皂甙脱除后用于食品开发，因此，只能选择乙醇作为脱除剂。滕瑜等人 [16] 利用淡碱对海星生殖腺进行脱毒，但没有提及脱除效果。王长云等人 [17] 利用自配的 0.2%～ 0.3%脱麻辣及脱毒效果溶液对生殖腺进行脱毒效果较好，认为麻辣味已基本消除（综合评分由 A 降为 E），而粗总皂甙含量由 0.077%下降至 0.026%，下降了 66.23%，与本研究的脱除率 72.3%，较为接近，说明本方法是有效的。

3.3 超声处理对海星生殖腺皂甙脱除影响

超声波能产生强烈振动，高的加速度、强烈的空化效应、搅拌作用等，造成细胞膜或细胞波的破坏，可加速有效成分进入溶剂，有利于目标成分的提取 [18, 19]。超声波处理时间对海星生殖腺皂甙脱除影响极其显著，超声 10 min 海星皂甙含量较 5 min 时下降约 2 倍。这与其他学者研究中将超声波作为提取有效成分的关键因素进行优化一致[20-22]。

4 结论

（1）通过全扫描发现海星皂甙在波长为 282 nm 处有响应值，与人参皂甙的响应值较接近，可用人参皂甙标准品绘制标准曲线。

（2）通过 Design Expert8. 0 软件对回归方程求解，在试验因素水平范围内预测海星皂甙最佳脱除条件为：超声时间 13. 31 min、乙醇质量分数 4. 41%、脱除次数 2. 30，残渣中皂甙含量 0. 080 $mg \cdot g^{-1}$。在此条件下，将各条件取整数，超声时间 13 min、乙醇质量分数 4. 5%、脱除次数 2，进行 3 次验证试验，残渣中皂甙平均值为 0. 094 $mg \cdot g^{-1}$，与模型预测值接近，与处理前 0. 325 $mg \cdot g^{-1}$ 对比，脱出率达 72. 3%，说明响应面法优化海星生殖腺皂甙脱除模型建立成功。

参考文献

[1] 张铮．罗氏海盘车（*Asterias rollestoni*）水溶性海星皂甙的分离纯化及其部分生物学活性研究［D］. 青岛：中国海洋大学，2008.

[2] 汤海峰，易杨华，张淑瑜，等．海星皂甙的研究进展［J］. 中国海洋药物，2004，23（6）：48-57.

[3] 王长云，邵长伦，傅秀梅，等．中国海洋药物资源及其药用研究调查［J］. 中国海洋大学学报（自然科学版），2009，39（4）：669-675.

[4] 王长云，顾谦群，周鹏．多棘海盘车用作新型海洋食品原料的可行性研究［J］. 中国水产科学，1999，6（4）：67-71.

[5] 汤海峰，易杨华，李玲，等．利用稻瘟霉分生孢子跟踪分离面包海星中的海星皂甙活性成分［J］. 中国海洋药物，2005，24（3）：5-9.

[6] Haifeng Tang, Yanghua Yi, Ling Li, etc. A New Asterosaponin from the Starfish Culcita novaeguineae[J]. Chinese Chemical Letters, 2005, 24（5）：619-622.

[7] 王兵，郑意端．海星总皂甙抗肿瘤作用的实验研究［J］. 中草药，2001，31（3）：54-55.

[8] 郭承华，张芳，刘迅，等．黄海产海燕（Asterina pectinifera）海星皂甙的制备［J］. 海洋通报，2000，19（2）：93-96.

[9] 郭承华，贺凤丽，李长华．罗氏海盘车海星皂甙的提取分离及其分析鉴定［J］. 烟台大学学报（自然科学与工程版），1995（4）：13-17.

[10] 郭承华，董新伟，贺君，等．海燕皂甙的抗炎活性的初步研究［J］. 中国生化药物杂志，2010，3（4）：259-260.

[11] 文震，党志，宗敏华，等．不同方法制备的海星皂甙细胞毒性评价［J］. 海洋通报，2006，25（6）：26-29，46.

[12] 文震，党志，宗敏华，等．超临界 CO_2 萃取海星皂甙 [J]．精细化工，2006，23（7）：657-660.

[13] 文震，朱志鑫，申德妍，等．紫外分光光度法测定海星皂甙的含量 [J]．分析科学学报，2004，20（6）：592-594.

[14] 王玉堂．人参中人参皂甙的提取、分离和测定 [D]．长春：吉林大学，2008.

[15] 郭万成，刘丽娟，张翠仙，等．海星中的皂甙和多羟基甾体化合物 [J]．天然产物研究与开发，2005，17（1）：108-114.

[16] 滕瑜，刘丛力．海星的安全精深加工 [J]．科学养鱼，2010，（2）：69-70.

[17] 王长云，顾谦群，周鹏．多棘海盘车用作新型海洋食品原料的可行性研究 [J]．中国水产科学，1999，6（4）：68-71.

[18] 胡斌杰，陈金锋，王宫南．超声波法与传统热水法提取灵芝多糖的比较研究 [J]．食品工业科技，2007，28（2）：190-192.

[19] 贾楠，赵二劳，范建凤，等．洋葱黄酮超声波辅助提取工艺优化及其抗氧化活性研究 [J]．河南工业大学学报（自然科学版），2015，36（2）：62-65，70.

[20] 王晓林，钟方丽，陈帅，等．超声波协同复合酶法提取锦灯笼宿萼多糖工艺优化 [J]．南方农业学报，2015，46（6）：1 079-1 084.

[21] 熊志勇，陈惠君，蔡阳伦，等．超声波协同酶法提取茶多酚工艺的研究 [J]．安徽农业科学，2015，43（24）：218-220，224.

[22] 黄涵，曾令杰，莫运才，等．响应面法优化超声波提取昆仑雪菊总黄酮的工艺研究 [J]．中国现代应用药学，2015，32（8）：947-951.

（刘天红，李红艳，吴志宏，李晓，孙元芹，卢珺，姜晓东，王颖）

（载自《水产科学》2016-11）

两种甘薯饲料原料营养成分及其对仿刺参(*Apostichopus japonicus*)摄食与生长的影响

仿刺参(*Apostichopus japonicus*)是我国常见海参种类中经济价值和营养价值高、深受消费者喜爱的品种[1]。近年来,随着仿刺参养殖业的拓展,对仿刺参饲料的需求量不断增加,构成仿刺参饲料中重要组成部分的天然饵料,如鼠尾藻(*Sargassum thunbergii*)等大型藻类资源受到过度开发。同时,因近海水质污染与城市化建设进程的加快,鼠尾藻等藻类生活环境受到不同程度的破坏,生存空间受到极大压缩,自然资源锐减,产量逐年下降,导致天然大型海藻呈供不应求之势,刺激了鼠尾藻粉等饲料价格的不断攀升,养殖成本不断增加[2]。为补充对鼠尾藻等大型藻类的大量需求,寻求来源广泛、成本低廉、投喂效果好的饲料源已成为当务之急。目前,相关植物源添加或替代饲料的研究对象主要有大叶藻(*Zostera marina*)、螺旋藻(*Spirulina sp.*)、玉米粉、马铃薯粉、芋头粉、豆粕、山药粉、凤眼莲等种类[3-7],特别是近年来伴随着浒苔(*Enteromorpha prolifera*)在我国近海季节性大面积暴发式繁生,利用其替代鼠尾藻、马尾藻(*Sargassum muticum*)饲料源的研究工作也陆续开展[8,9],但涉及甘薯这一个陆生植物作为仿刺参添加饲料的研究至今鲜有报道。甘薯,又称红薯、番薯、红苕、地瓜等,是中国分布很广的经济作物,规模约占全世界的80%[10]。有关甘薯营养价值的研究较多,其各部位的营养价值已被很多研究证实[11-13],其干制粉可作为鱼类饲料进行投喂[14,15],加之甘薯本身种植广泛,易于取材,不存在浒苔等海藻类饲料源在供应方面的季节性局限,有潜力成为较好的仿刺参植物源蛋白添加饲料。本试验研究了两种甘薯饲料原料营养成分,分析了在配合饲料中按不同比例分别添加两种成分后仿刺参的摄食与生长情况,旨在拓展目前仿刺参饲料源的营养学研究范围,探索开发陆生植物蛋白源饲料的可行性,为研制绿色、高效、低成本的优质仿刺参全价配合饲料提供参考。

1 材料与方法

1.1 材料

试验用两种甘薯饲料原料分别为甘薯块根与甘薯蔓茎经晾晒干后制成的干粉,粉碎粒径小于150 μm。试验用仿刺参为山东省海洋生物研究院种质资源研究中心培育的健康苗种,平均体重为6.1 g±0.3 g。

1.2 试验设计

试验根据添加饲料成分不同分为两组，分别添加甘薯块根粉与甘薯蔓茎粉。根据在市售商品配合饲料（主要成分为鼠尾藻、马尾藻、鱼粉、虾粉、大豆酶解蛋白、维生素及类维生素、矿物元素及其络合物等）中添加甘薯粉的不同比例分别设计6个处理组，并设商品配合饲料为对照组（CK），其营养成分见表1。从表1可以看出，6个处理组添加甘薯粉水平分别为10%（Ⅰ）组，20%（Ⅱ）组，30%（Ⅲ）组，40%（Ⅳ）组，50%（Ⅴ）组，60%（Ⅵ）组，投喂添加甘薯粉的配合饲料总重为仿刺参总重的5%，同时按饲料的重量与海泥的重量比为1∶3的比例搭配投喂。试验仿刺参饲养于45 cm×35 cm×30 cm的塑料整理箱中，每个整理箱中放养仿刺参10头，每个试验组各设3个平行。每天17:00投喂饲料1次。投喂试验自2014年4月26日开始，试验共进行30 d。

表1　商品配合饲料主要营养成分组成

营养指标	成分组成（%）
粗蛋白	16
粗脂肪	5
粗纤维	8
总磷	0.6～1.0
粗灰分	25
赖氨酸	0.8
水分	10

1.3 日常管理

试验期间，水体盐度为30.2～31.4，pH为8.1±0.2，水温为17～20℃，连续微量充气，每天全量换水1次，用虹吸法清除残饵与粪便，换水前后水温差小于1℃，盐度差小于1。

1.4 测定方法与数据计算

1.4.1 饲料营养成分的测定

粗蛋白含量采用凯氏定氮法测定；粗脂肪含量采用索氏提取法测定；灰分测定采用马弗炉550℃灼烧法；水分测定采用干燥箱103℃烘干法。

氨基酸的分析：样品经6 mol·L^{-1}盐酸水解，水解时充氮气24 h，采用氨基酸自动分析仪测定17种氨基酸。

1.4.2 仿刺参生长指标的测定

试验开始时，将每个整理箱内仿刺参取出称其湿体重，为初始体重W_0（g）；试验结束时，取出仿刺参称其湿体重，为末结果体重W_t（g）。称重时阴干10 min，用吸水纸吸干仿刺参体表水分，避免体表水分所引起的称量误差。仿刺参特定生长率（Specific growth rate），SGR（%·d^{-1}）采用以下公式计算：

$$SGR(\%\cdot d^{-1}) = (\ln W_t - \ln W_0)/t \times 100\%$$

式中，t 为试验持续的时间(d)。

测定体重：试验开始前 1 d 停止投喂，测其体重初始值，试验 30 d 结束时，同样停止投喂 1 d，测其体重最终值。

通过食物转化率(Food conversion efficiency, FCE)，观察饲料中添加不同比例甘薯原料成分对仿刺参摄食的影响。计算公式如下：

$$FCE = 100 \times (W_t - W_0)/F$$

式中，W_0 为体重初始值(g)，W_t 为测定值(g)，t 为试验时间(g)，F 为饲料摄入量(g)。

1.4.3 **数据统计试验**

数据利用 SPSS 17. 0 软件进行单因子方差分析(One-Way ANOVA)和多重比较，以 $P < 0.05$ 作为不同处理之间显著差异的标志。

2 结果

2.1 甘薯块根粉与甘薯蔓茎粉营养成分

两种甘薯饲料原料中粗蛋白、粗脂肪、粗灰分与水分组成见表 2。从表 2 中可知，甘薯块根粉中粗蛋白含量为 10. 01%，甘薯蔓茎粉中粗蛋白含量较低，为 5. 54%。

表 2 两种甘薯饲料原料主要成分组成

营养成分(%)	甘薯块根	甘薯蔓茎	检测方
粗蛋白 Crude protein	10. 01	5. 54	GB/T 6432—199
粗脂肪 Crude fat	3. 52	1. 13	GB/T 6433—2006
粗灰分 Crude ash	10. 52	3. 39	GB/T 6438—2007
水分 Moisture	6. 57	9. 82	GB/T 6435—2006

两种甘薯饲料原料中氨基酸组成见表 3。从表 3 中可知，甘薯块根粉中含量较高的氨基酸有天门冬氨酸、谷氨酸、亮氨酸、丙氨酸等，甘薯蔓茎粉中含量较高的氨基酸有谷氨酸、天门冬氨酸、亮氨酸、苯丙氨酸等。每 100 克 甘薯块根与蔓茎干粉中氨基酸总量分别为 7. 33 g 和 4. 37 g，均有增加，且随试验时间呈上升趋势(图 1)。

表 3 两种甘薯饲料原料氨基酸组成

序号	检测项目	氨基酸组成(%)	
		甘薯块根粉(g)	甘薯蔓茎粉(g)
1	天门冬氨酸	1. 18	0. 61
2	苏氨酸	0. 40	0. 23
3	丝氨酸	0. 36	0. 21
4	谷氨酸	0. 98	0. 66
5	甘氨酸	0. 42	0. 23
6	丙氨酸	0. 57	0. 24

续表

序号	检测项目	氨基酸组成(%)	
		甘薯块根粉(g)	甘薯蔓茎粉(g)
7	胱氨酸	0.25	0.12
8	缬氨酸	0.44	0.27
9	蛋氨酸	0.03	0.03
10	异亮氨酸	0.27	0.19
11	亮氨酸	0.60	0.35
12	酪氨酸	0.21	0.19
13	苯丙氨酸	0.43	0.35
14	赖氨酸	0.47	0.25
15	组氨酸	0.15	0.09
16	精氨酸	0.31	0.18
17	脯氨酸	0.26	0.17
氨基酸总量		7.33	4.37

从图1可以看出，试验结束时，添加甘薯块根粉的试验组中体重高的为10%（Ⅰ）组，平均体重达9.09 g，增重为48.0%；20%（Ⅱ）试验组的平均体重为8.97 g，增重为46.3%；30%（Ⅲ）组与对照组平均体重接近，分别为8.47 g和8.56 g，分别增重39.8%和39.6%；40%（Ⅳ），50%（Ⅴ）和60%（Ⅵ）试验组平均体重均低于对照组，分别为8.10，7.85，7.94，增重亦均低于对照组。试验期间，投喂添加甘薯蔓茎粉饲料的试验组仿刺参平均体重变化见图2。从图2可以看出，在试验0～15 d期间，所有试验组仿刺参平均体重随时间呈增加趋势；15 d后，除10%（Ⅰ）试验组外，其他各组仿刺参生长逐渐趋缓甚至呈现生长停滞或下降现象；至试验30 d结束，添加甘薯蔓茎粉10%（Ⅰ）组与对照组生长情况接近，平均体重分别为8.35 g，8.56 g，分别增重34.7%和39.6%；20%（Ⅱ），30%（Ⅲ），40%（Ⅳ）和50%（Ⅴ）组生长不明显，分别为7.63 g，7.34 g，7.22 g，6.69 g，分别增重24.0%，20.0%，17.8%，9.9%；60%（Ⅵ）试验组平均体重低，为5.98 g，呈负生长。

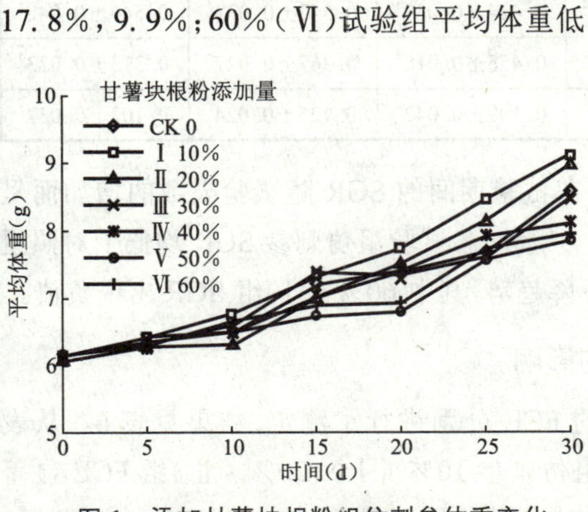

图1　添加甘薯块根粉组仿刺参体重变化

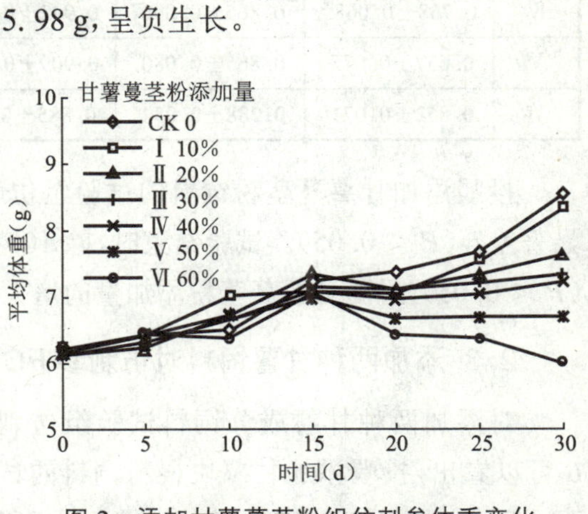

图2　添加甘薯蔓茎粉组仿刺参体重变化

2.2 添加两种甘薯饲料对仿刺参 SGR 的影响

试验对添加两种甘薯成分饲料试验组仿刺参的 SGR 按不同试验天数分别进行了测定，结果见表 4 和表 5。从表 4 和表 5 中可以看出，投喂添加甘薯块根粉饲料的试验组仿刺参在试验期间的 SGR 随试验天数增加出现显著差异（$P < 0.05$）。试验结束时，10%（Ⅰ）组和 20%（Ⅱ）组 SGR 显著高于对照组（$P < 0.05$），30%（Ⅲ）组 SGR 与对照组比较差异不显著（$P > 0.05$），40%（Ⅳ）组，50%（Ⅴ）组，60%（Ⅵ）组 SGR 显著低于对照组（$P < 0.05$）。

表 4　甘薯块根粉组仿刺参 SGR（SGR%·d^{-1}）变化

组别	试验天数(d)					
	5	10	15	20	25	30
CK	0.661 ± 0.023^{a}	0.540 ± 0.085^{a}	1.073 ± 0.040^{a}	0.908 ± 0.112^{a}	0.896 ± 0.069^{a}	1.113 ± 0.073^{a}
Ⅰ	0.954 ± 0.054^{b}	0.955 ± 0.078^{b}	1.163 ± 0.145^{ab}	1.132 ± 0.120^{a}	1.268 ± 0.125^{b}	1.308 ± 0.093^{b}
Ⅱ	0.642 ± 0.034^{a}	0.234 ± 0.022^{c}	0.866 ± 0.116^{c}	1.015 ± 0.078^{a}	1.134 ± 0.063^{bc}	1.269 ± 0.061^{b}
Ⅲ	0.672 ± 0.076^{a}	0.846 ± 0.031^{bd}	1.332 ± 0.096^{b}	0.938 ± 0.137^{a}	0.906 ± 0.108^{ab}	1.116 ± 0.206^{a}
Ⅳ	0.691 ± 0.035^{a}	0.547 ± 0.069^{a}	0.898 ± 0.087^{c}	0.913 ± 0.077^{a}	1.023 ± 0.099^{cd}	0.923 ± 0.098^{c}
Ⅴ	0.769 ± 0.074^{a}	0.467 ± 0.055^{e}	0.569 ± 0.064^{d}	0.482 ± 0.043^{b}	0.802 ± 0.067^{a}	0.803 ± 0.088^{c}
Ⅵ	0.553 ± 0.103^{c}	0.822 ± 0.068^{d}	0.779 ± 0.178^{ab}	0.599 ± 0.111^{c}	0.925 ± 0.074^{cd}	0.862 ± 0.072^{c}

注：同一列中的不同字母表示显著性差异（$P < 0.05$）。

表 5　甘薯蔓茎粉组仿刺参 SGR（SGR%·d^{-1}）变化

组别	试验天数(d)					
	5	10	15	20	25	30
CK	0.661 ± 0.023^{a}	0.540 ± 0.085^{a}	1.073 ± 0.040^{a}	0.908 ± 0.112^{a}	0.896 ± 0.069^{a}	1.113 ± 0.073^{a}
Ⅰ	0.732 ± 0.046^{b}	1.185 ± 0.139^{b}	0.087 ± 0.176^{d}	0.617 ± 0.021^{b}	0.780 ± 0.024^{ab}	0.992 ± 0.087^{a}
Ⅱ	0.255 ± 0.044^{c}	0.894 ± 0.082^{c}	1.187 ± 0.108^{b}	0.750 ± 0.065^{c}	0.699 ± 0.046^{bc}	0.717 ± 0.113^{b}
Ⅲ	0.356 ± 0.053^{d}	0.850 ± 0.042^{c}	1.028 ± 0.078^{ab}	0.750 ± 0.077^{c}	0.645 ± 0.064^{cd}	0.608 ± 0.086^{c}
Ⅳ	0.768 ± 0.068^{be}	0.865 ± 0.096^{c}	0.942 ± 0.095^{ad}	0.624 ± 0.039^{b}	0.542 ± 0.033^{d}	0.546 ± 0.048^{c}
Ⅴ	0.637 ± 0.075^{a}	0.865 ± 0.080^{c}	0.909 ± 0.072^{ad}	0.455 ± 0.018^{d}	0.367 ± 0.027^{e}	0.313 ± 0.023^{d}
Ⅵ	0.852 ± 0.071^{e}	0.288 ± 0.054^{d}	0.885 ± 0.068^{d}	0.199 ± 0.042^{e}	0.125 ± 0.024^{f}	0.102 ± 0.032^{e}

投喂添加甘薯蔓茎粉饲料的试验组仿刺参在试验期间的 SGR 随试验天数的增加而呈显著差异（$P < 0.05$）。试验结束时，除 10%（Ⅰ）组外，各试验组仿刺参 SGR 均低于对照组（$P < 0.05$），且随甘薯蔓茎粉添加量的增大呈下降趋势，其中 60%（Ⅵ）组 SGR 出现负值。

2.3 添加两种甘薯饲料对仿刺参 FCE 的影响

对添加两种甘薯成分饲料试验组仿刺参的 FCE 分别进行了测定，结果见表 6。从表 6 可以看出，投喂添加甘薯块根粉饲料的试验组仿刺参 10%（Ⅰ），20%（Ⅱ）组 FCE 显著高于对照组（$P < 0.05$），30%（Ⅲ）组 FCE 与对照组差异不显著（$P > 0.05$），40%（Ⅳ）

组，50%（Ⅴ）组，60%（Ⅵ）组均显著低于对照组（$P < 0.05$）；投喂添加甘薯蔓茎粉饲料的10%（Ⅰ）试验组与对照组FCE差异不显著（$P > 0.05$），其余的各试验组仿刺参FCE显著低于对照组（$P < 0.05$）。

表6 添加2种甘薯饲料对仿刺参FCE的影响

组别	食物转化率（%）	
	甘薯块根粉	甘薯蔓茎粉
CK	44.18±2.89[a]	44.18±2.89[a]
Ⅰ	53.64±3.63[b]	39.09±2.94[a]
Ⅱ	51.64±3.42[b]	26.82±3.15[bc]
Ⅲ	43.82±2.78[a]	22.25±4.58[cd]
Ⅳ	35.64±4.87[c]	19.82±3.23[d]
Ⅴ	30.55±4.55[c]	10.91±3.69[e]
Ⅵ	32.91±5.32[c]	—

注：同一列中的不同字母表示显著性差异（$P < 0.05$）。

3 讨论

3.1 甘薯块根粉与甘薯蔓茎粉营养成分比较

在目前开展研究的仿刺参植物源蛋白添加饲料中，陆生植物蛋白源饲料因其来源广泛、成本低廉颇受研究者关注。据国内外医学研究，甘薯的茎尖、叶片、块根中含有多种胶原和黏多糖物质，可有效促进机体免疫力，此外，还含有丰富的纤维素、微量元素、胡萝卜素、核黄素、尼克酸、抗坏血酸等成分[12, 13]，是营养成分齐全且含量较高的理想陆生植物添加饲料。

王际英等[14]、李素红等[15]研究表明，饲料中蛋白含量是影响仿刺参生长的关键因素。仿刺参在生长发育过程中，通过不断摄食藻类成分饲料累积体内蛋白质[16]，饲料中适宜的蛋白含量可有效提高仿刺参SGR[17]，幼参阶段蛋白需求量水平为18.21%～24.18%[18, 19]。而在以藻粉为主要成分的刺参饲料中，鼠尾藻饲料的蛋白含量为12.23%～19.35%，马尾藻饲料的蛋白含量为11.74%～14.20%，海带粉饲料的蛋白含量为6.84%～8.70%[9]。从本研究对两种甘薯饲料原料营养成分的测定结果来看，甘薯块根粉中粗蛋白含量较高，接近鼠尾藻、马尾藻等优质大型藻类成分的蛋白含量水平，高于海带粉。甘薯蔓茎粉蛋白含量占甘薯块根粉的55.3%，含量相对较低，略低于海带粉。因此，从蛋白含量方面考虑，适宜比例的甘薯块根粉和甘薯蔓茎粉作为刺参饲料添加成分可起到类似海洋大型藻类的作用，通过与动物源蛋白（如鱼粉、虾糠等）的合理搭配、混合投喂，完全可以满足仿刺参生长发育中的蛋白需求。

仿刺参的氨基酸组成有着一定的规律性，如谷氨酸、天冬氨酸、甘氨酸、精氨酸等含量较高[17]，刺参在摄食苏氨酸、缬氨酸、亮氨酸、苯丙氨酸、赖氨酸、组氨酸、精氨酸等氨基酸含量较高的食物后，体重增长较快[20]。在其他海洋大型藻类中，浒苔与鼠尾藻的氨基酸构成相似，含量较高的氨基酸为天门冬氨酸、谷氨酸、丙氨酸、亮氨酸、苏氨酸等[9]。本研究测得甘薯块根粉中含量较高的氨基酸为天门冬氨酸、谷氨酸、亮氨酸、丙氨酸等，甘薯蔓茎粉中含量较高的氨基酸为谷氨酸、天门冬氨酸、苯丙氨酸、亮氨酸等，接近鼠尾藻与仿刺参体组成氨基酸含量，因此可推断，两种甘薯饲料中氨基酸的组成与含量能够满足仿刺参的营养需求，可为仿刺参生长发育提供充足、平衡的氨基酸营养。

3.2 甘薯块根粉与甘薯蔓茎粉对仿刺参摄食与生长的影响

研究显示，刺参是典型的沉积食性动物，其食物来源广泛[21-23]。目前，陆生植物中存在氨基酸不平衡、含有抗营养因子和消化率低等问题，在饲料中添加的比例过高时，养殖对象生长会明显下降[24]。因此，本试验设计了添加10%～60%的比例来研究适宜的甘薯原料成分添加量。结果显示，分别添加10%，20%甘薯块根粉的试验组经30 d饲养后，仿刺参体重与SGR均显著高于其他试验组（$P < 0.05$），FCE也是试验组当中高的（$P < 0.05$），当添加量超过30%时，仿刺参SGR随饲养天数的增加而呈现下降趋势，其中30%（Ⅲ）组SGR略低于对照组，但未出现显著差异（$P > 0.05$）；40%（Ⅳ）组，50%（Ⅴ）组，60%（Ⅵ）组SGR显著低于对照组（$P < 0.05$）。结果显示，当甘薯块根粉添加量低于30%时，甘薯块根粉中所含植物蛋白、氨基酸等营养成分能够与商品配合饲料中的营养成分有效搭配，满足仿刺参对食物的营养需求，有效促进仿刺参的摄食与生长。

添加甘薯蔓茎粉试验组中，10%（Ⅰ）组仿刺参体重增长与对照组接近，试验结束时，SGR与对照组无显著差异（$P > 0.05$）；其余试验组随着甘薯蔓茎粉添加比例的增大，在试验前15 d，仿刺参与对照组无明显差异，但在15 d后，仿刺参SGR出现显著降低（$P < 0.05$），而FCE较低。结果表明，甘薯蔓茎粉添加量以10%为宜，当添加量超过10%且持续饲养超过15 d时，对仿刺参生长会造成一定影响。分析认为，相对于甘薯块根粉，甘薯蔓茎粉在投喂后的凝沉性明显低于投喂商品配合饲料及甘薯块根粉的试验组，导致水体长时间混浊，甚至出现泡沫，在一定程度上影响了仿刺参正常摄食与生长。同时，根据研究结果，甘薯蔓茎粉的粗蛋白含量与藻粉为主要成分的仿刺参饲料存在一定差异，当添加量增加时，不能很好地满足仿刺参生长发育的营养需求，也影响其正常生长。此外，适口性也是饵料影响动物生长的关键因素之一[5]，研究中甘薯蔓茎粉的投喂效果不如甘薯块根粉也可能与此有关。

3.3 结论

本研究结果表明，两种甘薯饲料原料作为陆生植物蛋白源成分按一定比例添加在仿刺参饲料中是可行的，当甘薯块根粉添加比例不超过30%、蔓茎粉添加比例不超过10%时，可保证或促进仿刺参摄食与生长。同时，由于甘薯块根来源广泛，加工时不受表观、质地限制，而甘薯蔓茎在日常生产中基本属废弃材料，二者均具备取材便利的特点。在仿刺参养殖生产中，通过制订两种甘薯饲料原料的科学投饲策略，设计相应的添加投喂频次，在充分满足添加投喂效果的同时，可大大降低饲料成本，提高资源化利用程度。因此，以甘薯原料作为仿刺参配合饲料添加原料的研究应用，具有十分广阔的产业化开发与推广前景。本研究为仿刺参养殖中陆生植物蛋白源添加饲料的开发提供了两种完全可行的原材料，随着仿刺参养殖产业的健康持续发展，寻求更多来源广泛、成本低廉、效果优良的陆生植物饲料源，将是未来进一步研究开发的方向和重点。

参考文献

[1] 李成林，宋爱环，胡炜，等．山东省刺参养殖产业现状分析与可持续发展对策．渔业科学进展，2010，31（4）：126-132.

[2] 王维新，白燕．刺参营养饲料的研究开发现状与展望［J］．科学养鱼，2012（8）：72-73.

[3] 谭肖英，罗智，李晓东，等．用螺旋藻替代鱼粉对仿刺参生长及其体组成的影响［J］．大连水产学院学报，2009，24（6）：559-562.

[4] 姜森颢，梁峻，孙欣，等．紫蛇尾的生化成分及作为饲料原料对刺参幼参生长和存活的影响［J］．饲料工业，2012，33（16）：13-17.

[5] 李旭，章世元，陈四清，等．四种饲料原料对刺参生长、体成分及消化生理的影响［J］．饲料工业，2013，34（8）：36-40.

[6] 刘旭佳，周毅，杨红生，等．大叶藻碎屑作为刺参食物来源的实验研究［J］．海洋科学．2013，37（10）：32-38.

[7] 王维新，白燕，侯文久．凤眼莲在刺参饲料中的应用研究［J］．饲料及饲养试验，2013，8：51-54.

[8] 廖梅杰，郝志凯，尚德荣，等．浒苔营养成分分析与投喂刺参试验［J］．渔业现代化，2011，38（4）：32-36.

[9] 李晓，王颖，吴志宏，等．浒苔对刺参幼参生长影响的初步研究［J］．中国水产科学，2013，20（5）：1 092-1 099.

[10] 杜连起，赵永光，李润丰．甘薯茎尖营养成分分析及评价［J］．中国农学通报，2006，22（6）：99-101.

[11] 何川．红薯的营养价值及开发利用［J］．西部粮油科技，2003（5）：44-46.

[12] 伍军．红薯营养保健价值及综合利用［J］．粮食与油脂，2004（1）：18-19.

[13] 王文亮，杜方岭，徐同成．甘薯茎叶的营养价值及其开发利用研究［J］．中国食物与营养，2009（7）：29-31.

[14] 王际英，宋志东，王世信，等．刺参不同发育阶段对蛋白质需求量的研究［J］．水产科技情报 2009，36（5）：229-233.

[15] 李素红，梁萌青，孙慧玲，等．饲料中适宜的蛋白质和氨基酸水平对刺参生长的影响［J］．渔业科学进展，2012，33（5）：59-63.

[16] 宋志东，王际英，王世信，等．不同生长发育阶段刺参体壁营养成分及氨基酸组成比较分析［J］．水产科技情报，2009，36（1）：11-13.

[17] Seo J Y, Lee S M. Optimun dietary protein and lipid levels for growth of juvenile sea

cucumber Apostichopus japonicus[J]. Aquacult Nutr, 2011, 17(2): 56-61.

[18] 朱伟，麦康森，张百刚，等. 刺参稚参对蛋白质和脂肪需求量的初步研究[J]. 海洋科学，2005，29(3)：53-58.

[19] 吴永恒，王秋月，冯政夫，等. 饲料粗蛋白含量对刺参消化酶及消化道结构的影响[J]. 海洋科学，2012，36(1)：36-41.

[20] Sun H L, Liang M Q, Yan JP, et al. Nutrient requirements and growth of the sea cucumber, *Apostichopus japonicus*[J]. Adv Sea Cucumber Aquacult Manag, 2004, 15: 327-331.

[21] Hamel J F, Conand C, Pawson D L, et al. The sea cucumber Holothuria scabra (Holothuroidea, Echinodermata): Its biology and exploitation as Beche-de-Mer[J]. Advances in Marine Biology, 2001, 41: 131-202.

[22] Yang H S, Yuan X T, Zhou Y, et al. Effects of body size and water temperature on food consumption and growth in the sea cucumber *Apostichopus japonicus* (Selenka) with special reference to aestivation[J]. Aquacu Res, 2005, 36(8): 1 085-1 092.

[23] Yuan X T, Yang H S, Zhou Y, et al. The influence of diets containing dried bivalve feces and/or powdered algae on growth and energy distribution in sea cucumber *Apostichopus japonicus* (Selenka) (Echinodermata: Holothuroidea) [J]. Aquaculture, 2006, 256(1-4): 457-467.

[24] 王吉桥，张坤，姜玉声，等. 在无藻粉饲料中添加包膜氨基酸对幼刺参生长、消化和免疫指标的影响[J]. 海洋科学，2010，34(9)：36-43.

（赵斌，胡炜，李成林，韩莎，严芳）

（载自《渔业科学进展》2016-01）

海星棘皮作为仿刺参饲料添加成分的可行性研究

随着刺参(*Apostichopus japonicas* Selenka)养殖业的迅速发展,刺参饲料的质量已成为刺参苗种与养殖产业发展的潜在限制因素。我国对于刺参的人工配合饲料的研发尚处于发展初期,营养与饲料的研发远落后于刺参养殖产业发展的步伐。目前,仿刺参(*Apostichopus japonicas*)为我国北方沿海主要刺参养殖品种,在养殖生产中大量使用鼠尾藻(*Sargassum thunbergii*)粉、马尾藻(*Sargassum pallidum*)粉,导致天然鼠尾藻和马尾藻资源受到严重破坏。因此亟须寻找一种有效且资源量丰富的饲料原料作为仿刺参饲料营养的新来源。

海星(*Asterias*)又名海盘车,属棘皮动物门(Echinodermata)海星纲(Asteroidea),为海洋底栖无脊椎动物,在渤海、黄海、辽宁、河北和山东有大量分布[1],自然储量丰富。海星资源的开发利用已受到众多研究者的重视,如何对其进行科学处理和高值化应用,已成为沿海环境保护和海洋生物资源开发领域急需解决的关键问题之一[2]。近年来,有关海星资源的开发和利用,大多数都集中在活性化学成分、生理、药理、新药研制、营养成分等方面[3,4]。有关海星棘皮干粉添加到水产动物饲料的研究仅用于鲍鱼(*Abalone*)[5]、牙鲆(*Paralichthys olivaceus*)[6]的饲料投喂试验,尚未见作为仿刺参饲料的研究。

该试验旨在研究海星棘皮干粉对仿刺参幼参生长指标的影响,为开发新的仿刺参人工配合饲料的配料成分提供理论依据,进一步开发海星资源的应用价值。

1 材料与方法

1.1 试验饲料

试验用海星采自青岛市栈桥附近海域,采集后低温烘干并进行脱毒处理,将海星棘皮粉碎后过 200 目筛,制成干粉,其营养成分如表 1 所示。试验饲料以鱼粉、马尾藻和浒苔为主要原料,分别将海星棘皮干粉按照 0%(对照组),10%,20%,30%,40%的替代比例添加,并添加 20%海泥,所有原料经粉碎后过 200 目筛混合,装袋备用。各饲料组营养成分如表 2 所示。

表 1 海星棘皮主要营养成分含量(干重) $\bar{x}\pm SD$

样品	水分(%)	粗蛋白(%)	粗脂肪(%)	总糖(%)	粗灰分(%)
海星棘皮	61.0±1.63	29.49±0.75	1.54±0.12	0.62±0.03	65.90±1.37

表 2　各组饲料营养成分分析

组别	粗蛋白(%)	粗脂肪(%)	粗纤维(%)	粗灰分(%)
0%	18.3	2.60	5.5	22.4
10%	19.5	2.75	5.0	26.8
20%	20.7	2.90	4.5	31.2
30%	21.9	3.05.	4.0	35.6
40%	23.1	3.20	3.5	40.0

1.2 饲养试验

试验用仿刺参购于青岛即墨鳌山卫育苗场，选取健康无病，体长为 3.5 ～ 4.5 cm，体质量为 3.4 ～ 4.0 g 的幼参为试验材料。将仿刺参幼参放入 70 L 聚乙烯养殖水箱中暂养 5 d，期间不投喂饲料，待仿刺参体内残饵排空后，进行随机分组。

该试验设 5 个处理组，每个处理组设 3 个重复，每个重复放养 20 头仿刺参。每天按各试验组仿刺参体质量的 3% ～ 5% 进行投喂，每天 9:00 和 17:00 各投喂一次。养殖期间每天早晨吸出水箱底部的残饵和粪便，视水质和残饵情况更换 1/3 ～ 1/2 的海水，每隔 15 天彻底清洗仿刺参养殖水箱，并更换全部海水。试验期间水温控制在 18.6℃ ±2.8℃，盐度在 30 ～ 31，pH 为 8.2±0.2，溶解氧高于 6.0 $mg \cdot L^{-1}$，饲养时间为 60 d。

1.3 预试验

为检验海星作为仿刺参饲料的安全性和可行性，在正式投喂试验前进行了预试验，即将海星棘皮干粉直接投喂仿刺参，投喂 35 d 后，仿刺参均无死亡，生长指标正常，说明海星棘皮可以作为仿刺参饲料进行投喂。

1.4 指标测定

每隔 15 天对各组仿刺参进行称重，称重时用捞网沥净水分，保证每组沥水时间一致以减少误差，用精密度 0.01 的天平进行称重。

成活率(SR, %) = $100 \times M/N$

平均增重率(AWGR, %) = $(W_t/N_t - W_0/N_0) \times 100/W_0/N_0$

特定生长率(SGR, $\% \cdot d^{-1}$) = $(\ln W_t - \ln W_0) \times 100/t$

饲料系数(FCR) = $C/(W_t - W_0)$

摄食率(FR, $g \cdot g^{-1} \cdot d^{-1}$) = $C \times 2/[t(W_t + W_0)]$

式中，M 为试验结束仿刺参数量；N 为试验初始仿刺参数量；W_0 为初始仿刺参总质量(g)；W_t 为 t 天时仿刺参总质量(g)；N_0 为初始仿刺参总头数；N_t 为 t 天时仿刺参总头数；C 为饲料摄入总质量(g)；t 为试验天数(d)。

1.5 数据处理

试验数据以平均值 ± 标准差($\bar{x}$±SD)表示，采用 SPSS 13.0 软件和 Origin 8.0 软件对数据进行单因素方差分析(One-Way ANOVA)，若组间差异显著，再进行 Duncan 氏多重比较，以 $P < 0.05$ 为差异显著。

2 结果

2.1 对仿刺参体质量和特定生长率的影响

试验过程中，各组水质正常，仿刺参摄食良好，10%和30%饲料组仿刺参成活率为93.33%，0%、20%和40%饲料组仿刺参成活率为95%，可能是由于初始阶段对饲料的适应性不同，导致个别仿刺参出现死亡现象，各组间成活率差异不显著（$P > 0.05$）。经过60 d饲养，各组仿刺参体质量有明显增加，20%、30%和40%饲料组刺参体质量明显高于0%和10%饲料组（$P < 0.05$）（表3）。

表3 不同比例海星棘皮饲料组对仿刺参存活率、初始、终末体质量及特定生长率的影响（$\bar{x} \pm SD$）

组别	0%	10%	20%	30%	40%
存活率（%）	95.00±0.00	93.33±2.89	95.00±5.00	93.33±5.77	95.00±5.00
初始体质量（g）	3.48±0.10	3.65±0.04	3.65±0.02	3.93±0.07	3.60±0.12
终末体质量（g）	8.36 ± 0.31^{d}	9.36 ± 0.41^{c}	10.90 ± 0.20^{ab}	11.27 ± 0.05^{a}	10.23 ± 0.27^{b}
特定生长率（$\% \cdot d^{-1}$）	1.46 ± 0.02^{b}	1.57 ± 0.05^{b}	1.82 ± 0.04^{a}	1.75 ± 0.02^{a}	1.74 ± 0.01^{a}

注：同一指标数据的上标小写英文字母不同表示相互之间存在显著差异（$P < 0.05$）。

投喂不同比例海星棘皮饲料对仿刺参体质量的影响见图1。结果表明，在45 d和60 d时不同组别的仿刺参体质量较0～30 d有明显增加（$P < 0.05$）。在30 d，除30%饲料组与0%饲料组仿刺参体质量间有差异显著（$P < 0.05$）外，其他饲料组仿刺参体质量间差异不显著（$P > 0.05$）；45 d时，20%，30%饲料组与0%，10%饲料组仿刺参体质量间有差异（$P < 0.05$），与40%饲料组差异不显著（$P > 0.05$）。在60 d，20%和30%饲料组仿刺参体质量高于其他3组，30%饲料组仿刺参体质量达到最大，为11.27 g，与0%，10%和40%饲料组仿刺参体质量间差异显著（$P < 0.05$）。

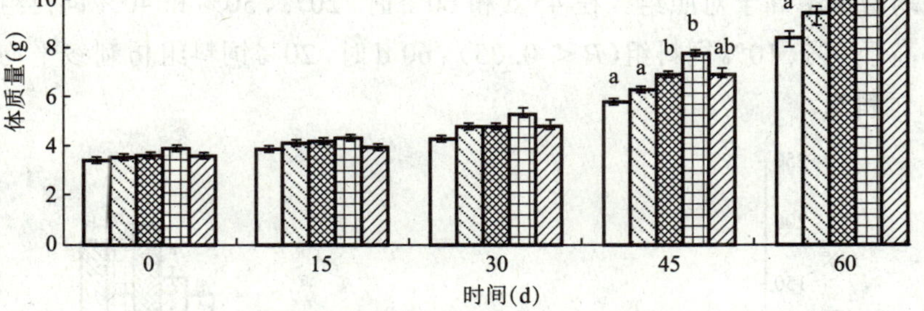

图1 不同比例海星棘皮饲料对仿刺参体质量的影响

仿刺参幼参的特定生长率随饲料中添加海星棘皮比例的增加呈现先上升后降低的变化趋势（表3）。20%饲料组仿刺参的特定生长率最高，为1.82%，但与30%和40%饲料组差异不显著（$P > 0.05$）；0%饲料组仿刺参的特定生长率最低，显著低于20%，30%和40%饲料组（$P < 0.05$），但与10%饲料组差异不显著（$P > 0.05$）。

由表 4 可以看出，在 0 ～ 15 d 时间内，20% 海星饲料组仿刺参的特定生长率最高，与 10% 饲料组间差异不显著（$P > 0.05$），与其他 3 组差异显著（$P < 0.05$）。在 15 ～ 30 d，30% 和 40% 饲料组特定生长率最高，显著高于其他 3 组（$P < 0.05$），且二者差异不显著（$P > 0.05$）；0% 饲料组特定生长率最低，除与 20% 饲料组差异不显著外（$P > 0.05$），与其他 3 组差异显著（$P < 0.05$）。30 ～ 45 d 时，10% 饲料组显著低于其他 4 组（$P < 0.05$），20% 和 30% 饲料组显著高于其他 3 组（$P < 0.05$）。45 ～ 60 d 时，20% 饲料组显著高于其他 4 组（$P < 0.05$），0%（对照组）饲料组幼参特定生长率最低。0 ～ 45 d 和 0 ～ 60 d 时，幼参的特定生长率变化趋势相似，都是随饲料中添加海星棘皮比例的增加呈现先上升后降低的趋势，20% 和 30% 饲料组仿刺参特定生长率最高，与 40% 饲料组差异不显著（$P > 0.05$），但显著高于 0% 和 10% 饲料组（$P < 0.05$）。

表 4　不同时间段和不同比例海星棘皮饲料对仿刺参特定生长率的影响

时间（d）	0%	10%	20%	30%	40%
0 ～ 15	0.72 ± 0.11^{b}	0.82 ± 0.06^{ab}	0.94 ± 0.07^{a}	0.68 ± 0.05^{b}	0.58 ± 0.07^{b}
15 ～ 30	0.71 ± 0.05^{c}	1.05 ± 0.05^{b}	0.84 ± 0.19^{bc}	1.35 ± 0.21^{a}	1.43 ± 0.05^{a}
0 ～ 30	0.71 ± 0.08^{b}	0.93 ± 0.02^{ab}	0.89 ± 0.13^{ab}	1.01 ± 0.13^{a}	1.01 ± 0.06^{a}
30 ～ 45	2.02 ± 0.16^{c}	1.79 ± 0.11^{d}	2.55 ± 0.14^{a}	2.47 ± 0.15^{ab}	2.25 ± 0.05^{bc}
0 ～ 45	1.15 ± 0.03^{b}	1.22 ± 0.04^{b}	1.44 ± 0.07^{a}	1.50 ± 0.04^{a}	1.42 ± 0.06^{a}
45 ～ 60	2.41 ± 0.06^{c}	2.62 ± 0.10^{b}	2.96 ± 0.04^{a}	2.52 ± 0.12^{bc}	2.69 ± 0.14^{b}
0 ～ 60	1.46 ± 0.02^{b}	1.57 ± 0.05^{b}	1.82 ± 0.04^{a}	1.75 ± 0.02^{a}	1.74 ± 0.01^{a}

注：同一指标数据的上标小写英文字母不同表示相互之间存在显著差异（$P < 0.05$）。

2.2 对仿刺参平均增长率的影响

添加不同比例海星棘皮饲料对仿刺参平均增重率的影响见图 2。结果表明，随着投喂时间的增长，5 组饲料组仿刺参的平均增重率有显著增长（$P < 0.05$）。在 15 d 和 30 d 时，各饲料组仿刺参的平均增重率间差异不显著（$P > 0.05$），但 30 d 时，添加海星棘皮饲料组仿刺参的平均增重率高于对照组。在 45 d 和 60 d 时，20%、30% 和 40% 饲料组仿刺参平均增重率显著高于 0%、10% 饲料组（$P < 0.05$）；60 d 时，20% 饲料组仿刺参平均增重率高于 30% 和 40% 饲料组。

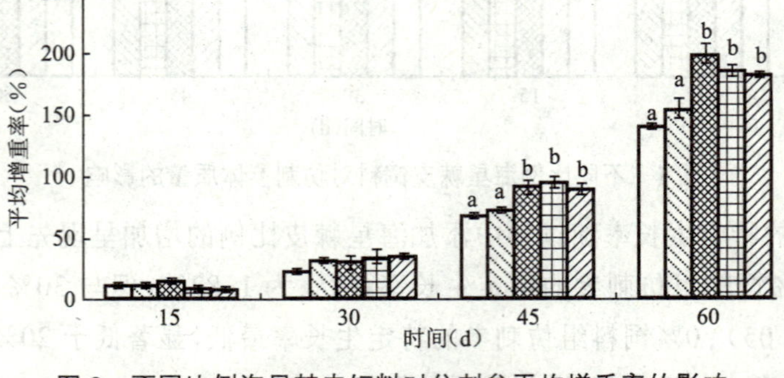

图 2　不同比例海星棘皮饲料对仿刺参平均增重率的影响

2.3 对仿刺参饲料系数和摄食率的影响

由图 3 可以看出，投喂添加 20%和 30%海星棘皮饲料组的饲料系数最低，分别为 0.90、0.89，且二者差异不显著（$P > 0.05$）；0%和 10%饲料组的饲料系数最高，二者差异不显著（$P > 0.05$），但与 20%、30%、40%饲料组间差异显著（$P < 0.05$）。从摄食率来看，与饲料系数的变化趋势相似，随饲料中添加海星棘皮比例的增加呈现先下降后升高的变化趋势。投喂添加 20%和 30%海星棘皮饲料组的摄食率最低，且二者差异不显著（$P > 0.05$），与 40%饲料组差异显著（$P < 0.05$）；0%和 10%饲料组的摄食率最高，二者间差异不显著（$P > 0.05$），但显著高于其他 3 组（$P < 0.05$）。

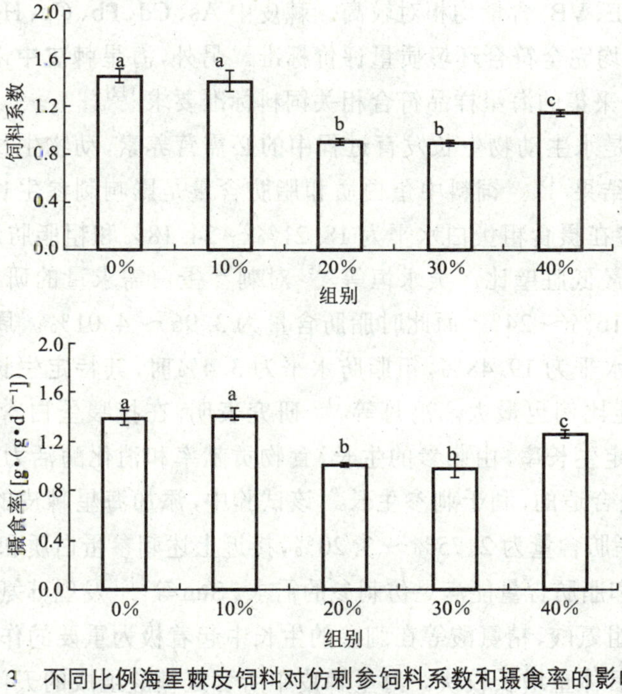

图 3 不同比例海星棘皮饲料对仿刺参饲料系数和摄食率的影响

3 讨论

3.1 海星棘皮在动物饲料中的应用

海星是中国黄海沿岸一种极为普遍的海洋生物资源，其繁殖能力和再生能力很强，渔民海洋捕捞时捕到相当数量的海星，多被捡出并弃入海中而未加以利用 [3]。近年来，从海星体内获得了十几类化学物质，如皂甙、甾醇、生物碱、蒽醌、酶、糖类、多肽等多种物质 [7,8]，它们具有生理和药理活性，如抗癌、抗菌、抗病毒、降血压、降血脂等 [9-11]，其营养及药用价值越来越受到关注。

海星丰富的营养价值使其研制成水产动物的强化饲料成为可能，徐均望等 [5,6] 将海星棘皮干粉添加到鲍鱼（*Abalone*）和牙鲆（*Paralichthys olivaceus*）饲料中进行投喂试验，结果表明用脱毒处理后的海星棘皮干粉分别以 20%、25%、30%掺入国产鲍鱼饲料对鲍鱼进行投喂时，30%添加量的投喂效果最好；将海星棘皮干粉作饲料添加成分进行牙鲆养殖试验时，同样也是30%添加量制成的配合饲料喂养牙鲆效果显著。此外，海星也添加到家禽、家畜的饲料中，利用海星、海生植物、鱼粉、玉米等农副产品制成的发酵饲料，经过测试分析，证明该类饲料中富含蛋白质、脂肪、纤维素和抗癌成分，既可增加蛋白质营养，又能补充钙质，有助于畜禽泌乳和产蛋[4]。

3.2 海星棘皮中营养成分与仿刺参营养需求分析

海星棘皮蛋白质含量为29.49%；氨基酸种类齐全，总量为259.49 $mg \cdot g^{-1}$，必需氨基酸占16.4%；脂肪含量为1.54%；灰分含量为65.90%，含有大量的无机盐和矿物质。此外，含有多种维生素，VE、VB_2含量均相对较高。棘皮中As、Cd、Pb、Cu、Hg等重金属的生物质量指数远小于1.0，均完全符合环境质量评价标准。另外，海星棘皮中未检出六六六和滴滴涕的残留，说明近海采集的海星样品符合相关饲料标准要求[12]。

蛋白质和脂肪是水生动物生长发育过程中的必需营养素，动物生长和体质量的增加主要是蛋白质沉积的结果[13]。饲料中蛋白质和脂肪含量是影响刺参生长的关键因素。朱伟等[14]研究发现刺参在摄食粗蛋白水平为18.21%～24.18%和粗脂肪水平为5%的饲料时获得最大生长率和最低脏壁比。吴永恒等[15]对刺参蛋白需求量的研究表明，刺参饲料粗蛋白的适宜含量为16%～24%，而此时脂肪含量为3.96～4.01%。周玮等[16]研究表明，刺参在饲料粗蛋白水平为19.48%，粗脂肪水平为3.4%时，其特定生长率和饲料转化率达到最高水平，生长能比例也最大。冯丹等[17]研究表明，在投喂蛋白含量为23%的饲料时刺参表现出最大特定生长率，由刺参的生长、食物贡献率和消化酶活力综合分析，蛋白含量在18%～23%都是合适的，利于刺参生长。该试验中，添加海星棘皮的饲料中蛋白含量为19.5%～23.1%，脂肪含量为2.75%～3.20%，接近上述刺参蛋白质和脂肪的需求量，说明海星棘皮中蛋白质和脂肪含量能满足仿刺参的需求。Sun等[18]发现苏氨酸、缬氨酸、亮氨酸、苯丙氨酸、赖氨酸、组氨酸、精氨酸等在刺参的生长中起着极为重要的作用，刺参在摄食这些氨基酸较高的饲料后体重增长较快。海星棘皮中所含氨基酸组成的天门冬氨酸、谷氨酸、丙氨酸、亮氨酸、精氨酸含量较高，且种类齐全[12]，说明其对刺参的生长具有积极的作用。海星棘皮中牛磺酸的含量较高，牛磺酸具有调节神经传导，维持正常的心脏、肝脏、内分泌等功能，具有独特的生理及药理作用[19]，长期摄入有利于促进动物的生长发育。此外，海星棘皮中的脂肪酸以不饱和脂肪酸为主，EPA含量占总脂肪酸的16.67%，具有广泛的生理活性。

此外，海星棘皮中含有大量的Ca和Mg，还含有较为丰富的Zn和少量的Fe、Cu及Mn，其中Ca和Mg是动物组织结构的重要常量元素，参与机体的许多生理活动及物质能量代谢[20]。综上所述，海星棘皮中的营养成分能满足仿刺参生长发育的需求，在仿刺参饲料开发方面具有较大的前景。

3.3 添加海星棘皮饲料对仿刺参生长的影响分析

通过饲料中添加不同比例海星棘皮对仿刺参生长影响的试验研究可知，添加海星棘皮各饲料组投喂效果好于对照组，且在60 d时，20%、30%海星棘皮饲料组的仿刺参体质量最大。同时，20%饲料组仿刺参平均增重率高于 30%和 40%饲料组，3 组间差异不明显。特定生长率是衡量生长状况的常用指标，特定生长率越大，表示每天体质量增长越快。该试验中，20%饲料组仿刺参的特定生长率最高，与 30%和 40%饲料组差异不明显，3 组饲料的蛋白含量分别为 20. 7%、21. 9%和 23. 1%，与郭娜等[20]的研究结果相近，与周玮等[15]的研究结果有一定的差异，可能与饲料中脂肪含量有关，在脂肪含量不足的情况下，仿刺参对蛋白的需求量有所提高[22]。0%饲料组仿刺参的特定生长率最低，明显低于 20%、30%和 40%饲料组。

饲料系数是衡量动物所摄食饲料中用于机体生长增重部分的多少，有试验表明，饲料系数随饲料蛋白质含量的增加呈现先降低后升高的趋势，在动物适宜蛋白质需求量附近达到最低值[23]。该试验中，饲料系数随饲料中添加海星棘皮比例的增加也出现相同的变化趋势，投喂 20%和 30%海星棘皮饲料组的饲料系数最低；40%饲料组饲料系数有所增加，但均低于 0%和 10%饲料组的饲料系数，与吴永恒等[15]、周玮等[16]的研究结果一致，均呈现饲料系数随饲料蛋白质含量的增加有先降低后升高的趋势。从摄食率来看，与饲料系数的变化趋势相似。试验中，投喂 20%和 30%海星干粉饲料组的摄食率最低，0%和 10%饲料组的摄食率最高。

4 结论

海星棘皮蛋白质含量较高，且氨基酸种类齐全，牛磺酸含量较高；脂肪含量相对较低，但多不饱和脂肪酸比例高，富含 EPA，还含有多种维生素及 Ca、Mg 等无机常量元素，在开发水产动物饲料应用方面有广阔的前景。在该试验条件下，在仿刺参饲料中添加海星棘皮，投喂效果好，根据平均增重率、特定生长率、饲料系数和摄食率的研究结果，建议在仿刺参饲料中添加 20%～30%的海星棘皮。

参考文献

[1] 周鹏，顾谦群，王长云．海星皂甙及其他活性成分研究概述 [J]．海洋科学，2000，24（2）：35-37.

[2] 赵君，赵晶，樊延俊，等．水溶性海星皂甙的分离纯化及其抗肿瘤活性研究 [J]．山东大学学报（理学版），2013，48（1）：30-35.

[3] 李军，蒋碧蓉，吴红梅，等．海星多糖的提取分离与抗氧化活性研究 [J]．广东化工，2010，37（2）：188-189.

[4] 郭文场，刘佳贺，赵冰冰．中国海星资源的种类、分类与综合利用 [J]．特种经济动植物，2013，（12）：9-13.

[5] 徐均望，周少燕，张天民，等．用海星棘皮作养鲍鱼饵料添加成分的研究 [J]．大连水产学院学报，1999，14（4）：24-28.

[6] 徐均望，路璧和，宋志乐，等．海星棘皮用作饵料添加成分养牙鲆的研究 [J]．烟台大学

学报，2002，15（3）：211-215.
[7] 李明春．海星之患 [J]．海洋世界，2007，（5）：30-33.
[8] 姜凤吾，张玉顺．中国海洋药物词典 [M]．北京：海洋出版社，1994：245-250.
[9] 汤海峰，易杨华，张淑瑜，等．海星皂甙的研究进展 [J]．中国海洋药物，2004，23（6）：48-57.
[10] 郭万成，刘丽娟，张翠仙，等．海星中的皂苷和多羟基甾体化合物 [J]．天然产物研究与开发，2005，17（1）：108-114.
[11] D'auria M V，Minale L，Riccio R. Polyoxygenated steroids of marine origin [J]. Chemical Reviews，1993，（5）：1839-1895.
[12] 李红艳，李晓，孙元芹，等．多棘海盘车营养成分分析及评价 [J]．食品科学，2014-05-27，网络预发表．
[13] 皇康康，张春晓，王玲，等．饲料蛋白质和脂肪水平对牛蛙生长性能的影响 [J]．水产学报，2014，38（6）：877-887.
[14] 朱伟，麦康森，张百刚，等．刺参稚参对蛋白质和脂肪需求量的初步研究 [J]．海洋科学，2005，29（3）：53-58.
[15] 吴永恒，王秋月，冯政夫，等．饲料粗蛋白含量对刺参消化酶及消化道结构的影响 [J]．海洋科学，2012，36（1）：36-41.
[16] 周玮，张慧君，李赞东，等．不同饲料蛋白水平对仿刺参生长的影响 [J]．大连海洋大学学报，2010，25（4）：359-364.
[17] 冯丹，高勤峰，董双林．不同蛋白水平饲料对刺参生长和消化酶活性的影响 [J]．中国海洋大学学报，2014，44（2）：035-040.
[18] Sun H L，Liang M Q，Yan J P，et al. Nutrient requirements and growth of the sea cucumber，*Apostichopus japonicus* [J]. Advances in Sea Cucumber Aquaculture and Management，2004，15：327-331.
[19] 陈秋虹，莫建光，黄艳．天然牛磺酸的提取与应用 [J]．氨基酸和生物资源，2011，33（2）：43-45.
[20] 陈炜，孟宪治，陶平．2 种壳色皱纹盘鲍营养成分的比较 [J]．中国水产科学，2004，11（4）：367-370.
[21] 郭娜，董双林，刘慧．几种饲料原料对刺参幼参生长和体成分的影响 [J]．渔业科学进展，2011，32（1）：122-128.
[22] 王际英，宋志东，王世信，等．刺参不同发育阶段对蛋白质需求量的研究 [J]．水产科技情报，2009，36（5）：229-232.
[23] 王吉桥，王文辉，李文宽，等．饲料蛋白质和维生素 C 含量对黄颡鱼生长和免疫力的影响 [J]．水产学报，2005，29（4）：512-518.

（吴志宏，刘天红，孙元芹，李晓，李红艳，王颖）

（载自《海洋渔业》2015-01）

海星棘皮投喂仿刺参(*Apostichopus japonicas* Selenka)的效果

海星(*Asterias amurensis*)属棘皮动物门(Echinodermata)海星纲(Asteroidea),为海洋底栖大型无脊椎动物,是我国黄海沿岸一种极为普遍的海洋生物资源。海星体内富含蛋白质和脂肪,氨基酸种类齐全,棘皮中蛋白质含量为29.49%,脂肪含量为1.54%,氨基酸种类齐全,牛磺酸含量较高,且含有Ca、Mg等常量元素和丰富的Zn、Fe、Cu、Mn等微量元素[1]。不仅富有营养、鲜香可食,且具有补肾、壮阳、抗衰老、抗脂质硬化等生理功能[2],具有较高的食用和药用价值。由于海星喜食牡蛎、文蛤、鲍、贻贝等软体动物,被视为贝类养殖业的敌害,同时海星的繁殖能力和再生能力强,渔民捕捞作业时往往将海星捡出并弃入海中而未加以利用。若有效地进行开发利用,既能变害为利、变废为宝,又能保护贝类资源,还能带来良好的经济效益[3]。

仿刺参(*Apostichopus japonicas* Selenka)属于棘皮动物门,为底栖碎屑食性生物,其对营养的需求比其他水生动物较低。近年来,对于仿刺参的研究主要集中于仿刺参的养殖技术和饲料的配制。在仿刺参养成阶段,主要使用大型海藻和人工配合饲料。大型海藻主要为鼠尾藻、马尾藻、石莼等,由于这些海藻的大量开发及海区污染等因素,使其天然资源日渐匮乏。目前在实际生产中,主要使用海藻粉搭配一定比例的海泥作为基础饲料,有的添加鱼粉、虾粉、淀粉、玉米面、豆饼、酵母等。此外,根据其他水产动物的营养需求,配制出多种刺参的人工饲料,但出现效果良莠不齐、缺乏行业规范与管理、原料受制约等问题,严重阻碍了刺参养殖业的快速发展。刺参饲料的开发越来越引起人们的重视,开发营养丰富和低成本的新型饲料原料更是当务之急。

本试验旨在研究海星棘皮作为仿刺参饲料新来源的可行性与投喂效果,为开发新的刺参人工配合饲料的配料成分提供理论依据,进一步开发海星的饲料应用价值。

1 材料与方法

1.1 试验材料

试验用仿刺参购于山东青岛即墨鳌山卫育苗场,选取健康无病、体长为3.9～5.5 cm、体重为5.0～6.7 g的幼参;海星采自山东省青岛市栈桥附近海域,采集后低温烘干并脱毒处理，将海星棘皮粉碎后过 200 目筛，制成干粉备用；海泥取自山东省即墨市鳌山卫镇附近海域表层浮泥，在 65℃下烘干，并过 40 目筛，低温保存备用；试验用海星饲料以浒苔、马尾藻、鱼粉为主要原料，添加 20%海星棘皮干粉和海泥所配成，另选择两种市售商品饲料，饲料配方及营养成分如表 1 所示。

表 1　试验饲料配方及营养成分

	海星饲料组	市售 1 组	市售 2 组
仿刺参总重 / 头	130. 5/20	128. 0/20	104. 4/20
	137. 3/20	125. 6/20	102. 6/20
	125. 2/20	120. 8/20	97. 8/20
饲料组成 营养成分（%）	海星、浒苔粉、马尾藻粉、鱼粉、多肽、天然酵母、多维、多矿	天然海藻粉、生态活菌酶、鱼粉、微量元素、维生素、螺旋藻粉	天然活性物质、天然褐藻粉、红藻粉、绿藻粉、复合维生素、鱼粉
粗蛋白	22. 70	18. 10	23. 30
粗脂肪	2. 50	2. 20	2. 30
粗纤维	3. 80	3. 10	3. 10
钙	5. 29	6. 66	9. 77
总磷	0. 21	0. 54	0. 15
水分	7. 30	7. 70	6. 50
粗灰分	25. 50	48. 00	35. 40
赖氨酸	0. 70	0. 49	0. 49

1. 2 试验方法

本试验设 3 个处理组，每个处理组设 3 个重复，每个重复放养 20 头仿刺参，各试验组情况如表 1 所示。将仿刺参放入 70 L 聚乙烯养殖水箱中暂养 5 d，期间不投喂饲料，待仿刺参体内残饵排空后，进行随机分组。饲养时间为 60 d。每天按各试验组仿刺参体重的 3%进行投喂，早晚各投喂 1 次（09：00 和 17：00），每天早晨吸出水箱底部的残饵和粪便，视水质和残饵情况更换 1/3 ～ 1/2 的海水，每隔 10 天彻底清洗仿刺参养殖水箱，并更换全部海水。试验期间水温控制在 18. 6℃ ±2. 8℃，盐度在 30 ～ 31，溶解氧不低于 6 $mg \cdot L^{-1}$，pH 在 8. 2 ～ 8. 4。

1. 3 指标测定

每隔 10 天更换全部海水时，对各组仿刺参称重，用捞网沥净水分，每组的沥水时间一致，以减少误差，用精密度为 0. 01 g 的天平称重。

平均增重率（AWGR）

$$\mathrm{AWGR}(\%) = 100 \times (W_t/N_t - W_0/N_0)/(W_0/N_0)$$

特定生长率（SGR）

$$\mathrm{SGR}(\% \cdot d^{-1}) = (\ln W_t - \ln W_0)/t \times 100\%$$

饲料系数（FCR）

$$FCR = C/(W_t - W_0)$$

摄食率(FR)

$$FR(g \cdot g^{-1} \cdot d^{-1}) = 100 \times C/[t(W_t + W_0)/2]$$

饲料转化率(FE)

$$FE(\%) = 100(W_t - W_0)/C$$

蛋白表观消化率(APD)

$$APD(\%) = 1 - (F/D \times f)$$

式中，W_0为初始刺参总重(g)；W_t为t天时刺参总重(g)；N_0为初始刺参总头数；N_t为t天时刺参总头数；C为总饲料干重(g)，t为试验时间单位(d)；F为粪便中蛋白质百分含量(%)；D为饲料中蛋白质百分含量(%)；f为水产饲料蛋白质消化系数。

1.4 数据处理

试验数据经 Excel 2007 初步整理后，采用 SPSS 13.0 软件进行单因素方差分析(One-Way ANOVA)，$P < 0.05$时，采用 Tukey 检验进行多重比较，数据表示为平均值 ± 标准误差($\bar{x} \pm SD$)。

2 结果

2.1 对仿刺参体重和成活率的影响

由图 1 可以看出，0 ～ 60 d，投喂 3 组饲料的仿刺参长势较好。投喂添加海星棘皮饲料组刺参，20 d 时体重为 183.85 g±7.79 g，40 d 时体重为 211.18 g±8.42 g，在 60 d 时，添加海星棘皮饲料组刺参体重达到最大值，为 262.13 g，试验期间体重始终大于投喂市售饲料 1 组和饲料 2 组的刺参。在 50 d 和 60 d 时，海星棘皮饲料组刺参与市售饲料 2 组刺参体重间有显著差异($P < 0.05$)，与市售饲料 1 组刺参体重间差异不显著($P > 0.05$)。

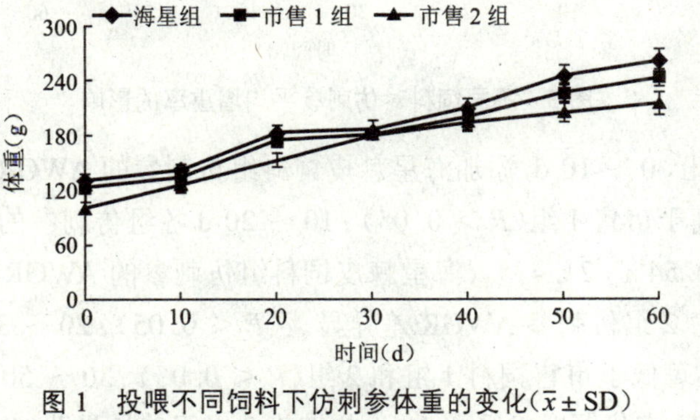

图 1　投喂不同饲料下仿刺参体重的变化($\bar{x} \pm SD$)

由图 2 可知，在相同环境条件下，经过 30 d 投喂，3 种不同饲料下仿刺参的成活率均为 100%，在 40 d 时，投喂市售 2 组饲料的仿刺参成活率为 95%。

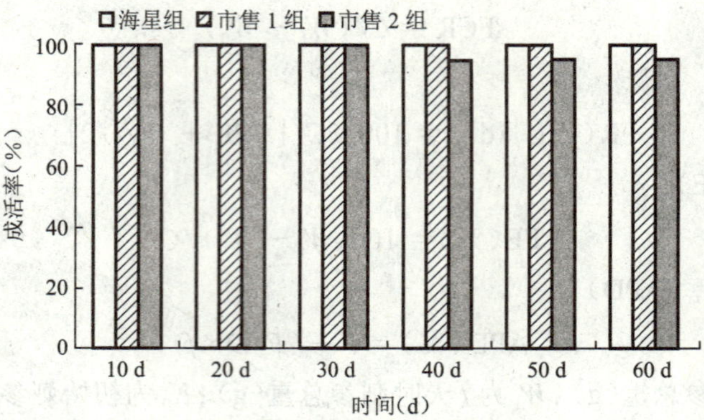

图 2　不同饲料对仿刺参成活率的影响

2.2 对仿刺参 AWGR 和 SGR 的影响

由图 3 可以看出，随着投喂时间的增长，3 组仿刺参的 AWGR 也逐渐增大。在 10 d ～ 40 d，投喂市售 2 组饲料仿刺参的 AWGR 显著高于添加海星棘皮饲料组和市售 1 组($P < 0.05$)。在试验投喂期间，添加海星棘皮饲料组与市售 1 组仿刺参的 AWGR 差异不显著($P > 0.05$)。50 ～ 60 d，添加海星棘皮饲料组仿刺参的 AWGR 高于市售 1 组，但仍低于市售 2 组仿刺参的 AWGR。

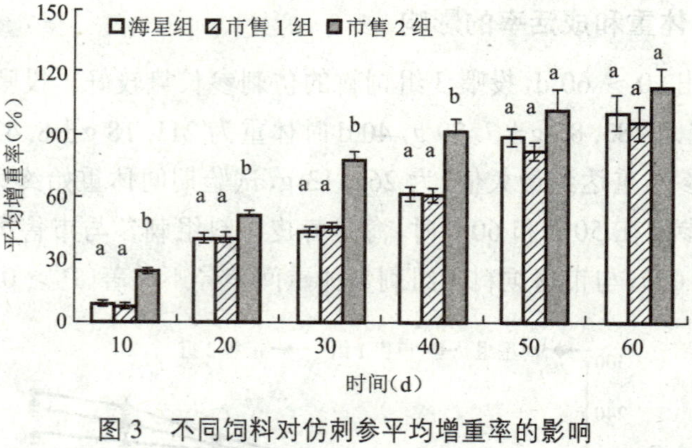

图 3　不同饲料对仿刺参平均增重率的影响

由图 4 可以看出，0 ～ 10 d，添加海星棘皮饲料组仿刺参的 AWGR 显著低于市售饲料 2 组($P < 0.05$)，略高于市售 1 组($P > 0.05$)；10 ～ 20 d 各组仿刺参的 AWGR 达到最大值，分别为 29.29%，30.54%，21.47%，海星棘皮饲料组仿刺参的 AWGR 略低于市售饲料 1 组($P > 0.05$)，与市售 2 组仿刺参 AWGR 差异显著($P < 0.05$)；20 ～ 30 d，海星棘皮饲料组的仿刺参 AWGR 显著低于市售饲料 1 组和 2 组($P < 0.05$)；30 ～ 50 d 海星棘皮饲料组的仿刺参 AWGR 均高于市售饲料 1 组和 2 组，与市售 2 组间差异显著($P < 0.05$)；50 ～ 60 d，海星棘皮饲料组的仿刺参 AWGR 与市售饲料 1 组和 2 组差异不显著($P > 0.05$)。

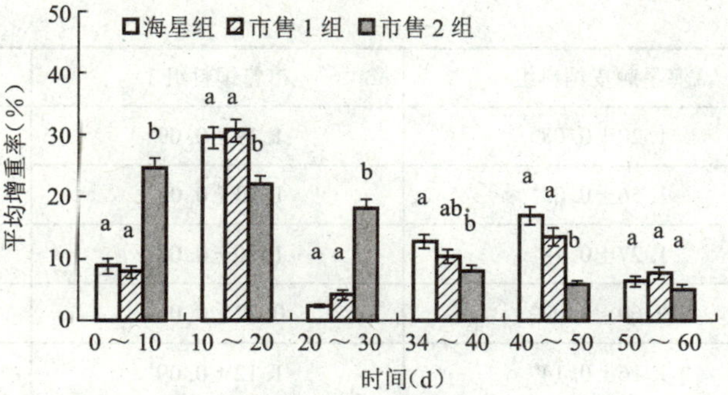

图4 不同时间段和不同饲料对仿刺参平均增重率的影响

不同饲料对仿刺参体重和SGR的影响见表2。投喂试验进行60 d后，各试验组仿刺参的体重均得到了增长，试验结束时，平均体重均显著大于初始平均体重($P < 0.05$)；各试验组仿刺参AWGR大小依次为：市售2组＞海星组＞市售1组；不同饲料对仿刺参的SGR大小依次为：市售2组＞海星组＞市售1组。

表2 不同饲料对仿刺参体重和特定生长率的影响

指标	海星棘皮饲料组	市售饲料组1	市售饲料组2
初始平均重量(g)	6.55±0.15	6.24±0.12	5.08±0.07
结束平均重量(g)	13.11±0.82^{a}	12.18±0.74^{a}	10.77±0.52^{b}
平均增重率AWGR(%)	100.25±16.55^{a}	95.32±7.84^{a}	111.91±11.26^{a}
特定生长率SGR(%)	1.16±0.17^{a}	1.12±0.11^{a}	1.25±0.12^{a}

注：同一指标数据的上标小写英文字母不同表示相互之间存在显著差异($P < 0.05$)。

由表3可以看出，0～10 d投喂海星棘皮饲料组的仿刺参SGR低于市售2组($P < 0.05$)，高于市售1组；而在10～20 d时间段，添加海星棘皮饲料组SGR略低于市售1组($P > 0.05$)，高于市售2组($P < 0.05$)；20～30 d，添加海星棘皮饲料组SGR较低，明显低于其他两组($P < 0.05$)；30～40 d、40～50 d添加海星棘皮饲料组的仿刺参SGR高于其他两组；50～60 d添加海星棘皮饲料组仿刺参SGR低于市售1组($P > 0.05$)，高于市售2组($P < 0.05$)。

表3 不同时间段和不同饲料对仿刺参特定生长率的影响

时间(d)	海星棘皮饲料组	市售饲料组1	市售饲料组2
0～10	0.83±0.04^{a}	0.73±0.03^{a}	2.16±0.18^{b}
10～20	2.57±0.13^{a}	2.66±0.11^{a}	1.95±0.12^{b}
0～20	1.70±0.09^{a}	1.70±0.10^{a}	2.05±0.11^{b}
20～30	0.21±0.01^{a}	0.39±0.04^{b}	1.64±0.09^{c}
0～30	1.20±0.05^{a}	1.26±0.06^{a}	1.92±0.08^{b}
30～40	1.18±0.10^{a}	0.96±0.08^{ab}	0.74±0.03^{b}

续表

时间(d)	海星棘皮饲料组	市售饲料组 1	市售饲料组 2
0～40	1.20±0.08[a]	1.19±0.09[a]	1.62±0.07[b]
40～50	1.56±0.03[a]	1.23±0.08[b]	0.53±0.06[c]
0～50	1.27±0.14[a]	1.20±0.03[a]	1.40±0.17[a]
50～60	0.60±0.02[a]	0.72±0.01[a]	0.49±0.03[b]
0～60	1.16±0.14[a]	1.12±0.09[a]	1.25±0.12[a]

注:同一指标数据的上标小写英文字母不同表示相互之间存在显著差异($P < 0.05$)。

2.3 对FCR、FR、FE和APD的影响

从表4可以看出,投喂添加海星棘皮饲料组的FCR最低,为0.99,其次为市售饲料1组,最大为市售饲料2组,但3组间FCR差异不显著($P > 0.05$)。各饲料组间,投喂海星棘皮饲料组与市售1组的FR间差异不显著($P > 0.05$),低于市售2组的FR($P < 0.05$)。仿刺参对3种饲料的FE由高到低依次为:海星棘皮饲料组>市售1组>市售2组,海星棘皮饲料组的FE显著高于其他两组($P < 0.05$)。从APD来看,投喂海星棘皮饲料组仿刺参的APD最高为67.28%,与市售1组的APD差异显著($P < 0.05$)。

表4 不同饲料对饲料系数、摄食率、饲料转化率和蛋白表观消化率的影响

指标	海星饲料组	市售饲料组 1	市售饲料组 2
饲料系数 FCR	0.99±0.08[a]	1.08±0.10[a]	1.19±0.11[a]
摄食率 FR($g\cdot g^{-1}\cdot d^{-1}$)	0.080±0.003[a]	0.085±0.004[a]	0.102±0.005[b]
饲料转化率 FE(%)	15.36±0.41[a]	13.83±0.64[b]	12.93±0.55[b]
蛋白表观消化率 APD(%)	67.28±4.56[a]	58.42±3.25[b]	62.92±4.12[ab]

3 讨论

3.1 海星棘皮营养成分与仿刺参营养需求的分析

蛋白质是构成动物体的主要物质,是维持生物体正常生命活动所必需的营养物质,同时也是能量来源。因此,饲料中的蛋白质含量对动物的生长发育起着极其重要的作用,可影响动物的摄食、生长、营养物质的消化与吸收等多种生理活动[4]。宋志东等[5]研究表明,刺参从幼体发育到成体的过程中,不断摄食藻类导致体内蛋白质含量增加,饲料蛋白含量已是影响刺参生长的关键因素。

冯丹等[6]研究表明,刺参在投喂蛋白含量为23%的饲料表现出最大SGR,由刺参的生长、食物贡献率和消化酶活力综合分析,蛋白含量在18%～23%都是合适的,利于刺参生长。吴永恒等[7]研究表明,刺参在饲料粗蛋白含量为16%时即达到最大的生长速度,在饲料粗蛋白含量为16%～24%时,其FCR最低,蛋白质效率最高。Sun等[8]认为,刺参摄食

蛋白含量为21.5%饲料时获得最大的SGR，显著优于其他不同蛋白水平饲料组的生长效果。同样，朱伟等[9]试验发现，刺参在摄食粗蛋白水平为18.21%～24.18%和粗脂肪水平为5%的饲料时获得最大生长率和最低脏壁比。而王际英等[10]研究发现，当饲料脂肪水平为3%时，刺参稚参、幼参、成参对蛋白的需求量不同，分别达到28.79%、32.30%和35.49%，远高于上述研究，其原因可能与脂肪含量有关。本研究中，海星棘皮中蛋白含量为29.49%，添加20%海星棘皮干粉的饲料中蛋白含量为22.70%，对仿刺参进行投喂，仿刺参长势较好，体重始终大于投喂市售饲料1组和市售饲料2组的仿刺参，在50 d和60 d时，明显高于市售饲料2组刺参体重，说明添加海星棘皮蛋白质和脂肪含量均达到仿刺参的营养需求范围。同时，Sun等[8]发现，苏氨酸、缬氨酸、亮氨酸、苯丙氨酸、赖氨酸、组氨酸、精氨酸等在刺参的生长中起着极为重要的作用，刺参在摄食这些氨基酸较高的饲料后体重增长较快。海星所含氨基酸组成中的天门冬氨酸、谷氨酸、丙氨酸、亮氨酸、精氨酸含量较高，种类齐全，因此对刺参的生长具有积极的作用，应该也是添加海星棘皮饲料组刺参的SGR较高的原因。同时，添加海星棘皮饲料组仿刺参的FCR最低，FE和APD高于市售1组和市售2组，说明海星棘皮干粉中所含蛋白质适宜仿刺参对蛋白的吸收，可作为动物性蛋白源添加到仿刺参饲料中。仿刺参平均增长率的最大值出现在蛋白含量最高的市售2组，其原因可能是市售2组饲料中蛋白质含量最高。

水产动物配合饲料中脂类的营养作用仅次于蛋白质，饲料脂肪水平过高或不足均会对其生长造成不良影响。Seo等[11]研究发现，刺参生长所需的最佳饲料脂肪含量为2%。朱伟等[9]的研究结果表明，适宜的粗脂肪水平为5%，低于王吉桥等[12]的研究结果（5.35%～7.05%）。从饲料研究的角度考虑，刺参配合饲料中需要的脂肪含量不高，但从刺参棘皮脂肪酸的比例来看，其对不饱和脂肪酸的含量要求较高[13, 14]。本研究中，海星棘皮干粉中脂肪含量为1.54%，多不饱和脂肪酸占脂肪酸总量的50.00%，其中，高不饱和脂肪酸EPA、DHA的含量也较高，具有非常高的营养价值，添加20%海星棘皮干粉的饲料中脂肪含量为2.50%，达到了Seo和Lee等[11]对刺参脂肪研究的需求量。

3.2 海星棘皮作为仿刺参饲料添加成分的应用价值

海星棘皮作为水产养殖饲料源对鲍鱼、牙鲆的投喂试验表明，将脱毒处理后的海星棘皮烘干粉碎成粉末掺入鲍鱼和牙鲆饲料中，可显著提高其生长率、增重及成活率[15, 16]。本研究将海星棘皮干粉添加到仿刺参幼参饲料中，结果表明，在0～40 d，投喂添加海星饲料组刺参的AWGR与市售1组差异不明显，40 d后投喂海星饲料组刺参的AWGR高于市售1组，说明刺参在逐步适应添加海星饲料后，对刺参促生长效果明显。试验60 d后，各试验组刺参AWGR大小依次为：市售2组＞海星组＞市售1组；不同饲料对刺参的SGR大小依次为：市售2组＞海星组＞市售1组。FE是反应动物所摄食饲料中用于增重的部分，FE越高，说明该饲料营养用于生长的比例越高，使用效果也就越好。本研究结果表明，海星饲料组的FE高于市售1组和市售2组，说明该饲料中的营养物质应用于刺参生长的比例最大。

海星棘皮中蛋白质和脂肪含量丰富，氨基酸含量均衡，多不饱和脂肪酸占脂肪酸含量的比例高，还含有多种维生素及必需微量元素。As、Cd、Pb、Cu、Hg等重金属的生物质量指数均符合环境质量评价标准，是一种营养丰富、安全的饲料源；添加海星棘皮饲料用于仿刺参幼参养殖试验，使幼参体重得到显著增加，喂养 60 d 后效果优于市售 1 组，具有较好的促仿刺参生长作用。因此，海星棘皮可以添加到幼参饲料中用作饲料原料。

参考文献

[1] 徐均望，周少燕，张天民，等．用海星棘皮作养鲍饵料添加成分的研究 [J]．大连水产学院学报，1999，14（4）：24-28.

[2] 王吉桥，隋晓楠，顾公明，丛文虎．不同饲料搭配及投喂量对仿刺参稚、幼参生长和成活的影响 [J]．水产科学．2008，27（2）：55-58.

[3] 郭文场，丁向清，刘佳贺，等．中国海星资源的种类、分类与综合利用 [J]．特种经济动植物，2013（12）：9-13.

[4] 李旭．刺参幼参饲料原料选择与蛋白质营养需求的研究 [J]．扬州：扬州大学，2013.

[5] 宋志东，王际英，王世信．等．不同生长发育阶段刺参体壁营养成分及氨基酸组成比较分析 [J]．水产科技情报，2009，36（1）：11-13.

[6] 冯丹，高勤峰，董双林．不同蛋白水平饲料对刺参生长和消化酶活性的影响 [J]．中国海洋大学学报（自然科学版），2014，44（2）：35-40.

[7] 吴永恒，王秋月，冯政夫，等．饲料粗蛋白含量对刺参消化酶及消化道结构的影响 [J]．海洋科学，2012（1）：36-41.

[8] Sun H L, Liang M Q, Yan J P, et al. Nutrient requirements and growth of the sea cucumber, *Apostichopus japonicus* [J]. Advances in Sea Cucumber Aquaculture and Management, 2004, 15: 327-331.

[9] 朱伟，麦康森，张百刚，等．刺参稚参对蛋白质和脂肪需求量的初步研究 [J]．海洋科学，2005，29（3）：53-58.

[10] 王际英，宋志东，王世信，等．刺参不同发育阶段对蛋白质需求量的研究 [J]．水产科技情报，2009，36（5）：229-232.

[11] Seo J Y, Lee S M. Optimum dietary protein and lipid levels for growth of juvenile sea cucumber *Apostichopus japonicaus* [J]. Aquacult Nutr, 2011, 17: 56-61.

[12] 王吉桥，赵丽娟，苏久旺，等．饲料中脂肪及乳化剂含量对仿刺参幼参生长和体组分的影响 [J]．大连水产学院学报，2009，24（1）：17-23.

[13] 王际英，宋志东，王世信，等．刺参体壁的营养成分分析 [J]．中国水产，2009，（5）：60-61.

[14] 李丹彤，常亚青，陈炜，等．獐子岛野生刺参体壁营养成分的分析 [J]．大连水产学院学报，2006，21（3）：278-282.

[15] 徐均望，张天民，郭占明，等．海星综合利用的研究 [J]．齐鲁渔业，1995，12（1）：38-41.

[16] 徐均望，路璧和，宋志乐，等．海星棘皮用作饵料添加成分养牙鲆的研究 [J]. 烟台大学学报（自然科学与工程版），2002，15（3）：211-215.

（吴志宏，孙元芹，刘天红，李晓，李红艳，王颖★）

（载自《渔业科学进展》2015-09）

几种陆、海生植物源对仿刺参幼参生长指标的影响

近几年，随着人们保健意识的增强，刺参市场需求量极速增长，2010年全国刺参产量超过10万吨，产值突破200亿元。刺参养殖业迅猛发展，养殖模式由粗放养殖转向集约化养殖和半粗放养殖，但也带来一些刺参疾病问题[1]。其中引起刺参营养性疾病的主要原因是饵料质量问题[2,3]，高质量饲料可避免营养性疾病的发生，配方与配料就显得尤为重要。马尾藻（*Sargassum pallidum*）和鼠尾藻（*Sargassum thunbergii*）是生产实践上刺参的优质天然饵料，但这两种藻类的野生资源破坏严重，种群规模和数量不断减小，市场供不应求。因此，寻找刺参饲料中合适的植物蛋白源尤为重要。本文分析了几种植物源的基本营养成分，并研究其对刺参幼参各生长指标的影响，旨在为刺参人工配合饵料的配料成分选择提供理论依据，为企业扩大饵料配料使用范围，减少马尾藻和鼠尾藻用量，减少生产成本提供理论指导。

1 材料与方法

1.1 材料

（1）鲜鼠尾藻来自山东荣成海区，鲜石莼（*Ulva lactuca* L.）、马尾藻来自山东青岛八大关海域，陆生植物马齿苋（*purslane herb*）来自山东胶州，鲜羊栖菜（*Sargassum fusiforme*（Harv.）*Setch.*）来自浙江海域，打捞后低温烘干，粉碎，过200目筛。

（2）鲜浒苔（*Enteromorpha prolifra*）来自山东青岛八大峡海域，打捞后低温烘干，粉碎，过200目筛和400目制得200目浒苔粉和400目浒苔粉。

（3）养殖用海水来自山东青岛团岛砂滤池，符合GB 3097标准[4]。

（4）安琪酵母粉碎，过80目筛。

（5）食母生、多矿、多维购自北京桑普生化科技有限公司。

①多矿：每1 000克复合矿物盐中含有铁10 000 mg，铜6 000 mg，锌24 000 mg，锰12 000 mg，镁30 000 mg，碘100 mg，硒80～100 mg，钴800 mg，余量是石粉辅料。

②多维：每1 000克复合维生素中含有维生素A 100万IU，维生素D3 30万IU，维生素E 4 000 mg，维生素K_3 1 000 mg，维生素B_1 2 000 mg，维生素B_2 1 500 mg，维生素B_6 2 000 mg，维生素B_{12} 5 mg，维生素C 18 000 mg，维生素H 10 mg，烟酸10 000 mg，叶酸200 mg，泛酸5 000 mg，肌醇10 000 mg，余量为葡萄糖载体。

(6) 电磁式空气压缩机，盐度比重计，金属套温度计，电子天平 AL204，精密 pH 计 PHS-3B，70L 聚乙烯养殖桶，高速多功能粉碎机 CXP-500A 等。

(7) 商品饲料 YJ 外包装中注明原料：天然海藻粉、螺旋藻粉、脱脂鱼粉、生态活菌酶、各种水产专用讲单项维生素、微量元素。

(8) 自制饲料配方：浒苔 50%，鱼粉 20%，虾糠 20%，免疫多糖 4%，食母生 2%，酵母 2%，多维 1%，矿物质 1%。

1.2 方法

(1) 饲养管理。试验用仿刺参来自青岛即墨鳌山卫育苗厂，个体体质量为 2.5 ~ 3.5 g，体长为 2.5 ~ 3.5 cm，暂养 3 ~ 5 d，不投饵。待刺参排空体内残余饵料后，随机分组，试验设 9 个处理组，每个处理组设 3 个重复，每次重复 20 头刺参。试验期间溶氧 ≥ 6 $mg \cdot L^{-1}$；温度 18.6℃ ±2.8℃；盐度 30 ~ 31；pH = 8.2±0.2，每天早晚各投喂一次(9:00 和 17:00)，按体重的 3%进行饱食投喂，饵料与海泥比例为 1:3，每天 8:30 吸污换掉 1/3 ~ 1/2 的海水，视水质和残饵情况而定，每隔 10 天彻底清洗刺参养殖桶，并换掉全部海水。

(2) 海泥添加试验。饲养管理同上，区别是饲喂时不添加海泥。

1.3 指标测定

(1) 平均增重率(WG)测定。每隔 10 天更换全部海水，对各组刺参进行称重，称重时用捞网沥净水分，保证每组沥水时间一致以减少误差，用精密度 0.1 的天平进行称重，试验进行 60 d。

$$平均增重率(WG)\ \% =(W_{t+10} - W_t)\times 100/W_t$$

式中，W_{t+10}为每隔 10 天刺参总重(g)；W_t为 t 天时刺参总重(g)；N为刺参总头数。

(2) 体长的测定。试验开始时和试验进行 60 d 时测定；测试方法：将刺参沥水后平放至解剖盘内使用精确度为 0.1cm 的刻度尺对刺参体长进行测量，单位为 cm；$n = 3$，结果表示为平均值 ± 标准误。

(3) 特定生长率(SGR)。

$$SGR\% =(1\ nm^2 - 1\ nm_1)/t\times 100\%$$

(4) 饵料系数(FP)。

$$FP = C/(m_2 - m_1)$$

(5) 消化率(IR)。

$$IR\ (g\cdot g^{-1}\cdot d^{-1}) = C/[t(Dm_2 + Dm_1)/2]$$

(6) 饲料转化率(FE)。

$$FE\% = 100(Dm^2 - Dm_1)/C$$

(3)~(6)式中，m_1为初始体质量(g)；m_2为试验结束时的体质量(g)；Dm_1 和 Dm_2 分别为试验初始和结束时刺参干重(g)；C为总饵料干重(g)；t为试验时间(d)。

(7) 饲料蛋白质表观消化率(ADC)。

$$ADC = 1 -(F/D\times f)$$

式中，F为粪便中蛋白质百分含量（%）；D为饲料中蛋白质百分含量（%）；f为水产饲料蛋白质消化系数，一般为4。

（8）数据处理。结果采用SPSS13.0软件和origin8.0软件进行数据处理和作图分析，单因素方差分析（ANOVA），显著水平时$P<0.05$时，采用Tukey检验进行多重比较，结果表示为平均值±标准误差。

2 结果

2.1 各植物源基本营养成分

由图1可知，用于投喂刺参幼参的几种植物源的蛋白质含量从大到小为：石莼＞鼠尾藻＞亨氏马尾藻＞浒苔＞马齿苋＞羊栖菜＞海带，石莼为26.87%，石莼、鼠尾藻、亨氏马尾藻的粗蛋白含量符合GB 22919.7—2008刺参配合饲料[5]中幼参蛋白质限量为≥18%；粗脂肪含量从大到小为：羊栖菜＞石莼＞亨氏马尾藻＞浒苔＞鼠尾藻＞海带，羊栖菜为4.48%，全部符合GB 22919.7—2008刺参配合饲料中幼参粗脂肪限量为≤5%；灰分含量从大到小为：海带＞羊栖菜＞鼠尾藻＞浒苔＞亨氏马尾藻＞石莼＞马齿苋，海带为20%，全部符合GB 22919.7—2008刺参配合饲料中幼参粗灰分限量为≤25%。

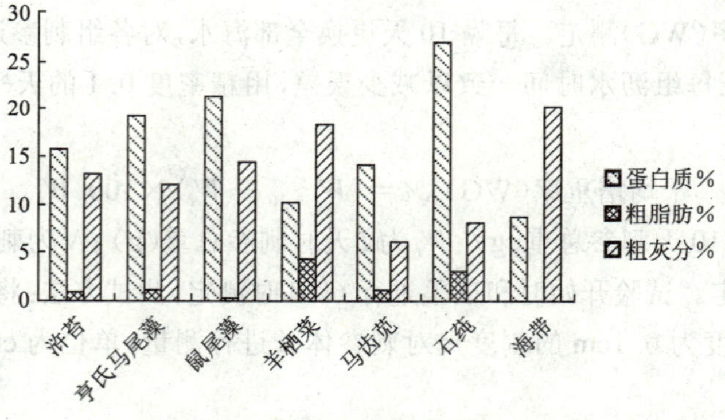

图1 几种饲料植物源的基本营养成分

注：以干基计，每100 g中营养成分的含量。

2.2 单植物源投喂效果试验

2.2.1 试验组成分

表1 各单植物源成分及添加粒径

编号	HT-2	HT-4	MWZ	SWZ	YXC	MCX	SCF	HT-4N*	ZS	YJ	KB
主成分	浒苔粉	浒苔粉	马尾藻粉	鼠尾藻粉	羊栖菜粉	马齿苋粉	石莼粉	浒苔粉	自制饲料	商品饲料	海带粉
粒径	200目	400目	200目					400目	200目		

注：投喂时按饲料质量辅以食母生2%，酵母2%，3倍海泥（*不加海泥）。

2.2.2 不同植物源饲料对幼参体长的影响

表2给出了幼参摄食11组饲料前后的体长变化，经统计分析后，结果如下：各试验组刺参体长经过饲养后，较初始时体长有了极其显著的变化（$P < 0.01$）；HT-4组与MWZ组、YJ组、ZS组、KB组的刺参在 $t = 60$ d时，差异极其显著（$P < 0.01$）；MWZ组与YXC组、HT-4N组的刺参在 $t = 60$ d时，差异也极其显著（$P < 0.01$）；$t = 60$ 时，各组别刺参体长由大到小为：MWZ > ZS > YJ > KB > HT-2 > SWZ > MCX > SCF > HT-4N > YCX > HT-4。

表2　幼参饲养前后体长变化　$n = 3$

编号 No.	初始体长（cm）	结束体长（cm）
HT-2	1.52±0.07	6.75±1.43
HT-4		5.41±1.43
MWZ		7.51±0.50
SWZ		6.44±0.51
YXC		5.90±0.73
MCX		6.36±0.63
SCF		6.11±0.41
HT-4N		5.96±0.43
ZS		7.31±0.39
YJ		7.09±1.38
KB		6.97±0.60

2.2.3 不同植物源对刺参幼参特定生长率（SGR）的影响

由图2可知不同饲料对刺参幼参的特定生长率影响由大到小为：ZS > YJ > MWZ = SWZ > SCF > HT-2 > HT-4 > HT-4N > MCX > KB > YXC，MWZ组和SWZ组特定生长率分别为0.46±0.01和0.46±0.07，二者差异不显著；统计分析后，HT-2组与YXC组差异显著（$P < 0.05$）；MWZ组和SWZ组二者与YXC组差异极其显著（$P = 0.008 < 0.01$），与MCX组、KB组差异显著（$P < 0.05$）；YXC组与SCF组差异显著；YXC组、MCX组与ZS组、YJ组差异极其显著；SCF组与KB组差异显著；HT-4N组与ZS组、YJ组差异极其显著；ZS组与KB组差异极其显著；YJ组与KB组差异极其显著；添加海泥的HT-4与不添加海泥的HT-4N饲料对幼参的特定生长率差异不显著，但是HT-4组的特定生长率大于HT-4N组的，因此，添加海泥有利于刺参消化浒苔粉。200目浒苔和400目浒苔粉在长时间投喂试验中对刺参特定生长率影响差异不显著，200目浒苔组的特定生长率略高于400目浒苔；自制饲料组（ZS）特定生长率远高于浒苔200目组，分析其原因可能是由于自制组添加了鱼粉和虾糠等动物性饲料成分，动物性饲料中含有丰富的赖氨酸，而赖氨酸是水产动物的第一限制性氨基酸，在饲料中添加赖氨酸能有效地提高蛋白的利用率、降低饲料蛋白水平，对维持水产动物的正常生长、发育和神经系统的正常机能具有非常重要的作用[6]。

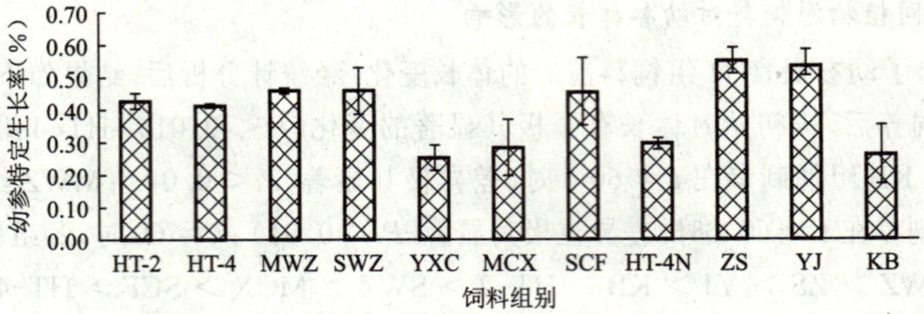

图 2 不同饲料对刺参幼参特定生长率的影响

2.2.4 不同植物源饲料对幼参平均增重率(WG)的影响

经过 60 d 的饲养，ZS 组的增重率最大，其次为商品组 YJ，且统计分析二者差异不显著($P = 1.0 > 0.05$)；说明自制饲料与商品饲料 YJ 组有利于幼参生长；增重率最小的为 YXC 组，与 HT-4 组差异显著($P = 0.015 < 0.05$)，与 HT-2 组、MWZ 组、SWZ 组、SCF 组、ZS 组、KB 组差异极其显著($P = 0.00 < 0.01$)；HT-2 组与 HT-4 组之间差异不显著；HT-4N 组与 HT-2 组差异显著($P = 0.04 < 0.05$)，不添加海泥的 HT-4N 组与 HT-4 组差异不显著($P = 0.13 > 0.05$)；因此，以增重率为考核指标，200 目浒苔组刺参生长情况要优于 400 目，且二者差异不显著，这和预试验结果不同，可能是幼参经过长期驯化后，可以消化 200 目的浒苔；试验中发现 400 目的浒苔粉容易漂浮在水中，不容易沉底，不利于刺参摄食，添加海泥与否均不能增加 400 目浒苔粉的沉降；结合实践生产情况，后续试验中将采用 200 目的浒苔粉和制粒加工后 400 目的浒苔粉配合刺参饲料。

结果显示：自制饵料 ZS 组的增重率＞商品饲料组 YJ；SWZ 组的增重率＞MWZ＞SCF＞HT-2＞HT-4＞HT-4N＞KB＞MCX＞YXC。

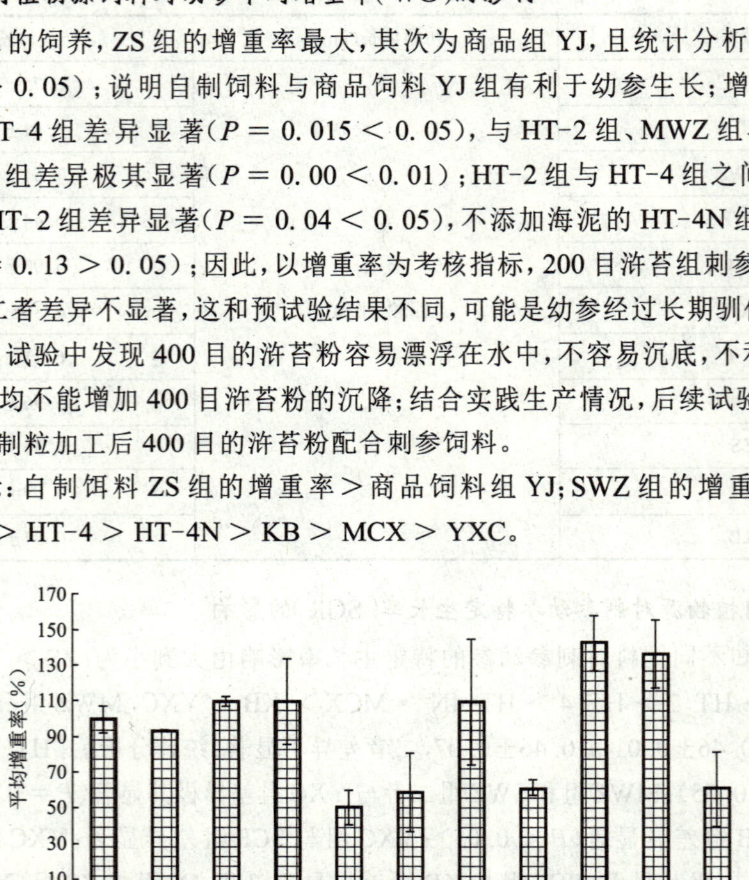

图 3 不同植物源饲料与刺参平均增重率关系图

2.2.5 不同植物源饲料对幼参饵料系数的影响

从图 4 中可以看出，YXC 组的饵料系数最大，其次为 HT-4N 组，最小为 ZS 组(0.88)，单植物源组的饵料系数最小的是 SCF 组(0.91)；统计分析结果如下：YXC 组、HT-4N 组与 HT-2 组、HT-4 组、MWZ 组、SWZ 组、MCX 组、ZS 组、YJ 组差异均极其显著，YXC 组与 KB 组差异显著($P = 0.042 < 0.05$)，而 HT-4N 与 KB 组差异不显著；生产实践上经常用的

海带粉 KB 组，在本次试验中的饵料系数较大，与 YXC 组差异显著，与 MCX 组、SCF 组以及自制饲料组 ZS 组和商品饲料 YJ 组差异极其显著；前 9 组单植物源饲料的饵料系数由大到小为：HT-4N > YXC > KB > HT-2 > HT-4 > MCX > SWZ > MWZ > SCF，由此可见，海泥可以帮助刺参消化浒苔粉，对减小饵料系数有一定的贡献。

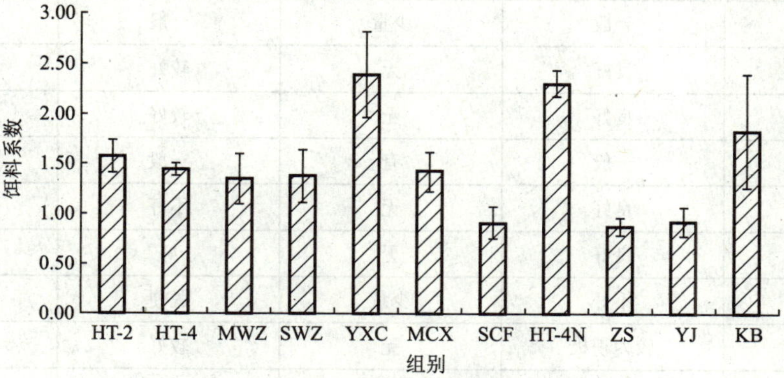

图 4 不同植物源饲料的饵料系数

2.2.6 刺参对不同植物源饲料的蛋白质表观消化率（ADC）的影响

从图 5 中可以看出，YXC 组的蛋白质表观消化率值最小，约为 0.87%，最高组是商品饲料 YJ 组，其次为 ZS 组和 MWZ 组，且三组间差异不显著（$P > 0.05$）；HT-4N 组与 HT-4 组的蛋白质表观效率差异显著（$P < 0.05$），与 HT-2 组差异极其显著（$P < 0.01$）；各组别之间 ADC 值由大到小为：YJ > MWZ > ZS > SWZ > SCF > HT-2 > KB > HT-4 > MCX > HT-4N > YXC。蛋白质的表观消化率越高，说明饲料中的蛋白性成分被消化吸收的效果越好，由上述结果可以看出，单植物源饲料中马尾藻的蛋白质表观消化率高于其他组，因此，在刺参幼参饲料配方中马尾藻组分的合理添加有利于刺参幼参的蛋白质消化吸收。

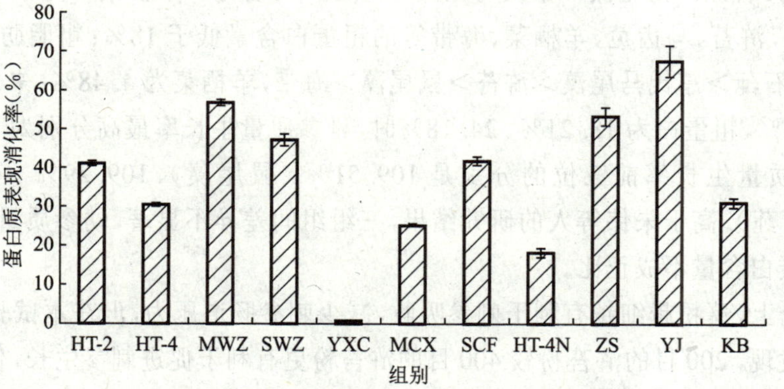

图 5 幼参对不同饲料的蛋白质表观消化率

2.2.7 不同植物源饲料对刺参幼参存活率的影响

经过 60 d 的饲养期，各组幼参存活率为 100%。

2.2.8 不同植物源饲料水质与残饵情况

表 3 各处理组刺参对不同饲料摄食与排泄结果对比（24 h 观察结果）

组别	摄食情况	24 h 后残饵量	粪便成型性	水体浑浊度
HT-2	积极	无	较好	较清澈
HT-4	一般	少量	一般	浑浊
MWZ	良好	无	较好	较清澈
SWZ	良好	无	较好	一般
YXC	一般	有	一般	较清澈
MCX	良好	无	不好	清澈
SCF	良好	无	好	清澈
HT-4N	不好	少量	脱便	浑浊
ZS	较为积极	无	较好	较清澈
YJ	良好	无	好	稍微浑浊
KB	一般	有	不好	浑浊

由表 4 可见 HT-4 组、YXC 组、KB 组三组刺参摄食积极性一般，HT-4N 组可能由于浒苔粉太细不利于沉降，刺参摄食困难，导致摄食不积极；YXC 组、KB 组 24 h 残饵较多，其他组别差异不大，均几乎没有残饵；摄食 MCX 组、HT-4N 组、KB 组的刺参粪便成型性不好，其他各组差异不大；HT-4 组、HT-4N 组水质较浑浊，不适于直接用于生产实践。

3 讨论

（1）藻粉是刺参饲料的主要组成部分，在用于投喂刺参幼参的几种植物源中蛋白质含量从大到小为：石莼＞鼠尾藻＞亨氏马尾藻＞浒苔＞马齿苋＞羊栖菜＞海带，石莼粗蛋白含量为 26.87%，浒苔、马齿苋、羊栖菜、海带等的粗蛋白含量低于 18%；粗脂肪含量从大到小为：羊栖菜＞石莼＞亨氏马尾藻＞浒苔＞鼠尾藻＞海带，羊栖菜为 4.48%；朱伟[7] 等人研究表明粗脂肪 5%，粗蛋白为 18.21%、24.18%时，稚参质量生长率最高分别为 95%和 100%；本文中幼参质量生长率前三位的分别是 109.51%（鼠尾藻）、109.29%（亨氏马尾藻）、108.94%（石莼），高于朱伟等人的研究结果，三组组间差异不显著，幼参质量生长率与 3 种植物源的粗蛋白含量不成正比。

（2）理论上，藻粉越细越有利于刺参吸收，减少刺参肠道压力，但在本试验中，经过 60 d 的养殖试验发现，200 目的浒苔粉较 400 目的浒苔粉更有利于促进刺参生长，保护刺参肠道；400 目的浒苔粉太细不利于沉降，刺参摄食较为困难，因此，若采用浒苔研制幼参配合不宜直接用 400 目粉状投喂；在自然状态下，刺参在海洋环境中摄食海泥，起到增进刺参吸收和消化的作用。不仅如此，如果饲料里不添加海泥，饲料容易沾到附着基上，时间一长，这些沾在附着基上的饲料容易发生霉变或者腐烂，而刺参摄食变质的饲料后，就会发生拖便或者死亡的现象。本试验中设计的添加海泥组和不添加海泥组的浒苔粉对饵料系数影响显著，不添加海泥的组别刺参拖便现象明显，摄食较差，水质浑浊，因此，海泥可以帮助刺参消化浒苔粉，对减小饵料系数有一定的作用，廖梅杰[8]等人也认为100目浒苔直接投喂刺参效果较差。

（3）研究和实践证明：鼠尾藻和马尾藻是优质的刺参饵料[9]，蛋白质含量高，脂肪含量较低，氨基酸种类较全面，而且不含大量的藻胶[10-15]。通过本试验对比各单植物源饲料对刺参的特定生长率、平均增重率、饵料系数等指标的影响，认为石莼、鼠尾藻、马尾藻的确有利于刺参的生长，海带粉则不利于刺参的各项指标。夏苏东[16]研究了鼠尾藻、马尾藻、大叶藻、石莼、生海带、熟海带6种植物源对幼参的摄食行为的影响，发现石莼粉对幼参的诱集效果最强，SGR最高，这与本研究结果一致，但同时该作者认为生海带与石莼对刺参幼参的诱集效果和SGR差异不显著，这与本研究结果差异较大；朱建新[17]等人也认为石莼粉较鼠尾藻更能促进幼参生长，与本研究结果一致；郭娜[18]等人认为海带加工粗产品不适宜作为刺参饲料的主要成分，与本研究结果一致。

（4）饲料蛋白质消化率是反映饲料蛋白质在消化道内被分解和吸收程度的一项指标，是评价饲料蛋白质营养价值的生物学方法之一。蛋白质消化率受到蛋白质性质、膳食纤维、多酚类物质和酶反应等因素影响。蛋白质消化率根据是否考虑内源粪代谢氮因素，可分为表观消化率和真消化率两种方法，由于蛋白质真消化率中要考虑粪代谢时的消化率，粪中排出的氮实际上有两个来源：一是来自未被消化吸收的食物蛋白质；二是来自脱落的肠黏膜细胞以及肠道细菌等所含的氮，刺参肠道脱落的黏膜细胞和肠道菌群难以收集，所以饲料的蛋白质真消化率由于粪代谢氮难以准确测定，故在实际试验中统一采用蛋白质表观消化率进行比较。本研究中马尾藻的蛋白质表观消化率最高，与夏苏东[16]的研究结果一致；羊栖菜的蛋白质表观消化率最低可能是和沉积物食性动物肠道内纤维素酶含量较少有关[16]。

（5）商品饲料YJ组中含有天然海藻粉、螺旋藻粉、脱脂鱼粉、生态活菌酶、各种水产专用讲单项维生素、微量元素等各种成分，与自制组饲料ZS组的浒苔、鱼粉、虾糠、免疫多糖、食母生、酵母、多维、矿物质等成分有差异，投喂效果也优于后者；螺旋藻粉是优质的植物蛋白源，其蛋白质含量为56%～77%，由于其成本较高，很少有商品饲料添加螺旋藻粉；而石莼中蛋白质含量约为27%高于各种海生藻类，并且其单植物源投喂效果较好，因此，在后续刺参幼参配合饲料开发中可优先考虑石莼作为良好的植物蛋白源，从而降低饲料成本，保证渔民受益。

综上，就单植物源而言，浒苔、石莼、鼠尾藻、马尾藻较其他藻类（植物源）有利于刺参生长，可用于配制刺参幼参配合饲料；石莼较其他植物源对刺参幼参有更强的促生长作用，可用于幼参配合饲料诱食剂。

参考文献

[1] 于晓清，陈伟杰，刘天红，等．海水养殖产业的可持续发展［J］．齐鲁渔业，2010（8）：58-60.

[2] 张安国．刺参疾病学研究进展［J］．安徽农业科学，2009（35）：242-243＋246.

[3] 李彬，荣小军，廖梅杰，等．冬季刺参养殖环境与肠道内细菌菌群的研究［J］．海洋科学，2010（4）：66-71.
[4] 环境标准《海水水质标准（GB 3097—1997）》简介［J］. 1998：280.
[5] 山东六和集团；中国饲料工业协会．水产配合饲料 第 7 部分：刺参配合饲料［S］.
[6] 曾雯娉．凡纳滨对虾幼虾对赖氨酸、蛋氨酸、精氨酸和苯丙氨酸需要量的研究［D］．广州：广东海洋大学，2012.
[7] 朱伟，麦康森，张百刚，等．刺参稚参对蛋白质和脂肪需求量的初步研究［J］．海洋科学，2005（3）：55-59.
[8] 廖梅杰，郝志凯，尚德荣，等．浒苔营养成分分析与投喂刺参试验［J］．渔业现代化，2011（4）：35-39.
[9] Matthew J Slater，Andrew G Jeffs，Alexander G Carton. The Use of the Waste From Green-lipped Mussels as a Food Source for Juvenile Sea Cucumber，*Australostichopus Mollis*［J］. Aquaculture，2009，292（3）：219-224.
[10] 何平，许伟定，王丽梅．鼠尾藻研究现状及发展趋势［J］．上海海洋大学学报，2011（3）：46-50.
[11] 吴国均，姚国兴，张曹进，等．4 种不同饵料对刺参生长影响试验［J］．水产养殖，2013（4）：5-7.
[12] 吴海一，刘洪军，詹冬梅，等．鼠尾藻研究与利用现状［J］．国土与自然资源研究，2010（1）：97-98.
[13] 李明．高档滋补营养品——海参［J］．食品与健康，1998（6）：16.
[14] 郭娜．不同饲料对刺参（*Apostichopus japonicus*）生长、消化生理和能量收支的影响［D］．中国海洋大学，2011.
[15] 王丽梅，何平．鼠尾藻研究现状及发展趋势［J］．庆祝中国藻类学会成立 30 周年暨第十五次学术讨论会，2009：228.
[16] 夏苏东．刺参幼参摄食行为与蛋白质营养需要研究［D］．北京：中国科学院研究生院（海洋研究所），2012.
[17] 朱建新，刘慧，冷凯良，等．几种常用饵料对稚幼参生长影响的初步研究［J］．海洋水产研究，2007（5）：50-55.
[18] 郭娜，董双林，刘慧．几种饲料原料对刺参幼参生长和体成分的影响［J］．渔业科学进展，2011（1）：124-130.

（刘天红）

（载自《水产科学》2015-04）

无机镉对魁蚶(*Scapharca broughtonii*)毒性效应及其安全性评价

魁蚶(*Scapharcabroughtonii*)是一种大型底栖贝类，属双壳纲(Bivalvia)翼形亚纲(Pteriomorphia)，主要分布于俄罗斯东南部、日本、朝鲜半岛、菲律宾和中国，我国主要分布于黄、渤海辽东半岛东南部、山东半岛北部和东部沿岸的软泥底[1]。现代营养学分析表明，魁蚶是一种高蛋白、低脂肪、氨基酸含量丰富且均匀、营养价值较高的贝类[2]。魁蚶多栖息于3～50 m水深的软泥或泥沙质海底，而进入水体中的重金属绝大多数均迅速由水相转为固相，最终进入水体底泥中。魁蚶属潜沙性滤食性贝类，食性决定了魁蚶具有易富集重金属的特性。

镉对人体危害较大，一旦进入食物链，很难完全代谢。1993年，镉已被国际癌症研究机构(International Agency for Research on Cancer IARC)归为第1致癌物[3]。有研究表明，“骨痛病”与食物或水中镉有关[4]。2013年中国湖南“镉大米”事件引起各界广泛关注[5]。镉能在生物体内蓄积和放大[6]，海洋中镉对海产品的可给性主要是体表接触、内脏吸收、沉积物暴露[7]，有学者认为，动物试验能很好地反映污染物的生物有效性。近年来，关于扇贝、牡蛎等贝类对重金属镉的富集与代谢情况、毒理学研究颇多，但魁蚶相关研究较少。因此，镉对魁蚶的毒性，尤其对不同规格魁蚶的毒性，涉及魁蚶育苗和养成水体中重金属对其存活的影响，以及养成后魁蚶产品的质量安全问题，亟待探讨。

本文研究了在不同Cd^{2+}浓度下，24 h，48 h，72 h，96 h期间内Cd^{2+}对不同规格魁蚶的半致死浓度和安全养殖浓度，为魁蚶等底栖贝类的急性毒理学研究提供基础数据，可用于魁蚶养殖水体安全的监测预报，进而指导魁蚶安全生产，也可为评价海洋生态环境质量和修订渔业水质标准提供相应的生物学研究基础。

1 材料与方法

1.1 材料与试剂

不同规格魁蚶(表1) 2014年4月份采自日照两城养殖场，于暂养池内暂养3 d，每12小时换水1次，每天06:00、12:00投饵(金藻 1×10^5)两次，暂养期间活动正常，受刺激后闭壳反应迅速，死亡率低于5%。试验前24 h停止投饵，选择健康、闭壳肌刺激反应灵敏的魁蚶，取样时避免损伤其基部，同一规格的魁蚶随机分组。

$CdCl_2 \cdot 2.5H_2O$（A. R. 100 g）国药集团化学试剂有限公司，用蒸馏水配成质量浓度为 10 $mg \cdot mL^{-1}$ 的 Cd^{2+}母液，然后根据试验设计制成暴露液质量浓度分别为：4.67 $mg \cdot L^{-1}$，8.32 $mg \cdot L^{-1}$，14.79 $mg \cdot L^{-1}$，26.30 $mg \cdot L^{-1}$，46.77 $mg \cdot L^{-1}$，83.18 $mg \cdot L^{-1}$，147.91 $mg \cdot L^{-1}$。

表 1　不同规格受试魁蚶生物学参数（cm）

规格	壳长	壳高	壳宽
小规格	2.34±0.15	1.70±0.11	1.26±0.09
中规格	3.68±0.15	2.76±0.17	2.26±0.18
大规格	5.12±0.33	3.90±0.31	3.19±0.31

1.2 理化条件

该研究在山东省海洋生物研究院海水良种繁育中心（鳌山卫）贝类生产车间内进行，试验过程中水温为 18.5℃ ±1.5℃，溶解氧含量≥ 6 $mg \cdot L^{-1}$，24 h 不间断充氧，；pH 为 7.93 ～ 8.25；盐度为 3.10±0.03；试验过程中白天光照为 200 ～ 600 Lx，夜间无光照。

1.3 攻毒试验

试验期间，养殖用海水符合标准《GB 11607—89 渔业水质标准》要求，其中，Cd^{2+} = 0.4×10^{-3} $mg \cdot L^{-1}$。取 70L 聚乙烯养殖箱，加 1.1 所述含不同浓度镉离子溶液海水 50 L，并放入同一规格魁蚶 10 粒，根据等比梯度浓度试验结果，确定 Cd^{2+}的 100% 致死浓度与 0% 致死的最大浓度，试验重复 3 次。根据上述结果，按浓度对数等差数列设试验组和 1 个对照组，平行 2 组，试验进行 96 h，期间不投饵，不换水，注意观察记录 24 h，48 h，72 h，96 h 各组试验魁蚶累计死亡粒数，及时清理死亡魁蚶。

魁蚶死亡标准：其外套膜萎缩 0.3 ～ 0.5 cm 左右（小规格和中规格魁蚶萎缩约为 0.3 cm，大规格魁蚶萎缩约 0.5 cm），双壳张开，无闭壳反应，斧足部外伸，多次刺激无收缩反应，视为死亡。

使用 SPSS18.0 数理统计软件计算求出不同时间的半数致死浓度 LC_{50}^{24}，LC_{50}^{48}，LC_{50}^{72} LC_{50}^{96} 及各自的 95% 置信区间，并利用下列公式计算安全养殖浓度：

$$SC = \frac{LC_{50}^{48} \times 0.3}{\left(LC_{50}^{24} / LC_{50}^{48} \right)^2}$$

2 结果

2.1 不同规格魁蚶的中毒症状

暴露试验开始时，所有受试组的魁蚶外套膜均外伸 0.4 ～ 0.6 cm，1 h 左右对照组中，小规格魁蚶基部足丝口开始分泌少量足丝，附着于箱体，中规格和大规格魁蚶基部足丝口在 2 ～ 8 h 后开始分泌足丝，基本在 24 h 后达到量多，明显可见；试剂组小规格魁蚶低浓度组

(4.5 mg•L^{-1}, 6.5 mg•L^{-1}, 10 mg•L^{-1})在开始试验 1 h 后分泌了少量足丝，但暴露 3 h 后，其足丝分泌量并未大量上升，外套膜触手伸出；中规格魁蚶斧足部外伸，双壳张合状态(魁蚶无水管)较积极，大规格魁蚶次之，小规格魁蚶活动最少；小规格和中规格的魁蚶高浓度组中只有 1～2 个 24 h 后观察到少量足丝，且不能挂壁，贝壳紧闭，外套膜触手和斧足部极少伸出；大规格魁蚶高浓度组的基部无足丝粘连，贝壳微开，开口 0.3～0.5 cm，外套膜外伸 0.2～0.3 cm，斧足外伸 0.3 cm 左右；24 h 后除了对照组和低浓度组(4.5 mg•L^{-1}, 6.5 mg•L^{-1})的魁蚶足丝口分泌足丝与箱体相连外，斧足部和触手外伸，反应迅速，呈现出正常生活状态；高浓度试验组(20 mg•L^{-1}, 30 mg•L^{-1})各规格的贝壳张开 0.2～0.8 cm，外套膜收缩 0.3～0.5 cm，斧足处呈现大小不一的白斑或黑斑，内脏团有充血现象，刺激后双壳闭合无力，偶见魁蚶有足丝分泌，但量很少，不挂壁；稍高浓度组(50 mg•L^{-1}, 79 mg•L^{-1})的各规格魁蚶双壳可以闭合，但外套膜极少外伸，刺激后有轻微的收缩反应，闭壳反应较慢，无足丝分泌现象。48 h 后各规格魁蚶闭壳反应均较微弱，各水体中呈现白色浑浊现象，氨氮值范围为 35.40～79.45 μg•L^{-1}；当魁蚶贝壳完全张开，斧足外伸、刺激无反应，外套膜萎缩，判为死亡。

2.2 镉对不同规格魁蚶的毒性影响

2.2.1 Cd^{2+}对不同规格魁蚶急性毒性试验结果

Cd^{2+}对不同规格魁蚶的 24 h、100%致死浓度为 140 mg•L^{-1} 左右，24 h、0%致死的最大浓度为 4.7 mg•L^{-1} 左右，因此，各试验组浓度设定在 4.67～147.91 mg•L^{-1}，根据浓度对数设置等差数列如表 2。

表 2 Cd^{2+}对不同规格魁蚶急性毒性试验结果($n = 3$)

浓度(mg•L^{-1})	受试总数	24 h 累计死亡数			48 h 累计死亡数			72 h 累计死亡数			96 h 累计死亡数		
		小规格	中规格	大规格	小规格	中规格	大规格	小规格	中规格	大规格	小规格	中规格	大规格
0	10	0	0	0	0	0	0	0	0	0	0	0	0
4.67	10	0	0	0	0	0	0	2	1	5	10	10	10
8.32	10	0	1	0	2	4	0	5	7	6	10	10	10
14.79	10	1	2	0	3	5	1	6	8	7	10	10	10
26.30	10	2	4	1	4	7	4	8	10	8	10	10	10
46.77	10	3	5	2	5	10	6	8	10	8	10	10	10
83.18	10	6	4	3	7	10	6	8	10	8	10	10	10
147.91	10	10	5	4	10	10	8	9	10	10	10	10	10

注：结果以 3 次平行取平均值表示，四舍五入。

使用 SPSS18.0 对试验结果进行数据处理，计算出 Cd^{2+}浓度对数与不同规格魁蚶死亡概率方程，分别求出 LC_{50}^{24}, LC_{50}^{48}, $LC_{50}^{72}LC_{50}^{96}$，并计算出 95% ($\alpha = 0.05$)置信区间，结果见表 3～表 5。

表 3　Cd^{2+}对小规格魁蚶急性毒性试验数理统计结果

时间(h)	浓度对数－死亡概率方程	LC_{50}(mg·L^{-1})	RSD_{LC50}(mg·L^{-1})	95%置信区间(mg·L^{-1})	R^2
24	$P = 1.64X - 3.48$	131.11	4.12	79.30～458.68	0.82
48	$P = 0.90X - 1.46$	41.40	3.48	25.61～108.28	0.99
72	$P = 1.08X - 0.60$	3.57	0.16	0.43～7.19	0.83
96	$P = 2.68X - 1.41$	3.37	0.97	0.40～5.40	0.97

表 4　Cd^{2+}对中规格魁蚶急性毒性试验数理统计结果

时间(h)	浓度对数－死亡概率方程	LC_{50}(mg·L^{-1})	RSD_{LC50}(mg·L^{-1})	95%置信区间(mg·L^{-1})	R^2
24	$P = 0.94X - 1.64$	54.10	4.12	33.28～169.70	1.00
48	$P = 3.13X - 3.05$	9.46	0.01	7.41～11.43	1.00
72	$P = 1.73X - 0.70$	2.54*	0.16	0.27～4.93	0.83
96	$P = 1.44X + 0.44$	0.50*	0.07	0.01～1.28	0.99

注：* 表示二组差异不显著($P = 0.76 > 0.05$)。

表 5　Cd^{2+}对大规格魁蚶急性毒性试验数理统计结果

时间(h)	浓度对数－死亡概率方程	LC_{50}(mg·L^{-1})	RSD_{LC50}(mg·L^{-1})	95%置信区间(mg·L^{-1})	R^2
24	$P = 1.74X - 3.82$	157.36	4.12	83.80～419.52	0.99
48	$P = 2.28X - 3.61$	38.13	0.01	29.51～52.49	0.72
72	$P = 1.41X - 1.34$	8.90	0.16	4.91～13.02	0.72
96	$P = 2.10X - 1.13$	3.46	0.07	0.01～7.47	0.70

由表 3～表 5 可以看出，Cd^{2+}对不同规格魁蚶的 LC_{50}^{24}, LC_{50}^{48}, $LC_{50}^{72}LC_{50}^{96}$ 组间和组内差异较大，24 h 半致死浓度最高的是大规格魁蚶(157.36 mg·L^{-1})，其次为小规格魁蚶(131.11 mg·L^{-1})，最低为中规格魁蚶(54.10 mg·L^{-1})；48 h 半致死浓度最高的是小规格魁蚶(41.40 mg·L^{-1})，其次为大规格魁蚶(38.13 mg·L^{-1})，最低为中规格魁蚶(9.46 mg·L^{-1})，这与 24 h 的结果呈现的不一致；72 h 半致死浓度最高的是大规格魁蚶(8.90 mg·L^{-1})，其次为小规格和中规格魁蚶，均为 0.16 mg·L^{-1}；96 h 半致死浓度最高的是大规格魁蚶(3.46 mg·L^{-1})，其次为小规格魁蚶(3.37 mg·L^{-1})，最低为中规格魁蚶(0.07 mg·L^{-1})，与 24 h 所呈现的规律一致。经 SPSS18.0 对不同规格魁蚶的半致死浓度与暴露时间统计学处理，得出不同的暴露时间对小规格魁蚶和大规格魁蚶的半致死浓度影响极其显著($P < 0.001$)，但中规格魁蚶在 24 h, 48 h 的半致死浓度之间差异极其显著，72 h, 96 h 的半致死浓度之间差异不显著($P = 0.76 > 0.05$)；暴露时间与小规格、中规格魁蚶对 Cd^{2+}相应时间的半致死浓度大小均呈明显正相关($R^2 > 0.80$)，大规格魁蚶的 24 h 半致死浓度与暴露时间相关系数良好($R^2 = 0.99$)，但 48 h, 72 h, 96 h 的半致死浓度与暴露时间的相关系数一般($R^2 < 0.80$)，可能和大

规格魁蚶的个体差异有关。研究表明，小规格的魁蚶对各浓度镉离子的半致死浓度高于中规格魁蚶的响应值可能是由于“毒物兴奋效应(Hormesis)”，即低剂量的毒物表现为刺激效应，而高剂量则表现为抑制效应，已有报道显示氯化镉可诱导小鼠成纤维(L929)细胞增殖的毒物兴奋效应，但对于双壳贝类的毒物兴奋效应研究较少。

2.2.2 不同规格的魁蚶与镉离子不同时间的半致死浓度关系

不同规格的魁蚶与镉离子不同时间的半致死浓度关系见图 1，两者呈幂指数函数关系。

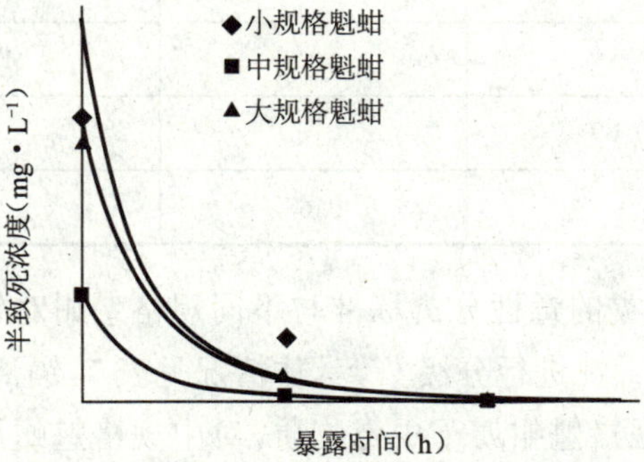

图 1　不同规格魁蚶对镉离子的半致死浓度关系

时间成幂指数函数分别为：$y = 1E + 06x - 2.757$ ($R^2 = 0.98, P < 0.001$)，$y = 2E + 06x - 3.251$ ($R^2 = 0.97, P < 0.001$)，$y = 2E + 06x - 2.901$ ($R^2 = 0.91, P < 0.001$)，魁蚶规格与半致死浓度呈负相关关系。

2.2.3 Cd^{2+}对不同规格魁蚶的安全养殖浓度

按安全养殖浓度公式，计算得出 Cd^{2+}对不同规格魁蚶的安全养殖浓度见表 6。

表 6　不同规格魁蚶对 Cd^{2+}的安全养殖浓度与国标限量对比($mg\cdot L^{-1}$)

魁蚶规格	小规格	中规格	大规格
安全养殖浓度	1.24[a]	0.09[b]	0.67[c]
95%置信区间	0.29 ~ 1.81	0.02 ~ 0.11	0.25 ~ 1.10
NY 5052—2001*	≤ 0.005		
GB 3097—1997*	第 1 类	第 2 类	第 3 类、第 4 类
	≤ 0.001	≤ 0.005	≤ 0.010
GB 11607—1989*	≤ 0.005		

注：不同的肩注表示二者差异极其显著($P < 0.001$)；* 表示国家强制性标准。

不同规格魁蚶对镉离子的安全养殖浓度依次为小规格(1.24 $mg\cdot L^{-1}$) > 大规格(0.67 $mg\cdot L^{-1}$) > 中规格(0.09 $mg\cdot L^{-1}$)。其中，小规格魁蚶对镉离子的安全养殖浓度分别是大规格魁蚶的 1.85 倍、中规格魁蚶的 13.78 倍($P < 0.001$)，说明海水中镉离子的含量对中规格魁蚶的影响大于小规格和大规格。因此，建议魁蚶生长中后期尤其是壳长 3.68 cm 时，应注意密切监测水中镉离子的含量。不同规格魁蚶对镉离子的安全养殖浓度均高于国家二

类水质标准的18～248倍，但水质标准指标应结合魁蚶体内镉含量和相应的风险评估结果，这有待进一步研究。

2.2.4 Cd^{2+}对不同规格魁蚶的毒性分类

表7　有毒物质对水产类的毒性标准（$mg \cdot L^{-1}$）

等级	剧毒	高毒	中毒	低毒
MRLs	＜0.1	0.1–1	1～10	＞10
小规格			1.24	
中规格	0.09			
大规格		0.67		

依据有毒物质对水产类的毒性分类标准与不同规格魁蚶对镉离子的安全养殖浓度，对镉离子对不同规格魁蚶的毒性进行分级[8]，具体情况见表7，镉离子对不同规格魁蚶的毒性大小不一致，镉离子对小规格魁蚶属于中毒物质，对中规格魁蚶属于剧毒物质，对于大规格魁蚶是高毒物质，这可能是由于中规格魁蚶的活动能力较大规格和小规格魁蚶强，实际暴露时间长，这一推论是经长期观察大中小规格魁蚶闭壳肌打开滤水时间所得，有待进一步验证。

3 讨论

3.1 Cd^{2+}对不同规格魁蚶的毒性机理

镉对毛蚶（*Scapharcasubcrenata*）的致毒机理主要是镉离子引发毛蚶体内脂质过氧化、DNA链的断裂以及蛋白质的氧化修饰等损伤[9]。陈彩芳等[10]研究发现，Cd^{2+}对泥蚶（*Tegillarcagranosa*）肝胰腺的显微和超微结构损伤均远大于鳃，可能是由于Cd^{2+}经由鳃进入血液循环后在内脏团重新分布积累，最终对内脏团造成巨大损伤。本研究也发现，高浓度组魁蚶内脏团有充血现象。王召根认为，不同浓度Cd^{2+}（0.1～1.6 $mg \cdot L^{-1}$），对泥蚶呼吸和排泄有较明显抑制作用，即随Cd^{2+}浓度增加，泥蚶耗氧率和排氨率出现逐渐减弱趋势，且影响极其显著。本研究也发现，不同浓度Cd^{2+}对不同魁蚶斧足和外套膜有不同的影响，基本表现为外套膜收缩，斧足外伸不能收回，斧足有大小不一的白斑或黑斑，内脏出血，且足丝脱离箱体，无附着力，刺激后双壳无力闭合，这是魁蚶对Cd^{2+}中毒的表现，与泥蚶的中毒机理类似，均可能是由呼吸和排泄异常引起的，其中，Cd^{2+}对魁蚶基部足丝分泌的影响与刘天红等[11]研究的Cd^{2+}对扇贝足丝分泌较为一致，具体机理有待进一步确证。

3.2 Cd^{2+}对不同规格魁蚶的毒性分析

Cd^{2+}对不同规格魁蚶的24 h，48 h，72 h，96 h半致死浓度差别较大，初步表现为24 h，72 h，96 h半致死浓度：大规格＞小规格≥中规格魁蚶，48 h半致死浓度变化为：小规格＞大规格＞中规格魁蚶。陈建华等发现，Cd^{2+}对毛蚶（壳长为2.87～3.66 cm，壳高为

2.35～2.77 cm)的24 h，48 h，72 h，96 h的半致死浓度分别为12.27 mg•L^{-1}，7.86 mg•L^{-1}，6.16 mg•L^{-1}，5.17 mg•L^{-1}，远低于本研究小规格魁蚶(壳长为2.34±0.50 cm，壳高为1.70±0.11 cm) 24，48 h的半致死浓度(131.11 mg•L^{-1}，41.40 mg•L^{-1}，3.57 mg•L^{-1}，3.37 mg•L^{-1})，而泥蚶72 h，96 h的半致死浓度约为小规格魁蚶的1.73倍和1.53倍，说明同等规格的蚶类对镉离子的耐受力差别较大。霍礼辉研究了壳长为(2.67±0.15) cm的泥蚶对镉离子的耐受性，其96 h的半致死浓度为2.25 mg•L^{-1}，低于小规格魁蚶的96 h半致死浓度(3.37 mg•L^{-1})。王召根研究结果表明，壳长在(2.82±0.16) cm的泥蚶对镉离子的96 h半致死浓度为0.46 mg•L^{-1}，远远低于小规格魁蚶的96 h半致死浓度(3.37 mg•L^{-1})。上述学者均是研究了泥蚶对镉离子的耐受性，对比发现，总体上小规格魁蚶对镉离子的耐受性要远高于同等规格的泥蚶，二者虽均为蚶类，但因生活环境(盐度)不同，种的不同，个体差异较为明显。

同为海水双壳贝类，李玉环等[12]研究表明，镉对海湾扇贝(*Argopectenirradians*)的24 h，48 h，96 h的半致死浓度分别是5.85 mg•L^{-1}，4.52 mg•L^{-1}，3.45 mg•L^{-1}，安全养殖浓度为0.035 mg•L^{-1}，是小规格魁蚶安全养殖浓度的1/35；刘天红等[11]前期研究认为，镉离子对栉孔扇贝(*Chlamysfarreri*)的24 h，48 h，96 h的半致死浓度分别是5.74 mg•L^{-1}，3.30 mg•L^{-1}，0.97 mg•L^{-1}，安全养殖浓度为0.33 mg•L^{-1}，是小规格魁蚶安全养殖浓度的1/11；徐彦研究了镉离子对菲律宾蛤仔24 h，48 h，96 h的半致死浓度分别是11.15 mg•L^{-1}，7.58 mg•L^{-1}，4.74 mg•L^{-1}，安全养殖浓度为0.65 mg•L^{-1}；通过模拟褶牡蛎(*OstreaplicatulaGmelin*)的生长环境，利用富集系数计算褶牡蛎对镉离子的安全养殖浓度为0.96 μg•L^{-1}，是小规格魁蚶安全养殖浓度的1/1 292，说明褶牡蛎对镉离子的敏感性更高；上述海水贝类的急性毒性研究结果均低于大规格魁蚶相应时间的半致死浓度(157.36 mg•L^{-1}，38.13 mg•L^{-1}，3.46 mg•L^{-1})和安全养殖浓度0.67 mg•L^{-1}，说明不同种类之间存在较大的差异性，魁蚶(2.19～5.45 cm)对镉离子的耐受性高于其他双壳海水贝类(如扇贝、牡蛎等)，可能与魁蚶体内的金属硫蛋白含量有关。有学者认为，在一定暴露浓度范围内，Cd^{2+}可诱导近江牡蛎(*Crassostrearivularis*)金属硫蛋白的表达，表现出"阈值效应"，即体内镉含量达到一定值时，本底金属硫蛋白开始迅速表达，使其体内金属硫蛋白含量显著升高，但当金属硫蛋白浓度太高时又产生负反馈调节，这时会抑制其生存状态，以上研究是基于蛋白质介导的离子通道转运的结果。

本研究中，各规格魁蚶对于Cd^{2+}的安全养殖浓度均低于相关水质标准的规定，GB 3097—1997中规定第3类、第4类水质(≤0.01 mg•L^{-1})不适于养殖，笔者认为，在此条件下魁蚶仍能健康存活，但可能不适于安全食用，应结合其体内镉含量的变化和风险分析进行评估。Cd^{2+}对于小规格魁蚶属于中毒类物质，对于中规格魁蚶属于剧毒类物质，对于大规格魁蚶属于高毒类物质。这与笔者，前期研究认为Cd^{2+}对于栉孔扇贝属于高毒类物质一致。李玉环等[12]认为，Cd^{2+}对于海湾扇贝属于剧毒类物质与本研究稍有差异；田鹏(2013)和杨艳红(2013)研究认为，水产动物(鱼类)对Cd^{2+}有一定的耐受力与本研究结果一致。其他学者少有对镉离子对水产动物毒性进行定性，笔者认为，本部分的研究定性可能会有助于渔业标准和养殖环境区域划分定性。

3.3 镉对中规格魁蚶和小规格魁蚶影响分析

Cd^{2+}对不同规格魁蚶的 24 h, 48 h, 72 h, 96 h 半致死浓度和安全养殖浓度结果不同，可能与魁蚶对镉胁迫应答机制有关，动物在镉胁迫下主要有 3 种应答机制，以保护机体免受损伤：① 启动应激反应，如 SOD、CAT 等其他抗氧化防御系统；② 合成更多的可螯合镉的蛋白质（如金属硫蛋白）以消除多余的镉；③ 降低自身的代谢速率，减少与外界物质的交换，以避免更多对镉的吸收。当机体内镉的积累速度超出自身的解毒和代谢能力时便会产生毒性作用[13]。因此，作者认为，中规格魁蚶因处于足丝分泌和生长快速期，可能会降低自身对镉的代谢速率导致其体内镉含量较高，引起中毒表现。上述推断有待进一步从细胞毒理学角度进行验证。

参考文献

[1] 阮飞腾，高森，李莉，等．山东沿海魁蚶繁殖周期与生化成分的周年变化 [J]．水产学报，2014，38（1）：47-55.

[2] 王颖，吴志宏，李红艳等．青岛魁蚶软体部营养成分分析及评价 [J]．渔业科学进展，2013，34（1）：133-139.

[3] IARC In．IARC Monographson evaluation of carcino genic risks to humans．Lyon，France：International Agency for Research on Cancer，1993.

[4] 孙安强．西方对镉的论谈．环境科学研究，1978，7（3）：7-79.

[5] 李国庆．从广东“镉大米”事件看我国粮食质量安全的监管 [J]．河南工业大学学报（社会科学版），2013，9（3）：20-23.

[6] 刘浩明，董迎辉，霍礼辉，等．Cu^{2+} 对缢蛏稚贝的急性毒性及对抗氧化酶活力和丙二醛含量的影响．中国水产科学，2012，19（1）：182-187.

[7] 崔岩山，陈晓晨．土壤中镉的生物可给性及其对人体的健康风险评估 [J]．环境科学，2010，31（2）：403-407.

[8] 张志杰，张维平．环境污染生物监测与评价 [J]．北京：中国环境科学出版社，1991，68-69.

[9] 陈建华，阎斌伦，李盈蕾，等．石油烃和镉对毛蚶的急性毒性与联合毒性效应研究 [J]．水生态学杂志，2010，3（3）：85-89.

[10] 陈彩芳，沈伟良，霍礼辉，等．重金属离子 Cd^{2+} 对泥蚶鳃及肝脏细胞显微和超微结构的影响．水产学报，2012，36（4）：522-528.

[11] 刘天红，孙福新，王颖，等．无机镉对栉孔扇贝（*Chlamys Farreri*）急性毒性研究及其安全评价．食品研究与开发，2010，31（4）：161-165.

[12] 李玉环，林洪．镉对海湾扇贝的急性毒性研究 [J]．海洋水产研究，2006，27（6）：80-83.

[13] Cuypers A, Plusquin M, Remans T, et al. Cadmium stress: an oxidative challenge [J]. Biometals, 2010, 23 (5): 927-940.

（刘天红，于晓清，刘广斌，王颖，吴莹莹，刘恩孚，邱兆星）

（载自《渔业科学进展》2015-12）

魁蚶养殖水体中 As、Pb、Cd 安全限量的研究

魁蚶（*Scapharca broughtonii*）俗称赤贝，属瓣鳃纲（Lamellibranchia）翼形亚纲（Pterimorphia）蚶目（Arcoida）蚶科（Arcidae）。魁蚶为冷水性贝类，我国山东及辽宁沿海都有分布，以黄海北部较多[1]。魁蚶成体个大体肥，营养丰富，是颇受欢迎的经济价值较高的贝类。其斧足加工后称为蝴蝶贝，是出口创汇率较高的海珍品之一。

近年来，海洋环境越来越受到重金属污染的威胁。双壳贝类属滤食性生物，对一些重金属离子有高度的富集作用[2-4]。由于双壳贝类自身用于代谢的混合氧化系统存在缺陷，因而体内污染物的释放与鱼类和甲壳类动物相比慢得多，导致体内对重金属较高的富集程度[5-7]。有关双壳贝类如海湾扇贝（*Argopecten irradiams*）[8]、牡蛎（*O. gigas thunberg*）[9]、紫贻贝（*Mytilus edulis*）[10]等对重金属的富集试验在国内外已有诸多报道，但魁蚶对重金属富集方面的报道尚未多见。

本研究以魁蚶为试验材料，采用半静态双箱动力学模型，实验室模拟魁蚶对 As、Cd、Pb 的生物富集，量化 3 种重金属在魁蚶体内的生物富集系数 BCF，根据生物体内重金属食品安全限量标准推算养殖水体中的安全限量，为魁蚶增养殖工作提供参考，保障魁蚶的健康养殖，保证消费者食用魁蚶的安全。

1 材料与方法

1.1 材料

1.1.1 试剂

As_2O_3 水口山矿务局衡阳实业总公司；$Pb(NO_3)_2$ 上海埃彼化学试剂有限公司；$CdC1_2\cdot 2.5H_2O$ 国药集团化学试剂有限公司。上述试剂均为分析纯。

去离子水配置储备液：砷的储备液浓度为 810 mg·L^{-1}，镉的储备液浓度为 135 mg·L^{-1}，铅的储备液浓度为 135 mg·L^{-1}。然后再稀释成试验所需要的浓度。

1.1.2 试验海水

海水使用山东省海水养殖研究所鳌山基地育苗场育苗用水。自然海水先逐级沉淀，后经砂滤池处理制得。水质分析结果：pH7.96～8.20；盐度 31.18±0.34；氨氮 2.97～4.54 μg·L^{-1}；亚硝酸盐 0.005～0.010 mg·L^{-1}；溶解氧大于 6.0 mg·L^{-1}；重金属本底值：砷

0. 905 μg·L^{-1}，镉 0. 127 μg·L^{-1}，铅 0. 975 μg·L^{-1}，均符合 GB 3097—1997 国家一类海水标准。

1.1.3 试验贝类

魁蚶采样自荣成海域，2 龄贝，壳长 3. 71 ～ 5. 06 cm，壳宽 5. 11 ～ 6. 20 cm，壳高 3. 68 ～ 4. 75 cm，体重 45. 35 ～ 69. 76 g。

1.1.4 生物饵料

小球藻（*Chlorella vulgaris*）。

1. 2 试验方法

1.2.1 魁蚶的暂养

试验前冲净魁蚶表面附着物，水泥池中暂养两周。暂养期间，水温 12. 0℃ ±0. 7℃，pH 8. 14±0. 03，保持充氧，自然光照下进行。每天 8:00 定时投喂小球藻，并且及时剔除死亡贝体。

1.2.2 生物富集试验

试验在 11 个 300 L 的聚乙烯水族箱中进行，养殖水体均为 270 L，挑选大小基本一致、活力强的魁蚶，随机分组，每箱放入 150 只。空白对照 2 组，一直以自然海水养殖。其他重金属每种各 3 组，试验分为富集和代谢两个阶段。试验采取半静态法，每隔 24 小时更换 1 次试验海水。富集阶段进行 35 d，养殖水体中重金属浓度设置参照 GB 3097—1997 海水水质标准 [11] 中的二类海水限量标准，即砷浓度为 0. 030 mg·L^{-1}，铅浓度为 0. 005 mg·L^{-1}，镉浓度为 0. 005 mg·L^{-1}；配制时扣除海水中 3 种重金属元素的本底值。代谢阶段进行 35 d。当富集阶段第 35 d 时，将各试验组魁蚶移入自然海水中继续养殖 35 d，即为代谢阶段。

试验期间保持室温和自然光照，海水平均温度为 19. 25℃ ±0. 86 ℃。每天 8:00 和 17:00 投喂小球藻，藻密度 2×10^5 cell·mL^{-1}。试验期间投饵量根据水箱中剩余魁蚶数量递减。

1.2.3 试验取样及预处理

试验过程中分别在第 0 d, 5 d, 10 d, 15 d, 20 d, 25 d, 30 d, 35 d, 40 d, 50 d, 55 d, 65 d, 70 d 取样，每箱每次取样 5 只，置于－20℃的冰箱中保存。

分析测试前，将魁蚶解冻至半冷冻状态，去壳，打浆，平均分成 3 份，打浆后的样品装入密封的塑料瓶待测。

1. 3 分析方法

水体中重金属测定按照 GB 17378. 4—2007[12] 规定方法进行；生物样品采用微波消解，生物体中重金属测定分别按照 GB/T 5009. 11—2003《食品中总砷及无机砷的测定》[13] 中原子荧光光度法，GB/T 5009. 12—2003《食品中铅的测定》[14] 中石墨炉原子吸收光谱法，GB/T 5009. 15—2003《食品中镉的测定》[15] 中石墨炉原子吸收光谱法。

1. 4 数据统计分析

用 Origin 7. 5 和 Excel 2003 软件包进行数据统计分析。

1.5 生物富集双箱动力学模型[16-19]

试验的两个阶段用方程描述为：

富集阶段（$0 < t < t^*$）：

$$c_A = c_0 + c_W \frac{k_1}{k_2}(1 - e^{k_2 t}) \quad (1)$$

代谢阶段（$t > t^*$）：

$$c_A = c_W \frac{k_1}{k_2}[e^{-k_2(t-t^*)} - e^{-k_2 t}] \quad (2)$$

式(1)～式(2)中：t^* 为富集阶段结束的天数，即 35 d；C_0 为试验开始前魁蚶体内金属含量（$mg \cdot kg^{-1}$ 干重）；c_w 为水体中金属浓度（$mg \cdot L^{-1}$）；c_A 为魁蚶体内金属含量（$mg \cdot kg^{-1}$ 干重）；k_1 为生物吸收速率常数；k_2 为生物排出速率常数。

对魁蚶体内重金属含量的检测结果，分别用公式(1)、公式(2)进行拟合，得到生物体内重金属含量与时间的关系图，即拟合曲线。

由拟合曲线，得到富集及代谢阶段的吸收速率常数 k_1、排出速率常数 k_2，然后根据

$$\mathrm{BCF} = k_1/k_2 \quad (3)$$

$$B_{1/2} = \frac{\ln 2}{k_2} \quad (4)$$

$$c_{\mathrm{Amax}} = \mathrm{BCF} \times c_W \quad (5)$$

得到魁蚶对 3 种重金属生物富集的其他动力学参数：生物富集系数 BCF、贝类对重金属富集达到平衡时，体内重金属含量 c_{Amax}、生物半衰期 $B_{1/2}$。

2 结果

2.1 魁蚶对无机砷、铅、镉的生物富集曲线

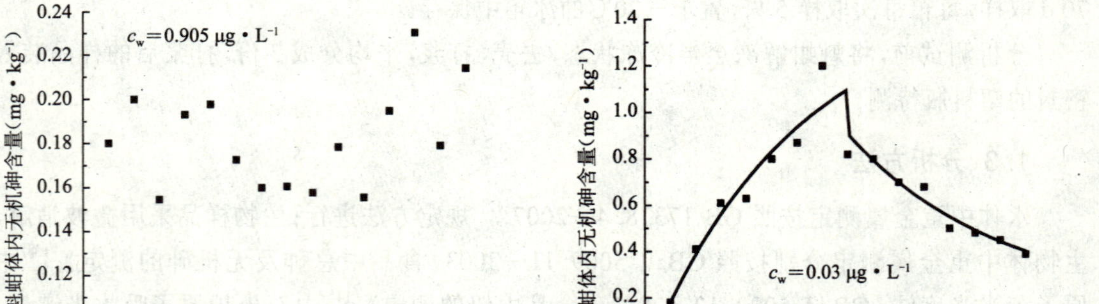

图 1 魁蚶对无机砷的生物富集曲线

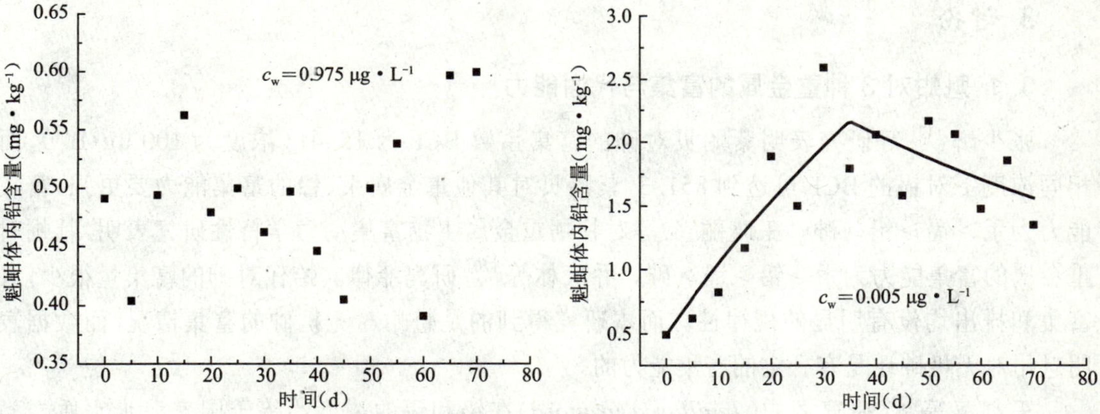

图 2　魁蚶对铅的生物富集曲线

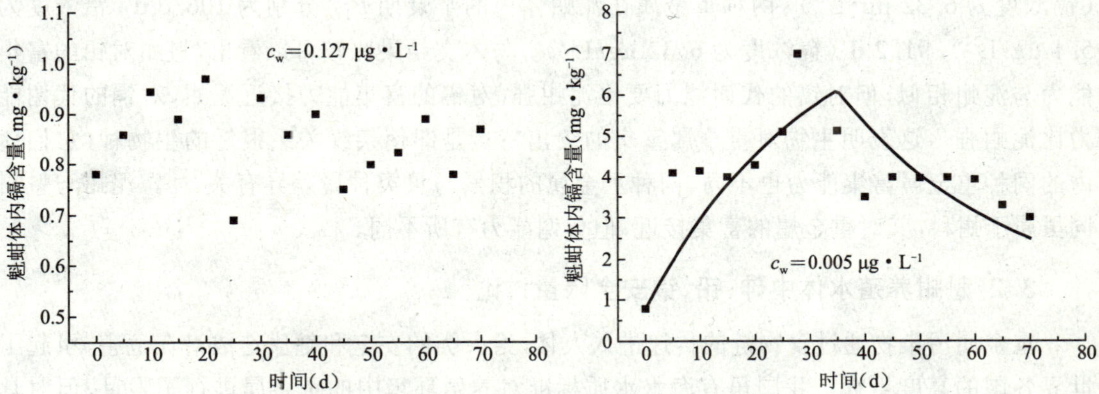

图 3　魁蚶对镉的生物富集曲线

2.2 魁蚶对无机砷、铅、镉的生物富集动力学参数

由图 1～图 3 的拟合曲线，得到吸收速率常数 k_1、排出速率常数 k_2，然后根据方程(3)～方程(5)得到生物富集系数 BCF、魁蚶对 3 种重金属富集达到平衡，体内重金属的含量 c_{Amax}、生物学半衰期 $B_{1/2}$。表 1 为魁蚶对无机砷、铅、镉的富集动力学参数。

表 1　魁蚶对不同浓度下无机砷、镉、铅的富集动力学参数

重金属	c_w (mg·L⁻¹)	k_1	k_2	BCF	c_{Amax} (mg·kg⁻¹)	$B_{1/2}$(d)
无机砷	0. 03	1. 1489	0. 03382	38. 97	1. 01917	20. 5
铅 Pb	0. 005	46. 71148	0. 04492	1039. 88	5. 19941	15. 4
镉 Cd	0. 005	51. 0329	0. 03253	1568. 80	7. 84398	21. 3

由表 1 可以得知，3 种重金属在魁蚶体内的生物富集系数 BCF 分别为无机砷 38. 97，铅 1 039. 88，镉 1 568. 80；生物学半衰期 $B_{1/2}$ 分别为砷 20. 5 d，铅 15. 4 d，镉 21. 3 d。魁蚶对 3 种重金属的富集能力为镉＞铅＞无机砷，代谢能力为铅＞无机砷＞镉。

3 讨论

3.1 魁蚶对3种重金属的富集与代谢能力

张少娜[10]等研究表明紫贻贝对砷的富集系数BCF为15.41（浓度为100 μg·L^{-1}），而相同浓度下对镉的BCF可达到851.3，紫贻贝对其他重金属汞、铅的富集能力要更强，富集能力为汞＞镉＞铅＞砷。王晓丽[9]等对牡蛎重金属生物富集动力学特性研究表明，牡蛎对重金属的富集能力为汞＞铅＞镉＞砷。乔庆林等[20]研究菲律宾蛤仔对砷的富集量很少，且富集和排出均没有明显的规律性。而本研究得到的是魁蚶对无机砷的富集情况，而数据表明魁蚶对无机砷还是有一定的富集能力的。

王剑萍等[21]研究泥蚶（*Tegillarca granosa*）在铅和镉的浓度约等于国家海水水质二类标准限量时，对铅、镉的生物富集系数BCF分别为1 712.6（铅浓度为5.1 μg·L^{-1}），1 873.7（镉浓度为6.32 μg·L^{-1}）；两种重金属在泥蚶体内的半衰期$B_{1/2}$分别为106.6 d（铅浓度为5.1 μg·L^{-1}），91.2 d（镉浓度为6.32 μg·L^{-1}）。与本文结果比较可以看出，魁蚶对铅的富集能力与泥蚶相似，但对铅的代谢能力要比泥蚶强；对镉的富集能力接近泥蚶，对镉的代谢能力比泥蚶强。这表明生物对重金属富集的突出特点是即使亲缘关系很近的生物种，它们体内的同种重金属富集能力也不同，同种重金属的积累与贝类种属差异有关[22]。泥蚶与魁蚶同虽属于蚶科，其对重金属的富集接近，但代谢能力有所不同。

3.2 魁蚶养殖水体中砷、铅、镉安全限量讨论

重金属污染物通过食物链的传递进入人体，给人类的安全和健康造成潜在危害，引起了世界各国的高度重视。我国虽有海水水质标准对养殖环境中的重金属进行了限量，但对具体的养殖品种的水体没有规定。由于生物的多样性，重金属代谢的复杂性，以及各地饮食习惯的差异等因素，有关养殖水体中重金属安全限量的标准尚未统一[23]。

表2 NY 5135-2005与本研究得到的魁蚶体内无机砷、铅、镉的含量（mg·kg^{-1}）

类别	无机砷	铅	镉
NY 5135—2005	1.0	1.0	1.0
富集最高值	1.9671	2.5946	7.2222
代谢后残留量	0.4058	1.3515	3.1341

GB 3097—1997海水水质标准中对二类水质的描述为适用于水产养殖区，也就是说在二类水质下养殖的魁蚶应该符合食用标准。本研究在二类水质标准下养殖的魁蚶，对3种重金属富集35 d，魁蚶体内无机砷、铅、镉的最高含量分别达到1.9671 mg·kg^{-1}，2.5946 mg·kg^{-1}，7.2222 mg·kg^{-1}，各种金属含量均超过了NY 5135—2005《无公害食品 蚶》[24]（适用于毛蚶（*Scapharca subcrenata*）、泥蚶、魁蚶）的相应限量（表3）。即便是魁蚶处理组在自然海水中进行代谢35 d，体内无机砷、铅、镉的残留量分别为0.4058 mg·kg^{-1}，1.3515 mg·kg^{-1}，3.1341 mg·kg^{-1}，除无机砷外，铅、镉含量仍然比相应限量高。

表 3 GB 3097—1997 与本研究得到的魁蚶养殖水体中砷、铅、镉的安全限量比较($mg\cdot L^{-1}$)

类别	砷	铅	镉
GB 3097—1997	0. 030	0. 005	0. 005
本研究	0. 02900	0. 00096	0. 00064

NY 5135—2005《无公害食品 蚶》中安全限量指出贝类体内无机砷≤ 1. 0 $mg\cdot kg^{-1}$，铅≤ 1. 0 $mg\cdot kg^{-1}$，镉≤ 1. 0 $mg\cdot kg^{-1}$。本研究通过生物富集系数 BCF 换算出魁蚶养殖水体中安全限量分别为 0. 02900 $mg\cdot L^{-1}$，0. 00096 $mg\cdot L^{-1}$，0. 00064 $mg\cdot L^{-1}$。这一数值与 GB 3097—1997 海水二类限量比较，发现 GB 3097—1997 规定的适宜水产养殖的二类海水限量是本研究得到限量的 1. 01 倍，5. 56 倍，7. 84 倍。

目前的水环境质量标准和生物体残留限量标准基本上都对重金属残留限量做出了要求。水环境中污染物限量标准的重金属浓度往往是依据重金属对水生生物的毒性试验数据，结合相应的安全系数制定的；而生物体残留量标准的重金属浓度往往是根据重金属对小白鼠等生物的毒性，同时考虑对人的毒性换算吸收制定的 [25]。本研究中，在 GB 3097—1997 二类水质标准下养殖的魁蚶，其斧足内重金属含量要比 NY 5135—2005 相应限量高，而以 NY 5135—2005 中相应限量通过 BCF 推算得到的水体中重金属含量（除砷外）要比 GB 3097—1997 二类水质低。说明两个标准之间缺乏有效的衔接。

因此，有必要进一步开展魁蚶对重金属富集能力的研究，针对水环境中重金属限量标准和生物体残留限量标准的一致性做出判断，为标准的进一步修订和完善提供依据，从而服务于魁蚶养殖产业及销售出口产业的发展 [26]。

4 结论

富集 35 d 内，魁蚶体内无机砷、铅、镉的平均富集速度分别为 0. 051 $mg\cdot kg^{-1}\cdot d^{-1}$，0. 060 $mg\cdot kg^{-1}\cdot d^{-1}$，0. 181 $mg\cdot kg^{-1}\cdot d^{-1}$；代谢 35 d 内，魁蚶对无机砷、铅、镉的代谢速度分别为 0. 0446 $mg\cdot kg^{-1}\cdot d^{-1}$，0. 0355 $mg\cdot kg^{-1}\cdot d^{-1}$，0. 1168 $mg\cdot kg^{-1}\cdot d^{-1}$。

应用半静态双箱动力学模型，得到魁蚶对无机砷、铅、镉的生物富集系数 BCF 分别为无机砷 38. 97，铅 1039. 88，镉 1 568. 80；生物半衰期 $B_{1/2}$ 分别为无机砷 20. 5 d，铅 15. 4 d，镉 21. 3 d。

通过 BCF 计算得到魁蚶养殖水体中的安全限量分别为砷 0. 02900 $mg\cdot L^{-1}$，铅 0. 00096 $mg\cdot L^{-1}$，镉 0. 00064 $mg\cdot L^{-1}$。可为制定魁蚶养殖水质标准中砷、铅和镉的安全限量提供科学依据。

参考文献

[1] 王如才，王昭萍，张建中．海水贝类养殖学 [M]．青岛：青岛海洋大学出版社，2002：296-297.

[2] Engel D W，Brouwer M. Trace metal-binding proteins in marine mollusks and

crustaceans[J]. Mar Environ Res, 1984, 13: 177-194.

[3] Roesijadi G. Metallothinoein in metal regulation and toxicity in aquatic animals[J]. Aquat Toxicol, 1992, 22: 81-114.

[4] 刘明星,李国基,顾宏堪,等．渤海鱼类、软体动物的痕量金属含量 [J]. 环境科学学报, 1983, 3 (2) : 149-155.

[5] 蔡立哲,刘琼玉,洪华生．菲律宾蛤仔在高浓度锌铅水体中的金属积累 [J]. 台湾海峡, 1998, 17 (4) : 456-461.

[6] 马藏允,刘海,姚波,等．几种大型底栖生物对 Cd, Zn, Cu 的积累实验研究 [J]. 中国环境科学, 1997, 17 (2) : 151-155.

[7] 陈锐,沈介楚,蔡道基,等．三种砷化物在鱼、贝内的积累、释放与控制 [J]. 中国环境科学, 1985, 5 (2) : 19-23.

[8] 李玉环,黄海,王佃伟,等．海湾扇贝体内重金属的富集和消除规律的研究 [J]. 食品科学, 2009, 30 (3) : 109-113.

[9] 王晓丽,孙耀,张少娜,等. 牡蛎对重金属生物富集动力学特性研究 [J]. 生态学报, 2004, 24 (5) : 1 086-1 090.

[10] 张少娜,孙耀,宋云利,等．紫贻贝(*Mytilus edulis*)对 4 种重金属的生物富集动力学特性研究 [J]. 海洋与湖沼, 2004, 35 (5) : 438-444.

[11] 国家海洋局第三海洋研究所和青岛海洋大学. GB 3097—1997 海水水质标准 [S]. 北京: 中国标准出版社, 1997.

[12] 国家海洋局海洋监测中心. GB 17378. 4-2007 海洋监测规范 第 4 部分: 海水分析 [S]. 北京: 中国标准出版社, 2007.

[13] 四川省食品卫生监督检验所,卫生部食品卫生监督检验所. GB 5009. 11—2003 食品中总砷及无机砷的测定 [S]. 北京: 中国标准出版社, 2003.

[14] 上海市食品卫生监督检验所,中国预防医学科学院营养与食品卫生研究所,浙江省医学科学院,等. GB 5009. 12—2003 食品中铅的测定 [S]. 北京: 中国标准出版社, 2003.

[15] 上海市食品卫生监督检验所,中国预防医学科学院营养与食品卫生研究所,卫生部食品卫生监督检验所. GB 5009. 15—2003 食品中镉的测定 [S]. 北京: 中国标准出版社, 2003.

[16] 王修林,马延军,郁伟军,等．海洋浮游植物的生物富集热力学模型——对疏水性污染有机物生物富集双箱热力学模型 [J]. 青岛海洋大学学报 (自然科学版), 1998, 28 (2) : 299-306.

[17] 薛秋红,孙耀,王修林,等．紫贻贝对石油烃的生物富集动力学参数的测定 [J]. 海洋水产科学, 2001, 22 (1) : 32-36.

[18] Kahlet. Bioaccumulation of trace metals in the copepod Calanoides acutus from the Weddell sea (Antarctica) : Comparison of two-compartment and hyperbolic toxic kinetic

models[J]. Aquatic Toxicology, 2002, 59（1 ～ 2）: 115-135.
[19] Florence B. Bioaccumulation and retention of lead in the mussel *Mytilus galloprovincialis* following uptake from seawater[J]. The science of the total Environment, 1998, 222（1 ～ 2）: 56-61.
[20] 乔庆林，姜朝军，徐捷，等. 双壳贝类养殖水体中 Hg、Pb、Cd 安全限量的研究 [J]. 食品科学，2007，28（3）：38-41.
[21] 王剑萍，李学鹏，励建荣，等. 泥蚶无公害养殖水体中铜、铅、镉安全限量研究 [J]. 中国食品卫生杂志，2008，20（5）：434-437.
[22] 赵红霞，詹勇，许梓度. 重金属对水生动物毒性的研究进展 [J]. 江西饲料，2003，2: 13-18.
[23] Roesijadig. Metallothione in metal regulation and toxicity in aquticanimals[J]. MarEnvironRes, 1984, 13: 177-194.
[24] 湛江海洋大学. NY 5135-2005 无公害食品 蚶 [S]. 北京：中国标准出版社，2005.
[25] 郭远明. 海洋贝类对水体中重金属的富集能力研究 [D]. 青岛：中国海洋大学，2008.
[26] 王宇，刘东红. 贝类中重金属的研究进展 [J]. 食品科学，2011，32（13）：336-340.

（李晓，王颖，郑永允★，吴志宏，刘天红，孙元芹）

（载自《水产科学》2016-05）

生态化池塘养殖模式下凡纳滨对虾与日本囊对虾营养成分的比较

凡纳滨对虾（*L. occidentalis*）俗称白脚虾、南美白对虾，分类上隶属节肢动物门、甲壳纲、十足目、对虾科、对虾属。原产于墨西哥及中、南美洲的太平洋沿岸暖水水域，是迄今世界上养殖产量最高的三大优良虾种之一。该虾于1988年首次从美国引进我国，具有生长快，出肉率高，可全年育苗生产的特点。且该虾对水环境抗逆性和抗病能力强，具广盐性、食性杂、肉质鲜美和市场售价高等优点，是一种经济价值较高的商品虾。日本囊对虾（*M. japonicus*）俗称花虾、竹节虾、车虾，隶属于甲壳纲、十足目、对虾科、对虾属，其分布地域广、体色艳丽、肉味鲜美，且易于活体运输，为经济价值较高的海产虾类。这两种对虾均具有个体大、生长快、抗逆性强和营养价值高等优点。

生态化池塘养殖是根据不同养殖物种间的共生互补原理，利用自然界物质循环系统，在一定的养殖空间区域内，通过相应的技术和管理措施，使不同物种在同一环境中共同生长，实现生态平衡，提高养殖效益的一种养殖模式。水中养虾，水底养蟹，底泥养贝，虾蟹残饵和粪便肥水，水的肥力催生单细胞藻类，贝类滤食多余的单细胞藻类和有机碎屑，调节水质，同时为虾蟹生长营造良好的环境，达到互利共生的目的，使单位面积产量和效益均得到大幅提高[1]。

目前已有对凡纳滨对虾和日本囊对虾肌肉营养评价的报道[2-6]，但对在生态化池塘养殖模式下凡纳滨对虾与日本囊对虾营养成分的比较未见报道。随着生活水平的提高，人们对食品营养和风味的要求越来越高，为此对凡纳滨对虾和日本囊对虾的肌肉营养成分进行了分析比较，以期为其养殖、配合饲料的研制、产品的开发和加工提供基础资料和理论依据。

1 材料与方法

1.1 材料与试剂

凡纳滨对虾、日本囊对虾各60个于2014年8月从东营区南源盛大水产养殖公司的生态化池塘中随机采集，测量个体。两种对虾的饲养环境基本一致，均为海水池塘养殖，饲料均为青岛海跃牌虾饲料，自5月中旬放苗，放养密度10 000尾／亩，约养3个月出池。其中，凡纳滨对虾体重为13.73 g±1.38 g，体长为12.07 cm±0.64 cm；日本囊对虾体重为14.05 g±

1. 47 g，体长为 12. 23 cm±0. 75 cm。将两种虾各分成 3 组，每组 20 个，解剖取出腹部肌肉，捣碎，混合均匀，装入样品袋中－20℃保存备用。

甲苯、石油醚、氯仿、无水乙醚、氢氧化铵、盐酸、硫酸、硫酸钠、硫酸铜、硫酸钾、硼酸、氢氧化钠，均为分析纯。

1. 2 仪器与设备

安米诺西斯 A2000 氨基酸自动分析仪，安捷伦 1100 液相色谱仪，岛津 AA-6300C 原子吸收分光光度计，AFS-2000 双道原子荧光光度计，ZF-06 脂肪测定仪，KDN-08B 凯氏定氮仪，F6010 马弗炉。

1. 3 测定、分析方法

1.3.1 营养成分

水分、粗蛋白质、粗脂肪、总糖和灰分的测定：分别参照 GB 5009. 3—2010《食品中水分的测定》采用直接干燥法、GB 5009. 5—2010《食品中蛋白质的测定》采用凯氏定氮法、GB/T 5009. 6—2003《食品中脂肪的测定》采用酸水解法、GB/T 9695. 31—2008《肉制品 总糖含量测定》采用直接滴定法、GB 5009. 4—2010《食品中灰分的测定》采用食品中灰分的测定法进行测定。

氨基酸成分测定：根据 GB/T 5009. 124—2003《食品中氨基酸的测定》样品经 6 $mol \cdot L^{-1}$ HCl 溶液水解，水解时充氮气 24 h，采用安米诺西斯 A200 氨基酸分析仪测定 17 种氨基酸。另取样品用 5 $mol \cdot L^{-1}$ NaOH 溶液水解后，同机测定其色氨酸含量。

脂溶性维生素 A 测定：根据 GB/T 5009. 82—2003《食品中维生素 A 和维生素 E 的测定》，皂化后，由乙醚萃取，经洗涤浓缩，液相色谱（安捷伦 1100）分析；维生素 B_1、B_2、B_3、B_5、B_6 测定：分别参照 GB 5413. 11—2010《婴幼儿配方食品和乳粉中维生素 B_1 的测定》、GB 5413. 12—2010《婴幼儿食品和乳品中维生素 B_2 的测定》、GB/T 5009. 890-2003《食品中烟酸的测定》、GB/T 5009. 210—2008《食品中泛酸的测定》、GB 5413. 13—2010《婴幼儿食品和乳品中维生素 B_6 的测定》，样品经前处理后，0. 45 μm 膜过滤，液相色谱分析。维生素 C 测定：参照 GB/T 5009. 159—2003《食品中还原型抗坏血酸的测定》进行检测。

钠、钙、铁，锌、镉、铜、铅、甲基汞的测定：分别参照 GB/T 5009. 91—2003《食品中钾、钠的测定》、GB/T 5009. 92—2003《食品中钙的测定》、GB/T 5009. 90—2003《食品中铁、镁、锰的测定》、GB/T 5009. 14—2003《食品中锌的测定》、GB/T 5009. 15《食品中镉的测定》、GB/T 5009. 13《食品中铜的测定》、GB 5009. 12—2010《食品中铅的测定》、GB/T 5009. 17—2003《食品中总汞及有机汞的测定》，采用（石墨炉）原子吸收分光光度法（岛津原子吸收分光光度计 AA-6300C）测定。硒、无机砷的测定：参照 GB/T 5009. 93—2010《食品中硒的测定》、GB/T 5009. 11—2003《食品中总砷及无机砷的测定》，采用氢化物原子荧光光谱法（海光 AFS-2000）测定。

苯并芘：参照 GB/T 5009. 27—2003《食品中苯并芘的测定》进行。

1.3.2 氨基酸分及化学分计算方法

将所测得的必需氨基酸换算成 1 g 蛋白质中含氨基酸毫克数，与 1973 年粮食与农业组织（Food and Agriculture Organization，FAO）/世界卫生组织（World Health Organization，WHO）暂定氨基酸的计分模式[7]和以鸡蛋蛋白质作为理想蛋白质[7]进行比较，并按式（1）、式（2）、式（3）计算氨基酸分（amino acid score，AAS）[7]、化学分（chemical score，CS）[8]和必需氨基酸指数（essential amino acid index，EAAI）[9]。

$$\text{AAS}=\frac{\text{每克待评蛋白质中必需氨基酸含量(mg)}}{\text{FAO/WGO 模式中每克蛋白质中相应的必需氨基酸含量(mg)}}\times 100 \quad (1)$$

$$\text{CS}=\frac{\text{每克待评蛋白质中必需氨基酸含量(mg)}}{\text{每克鸡蛋蛋白质中相应的必需氨基酸含量(mg)}}\times 100 \quad (2)$$

$$I_{\text{EAA}}=\sqrt[n]{\frac{100a}{A}\times\frac{100b}{B}\times\frac{100c}{C}\times\cdots\times\frac{100h}{H}} \quad (3)$$

式中，n 为比较的氨基酸数；$a, b, c, \cdots, h$ 分别为试验蛋白质的氨基酸含量；$A, B, C, \cdots, H$ 分别为鸡蛋蛋白质的氨基酸含量。

1.4 数据处理

试验数据采用 SPSS 16.0 处理，对数据进行 ANOVA 分析。文中所有数据均以平均值 ± 标准差（$\bar{x}\pm$SD）表示。

2 结果与分析

2.1 一般营养成分

凡纳滨对虾和日本囊对虾肌肉的基本营养成分测定结果见表 1。由表 1 结果可见，凡纳滨对虾和日本囊对虾肌肉中，除水分外，粗蛋白含量最高，灰分和粗脂肪含量较低。与其他虾类相比，凡纳滨对虾肌肉的粗蛋白含量与日本囊对虾、中国明对虾相当（$P>0.05$），比斑节对虾、南美蓝对虾和刀额新对虾分别高 21.58%，9.52% 和 18.44%，差异极其显著（$P<0.01$）；粗脂肪含量与中国明对虾、日本囊对虾和斑节对虾相当（$P>0.05$），远高于南美蓝对虾（$P<0.01$），低于刀额新对虾（$P<0.01$）；粗灰分含量与日本囊对虾和中国明对虾相当（$P>0.05$），远高于斑节对虾、南美蓝对虾和刀额新对虾（$P<0.01$）。日本囊对虾肌肉的粗蛋白含量与凡纳滨对虾、中国明对虾相当（$P>0.05$），比斑节对虾、南美白对虾和刀额新对虾分别高 17.51%，5.85% 和 14.47%，差异极其显著（$P<0.01$）；粗脂肪含量远低于刀额新对虾（$P<0.01$），略低于凡纳滨对虾、中国明对虾和斑节对虾（$P>0.05$），远高于南美蓝对虾（$P<0.01$）；粗灰分含量与凡纳滨对虾和中国明对虾相当（$P>0.05$），远高于斑节对虾、南美蓝对虾和刀额新对虾（$P<0.01$）。

表1 凡纳滨对虾、日本囊对虾与其他虾类的基本营养成分比较(%,湿重)

种类	水分	粗蛋白	粗脂肪	粗灰分	总糖	热量(kJ·g^{-1})
凡纳滨对虾 *L. occidentalis*	76.00±1.07	21.52±0.43	0.81±0.05	1.70±0.02	0.43±0.03	389.28
日本囊对虾 *M. japonicus*	76.83±0.84	20.80±0.29	0.70±0.03	1.70±0.03	*	376.73
中国对虾 *Fenneropenaeus chinensis*[6]	76.00	20.60	0.91	1.69	—	—
斑节对虾 *Penaeus monodon*[10]	72.48±0.19	17.70±0.24	0.93±0.13	0.97±0.03	—	—
南美蓝对虾 *Penaeus stylirostris*[11]	78.50±0.51	19.65±0.25	0.21±0.01	1.13±0.09	—	—
刀额新对虾 *Metapenaeus ensis*[10]	75.26±0.34	18.17±0.14	1.38±0.11	0.84±0.21	—	—

注:*. 未检出;—未检测。

凡纳滨对虾的营养成分与潘英等[4]、张高静等[3]、王娟[6]和邴旭文等[11]的检测结果相比,粗脂肪和粗灰分含量基本一致,粗蛋白含量略低于潘英等[4](23.31)和王娟(22.76%)的检测结果,高于张高静等[3](18.71%)和邴旭文等[11](19.08)的检测结果;日本囊对虾的营养成分与许星鸿等[2]的检测结果相比,粗灰分含量相近,粗蛋白含量(17.74%)较高,粗脂肪含量(2.08%)偏低。推测可能是凡纳滨对虾和日本囊对虾的养殖环境、养殖时间、采集地点、时间及检测方法的差异导致了检测结果的不同。

生态化池塘养殖条件下,凡纳滨对虾的粗蛋白、脂肪和灰分含量与日本囊对虾差别不大,二者均是高蛋白低脂肪,营养价值较高的优质虾类。

2.2 氨基酸组成与营养品质评价

2.2.1 氨基酸组成分析

表2显示了凡纳滨对虾和日本囊对虾的氨基酸组成,均检出18种常见氨基酸,包括8种人体必需氨基酸(EAA)。在所测得的18种氨基酸中,Glu含量最高,分别占11.83%和11.47%,Glu不仅是鲜味氨基酸,还是脑组织生化代谢中的重要氨基酸,参与多种生理活性物质的合成[12]。其次为Arg、Asp、Lys和Leu,而Trp含量最低,分别占0.88%和0.86%。两种对虾的肌肉氨基酸含量的高低排序基本一致。

表2 凡纳滨对虾与日本囊对虾的氨基酸组成及其含量(g·100^{-1}·g^{-1}干重)

氨基酸	凡纳滨对虾	日本囊对虾
天门冬氨酸(Asp)*	7.17±0.16	6.60±0.19
苏氨酸(Thr)#	2.92±0.07	2.97±0.05
丝氨酸(Ser)	2.54±0.05	2.33±0.06

续表

氨基酸	凡纳滨对虾	日本囊对虾
谷氨酸(Glu)*	11.83±0.22	11.47±0.34
脯氨酸(Pro)	3.92±0.10	5.26±0.17
甘氨酸(Gly)*	5.42±0.14	5.65±0.15
丙氨酸(Ala)*	4.88±0.08	5.30±0.09
缬氨酸(Val)#	3.38±0.12	3.28±0.11
胱氨酸(Cys-Cys)	0.88±0.03	1.03±0.05
蛋氨酸(Met)#	2.08±0.09	2.11±0.03
异亮氨酸(Ile)#	3.29±0.11	3.15±0.06
亮氨酸(Leu)#	5.79±0.11	5.69±0.13
酪氨酸(Tyr)	2.50±0.04	2.59±0.10
苯丙氨酸(Phe)#	3.13±0.07	3.02±0.08
组氨酸(His)	1.58±0.03	1.55±0.03
色氨酸(Trp)#	0.88±0.02	0.86±0.01
赖氨酸(Lys)#	6.38±0.21	6.08±0.24
精氨酸(Arg)	7.42±0.19	6.85±0.12
氨基酸总量(TAA)	75.96±0.27	75.78±0.36
必需氨基酸总量(EAA)	27.83±0.18	27.16±0.26
呈味氨基酸总量(DAA)	29.29±0.16	29.01±0.19
EAA/TAA	36.64	35.84
DAA/TAA	38.56	38.28

注:#. 必需氨基酸;*. 呈味氨基酸;TAA. 氨基酸总量;EAA. 必需氨基酸总量;DAA. 呈味氨基酸总量。

凡纳滨对虾氨基酸总量为(75.96±0.27) $g \cdot 100^{-1} \cdot g^{-1}$,必需氨基酸总量为(27.83±0.18) $g \cdot 100^{-1} \cdot g^{-1}$,占氨基酸总量的36.64%;日本囊对虾氨基酸总量为(75.78±0.36) $g \cdot 100^{-1} \cdot g^{-1}$,必需氨基酸总量为(27.16±0.26) $g \cdot 100^{-1} \cdot g^{-1}$,占氨基酸总量的35.84%。必需氨基酸的含量与组成特点是评价食物营养价值的最重要指标,根据FAO/WHO的理想模式,质量较好的蛋白质,其氨基酸组成中必需氨基酸占总氨基酸的40%左右[13]。凡纳滨对虾和日本囊对虾的必需氨基酸与总氨基酸的比值与FAO/WHO的理想模式较为接近,是质量较好的蛋白质。动物蛋白质的鲜美在一定程度上取决于呈鲜味的天冬氨酸和谷氨酸、呈甘味的甘氨酸和丙氨酸以及与甘味有关的脯氨酸和丝氨酸6种氨基酸的含量[14],从表2中得知,凡纳滨对虾呈味氨基酸总量(29.29%)与日本囊对虾(29.01%)均较高,使其具备了海产品的鲜美品质。

2.2.2 营养品质评价

氨基酸评分(AAS)和化学评分(CS)从不同的角度反映了蛋白质构成和利用率的关系。

从表 3 可知，凡纳滨对虾和日本囊对虾的 AAS 和 CS 均以赖氨酸最高，而缬氨酸最低。根据 AAS 可知，凡纳滨对虾和日本囊对虾的缬氨酸得分最低（68. 04 和 66. 05），其次为苏氨酸（72. 93 和 74. 35），因此，凡纳滨对虾和日本囊对虾的第一限制性氨基酸为缬氨酸，第二限制性氨基酸为苏氨酸。根据 CS 可知，凡纳滨对虾的缬氨酸得分最低（47. 83），其次为半胱氨酸＋蛋氨酸（47. 90），因此，凡纳滨对虾的第一限制性氨基酸为缬氨酸，第二限制性氨基酸为半胱氨酸＋蛋氨酸。日本囊对虾的缬氨酸得分最低（46. 43），其次为色氨酸（50. 83），因此，日本囊对虾的第一限制性氨基酸为缬氨酸，第二限制性氨基酸为色氨酸。两种对虾肌肉中赖氨酸的含量均超过 FAO/WHO 氨基酸标准模式，为后者的 1. 17 倍和 1. 11 倍，这对于以谷物为主的膳食者来说，可以弥补谷物食品中赖氨酸的不足，从而提高人体对蛋白质的利用率[15]。

表 3　凡纳滨对虾和日本囊对虾必需氨基酸组成的评价（$mg \cdot g^{-1}$ N）

氨基酸	FAO/WHO 模式	鸡蛋蛋白质	凡纳滨对虾		日本囊对虾	
			AAS	CS	AAS	CS
异亮氨酸（Ile）	250	331	82. 30	62. 16	78. 68	59. 42
亮氨酸（Leu）	440	534	82. 27	67. 79	80. 82	66. 60
赖氨酸（Lys）	340	441	117. 19	90. 35	111. 73	86. 14
半胱氨酸＋蛋氨酸（Cys ＋ Met）	220	386	84. 03	47. 90	89. 38	50. 94
苏氨酸（Thr）	250	292	72. 93	62. 44	74. 35	63. 66
色氨酸（Trp）	63	106	86. 81	51. 59	85. 52	50. 83
缬氨酸（Val）	310	441	68. 04	47. 83	66. 05	46. 43
酪氨酸＋苯丙氨酸（Tyr ＋ Phe）	380	565	92. 52	62. 22	92. 15	61. 98
氨基酸平均分 average score	—	—	85. 76		84. 83	
必需氨基酸指数 EAAI			68. 57		67. 90	

必需氨基酸指数（EAAI）以鸡蛋蛋白质必需氨基酸为参考标准，是评价食物营养价值的常用指标之一。凡纳滨对虾和日本囊对虾的必需氨基酸指数（EAAI）分别为 68. 57 和 67. 90，低于南美蓝对虾（69. 88）[11]，高于中国明对虾（67. 51）[6]、斑节对虾（63. 21）、安氏白虾（52. 77）[16]、刀额新对虾（42. 75）[5]，表明在生态化池塘养殖模式下，凡纳滨对虾和日本囊对虾必需氨基酸的满足率较高，是一种营养价值较高的虾类，且凡纳滨对虾要略优于日本囊对虾。

2. 3　维生素含量

由表 4 可知，凡纳滨对虾与日本囊对虾肌肉中含有丰富的维生素，其中含量最高的是维生素 B_3，此外还含有维生素 B_1、B_2 和 B_6；凡纳滨对虾还富含维生素 B_5；二者中维生素 A 和维生素C含量低于检测限，未检出。维生素B_1是人和动物体内非常重要的水溶性维生素，参与体内糖、蛋白质和脂肪的代谢，具有镇痛、帮助维持心脏、神经系统功能，维持消化系统及皮肤健康的作用[17]。维生素B_2是我国膳食中容易缺乏的营养素之一，具有增进视力，减轻眼睛疲劳等功能[18]；含量最高的维生素B_3又称烟酸，对维持神经组织的健康有重要作用，人体缺乏时表现出神经营养障碍，出现皮炎（癞皮病）[19]；维生素B_5具有制造抗体的功能，在维护头发、皮肤及血液健康方面亦扮演着重要角色[20]；维生素B_6可改善智力，增强免疫力[21]。凡纳滨对虾和日本囊对虾B族维生素含量较为丰富，经常食用有利于人体健康。

表4　凡纳滨对虾和日本囊对虾的维生素含量（$mg \cdot kg^{-1}$）

维生素	A	B_1	B_2	B_3	B_5	B_6	C
凡纳滨对虾 *L. occidentalis*	*	0.05±0.01	1.20±0.09	25.50±0.81	3.2±0.05	1.30±0.11	*
日本囊对虾 *M. japonicus*	*	0.14±0.01	0.93±0.07	23.21±0.93	*	1.31±0.08	*

注：*. 未检出。

2.4 无机元素含量

由表5可知，凡纳滨对虾和日本囊对虾富含人体所需的Na、Ca、Fe、Cu、Zn、Se等无机元素。Ca是动物组织结构的重要常量元素，参与机体的许多生理活动及物质能量代谢[22]；Fe、Cu等必需微量元素在维持人体正常生理代谢、延缓衰老和防止贫血等方面有重要作用[23]；Zn对促进神经系统的发育和完善，促进淋巴细胞增殖和活动，防御细菌、病毒侵入，促进伤口愈合等均具有很好的作用[24]；Se可以防治克山病、大骨节病，能增强机体的免疫能力，抑制心血管疾病的发病[25]。凡纳滨对虾和日本囊对虾的Ca、Fe、Zn、Se含量都很丰富，对于儿童发育、改善老年人缺钙及抗癌均有积极作用。

表5　凡纳滨对虾和日本囊对虾中无机元素含量（$\bar{x} \pm SD$）$mg \cdot kg^{-1}$

无机元素	Na	Ca	Fe	Cu	Zn	Se	无机As	Cd	Pb	Hg
凡纳滨对虾 *L. occidentalis*	3110±54	550±17	2.5±0.3	6.4±0.27	11.5±0.77	1.12±0.04	0.03±0	*	*	*
日本囊对虾 *M. japonicus*	3020±67	1130±53	12.0±0.6	3.1±0.25	12.4±0.84	1.14±0.05	0.02±0	0.04±0	*	*

注：*. 未检出。

试验还对凡纳滨对虾和日本囊对虾中的重金属和苯并芘含量进行了检测，结果表明（表5），凡纳滨对虾和日本囊对虾中的无机砷含量均远低于GB 2762—2012《食品中污染物限量》、GB 18406.4—2001《农产品安全质量 无公害水产品安全要求》和NY 5073—2006《无公害食品产品中有毒有害物质限量》的规定（0.5 $mg \cdot kg^{-1}$）；日本囊对虾中的镉含量远低于GB 2762—2012《食品中污染物限量》（0.1 $mg \cdot kg^{-1}$）、GB 18406.4—2001《农产品安全质量 无公害水产品安全要求》（0.1 $mg \cdot kg^{-1}$）和NY 5073—2006《无公害食品产品中有毒有害物质限量》的规定（0.5 $mg \cdot kg^{-1}$），两种对虾中均未检出铅、汞和苯并芘，表明在该生态化池塘养殖的凡纳滨对虾和日本囊对虾均为安全无公害的食品。

3 结论

凡纳滨对虾肌肉含有丰富的营养物质。其蛋白质含量高达 21.52%，必需氨基酸占氨基酸总量的 36.64%，符合 FAO/WHO 的理想模式，是一种营养均衡的优质蛋白；脂肪含量低；VB_3、VB_2、VB_5 和 VB_6 含量十分丰富；富含人体必需的钙、铁、锌、硒等矿质元素，对于促进儿童生长发育和智力发育，维持机体正常生理代谢均有积极作用。综上，凡纳滨对虾是具一种高蛋白、低脂肪、高矿物质、营养均衡的优质海产虾类。

日本囊对虾肌肉蛋白质含量高达 20.80%，必需氨基酸与呈味氨基酸的含量均较高，必需氨基酸指数（EAAI）为 67.90，是一种味道鲜美，营养均衡的优质蛋白；脂肪含量低；VB_3、VB_2、VB_5、VB_6 和 VB_1 含量十分丰富；富含人体必需的钙、铁、锌、硒等矿质元素，镉、砷等有害元素含量低。日本囊对虾同样是一种高蛋白、低脂肪、高矿物质、营养均衡的优质海产虾类。

水产动物营养品质的差异，主要是由其生态环境、所摄取的饵料以及遗传差异所导致的。对于本研究而言，所取的两种对虾是在相似的饲养环境下饲养的，所处的生态环境和投喂的饵料相同，因而营养品质的差异主要应是品种的不同，即遗传因素造成的。在本文所述的海水生态化池塘养殖模式下，凡纳滨对虾与日本囊对虾营养成分相近，二者均具有较高的营养价值和经济价值。

参考文献

[1] 刘波，曾志南，宁岳．海水池塘虾蟹贝健康养殖的生态研究 [J]. 福建水产，2011，33（5）：43-47.

[2] 许星鸿，刘翔，阎斌伦，等．日本对虾肌肉营养成分分析与品质评价 [J]. 食品科学，2011，32（13）：297-301.

[3] 张高静，韩丽萍，孙剑锋，等．南美白对虾营养成分分析与评价 [J]. 中国食品学报，2013，13（8）：254-260.

[4] 潘英，王如才，罗永巨，等．海水和淡水养殖南美白对虾肌肉营养成分的分析比较 [J]. 青岛海洋大学学报，2001，31（6）：828-834.

[5] 陈晓汉，陈琴，谢达祥．南美白对虾含肉率及肌肉营养价值的评定 [J]. 水产科技情报，2001，28（4）：165-168.

[6] 王娟．中国对虾、南美白对虾和斑节对虾肌肉营养成分的比较 [J]. 食品科技，2013，38（06）：146-150.

[7] FAO/WHO/UNU. Energy and protein requirements. Report of a joint FAO/WHO/UNU expert consultation. World Health Organization technical report series 724[R]. Geneva WHO, 1985: 121-123.

[8] 桥本芳郎．养鱼饲料学 [M]. 蔡完其，译．北京：中国农业出版社，1980：114-115.

[9] 宋超，庄平，章龙珍，等．野生及人工养殖中华鲟幼鱼肌肉营养成分的比较 [J]. 动物学

报，2007，53（3）：502-510.

[10] 中国预防医学科学院营养与食品卫生研究所．食品成分表［M］．北京：人民卫生出版社，2010：106-107.

[11] 郦旭文，王进波．池养南美蓝对虾与南美白对虾肌肉营养品质的比较［J］．水生生物学报，2006，30（4）：453-458.

[12] 张昌颖，李亮，李昌甫，等．生物化学．2 版［M］．北京：人民卫生出版社，1988：305，561.

[13] 朱成科，黄辉，向枭，等．泉水鱼肌肉营养成分分析及营养学评价［J］．食品科学，2013，34（11）：246-249.

[14] 徐加涛，徐国成，许星鸿，等．小刀蛏软体部营养成分分析及评价［J］．食品科学，2013，34（17）：263-267.

[15] 梁银铨，崔希群，刘友亮．鳜鱼生化成分分析和营养品质评价［J］．水生生物学报，1998，22（4）：386-388.

[16] 庄平，宋超，章龙珍．长江口安氏白虾与日本沼虾营养成分比较［J］．动物学报，2008，54（5）：822-829.

[17] 何志交，曹俊明，陈冰，等．凡纳滨对虾（*Litopenaeus vannamei*）维生素 B_1 需要量的研究［J］．动物营养学报，2010，22（4）：977-984.

[18] 董辉，王颉，刘亚琼，等．杂色蛤软体部营养成分分析及评价［J］．水产学报，2011，35（2）：276-282.

[19] 刘进平，黄东益，成善汉．新型热带香菜山蒌叶的营养成分测定［J］．热带生物学报，2013，4（4）：362-364.

[20] 中国营养学会．中国居民膳食营养素参考摄入［M］．北京：中国轻工业出版社，2000：350-356.

[21] 苑凤琴．维生素 B_6 的药用价值探析［J］．吉林医药学院学报，2013，34（5）：362.

[22] 陈炜，孟宪治，陶平．2 种壳色皱纹盘鲍营养成分的比较［J］．中国水产科学，2004，11（4）：367-370.

[23] 吴闯，马家海，高嵩，等．2010 年绿潮藻营养成分分析及其食用安全性评价［J］．水产学报，2013，37（1）：141-150.

[24] 程波，陈超，王印庚，等．七带石斑鱼肌肉营养成分分析与品质评价［J］．渔业科学进展，2009，30（5）：51-57.

[25] 毛文君，管华诗．紫贻贝和海湾扇贝生化成分中硒的分布特点［J］．中国海洋药物，1996，57（1）：16-18.

（李红艳，刘天红，孙元芹，于晓清，叶海斌，王颖）

（载自《海洋渔业》2015-03）

浒苔虾丸配方的优化

浒苔(*Enteromorpha prolifera*),属绿藻门石莼目石莼科,俗称苔条、青海苔等,是中国近海常见的一种大型绿藻。浒苔自古以来即被用作食用和药用植物[1],具有丰富的营养成分,富含蛋白质、碳水化合物、粗纤维和矿物质,不饱和脂肪酸和维生素含量较高[2, 3]。浒苔还具有较高的药用价值,据《随息居饮食谱》记载:浒苔"消胆、消瘰疬瘿瘤、泄胀、化痰、治水土不服";浒苔中含有较多的水溶性硫酸多糖,具有降血脂和抗衰老的生物活性;现代研究证明,浒苔具有明显降低胆固醇和调节免疫的作用[4]。食品中添加浒苔,既可提高食品的色、香、味,又可改善食品营养价值。虾丸作为我国传统食品的一部分,由于其营养价值高,口感细腻、食用方便而深受消费者喜爱,但市场上虾丸的品种较少,产品色泽和口味单一,研究品质优良的不同虾丸品种将是发展方向之一,市场潜力较大。

目前已有对虾丸研制工艺的研究报道,但是这些报道多是油炸虾丸或是普通虾鱼丸[5-7]。虾丸的口感和弹性一般要略逊于鱼丸,这可能是由于虾肉本身的特性和其蛋白质组成所导致的[8]。虾肉中由于水溶性蛋白含量较高,削弱了肉糜的凝胶强度和弹性,导致虾肉的凝胶强度较差,可添加一定比例的鱼糜来改善虾肉糜的凝胶特性[9]。淀粉会在鱼肉和虾肉蛋白质、脂肪和水分之间起乳胶剂的作用,增强鱼糜和虾糜的黏稠性[10]。随着温度的升高,淀粉会发生不可恢复的膨胀,当达到凝胶温度,淀粉微粒能吸收更多的水分,而膨胀的淀粉微粒会对凝胶网络产生压力,从而提高弹性。但鱼糜和虾糜中的蛋白质成分会将水分锁在其网状结构内部,从而造成鱼糜和虾糜中有效水分的竞争,因此淀粉在低水平时,对鱼糜和虾糜弹性的提高比在高水平时更有效,而鱼糜和虾糜制品的弹性达到一定程度后,不能再通过添加淀粉量无限制的提高[11]。由于蛋白添加物的功能性质,蛋白质 - 水,蛋白质 - 蛋白质,和蛋白质 - 脂质 - 水能产生交互作用,这对于形成稳定的凝胶网络起着至关重要的作用。而且蛋清蛋白中含有 TGase、蛋白酶抑制剂以及动物蛋白,能作为凝胶网状结构的功能性填充物,提高鱼糜、虾糜凝胶的剪切压力,剪切拉力[12]。大豆分离蛋白液除具有热凝固性、分散脂肪性和纤维形成性等优良性状外,还具有凝胶化性质,加热后可增加制品的弹性[13]。但大豆分离蛋白加入量增多会造成固形物的增加,可能与虾肉、鱼肉蛋白竞争可利用的水分,从而对蛋白相产生浓缩效应,降低其弹性[14]。一定浓度的 Ca^{2+}离子在适当温度下可激活内源性 TGase,催化谷氨酸残基中的 Y- 羧基酰胺基团与其他氨基酸残基发生交联作用,通过共价键形成更牢固的网状结构,从而提高鱼丸的弹性[15]。但氯化钙也会对冷冻鱼糜产生不利的影响。有研究表明,在鱼糜的制作过程中,当添加的氯化钙浓度过高时,鱼糜的凝胶形成能力和低温稳定性都会明显降低[16]。

本研究切入点：把具有保健功能的浒苔粉添加到虾丸中，并通过辅料的添加，增加浒苔虾丸的凝胶弹性，这样不仅可以丰富虾丸的种类，而且增强了虾丸的营养和保健价值，为虾的综合利用开辟新途径。

拟解决的关键问题：采用单因素和正交试验对浒苔虾丸的配方进行优化，以获得浒苔粉、淀粉、蛋清蛋白、大豆分离蛋白和氯化钙等物质的最佳配比，制备具有良好凝胶弹性和风味口感的虾丸新产品。

1 材料与方法

1.1 材料

主料：南美白对虾、黄花鱼均购于青岛团岛农贸市场；浒苔于2014年7月采集于青岛八大峡。

其他辅料：食盐、淀粉、蛋清蛋白、白砂糖、大豆分离蛋白、复合磷酸盐、卡拉胶、魔芋粉、料酒等均为市售食品级；氯化钙为分析纯。

仪器和设备：CT-4.5质构仪（博勒飞公司）；UMC5型真空斩拌机（德国STEPHAN公司）；SXW-280鱼丸成型机（佛山市利宝达厨具有限公司）；SZ-22A型绞肉机（北京旭重食品机械有限公司）。

1.2 方法

1.2.1 制作工艺流程

1.2.1.1 原料选择及前处理。

选择新鲜南美白对虾和黄花鱼。南美白对虾清洗后去头、去皮并清除肠腺。黄花鱼去头、去鳞、去内脏，清洗并清除腹腔内残余的内脏或血污黑膜等。鱼采用背割法采肉，沿背部中线往下将鱼剖成两片后，剔去脊骨和胸刺，从尾部下刀推去鱼皮得到鱼肉；手工对虾体去皮得虾肉。

浒苔粉的制备：新鲜浒苔经清洗、60℃低温烘干后，粉碎、过100目筛，备用。

1.2.1.2 漂洗和脱水。

将虾肉、鱼肉分开漂洗、精滤，水温控制在10℃以下，去除虾、鱼肉内的水溶性蛋白质、色素、气味和脂肪成分，再用500 $r \cdot min^{-1}$离心机脱水3～5 min即可，脱水后的鱼、虾肉含水量要求在80%～82%。

1.2.1.3 斩拌、擂溃。

擂溃之前，将鱼肉和虾肉混合，充分绞肉1～2次，以彻底破坏鱼肉和虾肉的肌肉组织，以便擂溃时盐溶性蛋白质的充分溶出，并减少擂溃所需时间。为减少鱼肉中肌球蛋白变性，擂溃后的温度控制在10℃以下。擂溃分3个阶段。① 空擂：将脱水后的鱼肉和虾肉放入斩拌机中斩拌至肉糜发黏；② 盐擂：肉糜中均匀撒入食盐斩拌至浆体均匀、发亮；③ 调味擂：将浒苔粉、淀粉、蛋清蛋白、白砂糖、盐、料酒、复合磷酸盐、质量比1:1的魔芋粉和卡拉胶等调味料添加到肉糜中继续斩拌一段时间。整个斩拌过程应适时适量加冰以控制温度在10℃以下。

1.2.1.4 水煮成型。

将斩拌后的鱼糜放入鱼丸成型机中成型。浒苔虾丸两段加热法(40℃预热 40 min,然后于 90℃加热 15 min)煮熟,以达到熟制、杀菌、增加弹性的目的。

1.2.1.5 冷却、包装、冷藏。

将捞起的浒苔虾丸置于冷水中冷却至室温后捞出沥水,密封包装并−20℃冷冻贮藏。

1.2.2 **配方试验设计**

1.2.2.1 基本配方。

以不同比例混合的虾糜、鱼糜为基础,添加 30%水、盐 2.5%、糖 2%、料酒 1%、味精 0.5%、TG-B 0.2%、复合磷酸盐 0.2%、1:1 的魔芋粉和卡拉胶 1.0%。

1.2.2.2 单因素试验。

固定其他条件不变.分别考察鱼糜虾糜质量比(7:3, 6:4, 5:5, 4:6, 3:7),浒苔添加量(2%,4%,6%,8%,10%,12%),淀粉添加量(0.5%,5%,10%,15%,20%),蛋清蛋白添加量(0%,3%,6%,9%,12%),大豆分离蛋白添加量(0%,1%,2%,3%,4%,5%,6%)和氯化钙添加量(0%,0.3%,0.6%,0.9%,1.2%)对浒苔虾丸弹性及感官评分的影响。

1.2.2.3 正交试验。

在单因素试验的基础上,以对浒苔虾丸品质影响较大的鱼糜虾糜比例、浒苔粉、淀粉和蛋清蛋白的添加量 4 个因素,以感官评价值为检验指标,做 L9 (34)的正交试验,试验因素及结果见表 2。

1.2.3 **感官评价**

将样品切成 5 mm 厚的片状,邀请 10 位从事食品研发的人员组成感官评定小组,采用双盲法进行检验,评定方法采用 100 分制,按色泽、鲜度及滋味、组织状态、弹性指标进行综合评价。色泽、鲜度及滋味、组织状态、弹性的加权系数均为 0.25。

表 1 感官评价标准

色泽	鲜度及滋味	组织状态	弹性	得分
淡绿色	具特殊的鲜香味,咸淡适口,无腥味	断面密实,无大气孔,有许多微小且均匀的小气孔,浒苔粉分布均匀	中指稍压虾丸,明显凹陷而不破裂,放手则恢复原状,在桌上 30～35 cm 处落下,虾丸会弹跳两次而不破裂	100～80
淡绿色	具有特殊的鲜香味,口味略重,略带腥味	断面密实,无大气孔,有少量的小气孔,浒苔粉分布均匀	中指用力压虾丸,凹陷而不破裂,放手则恢复原状,在桌上 30～35 cm 处落下,虾丸会弹跳两次而不破裂	80～60
深绿	鲜香味较淡,略带腥味,无异味	断面基本密实,无大气孔,有少量的小孔,浒苔粉分布较均匀	中指用力压虾丸,凹陷而不破裂,放手不能完全恢复原状,在桌上 30～35 cm 处落下,虾丸跳跃一次而不破裂	60～40
灰绿色	几乎无鲜香味,有腥味,有异味	切面较松软,有少量不均匀小孔,浒苔粉分布不均匀	中指用力压虾丸即破裂,在桌上 30～35 cm 处落下,不能跳起	40～20
灰暗色	几乎无鲜香味,腥味浓,有异味	切面呈浆状,松软无密实感,浒苔粉分布不均匀	中指轻压虾丸即破裂,组织松散	20～0

1.2.4 弹性测定

取成型的熟浒苔虾丸切成 1 cm 厚的薄片，用质构仪测定其弹性，每个样品重复测定 3 次。

1.2.5 理化及微生物指标测定

按照国家食品理化检验标准和国家食品微生物检验标准测定样品中的水分、蛋白质、脂肪、淀粉和食盐含量、细菌总数及大肠菌群。

2 结果与分析

2.1 鱼糜虾糜比例的影响

由图 1 可以看出，当鱼糜与虾糜的比例逐渐升高时，虾丸的弹性逐渐升高，这可能与虾的肌球蛋白和鱼的肌球蛋白交联有关[17, 18]；而感官评分则因鱼糜添加量过高时，虾丸嫩度下降，虾肉风味不足而呈现先升高后略有降低的趋势。因此认为鱼糜：虾糜为 6:4 时最佳。

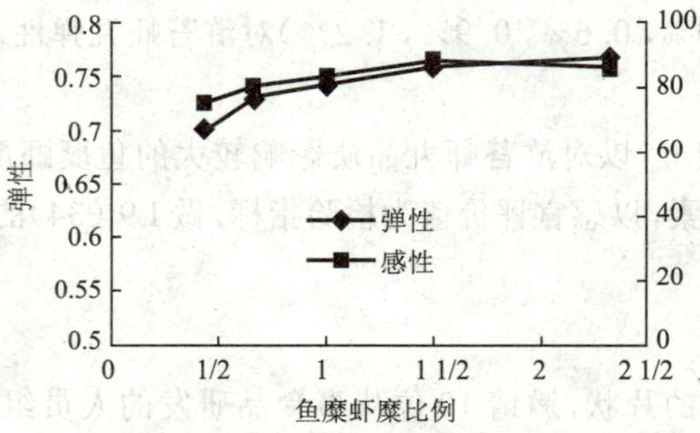

图 1　鱼糜虾糜比例对浒苔虾丸弹性和感官评分的影响

2.2 浒苔添加量的影响

由图 2 可知，随着浒苔添加量的增大，浒苔的独特口感逐渐增强，当浒苔添加量为 8% 时，产品中既有浒苔的独特风味也有鱼虾糜的鲜香，感官评分最高；随后浒苔添加量继续增加，因浒苔虾丸的弹性下降，色泽过深，感官评分开始下降。浒苔添加量增加至 12% 时，虾丸的弹性下降严重，且略有腥味。因此确认浒苔的最佳添加量为 8%。

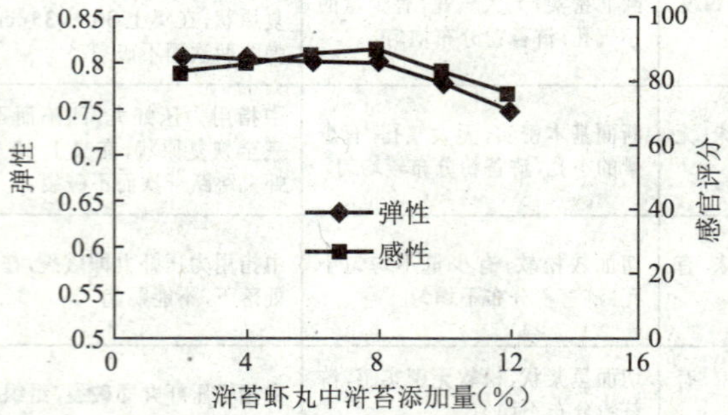

图 2　浒苔添加量对浒苔虾丸弹性和感官评分的影响

2.3 淀粉添加量的影响

由图3可知，淀粉对浒苔虾丸弹性的提高很明显，随着淀粉添加量的增大，浒苔虾丸的弹性逐渐上升，弹性呈现先上升后略有下降的趋势；浒苔虾丸的感官评分也随着淀粉添加量的增大呈现先升高后降低的趋势，在淀粉添加量为10%时，浒苔虾丸的感官评分最高。综上，认为淀粉的最佳添加量为10%。

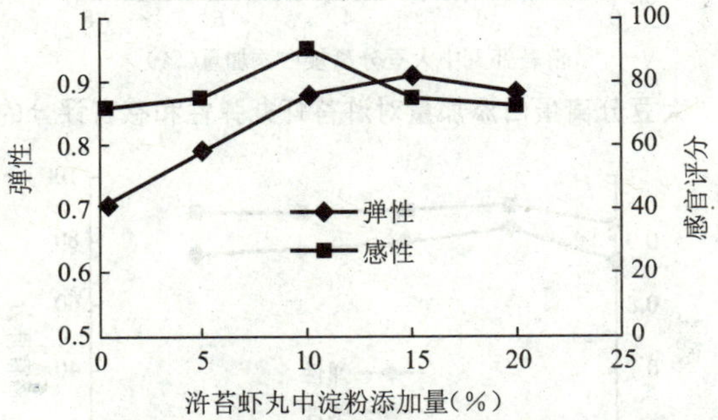

图3 淀粉添加量对浒苔虾丸弹性和感官评分的影响

2.4 蛋清蛋白添加量的影响

由图4可见，蛋清蛋白对浒苔虾丸弹性的提高较为显著，蛋清蛋白添加量为6%时浒苔虾丸的弹性最高。同时，随着蛋清蛋白添加量增加，浒苔虾丸的感官评分逐渐增加，添加量超过6%后，感官评分略有下降。综上，认为蛋清蛋白的最佳添加量为6%。

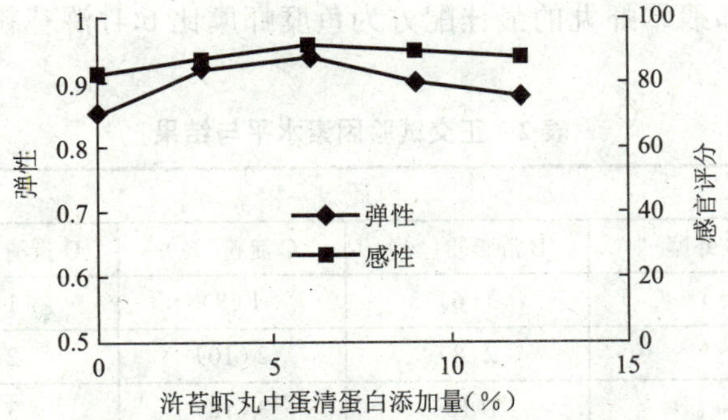

图4 蛋清蛋白添加量对浒苔虾丸弹性和感官评分的影响

2.5 大豆分离蛋白的影响

图5表明，随着大豆分离蛋白添加量的增加，浒苔虾丸的弹性和感官评分呈现先增加后减小的趋势，当添加量为3%时，弹性及感官评分值均达到最大。

2.6 氯化钙的影响

由图6可知，氯化钙对浒苔虾丸弹性的提高较为明显，弹性和感官评分均随着氯化钙添加量的增大呈先上升后缓慢下降的趋势。氯化钙添加量为0.3%时，鱼丸的弹性最高，感官评分也最好。综上，认为氯化钙的最佳添加量为0.3%。

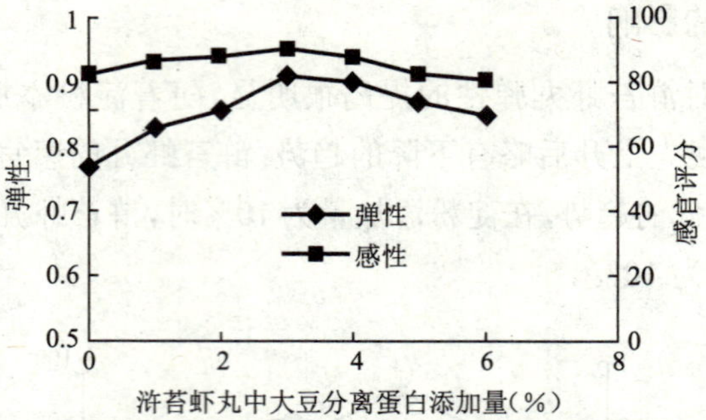

图 5　大豆分离蛋白添加量对浒苔虾丸弹性和感官评分的影响

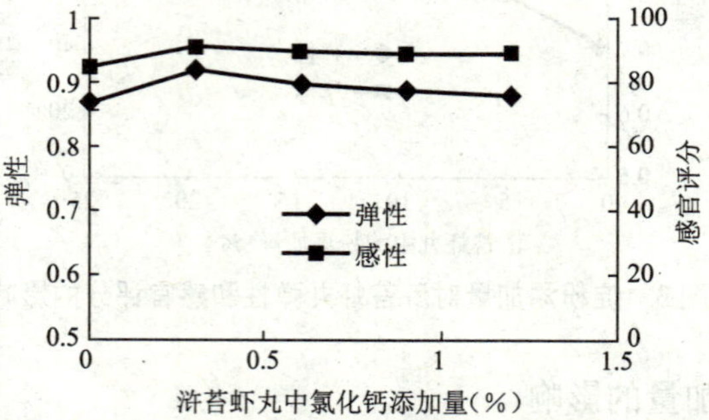

图 6　氯化钙添加量对浒苔虾丸弹性和感官评分的影响

2.7 正交试验优化

由表 2 可知，4 项因素对浒苔虾丸品质的影响次序为 C > B > A > D，浒苔虾丸的最佳配方为 $A_2B_1C_2D_2$，即翡翠虾丸的最佳配方为鱼糜虾糜比 6:4，浒苔粉 6%，淀粉 10%，蛋清蛋白 6%。

表 2　正交试验因素水平与结果

试验号	因素				感官评分
	A 鱼糜：虾糜	B 浒苔粉（%）	C 淀粉（%）	D 蛋清蛋白（%）	
1	1（5:5）	1（6）	1（8）	1（4）	86.6
2	1	2（8）	2（10）	2（6）	88.4
3	1	3（10）	3（12）	3（8）	85.1
4	2（6:4）	1	2	3	92.3
5	2	2	3	1	85.5
6	2	3	1	2	91.7
7	3（7:3）	1	3	2	88.9
8	3	2	1	3	83.2
9	3	3	2	1	89.7
K_1	86.7	89.3	87.2	87.3	
K_2	89.8	85.7	90.1	89.7	
K_3	87.3	88.8	86.5	86.9	
R	3.13	3.57	3.63	2.80	

3 产品质量指标

3.1 感官指标

淡绿色;具有特殊的鲜香味,咸淡适口,无腥味;外形呈球形,大小大致均匀完整,表面光滑;富有弹性,轻压虾丸不破裂,揪住不破散;肉质紧密,口感爽口、细腻。

3.2 理化和微生物指标

表3　浒苔虾丸理化和微生物指标测定结果

水分(%)	蛋白质(%)	脂肪(%)	食盐(%)	淀粉(%)	细菌总数(个·千克)	大肠菌群(个·百克)
72.18	13.20	5.87	3.1	9.9	1 500	＜25

4 结论

本研究采用单因素和正交试验优化浒苔虾丸的改良配方,将凝胶形成能力较差的虾糜制备成具有良好凝胶弹性和风味口感的虾丸产品。获得的最佳配方为鱼糜虾糜比6:4,浒苔粉6%,淀粉10%,蛋清蛋白6%,大豆分离蛋白3%,氯化钙0.3%。其中,浒苔粉的添加使虾丸具有浒苔特有的清香味,而淀粉、蛋清蛋白、大豆分离蛋白和氯化钙等物质增加了浒苔虾丸的凝胶弹性。根据该改良配方制得的浒苔虾丸弹性良好,口感细腻滑嫩,具有独特的浒苔清香味,营养丰富,是一种老少咸宜的方便食品。

参考文献

[1] 嵇国利,于广利,吴建东,等. 爆发期条浒苔多糖的提取分离及其理化性质研究[J]. 中国海洋药物杂志,2009,28(3):7-12.

[2] 李晓,王颖,吴志宏,等. 浒苔对刺参幼参生长影响的初步研究[J]. 中国水产科学,2013,20(5):1 092-1 099.

[3] 林英庭,朱风华,徐坤,等. 青岛海域浒苔营养成分分析与评价[J]. 饲料工业,2009,30(3):46-49.

[4] 徐大伦,黄晓春,欧昌荣,等. 浒苔多糖对非特异性免疫功能的体外实验研究[J]. 食品科学,2005(10):164-169.

[5] 师文添. 虾鱼丸的研制[J]. 食品工业,2011(11):73-76.

[6] 赵子科,曹文红,何啸峰. 中国毛虾虾丸的研制[J]. 食品科技,2013,38(11):142-145,152.

[7] 王益群,陈直. 虾丸的工艺优化研究[J]. 食品工业,2011(12):15-18.

[8] Cheecharoen J, Kijroongrojana K, Benjakul S. Improvement of physical properties of black tiger shrimp (*Penaeus monodon*) meat gel induced by high pressure and heat treatment[J]. Journal of Food Biochemistry, 2011, 35(3):976-996.

[9] 何少贵，苏国成，周常义，等. 漂洗工艺和加工辅料对鱼糜制品品质影响的研究进展[J]. 食品工业科技，2013，33（4）：399-402.

[10] 孔保华，王辉兰，王明丽. 鲢鱼鱼丸最佳配方及工艺的研究 [J]. 食品工业科技，2000，21（2）：43-45.

[11] 辛美丽，王笑丹，朱志伟，等. 几种配料对鲤鱼鱼丸品质的影响及贮藏过程品质变化[J]. 现代食品科技，2010，26（8）：809-814.

[12] 黄国宏，沈要林. 鱼糜加工过程中凝胶性能的影响因素研究进展 [J]. 现代食品科技，2006，23（1）：107-110.

[13] 王锡昌. 鱼糜制品加工技术 [M]. 北京：中国轻工业出版社，1997.

[14] Mccord A，Smith A B. Heat-gelation properties of salt-soluble muscle proteins as affected by non-meat proteins[J]. Journal of Food Science，1998，63（4）：580.

[15] 丁玉庭，鲍晓瑾，刘书来. 鱼糜制品凝胶强度的提高及其影响因素 [J]. 浙江工业大学学报，2007，35（6）：631-635.

[16] Saeki H. Gel-forming ability and cryostability of frozen surimi processed with $CaCl_2$-washing [J]. Fish Science，1996，62：252-256.

[17] 刘蕾，洪惠，宋永令，等. 不同加热条件对复合鱼糜凝胶特性的影响 [J]. 肉类研究，2010（6）：15-21.

[18] 刘蕾，王航，罗永康，等. 复合鱼肉肌原纤维蛋白加热过程中理化特性变化的研究 [J]. 淡水渔业，2012，42（3）：88-91.

（李红艳，刘天红，李晓，孙元芹，吴志宏，于晓清，王颖★）

（载自《广西科学院学报》2015-06）

大马哈鱼（*Oncorhynchus keta*）鱼皮的营养成分分析

大马哈鱼（*Oncorhynchus keta*）体大肥壮、肉质鲜美、营养丰富，是名贵的冷水性溯河洄游鱼类。大马哈鱼可鲜食，也可干制、熏制、加工罐头等，加工过程中产生的鱼皮、鱼骨等下脚料占总重量的60%左右，其中鱼皮约10% [1]，但鱼皮并没有被充分利用，大部分作为废弃物丢弃，不仅造成资源的浪费，还会污染环境 [2]。

胶原蛋白是动物体内含量最多的蛋白质，也是器官中结缔组织的主要成分，约占人体蛋白质的25%～33% [3]，在体内一般作为组织的支持物和填充物，主动参与细胞的迁移、分化及增殖，并与创伤的修复及胚胎发育过程有关 [4-6]。胶原蛋白作为一种高档材料广泛应用于医药、食品及化妆品领域。鱼皮胶原蛋白来源广、制备成本低、使用安全，近年来人们进行了广泛研究。但是，迄今为止，有关大马哈鱼鱼皮营养成分的分析及其营养评价尚不全面。本研究测定了大马哈鱼鱼皮的营养成分，包括基本成分、氨基酸、脂肪酸、维生素及矿物元素等，为大马哈鱼鱼皮的开发利用、提高大马哈鱼的营养价值、降低环境污染问题提供参考。

1 材料与方法

1.1 材料

大马哈鱼鱼皮，鱼皮品种为粉鲑，产地为俄罗斯，由山东源达渔业公司提供。鱼皮于－20℃冻藏，进行试验时，将样品解冻、打浆后，进行分析测定。

1.2 仪器

AA 240FS 原子吸收光谱仪（美国瓦里安公司）、K9840 凯氏自动定氮仪（上海海能试验仪器科技有限公司）、UV-1800 紫外可见分光光度计（日本岛津公司）、SZF-06A 脂肪仪（上海洪纪仪器设备有限公司）、A3000 型氨基酸自动分析仪（德国曼默博尔公司）等。

1.3 方法

1.3.1 营养成分分析

水分：依据 GB 5009. 3—2010 食品中水分的测定；粗蛋白：依据 GB 5009. 5—2010 食品中蛋白质的测定；粗脂肪：依据 GB/T 5009. 6—2003 食品中脂肪的测定；总糖：依据 GB/T 5009. 8—2008 食品中蔗糖的测定；灰分：依据 GB 5009. 4—2010 食品中灰分的测定；氨基酸

成分测定：依据 GB/T 5009.124—2003 食品中氨基酸的测定；脂肪酸成分测定：依据 GB/T 22223—2008 食品中总脂肪、饱和脂肪(酸)、不饱和脂肪(酸)水解提取－气相色谱法测定；维生素：VA、VE 依据 GB/T 5009.82—2003、VB1 依据 GB/T 5009.84—2003、核黄素依据 GB/T 5009.85—2003、泛酸依据 GB/T 5009.210—2008、烟酸依据 GB 5413.15—2010、VB6 依据 GB/T 5009.154—2003、VC 依据 GB/T 5009.86—2003 进行测定；矿物元素：铁、钠、钙、硒、无机砷、铅、铜、锌和镉分别依据 GB/T 5009.90—2003、GB/T 5009.91—2003、GB/T 5009.92—2003、GB 5009.93—2010、GB/T 5009.11—2003、GB 5009.12—2010、GB/T 5009.13—2003、GB/T 5009.14—2003 和 GB/T 5009.15—2003 进行测定。

1.3.2 氨基酸分及化学分计算方法

通过与 1973 年 FAO/WHO 建议的氨基酸的计分模式和以鸡蛋蛋白质作为理想蛋白质进行比较，由如下公式计算氨基酸分 AAS 和化学分 CS [7]。

$$AAS = \frac{\text{每克待评蛋白质中必需氨基酸含量(mg)}}{\text{FAO/WGO 模式中每克蛋白质中相应的必需氨基酸含量(mg)}} \times 100$$

$$CS = \frac{\text{每克待评蛋白质中必需氨基酸含量(mg)}}{\text{每克鸡蛋蛋白质中相应的必需氨基酸含量(mg, 每克鸡蛋为标准)}} \times 100$$

1.3.3 鱼皮胶原蛋白含量的测定

通过测定鱼皮中羟脯氨酸含量，乘以相应的系数计算胶原蛋白的含量。

胶原蛋白含量＝羟脯氨酸含量 ×11.1 [8,9]。

2 结果与分析

2.1 大马哈鱼鱼皮基本营养成分

大马哈鱼鱼皮的一般营养成分见表 1。

表 1 大马哈鱼鱼皮的营养成分(湿基)

种类	水分(%)	粗蛋白(%)	粗脂肪(%)	灰分(%)	总糖(%)
大马哈鱼鱼皮 *O. keta skin*	61.20±3.63	31.10±0.72	7.40±0.36	1.20±0.10	0.23±0.09
黄鳍金枪鱼鱼皮 *Thunnus albacares skin*	54.57	32.66	8.98	1.29	0.08
安康鱼鱼皮 *Lophius litulon skin*	75.60	28.70	0.37	0.43	0.26
军曹鱼鱼皮 *Rachycentron canadum Linnaeus skin*	65.03	28.53	1.57	1.25	0.06
罗非鱼鱼皮 *Oreochromis niloticus skin*	65.01	33.14	1.56	1.17	0.05
虹鳟鱼鱼皮 *Oncorhynchus mikiss skin*	62.30	28.10	8.80	1.13	—
斑点叉尾鮰鱼鱼皮 *Ictalurus punctatus skin*	65.41	21.32	12.38	0.22	—

由表1可知,大马哈鱼鱼皮的主要营养成分具有以下特点:除水分外,粗蛋白含量最丰富,占大马哈鱼鱼皮湿重的31.1%。鱼皮中的蛋白质主要以胶原蛋白为主[10,11],可作为良好的蛋白质资源;鱼皮中粗脂肪含量较高,占湿重的7.4%,远高于安康鱼(*L. litulon*)鱼皮[12]、军曹鱼(*R. canadum Linnaeus*)鱼皮[13]和罗非鱼(*O. niloticus*)鱼皮[14],可能是大马哈鱼是冷水鱼类,皮下聚集较多脂肪而抗寒力强、耐低氧的缘故;鱼皮中灰分含量(占湿重的1.2%)高于安康鱼鱼皮、罗非鱼鱼皮、虹鳟鱼(*O. mikiss*)鱼皮[15]和斑点叉尾鮰鱼(*I. punctatus*)皮,表明其矿物质含量较丰富;总糖含量所占比例最低,与其他鱼类一致。

2.2 氨基酸组成与含量

大马哈鱼鱼皮的氨基酸组成见表2。

表2 大马哈鱼鱼皮氨基酸组成与含量(干基)

氨基酸($mg \cdot g^{-1}$)			
色氨酸 TRP #	1.5	酪氨酸 TYR	10.7
天门冬氨酸 ASP*	47.4	苯丙氨酸 PHE #	17.0
苏氨酸 THR #	21.0	赖氨酸 LYS #	32.5
丝氨酸 SER	28.2	组氨酸 HIS	11.5
谷氨酸 GLU*	75.8	精氨酸 ARG	45.4
脯氨酸 PRO	63.9	总氨基酸 TAA	682.1
甘氨酸 GLY*	185.0	必需氨基酸 EAA	152.8
丙氨酸 ALA*	58.0	呈味氨基酸总量 DAA	366.2
胱氨酸 CYS-CYS	3.4	支链氨基酸总量 BCAA	64.1
缬氨酸 VAL #	19.4	芳香族氨基酸总量 AAA	29.2
蛋氨酸 MET #	16.7	支 / 芳比 BCAA/AAA	2.2
异亮氨酸 ILE #	16.7	EAA/TAA	22.4
亮氨酸 LEU #	28.0	DAA/TAA	53.7

注:#表示必需氨基酸;*表示呈味氨基酸。

由表2可知,大马哈鱼鱼皮中氨基酸含量丰富,含有8种必需氨基酸。其中甘氨酸含量最丰富,为185 $mg \cdot g^{-1}$,其次依次为谷氨酸(75.8 $mg \cdot g^{-1}$)、脯氨酸(63.9 $mg \cdot g^{-1}$)和丙氨酸(58.0 $mg \cdot g^{-1}$),组氨酸、酪氨酸和胱氨酸含量较少,色氨酸含量最低,仅为1.5 $mg \cdot g^{-1}$。甘氨酸和脯氨酸是胶原蛋白的特征氨基酸[13],甘氨酸含量占总氨基酸含量的30%左右,符合胶原蛋白Gly-X-Y的特点,即每隔两个其他氨基酸残基(X、Y)即有一个甘氨酸,脯氨酸含量占总氨基酸含量的9.4%。可见,大马哈鱼鱼皮的蛋白质组成主要为胶原蛋白;谷氨酸不仅是公认的鲜味氨基酸,还参与脑内蛋白质和糖的代谢以及促进氧化过程[16];丙氨酸能促进血液中的酒精代谢,增强肝功能。大马哈鱼鱼皮中这4种氨基酸含量丰富,对人体健康十分有益。

大马哈鱼鱼皮中不仅氨基酸丰富多样,呈味氨基酸比例也非常高,占总氨基酸含量的 53.7%，如鲜味氨基酸（谷氨酸和天门冬氨酸）占 18.1%，甜味氨基酸（甘氨酸和丙氨酸）占 35.6%，因此其味道鲜美，可作为鲜味调料的提取原料。鱼皮中支链氨基酸总量为 64.1 mg·g^{-1}，占总氨基酸含量的 9.4%。研究表明，支链氨基酸具有促进鼻饲病人氮保留和蛋白质合成的作用[17]，可见大马哈鱼鱼皮可能适宜鼻饲病人食用。此外，大马哈鱼鱼皮氨基酸的支/芳比较高，高支、低芳氨基酸混合物具有保肝作用，患肝病时很典型的依据就是支/芳比值降低[18]，推测马哈鱼鱼皮适宜肝病患者食用。

大马哈鱼鱼皮中必需氨基酸与总氨基酸比为 22.4%，不符合 FAO/WHO 推荐的理想蛋白质模式，即 EAA/TAA 在 40%左右的氨基酸理想模式。显然，大马哈鱼鱼皮并不是传统营养学意义上的优质蛋白质。可采取与其他蛋白源复配的方法提高其蛋白质生物价，或者通过大马哈鱼鱼皮再加工利用，制备胶原蛋白等产品，提高其营养价值和利用率。

以 FAO/WHO 联合推荐的 FAO 模式和鸡蛋模式为参比，大马哈鱼鱼皮的氨基酸营养价值的评价结果见表 3。

表 3　大马哈鱼鱼皮必需氨基酸组成评价

必需氨基酸 EAA (mg·g^{-1})	异亮氨酸 ILE	亮氨酸 LEU	赖氨酸 LYS	半胱氨酸＋蛋氨酸 CYS＋MET	苏氨酸 THR	色氨酸 TRP	缬氨酸 VAL	酪氨酸＋苯丙氨酸 TYR＋PHE
大马哈鱼鱼皮 *O. keta skin*	21.9	38.3	43.8	27.3	28.4	3.1	26.4	37.9
FAO 模式 FAO evaluation mode	40	70	55	35	40	10	50	60
氨基酸得分 AAS	54.5	54.7	79.6	78	71	31	52.8	63.2
鸡蛋蛋白质 Egg protein	49	66	66	47	45	17	54	86
化学分 CS	44.7	58	66.4	58.1	63.1	18.2	48.9	44.1

由表 3 可知，8 种氨基酸的含量均低于标准模式。由氨基酸评分可知，大马哈鱼鱼皮的第一限制性氨基酸为色氨酸，得分为 31，第二限制性氨基酸为缬氨酸，得分为 52.8。由化学分结果可知，第一限制性氨基酸为色氨酸，得分为 18.2，第二限制性氨基酸为酪氨酸和苯丙氨酸，得分为 44.1。可见，大马哈鱼鱼皮蛋白质中氨基酸含量比例不平衡，属于不完全蛋白质，在食用时应注意根据氨基酸的互补性进行搭配。

2.3 大马哈鱼鱼皮胶原蛋白含量

羟脯氨酸是胶原蛋白的特征成分之一，仅存在于胶原蛋白、弹性蛋白和伸展蛋白中，是衡量胶原蛋白品质的重要指标。大马哈鱼鱼皮的羟脯氨酸及胶原蛋白含量如表 4 所示。

表 4 大马哈鱼鱼皮胶原蛋白含量(湿基)

含量	大马哈鱼鱼皮 *O. keta skin*	黄鳍金枪鱼鱼皮 *T. albacares skin*	安康鱼鱼皮 *L. litulon skin*	军曹鱼鱼皮 *R. canadum Linnaeus skin*	罗非鱼鱼皮 *O. niloticus skin*
羟脯氨酸 ($mg \cdot g^{-1}$)	19.3	20.4	19	18.1	18.6
胶原蛋白 ($mg \cdot g^{-1}$)	214.2	226.4	211	206.5	206.5

由表 4 可知,大马哈鱼鱼皮中羟脯氨酸和胶原蛋白含量与文献报道的安康鱼鱼皮[12]、军曹鱼鱼皮[13]、黄鳍金枪鱼鱼皮[12]和罗非鱼鱼皮[14]含量基本一致,其中黄鳍金枪鱼鱼皮含量最高,军曹鱼鱼皮含量最低。大马哈鱼鱼皮中胶原蛋白含量为 214.2 $mg \cdot g^{-1}$,占粗蛋白含量的 68.9%,是提取胶原蛋白既经济又丰富的原料。

2.4 脂肪酸组成与含量

大马哈鱼鱼皮中脂肪酸含量及组成如表 5 所示。

表 5 大马哈鱼鱼皮脂肪酸含量与组成(干基)

脂肪酸(%)					
豆蔻酸 $C_{14:0}$	0.8	油酸 $C_{18:1}$	2.8	亚油酸 $C_{18:2}$	0.4
棕榈酸 $C_{16:0}$	2.8	二十碳一烯酸 $C_{20:1}$	1.6	二十碳二烯酸 $C_{20:2}$	0.8
硬脂酸 $C_{18:0}$	0.4	芥酸 $C_{22:1}$	0.8	EPA	1.6
Σ SFA	4	二十四碳一烯酸 $C_{24:1}$	0.4	DHA	1.6
棕榈油酸 $C_{16:1}$	0.8	Σ MUFA	6.4	Σ PUFA	4.4

由表 5 可知,大马哈鱼鱼皮中主要检测到 12 种脂肪酸,其中饱和脂肪酸 3 种,占总干物质的 4%,不饱和脂肪酸 9 种,包括 5 种单不饱和脂肪酸和 4 种多不饱和脂肪酸,分别占总干物质的 6.4% 和 4.4%。棕榈酸和油酸含量最高,各占 2.8%,二十碳一烯酸、EPA、DHA 次之,各占 1.6%。

大马哈鱼鱼皮中不饱和脂肪酸的含量显著高于饱和脂肪酸的含量,明显不同于陆生动物[19]。不饱和脂肪酸具有调节血脂、清理血栓、维护视网膜、改善关节炎症、降低心脑血管疾病的发病率等生理保健作用[20, 21]。EPA 具有清理血管中垃圾的功能,俗称"血管清道夫",DHA 具有软化血管、健脑益智、改善视力的功效,俗称"脑黄金"[22]。临床应用研究发现,EPA 和 DHA 是人和动物生长发育的必需脂肪酸[23],大马哈鱼鱼皮中 EPA 和 DPA 总量占干基的 3.2%。综上,大马哈鱼鱼皮脂肪酸组成具有较高的营养价值。

2.5 维生素组成与含量

大马哈鱼鱼皮中维生素含量如表 6 所示。

表 6　大马哈鱼鱼皮维生素含量(干基)

维生素($mg \cdot kg^{-1}$)	VA	VC	VB_1	VB_2	VB_3	VB_5	VB_6
含量	ND	ND	0.15±0.02	11.7±0.46	75±2.8	39.1±1.33	2.8±0.27

注:ND 为未检出。

由表 6 看出,大马哈鱼鱼皮中 VB_3 含量最丰富,VB_5 次之,VA 和 VC 未检出,这可能是VA 主要分布在肝脏中,鱼皮中 VC 含量较少。VB_3 为维生素 B 复合物之一,为抗糙皮病因子,缺乏时可产生糙皮病,表现为皮炎、舌炎、腹泻及烦躁失眠等异常症状,因此,大马哈鱼鱼皮在促进消化系统、维护皮肤健康等具有一定功效。

2.6 矿物元素组成与含量

大马哈鱼鱼皮中矿物元素含量如表 7 所示。

表 7　大马哈鱼鱼皮矿物元素含量(干基)

元素($mg \cdot kg^{-1}$)	钙	钠	铁	锌	硒	铜	铅	镉	无机砷
含量	7 660±202	2 140±69	40.7±2.8	99.2±2.9	0.85±0.1	ND	0.2±0.03	ND	0.08±0.01

注:ND 为未检出。

由表 7 可知,大马哈鱼鱼皮中钙的含量十分丰富,其次依次为钠、锌、铁、硒。生物体内的金属元素参与机体的许多生理活动及物质能量代谢[24],特别是微量元素。它们在人体内的含量不多,却与人的生存与健康息息相关。钙是生物必需的元素,人的肌肉、神经、体液和骨骼中都有与 Ca^{2+} 结合的蛋白质,是神经传递、肌肉收缩、血液凝结、激素释放和乳汁分泌等必需的元素,钠、锌、铁等亦有助于提高人体免疫、维持正常细胞代谢及参与合成血红蛋白等[25]。硒具有一定的抗癌作用[26]。总体上看,大马哈鱼鱼皮富含钙、钠、锌、铁等多种矿质元素,具有较高的营养价值。

重金属元素具有较大毒性,严重危害人体神经系统、消化系统、造血系统等,大马哈鱼鱼皮中未检出镉、铅、无机砷,含量均低于 GB 2762—2012 食品中污染物限量以及欧盟食品中重金属限量标准,食用安全无毒。

3 结论

大马哈鱼鱼皮中粗蛋白含量十分丰富,占湿重的 31.1%,是较为经济的潜在蛋白质资源;氨基酸种类齐全,总含量为 682.1 $mg \cdot g^{-1}$,其中呈味氨基酸占氨基酸总量的 53.7%,其风味良好、味道鲜美,但必需氨基酸与总氨基酸比仅为 22.4%,不是营养意义上的优质蛋白;甘氨酸含量高(达 185 $mg \cdot g^{-1}$)、脯氨酸(63.9 $mg \cdot g^{-1}$)和羟脯氨酸(19.3 $mg \cdot g^{-1}$)含量丰富(以湿基计),胶原蛋白含量为 214.2 $mg \cdot g^{-1}$(以湿基计),占粗蛋白含量的 68.9%,可作为提取胶原蛋白的原料;大马哈鱼鱼皮中不饱和脂肪酸含量占干基的 10.8%,EPA 和 DPA 总量占干基的 3.2%;含有人体所需的维生素和矿物元素,其中 VB_3 含量为 75 mg/kg,Ca 含量为 7 660 mg/kg,Na、Fe、Zn 等含量也较为丰富;重金属含量极低,无重金属污染,食用无安全风险。

大马哈鱼鱼皮蛋白质组成主要为胶原蛋白，是提取胶原蛋白、制备胶原蛋白生物材料以及制备有生理功能活性肽的良好原料，优于陆生哺乳动物胶原蛋白及其制品的应用安全性[26]和可接受性。目前有利用稀碱处理大马哈鱼鱼皮限制性酶解制备胶原蛋白的报道[27]。有效利用大马哈鱼鱼皮提取高价值的胶原蛋白，可以变废为宝，提高大马哈鱼加工产业附加值和经济效益，促进水产养殖业的可持续发展。

参考文献

[1] 李兵兵．浅谈淡水水产品废弃物的加工利用 [J]．渔业致富指南，2009（6）：12-14.

[2] 刘朝霞，陈海光，黄东雨．鱼皮胶原蛋白的提取及其应用 [J]．广东农业科学，2011，38（20）：100-102.

[3] 张其清，王彭延，朱明华，等．胶原材料的生物学评价 [J]．生物医学工程学杂志，1989，6（3）：216-218.

[4] 杨斌，陈抗．胶原蛋白贴敷料在美容皮肤的临床研究 [J]．中国热带医学，2005，5（4）：803-804.

[5] 李贺，刘白玲．胶原在组织工程中的应用 [J]．中国皮革，2003，32（5）：10-12.

[6] 罗磊．医用胶原蛋白的临床应用 [J]．国外医学（口腔医学分册），1996，23（1）：41-44.

[7] 王颖，吴志宏，李红艳，等．青岛魁蚶软体部营养成分分析及评价 [J]．渔业科学进展，2013，34（1）：133-139.

[8] 日本食品工业学会《食品分析法》编辑委员会．食品分析法（下）[M]．重庆：四川科学技术出版社，1986：74-77.

[9] 沈同．生物化学 [M]．北京：高等教育出版社，1991，126.

[10] Sadowska M, Kolodziejska I, Niecikowska C. Isolation of collagen from the skin of Baltic cod（*Gadus morhua*）[J]. Food Chem, 2003, 81（2）: 257-262.

[11] Guerard F, Guimas L, Binet A. Production of tuna waste hydrolysates by a commercial neutral protease preparation[J]. Journal of Molecular Catalysis. B: Enzymatic, 2002, 19-20（2）: 489-498.

[12] 陈小娥，方旭波，钟秋琴．安康鱼皮中胶原蛋白的提取工艺研究 [J]．食品工业科技，2007，28（3）：131-133.

[13] 杨树奇，曾少葵，周春霞，等．3 种鱼皮的基本成分及氨基酸组成分析 [J]．广东海洋大学学报，2010（1）：97-100.

[14] 叶小燕，曾少葵，余文国，等．罗非鱼皮营养成分分析及鱼皮明胶提取工艺的探讨 [J]．南方水产，2008（5）：55-60.

[15] 刘丛力，李娟，张双灵，等．虹鳟鱼皮营养成分及其胶提工艺探讨 [J]．食品研究与开发，2013（8）：97-99.

[16] 吴坚．亚油酸：清除血管垃圾［J］．大众医学，2011（8）：41.
[17] 刘庆慧，刘丛力，王彩理．鱼鳞营养成分的分析及对高脂饲料大鼠血脂水平的影响［J］．中国水产科学，2000，7（4）：56-59.
[18] Kano T, Nagaki M, Takahashi T et al. Plasma free amino acid pattern in chronic hepatitis as sensitive and prognostic index［J］. Gastroenterol JPN, 1991, 26（3）: 344-349.
[19] 赵敏．鲢鱼鳞营养成分分析及营养学评价［J］．安徽农业科学，2012，40（28）：14 002-14 004.
[20] Domingo J L, Bocio A, Falo G et al. Benefits and risks of fish consumption. Part I. A quantitative analysis of the intake of omega-fatty acids and chemical contaminants［J］. Toxicol, 2007, 230（2-3）: 219-226.
[21] Usydus Z, Szlinder-Richert J, Polak-Juszczak L et al. Food of marine origin: between benefits and potential risks. Part I. canned fish on the Polish market［J］. Food Chem, 2008, 111（3）: 556-563.
[22] 张越华，曾和平．脂肪酸在生命过程中的作用研究进展［J］．中国油脂，2006，31（12）：11-16.
[23] 朱成科，黄辉，向枭，等．泉水鱼肌肉营养成分分析及营养学评价［J］．食品科学，2013，34（11）：246-249.
[24] 杨凤影，张弼．不同地理群体栉孔扇贝营养成分的比较分析［J］．安徽农业科学，2009，37（9）：4 073-4 075.
[25] 贾建萍，周彦钢，林赛君，等．金枪鱼骨营养成分分析［J］．食品工业科技，2013，34（10）：334-337.
[26] 蔡宝玉，王利平，王树英．甘露青鱼肌肉营养分析和评价［J］．水产科学，2004（9）：34-35.
[27] Helcke T G. The food technologist's friend or foe?［J］. International Food Ingredients, 2001（1）: 6-8.
[28] 陈美娟．大马哈鱼鱼皮胶原蛋白制备和表征［J］．药物生物技术，2006，13（4）：290-292.

（姜晓东，李红艳，王颖，吴志宏，刘天红，李晓，孙元芹）

（载自《渔业科学进展》2015-09）

响应面法优化狭鳕鱼鱼皮酸溶性胶原蛋白质的提取工艺

胶原是一类重要的结构蛋白，广泛分布于动物的骨骼、皮肤、结缔组织和软骨等部位[1]，胶原的水解产物被称为胶原蛋白质，变性产物俗称明胶，胶原、胶原蛋白质统称为胶原蛋白质[2]。胶原分子呈现三螺旋构型，其非螺旋部位的范围和分布决定了胶原蛋白质的不同类型，而不同类型的胶原蛋白质具有不同的生物活性，使其在美容、食品和医药等不同领域具有广泛的应用[3-5]。近年来，胶原蛋白质的市场需求量逐年增加，而陆地畜源胶原蛋白质主要局限于猪皮及牛皮，由于疯牛病、口蹄疫等安全性原因及宗教原因，世界各国都在寻找应用更加广泛的水产胶原蛋白质源[6]。狭鳕鱼(*Theragra chalcogramma*)属于鳕形目(Anacanthini)鳕鱼科(Gadidae)狭鳕属(*Theragra*)[7]，目前多用于加工冻鱼片，加工过程中产生的大量鱼皮、鱼骨等往往作为饲料原料处理，利用率较低，又由于这些副产物胶原蛋白质含量高且安全，是较好的水产胶原蛋白质来源，如果能有效利用该资源，可产生巨大的经济效益。

闫鸣艳等[8]发现狭鳕鱼片胶原蛋白属于Ⅰ型胶原蛋白，在228 nm波长处有最大吸收值，谭洪亮等[9]研究表明金枪鱼(*Katsuwonus pelamis*)鱼骨胶原蛋白肽具有良好的抗氧化活性，可以用于相关功能食品、药品或食品添加剂，邓晓龙等[10]研究表明秘鲁鱿鱼(*Dosidicus gigas*)真皮胶原蛋白质最大吸收波长在228 nm处，盐浓度达到2.0%以上时，相对溶解度迅速下降至4.23%。

响应面法设计是回归试验设计的一种，既可以用于分析试验中各因子间的交互影响，又可以用来建立准确合理的数学模型，更好地处理数据[11]；本研究以狭鳕鱼鱼皮为原料，利用乙酸提取酸溶性胶原蛋白质，在单因素试验基础上，采用响应面法优化提取条件，通过Box-Benhnken试验设计，确定多因素系统的最优条件。

在评价各因素对响应值的影响及其交互作用的同时，优化酸溶性胶原蛋白质的提取，获得最佳条件，为实际生产提供工艺数据和理论依据。

1 材料与方法

1.1 材料

狭鳕鱼鱼皮由青岛奥海生微生态生物有限公司提供，洗净，控水，4℃冷藏备用；

Premixed Protein Marker（Board）为 TaKaRa 产品（大连宝生生物）；其他试剂均为分析纯。UV2450 型分光光度计（日本岛津）；Avanti J-26XP 系列高效离心机（美国贝克曼）；EPS-600 电泳仪（上海天能）。

1.2 方法

1.2.1 预处理

在洗净的鱼皮中加入 0.1 $mol \cdot L^{-1}$ 的 NaOH 溶液浸泡 24 h 除去杂质蛋白和色素，洗至中性，匀浆，备用。

1.2.2 酸溶性胶原蛋白质制备

取经过预处理的鱼皮浆，按照试验设计的料液比、乙酸浓度和时间浸提，经 4℃、11 400×g 离心 30 min，上清液逐渐添加研细的 NaCl，控制加入 NaCl 的质量，至溶液中最终浓度为 2.6 $mol \cdot L^{-1}$，呈絮状物析出的沉淀即为胶原蛋白质。4℃、11 400×g 离心 30 min，沉淀物以 0.5 $mol \cdot L^{-1}$ 的乙酸溶液复溶，依次以 0.1 $mol \cdot L^{-1}$ 的乙酸透析 1 d，蒸馏水透析 2 d，透析后的液体经冷冻干燥，即可得到酸溶性胶原蛋白质 [12]。

1.2.3 胶原蛋白质提取率测定

羟脯氨酸（Hydroxyproline, Hyp）是胶原蛋白的特征性氨基酸，其含量乘以换算系数即为提取液中胶原蛋白质含量 [13]。

标准曲线的绘制 [14]：配制羟脯氨酸储备液（1 $mg \cdot mL^{-1}$），之后稀释储备液得到标准溶液（10 $\mu g \cdot mL^{-1}$），取标准溶液 0.0 mL，0.2 mL，0.4 mL，0.6 mL，0.8 mL 和 1.0 mL，分别以 0.001 $mol \cdot L^{-1}$ 的盐酸补足至 1 mL，加入 2 mL 氯胺 T 溶液，混匀，室温静置 20 min，之后加入 2 mL 高氯酸溶液，混匀室温静置 5 min，再加入对二甲基氨基苯甲醛溶液 2 mL，混匀，60℃加热 20 min 显色，流水冲冷，以空白液调零，在 560 nm 处测定各自吸光度（A）值，绘制标准曲线。

样品测定：取按照试验设计的料液比、浓度和时间，经乙酸 4℃浸提离心的样品上清液 1 mL 于安瓿瓶中，加入 1 mL 6 $mol \cdot L^{-1}$ 的盐酸，130℃水解 3 h，上清液按照文献 [14] 方法测定羟脯氨酸含量。

$$胶原蛋白质提取率=\frac{C\times V}{m}\times 100\%。$$

式中，m 表示狭鳕鱼鱼皮中羟脯氨酸的质量（g）；C 表示提取液中羟脯氨酸的浓度（$g \cdot mL^{-1}$）；V 表示提取液的体积（mL）。

1.2.4 单因素试验

准确称取鱼皮浆 20 g，经过 0.1 $mol \cdot L^{-1}$ NaOH 预处理，选取乙酸浓度、提取时间和料液比（质量体积比）为单因素，以提取液中羟脯氨酸含量为提取率指标，每组试验重复 3 次，取平均值。

（1）乙酸浓度。固定料液比为 1:10，4℃提取 24 h，乙酸浓度分别为 0.2 $mol \cdot L^{-1}$，0.3 $mol \cdot L^{-1}$，0.4 $mol \cdot L^{-1}$，0.5 $mol \cdot L^{-1}$，0.6 $mol \cdot L^{-1}$，0.7 $mol \cdot L^{-1}$ 和 0.8 $mol \cdot L^{-1}$，确定最佳

乙酸浓度。

（2）提取时间。固定料液比为 1:10，以 0.5 mol•L^{-1} 乙酸浸提，4℃提取，提取时间分别为 6 h，12 h，24 h，48 h 和 96 h，确定最佳提取时间。

（3）料液比。以 0.5 mol•L^{-1} 乙酸浸提，4℃下提取 48 h，料液比分别为 1:5，1:10，1: 15，1:20 和 1:50，确定最佳料液比。

1.2.5 响应面法优化设计试验

采用响应面法中的 Box-Behnken 设计 [15, 16]，以酸溶性胶原蛋白质的提取率（Y）为响应值，选取乙酸浓度（A）、提取时间（B）和料液比（C）做三因素三水平的响应面试验设计，利用 Design Expert 8.0 进行数据分析，建立二次响应面模型，寻找最佳的提取工艺条件。

1.2.6 胶原蛋白质的鉴定

采用 SDS-PAGE 电泳鉴定胶原蛋白质，取 1.2.2 节制备的酸溶性胶原蛋白质冷冻干燥样品溶于 0.5 mol•L^{-1} 的乙酸溶液（浓度 1 ～ 2 mg•mL^{-1}），以 NaOH 溶液调节 pH 至中性（蓝色）。分离胶 8%、浓缩胶 5%，上样量 20 μL，采用直流恒压电源（电压 200 V）电泳 40 min，考马斯亮蓝 R-250 染色 20 min 后脱色，观察染色条带 [17]。

2 结果与分析

2.1 单因素试验

2.1.1 乙酸浓度的影响

在乙酸 0.2 ～ 0.5 mol•L^{-1} 浓度区间内，随乙酸浓度的增加，酸溶性胶原蛋白质的提取率也升高；在 0.5 ～ 0.8 mol•L^{-1} 浓度区间内，随乙酸浓度的增加，提取率下降；当乙酸浓度为 0.5 mol•L^{-1} 时，提取率最大（图 1），因此最佳乙酸浓度为 0.5 mol•L^{-1}。

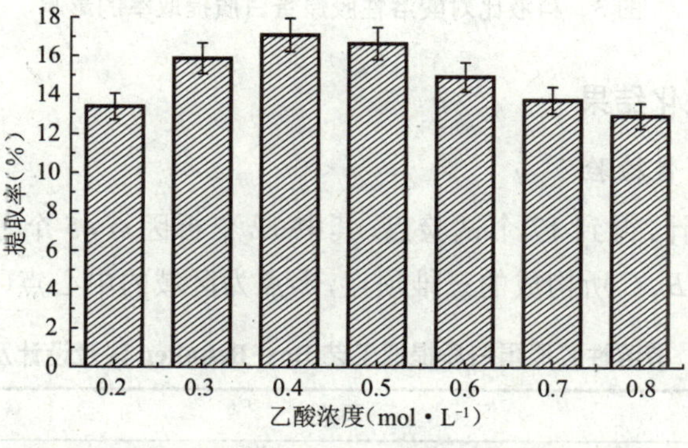

图 1　乙酸浓度对酸溶性胶原蛋白质提取率的影响

2.1.2 提取时间的影响

随提取时间的延长，酸溶性胶原蛋白质提取率增加，48 h 内提取率增加较快，超过 48 h，提取率增加不显著（图 2），因此 48 h 为最佳提取时间。

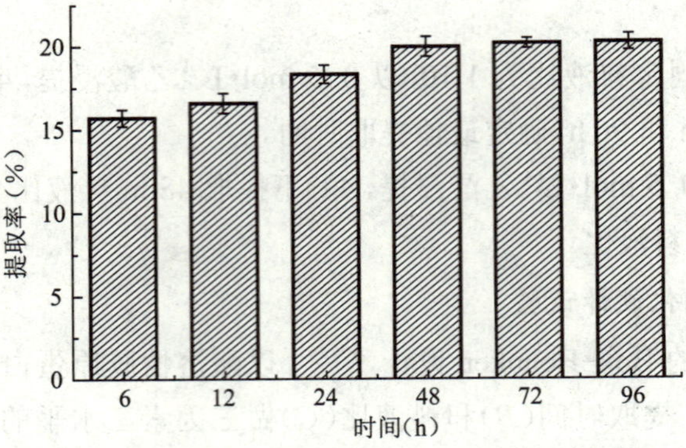

图 2　提取时间对酸溶性胶原蛋白质提取率的影响

2.1.3 料液比的影响

随料液比增加，酸溶性胶原蛋白质提取率逐渐增加，当料液比达到 1:10 时，提取率最大，之后料液比增加，提取率不再增加（图 3），因此确定最佳料液比为 1:10。

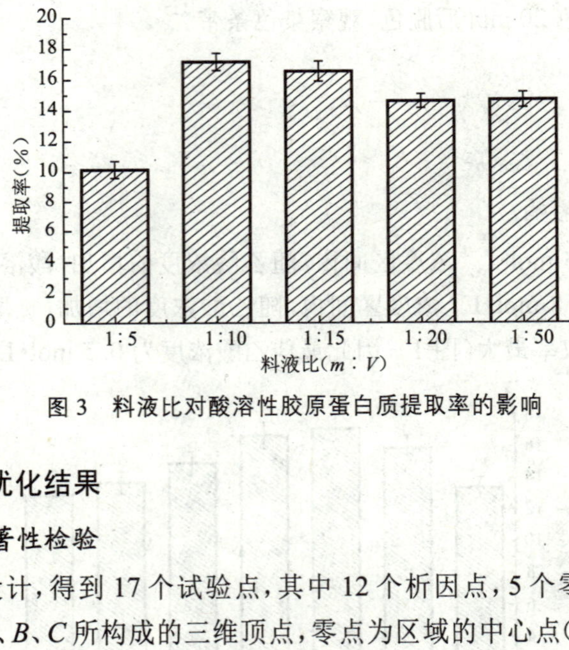

图 3　料液比对酸溶性胶原蛋白质提取率的影响

2.2 响应面法优化结果

2.2.1 模型及显著性检验

采用中心组合设计，得到 17 个试验点，其中 12 个析因点，5 个零点（估计误差）。析因点为自变量取值在 *A*、*B*、*C* 所构成的三维顶点，零点为区域的中心点（表 1）。

表 1　酸溶性胶原蛋白质提取工艺 Box-Behnken 试验设计及结果

序号	因素			*Y*（%）
	A	*B*	*C*	
1	0. 40	40	0. 10	13. 67
2	0. 50	40	0. 10	20. 10
3	0. 40	50	0. 10	16. 57
4	0. 50	50	0. 10	15. 23
5	0. 40	45	0. 08	17. 74

续表

序号	因素			Y(%)
	A	B	C	
6	0.50	45	0.08	17.98
7	0.40	45	0.12	13.37
8	0.50	45	0.12	18.01
9	0.45	40	0.08	17.32
10	0.45	50	0.08	16.76
11	0.45	40	0.10	18.21
12	0.45	50	0.12	15.30
13	0.45	45	0.10	19.38
14	0.45	45	0.10	20.48
15	0.45	45	0.10	19.33
16	0.45	45	0.10	18.76
17	0.45	45	0.10	19.33

为检验方程的可靠性,对方程进行方差分析,结果见表2。

表2 提取工艺回归模型方差分析

方差来源	平方和	自由度	均方	P	显著性
模型	68.04201	9	7.560223	0.0009	**
A	12.42511	1	12.42511	0.0018	*
B	3.6992	1	3.6992	0.0320	*
C	3.013513	1	3.013513	0.0468	*
AB	15.09323	1	15.09323	0.0010	**
AC	4.84	1	4.84	0.0185	*
BC	1.380625	1	1.380625	0.1470	
A^2	10.68484	1	10.68484	0.0027	*
B^2	9.104717	1	9.104717	0.0041	*
C^2	4.984185	1	4.984185	0.0174	*
残差 Residual	3.633895	7	0.519128		
失拟项 Lack of fit	2.063375	3	0.687792	0.2948	
纯误差 Pure error	1.57052	4	0.39263		
总和 Total	71.67591	16			

注:$P \leqslant 0.05$,模型或考察因素有显著影响,用 * 表示;$P \leqslant 0.01$,模型或考察因素有极其显著影响,用 ** 表示。

根据表2结果,对数据进行多元回归拟合,得到回归方程为:

$$Y = 19.46 + 1.25\times A - 0.68\times B - 0.61\times C - 1.94\times A\times B + 1.10\times A\times C - 0.59\times B\times C - 1.59\times A^2 - 1.47\times 2 - 1.09\times C^2$$

式中,A、B、C 均为编码值。

对回归方程进行显著性分析，可知失拟项 P 不显著（$0.2948 > 0.05$），表明该回归模型的预测值与实际值拟合较好。模型 $P < 0.01$，表明该模型极其显著，试验方法准确可行，所选的二次回归模型用于模拟提取过程的三因素三水平有效。在所选的各因素水平范围内，对结果的影响排序为料液比＞提取时间＞乙酸浓度（由 P 值可知）。模型 $R^2 = 94.93\%$（$>90\%$），说明各因素存在线性相关，拟合程度良好，试验误差小。因此，可以采用该模型分析和预测不同条件下的提取率。

方程中 A、B、C 对提取率的影响均显著，二次项影响也显著，交互项 AB 作用极其显著，AC 作用显著，说明乙酸浓度、提取时间和料液比对提取率的影响不是简单的线性关系，二次项和交互项对提取率也有影响。

2.2.2 **响应面分析**

根据三维立体图对任何两个因素的交互作用及各因素对响应值的影响进行分析，确定最佳因素水平（图 4）。响应面三维图等高线的形状可反映交互项影响的强弱，椭圆形表明两者交互作用显著，越接近圆形表示两因素的交互作用越弱[18]。等高线呈椭圆形，表明提取时间与乙酸浓度、料液比与乙酸浓度、料液比与提取时间交互作用均比较明显（图 4）。

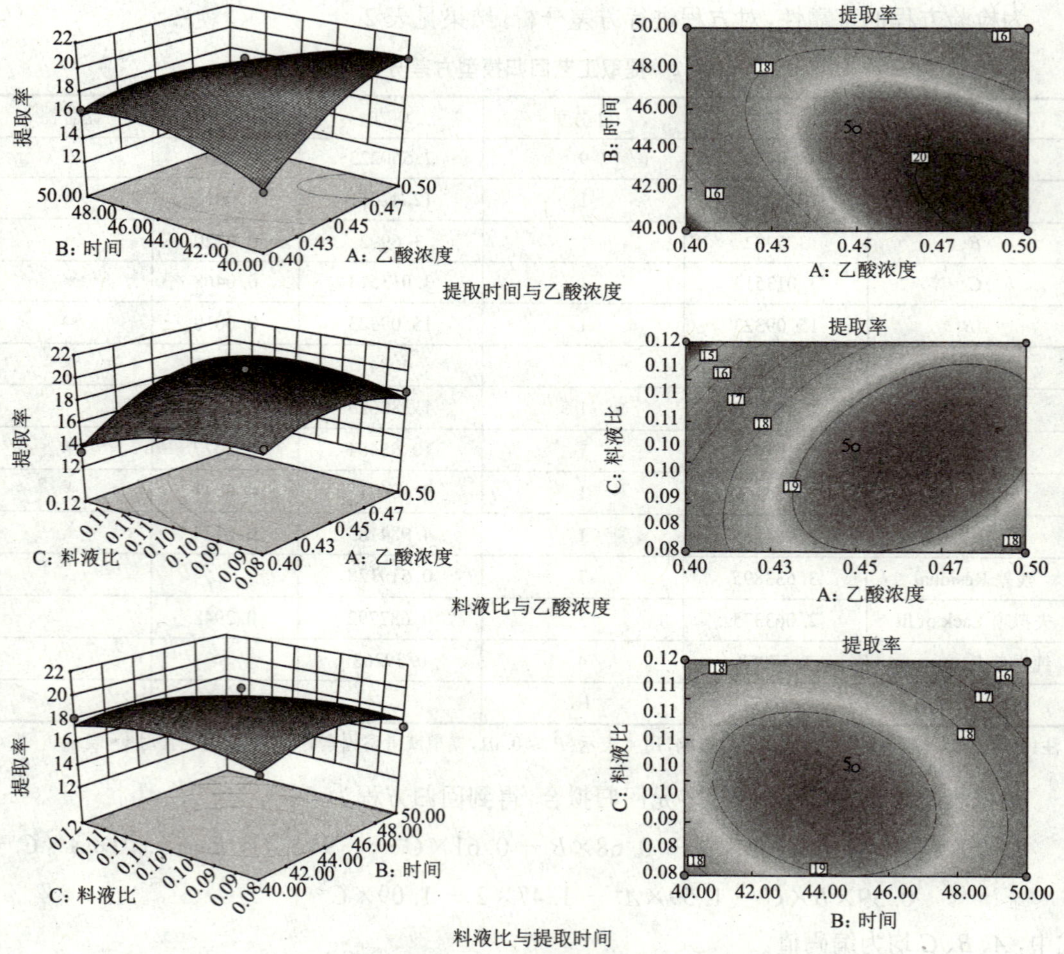

图 4　两因素交互作用对酸溶性胶原蛋白质提取率的影响

2.2.3 提取工艺最佳条件

优化分析后，确定最佳的乙酸提取狭鳕鱼鱼皮酸溶性胶原蛋白质的工艺参数为乙酸浓度 0. 5 $mol \cdot L^{-1}$，提取时间 40 min，料液比 1:9，在此参数条件下，提取率的理论预测值为 20. 53%，实际测得提取率为 20. 10% ±1. 25%，表明该模型合理可行。

2. 3 胶原蛋白质结构

狭鳕鱼鱼皮的酸溶性胶原蛋白至少由两条 α 链（α_1 和 α_2）组成，β 链含量较高，并含有少量的 γ 链（图 5）。

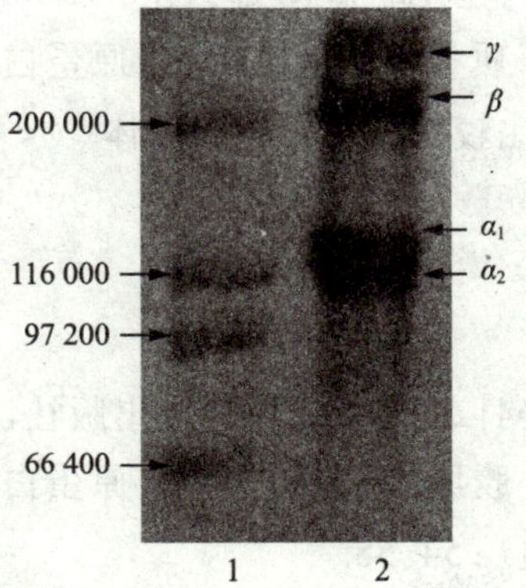

图 5 酸溶性胶原蛋白质的 SDS-PAGE 电泳图

1: 蛋白质标准品；2: 酸溶性胶原蛋白质

3 讨论

3. 1 酸溶性胶原蛋白质的提取率

本研究中狭鳕鱼鱼皮酸溶性胶原蛋白质的提取率为 20. 10%，要高于赵海英等[19]的提取率（19. 3%），与其他原料来源的研究提取率也不尽相同，这可能与原料种类、温度、羟脯氨酸换算系数、液料比、pH 及时间等因素有关[20-22]，对本研究结果来说，提取温度及换算系数影响较大。水产胶原一般在 25℃左右即开始变性。因此，为保证生理活性，胶原的提取及前处理都应在低于 10℃下的环境下进行[22]。本试验在 4℃下进行，得到的酸溶性胶原蛋白质实际上应该是胶原，赵海英等[19]对鳕鱼鱼皮胶原蛋白的提取温度为 37℃，产物应为胶原蛋白，因此，两者提取率不同。而李莉等[22]在提取大鲵鱼皮胶原蛋白质时，空白试验（未添加酶）提取率为 28. 88%，添加胃蛋白酶后提取率可达到 66. 99%，说明酶的添加能显著提高提取率，但此情况下产物不再是单一胶原，而成为胶原、胶原蛋白质及明胶的混合物，高于本研究结果。朱文学等[20]采用响应面法优化提取黄河鲤鱼酸溶性胶原蛋白质的提取率为 15. 89%，低于本研究结果，可能是由于原料种类存在差异；李八方等[23]在 4℃下提取胡子鲶鱼酸溶性胶原蛋白质的提取率为 20. 32%，温度与本试验一致，胶原蛋白质的提取率也与本试验较为接近。另外，羟脯氨酸与胶原蛋白之间不同的换算系数也会导致各研究中提取率有所不同。来自不同原料、不同组织、不同部位的胶原蛋白中羟脯氨酸的含量互不相同，因而两者之间的换算系数会因为原料、组织、部位等因素而不能采用单一数值。一般情况下，陆生动物的常用换算系数为 7. 1，而水生动物采用 11. 1 或 14. 1。也有报道采用其他系数的，例如 Sitthipong 等[24]采用 7. 7 作为换算系数，而张帅等[25]采用 14. 7。Sitthipong 等[24]研究鲷鱼的胶原蛋白提取率仅为 9. 86%，远低于本试验结果，而张帅等[25]研究罗非鱼的胶原蛋白提取率为 30. 30%，要高于本试验结果。这就造成了换算系数不一致使得提取率难以比较，较低的换算系数会导致最终提取率数值偏低，而较高的换算系数提取率数值会偏高。

3. 2 酸溶性胶原蛋白质的结构

本研究中 α_1 和 α_2 所测相对分子质量约为 110 000 和 105 000，稍小于罗非鱼[26]（α_1 和 α_2 分别为 125 000 和 116 000）、草鱼（α_1 和 α_2 都大于 116 000）等[4, 26]淡水鱼胶原；β 相对分子质量约为 200 000；γ 相对分子质量为 220 000。胶原蛋白质作为结构蛋白，其中的 β 链是两条 α 链的二聚体，γ 链为结构比较完整的 α 链三聚体[27]。

参考文献

[1] 蒋挺大，胶原与胶原蛋白 [M]. 北京：化学工业出版社，2006：28.

[2] 李国英，张忠楷，雷苏，等．胶原、明胶和水解胶原蛋白的性能差异 [J]. 四川大学学报（工程科学版），2005，37（4）：54-58.

[3] Lin Yungkai, Liu Dengcheng. Effects of pepsin digestion at different temperatures and times on properties of telopetide-poor collagen from bird feet[J]. Food Chemistry, 2006, 94（4）: 621-625.

[4] 林琳，郑钰，吕顺，等．有机酸提取草鱼胶原蛋白的工艺研究 [J]. 安徽农业科学，2009，37（5）：2 246-2 247.

[5] 刘丽莉，马美湖，杨协力，等．牛骨 I 型胶原蛋白提取及结构表征 [J]. 食品科学，2010，31（2）：87-91.

[6] 赵玉勤，王玉梅，王斌，等．绿鳍马面鲀（*Navodon septentrionalis*）鱼头酸溶性与酶溶性胶原蛋白的分离纯化及理化性质研究 [J]. 海洋与湖沼，2015，6（3）：703-709.

[7] 南京熙，王海丽，刘畅，等．深海明太鱼油中脂肪酸含量的测定 [J]. 食品科技，2011，36（12）：313-315.

[8] Mingyan Yan, Bafang Li, Xue Zhao, et al. Characterization of acid-soluble collagen from the skin of walleye pollock（*Theragra chalcogramma*）[J]. Food Chemistry, 2008, 107: 1 581-1 586.

[9] 谭洪亮，郁迪，王斌，等．金枪鱼鱼骨胶原肽的制备及抗氧化活性研究 [J]. 水产学报，2014，38（1）：143-148.

[10] 邓晓龙，高德友，俞微微，等．秘鲁鱿鱼皮酸溶性胶原蛋白的分离及特征分析 [J]. 食品科技，2015，40（7）：252-256.

[11] Zelechowska E, Sadowska M, Turk M. Isolation and some properties of collagen from the backbone of Baltic cod（Gadus morhua）[J]. Food Hydrocolliods, 2010, 24（4）: 325-

329.
[12] Yu D, Chi C F, Wang B, et al. Characterization of acid-and-pepsin-soluble collagens from spines and skulls of skipjack tuna（*Katsuwonus pelamis*）[J]. Chin J Nat Med, 2014, 12（9）: 712-720.
[13] 宫子慧，林琳，孟昌伟，等. 乳酸提取鮰鱼皮胶原蛋白工艺优化 [J]. 肉类研究，2011, 27（3）: 369-374.
[14] 朱文学，邱园园，肖风，等. 响应面法优化黄河鲤鱼鱼鳞酸溶性胶原蛋白提取工艺 [J]. 食品科学，2013, 34（20）: 94-98.
[15] 杨文雄，高彦祥. 响应面法及其在食品工业中的应用 [J]. 中国食品添加剂，2005（2）: 68-71.
[16] AHMAD M, BENJAKUL S. Extraction and characterization of pepsin-solubilised collagen from the skin of unicon leatherjacket（*Aluterus monocerous*）[J]. Food Chemistry, 2010, 120（3）: 817-824.
[17] 汪家政，范明. 蛋白质技术手册 [M]. 北京：科学出版社，2002: 77-90.
[18] 赵黎骅，张文，吕珍珍，等. 响应面法优化酒糟微波间歇干燥工艺 [J]. 农业工程学报，2011, 27（3）: 369-374.
[19] 赵海英，梁程超，缪锦来，等. 鳕鱼皮胶原蛋白的制备及其成分析 [J]. 中国海洋药物，2005, 24（5）: 30-32.
[20] Takeshi. Isolation of collagen from fish waste material-skin, bone and fins[J]. Food Chemistry, 2000（68）: 277.
[21] David J, Etherington, Trevor J, et al. Detection and Estimation of Collgen[J]. J Sci Food Agric, 1981（32）: 539.
[22] 李莉，顾塞麒，王锡昌，等. 响应面法优化酶法提取大鲵皮胶原蛋白工艺 [J]. 中国水产科学，2013, 20（4）: 876-883.
[23] 李八方，郭鸣，候虎，王珊珊. 胡子鲶鱼皮酸溶性胶原蛋白的理化性质研究 [J]. 现代食品科技，2013, 29（11）: 2 580-2 585.
[24] Sitthipong N, Sootawat B, Wonnop V, et al. Use of pepsin for collagen extraction from the skin of bigeye snapper（*Priacanthus tayenus*）[J]. Food Chem, 2007, 104: 593-601.
[25] 张帅. 罗非鱼胶原蛋白提取及性质研究 [D]. 上海：上海海洋大学，2010: 12-13.
[26] 张俊杰，段蕊，刘佳梅，等. 鲤鱼鱼皮胶原蛋白的提取及其性质研究 [J]. 氨基酸和生物资源，2008, 30（1）: 18-21.
[27] 江颖，邓明霞，汪海婴，等. 热变性对鱼胶原海绵材料性能的影响 [J]. 功能材料，2015, 9: 9 045-9 051.

（李晓，李红艳，王颖★，刘天红，吴志宏，孙元芹）

（载自《广西科学院学报》2016-12）

明胶-壳聚糖可食膜的制备及性能表征

明胶为水溶性蛋白质混合物，由高等动物的皮、骨结缔组织中的胶原蛋白水解而得。明胶分子中富含氨基、羟基和羧基等生物官能团，具有极好的生物相容性，是一种潜在的成膜材料。明胶膜具有可降解性且机械性能良好，是白色污染物塑料包装膜的优良替代物[1-3]。壳聚糖因其分子结构独特，是唯一的碱性氨基多糖大量存在的天然多糖，具有无毒、可降解、抑菌、生物相容性好和具有良好的成膜性等特点，亦为制造可食性包装材料颇具潜力的原料[4-7]。因此，将明胶与壳聚糖混合制备可食性复合膜，能够充分利用其优良性能达到较好成膜效果。

随着人们对食品安全关注度的提高，开发研制可生物降解、可食性包装材料已经成为目前研究的重点课题。明胶-壳聚糖基生物复合膜是一种很有潜力的"绿色包装"材料，目前国内外对明胶与壳聚糖混合制备可食性复合膜展开了广泛研究[8-15]，这些研究对明胶和壳聚糖复合成膜的工艺条件进行了深入探索，主要关注于提高其物化性能方面，而对复合膜与单一膜性质进行微观表征和比对的研究相对较少。

本文制备了明胶-壳聚糖可食膜，并对成膜工艺进行优化研究，从微观方面对明胶-壳聚糖可食性复合膜的性质进行表征，考察复合膜的各种性质，并与单一膜进行对比，采用SEM对可食膜表面和断面进行放大观察，采用DSC对膜的热稳定性进行深入分析，利用红外光谱对膜的内部微观结构进行分析，采用X衍射进行内部原子在空间分布状况的结构分析，得出成膜材料之间的相互作用，以期为明胶-壳聚糖可食膜的理论研究和生产应用提供参考。

1 材料与方法

1.1 材料与设备

1.1.1 材料与试剂

明胶，甘油、吐温-80、无水氯化钙等为分析纯，由国药集团化学试剂有限公司生产；壳聚糖，黏度800 mpa•s，脱乙酰度91%，由青岛海汇生物工程有限公司生产。

1.1.2 试验设备

Pyris Diamond型DSC分析仪，Bruker D8 ADVANCE型X射线衍射仪，S-4800型扫描电子显微镜，Nicolet iN10型红外光谱仪，CT3型质构仪。

1.2 方法

1.2.1 正交试验设计

在单因素试验基础上，根据可食膜作为外包装材料的要求，以较高的抗拉强度、适中的断裂伸长率、较低的水蒸气透过率为筛选原则，选取共混比例、明胶浓度、甘油浓度、吐温-80浓度为主要影响因素，以水蒸气透过率、抗拉强度和断裂伸长率为评价指标，进行$L_9(3^4)$正交试验，筛选最佳成膜工艺条件，正交试验因素水平表见表1。

表1 $L_9(3^4)$正交试验因素水平

水平	因素			
	A 共混比例	B 明胶浓度(%)	C 甘油浓度(%)	D 吐温-80 浓度(%)
1	4∶6	1.0	0.1	0.05
2	5∶5	1.5	0.2	0.10
3	6∶4	2.0	0.3	0.15

1.2.2 膜的制备方法

1.2.2.1 明胶膜的制备方法。

称取一定量的明胶溶于蒸馏水中，60 ℃下搅拌1 h，然后静置30 min，将烧杯置于磁力搅拌器上，搅拌至明胶溶解完全，形成均匀、透明的1.5%膜液，向其中加入0.3%的甘油和0.1%的吐温-80混匀，使用磁力搅拌器搅拌1 h，经真空脱泡后得明胶膜液。流延法将膜液倒入PVC平板中，常温下干燥成膜。将干燥后的明胶膜小心揭下，放于相对湿度约65%的干燥器中平衡2 d，备用。

1.2.2.2 壳聚糖膜的制备方法。

称取一定量的壳聚糖溶于0.5%的乙酸溶液中，搅拌1 h，然后静置30 min，将烧杯置于磁力搅拌器上，搅拌至壳聚糖溶解完全，形成均匀、透明的1.5%膜液，加入0.3%的甘油和0.1%的吐温-80并充分混合，磁力搅拌器搅拌1 h，经真空脱泡后得壳聚糖膜液。流延法将膜液倒入PVC平板中，常温下干燥成膜。将干燥后的壳聚糖膜小心揭开，放于相对湿度约65 %的干燥器中平衡2 d，备用。

1.2.2.3 明胶-壳聚糖可食膜的制备方法。

称取一定量明胶加入蒸馏水配置成质量分数1.5%明胶溶液，称取一定量壳聚糖溶解于0.5%的乙酸溶液中配成质量分数1.5%的壳聚糖溶液，60 ℃下搅拌1 h，然后静置30 min，分别得到均匀、透明的明胶溶液和壳聚糖溶液。定量称取两种膜液共混。向共混液中分别加入0.3%甘油和0.1% 吐温-80并充分混匀，磁力搅拌器搅拌1 h，经真空脱泡后，得到均匀透明的共混膜液。流延法将共混膜液倒入PVC平板中，常温下干燥成膜。将干燥后的可食膜揭下，放于相对湿度约65 %的干燥器中平衡2 d，备用。

1.2.3 明胶-壳聚糖可食膜性能表征

1.2.3.1 红外光谱分析(FT-IR)。

使用傅立叶变换红外光谱仪进行全波段(500～4 000 cm^{-1})扫描，每次重复扫描20次，并分别对各待测膜形成的红外光谱图进行分析。

1. 2. 3. 2 X 射线衍射分析（X-RD）。

将待测膜预先冻干并粉碎，取适量待测膜在室温下进行 X- 射线衍射扫描。X 射线电压 40 kV，电流 40 mA，扫描角度（2θ）为 5° ～ 50°，扫描速度为 $4°\cdot min^{-1}$，将各个膜的 X 衍射图谱记录下来，并作结晶度的分析。

1. 2. 3. 3 扫描电镜分析（SEM）。

取适当面积的待测膜，预先将膜进行真空冷冻干燥，并裁剪成规格为 5 mm×2 mm 的长条，通过液氮处理截取横断面，分别将膜的横断面和水平表面固定到样品台上，喷铂金约 20 min，使厚度控制在 10 μm 左右。将处理好的待测膜样品置于 S-4800 型电子扫描显微镜中抽真空处理 20 min，设定电子束的加速电压为 20 kV，调整放大倍数，分别截取膜表面和断面的扫描电镜图。

1. 2. 3. 4 热稳定性分析（DSC）。

将待测膜干燥并剪碎，以空坩埚作为参比，称取适量样品于 DSC 坩埚中，放入 DSC 中进行膜的热稳定性扫描，检测其热稳定性。试验温度设置为以 $5\ K\cdot min^{-1}$ 的速率从 20℃加热至 200℃，根据所得曲线，确定膜的结晶熔融峰，分析不同成膜基质对膜热稳定性的影响，判断膜之间的相容性 [16]。

1.2.4 测定项目与方法

1. 2. 4. 1 水蒸气透过率。

参照 GB1037—87 方法 [17] 稍作修改。具体步骤如下：透湿杯选用质轻、耐腐蚀、耐高温的玻璃杯。氯化钙在使用前置于 105 ℃烘箱（相关信息补充至 1. 1. 2 中）中至恒重，如有大块需粉碎者，需用万能粉碎机粉碎至粉末后平铺于透湿杯的杯底，上边缘距杯口约 0. 05 cm。选择厚度均匀的膜覆盖于透湿杯口，用预热融化的石蜡进行封口，并称重。将透湿杯置于相对湿度为 100% 的密闭干燥器中，24 h 后称重。同时做空白试验和平行试验。

$$\mathrm{WVP}=\frac{(m_2-m_1)\times L}{A\times t\times \Delta}$$

式中，A 为有效测定面积（m^2）；t 为测量间隔时间（h）；L 为膜的厚度（mm）；Δp 为膜两侧的水蒸气压差（kPa）；m_1 为膜与透湿杯及干燥剂的原始重量（g）；m_2 为吸水后膜与透湿杯及干燥剂的重量（g）；WVP 为水蒸气透过率（$g\cdot mm\cdot h^{-1}\cdot m^{-2}\cdot kPa^{-1}$）。

1. 2. 4. 2 抗拉强度与断裂伸长率。

使用质构仪在 TBA 模式下对膜进行抗拉强度和断裂伸长率测试，根据最大拉力和膜宽度、厚度确定膜抗拉强度（MPa），根据膜断裂时与原始膜长的长度差计算断裂伸长率（%）。

1.2.5 数据处理

采用 SPSS18. 0（V 3）对试验数据进行统计处理。

2 结果与分析

2. 1 正交试验结果

表 2　正交分析表

序号	A	B	C	D	水蒸气透过率($g\cdot mm\cdot m^{-2}\cdot h^{-1}\cdot kPa^{-1}$)	抗拉强度(MPa)	断裂伸长率(%)
1	1	1	1	1	0.240 1	45.230 1	2.334 5
2	1	2	2	2	0.227 8	39.227 8	4.459 8
3	1	3	3	3	0.276 4	43.276 4	8.523 9
4	2	1	2	3	0.248 9	38.248 9	6.123 8
5	2	2	3	1	0.256 2	37.256 2	9.874 5
6	2	3	1	2	0.214 8	40.214 8	3.458 7
7	3	1	3	2	0.289 7	37.289 7	10.873 1
8	3	2	1	3	0.231 7	39.231 7	2.543 8
9	3	3	2	1	0.254 0	33.258 6	7.452 6

表 3　综合平衡法各因素极差分析表

序号		因素			
		A	B	C	D
水蒸气透过率($g\cdot mm\cdot m^{-2}\cdot h^{-1}\cdot kPa^{-1}$)	k_1	0.248	0.260	0.229	0.250
	k_2	0.240	0.239	0.244	0.244
	k_3	0.258	0.248	0.274	0.252
	R	0.018	0.021	0.045	0.008
抗拉强度(MPa)	k_1	42.578	40.256	41.559	38.582
	k_2	38.573	38.572	39.274	38.911
	k_3	36.593	38.917	36.912	40.252
	R	5.985	1.684	4.647	1.670
断裂伸长率(%)	k_1	5.106	5.626	2.779	6.554
	k_2	6.957	6.478	6.012	6.264
	k_3	6.486	6.444	9.757	5.731
	R	1.851	0.852	6.978	0.823

以水蒸气透过率为考察指标，影响明胶-壳聚糖可食膜制备的各因素主次顺序为：$C > B > A > D$，甘油浓度为明胶-壳聚糖可食膜的最主要因素，其次为明胶浓度，最后是明胶与壳聚糖共混比例和吐温 -80 浓度，最佳制备工艺组合为 $A_2B_2C_1D_2$。以抗拉强度为考察指标，影响明胶-壳聚糖可食膜制备的各因素主次顺序为：$A > C > B > D$，明胶与壳聚糖共混比例为明胶-壳聚糖可食膜的最主要因素，其次为甘油浓度，最后为明胶浓度和吐温 -80 浓度，最佳制备工艺组合为 $A_1B_1C_1D_3$。以断裂伸长率为考察指标，影响明胶-壳聚糖可食膜制备的各因素主次顺序为：$C > A > B > D$，明胶浓度为明胶-壳聚糖可食膜的最主要因素，其次为甘油浓度，最后是明胶与壳聚糖共混比例和吐温 -80 浓度，最佳制备工艺组合为 $A_3B_3C_3D_1$。

综合考虑膜的各种性质，以较低的水蒸气透过率、较高的抗拉强度和断裂伸长率为优先原则，确定最佳制备工艺组合为$A_1B_2C_3D_2$，即最佳成膜条件为共混比例4∶6，明胶浓度1.5%，甘油浓度0.3%，吐温-80浓度0.1%。

2.2 验证试验

将正交试验得出的最优条件组合（$A_1B_2C_3D_2$）与正交试验中得出的三组试验组合（$A_2B_2C_1D_2$, $A_1B_1C_1D_3$, $A_3B_3C_3D_1$）进行比较，结果如下：

表4 最优组验证试验

	水蒸气透过率（$g·mm·m^{-2}·h^{-1}·kPa^{-1}$）	抗拉强度（MPa）	断裂伸长率（%）
$A_2B_2C_1D_2$	0.276 4^c	43.276 4^c	8.523 9^c
$A_1B_1C_1D_3$	0.214 8^a	40.214 8^b	3.458 7^a
$A_3B_3C_3D_1$	0.2626^c	37.5671^a	8.0684^b
$A_1B_2C_3D_2$	0.2219^b	41.3248^b	7.9385^b

注：每列肩标字母不同表示显著性差异（$P < 0.05$）。

$A_2B_2C_1D_2$具有较高的抗拉强度和断裂伸长率，但是水蒸气透过率不够低；$A_1B_1C_1D_3$具有较低的水蒸气透过率和较高的抗拉强度，但是断裂伸长率较低；$A_3B_3C_3D_1$组抗拉强度不高，水蒸气透过率较高；单因素方差分析结果表明，$A_1B_2C_3D_2$组与其他三组差异显著（$p < 0.05$），验证试验表明，优化组综合性能优于前三组，具有较低的水蒸气透过率，较高的抗拉强度和断裂伸长率。

2.3 膜的红外光谱分析（FT-IR）

红外光谱是研究氢键和相容性非常有效的工具，从红外光谱谱图可以观察到氢键作用的强度以及氢键的归属[18, 19]。一般而言，对于水溶性高分子，共混不会涉及功能团的产生或消失，涉及的主要变化为氢键的类型与大小，主要表现为非共价键或一些次级键的变化[20]。

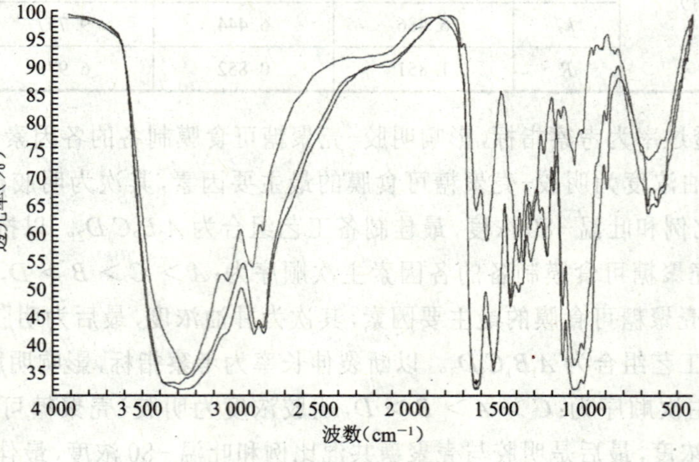

图1 红外光谱分析

注：a，明胶膜；b，壳聚糖膜；c，明胶-壳聚糖可食膜，下同。

由图 1 可以看出，明胶膜的特征吸收峰中 3 322. 25 cm^{-1} 为 N—H 和 O—H 的伸缩振动所产生；1 650. 57 cm^{-1}，1 555. 84 cm^{-1} 和 1 240. 21 cm^{-1} 处的峰分别为酰胺Ⅰ带、酰胺Ⅱ带和酰胺Ⅲ带；2 938. 78cm^{-1} 处峰为 C—H 的伸缩振动。通过壳聚糖膜的红外图谱可以看到，3 363. 1 cm^{-1} 处吸收峰为 N—H 和 O—H 的伸缩振动而成；1 589. 93 cm^{-1} 处峰为 N—H 弯曲振动引起；1 379. 21 cm^{-1} 处峰为 CH_3 对称变形振动，这与董伟等[12]和刘莉莉等[13]的报道较为一致。复合膜的红外图谱与两种单一膜相比有着较为明显的变化：3 350. 71 cm^{-1} 处峰为 N—H 和 O—H 的伸缩振动，与壳聚糖膜比吸收峰向低波段移动，峰形变宽；2 929. 32 cm^{-1} 处峰为 C—H 的伸缩振动引起，与明胶膜比吸收峰向低波段移动；1 651. 7 cm^{-1}，1 555. 29 cm^{-1} 和 1 242. 23 cm^{-1} 处峰分别为酰胺Ⅰ带、酰胺Ⅱ带和酰胺Ⅲ带。若两种水性高分子相容性好，则分子间的氢键相互作用会得到加强，具体表现为当氢键作用增大时，羟基伸缩振动峰会往低波数方向移动，峰形变宽[21]，而变形振动则会往高波数方向移动。由此可见，本研究复合膜中的两种分子氢键作用增大，相容性较好。

2. 4 膜的 X 射线衍射分析（X-RD）

X 射线衍射分析是利用 X 射线在晶体物质中的衍射效应，对物质进行内部原子空间结构分析的方法。若共混体系各组分之间存在较强的相互作用，某些聚合物组分的特征衍射峰将会在衍射谱图上消失，由于组分之间所存在的较强相互作用，会使共混高聚物的聚集态结构也发生相应的变化，从而使其结晶发生变化；相反，若共混聚合物体系完全不相容，由于该体系中各组分之间无相互作用或者相互作用很弱，就会出现各自的结晶区，在衍射谱图上就表现为各组分衍射谱图按比例简单的叠加[22]。

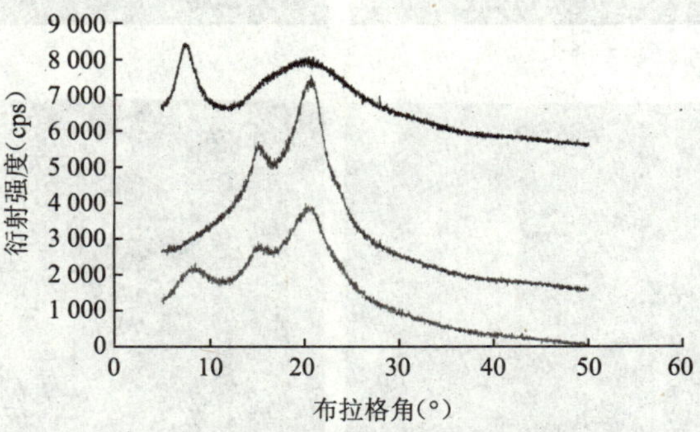

图 2　X 衍射分析

由图 2 可以看出，明胶膜在 X 射线衍射角 2θ 为 7. 35° 和 20. 19° 处有明显的衍射峰，这与葛晓军等[23]研究的鱼皮明胶结果基本一致；壳聚糖膜在 X 射线衍射角 2θ 为 14. 92° 和 20. 56° 处有明显的衍射峰，据莫秀梅等[24]报道壳聚糖的特征衍射峰为 $2\theta = 10°$ 和 20° 左右，因此该图谱中出现的 $2\theta = 14. 92°$ 处的衍射峰不是壳聚糖的特征衍射峰，这可能是因为壳聚糖中添加了少量甘油之后晶体结构发生了变化；复合膜在 X 射线衍射角 2θ 为 7. 82°，15. 13° 和 20. 16° 处有明显的衍射峰，与明胶膜和壳聚糖膜相比，复合膜衍射峰的位置和强度都发生了变化，说明明胶与壳聚糖之间存在较强的相互作用，干扰了二者各自的结晶情况。

2.5 膜的扫描电镜分析（SEM）

可食膜的机械性能、阻隔性和热稳定性在很大程度上取决于大分子在成膜时的均匀性、分子间作用力以及分子在成膜液中的溶解性等，而这些大分子在成膜时所表现出的一些特性，主要与大分子在成膜时所形成的微观结构有关。通过扫描电镜可从微观上更直观地观察膜的表面结构和断面结构[25]。

图 a-1、图 b-1、图 c-1 分别为明胶膜、壳聚糖膜和可食性复合膜的表面结构扫描图，图 a-2、图 b-2、图 c-2 分别为明胶膜、壳聚糖膜和可食性复合膜的断面结构扫描图。由图 3 可以看出，明胶膜表面不平整，有凸起，可能是明胶溶解不均匀；断面呈现少许山脊状结构，断面纹理粗糙。壳聚糖膜表面光滑，没有明显的褶皱和气泡，壳聚糖分子分散均匀，成膜效果较好；断面呈现高低起伏的凸起结构，厚度均匀，呈稍显粗糙的界面形态。复合膜表面平整，虽有细微的裂缝，但是没有明显的褶皱、气泡和凸起，说明两种物质的共混形成了均匀的分散体系。断面结构较为紧密，纹路较为规则，厚度均匀，没有出现宏观的相分离。说明明胶和壳聚糖相容性良好，分子间作用力较强，形成了较为致密的网络结构，从而使可食性复合膜在扫描电镜下呈现规整、致密的形态，表现出良好的性能。

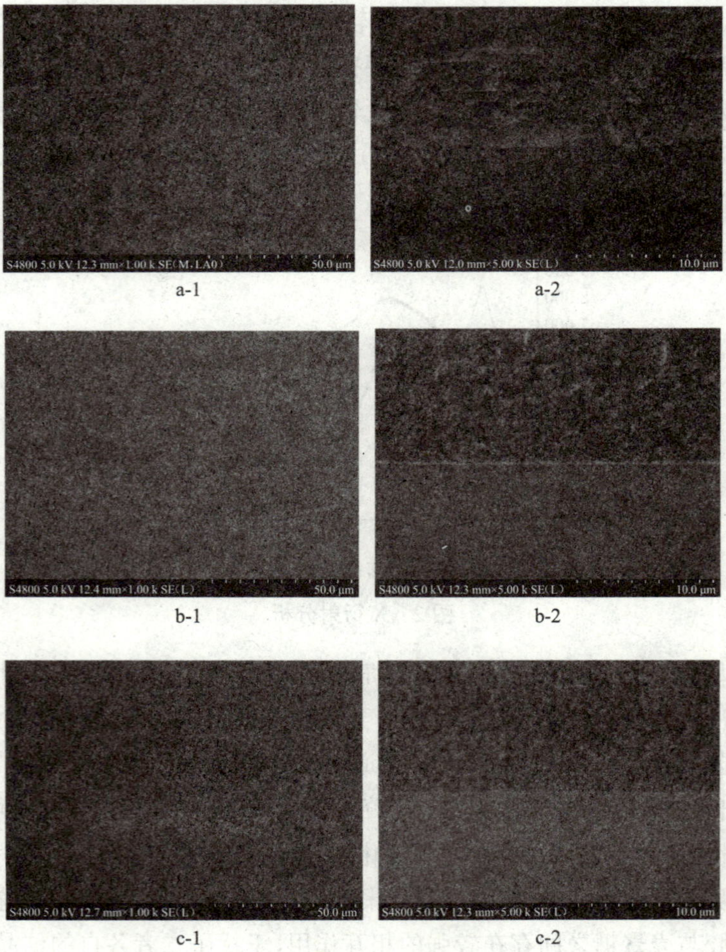

图 3　扫描电镜分析

2.6 膜的热稳定性分析(DSC)

判断两种聚合物共存时体系的相容性,最常用的方法是测定共存时的玻璃化转变温度(Tg),并与单独存在时对比,相容的聚合物体系将显示单一的 *Tg*,且介于二聚物的 *Tg* 之间;若二聚物部分相容,则将出现两个 *Tg*,但两个 *Tg* 更接近,该方法具有较高的可信性[25]。而对于某些样品,特别是水溶胶成膜后,由于其玻璃化温度难以测得,对其热特性曲线水/链结晶进行分析也是可行的[26]。

本研究中明胶膜、壳聚糖膜、明胶-壳聚糖可食膜的玻璃化转变温度没有测得。由图4可以看出,50～100℃ 3种膜的DSC曲线均出现一个宽的吸收峰,该吸收峰主要表现为水/链结晶的熔融吸热。一般而言,两种高分子共混时,不会对各自的水/链结晶造成影响,除非二者具有强烈的相容性。明胶膜和壳聚糖膜的吸热熔融峰分别出现在91.85 ℃和97.45 ℃,而明胶-壳聚糖可食膜熔融峰出现在相对较高的温度,为99.10 ℃。这主要是由于可食性复合膜中氢键的相互作用强于两种单纯膜的成分,氢键相互作用较强。

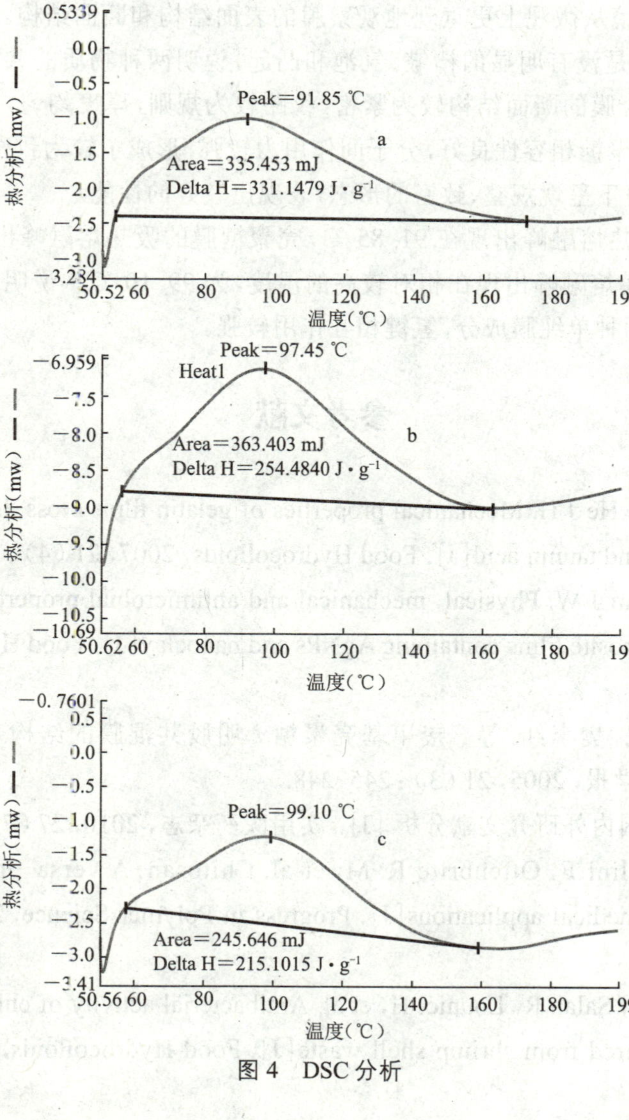

图4 DSC分析

3 结论

（1）本文选取水蒸气透过率、抗拉强度和断裂伸长率为考察指标，以共混比例、明胶浓度、甘油浓度、吐温 -80 浓度为主要影响因素，通过正交试验确定最佳成膜工艺条件为：共混比例为 4∶6，明胶浓度为 1.5%，甘油浓度为 0.3%，吐温 -80 浓度为 0.1%，该工艺条件下制得的明胶 - 壳聚糖可食膜，具有水蒸气透过率低，抗拉强度和断裂伸长率较好等特点。

（2）通过 DSC、FT-IR、X- 衍射、SEM 的测定，从微观结构证明复合膜中的两种高分子明胶与壳聚糖之间有较强的相互作用及较好的相容性。

① 通过红外光谱可以看出，明胶-壳聚糖复合膜中 N—H 和 O—H 的伸缩振动，与壳聚糖膜比吸收峰向低波段移动，峰形变宽，C—H 的伸缩振动，与明胶膜比吸收峰向低波段移动，说明复合膜中的两种分子氢键作用增大，相容性较好。

② X- 衍射图谱显示，与单一膜相比，可食性复合膜衍射峰的位置和强度均发生改变，说明明胶与壳聚糖之间存在较强的相互作用，干扰了二者各自的结晶情况。

③ 通过扫描电镜从微观上更直观地观察膜的表面结构和断面结构。复合膜表面平整，虽有细微的裂缝，但是没有明显的褶皱、气泡和凸起，说明两种物质的共混形成了均匀的分散体系。可食性复合膜的断面结构较为紧密，纹路较为规则，厚度均匀，没有出现宏观的相分离，说明明胶与壳聚糖相容性良好，分子间作用力较强，形成了较为致密的网络结构，从而使复合膜在扫描电镜下呈现规整、致密的形态，表现出较好的性能。

④ 明胶膜的吸热熔融峰出现在 91.85 ℃，壳聚糖膜的吸热熔融峰出现在 97.45 ℃，而明胶 - 壳聚糖可食膜熔融峰出现在相对较高的温度，为 99.10 ℃。说明可食性复合膜中氢键的相互作用强于两种单纯膜成分，氢键相互作用较强。

参考文献

[1] Cao N, Fu Y H, He J H. Mechanical properties of gelatin films cross-linked, respectively, by ferulic acid and tannin acid[J]. Food Hydrocolloids, 2007, 21 (4) : 575-584.

[2] Kanmani P, Rjim J W. Physical, mechanical and antimicrobial properties of gelatin based active nanocomposite films containing AgNPs and nanoclay[J]. Food Hydrocolloids, 2014, 35: 644-652.

[3] 张宝忠，杜予民，樊李红，等．羧甲基壳聚糖 / 明胶共混膜的结构表征与吸湿保湿性[J]. 分析科学学报，2005，21（3）：245-248.

[4] 姜山．壳聚糖国内外研究文献分析 [J]. 实用医药杂志，2010，27（7）：658-662.

[5] Dash M, Chiellini F, Ottenbrite R. M, et al. Chitosan-A versa—tile semi-synthetic polymer in biomedical applications[J]. Progress in Polymer Science, 2011, 36 (8) : 981-1014.

[6] Benhabiles M S, Salah R, Lounici H, et al. Antibacterial activity of chitin, chitosan and its oligomers prepared from shrimp shell waste[J]. Food Hydrocolloids, 2012, 29 (1) : 48-

56.
[7] Yiunes I, Hajji S, Frachet V, et al. Chitin extraction from shrimp shell using enzymatic treatment. Antitumor, antioxidant and antimicrobial activities of chitosan[J]. International Journal of Biological Macromolecules, 2014, 69: 489-498.
[8] 李承明，黄雅钦 . 明胶 / 壳聚糖共混膜的制备 [J]. 明胶科学与技术，2004，24（1）: 24-28.
[9] Hosseini F S, Rwzaei M, Zandi M, et al . Preparation and functional properties of fish gelatin-chitosan blend edible films[J]. Food Chemistry, 2013, 136（3-4）: 1 490-1 495.
[10] 李爱珍，邵秀芝，刘兰图 . 明胶 - 壳聚糖可食性复合包装膜性能影响因素 [J]. 粮食与油脂，2009，（7）: 17-18.
[11] Gómez-estace J, Gómez-guillén M C, Fernández-martín F, et al. Effects of gelati n origin, bovine-hide and tuna-skin, on the properties of compound gelatin-chitosan films[J]. Food Hydrocolloids, 2011, 25（6）: 1 461-1 469.
[12] 董伟，曲丽君，郭肖青 . 明胶改性壳聚糖膜性能研究 [J]. 印染助剂，2012，29（2）: 36-38.
[13] 刘莉莉 . 壳聚糖 / 明胶复合膜的制备及性能研究 [D]. 湛江：广东海洋大学，2014: 44-48.
[14] Liu Z Y, Ge X J, Lu Y, et al. Effects of chitosan molecular weight and degree of deacetylation on the properties of gelatine-based films[J]. Food Hydrocolloids, 2012, 26（1）: 311-317.
[15] Jridi M, Hajji S, Ayed H B, et al. Physical, structural, antioxidant and antimicrobial properties of gelatin-chitosan composite edible films[J]. International Journal of Biological Macromolecules, 2014, 67: 373-379.
[16] 翁武银，刘光明，苏文金，等 . 鱼皮明胶蛋白膜的制备及其热稳定性 [J]. 水产学报，2011，35（12）: 1 890-1 896.
[17] 中华人民共和国化学工业部 . GB/T 1037—1988 塑料薄膜和片材透水蒸气性试验方法 杯式法 [S]. 北京：中国标准出版社，1988.
[18] 陈丽 . 可食性狭鳕鱼皮明胶复合膜的制备、性质与应用研究 [D]. 青岛：中国海洋大学，2009: 22-29.
[19] 何晓霞 . 活性可食膜的制备及其对苹果的保鲜作用 [D]. 青岛：中国海洋大学，2011: 15-20.
[20] Koyanoa T, Koshizakib N, Umehara H, et al. Surface states of PVA/chitosan blended hydrogels[J]. Polymer, 2000（41）: 4 461-4 465.
[21] 唐汝培，杜予民，樊李红 . 魔芋葡甘聚糖 / 羧甲基淀粉共混膜及其阻水性能 [J]. 高分子材料科学与工程，2003，19（4）: 181-184.
[22] 汪昆华，罗传秋，周啸 . 聚合物近代仪器分析 [M]. 北京：清华大学出版社，1991:

243-356.
[23] 葛晓军. 鱼皮明胶的壳聚糖与酶法复合改性及其膜性能研究 [D]. 青岛: 中国海洋大学, 2011: 56-63.
[24] 莫秀梅, 屠天民, 周涵新. 甲壳胺的结晶动力学 [J]. 功能高分子学报, 1996, 9 (1): 104-112.
[25] 叶勇. 人造胶原肠衣的研制及特征表征 [D]. 成都: 四川大学, 2004: 51-55.
[26] 李斌. 高难度魔芋葡甘聚糖及其衍生物——无机复合材料、结构与性能研究 [D]. 武汉: 华中农业大学, 2002: 48-52.

（王丽媛, 李红艳, 刘天红, 李晓, 孙元芹, 王颖 ★）

（载自《保鲜与加工动物营养学报》2016-09）

水产品生物保鲜技术研究进展

我国水产资源丰富，产量大，品种繁多，是水产食品生产大国。2014 年全国水产品总量 6450 万吨，约占世界的 40%。水产品因含有大量水分和蛋白质，组织柔软，又自身携带大量的细菌和酶类，在捕获后易发生变色或变味现象，甚至会腐败变质，大大降低了其食用价值。目前，国内外常用的水产品保鲜技术主要有低温保鲜、化学保鲜、气调保鲜和辐照保鲜等。用于水产品的保鲜技术都具有一定的局限性，各自存在不同的特点。近年来，生物保鲜技术逐渐引起人们的关注，并开始应用于水产品的加工、贮藏、运输与消费过程中。本文介绍了几种常用的水产品保鲜技术及生物保鲜技术研究现状。

1 常用的水产品保鲜技术

1.1 物理保鲜

1.1.1 低温保鲜

低温保鲜是指将水产品温度降低到接近水产品中液汁的冰点，从而抑制或减缓酶和微生物的活性，使水产品在一定时间内保持良好的鲜度[1]。根据实际需要，低温保鲜可以分以下几种：冰藏保鲜、冷海水或冷盐水保鲜、微冻保鲜、冻结保鲜、玻璃化转移保鲜、超冷保鲜等[2]。这些保鲜方法各有其优势和不足。比如，冷海水保鲜冷却速度快，适合大批量鱼货的保鲜，操作简单，但鱼体易吸收水分而膨胀，体表变色。微冻保鲜在抑制细菌繁殖和减缓脂肪氧化方面具有优势，鱼体表面色泽好，所需降温能耗少，但操作技术比较复杂，尤其是对温度的控制要求非常严格，若控制不当则会引起冰晶对细胞的损伤。

1.1.2 辐照保鲜

辐照保鲜是采用放射性同位素（Co^{60} 或 Cs^{137}）、r 射线或电子加速器产生的电子束、X 射线等对目标物进行杀菌处理的方法。辐照处理最先运用于农产品的保鲜中[3]，可以抑制发芽，杀灭农产品中的致病菌和腐败菌，杀虫保鲜，延长货架期[4]。水产品经辐照处理能降低大多数腐败微生物数量，特别是能灭杀常见水产品中的肠道病原菌（如大肠杆菌、沙门氏菌、金黄色葡萄球菌、副溶血弧菌等致病菌），又不破坏水产品外观结构和营养成分，产品的色泽和口感几乎不发生变化[5,6]。由于水产品的辐照剂量一般都在 6 kGy 以内，对水产品的营养物质（如氨基酸与蛋白质等）并没有明显影响[6]，这也符合 CAC 对辐照食品《辐照食品通用标准》的规定（不超过 10 kGy）。

1.1.3 气调保鲜

气调保鲜技术是在适宜低温条件下改变贮藏库或包装内空气的组成，降低氧气含量，进而延长食品贮藏时间和货架期的技术。一般是将一种或几种混合气体充入食品包装袋内代替袋内的空气，使袋内食品免受大气中的氧或其他元素的影响。这种方法具有保鲜贮藏时间长、效果明显、保鲜损耗低、货架期长、无任何污染等优点，缺点是投资费用较高。此技术应用范围广泛，果蔬、鲜花、茶叶、中药材、苗木、种子及粮食等的贮藏都可用此技术。肉制品、海鲜以及淡水产品等的气调贮藏也逐渐成为研究热点[7]。

1.1.4 超高压保鲜

超高压保鲜技术即是超高压杀菌技术，食品经高压 100 MPa 以上处理，其微生物和寄生虫大部分被消灭。超高压杀菌可以较多保留食品原有的营养成分，风味及性状[8]。超高压技术虽具有压力均匀传递、瞬时、高效、耗能低、污染少、对维生素色素和风味物质等低分子化合物无明显影响的优点，但也有局限性，超高压设备的容器较小，批处理量少，且多属于间隙性操作，很难满足生产需要。

1.2 化学保鲜

化学保鲜是通过添加各种化学药剂，利用药物的杀菌或抑菌作用来延长水产品保存期的一种保鲜方法。化学保鲜方法可分为食品保鲜剂保鲜法、盐藏保鲜法和烟熏保鲜法。

（1）食品保鲜剂保鲜法。常用保鲜剂有防腐剂、杀菌剂、抗氧化剂、水产品加工助剂。

① 防腐剂能够控制微生物的生理活动，使微生物发育减缓或停止而达到防腐效果。目前中国只批准了 32 种允许使用的食品防腐剂，且都为低毒、安全性较高的品种。但是使用不当会有一定的副作用，必须按照《食品添加剂使用卫生标准》使用防腐剂。水产品中常见防腐剂的使用要求见表 1。② 杀菌剂能抑制食品有害微生物的繁殖或杀灭食品中的有害微生物，可分为还原型和氧化型两类。前者如亚硫酸及其盐类，其还原作用有杀菌及漂白功能。后者如过氧化氢、次氯酸及其盐类、过氧醋酸、漂白粉等，其氧化作用有比一般防腐剂更为强烈的杀菌功能，但由于其化学性质不稳定，易分解，可能与食品成分起不良的反应或带给食品不良的影响，很少直接添加到食品中。③ 抗氧化剂能阻止或延缓食品氧化变质、提高食品稳定性和延长贮存期。常用的食品抗氧化剂是酚类物质，如 BHA（丁基羟基茴香醚）、BHT（二丁基羟基甲苯）、TBHQ（特丁基对苯二酚）和生育酚等是常用的，它们可以单独使用或与柠檬酸、抗坏血酸等酸性增效剂复合使用，可满足大部分食品制品的需要。水产品中常见抗氧化剂的使用要求见表 2。④ 水产加工助剂有助于水产品加工顺利进行，如 BOXYL325 是由荷兰开发的一种水产品加工助剂，活性成分是一种氧化剂和一种载体，通过氧化作用起到保鲜杀菌的目的，而载体的主要作用是增加氧化剂的稳定性，使其抑菌效果更加持久，并在被处理产品表面形成保护膜从而防止产品被二次污染[9]。

表 1 水产品中防腐剂使用要求（$g \cdot kg^{-1}$）

防腐剂名称	适用范围	最大使用量
苯甲酸及其钠盐（以苯甲酸计）	蚝油、虾油、鱼露等	1.0
山梨酸及其钾盐（以山梨酸计）	预制水产品（半成品）	0.075
	风干、烘干、压干等水产品	1.0
	其他水产品及其制品（仅限即食海蜇）	1.0
稳定态二氧化氯	水产品及其制品（包括鱼类、甲壳类、贝类、软体类、棘皮类等水产品及其加工制品）（仅限鱼类加工）	0.05
对羟基苯甲酸丙酯	蚝油	0.25
二氧化硫，焦亚硫酸钾，焦亚硫酸钠，亚硫酸钠，亚硫酸氢钠，低亚硫酸钠（以二氧化硫残留计）	干制海藻	0.05

表 2 水产品中抗氧化剂使用要求（$g \cdot kg^{-1}$）

防腐剂名称	应用范围	最大使用量
丁基羟基茴香醚（BHA）	干鱼制品	0.2
二丁基羟基甲苯（BHT）		0.2
没食子酸丙酯（PG）		0.1
特丁基对苯二酚（TBHQ）		0.2

（2）盐藏保鲜法：利用食盐溶液的渗透脱水作用，使鱼体水分降低，破坏鱼体微生物和酶活力发挥作用所需要的湿度（一般微生物菌体的生长繁殖所需水分为 50% 以上），抑制微生物的繁殖和酶的活性，从而达到保鲜的目的。盐藏保鲜的方法主要有干腌法、湿腌法和混合腌法。

（3）烟熏保鲜法：利用熏烟中的酚、醇、醛、有机酸（如愈创木酚、甲醇、伯醇、仲醇和叔醇、蚁酸、醋酸、丙酸、丁酸、戊酸、壬酸、和癸酸、辛酸、甲醛）等多种具有防腐作用的化合物，与加热处理结合使用，杀灭鱼体中的微生物。根据烟熏方式不同，可将熏制法分为直接烟熏法和间接烟熏法。其中直接烟熏法按其所保持的温度范围，可分为冷熏法（15 ~ 30℃）、温熏法（30 ~ 50℃）、热熏法（50 ~ 85℃）、焙熏法（90 ~ 120℃）等；间接烟熏法按烟的发生方法和烟熏室内的温度条件，可分为燃烧法、摩擦发烟法、湿热分解法、流动加热法、二步法和碳化法等。

2 生物保鲜

生物保鲜是指将安全无害的生物保鲜剂添加到水产品中以达到保持水产品良好风味并延长贮藏期的目的。生物保鲜物质直接来源于生物体自身组成成分或其代谢产物，大致可以分为以下四类，具体见表 3。

表 3 生物保鲜物质

来源	举例	保鲜作用
天然动植物中提取	茶多酚，大蒜素	抑菌、抗氧化
微生物	乳酸链球菌素、溶菌酶	抑制 G^+菌、广谱
人工修正、分解、蒸馏等方法制得	壳聚糖、鱼精蛋白	抑菌性广谱、G^+菌及枯草杆菌、芽孢杆菌、干酪乳杆菌、胚芽乳杆菌、乳酸菌、霉菌、芽孢耐热菌
前三种复合使用	壳聚糖与溶菌酶复合使用[11]	抑制乳酸菌和大肠杆菌

生物保鲜剂具有以下几个特点[10]：① 安全，健康、无毒副作用；② 低剂量，高效率，适用 pH 范围广；③ 水溶性好，对水产品的质量影响小，能较好地保持水产品的风味；④ 专一性好，针对特定的微生物，提高抑菌效率；⑤ 价格较高，在一定程度上限制其推广应用。生物保鲜剂用于水产品中能够明显延长货架期，逐渐成为研究热点。

2.1 生物保鲜剂保鲜机理

生物保鲜剂在水产品保鲜中的应用已经取得了较好的效果，其保鲜的机理可以概括为以下 4 点[12]：① 杀菌作用，抑制或杀死水产品种的腐败菌，减缓 TVB-N 值上升，保持水产品鲜度；② 抗氧化作用，防止水产品中不饱和脂肪酸等氧化造成品质劣变；③ 抑制酶的活性，防止水产品变色，保证良好的感官品质；④ 形成一层保护膜，防止微生物污染，减少水产品水分损失，保持水产品品质。几种常用生物保鲜剂的保鲜机理如下。

2.1.1 茶多酚

茶多酚（tea polyphenol）是茶叶中含有的多酚类物质的总称。茶多酚中主要含有儿茶素、花青素、酚酸和黄酮类化合物等物质。茶多酚抑菌主要通过以下途径[13]：① 茶多酚可通过氢键与蛋白质结合并改变其构象，从而抑制菌体蛋白酶的活性来达到灭菌的效果；② 茶多酚在有氧的情况下通过自身氧化反应产生具有杀菌功能的过氧化氢和超氧阴离子，直接杀死细菌；③ 茶多酚通过嵌入 DNA 或 DNA-RNA 杂交双链中来抑制基因的复制与转录，从而抑制细菌的生长和繁殖；④ 茶多酚作为质子供体可以降低胃肠道内的 pH，从而抑制很多对酸敏感的病原微生物；⑤ 茶多酚还可以增强机体免疫力，从而抵抗病菌的入侵。近年来，茶多酚被广泛地用于水产品保鲜研究中，取得了较好的效果。范文教[14]等研究了茶多酚对鲢鱼的防腐保鲜作用，发现 0.2% 的茶多酚溶液喷淋处理白鲢鱼并贮藏在 −3℃条件下，可使白鲢鱼的货架期延长至 35 d。汪兴平[15]等人用 0.6% 的茶多酚溶液浸泡鲜鱼片，使鲜鱼片在 2.5℃条件下贮藏的货架期也达到了 35 d，还测定了茶多酚对鱼肉理化指标的抑制率，定量说明了茶多酚抗氧化和防腐保鲜的高效性。夏松养等[16]对冷冻金枪鱼的研究也表明，经过浓度为 $6\ g\cdot L^{-1}$ 的茶多酚溶液处理过的金枪鱼肉在 TVB-N 值、pH 和 a* 值等理化指标上相比于对照组有明显优势。所以说茶多酚具有较强的抗氧化能力及对细菌具有的广谱抑制作用和抑制能力[17]，决定了其在水产品保鲜中的广泛应用。

2.1.2 溶菌酶

溶菌酶（Lysozyme）又称胞壁质酶或 N- 乙酰胞壁质聚糖水解酶，是一种广泛存在于卵清和人体唾液、眼泪、乳汁等外分泌液中的碱性酶类。溶菌酶能引起细胞死亡，主要由于它能有效地水解细菌细胞壁的肽聚糖，使细胞壁中不溶性的黏多糖分解成可溶性的肽糖，最终导致细胞壁破裂和内容物外逸而使细胞死亡。溶菌酶通常只对革兰氏阳性菌如葡萄球菌、微球菌、枯草杆菌等有杀伤作用[18]。Enrique 等[19]利用溶菌酶保鲜液对南美白对虾进行研究，发现溶菌酶保鲜液抑制弧菌属生长的效果与抑制滕黄微球菌的效果相当，并且对南美白对虾致病菌（如溶藻弧菌、溶血性弧菌以及霍乱弧菌）具有更为明显的抗菌作用，能够有效延长南美白对虾的货架期。陈舜胜等[20]研究了溶菌酶复合保鲜剂对虾、带鱼、扇贝柱和柔鱼的保鲜作用，结果发现试验组较空白组货架期延长了约 1 倍时间。目前，单独将溶菌酶添加到水产蛋白制品的报道不多[21]，这可能与溶菌酶抑菌谱的局限性有关[22]。

2.1.3 乳酸链球菌素

乳酸链球菌素（Nisin）是从乳酸链球菌发酵产物中提取制备的由 34 个氨基酸组成的多肽化合物。Nisin 对革兰氏阳性菌，包括葡萄球菌、链球菌、棒杆菌、利斯特菌和乳杆菌有抑制作用，对细菌芽孢也具有明显的抗菌活性[23]，但对革兰氏阴性菌作用不明显。Nisin 的抑菌机理分为两个方面[24]：Nisin 与细胞膜上 lipidII（细菌萜醇 - 焦磷酸 -N- 乙酰胞壁酸 - 五肽 -N- 乙酰葡萄糖胺）分子结合，形成 Nisin-lipid II 孔洞复合物，其可与细胞膜作用形成穿孔通道，使细胞内物质流失，从而导致细胞死亡；lipidII 分子是细胞壁合成的重要组成，Nisin 与 lipidII 结合后阻碍了细胞壁的正常合成[25]。Broughton[26]发现，Nisin 能推迟鲱鱼片、鳕鱼片及烟熏鲭鱼等海产鱼类贮藏过程中肉毒毒素的产生。热加工与 Nisin 联合使用，不会损伤鲑鱼、龙虾和蟹肉组织，且明显抑制了李斯特菌的繁殖[27]。罗水忠等[28]在进行 Nisin 保鲜虾肉糜的研究时发现，经保鲜剂处理后虾肉糜的细菌总数、嗜冷菌总数和 TVB-N 值的上升均得到了有效抑制，在 25℃条件下贮藏的货架期由 2 d 延长至 5 ～ 6 d。

2.1.4 壳聚糖

壳聚糖（Chitosan）是通过甲壳素脱乙酰基得到的产物，是氨基葡萄糖和 N- 乙酰氨基葡萄糖通过 β-1，4 键连接而成的一种聚合物糖类。其作用机制普遍认为有三种：葡萄糖胺单体上游离的氨基在酸性条件下带上正电荷，易与细胞表面带负电荷的基团结合，从而改变膜的流动性和通透性，使小分子壳聚糖可以进入细胞或使胞内物质外渗，从而干扰细胞的正常代谢，最后引起细胞死亡；壳聚糖溶液的成膜性很强，可在食品表面形成一层致密的高分子膜，从而阻断氧气进入食品内部，使食品感染的微生物最后因缺氧而死亡；分子较小的壳聚糖可以进入细胞内，干扰 DNA 的复制和转录，阻止微生物的繁殖。随着研究的不断深入，近年来学者又提出许多新的观点，如壳聚糖通过信号传导、诱导病程相关蛋白、激活几丁质酶或积累次生代谢产物等方式来达到抗菌的目的。

2.1.5 复合生物保鲜剂

复合生物保鲜剂是根据栅栏技术的原理把具有不同保鲜功能的生物保鲜剂综合利用，使其发挥协同作用以达到保鲜效果。单一生物保鲜剂自身有很好的抗菌抗氧化性能，但侧重点各有不同，可以将不同功能的生物保鲜剂复合，形成一种高效的复合保鲜剂。郭良辉等人[29]做了溶菌酶和 Nisin 复合的抑菌试验，发现二者按一定比例混合的抑菌效果加强了，可延长保质期约1倍或更长时间。王秀娟[30]等人还把Nisin和维生素C加到壳聚糖对虾进行复合涂膜，发现涂膜组的细菌总数、TVB-N和TBA明显小于无添加剂组，货架期比无添加剂组和对照组延长了2～3 d。周才琼[31]等人发现茶多酚中添加p一环糊精可增强茶多酚的保鲜效果，茶多酚中添加食盐提高了其抑菌能力。李佩艳等人[32]将红曲霉与衣康酸复合使用，防腐效果显著增强。

3 生物保鲜剂结合其他保鲜技术

生物保鲜剂和其他的保鲜技术结合成为现在水产品保鲜的主要方法，这些方法主要的结合依据就是栅栏理论，具有不同保鲜特点的技术相互结合、优势互补能更加全面地保持水产品品质，延长货架期。

3.1 生物保鲜剂结合气调包装技术

目前生物保鲜剂与气调包装技术的结合研究还不多见[25]。谢晶，杨胜平[33]以冷藏带鱼为研究对象根据感官评分、细菌总数、挥发性盐基氮值、pH、硫代巴比妥酸值和汁液流失率，测定带鱼冷藏过程中的品质变化。结果表明复合生物保鲜剂(1.0%壳聚糖＋0.4%茶多酚)结合气调包装(60% CO_2 ＋ 10% O_2 ＋ 30% N_2)可将冷藏带鱼货架期由4 d延长至20 d，是对照组的5倍，且能较好地维持新鲜带鱼的感官品质，为带鱼的保鲜提供一定的参考。

3.2 生物保鲜剂结合低温保藏技术

生物保鲜技术与低温保藏技术相结合具有安全、高效、操作方便、适用范围广的优势。低温只能抑制水产品中的微生物引起的腐败变质，而对于酶引发的水产品的变质抑制不足。马清河等人研究发现[34]冰温下南美白对虾体内的多酚氧化酶和酪氨酸酶仍有较强的活性，而葡萄糖氧化酶在低温下能较好地防止虾体黑变，生物保鲜剂恰能补偿低温保鲜的不足。韩冬娇[35]研究了复合生物保鲜剂结合低温贮藏过程中扇贝生物胺种类及含量的变化(0℃、－5℃、－20℃)，结果表明二者结合对扇贝柱中Cad、Spd、Spm的产生有显著的抑制作用，对扇贝贮藏有较好的保鲜作用。低温下的非酶褐变、脂肪酸氧化等化学反应对水产品品质影响仍然很大，而壳聚糖、蜂胶有较好的成膜性可以有效地阻止氧化反应。李升福[36]等人研究了蜂胶对南美白对虾的保鲜效果，结果发现蜂胶能在虾体表面形成很好的保护膜，有效地防止虾的黑变，经蜂胶保鲜液处理过的对虾，其TVB-N值、pH、细菌总数均要比对照组有所下降。国内外研究发现二者结合能更有效地延长水产品的贮藏期，具有广阔的应用前景[37]。

4 结论

目前，国内外水产品保鲜新产品、新技术在不断研发，各有特点，发展趋势是追求天然、无毒、安全、环保、高效。随着生物保鲜剂的不断开发，生物保鲜技术及其复合技术逐步替代了化学防腐保鲜。发展生物保鲜技术，具有广阔的市场前景，能提高产品质量和经济效益，保障水产品安全，造福百姓生活。

参考文献

[1] 沈月新. 水产食品学 [M]. 北京:中国轻工业出版社,2001.
[2] 林洪,张谨,熊正河. 水产品保鲜技术 [M]. 北京,中国轻工业出版社,2001.
[3] 刘北辰. 辐照食品保鲜技术的应用与展望 [J]. 农产品加工,2013(11):24-25.
[4] 肖锡湘,上官新晨. 辐照保鲜技术及应用 [J]. 安徽农业科学,2006,34(10):2 193-2 195.
[5] 许燕燕. 国内外水产加工研究动态 [J]. 福建水产,2006(2):56-59.
[6] 刘超纲. 辐照加工处理水产品概述 [J]. 浙江农业科学,2006,(6):708-709.
[7] 吴齐,气调保鲜技术在我国的应用及前景展望 [J]. 农业科技展望,2009(4):40-43.
[8] 陆海霞,毛逸涛,等. 超高压技术及其在水产品保鲜杀菌中的应用 [J]. 食品研究与开发,2013(6):111-113.
[9] 张辉. 水产品加工助剂——水产品加工保鲜杀菌的新方法 [J]. 渔业现代化,2004(6):32-33.
[10] Park S I, Daeschel M A, Zhao Y. Functional properties of antimicrobial lysozyme-chitosan composite films[J]. J. Food Sci., 2004, 69(8):215-221.
[11] 肖素荣,李京东. 天然食品防腐剂及其发展前景 [J]. 中国食物与营养,2007(6):30-33.
[12] 赵海鹏等. 生物保鲜剂在水产品保鲜中的应用 [J]. 吉林农业科学,2009,34(4):60-64.
[13] 田凤. 冷藏南美白对虾生物防腐保鲜技术的研究 [D]. 广州:广东海洋大学,2013.
[14] 范文教,等. 茶多酚对鲢鱼微冻冷藏保鲜的影响 [J]. 农业工程学报,2009,25(2):294-297.
[15] 汪兴平,刘勤晋. 茶多酚应用于鲜鱼保鲜效果研究 [J]. 湖北民族学院学报,1996,14(2):53-54.
[16] 李双双,夏松养,李仁伟. 茶多酚对冻藏金枪鱼的保鲜效果研究 [J]. 食品科技,2012,37(12):126-129.
[17] 刘骞,李鑫. 茶多酚在肉类工业中的广泛应用 [J]. 肉类研究,2008(12):75-77.
[18] 任西营,等. 溶菌酶在水产品防腐保鲜中的应该用 [J]. 食品工业科技,2013,34(8):390-399.
[19] De-la-Re-Vega E, García-Galaz A, Martha E. White shrimp (Litopenaeus vannamei) recombinant lysozyme has antibacterial activity against Gram negative bacteria: Vibrio alginolyticus, Vibrio parahemolyticus and Vibrio cholera [J]. Fish & Shelfishimmunology, 2006(20):405-408.
[20] 陈舜胜,彭云生,严伯奋. 溶菌酶复合保鲜剂对水产品的保鲜作用 [J]. 水产报,2001,25(3):254-257.
[21] 黄敏,孔明航,王丽明. 鸡蛋清中溶菌酶的提取与抑菌作用 [J]. 中国食品添加剂,

2010(3):154-157.
[22] Tsutsumi M, Suda I, Lee J K, et al. Preservative effect by the combined use of polyphosphate glycerol monocaprate and lysozyme[J]. Journal of Food Hygienic Society of Japan, 1983, 24(3):301-307.
[23] Worek W M, ludovisi D, Meckler M. Enhncement of a double-effect absorbtion cooling system using a vapor recompression absorber[J]. Energy, 2003, 28(12):1 151-1 163.
[24] 苏辉，谢晶．生物保鲜剂在水产品保鲜中的应用研究进展 [J]. 食品与机械，2013(5)：265-269.
[25] 初晓东，林宇恒，孙志增，等．乳链菌肽（Nisin)抗性机制的研究进展 [J]. 微生物学报，2010, 50(90)：1 129-1 134.
[26] Broughton J D. Nisin as a food preservative [J]. Food Australia, 2005, 57(12):525-527.
[27] 刘静，李湘利．Nisin 及其在食品工业中的应用研究进展 [J]. 农产品加工，2008(9)：14-16.
[28] 罗水忠，潘利华．乳酸链球菌素用于虾肉糜保鲜的研究 [J]. 肉类研究，2004(2)：23-24.
[29] 郭良辉，等．溶菌酶与 Nisin 复合生物保鲜剂对蛙肉保鲜效果 [J]. 水利渔业，2007, 27(4)：112-114.
[30] 王秀娟，张坤生，任云霞．添加剂对壳聚糖涂膜保鲜虾的效果研究 [J]. 食品科技，2008(7)：239-24.
[31] 周才琼，陈宗道，余夫，等．茶多酚在鱼糜保鲜中的应用研究 [J]. 西南农业大学学报，1997, 19(5)：482-484.
[32] 李佩艳，尹飞，刘建学，等．响应面法优化酶提取红薯叶总黄酮的工艺 [J]. 食品工业科技，2012, 33(1)：275-281.
[33] 谢晶，杨胜平. 生物保鲜剂结合气调包装对带鱼冷藏货架期的影响 [J]. 农业工程学报 2011, 127(1)：376-382.
[34] 马清河，胡常英，刘丽娜，等．葡萄糖氧化酶用于对虾保鲜的实验研究 [J]. 贮运保鲜，2005, 26(6)：159-164.
[35] 韩冬娇，复合生物保鲜剂结合低温贮藏对扇贝柱 7 种生物胺含量的影响 [J]. 食品工业科技，2015, 36(11)：301-308.
[36] 李升福，王喜波，闻海波．壳聚糖在对虾保鲜中作用的初步研究 [J]. 河北渔业，2007(3)：14-18.
[37] 阴冠秀，等. 水产品保鲜技术研究进展 [A]:“亚运食品安全保障与广东食品产业创新发展”学术研讨会暨 2009 年广东省食品学会年会论文集 [C]: 2009.

（侯梦奇，刘天红，李红艳，李晓，姜晓东，王颖 ★）

（载自《齐鲁渔业》2016-04）

不同饲料配方下浒苔添加量对大菱鲆生长性能的研究

浒苔(*Enteromorpha prolifera*),绿藻门石莼科浒苔属,俗称“海青菜”“绿紫菜”,广泛分布于近海滩涂和潮间带中,其自然繁殖能力很强,产量巨大。近年来,我国黄海海域每年夏季出现大面积的浒苔绿潮,不仅严重影响了沿海景观,也给海水养殖业造成了巨大的破坏。因此,浒苔的处置、利用成为当前一项重要的研究课题。研究表明,浒苔富含蛋白质,且氨基酸种类齐全,必需氨基酸含量高,是一种高蛋白、高膳食纤维、低脂肪且富含矿物质和维生素的营养海藻[1]。

目前已有浒苔加工处理后作为海藻类养殖饲料或饲料添加剂的报道。浒苔用于蛋鸡养殖,可显著降低蛋黄中胆固醇含量,提高鸡蛋品质[2];用于肉兔养殖,不仅能促进肉兔生长,而且能显著降低肉兔血液胆固醇和甘油三酯含量[3];用于水产养殖,对锦鲤有很好的诱食效果[4],能够提高梭鱼的增重率,降低饵料系数[5,6];作为饲料添加剂饲喂刺参,能够显著提高刺参的生长率[7,8];作为诱食剂饲喂大菱鲆,可提高促进大菱鲆的摄食率、增重率和特定生长率[9-11]。

大菱鲆(*Scophthalmus maximus* L.)是冷温性的肉食性海水鱼类,对饲料中蛋白质的需求量和质量有较高的要求,是我国沿海重要经济鱼类和海水增养殖鱼类。本试验以不同的饵料作为基础饲料,添加不同比例的浒苔饲喂大菱鲆,研究不同浒苔添加量对大菱鲆生长性能、饲料利用等的影响,以期为浒苔的合理利用新途径,为大菱鲆饲料源的开发提供基础数据。

1 材料与方法

1.1 试验材料

新鲜的浒苔原料采自青岛周围海域,采集后清水洗净,沥干后于80℃烘箱中烘干,分别粉碎至200目和400目备用。

1.2 试验用鱼的选择与分组

试验在龙口市百佳水产公司进行,时间自2014年4月28日至2014年5月31日,持续35 d。

试验所用大菱鲆来自龙口百佳水产公司,平均体重150.1 g±21.7 g,体长200 mm左右,无伤无病,体质健壮。随机将大菱鲆分为15组,每组3个重复,每个鱼池放入20条大菱鲆。正式饲养前用 200 ppm 甲醛药浴消毒并进行为期 5 d 的驯化。试验所用鱼池为半径 100 cm、高 110 cm 的圆柱形流水鱼池，采用经过沙滤、臭氧等处理后的深井海水与自然海水混合后进行流水养殖，每个养殖槽配备 2 个气石，24 h 充氧（DO 为 7.0 $mg \cdot L^{-1}$），日换水量为 300%～400%，pH 7.8 左右，水温 14.8～18.6℃。

1.3 试验饲料

试验饲料采用基础饲料＋浒苔干粉，基础饲料使用 3 种配方：自配饲料（Ⅰ），市售饲料 A（Ⅱ，配方：鱼粉，沿岸虾米粉（脱脂乳粉），小麦粉 2 化淀粉，活性谷胶，全卵粉末，啤酒酵母，肝脏粉，磷酸钙，甘草粉，食盐维他命 A、D_3、E、K_3、B_1、B_2、B_6、B_{12}、C，尼古丁酸泛酸，叶酸，胆酸，肌醇，生物素，硫酸锰，硫酸铁，衣索金等），市售饲料 B（Ⅲ，配方为进口优质鱼粉、鱼油、各种维生素、无机微量元素、天然诱食剂、水解多肽、复合微生态制剂）；浒苔添加量设 4 个梯度，分别为 0%，5%，10%，15%。基础饲料经粉碎过 60 目筛后，分别添加 0%（Ⅰ-0、Ⅱ-0、Ⅲ-0），5% 400 目浒苔粉（Ⅰ-1、Ⅱ-1、Ⅲ-1），10% 400 目浒苔粉（Ⅰ-2A、Ⅱ-2A、Ⅲ-2A），10% 200 目浒苔粉（Ⅰ-2B、Ⅱ-2B、Ⅲ-2B）和 15% 400 目浒苔干粉（Ⅰ-3、Ⅱ-3、Ⅲ-3），均匀混合后，利用颗粒机加工成直径 7 mm 的颗粒饲料，烘干保存待用。自制基础饵料的配方见表 1。

表 1　饵料配方Ⅰ

组成	鱼粉	豆粕	鱼油	淀粉	饲料酵母	多维	多矿	食盐	磷酸二氢钙	氯化胆碱	合计
含量	44	20	7	15	2	0.6	0.5	0.5	0.2	0.2	90

1.4 饲养管理

每日投饵两次，时间分别为 8:00 和 18:00，采用饱食投喂法，投饵量为鱼体重的 1.5%～3.0%，具体投喂量视水质及鱼的摄食情况略微调整。每次投喂后 5 min 观察摄食情况，使其饱食而不剩饵料，如有剩余饵料则减量投喂。每次投喂 30 min 后打开排污口排出粪便和残饵。定期倒池刷池，测定水质条件变化，检测鱼体病害情况，及时用药治疗鱼病。

1.5 检测项目与数据方法

对鱼饥饿处理 24 h 后，测定第 1 d 和第 30 d 每尾大菱鲆的体重和体长，每天测定水温、pH 和残食量。试验指标计算方法如下：

$$增重率（WGR）= 100 \times (W_t - W_0)/W_0$$

$$特定生长率（SGR）=(\ln W_t - \ln W_0)/t \times 100\%$$

$$饵料系数（FCR）= I_t/(W_t - W_0)$$

$$摄食率（FR）= 2I_t/[t \times (W_t + W_0)] \times 100\%$$

式中，t 为饲养时间（d）；W_0 为初体重（g）；W_t 为末体重（g）；I_t 为摄食饲料总重（g）。

结果采用 SPSS16.0 软件和 Excel 进行数据处理和图形绘制，单因素方差分析（ANOVA），显著水平 $P < 0.05$ 时，采用 Tukey 检验和 LSD 进行多重比较，结果表示为平均值 ± 标准误差。

水分：参照 GB 5009. 3—2010《食品中水分的测定》直接干燥法测定。
粗蛋白：参照 GB 5009. 5—2010《食品中蛋白质的测定》凯氏定氮法测定。
粗脂肪：参照 GB/T 5009. 6—2003《食品中脂肪的测定》索氏抽提法测定。
灰分：参照 GB 5009. 4—2010《食品中灰分的测定》测定。

2 试验结果与数据分析

2.1 不同基础饲料对大菱鲆生长性能的影响

自配基础饲料和市售饲料 A 组、B 组分别投喂大菱鲆，试验结果如图 1 和图 2 所示。由图 1 和图 2 可知，自配饲料组的摄食率显著高于市售饲料 A 组和 B 组，但是其饵料系数显著高于市售饲料 A 组和 B 组，特定生长率显著低于市售饲料 A 组和 B 组；3 种基础饲料对大菱鲆的增重率之间无显著差异。

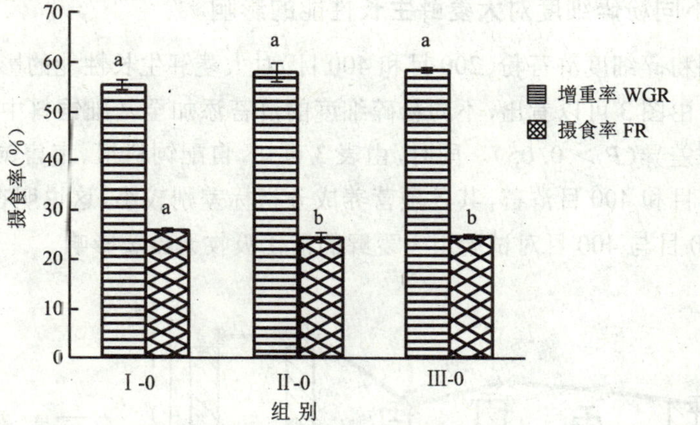

图 1　不同基础饲料对大菱鲆摄食率和增重率的影响

注：同一系列上标有相同字母表示差异不显著（$P > 0.05$），相异字母表示差异显著（$P < 0.05$），以下皆同。

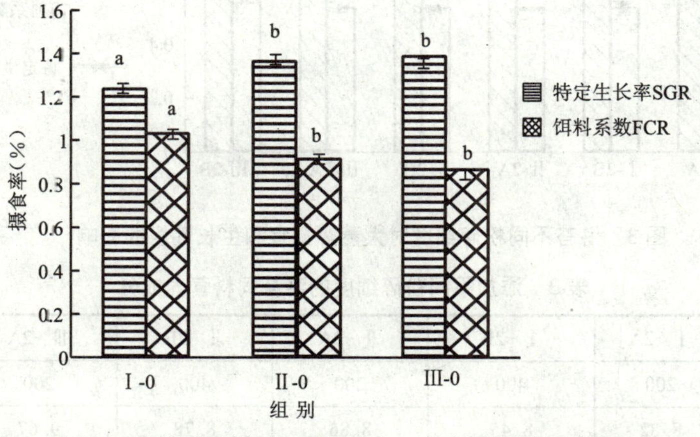

图 2　不同基础饲料对大菱鲆特定生长率和饵料系数的影响

对 3 组不同的大菱鲆基础饲料进行营养成分分析，结果如表 2 所示。由表 2 可知，自配饲料、市售饲料 A 和市售饲料 B 的粗蛋白含量和灰分含量依次升高，粗脂肪含量依次降低，除市售饲料 B 的灰分含量略高外（17.34%），其他基础饲料的营养成分含量均符合《SC/T2031—2004 大菱鲆配合饲料》的要求。本试验结果表明，蛋白质和灰分含量较高的市售饲料 B 组和 A 组效果要显著优于蛋白质和灰分含量较低的自配饲料组（$P < 0.05$）；市售饲料 B 组饲喂效果要优于市售饲料 A 组，但二者之间无显著差异（$P > 0.05$）。

表 2 不同基础饲料营养成分

组别	Ⅰ-0	Ⅱ-0	Ⅲ-0	SC/T 2031
水分（%）	9.01	9.02	10.04	≤10
粗蛋白（%）	48.58	56.82	63.70	≥42
粗脂肪（%）	12.86	11.32	8.34	≥8
灰分（%）	11.54	15.06	17.34	≤16

2.2 浒苔不同粉碎细度对大菱鲆生长性能的影响

试验对不同粉碎细度浒苔粉（200 目和 400 目）对大菱鲆生长性能的影响进行了研究，结果如图 3 所示。由图 3 可以看出，不同粉碎细度的浒苔添加至基础饲料中，对大菱鲆的生长性能影响无显著差异（$P > 0.05$）。同时，由表 3 可知，自配饲料组、市售饲料 A 组和 B 组添加相同量的 200 目和 400 目浒苔，其各项营养成分指标差别较小，这说明在浒苔添加量一定时，浒苔粉碎 200 目与 400 目对试验用大菱鲆的消化吸收无显著影响。

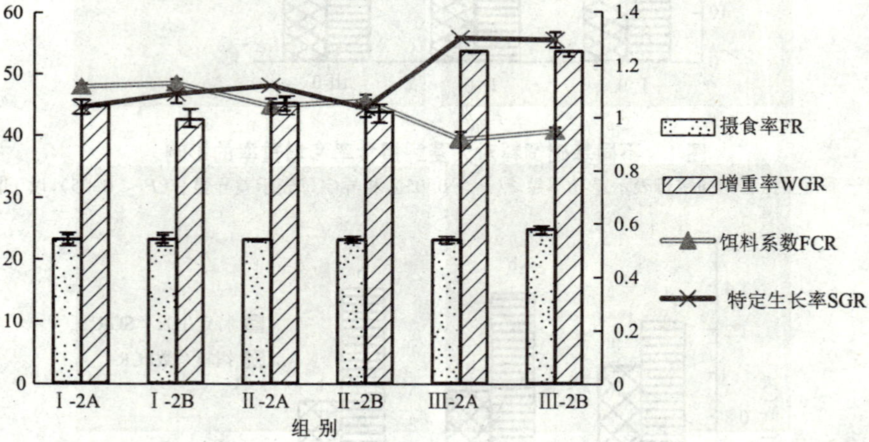

图 3 浒苔不同粉碎细度对大菱鲆摄食和生长性能的影响

表 3 添加不同粉碎细度的浒苔饲料营养成分

组别	Ⅰ-2A	Ⅰ-2B	Ⅱ-2A	Ⅱ-2B	Ⅲ-2A	Ⅲ-2B
浒苔目数	200	400	200	400	200	400
水分（%）	8.82	8.45	8.86	8.78	9.67	9.53
粗蛋白（%）	46.17	45.66	51.90	49.93	58.12	57.79
粗脂肪（%）	11.41	11.36	10.31	9.76	7.64	7.59
灰分（%）	12.50	12.89	15.36	15.91	17.82	17.88

2.3 不同浒苔添加量对大菱鲆生长性能的影响

试验对大菱鲆基础饵料中添加不同量的200目浒苔的饲喂效果进行了研究，试验结果如图4～图7所示。

图4表明，随着浒苔添加量的增大，各组摄食率均呈先升高后降低的趋势。浒苔添加量5%时，3组摄食率与对照组（浒苔添加量0）相比分别提高12.28%，12.51%，12.92%，具有显著差异（$P<0.05$）；浒苔添加量10%时，Ⅰ组摄食率显著低于对照组，Ⅱ组与Ⅲ组与对照组相比无显著差异（$P>0.05$）；浒苔添加量进一步增加至15%，摄食率继续降低，Ⅰ组和Ⅱ组摄食率均显著低于对照组（$P<0.05$），Ⅲ组与对照组相比无显著差异（$P>0.05$）。

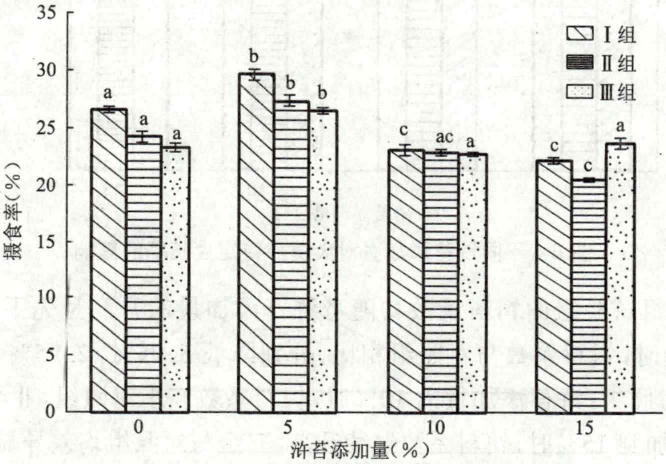

图4　不同浒苔添加量对大菱鲆摄食率的影响

图5表明，随着浒苔添加量的增大，各组增重率呈先升高后降低的趋势。浒苔添加量5%时，3组增重率与对照组相比，分别提高13.90%，8.21%和2.38%，Ⅰ组与对照组相比有显著差异（$P<0.05$）；浒苔添加量10%时，3组增重率均显著低于对照组（$P<0.05$）；浒苔添加量增加至15%时，增重率进一步降低，且均与对照组差异显著（$P<0.05$）。

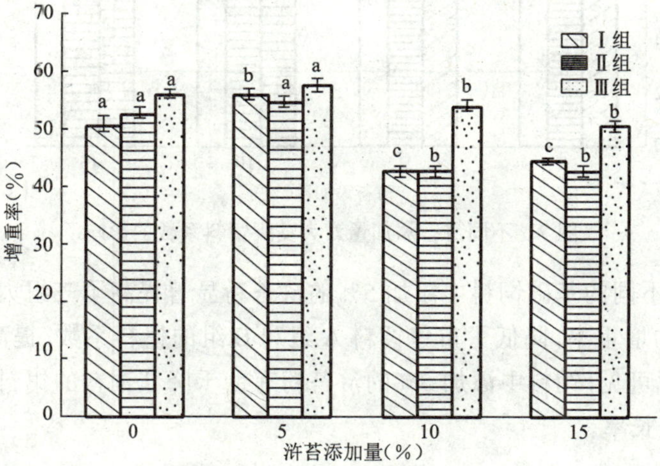

图5　不同浒苔添加量对大菱鲆增重率的影响

图6表明，随着浒苔添加量的增大，各组特定生长率呈先升高后下降的趋势。浒苔添加量5%时，三组的特定生长率分别为1.33%·d^{-1}，1.42%·d^{-1}和1.43%·d^{-1}，分别高于不添加浒苔的对照组的8.21%，4.41%和3.33%，差异显著($P < 0.05$)；浒苔添加量为10%和15%时，三组的特定生长率均显著低于对照组($P < 0.05$)。

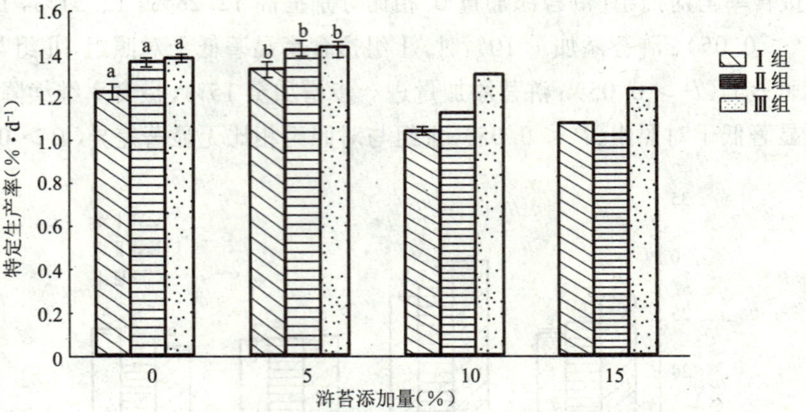

图6 不同浒苔添加量对大菱鲆特定生长率的影响

图7表明，三组试验组的饵料系数均随着浒苔添加量的升高呈先下降后升高的趋势。浒苔添加量为5%时，饵料系数与对照组相比，分别降低5.95%，2.95%和7.01%，Ⅲ组饵料系数显著低于对照组；浒苔添加量为10%时，饵料系数高于对照组，Ⅱ组与对照组差异显著；浒苔添加量增加到15%时，饵料系数继续升高，三组与对照组均差异显著。

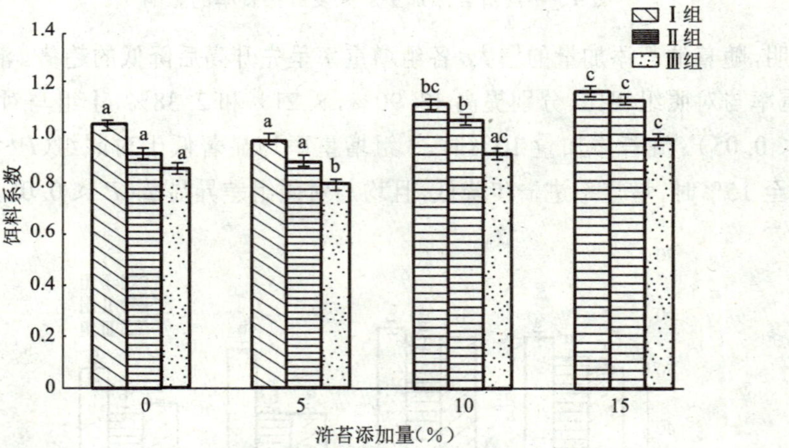

图7 不同浒苔添加量对大菱鲆饵料系数的影响

综上，在三种不同的基础饲料中添加5%的浒苔粉显著提高了三组大菱鲆的摄食率，提高了自配饲料组的增重率，降低了市售饲料A组和B组的饵料系数，提高了三组大菱鲆的特定生长率。由此可见，饲料中添加5%的浒苔粉有助于降低饲料的饵料系数，提高大菱鲆的摄食率和特定生长率。

表 4 不同浒苔添加量的饲料营养成分

组别	Ⅰ-0	Ⅰ-1	Ⅰ-2A	Ⅰ-3	Ⅱ-0	Ⅱ-1	Ⅱ-2A	Ⅱ-3	Ⅲ-0	Ⅲ-1	Ⅲ-2A	Ⅲ-3
水分(%)	9.01	8.90	8.82	8.45	9.02	8.93	8.86	8.83	10.04	9.82	9.67	9.82
粗蛋白(%)	48.58	47.75	46.17	44.06	56.82	54.40	51.90	50.97	63.70	61.44	58.12	55.67
粗脂肪(%)	12.86	12.07	11.41	10.93	11.32	10.38	10.31	8.91	8.34	7.98	7.64	7.43
灰分(%)	11.54	11.97	12.50	12.79	15.06	15.93	15.36	16.52	17.34	17.41	17.82	17.85

对不同浒苔添加量的大菱鲆饲料进行营养成分分析，结果如表 4 所示。据测定，浒苔蛋白质含量 15.7%，脂肪含量 1%，灰分含量 18.7%，因而在基础饵料中添加浒苔，随着浒苔添加量的增大，粗蛋白和粗脂肪含量呈下降趋势，灰分含量呈上升趋势。

3 讨论

3.1 基础饲料成分对大菱鲆生长的影响

国际上大菱鲆饲料的配制水平差别较大，Azam P. 等[12]分析法国、挪威等地市场后发现，饲料蛋白和脂肪含量变化分别为 46%～67%，8%～23%。马爱军等[13]研究认为，在含水量 10%左右时，大菱鲆幼鱼配合饲料中蛋白质适宜含量为 47%左右，脂肪含量应大于 8%，灰分含量应小于 12%；肖勤等[14]则认为大菱鲆饲料中的蛋白质含量应为 50%～60%。本试验结果显示，高蛋白质、高灰分的 B 组和 A 组的生长效果要优于低蛋白质、低灰分的自配组，推测可能是由于大菱鲆为肉食性鱼类，高蛋白水平的饲料会更好地促进大菱鲆的生长。

3.2 浒苔粉碎细度对大菱鲆生长的影响

目前尚无研究人员对浒苔粉碎细度对大菱鲆生长效果的影响进行研究。而我们前期对浒苔作为植物源饲喂海参的研究工作表明，200 目的浒苔粉中有大片段的细胞破碎，细胞联结，不利于细胞质溶出；而 400 目浒苔粉破碎较完全，易于吸收[15]。试验结果表明，在浒苔添加量一定时，浒苔粉碎 200 目与 400 目对试验用大菱鲆的生长效果无显著影响。

3.3 浒苔添加量对大菱鲆生长的影响

浒苔中呈味氨基酸含量高，微量元素含量丰富，且其甜菜碱的含量高于其他藻类[16]，而甜菜碱对一些水产动物来说是一种诱食因子，并能促进动物的摄食和生长[17]。已有学者研究表明，饲料中添加 20%的浒苔有助于促进梭鱼增重，提高饲料系数和饲料转化率[18]；大黄鱼配合饲料中添加 15%的浒苔能显著提高特定生长率和存活率[19]；自制饲料添加浒苔能够促进刺参幼参的生长，促进摄食[15]。本研究结果表明，饲料中添加 5%浒苔粉的诱食效果和生长促进作用良好。浒苔粉添加量过高时，一方面改变了饲料的整体营养结构，蛋白质含量下降，影响肉食性大菱鲆的摄食和生长；另一方面，鱼类消化海藻多糖的能力有限[20]，影响大菱鲆的消化吸收，反而投喂效果不佳。

4 结论

将浒苔粉添加到不同的大菱鲆基础饲料中进行投喂试验。结果表明，在大菱鲆饲料中添加 5%的浒苔粉，饲料中的各项营养成分与基础饵料相差不大，投喂大菱鲆时能够增加摄食率，降低饵料系数，促进大菱鲆生长，提高饲养效益；浒苔添加量进一步增大，饲料中的蛋白和脂肪含量明显降低，灰分含量过高，饲料营养结构失衡，投喂效果不理想。因而，建议大菱鲆饲料中可添加 5%的浒苔粉。

浒苔作为饲料添加剂，用于水产养殖，可有效促进大菱鲆的生长，提高大菱鲆的品质。因而，本研究试图对绿潮藻浒苔进行综合利用，为变害为宝提供新途径，为大菱鲆饲料源的开发提供新思路。

参考文献

[1] 林文庭．浅论浒苔的开发与利用 [M]．中国食物与营养，2007（9）：23-25.

[2] 张威，苏秀榕，邵亮亮，等．浒苔和江蓠对仙居鸡产蛋性能的影响 [J]．畜牧与兽医，2009，41（7）：46-48.

[3] 周蔚，徐小明，嵇珍，等．浒苔用作肉兔饲料的研究 [J]．江苏农业科学，2001（6）：68-69.

[4] 关洪斌，王晓兰，高秀莹，等．4 种实用配方饲料对锦鲤诱食活性和生长的影响 [J]．资源开发与市场，2011，27（9）：776-779.

[5] 闫杰，张欣，孔晓静，王韫哲，关洪斌，王晓兰．饵料中浒苔添加量对梭鱼生长影响效果研究 [J]．水生动物营养，2012（3）：64-65，71.

[6] 解康，关洪斌，冯文利，等．浒苔在鱼类养殖中深加工工艺的研究 [J]．饲料工业，2012，33（10）：22-24.

[7] 梁萌青，姚健，常青，等．添加浒苔配制海参配合饲料的方法 [P]. 200910016203. 9. 2009-11-18.

[8] 朱建新，曲克明，李健，等．不同处理方法对浒苔饲喂稚幼刺参效果的影响 [J]．渔业科学进展，2009，30（5）：108-112.

[9] 梁萌青，辛福言，常青，等．以绿藻浒苔作为大菱鲆诱食剂的制备方法 [P]. 200810249651. 9. 2009-06-17.

[10] 卢青，杨宁，王正丽，等．饲料中添加浒苔对大菱鲆生长和非特异性免疫力的影响 [J]．青岛农业大学学报（自然科学版），2015，32（1）：62-66.

[11] 王晓兰，关洪斌，田甜．3 种新型配方饲料对大菱鲆诱食和生长的影响 [J]．饲料研究，2014，（1）：50-54.

[12] Azam P，Sveier H，Weigel C，et al. Growth and body composition of turbot *Scophthalmus maximus*（L）in relation different lipid/protein ration in the diet [J]. Discovery to Commercialization，1993，（19）：310.

[13] 马爱军,陈四清,雷霁霖,等. 饲料中主要能量物质对大菱鲆幼鱼生长的影响 [J]. 海洋与湖沼, 2001, 32 (5) : 527-533.

[14] 肖勤,王维娜,王安利. 大菱鲆的营养研究进展 [J]. 海洋通报, 2003, 22 (1) : 86-91.

[15] 刘天红,吴志宏,王颖,等. 浒苔作为仿刺参幼参植物饲料源的可行性研究 [J]. 水产科学, 2013, 32 (10) : 597-600.

[16] Han Li-jun, Fan Xiao, Yan Xiao-jun. The betaines from Chinese seaweeds [J]. Chinese Journal of Oceanology and Limnology, 2002, 20 (1) : 97-100.

[17] Craig S Kasper, M. R White, P. B Brown. Betaine can replace choline in diets for juvenile Nile Tilapia, *Oreochromis niloticus* [J]. Aquaculture, 2001, 205: 119-126.

[18] 闫杰,张欣,孔晓静,等. 饵料中浒苔添加量对梭鱼生长影响效果研究 [J]. 饲料研究, 2012, (3) : 63-65.

[19] Asino Hiskia, Ai Qinghui, Mai Kangsen. Evaluation of Enteromorpha prolifera as a feed component in large yellow croaker (Pseudosciaena crocea) diets [J]. Aqu Res, 2011 (42) : 525-533.

[20] 范晓,严小军,韩丽君. 海藻加工利用研究进展 [J]. 海洋科学, 1995 (4) : 12-15.

(李红艳,刘天红,王璇璇,吴志宏,李晓,孙元芹,王颖)

(载自《水产科学》2016-07)

第五章

水生动物病害防治

间接 ELISA 快速检测副溶血弧菌方法的研究

副溶血弧菌(*Vibrio parahaemolyticus*,简称 VP)最早是由 Fujino 等[1]于 1953 年从日本一个食物中毒患者处初次分离得到的,是一种革兰氏阴性嗜盐菌,广泛分布于近海区域、盐湖及鱼、贝类等海产品中[2],是沿海地区引起食物中毒的重要病原菌,可导致患者出现腹泻、肠痉挛、恶心、呕吐和头疼等典型胃肠炎反应,严重者可引起败血症。资料显示,副溶血弧菌引发食物中毒的规模呈明显的上升趋势,已超过沙门氏菌引起的食物中毒,跃居首位[3]。为有效控制副溶血弧菌病原的发生扩散,准确即时的检测手段是预防控制该菌传播的关键所在。目前检测水产品中副溶血性弧菌的方法主要是常规的分离培养、生化鉴定和 PCR 技术及 ELISA 检测。常规方法具有检测时间长、敏感性低的缺陷,而酶联免疫吸附法(enzyme-linked immunosorbent assay,简称 ELISA)是将抗原、抗体的特异性免疫反应及酶的高效催化反应性有机结合起来的一项技术[5],它与其他检测方法相比,具有特异性强、敏感性高、检测时间短等优点,可以在短时间内准确地将副溶血弧菌检测出来。因此,本试验旨在利用间接 ELISA 法快速准确地检测副溶血弧菌,为今后采用 ELISA 法快速检测水产品中副溶血弧菌提供理论依据,为食品中副溶血弧菌的 ELISA 快速检测试剂盒的研制奠定基础。

1 材料与方法

1.1 材料与仪器

副溶血弧菌标准菌株、溶藻胶弧菌、爱德华氏菌均由山东省海洋生物研究院病害与渔药研究中心实验室保存;抗体 Rabbit Anti-Vibrio Parahemolyticus Polar flagellin B/D 和 Goat Anti-rabbit IgG/HRP 购于北京博奥森生物技术有限公司;可溶性单组分 TMB 底物溶液;TSA 固体培养基;3%氯化钠碱性蛋白胨水;脑心浸液液体培养基;生理盐水;96 孔聚苯乙烯酶标板;NanoQuant infinite M200 PRO 酶标仪;移液器;恒温振荡器;恒温培养箱。

1.2 试验用菌的准备

以平板画线法将从－80℃取出的副溶血弧菌接种于含有 3% NaCl 的 TSA 培养基上,28℃培养;24 h 后挑取单菌落接种于液体培养基中,160 rpm 振荡、过夜培养,得到浓度约 10^{10} cfu·mL^{-1} 的副溶血弧菌菌液,作为 ELISA 试验的抗原。

1.3 间接 ELISA 检测方法的建立

1.3.1 ELISA 检测流程

用 pH 9.6 的 0.05 mol•L^{-1} 碳酸盐缓冲液稀释副溶血弧菌抗原，加入 96 孔聚苯乙烯酶标反应板孔内，每孔 100 μL，4℃过夜包被；次日取出，用 PBST（PBS ＋ 0.1% Tween 20）缓冲液洗涤 3 次；每孔加入 300 μL 的 1% BSA 封闭液，37℃封闭 2 h，PBST 缓冲液洗涤 3 次；每孔加入 100 μL 适当稀释的一抗，设阴性对照和空白对照，37℃反应 1 h，PBST 缓冲液洗涤 3 次；每孔加入 100 μL 酶标二抗，37℃反应 1 h，PBST 缓冲液洗涤 3 次，去离子水洗涤 2 次；每孔加入 100 μL TMB 显色液，避光反应 30 min；以 100 μL 2 mol•L^{-1} H_2SO_4 终止反应；用酶标检测仪读取 OD_{450} 值，以判定结果 [6]。

1.3.2 棋盘标定法确定抗原包被浓度和二抗最适工作浓度

将 10^{10} cfu•mL^{-1} 浓度的副溶血弧菌悬液作系列 10 倍梯度稀释至 10^5 cfu•mL^{-1}，一抗稀释 500 倍（保证一抗过量），二抗梯度稀释进行间接 ELISA，以测得的 OD_{450} 值为 1.0 左右时的最大抗原浓度和抗体稀释度作为抗原、酶标二抗最适反应比。

1.3.3 棋盘标定法测定一抗效价

将一抗按照 1:500 作倍比稀释至 1:2 000，按照上述确定的抗原和二抗最佳浓度进行间接 ELISA，P/N 值（样品的 OD_{450} 值 / 阴性对照 OD_{450} 值）≥ 2.1 时的最大稀释倍数即为一抗效价。

1.3.4 封闭液的选择

将抗原、抗体稀释至最适工作浓度，选取 5% 脱脂奶粉、0.1% BSA 和 1% BSA 分别作为封闭液进行间接 ELISA 试验。

1.3.5 封闭时间的确定

将抗原、一抗稀释至最适反应比，酶标二抗作 1:1 000 稀释（厂家推荐最佳工作浓度），加入 1% BSA 在 37℃条件下分别封闭 1 h 和 2 h，进行间接 ELISA 试验。

1.3.6 敏感性试验

将副溶血弧菌菌悬液作系列 10 倍梯度稀释至 10^4 cfu•mL^{-1}，一抗、二抗分别稀释至最适工作浓度，每个稀释度设置 5 个平行孔，同时设阴性对照和空白对照，进行间接 ELISA 试验，以确定最小的抗原检测浓度。

1.3.7 特异性试验

将副溶血弧菌、溶藻胶弧菌、爱德华氏菌三株菌浓度都设定为 10^9 cfu•mL^{-1}，于 4℃过夜包被酶标板，每株菌平行包被 3 孔，一抗、二抗分别稀释到最适工作浓度，同时设阴性对照和空白对照，进行间接 ELISA 试验，确定交叉反应情况 [7]。

2 结果与讨论

2.1 抗体效价

以间接 ELISA 法测定副溶血弧菌抗体效价，以抗体的吸光值 2.1 倍于阴性对照吸光值时，抗体最大稀释倍数的倒数作为效价[8]。由图1可知，副溶血弧菌抗体效价为10^{-3}。

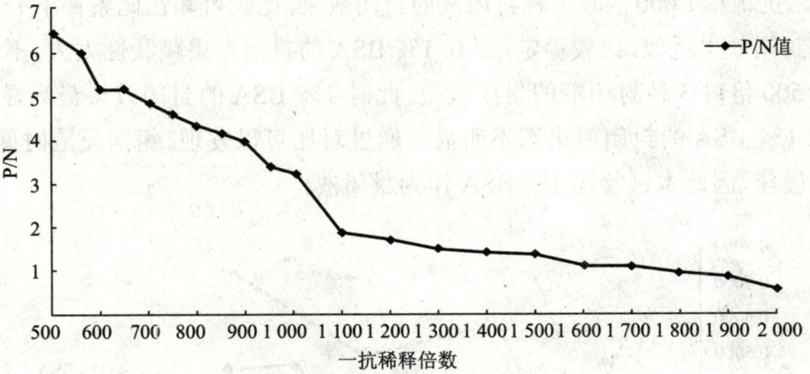

图1 副溶血弧菌抗体效价检测

2.2 抗原、二抗的最适工作浓度的确定

从表1可以看出，当抗原浓度为10^9 cfu·mL^{-1}时，二抗稀释度为1:500和1:1 000所得的OD_{450}值均在1.0左右，但1:1 000的稀释度的P/N值较大，因此二抗稀释度为1:1 000和抗原浓度为10^9 cfu·mL^{-1}是最适工作浓度。当二抗稀释度为1:500时，抗原浓度为10^9 cfu·mL^{-1}时所得的OD_{450}值也在1.0左右，但考虑到HRP标记的二抗稀释500倍可能出现空白对照显色过高的情况，所以本试验采用二抗稀释度为1:1 000和抗原浓度为10^9 cfu·mL^{-1}作为最适工作浓度。

表1 棋盘标定法试验结果

抗原包被浓度 (cfu·mL^{-1})	酶标二抗稀释度					
	1:500	1:1 000	1:2 000	1:4 000	1:8 000	1:10 000
10^{10}	1.2262	1.0326	0.5899	0.1491	0.1083	0.0991
	12.54	11.94	7.09	1.96	1.46	1.35
10^9	1.1105	0.9922	0.5452	0.1239	0.0936	0.0925
	11.35	11.47	6.55	1.64	1.27	1.26
10^8	0.7227	0.6985	0.4129	0.1159	0.0912	0.0901
	7.39	8.07	4.96	1.53	1.23	1.23
10^7	0.3832	0.3735	0.2348	0.0928	0.0906	0.0868
	3.92	4.32	2.82	1.23	1.22	1.18
10^6	0.2562	0.2289	0.1792	0.0897	0.0859	0.0846
	2.61	2.65	2.15	1.18	1.16	1.15
10^5	0.2121	0.1705	0.1544	0.0876	0.0850	0.0801
	2.17	1.97	1.85	1.16	1.15	1.09
空白对照	0.0978	0.0865	0.0832	0.0757	0.0739	0.0731

注：表中第一行数据为OD_{450}值，第二行数据为P/N值。

2.3 最佳封闭液的选择

图2为二抗稀释1 000倍时三种封闭液的封闭效果，比较可知在此条件下1% BSA和5%脱脂奶粉的封闭效果近似，比较稳定，而0.1% BSA的封闭效果跳跃性太大，不稳定；图3为二抗稀释2 500倍时3种封闭液的封闭效果，此时1% BSA的封闭效果最为显著，而5%脱脂奶粉和0.1% BSA的封闭效果都不明显。通过对比可以发现，相同反应时间内1% BSA的封闭效果最佳，因此本试验选1% BSA作为封闭液。

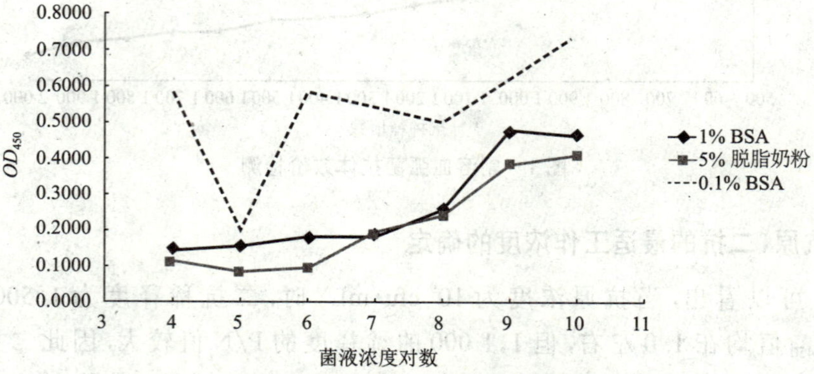

图2　二抗稀释1 000倍时3种封闭液的封闭效果

注：所用菌液浓度分别为10^4 cfu·mL^{-1}，10^5 cfu·mL^{-1}，10^6 cfu·mL^{-1}，10^7 cfu·mL^{-1}，10^8 cfu·mL^{-1}，10^9 cfu·mL^{-1}，10^{10} cfu·mL^{-1}。

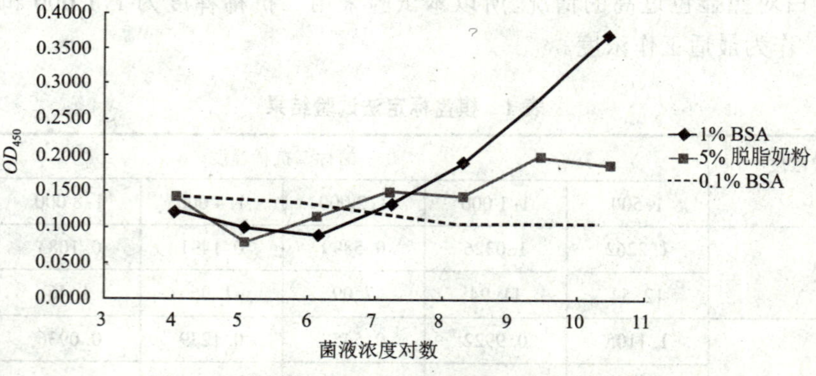

图3　二抗稀释2 500倍时3种封闭液的封闭效果

注：所用菌液浓度分别为10^4 cfu·mL^{-1}，10^5 cfu·mL^{-1}，10^6 cfu·mL^{-1}，10^7 cfu·mL^{-1}，10^8 cfu·mL^{-1}，10^9 cfu·mL^{-1}，10^{10} cfu·mL^{-1}。

2.4 最佳封闭时间的确定

由图4可以看出，封闭2 h的OD_{450}效果明显优于封闭1 h的效果，因此本试验选取封闭2 h为最佳封闭时间。

2.5 敏感性试验

用抗原、抗体的最适工作浓度进行间接ELISA检测抗原的灵敏度，由表2可以看出，菌悬液浓度为10^6 cfu·mL^{-1}时即可检出。

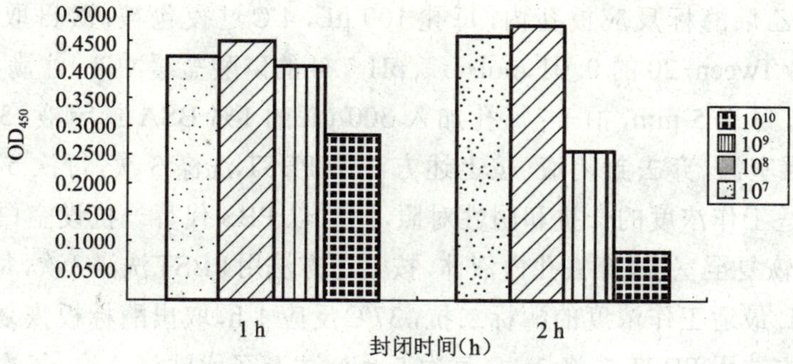

图 4　封闭试验结果

表 2　敏感性试验结果

抗原包被浓度($cfu \cdot mL^{-1}$)	OD_{450}	P/N	－/＋
10^{10}	1. 0216	12. 09	＋
10^{9}	0. 9938	11. 76	＋
10^{8}	0. 7026	8. 31	＋
10^{7}	0. 3965	4. 69	＋
10^{6}	0. 2214	2. 62	＋
10^{5}	0. 1756	2. 07	－
10^{4}	0. 1215	1. 43	－
10^{3}	0. 1037	1. 23	－
阴性对照	0. 0845		
空白对照	0. 0698		

注：表中"＋"表示阳性，"－"表示阴性。

2.6 特异性试验

检测溶藻胶弧菌、爱德华氏菌与兔抗副溶血弧菌鞭毛蛋白交叉反应情况，以副溶血弧菌作对照，进行间接 ELISA 试验。结果显示只有副溶血弧菌呈阳性，其余细菌均呈阴性，结果见表 3。

表 3　交叉试验结果

抗原	一抗	阴性对照 OD_{450}	空白对照 OD_{450}	交叉反应(－/＋)
副溶血弧菌	1. 0021	0. 0936	0. 0825	＋
爱德华氏菌	0. 1023	0. 0895	0. 0857	－
溶藻胶弧菌	0. 1134	0. 0867	0. 0869	－

注：表中"＋"表示阳性，"－"表示阴性。

2.7 间接 ELISA 检测法的标准化

用包被液($0.05\ mol \cdot L^{-1}$，pH 9. 6碳酸盐缓冲液)将副溶血弧菌菌液稀释成 $10^{9}\ cfu \cdot mL^{-1}$，

加入 96 孔聚苯乙烯酶标反应板孔内，每孔 100 μL，4℃过夜包被；次日取出放至室温，用 PBST（含 0.1% Tween-20 的 0.01 mol·L^{-1}、pH 7.4 的磷酸盐缓冲液）注满各孔，振荡洗涤，甩干，重复 3 次，每次 5 min，拍干；每孔加入 300 μL 的 1% BSA 封闭液，37℃封闭 2 h，取出酶标板恢复至室温，弃去封闭液，按上述方法用 PBST 洗涤 3 次，每次 5 min，拍干；每孔加入 100 μL 最适工作浓度的一抗和阴性对照，同时以 PBS 代替一抗设空白对照，37℃反应 1 h，取出酶标板恢复至室温，弃去孔内液体，按上述方法用 PBST 洗涤 3 次，每次 5 min，拍干；每孔加入 100 μL 最适工作浓度的酶标二抗，37℃反应 1 h，取出酶标板恢复至室温，弃去孔内液体，按上述方法用 PBST 洗涤 3 次，每次 5 min，去离子水洗涤 2 次，每次 5 min，拍干；每孔加入 100 μL TMB 显色液，室温避光反应 30 min；每孔加入 100 μL 2 mol·L^{-1} H_2SO_4 终止反应；轻轻摇匀，用酶标检测仪读取 OD_{450} 值，测定结果。

3 讨论

食源性病原菌的常规检测方法是通过培养、分离、生化及血清学鉴定进行检测，但许多研究表明，副溶血弧菌在不良环境（如低温、贫营养）下进入“活的未可培养状态”（viable but nonculturable state, VBNC）。所谓 VBNC 菌是指活的、具有生长繁殖潜力，且现有的培养方法和培养条件无法使其恢复生命活性，处于休眠状态的一类菌[11-15]，它们在适当的条件下还可以复苏，仍具有致病力，常规的培养法无法检测到处于这种状态的细菌，造成漏检。大量研究证实，进入 VBNC 的细菌仍然保持着和正常细菌一样的表面抗原[13]，因此可以利用免疫学技术进行检测，ELISA 具有标记试剂较稳定、灵敏度高、重复性好、检测时间短、操作方便、所需仪器设备简单等优点，是目前应用最多的免疫学检测方法。

近十几年，对副溶血弧菌的检测方法已从常规的培养检测发展到以免疫学或 DNA 为基础的快速检测。前者分离培养病原菌需要时间较长，而许多传染病在 2 ~ 3 d 内就能造成很大的损失；免疫 PCR 技术和 PCR-ELISA 技术虽然具有灵敏度高、特异性强、重复性好，以及不受病原发育时期的限制和不受环境影响的优点，但因使用的仪器精密、药品昂贵，同时检测程序复杂，要得到普及和广泛使用尚有一定难度[16]。酶联免疫吸附检测技术（ELISA）利用免疫反应的高度特异性和酶促反应的高度敏感性进行抗原或抗体的检测，是一种定性和定量的综合性技术，具有快速、准确、灵敏度高和可重复性强等特点，并且易制成检测特定种类病原菌的商品性试剂盒，更适合于野外操作及大量样品的检测，在病原性弧菌检测中有着突出的优点[7]。目前，国内已经把此方法应用于弧菌的快速检测中[9-11]。

本试验旨在利用间接 ELISA 方法快速有效地检测副溶血弧菌，敏感性试验和特异性试验的试验结果，充分说明所选的多克隆抗体具有很好的敏感性和特异性，与其他水产细菌无交叉反应。间接 ELISA 检测法标准化后，其检测参数为：4℃过夜包被；抗原包被浓度为 10^9 cfu·mL^{-1}；封闭时间为 2 h；一抗工作稀释度为 1:1 000；抗原、一抗孵育时间为 1 h；酶标二抗工作稀释度为 1:1 000；一抗与酶标二抗孵育时间为 1 h；酶与底物室温反应，时间为 30 min；菌悬液检测阈值为 10^6 cfu·mL^{-1}；孵育温度为 37℃。间接 ELISA 检测法具有检测时间短、特异性强、准确度高等优点，为食品中特别是水产品中副溶血弧菌的检测提供快速准确的检测方法，为后期试验也提供了理论依据，具有很高的实际参考意义。

参考文献

[1] Fujino T, Okuno Y, Nakada D, et al. Progress on the bacteriological examination of shirasu food poisoning [J]. Med J Osaka Univ, 1953, 4: 299-304.

[2] Bartley C H, L W Slanetz. Occurrence of *Vibrio parahaemolyticus* in estuarine waters and oyeteres of New Hampshire[J]. Appi. Microbiol, 1971, 21: 965-966.

[3] 刘秀梅. 食源性疾病监控技术的研究 [J]. 中国食品卫生杂志, 2004, 16(1): 3-9.

[4] 周庭银, 赵虎, 马于行. 夏秋季腹泻中弧菌属及气单胞菌属的分离与鉴定 [J]. 中国医学检验杂志, 1992, 15: 31.

[5] 焦奎, 张书圣. 酶联免疫分析技术及应用 [M]. 北京: 化学工业出版社, 2004: 84-89.

[6] 窦勇, 宁喜斌. 副溶血弧菌间接 ELISA 快速检测法的建立 [J]. 食品工业科技, 2007, 28: 205-350.

[7] 张晓华, Peter Robertson, Brain Austin, 等. 检测海洋弧菌的酶联免疫吸附实验研究 [J]. 青岛海洋大学学报, 1997, 27(3): 326-331.

[8] 陈福生, 高志贤, 王建华. 食品安全检测与现代生物技术 [M]. 北京: 化学工业出版社, 2004.

[9] 蒋燕群, 倪语星. 用斑点 ELISA 检测副溶血弧菌的耐热溶血素 (TDH)和 TDH 类似毒 (TRH) [J]. 上海医学检验杂志, 1997, 12: 143-144.

[10] 臧红梅, 樊景凤, 王斌. 应用斑点 ELISA 技术检测副溶血弧菌 [J]. 大连水产学院学报, 2006, 1: 79-82.

[11] 王军, 鄢庆批, 苏永全, 等. 养殖大黄鱼副溶血弧菌的酶联免疫吸附法研究 [J]. 台湾海峡, 2001, 3: 346-350.

[12] 姚斐, 寇运同, 陈刚, 等. 间接免疫荧光抗体技术检测活的非可培养状态的副溶血弧菌 [J]. 海洋科学, 2000, 9: 11-13.

[13] Hiroyukiy. Viable but nonculturable stage as a general phenomenon of non-spore-forming bacteria, and it's modeling[J]. Japanese Society of Chemotherapy and the Japanese Association for Infactious Diseases, 2000, 6: 112-114.

[14] Romesranel B, Dragesco A, Breuia, et al. An ELISA technique for rapid diagnosis of Vibiosis in sea bass Dicen-trarchus Cabrax[J]. Diseases of Aquatic Organisms, 1993, 15: 137-143.

[15] Sunnw, Yoshmitsu M, Akemit, et al. A comparison of solid and liquid media for resuscitation of starvation and low-temperature-induced nonculturable cells of Aeromonas hydrophila[J]. Arch Microbiol, 2000, 173: 307-310.

[16] 李国, 闫茂仓, 常维山, 等. 文蛤副溶血弧菌间接 ELISA 检测技术的研究 [J]. 海洋通报, 2008, 27(5): 5-6.

(王淑娴, 曲梁静, 盖春蕾, 王晓璐, 樊英, 叶海斌, 李天保 ★)

(载自《齐鲁渔业》201609)

免疫增强剂党参对仿刺参肠道菌群的影响

肠道是病原微生物入侵机体的最主要部位，许多疾病的发生都始于肠道[1,2]。然而，肠道菌群是肠道微生态的主导者，这些细菌间以及细菌与动物机体之间都形成了一个相互依赖、协作共进的整体，在机体免疫、营养、吸收等方面都起到非常重要的作用[3]。细菌群落研究一直都是基于传统的微生物培养方法，操作费时费力，且不能反映它们在自然界的群落结构以及详细的丰度状况和多样性[4]。目前，自然环境中尚有高达85%～99%的微生物未能进行人工培养[5]，对复杂的生态系统中细菌群落结构的了解更是十分有限[4]。仿刺参（*Apostichopus japonicas*）属无脊椎棘皮动物，非特异性免疫防御系统在机体中具有较为重要的作用，而肠道系统在整个机体防御中又具有举足轻重的作用。然而，目前对仿刺参肠道微生态环境内细菌群落结构及生态多样性的了解很少，免疫增强剂影响仿刺参肠道菌群方面的研究也未见报道。

聚合酶链式反应（polymerase chain reaction，PCR）-变性梯度凝胶电泳（denaturing gradient gel electrophoresis，PCR-DGGE）是基于相同长度但不同碱基组成的DNA序列片段电泳分析的技术[6]。1993年Muyzer等[7]首次将其用于细菌群落分析；2007年Hovda等[8]利用该技术分析了大西洋鲑（*Salmo salar* L.）前肠、中肠和后肠的细菌群落组成及优势菌群；此外，Zhou等[9]利用该技术研究了网箱养殖的青石斑鱼（*Epinephelus awoara*）的胃、幽门盲囊、前肠、中肠和后肠的细菌群落组成；罗鹏等[10]利用该技术对比研究了凡纳滨对虾（*Litopenaeus vannamei*）养殖环境以及消化道内细菌群落组成的多样性和相似性；高菲等[11]利用该技术研究了仿刺参前肠、中肠和后肠内含物的细菌群落组成，证实仿刺参消化道的细菌群落直接或间接来源于仿刺参的栖息地环境，有助于进一步揭示细菌群落在仿刺参免疫等生理生化过程中的作用。然而，在免疫增强剂作用的情况下通过PCR-DGGE技术对仿刺参消化道内容物细菌群落组成的研究还未见报道。本试验拟采用传统平板统计方法和PCR-DGGE技术比较分析仿刺参应用免疫增强剂党参后肠道细菌数量和群落结构变化，以揭示仿刺参在应用免疫增强剂后肠道细菌群落的动态变化，体现细菌群落在仿刺参消化吸收免疫增强剂过程中的作用和重要性，为进一步了解和应用免疫增强剂提供参考。

1 材料与方法

1.1 试验材料

党参购自西安宝鸡生物技术有限公司，其纯度达到85%以上。实验室内通过锐孔凝固浴方式制备微胶囊制剂，其包埋率达到85%。其他试剂均为化学分析纯。细菌基因组DNA提取试剂盒、PCR扩增试剂均购自TaKaRa公司；肠道内容物基因组提取QUAGEN试剂盒购自青岛博康生物技术有限公司；细菌16S rDNA通用引物27f和1492r、V3区扩增引物F357和R518均由上海生工生物工程技术服务有限公司合成。

1.2 试验方法

1.2.1 仿刺参饲养试验

挑选个体均匀、外观无疾病症状的健康仿刺参，体重18.00 g±2.00 g，随机分配到6个试验水槽（长70 cm× 宽30 cm× 高40 cm）内，温度控制在15.0℃ ±1.0℃。仿刺参随机分为2组（对照组、试验组），每组6个重复（水槽），每个重复12只。试验期间按照体重的2%饱食投喂，对照组投喂海泥、鼠尾藻粉按照1:1的质量比配制的饵料，试验组饵料中以基础饵料（鼠尾藻粉）质量的2%添加党参，连续投喂28 d，每天15:00投喂，吸除残饵和粪便，同时补充新鲜海水。试验期间连续充气，盐度32，pH 7.8 ～ 8.2，溶解氧浓度＞ 5 $mg \cdot L^{-1}$。

1.2.2 肠道样品处理

投喂党参免疫增强剂后第28 d分别从每个水槽中随机抽取3只仿刺参，在冰盘中取出肠道，称取0.5 g，加入10倍体积（质量体积比）的无菌预冷重蒸水，在冰浴中（0 ～ 4℃）用灭菌匀浆器充分研磨匀浆后，一部分样品以10倍递增稀释法进行稀释，取3个合适的稀释度涂布于2216e和硫代硫酸盐柠檬酸盐胆盐蔗糖（TCBS）琼脂培养基，分别用于培养肠道异养菌和弧菌。每个稀释度做3个平行，25℃培养1～2 d。另一部分样品于－80℃冷冻保存备用。

1.3 生长性能测定

摄食量是指仿刺参一次投喂摄食的饵料数量。在生产实际应用中，通常采用日摄食量（daily feed intake，DFI）来衡量水产动物的摄食情况。

饵料系数即饵料用量与养殖仿刺参增重量的比值。计算公式：

饵料系数（feedconversion ratio，FCR）＝总投饵量 / 增重量。

28 d的饲喂试验结束后，对仿刺参进行称重（滤纸上静置30 s后进行称量），计算仿刺参的特定生长率。计算公式：

特定生长率（specific growth，SGR，$\% \cdot d^{-1}$）＝ 100×（ln终末体重－ln初始体重）/ 试验天数。

1.4 肠道细菌总DNA提取及16S rDNA V3区扩增

在无菌条件下利用QUAGEN试剂盒提取肠道细菌基因组总DNA作为模板，采用细菌16S rDNA V3区特异引物F357（5′-CCTACGGGAGGCAGCAG-3′）和R518（5′ATTACCGCGGCTG CTGG-3′）分别进行扩增。

1.5 肠道细菌 DGGE 图谱分析

1.5.1 序列数目统计

本试验采用双端（pair-end）测序。首先对原始数据进行质量控制，舍弃低质量序列（50 个连续碱基平均质量＞ 0，不允许有模糊碱基）。舍弃无法连接的序列，对连接上的序列进行过滤（连续相同碱基数＜ 6，模糊碱基数＜ 1），获得最终用于分析的序列。

1.5.2 基于群落结构对物种丰度进行统计分析

在样品相似度为 0. 97 的情况下进行多样品物种丰度的统计，可反映样品中物种分布的均匀度。

1.5.3 基于群落结构进行 Beta 多样性统计分析

Beta 多样性是基于群落结构来比较多组样本之间的差别度量，是物种组成沿环境梯度或者在群落间的变化率，用来表示生物种类对环境异质性的反应，通过主坐标分析（principal coordinates analysis，PCoA）来表现。

1.5.4 基于群落结构进行聚类分析

将属水平上的分类信息分别按照样品和分类进行聚类分析后作出 heatmap 图，反映出各样品的相似性。

1.6 数据统计分析

试验数据用平均值 ± 标准误差表示，采用 SPSS 17. 0 软件中的单因素方差分析（one-way-ANOVA）进行统计，$P < 0.05$ 为差异显著。

2 结果与分析

2.1 生长性能

饲养试验结束后对仿刺参的生长性能进行统计，结果（表 1）显示，试验组仿刺参的饵料系数显著低于对照组（$P < 0.05$），特定生长率显著高于对照组（$P < 0.05$），表明党参提高了仿刺参的生长性能。

表 1　免疫增强剂党参对仿刺参生长性能的影响

组别	初始体重 IBW（g）	终末体重 FBW（g）	日摄食量 DFI（g）	饵料系数 FCR	特定生长率 SGR（$\%\cdot d^{-1}$）
对照组	18. 7±0. 3	20. 3±0. 2	0. 37±0. 01	6. 55±0. 13a	0. 29±0. 01a
试验组	18. 3±0. 3	20. 4±0. 5	0. 37±0. 01	4. 90±0. 15b	0. 380±0. 01b

注：同列数据肩标不同小写字母表示差异显著（$P < 0.05$）。下表同。

2.2 肠道内容物中异养菌及弧菌数量

如表 2 所示，投喂党参的试验组仿刺参肠道内容物中异养菌的数量达 2.13×10^7 $cfu\cdot mL^{-1}$，而对照组仅为 1.61×10^7 $cfu\cdot mL^{-1}$，试验组较对照组显著增加（$P < 0.05$）；试验组仿刺参肠道内容物中弧菌数量为 2.06×10^7 $cfu\cdot mL^{-1}$，与对照组无显著差异（$P > 0.05$）。

表 2 免疫增强剂党参对仿刺参肠道内容物异养菌及弧菌数量的影响

组别	异养菌 *Heterotroph*（$\times10^7$ cfu·mL^{-1}）	弧菌 *Vibrio*（$\times10^6$ cfu·mL^{-1}）
对照组	1.61±0.33[a]	2.12±0.17
试验组	2.14±0.21[b]	2.06±0.26

2.3 肠道细菌 16S rDNA 及 16S rDNA V3 区 PCR 扩增产物

按照试剂盒方法提取对照组和试验组中仿刺参肠道内容物细菌总 DNA，细菌 16S rDNA V3 区经特异性引物扩增后，试验组与对照组分别得到单一明显的扩增片断，大小在 230 bp 左右，而阴性对照组则无条带（图 1）。

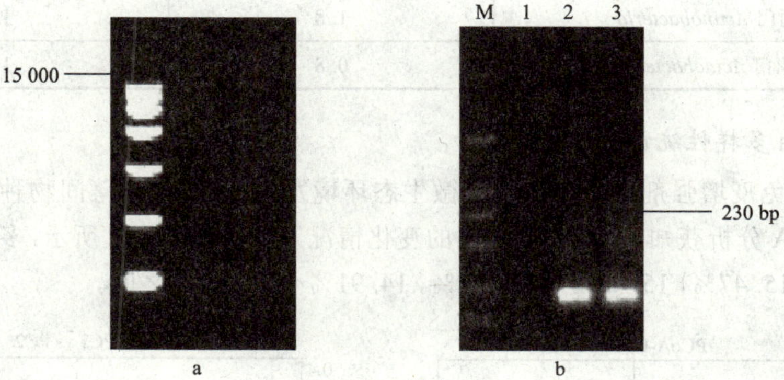

图 1 PCR 扩增产物琼脂糖凝胶电泳

a：肠道细菌 16S rDNA 扩增产物 1. 对照组 2. 试验组

b：肠道细菌 16S rDNA V3 区扩增产物 1. 阴性对照组 2. 对照组 3. 试验组

2.4 肠道细菌 DGGE 图谱分析

2.4.1 序列统计分析

从表 3 中可以看出，应用党参后仿刺参肠道内容物细菌有效序列数变化不显著（$P>0.05$），基本保持在 45 000～50 000；而优质序列数之间差异显著（$P<0.05$），优质序列比例显著增加（$P<0.05$），试验组优质序列比例达 97.57%，而对照组仅为 80.22%。

表 3 序列数统计

组别	有效序列数	优质序列数	优质序列比例（%）
对照组	46 755.00±0.16	37 509.00±0.20[a]	80.22±0.12[a]
试验组	49 197.00±0.07	48 002.00±0.11[b]	97.57±0.07[b]

2.4.2 在门的层次下对物种丰度进行统计分析

应用党参免疫增强剂后仿刺参肠道内容物中菌群结构发生了改变，优势菌群归属于变形菌门（*Proteobacteria*）、拟杆菌门（*Bacteroidetes*）和疣微菌门（*Verrucomicrobia*）；其中拟杆菌门（21.4%）和变形菌门（28.1%）的丰度提高较多，而对照组仅有 8.8% 和 25.1%；放线菌门（*Actinobacteria*）（1.2%）和疣微菌门（39.1%）丰度降低，对照组为 1.8% 和 57.4%（表 4）。

表 4 丰度统计(%)

菌名 Bacteria	对照组 Control group	试验组 Experimental group
疣微菌门 *Verrucomicrobia*	57. 4	39. 1
鞘脂杆菌门 *Sphingobacteria*	0. 5	1. 4
变形菌门 *Proteobacteria*	25. 1	28. 1
绿菌门 *Chlorobi*	3. 4	4. 7
厚壁菌门 *Firmiaites*	1. 2	1. 2
蓝菌门 *Cyanobacteria*	0. 8	0. 8
拟杆菌门 *Bacteroidetes*	8. 8	21. 4
放线菌门 *Actinobacteria*	1. 8	1. 2
酸杆菌门 *Acidobacteria*	0. 8	1. 1

2.4.3 Beta 多样性统计分析

投喂党参免疫增强剂后仿刺参肠道微生态环境发生了改变,群落间物种变化不同。通过主坐标 PCoA 分析获知,物种在群落间的变化情况及变化率如图 2 所示,多样性系数范围在 14. 91%～15. 47%,15. 47%～16. 21%,14. 91%～16. 21%之间。

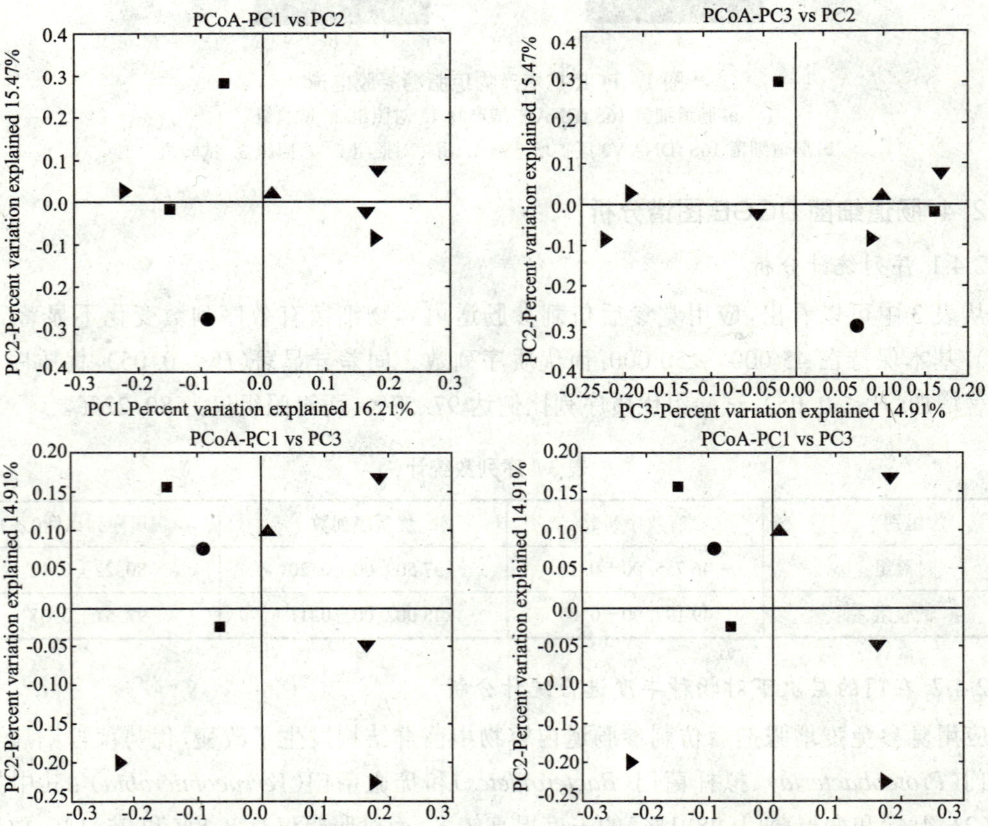

图 2 PCoA 分析中 2D PCoA 图(多样性百分比)

2.4.4 聚类分析

电泳图谱经聚类分析后如图 3 所示，不同位置的条带表示不同的细菌菌属。从图中可看出，仿刺参肠道内存在丰富的物种菌群，优势菌群疣微菌门、放线菌门、变形菌门较多，与对照泳道比较，样品中发生显著变化的有嗜血杆菌属(*Haemophilus*)、硫酸盐还原菌(*Anaerofilum*)，而放线菌属(*Actinomyces*)、肉杆菌属(*Atopostipes*)等条带仅亮度加深，含量增多；未发生显著变化的有衣原体属(*Chlamydia*)、微单胞菌属(*Parvimonas*)等，故党参免疫增强剂可改变仿刺参肠道内菌群组成。党参试验组样品在菌群结构发生变化的情况下相似性系数达 0. 97。

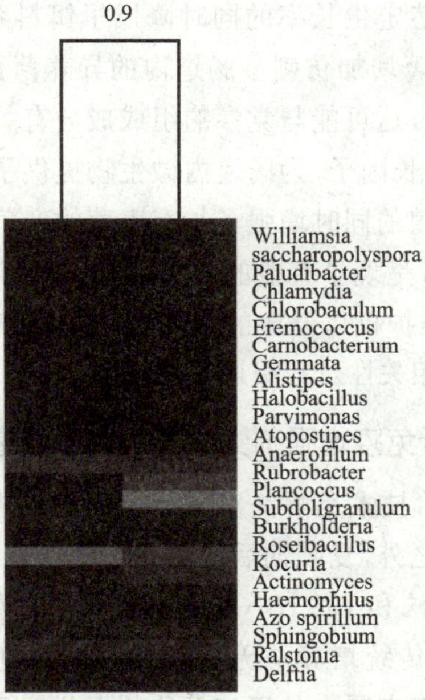

图 3 聚类分析 heatmap 图(左：对照组；右：试验组)

Williamsia：威廉士氏菌属；*Saccharopolyspora*：糖多孢菌属；*Chlamydia*：衣原体属；*Chlorobaculum*：鱼腥蓝细菌属；*Eremococcus*：另位球菌属；*Carnobacterium*：肉食杆菌属；*Gemmata*：出芽菌属；*Alistipes*：另枝菌属；*Halobacillus*：中度嗜盐菌；*Dolosicoccus*：气球菌属；*Parvimonas*：微单胞菌属；*Atopostipes*：肉杆菌属；*Anaerofilum*：厌氧细杆菌属；*Rubrobacter*：红色杆菌属；*Planococcus*：动性球杆菌属；*Burkholderia*：伯克霍尔德氏菌属；*Roseibacillus*；*Kocuria*：考克氏菌属；*Actinomyces*：放线菌属；*Haemophilus*：嗜血杆菌；*Azospirillum*：固氮螺菌属；*Sphingobium*：鞘脂菌属；*Ralstonia*：劳尔氏菌属；*Delftia*：代尔夫特菌属。

3 讨论

3.1 免疫增强剂党参对仿刺参肠道细菌数量的影响

机体各个部分、各个器官都是一个整体，肠道在这个整体中占有重要位置，不但是营养吸收的主要部位，还是抵御病原微生物的主要屏障。许多疾病的发生都是肠道功能紊乱所致，故将肠道功能维持在最佳水平是提高机体机能、降低动物疾病等的重要手段之一[12]。维持肠道功能涉及众多方面，如肠道相关淋巴样组织、肠道黏膜物质的分泌或表达、肠道抗氧化能力以及肠道菌群结构的变化等[2, 12, 13]。肠道菌群是肠道黏膜屏障的重要组成部分，在肠道免疫系统中发挥双重作用[14]。张红梅等[15]研究发现，甘露寡聚糖可显著抑制鲤鱼(*Cyprinus carpio* L.)肠道大肠杆菌的增殖，促进乳酸菌和双歧杆菌(*Bifidobacterium*)的增殖。杨世平等[16]发现，干酵母与活酵母均能显著减少对虾肠道内的细菌总数、弧菌数量。Hoseinifar等[17]发现，啤酒酵母使得欧鳇(*Huso huso*)幼鱼肠道异养菌数量与空白组差异不显著，而乳酸菌数量则显著增加。宫魁等[18]投喂仿刺参全营养破壁酵母后发现，可培养菌群与对照组相较减少，并可显著抑制弧菌菌群的增殖，同时对乳酸菌的增殖也表现出一定的抑制作用。这说明肠道内不同菌群对外源物质的应用表现出不同的反应，体现了研究的意义。本研究结果显示，养殖期间党参免疫增强剂有效地增强了仿刺参机体的免疫力，仿刺参成活率达到100%，并在提高特定生长率的同时降低了饵料系数，与对照组比较差异显著；而且，党参免疫增强剂能够显著增加仿刺参肠道内的异养菌数量，而弧菌数量相对减少，呈现了抑制弧菌菌群繁殖的现象，这可能与党参的组成成分有关。党参中含有丰富的多糖、酚等营养成分和某些未知的促生长因子，为肠道内微生物提供了丰富的营养生存环境，参与机体菌群代谢，在有益菌有效增殖的同时增强了与有害菌的竞争力，主要控制了有害弧菌的繁殖，从而调控了机体菌群结构，呈现了有益的效果，促进了肠道对营养物质的吸收。鉴于肠道有益菌和有害菌的平衡对维护机体健康的重要性，党参免疫增强剂的投喂时间及投喂量还需进一步深入研究，以获得相关性及其周期变化规律。

3.2 用DGGE图谱分析免疫增强剂党参对仿刺参肠道菌群的影响

从肠道系统研究病害防治技术是解决实际应用问题的重要途径之一。仿刺参肠道系统除营养、免疫方面的重要性之外，夏眠期后的复苏也随着肠道系统的恢复而正常工作[19]。早期研究报道，通过传统培养法和16S rDNA技术获得了海参消化道内容物的细菌多样性和细菌群落组成[20, 21]，然而，传统培养法无法详细获取仿刺参消化道微生物菌群的全面信息。PCR-DGGE技术是近年来国内外研究动物胃肠道微生物组成及结构变化最常用的方法[22-24]。本研究采用该技术，试图更加全面地揭示免疫增强剂对仿刺参消化道内容物的细菌群落组成的影响。结果分析发现，免疫增强剂党参能够在有效序列数未发生显著变化的情况下显著增加其中优质序列的比例，原因可能是党参的多营养成分能够有效促进仿刺参肠道内优势菌的繁殖，抑制有害菌的增长，对微生物序列的增殖表达呈现了一种积极的作用。有关黑海参(*Halodeima atra*)肠道内容物菌群的16S rDNA序列分析表明，主要菌群包括α-变形菌、β-变形菌、γ-变形菌、噬纤维菌-黄杆菌-拟杆菌群(*Cytophaga-Flavobacterium-Bacteriodes*)以及放线菌[21]。变形菌门是表型和种系发生最为丰富多样的一个门。高菲等[11]研究发现，仿刺参前肠、中肠、后肠内容物的优势菌群均为γ-变形菌，且仿刺参消化道中可培养细菌中的92.7%也属于γ-变形菌[20]。有关的研究表明，凡纳滨对虾、日本囊对虾(*Marsupenaeus japonicas*)和中国明对虾(*Fenneropenaeus chinensis*)的肠道优势菌群也属于γ-变形菌[25, 26]。一些海水养殖鱼类，如青石斑鱼、虹鳟(*Oncorhynchus mykiss*)、大西洋鲑以及暗纹东方鲀(*Takifugu obscures*)消化道的优势菌属于变形菌门[12, 13, 22, 27]。与这些报道结果相似，本研究中仿刺参肠道内容物优势菌群也包含变形菌门(其中包括α-变形菌、γ-变形菌、δ-变形菌)，这可能是因为党参的多重营养成分适合变形菌的繁殖代谢，为变形菌的加速生长提供了更好的生存环境。应用免疫增强剂党参对仿刺参肠道内容物中优势菌群种类的影响并不显著，差异性主要体现在菌群的丰度变化上。与对照组比较，试验组仿刺参肠道内容物中变形菌门和拟杆菌门的丰度增高，而疣微菌门、放线菌门和厚壁菌门的丰度降低。对 DGGE 丰度信息的分析更能全面地获得仿刺参肠道细菌群落的组成，反映出应用党参后发生的有益影响。在仿刺参肠道系统菌群组成的研究中，共有菌种(尤其是丰度存在明显差异的菌种以及各自的特异菌种)可能是了解仿刺参养殖营养摄食、揭示仿刺参与环境菌群组成之间相互联系的关键点。本研究结果正是体现了免疫增强剂党参对仿刺参营养摄食的影响，从肠道菌群上寻找切入点，其深入探讨仍在进行中。

投喂免疫增强剂党参后，仿刺参肠道微生态环境发生了改变，细菌种类和数量发生了变化，有益菌数量的增加提高了肠道内的有益环境，有益于细菌的繁殖代谢。Beta 多样性是基于群落结构比较多样本之间的差别，肠道中物种的组成沿肠道环境梯度在群落间发生变化，反映了物种对环境的异质性。本试验中采用的 PCoA 是一种对多维数据进行降维，从而提取出数据中最主要的元素和结构的方法。在本试验中对照组和试验组的不同条件即是党参免疫增强剂的给予，通过图 2 中横、纵坐标的百分比即可以看出环境影响因素和样品之间的区别及相似性，从而反映免疫增强剂党参在改变肠道环境的情况下对仿刺参肠道菌群多样性的作用效力。免疫增强剂党参对仿刺参肠道微生态环境的改变体现了物种的异质性及多样性，多样性变化系数范围在 14. 91%～15. 47%，15. 47%～16. 21%，14. 91%～16. 21%。多样性变化系数范围说明了样品中物种对环境产生的差异性，来自同一类环境样品的细菌群落结构也可能存在差距。PCoA 分析结果说明，免疫增强剂党参未显著影响物种对环境变化产生的异质性，但是对物种群落结构丰度具有显著影响。本研究中 DGGE 电泳图谱在属水平上聚类后形成 26 个族(heatmap 图)，反映出试验组与对照组样品之间的相似性。如图 3 所示，对照组与试验组样品的相似性系数很高，达到 0. 97。此外，与本试验获得序列亲缘关系较近的细菌还有未培养细菌，如 *Aphingobium*、*Subdoligranulum* 等，尚难以分析其功能，这与高菲等[11]的结果相似。在今后的研究中应对优势菌群的单一序列进行深入分析，发现免疫增强剂对仿刺参肠道细菌群落结构在时间或空间上的动态变化，结合大片段基因组文库等信息发现新的序列或功能基因，进而获得仿刺参肠道细菌群落在营养免疫方面的生理生化作用。

4 结论

(1) 免疫增强剂党参可增加仿刺参肠道内容物异养菌数量，降低弧菌数量，产生促进有益菌繁殖的效果。

(2) 免疫增强剂党参可改变仿刺参肠道内容物细菌菌群丰度，增加优质序列比例，影响肠道菌群对环境改变产生的异质性。

(3) 免疫增强剂党参未改变仿刺参肠道细菌亲缘关系，相似性仍达 0. 97。

参考文献

[1] 杨希山．肠道免疫学 [J]．国外医学：消化系疾病分册，1995，15（1）：25-27.

[2] 武庆斌．肠道菌群与肠上皮细胞和肠道免疫系统的相互作用机制 [C]// 第六届全国儿科微生态学学术会议暨儿科微生态学新进展学习班资料汇编．北京：中华预防医学会，2008：15-18.

[3] 阳钢．几种微生态制剂对刺参（*Apostichopus japonicus*）养殖水体及刺参肠道菌群结构的影响 [D]．青岛：中国海洋大学，2012.

[4] Simpson J, Mccracken V J, White B A, et al. Application of denaturant gradient gel electrophoresis for the analysis of the porcine gastrointestinal microbiota[J]. Journal of Microbiological Methods, 1999, 36（3）: 167-169.

[5] Amann R I, Ludwig W, Schleifer K H. Phylogenetic identification and *in situ* detection of individual microbial cells without cultivation[J]. Microbiological Reviews, 1995, 59（1）: 143-169.

[6] Van Der Gast C J, Knowles C J, Wright M A, et al. Identification and characterisation of bacterial populations of an in-use metal-working fluid by phenotypic and genotypic methodology[J]. International Biodeterioration & Biodegradation, 2001, 47（2）: 113-123.

[7] Muyzer G, De Waal E C, Uitterlinden A G. Profiling of complex microbial populations by denaturing gradient gel electrophoresis analysis of polymerase chain reaction-amplified genes coding for 16S rRNA[J]. Applied and Environmental Microbiology, 1993, 59（3）: 695-700.

[8] Hovda M B, Lunestad B T, Fontanillas R, et al. Molecular characterisation of the intestinal microbiota of farmed Atlantic salmon（*Salmo salar* L.）[J]. Aquaculture, 2007, 272（1/2/3/4）: 581-588.

[9] Zhou Z G, Liu Y C, Shi P J, et al. Molecular characterization of the autochthonous microbiota in the gastrointestinal tract of adult yellow grouper（*Epinephelus awoara*）cultured in cages[J]. Aquaculture, 2009, 286（3/4）: 184-189.

[10] 罗鹏，胡超群，张吕平，等．凡纳滨对虾海水养殖系统内细菌群落的 PCR-DGGE 分析 [J]．中国水产科学，2009，16（1）：32-38.

[11] 高菲，孙慧玲，许强，等．刺参消化道内含物细菌群落组成的 PCR-DGGE 分析 [J]．中国水产科学，2010，17（4）：671-680.

[12] 韩立丽，王建发，王凤龙，等．黄芪多糖对肠道免疫功能影响的研究进展 [J]．中国畜牧兽医，2009，36（8）：133-135.

[13] 黄玉章，林旋，王全溪，等．黄芪多糖对罗非鱼肠绒毛形态结构及肠道免疫细胞的影响 [J]．动物营养学报，2010，22（1）：108-116.

[14] 汪婷婷，孙永欣，徐永平，等．多糖类免疫增强剂对海参肠道菌群的影响 [J]．饲料工业，2008，9（4）：19-20.

[15] 张红梅，张磊，姜会民．甘露寡聚糖对生长期鲤鱼生长性能及肠道菌群的影响 [J]．中国饲料，2003（9）：22-23.

[16] 杨世平，吴灶和，简纪常．饲料中添加沼泽生红冬孢酵母对凡纳滨对虾消化酶及肠道微生物的影响 [J]．水产科学，2011，30（7）：391-394.

[17] Hoseinifar S H, Mirvaghefi A, Merrifield D L. The effects of dietary inactive brewer's yeast *Saccharomyces cerevisiae* var. *ellipsoideus* on the growth, physiological responses and gut microbiota of juvenile beluga（*Huso huso*）[J]. Aquaculture, 2011, 318（1/2）: 90-94.

[18] 宫魁，王宝杰，刘梅，等．全营养破壁酵母对仿刺参非特异性免疫及肠道菌群的影响 [J]．中国水产科学，2012，19（4）：641-646.

[19] 王天明．刺参 *Apostichopus japonicus*（Selenka）夏眠分子机理的基础研究 [D]．青岛：中国科学院研究生院，2011.

[20] 孙奕，陈騳．刺参体内外微生物组成及其生理特性的研究 [J]．海洋与湖沼，1989，20（4）：300-307.

[21] Ward-rainey N, Rainey F A, Stackebrandt E. A study of the bacterial flora associated with *Holothuria atra*[J]. Journal of Experimental Marine Biology and Ecology, 1996, 203（1）: 11-26.

[22] Kim D H, Brunt J, Austin B. Microbial diversity of intestinal contents and mucus in rainbow trout（*Oncorhynchus mykiss*）[J]. Journal of Applied Microbiology, 2007, 102（6）: 1 654-1 664.

[23] Knapp B A, Seeber J, Podmirseg S M, et al. Molecular fingerprinting analysis of the gut microbiota of *Cylindroiulus fulviceps*（Diplopoda）[J]. Pedobiologia, 2009, 52（5）: 325-336.

[24] Liu H D, Liu M, Wang B J, et al. PCR-DGGE analysis of intestinal bacteria and effect of Bacillus spp. on intestinal microbial diversity in kuruma shrimp（*Marsupenaeus japonicus*）[J]. Chinese Journal of Oceanology and Limnology, 2010, 28（4）: 808-814.

[25] 杨莺莺，李卓佳，林亮，等．人工饲料饲养的对虾肠道菌群和水体细菌区系的研究 [J]．热带海洋学报，2006，25（3）：53-56.

[26] 李可．对虾养殖环境微生物多样性分析和微生态制剂的研究与应用 [D]．厦门：厦门大学，2007：21-49.

[27] Yang G M, Bao B L, Peatman E, et al. Analysis of the composition of the bacterial community in puffer fish *Takifugu obscurus*[J]. Aquaculture, 2007, 262（2/3/4）: 183-191.

（樊英，李乐，于晓清，刘恩孚，李天保★，许拉，叶海斌）

（载自《动物营养学报》2015-01）

免疫增强剂对仿刺参肠道微生物的影响

中草药是植物源免疫增强剂的一种，其已被广大研究者和养殖者青睐，近年来以绿色、无污染、无副作用、无残留等特点在水产养殖中广泛使用，并在养殖过程中呈现了良好的促生长、防疾病的作用[1-5]。本实验室研究表明，黄芪多糖能够显著增强仿刺参体腔细胞免疫活性，不同的给予方式、给予剂量产生了不同程度的效果[3,5]；枸杞多糖、菊粉作为新型免疫增强剂已被研究，它们通过作用于机体的多靶点而促进非特异性免疫力的提高，同时能够增强肠道内菌群的变化而提高自身免疫功能。党参，具有多种营养成分，不仅可提高机体对有害刺激的抵抗能力，增强巨噬细胞的吞噬能力，还具有调整胃肠运动功能，可纠正病理状态的胃肠运动功能紊乱等，在特异性免疫缺乏的情况下能够有效发挥其调节功能抵御外界侵害；党参的药理作用已被熟知，提高免疫力的效果显著，被广泛应用到小鼠的免疫研究中，不仅可提高机体免疫细胞活性，而且可改善肠黏膜结构[6]。

肠道是机体内一个复杂的、强大的免疫器官，是病原微生物入侵机体的主要部位之一。许多疾病的发生都是从影响肠道的免疫功能及微生态平衡开始的。肠道菌群和机体免疫之间存在着必然的相关性，通过营养调控或药物调控使动物肠道免疫功能维持在最佳水平是降低动物疾病的重要手段[7]。动物肠道微生态系统是肠道内微生物与生活环境彼此相互作用和依赖的整体，肠道微生态系统是否平衡对动物机体的健康生长有很大的影响。韩立丽等[8]证实，黄芪多糖可通过促进肠黏膜相关免疫细胞的增殖、维持肠黏膜微循环正常功能、提高肠道黏膜抗氧化能力、调节细胞因子和炎症介质的分泌和表达等机制提高肠道的免疫功能，实现对病原入侵的抵抗作用。黄玉章等[9]研究，日粮中添加黄芪多糖可提高罗非鱼肠绒毛长度、隐窝深度和肌层厚度，增加肠道黏液细胞和上皮内淋巴细胞的数量。汪婷婷等[10]研究表明，海参肠道菌群对宿主具有重要生理功能，天然多糖能够通过调节肠道菌群发挥其免疫作用，深入研究免疫增强剂对海参的作用机理，对于揭示海参的防御机制、更好地指导科研和生产具有重要的意义。目前，仿刺参养殖和研究在营养、生理、免疫、代谢等基础上都缺乏了解，免疫增强剂对其肠道功能的影响研究更是甚少。为此，笔者以仿刺参为对象，针对其肠道微生物进行剖析，研究植物源免疫增强剂对其产生的影响，为阐述植物源免疫增强剂的调控机理、指导免疫增强剂的实际应用提供依据和参考。

1 材料与方法

1.1 试验材料

党参购自西安宝鸡生物技术有限公司，其纯度达 85%以上。仿刺参购自青岛市王哥庄某养殖场，保持鲜活状态。细菌基因组 DNA 提取试剂盒和 PCR 扩增试剂均购自 TaKaRa 公司；细菌 16S rDNA 通用引物 27f 和 1492r 由上海生物工程有限公司合成；细菌生化鉴定试剂盒购自北京陆桥技术有限责任公司。其他试剂均为化学分析纯。

1.2 试验方法

1.2.1 仿刺参饲养试验

挑选个体均匀、外观无疾病症状的健康仿刺参（体质量 18. 00±2. 00 g）随机分配到不同试验水槽（70 cm×30 cm×40 cm）内，温度控制在 15 ℃ ±1. 0 ℃。试验于 2013 年 10 月 8 日～ 11 月 5 日、2014 年 4 月 8 日～ 5 月 6 日在实验室内进行，仿刺参随机分组，每组 3 个平行，每个平行 12 只。按照仿刺参体质量的 2%达到饱食投喂（海泥与鼠尾藻粉质量比 1∶1），按照基础饲料鼠尾藻粉质量的 2%添加党参免疫增强剂，每天 15∶00 投喂，吸除残饵和粪便，同时补充新鲜海水。试验期间连续充气，盐度 3. 2，pH 7. 8 ～ 8. 2，溶解氧＞5 $mg \cdot L^{-1}$。

1.2.2 肠微生物代谢试验

试验第 28 d 分别从对照组和试验组的每个水槽中随机抽取 3 只仿刺参，在冰盘中将肠道取出，无菌条件下将含有细菌的肠道内容物与党参混匀，28℃厌氧培养，24 h 后检测混合物中总糖含量。

1.2.3 肠道样品处理及异养菌计数

试验第 28 d 分别从对照组和试验组的每个水槽中随机抽取 3 只仿刺参，用 70%乙醇进行体表消毒，再用灭菌生理盐水冲洗数遍，无菌条件下在冰盘中将肠道取出，称取 0. 5 g，经灭菌后用 2 mL 离心管收集所有内容物，加入 10 倍体积（*V*/*W*）无菌预冷重蒸水，在冰浴中（0 ～ 4℃）充分均匀后，以 10 倍递增稀释法进行稀释，取 3 个合适的稀释度涂布于 2216e 培养基，每个稀释度做 3 个平行，28℃培养 1 ～ 2 d。

1.2.4 肠道细菌的分离、纯化培养

挑选菌落数（30 ～ 300 cfu）合适的平板，综合菌落形态和细胞形态分离纯化优势菌株。

1.2.5 肠道细菌的鉴定

将分离纯化后的优势菌株接种于液体培养基 TSB，25℃、150 $r \cdot min^{-1}$ 过夜培养，经革兰氏染色鉴定，按照细菌基因组 DNA 提取试剂盒方法提取细菌 DNA，用细菌 16S rDNA 通用引物 27f 和 1492r 扩增优势菌株的 16S rDNA。PCR 扩增产物用 1%的琼脂糖凝胶电泳检测，送至测序公司测序，将测得结果利用 Blast 软件在 GenBank 数据库中进行相似性比较，选取同源性较高的相关菌株的 16S rDNA 序列作为参比对象。

1.2.6 体外拮抗试验

（1）十字交叉画线法。将筛选菌株和指示菌株相互垂直地交叉画线接种于 TSA 培养基

上，然后置于培养箱中 28℃恒温培养，24 h 内观察有无抑菌区出现。

（2）纸片法。将筛选菌株接种于 TSB 液体培养基中，28℃培养过夜，将灭菌的小纸片浸泡于菌液中 30 min。移取致病菌的培养菌液 150 μL，均匀涂布于 TSA 平板上，将浸泡好的小纸片贴在涂有菌液的平板上，静止 5 min 后于 28℃培养 24 h，观察抑菌效果。

（3）竞争机理研究。分别制备抑制灿烂弧菌优势菌株的不同处理液。① 培养原液：拮抗菌株 10^8 cfu·mL^{-1} 原液；② 悬浮液：培养液 10 000 r·min^{-1} 离心 5 min，弃上清，加入无菌水洗涤，重复离心，弃上清，加入无菌水配制所需浓度 10^8 cfu·mL^{-1}；③ 过滤液：用 0. 45 μm 滤膜将拮抗菌株培养原液过滤；④ 热杀死液：将培养原液 121℃高压灭菌 20 min。利用纸片法检测其抑菌活性。

1.2.7 细菌特性分析

过夜培养的细菌按照北京陆桥技术有限责任公司的试剂盒进行生理生化性质鉴定；配制不同底物（质量浓度 0. 5%的酪蛋白、可溶性淀粉、葡聚糖、羧甲基纤维素）的 2216e 培养基，按照点种法接种不同的优势菌株，观察透明圈鉴定菌株的底物特性。

2 结果与分析

2. 1 肠微生物代谢研究

通过测定厌氧培养后肠道内容物和党参混合物的总糖含量，与对照组（总糖浓度为 0. 75 mg·mL^{-1}）比较，投喂植物源免疫增强剂党参后的仿刺参肠道内容物中总糖含量明显增多，浓度为 1. 33 mg·mL^{-1}，说明肠道微生物的代谢能力增强；党参可能调整了仿刺参肠道内有益菌的数量，加速了菌群的代谢能力，有效提高了细菌分泌物的浓度，从而有利于物质的代谢、吸收、利用。

2. 2 异养菌计数

通过 2216e 培养基对仿刺参肠道内容物异养菌进行计数显示，在使用党参免疫增强剂之后仿刺参肠道内容物的异养菌数量明显增多，达到 21.3×10^6 cfu·mL^{-1}（$P < 0.05$），而对照组仅有 11.6×10^6 cfu·mL^{-1}。

2. 3 优势菌的筛选

从应用免疫增强剂党参后的健康仿刺参肠道内分离纯化优势菌株共 18 株（表 1）。其中弧菌属占多数，共 9 株，占菌株总数的 50%；希瓦氏菌属共 2 株；交替假单胞菌属共 2 株；芽孢杆菌属共 3 株；不动杆菌属共 2 株。

表 1　筛选菌株及所属菌属

菌号	所属菌属	菌号	所属菌属
AI-1	*Shewanella morhuae*	AI-10	*Shewanella alqidipiscicola*
AI-2	*Pseudomonasonas tunicata*	AI-11	*Vibrio azureus*
AI-3	*Vibrio sp*	AI-12	*Vibrio alginolyticus*

续表

菌号	所属菌属	菌号	所属菌属
AI-4	*Vibrio diabolisus*	AI-13	*Vibrio sp*
AI-5	*Bacilus cereus*	AI-14	*Acinetobacter sp*
AI-6	*Pseudoalteromonas*	AI-15	*Lysinibacillus sphaericus*
AI-7	*Vibrio azureus*	AI-16	*Lysinibacillus fusifornis*
AI-8	*Vibrio alginolyticus*	AI-17	*Vibrio rumoiensis*
AI-9	*Acinetobacter sp*	AI-18	*Vibrio haveyi*

2.4 拮抗菌的筛选

采用十字交叉画线法筛选出对致病菌灿烂弧菌有抑菌作用的拮抗菌 8 株(表 2)。其中包含交替假单胞菌属 1 株,为 AI-6; ;希瓦氏菌属 1 株,为 AI-10;不动杆菌属 1 株,为 AI-9;弧菌属 4 株,分别为 AI-3、AI-13、AI-7、AI-17、AI-18。

采用纸片法筛选出对灿烂弧菌有抑菌作用的拮抗菌 9 株(表 3)。其中包含交替假单胞菌属 1 株,为 AI-6;希瓦氏菌属 2 株,为 AI-1、AI-10;不动杆菌属 2 株,为 AI-9、AT-14;弧菌属 4 株,为 AI-11、AI-12、AI-17、AI-18。

表 2 交叉画线法结果

拮抗菌	抑菌效果	拮抗菌	抑菌效果	拮抗菌	抑菌效果
AI-1	—	AI-7	+	AI-13	++
AI-2	—	AI-8	—	AI-14	—
AI-3	++	AI-9	+	AI-15	—
AI-4	—	AI-10	+++	AI-16	—
AI-5	—	AI-11	—	AI-17	+++
AI-6	++	AI-12	—	AI-18	+

注:表中“+”表示有抑菌效果但效果不十分明显;表中“++”表示抑菌效果较明显;表中“+++”表示抑菌效果十分明显;表中“—”表示无抑菌效果产生。

表 3 纸片法筛选结果

拮抗菌	抑菌圈直径(cm)	拮抗菌	抑菌圈直径	拮抗菌	抑菌圈直径(cm)
AI-1	0.4	AI-7	—	AI-13	—
AI-2	—	AI-8	—	AI-14	0.3
AI-3	—	AI-9	0.3	AI-15	—
AI-4	—	AI-10	0.6	AI-16	—
AI-5	—	AI-11	0.5	AI-17	0.8
AI-6	0.3	AI-12	0.4	AI-18	0.5

注:表中“—”表示无抑菌圈产生。

2.5 营养物质和生存空间的竞争

综合2种筛选结果，对具有较明显拮抗作用的4个菌株AI-6、AI-9、AI-10、AI-17进行拮抗机理研究（表4），不同拮抗菌的不同处理液均具有不同程度的抑菌活性。细胞悬浮液的抑菌效果要强于过滤液，拮抗菌可能主要是通过营养和空间的竞争来发挥抑菌作用的。热杀死液无抑菌活性，说明其产生的抑菌活性物质可能是蛋白类等对热不稳定的物质，经过高压灭菌，抑菌活性消失。

表4 优势菌生存空间竞争试验结果

菌株	抑菌圈直径（cm）			
	培养原液	悬浮液	过滤液	热杀死液
AI-6	0.3	0.2	0.3	—
AI-9	0.3	0.5	0.2	—
AI-10	0.6	0.6	0.2	—
AI-17	0.8	1.0	0.3	—

2.6 拮抗优势菌株的特性

24 h后观察透明圈确定优势菌株的底物特异性（表5）。不同的菌株具有不同的底物降解作用，在不同的平板上形成了大小各异的透明圈。AI-17具有明显的蛋白酶活性和淀粉酶活性，透明圈明显；4个菌株都具有低的纤维素酶活性，但AI-17相对较高；氧化酶试验显示菌株AI-6、AI-9、AI-10、AI-17皆为氧化酶阳性，呈蓝紫色；AI-6、AI-17菌株具有分解蔗糖的作用；AI-10、AI-17具有赖氨酸酶活性。

表5 优势菌株生理生化性质

菌号	蛋白酶	淀粉酶	纤维素酶	氧化酶	蔗糖	赖氨酸酶
AI-6	++	+	−	+	+	−
AI-9	+	+	−	+	−	−
AI-10	+	+	+	+	−	+
AI-17	+++	++	+	+	+	+

3 讨论

3.1 免疫增强剂与仿刺参肠道微生物

近年来，由于众多主客观原因，仿刺参养殖过程中病害种类和程度越来越严重，“腐皮综合征”等疾病给养殖业带来重大损失，抗生素的应用已不能解决根本问题[11-14]。然而，在仿刺参养殖过程中解决病害问题的关键是防控，防重于治，免疫增强剂的产生和广泛应用即实现了这一点[2, 15-19]。然而，肠道微生物在仿刺参各个生长阶段都起着重要作用，承担着不同的生理功能和防御作用[10, 20]，肠道内的细菌之间、动物和肠道细菌之间，处在一个相对的动态平衡状态，这种状态对寄主的正常生理功能的维持有着重大意义[21]；正常菌群及其代谢产物能促进宿主对某些营养成分的吸收、提高宿主消化酶的活性,从而对宿主的新陈代谢有着重要的促进作用[22]。不同的免疫增强剂摄入后对仿刺参肠道微生物产生不同的影响,从肠道系统进行免疫增强剂的效果及安全评价具有重要意义[8,9]。本研究从肠道微生物研究方面提供相应的理论参考,拓展了免疫增强剂的应用评价范畴,即除了体腔细胞和机体一些酶的活力水平外,肠道微生物的变化也能科学准确地反映机体的免疫水平。然而,在不同的环境及应用条件下分析不同的影响,虽然存在诸多不确定的因素和分析难度,但可获得不同的效果,同时对筛选一套能科学准确评价刺参免疫水平的指标具有必要的意义。

以往的研究都是从肠道微生物或免疫增强剂的使用单方面进行论述,并没有相互结合进行交叉分析,从本研究看,党参作为植物源免疫增强剂对仿刺参肠道微生物产生了一系列的影响,不仅优化肠道菌群,改变了肠道异养菌数量,而且促进了肠道细菌对免疫增强剂的代谢;而且党参免疫增强剂改变了仿刺参肠道结构,影响了肠道微生物的生存环境及作用条件。研究表明,碳水化合物中的寡糖和多糖已被作为益生素添加到饲料中,可调节动物肠道菌群的组成[23]。免疫增强剂党参中的多类物质具有类似益生素的营养作用,在仿刺参肠道中与菌群直接接触可促进有益菌生长,同时抑制病原菌的繁殖,从而增加了异养菌的数量。同时,肠道细菌在机体生长过程中可产生多种多样的酶类,其中代谢酶主要包括水解酶、氧化还原酶、裂解酶和转移酶等,不同的菌群能够分泌不同水平的代谢酶,投喂党参后仿刺参肠道微生物代谢能力提高,肠道内容物中总糖含量明显增多,从而有利于营养物质的吸收,这可能与仿刺参肠道菌群结构的改变有关,与党参的免疫增强作用间接相关。笔者对仿刺参肠道微生物的代谢研究处于低级水平,今后还需深入探索,以了解肠道微生物代谢物水平的变化,了解免疫增强剂的代谢途径及其变化,以及代谢物水平对免疫增强剂的吸收代谢影响。由于中药类免疫增强剂的多成分体系,我们可以采用指纹图谱等更多的分析方式进行研究。

肠道微生物的特性间接影响着机体的免疫功能,肠道菌群中包含的众多化合物,可以激活免疫反应,从而引发免疫应答机制作用等[24]。本研究结果显示,分离肠道优势菌分别系不同菌属,可能担负着不同的功能,在免疫增强剂的代谢过程中行使着不同的角色,肠道菌群在党参免疫增强剂的作用下发生竞争生存方式,有利于有益菌的繁殖,从而抑制有害菌的生长。党参免疫增强剂能够显著增加仿刺参肠道内的异养菌数量,这与杨世平等[25]的研究结果相反,可能与免疫增强剂种类及动物本身条件相关;宫魁等[26]的研究结果表明,酵母对仿刺参肠道菌群有一定的影响,显著抑制了弧菌菌群的增长繁殖。鉴于党参免疫增强剂的特点及仿刺参肠道菌群的重要作用,还需进一步通过 DGGE 等分子生物学方法深入分析菌群变化,对免疫增强剂的筛选提供有力的依据。

3.2 肠道优势菌的拮抗研究

本研究采用十字交叉画线法和纸片法两种方法筛选了不同的拮抗菌株,效果存在差别,这说明筛选方法会影响到优势菌株对致病菌的拮抗效果,其原因可能是细菌在不同的培养方式下代谢抑菌物质的量和浓度不同。在水产动物体内外,拮抗菌通过多种不同的途径对病原菌产生竞争、抑制作用,通过营养物质和生存空间竞争及产生有抑菌活性的胞外产物发生协同抑菌效果。研究表明，党参免疫增强剂可加强仿刺参肠道内有益菌群的拮抗作用，促进有益菌的繁殖；拮抗菌对水产养殖动物的有利影响并不仅仅是通过某一种作用机制就能达到的，往往是几种机制协同作用，这与李虹宇等[27]的研究结果相似。

4 结论

在本研究试验中，植物源免疫增强剂党参改善了仿刺参肠道微生物特性，提高了肠道菌群代谢能力，通过综合研究结果获知，肠道微生物在免疫增强剂的代谢过程及仿刺参免疫力提高方面具有举足轻重的作用，可作为筛选免疫增强剂的评价指标之一。在免疫增强剂的效果研究中，肠道微生物的特性分析仍需进一步探讨，二者之间的相互作用及其关联分析具有重要作用，还需深入研究。

参考文献

[1] 张琴，麦康森，张文兵，等．饲料中添加硒酵母和维生素 E 对刺参生长、免疫力及抗病力的影响 [J]．动物营养学报，2011，23（10）：1 745-1 755.

[2] 李继业．养殖刺参免疫学特征与病害研究 [D]．青岛：中国海洋大学，2008.

[3] 樊英，王淑娴，李天保，等．微胶囊剂型黄芪多糖对刺参生长性能、免疫力及抗病力的影响 [J]．渔业科学进展，2013，34（1）：119-125.

[4] 陈效儒，张文兵，麦康森，等．饲料中添加甘草酸对刺参生长、免疫及抗病力的影响 [J]．水生生物学报，2010，34（4）：731-738.

[5] 樊英，王淑娴，叶海斌，等．黄芪多糖对仿刺参非特异性免疫功能的影响 [J]．水产科学，2010，29（6）：321-324.

[6] 晏永新，张丽，贾海芳，等．党参多糖口服液对小鼠免疫功能的影响 [J]．中国兽药杂志，2013，47（3）：18-20.

[7] 杨希山，编译．肠道免疫学 [J]．国外医学消化索疾病分册，1995，15（1）：25-27.

[8] 韩立丽，王建发，王凤龙，等．黄芪多糖对肠道免疫功能影响的研究进展 [J]．中国畜牧兽医，2009，36（8）：133-135.

[9] 黄玉章，林旋，王全溪，等．黄芪多糖对罗非鱼肠绒毛形态结构及肠道免疫细胞的影响 [J]．动物营养学报，2010，22（1）：108-116.

[10] 汪婷婷，孙永欣，徐永平，等．多糖类免疫增强剂对海参肠道菌群的影响 [J]．饲料工业，2008，29（4）：19-20.

[11] Chen J X. Present status and prospects of sea cucumber industry in China[A]. In: Advances in sea cucumber aquaculture and management[J].（Eds. by LovatelliA, Conand C, Purcell S, Uthicke S, Hamel J F & Mercier A）, FAO, Rome, 2004: 25-38.

[12] 李成林，宋爱环，胡炜，等．山东省刺参养殖产业现状分析与可持续发展对策 [J]．渔业科技进展，2010，31（4）：26-33.

[13] 隋锡林，刘学光，王军．辽宁省刺参养殖现状及对若干关键问题的思考［J］．水产科学，2010，29（11）：688-690.

[14] Wang Y G，Zhang C Y，Rong X J，et al. Diseases of cultured sea cucumber（*Apostichopus japonicus*）in China［J］. In：Advances in sea cucumber Aquaculture and management，2004：297-310.

[15] Zhang Q，Mai K S，Zhang W B，et al. Effects of Dietary Selenoyeast and Vitamin E on Growth，Immunity and Disease Resistance of Sea Cucumbers（*Apostichopus japonicus* Selenka）［J］. Chinese Journal of Animal Nutrition，2011，23（10）：1745-1755.

[16] Zhao Y C，Ma H M，Zhang W B，et al. Effects of dietary β-glucan on the growth，immune responses and resistance of sea cucumber，*Apostichopus japonicus* against *Vibrio splendidus* infection［J］. Aquaculture，2011（315）：269-274.

[17] 樊英，王淑娴，李天保，等．微胶囊剂型黄芪多糖对刺参生长性能、免疫力及抗病力的影响［J］．水产科学，2013，34（1）：119-125.

[18] 王淑娴，李天保，樊英，等．茯苓多糖对刺参体腔液中免疫因子活性的影响［J］．饲料研究，2010（1）：59-61.

[19] 常杰．对虾和刺参敏感免疫学指标的筛选和评价［D］．青岛：中国海洋大学，2010.

[20] 周慧慧，马洪明，张文兵，等．仿刺参肠道潜在益生菌对稚参生长、免疫及抗病力的影响［J］．水产学报，2010，34（6）：955-963.

[21] 李淮德．应用微生物分子生态学方法研究对虾肠道细菌组成及其变化规律［D］．青岛：中国科学院海洋研究所，2010.

[22] 尾崎久雄．李爱杰，沈宗武译．鱼类消化生理［M］．上海：科技出版社，1985.

[23] Korakli M，Gänzle M G，Vogel R F. Metabolism by bifidobacteria and lactic acid bacteria of polysaccharides from wheat and rye，and exopolysaccharides produced by *Lactobacillus sanfranciscensis*［J］. Journal of Applied Microbiology，2002，92（5）：958-965.

[24] Helena Tlaskalová-Hogenová，Renata Štěpánková，Tomáš Hudcovic. Commensal bacteria（normal microflora），mucosal immunity and chronic inflammatory and autoimmune diseases［J］. Immunology Letters，2004（93）：97-108.

[25] 杨世平，吴灶和，简纪常．饲料中添加沼泽生红冬孢酵母对凡纳滨对虾消化酶及肠道微生物的影响［J］．水产科学，2011，30（7）：391-394.

[26] 宫魁，王宝杰，刘梅，等．全营养破壁酵母对仿刺参非特异性免疫及肠道菌群的影响［J］．中国水产科学，2012，19（4）：641-646，

[27] 李虹宇，张公亮，侯红漫，等．仿刺参相关微生物对致病灿烂弧菌的拮抗及机理研究［J］．食品工业，2012，33（9）：117-120.

（樊英，李乐，于晓清，刘恩孚，李天保，叶海斌）

（载自《中国农业通报》2015-01）

Expression of immune-related genes in sea cucumber (*Apostichopus japonicus*) during bacterial challenge

Sea cucumber (*A. japonicus*) is one of the important economic echinoderm species cultured widely in the northern coast of China. However, the frequent occurrence of infectious diseases has been becoming the major problem that threatens the sea cucumber aquaculture industry for a long time[1-3]. As an invertebrate, sea cucumbers lack the adaptive immune system and they exclusively rely on innate immunity to defense against the invasion of foreign pathogenic microorganisms. The immune response of sea cucumber is mediated by both cellular and humoral immune components[4, 5]. The former is comprised of various coelomocytes, and the latter contains pattern recognition receptors (PRRs), the molecules in the immune signal transduction pathway and a variety of immune effectors. The PRRs area responsible for recognizing the pathogen associated molecular patterns (PAMPs), and the immune recognition mediated by PRRs can trigger intracellular signaling cascades to activate the transcription of immune effectors[6, 7].

The NF-κB/Rel transcription factors play an essential and central role in the immune system by regulating several processes ranging from the development and survival of immunocytes to the control of immune responses in chordate and arthropod[8-10]. Based on the structure of C-terminal, the NF-κB/Rel family can be divided into two subfamilies, the NF-κB and Rel subfamilies. The former includes proteins such as p100 and p105 in vertebrates and Relish in *Drosophila*, and the latter includes c-Rel, RelA (p65), and RelB in vertebrates and Dorsal and Dif in *Drosophila*[11]. The immune signals derived from pattern recognition receptor (PRR) and immune cytokine such as TNF-α can be transduced into intra-immunocytes and activate the kinase of IκB in the cytoplasm to phosphorylate and degrade IκB proteins[12-15]. After the degradation of IκB protein, the NF-κB will be released and translocated into the nucleus to bind κB sites in the promoters of immune-related genes to regulate their expression in chordate and arthropod[16-21]. Two distinct immune pathways, including the Toll and IMD pathways, have been evolved to control NF-κB and Rel proteins in insect, respectively. The Toll pathway is activated by gram-positive bacteria to promote the transcription activity of Rel protein, whereas the IMD pathway responds to gram-negative bacterial infection and promotes the transfer of NF-κB protein into nucleus[9, 12, 22].

Lysozyme is an important defense protein of the innate immune system, especially for aquatic animals against the invasion of bacterial pathogens[23-27]. Several types of lysozymes have been purified, from the best-known chicken-type (c-type) and goose-type (g-type), to the more recently identified invertebrate-type (i-type)[24, 28]. Recently, i-type lysozyme has been extensively studied as a novel member of the lysozyme family[29, 30].

Previous studies have found that sea cucumber coelomocytes have *Aj*-rel, *Aj*-p105, and have proved that *Aj*-rel had the ability of forming dimmers with *Aj*-p105 and *Aj*-p50[31]. The purpose of this study was to investigate the expression of NF-κB/Rel genes and lysozyme gene against bacterial challenge in sea cucumber. Investigations of the immune-related genes in the sea cucumber will pave a new way for further understanding on the immune defense mechanism of echinoderm and offer enlightenment to disease control.

1 Materials and Methods

1.1 Animal

Healthy sea cucumbers were collected from a local farm in Qingdao, Shandong Province, China, and maintained in an aquarium with running sea water at 16℃ for 2 weeks before processing.

1.2 Bacterial challenge and sample collection

V. *splendidus* was cultured in 2216E seawater broth at 28℃ overnight and centrifuged at 2 000 g for 5 min to harvest the bacterial. The pellet was suspended in filtered seawater, adjusted to 1×10^9 cfu·mL^{-1}, and used for the following experiments.

Total 54 sea cucumbers were employed respectively for the bacterial challenge experiment. All the sea cucumbers were divided into 6 groups while each group contained 9 cases. The sea cucumbers injected intramuscularly with 1 mL filtered seawater containing 1×10^9 cfu live V. *splendidus* were employed as the challenge group. The coelomocytes from sea cucumbers were collected at 0 min, 10 min, 30 min, 60 min, 120 min and 240 min after bacterial challenge, resuspended in 1 mL TRIzol reagent (Invitrogen, Carlsbad, CA) and stored in liquid nitrogen immediately for RNA extraction.

1.3 RNA isolation and cDNA synthesis

Total RNA was isolated from the coelomocytes using TRIzol reagent according to the protocol, and subsequently treated with DNase I (Promega, Madison, WI) to remove genomic DNA contamination. RNA concentration was measured spectrophotometrically on a NanoDrop reader (Saveen & Werner ApS, Denmark) and the integrity and purity of RNA was examined by running in 1.0% agarose gel. First strand cDNA synthesis was performed in a volume of 20 μL with 750 ng total RNA, 25 pmol Oligo dT primer, 50 pmol random 6 mers, 2 μL of 5× PrimeScript™ buffer, and 0.5 μL of PrimeScript™ RT enzyme Mix I (PrimeScript™ RT reagent

Kit, TaKaRa, China). Reactions were incubated at 37℃ for 15 min, and then at 85℃ for 5 s to deactivate the enzyme.

1.4 Quantitative real-time PCR

To compare mRNA levels between different periods after bacterial challenge, equal amounts of cDNA template were used in quantitative realtime PCR (qRT-PCR). The β-actin gene was used as the reference gene, and the relative expression of the three NF-κB/Rel immune-related genes and lysozyme gene was studied using qRT-PCR in the CFX96 Real-Time detection system (Bio-Rad, USA). The reactions were performed in a total volume of 25 μL containing 12.5 μL of 2× SYBR Premix *Ex TaqII* (SYBR Premix *Ex Taq*™ II, TaKaRa), 2 μL of cDNA template, 0.5 μL of each primer (10 $mmol \cdot L^{-1}$, Table 1), and 9.5 μL DEPC-water. The qRT-PCR program was 95℃ for 10 s, followed by 45 cycles of 95℃ for 5 s, 60℃ for 30 s. Melting curve analysis of amplification products was performed at the end of each PCR reaction to confirm that only one PCR product was amplified and detected. The relative mRNA levels of the target genes were calculated as $2^{-\Delta\Delta Ct}$[32]. Statistical calculations were performed using SPSS (version 17.0) software. Significant difference was indicated by one-way ANOVA ($P < 0.05$) analysis.

Table 1 Sequences of primers for qRT-PCR

Primers	Sequence (5′-3′)	Sequence information
Actb-F	TTATGCTCTTCCTCACGCTATCC	Actin primer
Actb-R	TTGTGGTAAAGGTGTAGCCTCTCTC	Actin primer
Rel-F	TGAAGGTGGTATGCGTCTGG	Rel primer
Rel-R	TTGGGCTGCTCGGTTATG	Rel primer
pl05-F	GCAACACACCCCTCCATCTT	p105 primer
pl05-R	TCTTCTTCGCTAACGTCACACC	p105 primer
p50-F	TCCTATCGGTCTGAATCTTCCAA	p50 primer
p50-R	TTTCTTCCCTTTCTGGCTATGTTC	p50 primer
Lys-F	AGGGAGGTAGTCTGGATGGA	Lys primer
Lys-R	GCGCAAAATCCTCACAGGTA	Lys primer

2 Results and Discussion

2.1 Profiling *Aj-rel* gene expression

NF-κB transcription complex is a homo- or heterodimer in all chordate and arthropod, and it comprises two subunits, NF-κB and Rel proteins[33]. The NF-κB transcription complex transferred in the nucleus can bind κ sites of the promoters to regulate the gene expression, and therefore plays a key role in modulating the immune response to infection[34, 35].

To gain more clues for the role of *Aj*-rel in sea cucumber immune response, its temporal expression in coelomocytes was determined after bacterial challenge. The *Aj*-rel mRNA transcripts increased significantly and reached the peak at 10 min (3. 26-fold, $P < 0.05$, Fig. 1). After 30 min, the value showed a downside but still significantly higher than the initial level ($P < 0.05$, Fig. 1). This result demonstrated that bacterial challenge could activate the transcription of *Aj-rel* and up-regulate its mRNA expression level. The similar results were also reported in mollusc. For instance, the mRNA expression of *Rel* genes increased in oyster and abalone stimulated by four *Vibrio* strains and LPS, respectively[36, 37].

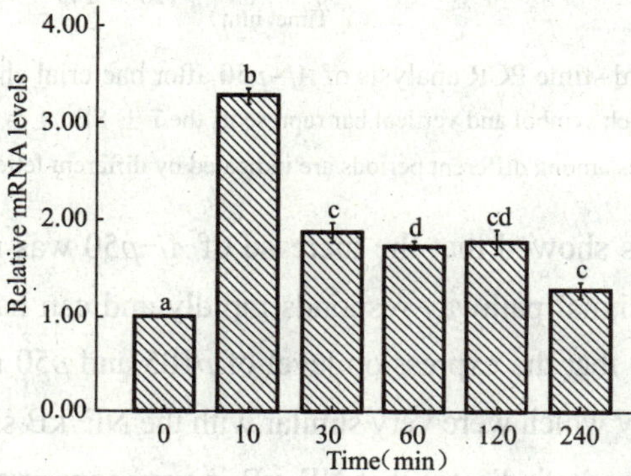

Fig.1 Real-time PCR analysis of *Aj-rel* after bacterial challenge

Note: Each symbol and vertical bar represents the $\bar{x} \pm$ SE ($n = 3$);

significant differences among different periods are indicated by different letters at $P < 0.05$.

2.2 Profiling *Aj-p*105 and *Aj-p*50 gene expression

NF- κBI, namely p105, has double functions in the NF-κB signal pathway, but it is best known for its precursor protein p50. After bacterial challenge, the *Aj-p*105 gene expression showed a rising trend. In the duration of 10 to 30 min, the *Aj-p*105 gene expression decreased significantly ($P < 0.05$). After 60 min, the *Aj-p*105 mRNA transcripts increased significantly and reached the peak at 240 min (6. 12-fold, $P < 0.05$, Fig. 2). The *Aj-p*50 gene expression showed a downward trend during bacterial challenge. In the duration of 10 to 240 min, the *Aj-p*50 gene expression increased significantly. The value reached the maximum at 10 min and was 17. 80 times as high as that of the initial level (Fig. 3).

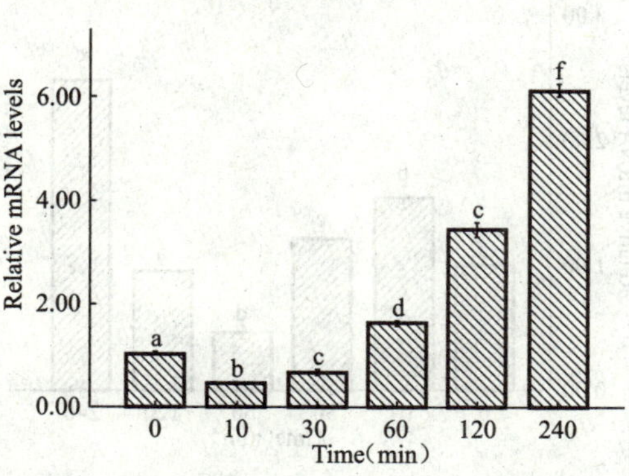

Fig.2 Real-time PCR analysis of *Aj-p*105 after bacterial challenge

Note: Each symbol and vertical bar represents the $\bar{x} \pm$ SE ($n = 3$);

significant differences among different periods are indicated by different letters at $P < 0.05$.

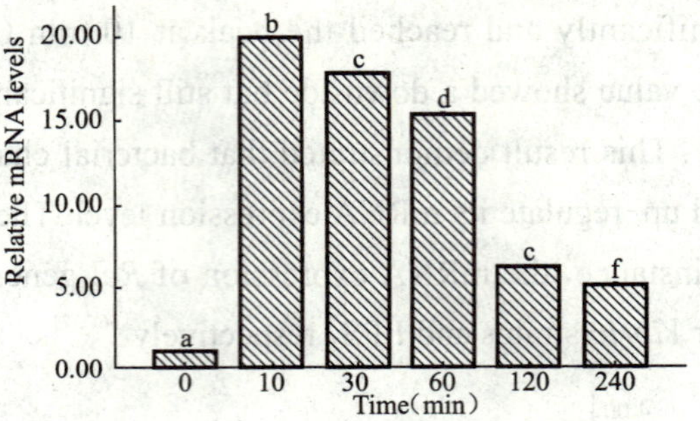

Fig.3 Real-time PCR analysis of *Aj-p*50 after bacterial challenge

Note: Each symbol and vertical bar represents the $\bar{x} \pm$ SE ($n = 3$);

significant differences among different periods are indicated by different letters at $P < 0.05$.

The experimental results showed that the increase of *Aj-p*50 was related to the shear of *Aj-p*105. In mammals, NF-κB signal pathway responds rapidly and can happen in 10 minutes[38]. In this study, the results showed that the expression level of *p*105 and *p*50 mRNA lowered and raised the most at 10 min respectively which were very similar with the NF-κB signal pathway of mammals and insects in function. The results indicates that NF-κB is very conservative from sea cucumber to people in function and plays an important and basic role in their natural immune response.

2.3 Profiling lysozyme gene expression

Lysozyme is a small ubiquitous antibacterial enzyme that catalyzes the hydrolysis of the β-1, 4-glycosidic linkage between N-acetylmuramic acid and N-acetylglucosamine, alternating sugar residues in the bacterial peptidoglycan, and causes bacterial cell lysis[30]. In the Mediterranean mussel (*Mytilus galloprovincialis*), hemolymph lysozyme (i-type) mRNA was up-regulated by injection of both *Vibrio anguillarum* and *Micrococcus lysodeikticus*[29], which was consistent with the finding of this study. After bacterial challenge, the mRNA expression of lysozyme was up-regulated and reached the first peak at 10 min (1.54-fold, $P < 0.05$, Fig. 4). After a decrease to the initial level at 120 min ($P > 0.05$), the second peak appeared at 240 min (2.48-fold, $P < 0.05$, Fig. 4).

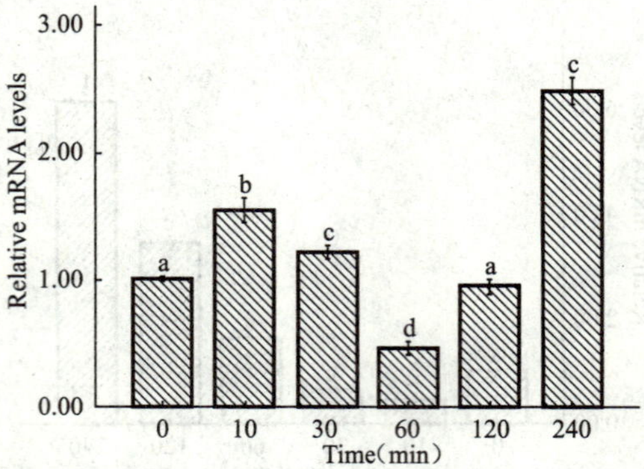

Fig.4 Real-time PCR analysis of lysozyme after bacterial challenge

Note: Each symbol and vertical bar represents the $\bar{x} \pm$ SE ($n = 3$);

significant differences among different periods are indicated by different letters at $P < 0.05$.

References

[1] Deng H, He C B, Zhou Z C. Isolation and pathogenicity of pathogens from skin ulceration disease and viscera ejection syndrome of the sea cucumber *Apostichopus japonicus*[J]. Aquaculture, 2009, 287: 18-27.

[2] Li H, Qiao G, Gu J Q, et al. Survey of bacteria diversity associated with diseased *Apostichopus japonicus* and bacterial pathologies during the winter[J]. J. Biotechnol., 2008, 136S: S607-S619.

[3] Wang P H, Chang Y Q, Yu J H, et al. Acute peristome edema disease in juvenile and adult sea cucumbers *Apostichopus japonicus* (Selenka) reared in North China[J]. J. Invertebr. Pathol., 2007, 96: 11-17.

[4] Canicatti C, Seymour J. Evidence for phenoloxidase activity in *Holothuria tubulosa* (Echinodermata) brown bodies and cells[J]. Parasitol. Res, 1991, 77: 50-53.

[5] Eliseikina M G, Magarlamov T Y. Coelomocyte morphology in the Holothurians *Apostichopus japonicus* (Aspidochirota: Stichopodidae) and *Cucumaria japonica* (Dendrochirota: Cucumariidae) [J]. Russ. J. Mar. Biol., 2002, 28: 197-202.

[6] Akira S, Uematsu S, Takeuchi O. Pathogen recognition and innate immunity[J]. Cell, 2006, 124: 783-801.

[7] Lemaitre B, Hoffmann J. The host defense of *Drosophila melanogaster*[J]. Annu. Rev. Immunol., 2007, 25: 697-743.

[8] Vallabhapurapu S, Karin M. Regulation and function of NF-kappaB transcription factors in the immune system[J]. Annu. Rev. Immunol., 2009, 27: 693-733.

[9] Ganesan S, Aggarwal K, Paquette N, et al. NF-kappaB/Rel proteins and the humoral immune responses of Drosophila melanogaster[J]. Curr. Top. Microbiol., 2011, 349: 25-60.

[10] Silverman N, Maniatis T. NF-kappaB signaling pathways in mammalian and insect innate immunity[J]. Gene. Dev., 2001, 15: 2 321-2 342.

[11] Gilmore T D, WOlenski F S. NF-kappaB: where did it come from and why? [J]. Immunol. Rev. 2012, 246:14-35.

[12] Gringhuis S I, Den Dunnen J, Litjens M, et al. C-type lectin DC-SIGN modulates Toll-like receptor signaling via Raf-1 kinase-dependent acetylation of transcription factor NF-kappaB[J]. Immunity, 2007, 26: 605-616.

[13] Solt L A, May M J. The IkappaB kinase complex: master regulator of NF-kappaB signaling[J]. Immunol. Res., 2008, 42: 3-18.

[14] Yamamoto Y, Gaynor R B. IkappaB kinases: key regulators of the NF-kappaB pathway[J]. Trends. Biochem. Sci., 2004, 29: 72-79.

[15] Baud V, Derudder E. Control of NF-kappaB activity by proteolysis[J]. Curr. Top. Microbiol. , 2011, 349: 97-114.

[16] Hayden M S, Ghosh S. NF-kappaB in immunobiology[J]. Cell Res, 2011, 21: 223-244.

[17] Dev A, Iyer S, Razani B, et al. NF-kappaB and innate immunity[J]. Curr. Top. Microbiol. , 2011, 349: 115-143.

[18] Wiklund M L, Steinert S, Junell A, et al. The N-terminal half of the *Drosophila* Rel/NF-kappaB factor Relish, REL-68, constitutively activates transcription of specific Relish target genes[J]. Dev. Comp. Immunol. , 2009, 33: 690-696.

[19] Antonova Y, Alvarez K S, Kim Y J, et al. The role of NF-kappaB factor REL2 in the *Aedes aegypti* immune response[J]. Insect. Biochem. Molec. , 2009, 39: 303-314.

[20] Krappmann D, Wegener E, sunami Y, et al. The IkappaB kinase complex and NF-kappaB act as master regulators of lipopolysaccharide-induced gene expression and control subordinate activation of AP-1[J]. Mol. Cell. Biol. , 2004, 24: 6 488-6 500.

[21] Zhang P, Martin M, Michalek S M, et al. Role of mitogen-activated protein kinases and NF-kappaB in the regulation of proinflammatory and anti-inflammatory cytokines by *Porphyromonas gingivalis hemagglutinin* B. *Infect*[J]. Immun. , 2005, 73: 3 990-3 998.

[22] Hedengren-olcott M, Olcott M C, Mooney D T, et al. Differential activation of the NF-kappaB-like factors Relish and Dif in *Drosophilamelanogaster* by fungi and Gram-positive bacteria[J]. J. Biol. Chem. , 2004, 279: 21 121-21 127.

[23] Minagawa S, Hikima J, Hirono I, et al. Expression of Japanese flounder C-type lysozyme cDNA in insect cells. *Dev. Comp*[J]. Immunol. , 2001, 25: 439-445.

[24] Hikima S, Hikima J, Rojtinnakorn J, et al. Characterization and function of kuruma shrimp lysozyme possessing lytic activity against Vibrio species[J]. Gene, 2003, 316: 187-195.

[25] Simser J A, Macaluso K R, Mulenga A, et al. Immuner esponsive lysozymes from hemocytes of the American dog tick, Dermacentor variabilis and an embryonic cell line of the Rocky Mountain wood tick, D. andersoni[J]. Insect. Biochem. Molec. , 2004, 34: 1 235-1 246.

[26] Xue Q G, Schey K L, Volety A K, et al. Purification and characterization of lysozyme from plasma of the eastern oyster (Crassostrea virginica). Comparative biochemistry and physiology[J]. Comp. Biochem. Phys. B. , 2004, 139: 11-25.

[27] Zhao J M. , Song L S, Li C H, et al. Molecular cloning of an invertebrate goose-type lysozyme gene from Chlamys farreri, and lytic activity of the recombinant protein[J]. Mol. Immunol. , 2007, 44: 1 198-1 208.

[28] Li H, Parisi M G, Toubiana M, et al. Lysozyme gene expression and hemocyte behaviour in the Mediterranean mussel, Mytilus galloprovincialis, after injection of various bacteria

or temperature stress[J]. Fish Shellfish Immun., 2008, 25: 143-152.

[29] Bachali S, Jager M, Hassanin A, et al. Phylogenetic analysis of invertebrate lysozymes and the evolution of lysozyme function[J]. J. Mol. Evol., 2002, 54: 652-664.

[30] Nilsen I W, Mymes B. The gene of chlamysin, a marine invertebrate-type lysozyme, is organized similar to vertebrate but different from invertebrate chicken-type lysozyme genes[J]. Gene, 2001, 269: 27-32.

[31] Wang T T, Sun Y X, Jin LJ, et al. Aj-rel and Aj-p105, two evolutionary conserved NF-κB homologues in sea cucumber (*Apostichopus japonicus*) and their involvement in LPS induced immunity[J]. Fish. Shellfish. Immun., 2013, 34 (1): 17-22.

[32] Hetru C, Hoffmann J A. NF-kappaB in the immune response of Drosophila[J]. CSH. Perspect. Biol., 2009, 1: a000232.

[33] Chen F E, Huang D B, Chen Y Q, et al. Crystal structure of p50/p65 heterodimer of transcription factor NF-kappaB bound to DNA[J]. Nature, 1998, 391: 410-413.

[34] Livak K J, Schmittgen T D. Analysis of relative gene expression data using realtime quantitative PCR and the $2^{-\triangle\triangle Ct}$ method[J]. Methods, 2001, 25: 402-408.

[35] Rahman M M, Mcfadden G. Modulation of NF-kappaB signalling by microbial pathogens[J]. Nat. Rev. Microbiol., 2011, 9: 291-306.

[36] Montagnani C, Kappler C, Reichhart J M, et al. Cg-Rel, the first Rel/NFkappaB homolog characterized in a mollusk, the Pacific oyster Crassostrea gigas[J]. FEBS. Lett., 2004, 561: 75-82.

[37] Jiang Y, Wu X. Characterization of a Rel/NF-kappaB homologue in a gastropod abalone, Haliotis diversicolor supertexta[J]. Dev. Comp. Immunol., 2007, 31: 121-131.

[38] Hoffmann J A. The immune response of Drosophila[J]. Nature, 2003, 426 (6962): 33-38.

（王淑娴，许拉，王晓璐，叶海斌，李天保）

（载自 *Agricultural Science & Technology* 2016-03）

仿刺参养殖病害预警体系探究

仿刺参养殖业已成为山东乃至全国大力发展的水产养殖业之一，近年来取得了显著的经济效益和社会效益。然而，养殖业的迅速发展和养殖过程中出现的种种状况也造成了病害的大量发生，由于处理不恰当、操作不规范等也导致了病害问题日趋突出，药物滥用、超剂量使用也给养殖业带来了惨重的经济损失和社会影响。仿刺参疾病主要以细菌病为主，腐皮综合征是当前最常见的疾病，危害也最为严重[1,2]。越冬保苗期幼参和养成期刺参均可被感染发病，且幼参的感染率和发病率都很高，一旦发病很快就会蔓延，属急性死亡，故亟须加强早期的预警，实施预防的预见性，建立一套生产上实用的病害预警体系及方法。传统的病害防治措施已很难适应社会的要求及环境友好的要求，它们也正在向监测预警转变，为病害防控、健康养殖提供保障。

预警是近年来养殖业研究的热点，国内外已有众多领域报道了相关的预警体系。起初，预警概念及系统研究出现于经济领域，随后在不同领域得到了进一步的发展和应用。在农业病虫害预警领域已经开始了较系统的初步探讨，从农业信息学角度也开始了病害预警体系报道[3]。李京梅[4]等报道了我国海水养殖的生态预警评价指标体系与方法，阐述了生态预警在海水养殖中的重要作用。在此基础上扩展精确的预警体系及方法是保证海水养殖业健康可持续发展的关键。赵建文[5]针对凡纳滨对虾养殖水质提出了预警研究，结合了模糊系统的推理能力和网络的自学能力，通过对水质标准模糊系统的结构辨识和参数辨识建立了各水质因子和水质登记之间的非线性对应规律，很好地解决了对虾养殖中水质的监测问题。

本研究首先尝试对仿刺参养殖病害预警概念进行分析，再总结病害预警逻辑过程，探讨预警体系构建，深入分析预警指标的选择及技术方法，初步以仿刺参细菌病侵染预警对该体系进行探讨。

1 病害预警的概念

1.1 预警的概念

预警是建立在预测的基础上，侧重未来不同时段的动态变化，研究重点是未来病害发生前的演化动态、方向，以及由此产生的后果等[4]。海水养殖病害预警是指针对海水养殖过程中存在的关键性病害风险，建立相应的预警指标体系、预警模型和信号系统，对海水养殖的健康安全影响进行对比监测，对监测结果获得的警情、警兆发布警示。进行海水养殖病害预警研究，得出其发展过程中不正常的危害程度，对海水养殖的健康安全与社会经济发展的协调性和适应性进行评价，对于确定合理的养殖面积和养殖产量，控制污染范围，降低各种药物的使用，促进我国海水养殖产业的可持续发展以及保护海洋环境具有重要意义。李明等[3]对预警、预测和监测进行了辨析，预警可以说是更高层次的预测，是源于预测，经历了从警报到预测的发展历程。从不同水产养殖情况具体分析，仿刺参养殖病害预警概念也存在同样的道理。

1.2 病害预警的产生

最先，在农作物病虫害的防治、测报系统的研究上建立了一些像蔬菜病虫害测报系统、葡萄病害测报系统等用于指导农民进行病虫害防治和预报的系统，使病虫害的防治实时、高效，在我国农业生产中发挥了重要的贡献。而国外早在20世纪70年代，美、日、法等一些科学技术发达的国家相继开发了一些农作物的病虫害预测、预报系统，其水产动物的病情预报，特别是水产品药物残留检测、水产品的食品安全检测等智能技术非常高。从2000年开始，由全国水产技术推广总站牵头，在十多个省(市、区)进行水产动物病害测报试点工作。并在鱼虾养殖中运用最为广泛。目前，我国已建立起30多个省(区、市)参加、由近3 000个测报点、数万名测报员组成的水产养殖病害测报体系，初步形成了从中央到地方，覆盖全国的病害测报网络[6, 7]。

水产动物(仿刺参)病害预警源于病害流行及病害防控，并不断地从中吸取精华，逐渐发展、完善。病害防控是基于对疾病发生原因或病原深入研究基础上的有的放矢，疾病的精准诊断也是防治的前置条件。病害防控机构的发展，成为水产动物疾病预防和控制的主要途径，这将促使病害预警体系的产生。随着水产动物测报系统网络化、快速集成化和可视化的发展，病害测报工作系统分析平台已建立，能够直观、准确地反映水产动物的病害状况，从而可将病害测报转变到水产养殖病害预报上，更有效地预防、控制疫病的蔓延和流行。在网络时代，水产动物病害预报系统的建立应以网络为依托，结合病害发生的时空信息数据库，将病害测报资料、专业模型、应用处理功能进行有机的集成，充分地利用信息资源和Internet技术，充分发挥其社会效益和市场价值，解决病害灾变预警等重大社会可持续发展面临的问题，提高预警转变水平。

1.3 预警系统的快速发展

近几年来，水产动物病害测报已得到了初步研究，实现了信息采集的科学化、传输网络化、数据处理现代化，使生产和管理部门能够及时有效地掌握水产养殖病害发生的动态和趋势，为加强病害防治和指导渔业生产提供及时准确、方便快捷的信息服务，测报系统已逐步向预警系统转变。病害预警体系在我省仿刺参养殖病害防控中仍处在粗放型、低水平状态。养殖区域迅速扩大，养殖环境多样，不同气候、不同养殖模式、不同养殖条件下发病情况复杂多变，滥用药物的现象更是持续存在。由于仿刺参养殖过程中各种病害的快速诊断技术落后，养殖工作者对病害的发生没有预警意识和相关技术，往往凭借肉眼观察、凭经验行事，致使误诊现象频频发生，病害状况得不到预防及控制，最终造成严重的损失。在这种情况下，以流行病学调研为基础，风险评估为理念，预警预报为措施，预警体系建立为支撑的病害防控体系将成为我省仿刺参养殖乃至其他养殖病害防治发展的主趋势。

目前研究报道表明，预警体系建立技术已得到深入发展，葛明峰等[8]利用特异多重PCR技术对大黄鱼（*Larimichthys crocea*）感染的3种致病弧菌进行了跟踪调查，从肝、脾、肾、肌肉等组织进行检测，分析掌握流行病规律以及病原感染与环境变化之间的关系，寻找实施最恰当的病害防治时机。在大黄鱼养殖生产中，大大超越了传统的病害防控技术，高效率地实现了病害的预测及预警。

随着科技发展和水产养殖业的需要，水产养殖病害远程诊断系统的建立为水产养殖病害的预警预报及诊断治疗提供了发展平台，为水产动物病害的预测提供了新途径。目前，鱼病远程监测预警与诊断系统已在全国各地以及我省推广使用，广大养殖户在养殖过程中也得以运用。

2 病害预警的逻辑过程

借鉴农作物预警领域的研究，笔者总结了水产动物仿刺参病害预警的基本逻辑过程，包括从明确警义、监测警兆、追溯警源、预报警情以及排除警情的一系列相互衔接的过程[9]。

2.1 明确警义

明确警义也就是明确预警的研究对象，通过系统分析的方法，确定系统的输入和输出。输入包括警兆和警源，输出主要指警情和排除警情的措施，最终形成预警指标体系。病害预警一般采用发生期、普遍率、严重度或病情指数作为警素，以常见的病害严重度的等级划分确定警度。

2.2 监测警兆

警兆是警情爆发之前的先兆，监测警兆是预警的基础。对于水产动物仿刺参病害防控系统来说，机体自身、病原生物、生存环境和养殖技术均与病害发生有着密切关系。由于涉及因素众多，需根据刺参机体免疫系统和流行病学机理研究，结合实际生产，筛选确定关键的警兆指标，在生产过程中持续监测，收集可靠数据为预警系统的建立提供基础。

2.3 追溯警源

警源是警情产生的根源。对于水产动物病害流行系统来说，感病的仿刺参、致病性的病原、有利于发病的环境和人类不规范的干预，这些都可能是病害发生的根源。采用先进技术从可靠数据中寻找警源与警兆的关系，结合专家知识及经验分析，是构建仿刺参病害预警理论体系的关键。

2.4 预报警情及排除警情

预报警情是预警的目的；排除警情是为用户消除警情提供决策支持。所有的结果都可反馈给预警系统，建立预警体系，进行动态调节来控制病情的发生。

3 仿刺参病害预警的指标选择

预警指标是预警科学理论与相关专业理论结合的产物，预警指标不仅可以独立作为预警系统使用，而且还可以为统计和模型预警系统提供变量基础。根据预警指标的基本原则，实现监测—评价—预警的功能[10]。

水环境指标：仿刺参养殖过程中水环境恶化，水质下降，涉及溶解氧、氨氮、pH、亚硝酸盐、重金属等，均脱离正常值走向负向动态，该指标数值偏离越大，说明养殖水环境条件越差，可引起警情或加重警情的严重程度。不同环境、不同条件下选择不同的监测指标，在预警系统中具有举足轻重的作用。

生态指标：仿刺参养殖过程中饵料和浮游生物的密度都会破坏原有生态的平衡，造成不可逆转的生态灾害，进而加重病害警情[11]。建立生态指标，涉及饵料携带菌浓度、浮游动植物密度等，均与疾病的发生存在相关性。预警系统中各指标的负向趋势均对警情的防控起到积极作用。

机体免疫指标：不同环境、不同条件变化时机体自身也随之发生适应性变化，不同动物根据自身免疫防御特点涉及不同的免疫指标。针对仿刺参来说，机体免疫指标涉及细胞吞噬活性、呼吸爆发活性、磷酸酶活性、超氧化物歧化酶活性等，各指标变化趋势可预测预警病害的发生程度[12, 13]。

社会经济指标：主要反映仿刺参养殖的社会经济功能，包括创造价值、维持生态环境、扩大就业等。该指标的指数值越高，说明该水产动物养殖的社会经济功能越好，该指标是一个正向指标，可起到缓解警情的作用。

社会保障指标：主要用来指导政府、企业、社会公民对养殖环境保护的认识程度以及环境污染的治理力度。该指标数值越高，越体现了相对应的重视程度和治理力度，越有利于养殖环境的保护，同样属正向指标，可起到缓解警情的作用。

4 仿刺参细菌病侵染预警实例探讨

仿刺参的病原生物在早期少量感染、无临床征象，往往难以察觉，只有当病原生物在机体中繁殖积累到一定程度，开始影响正常生活或组织受到损伤时，才会被察觉。因此，依据疾病的流行病学进行早期检测病原生物，分析病原生物的感染状况及其正负向趋势，实现病害的预测预警就显得至关重要。

侵染前期的预测有利于病害防控。首先要预测出侵染的日期，在日期基础上确定监测日期范围，在此范围内进行温度监测，以便病害初侵染前留出一定的缓冲时间用于防治。研究显示，温度对影响刺参生存、生长、繁殖最重要的因子之一[14]。高温期水温的变化影响生物一系列内在生理机制，反映警情变化趋势，为评估刺参细菌初侵染的预警机制以及开展刺参多营养层次的综合养殖预警体系提供基础资料。

通过对仿刺参养殖池水质分析，可知：随着养殖时间延长，外界环境条件变化，水质中COD、氨氮、亚硝酸盐呈上升趋势，pH、溶解氧、磷酸盐呈下降趋势，在高温养殖中后期，变化趋势直接反映警情相关状况；COD、温度、亚硝酸盐、盐度、DO 是确定为仿刺参养殖池中病害预警监测的主要理化因子。

生态环境中微生物生化定量分析：对养殖生态环境（水体微生物或饵料微生物或养殖池底微生物）中主要致病菌（弧菌等）的生长规律、富集程度以及生化性质的变化规律进行分析，对细菌（弧菌、杆菌、变形菌等）总量、主要致病微生物进行相关性分析，可建立设计预警曲线确定预警机制，联合数据模型等高科技手段进行体系的优化，最终达到防控病害的目的。关晓燕等[15]通过 16S rDNA 的 PCR-DGGE 基因指纹技术对刺参养殖池塘水环境中菌群多样性进行分析，高温季节刺参养殖水环境中细菌种群较为丰富，6～9月具有一致的优势菌群，反映了高温季节仿刺参水环境中微生物的菌群特征。

仿刺参免疫指标：机体免疫指标可充分作为病害预警的基础研究。本实验室以往的研究显示，仿刺参体腔细胞数量、吞噬活性、ROS、ATP/AKP/SOD/MPO 活性等均可显示机体免疫功能的状况，间接反映病害发生的概率，对预警体系的建立提供参考。另外，仿刺参肠道系统若发生紊乱，病害极易进行攻击导致疫病发生，故仿刺参肠道中微生物菌群、消化酶活性亦可作为病害发生的预警指标[13]。

社会经济指标：在维持生态平衡的同时对社会环境造成的价值可充分体现预警的作用。而且，在建立预警机制的基础上进行的相关推广示范应用，可在一定程度上促使仿刺参健康养殖的可持续性，增加养殖经济效益，提高仿刺参产品质量及安全。

5 结论

近年来，仿刺参养殖业大规模迅速发展，无论是研究者还是养殖者对病害防控的重视也随之增强。拓展仿刺参养殖过程中预警能力的基础，研究并完善仿刺参病害预警理论体系，提高病害预警技术，对水产动物预警学科的丰富也是一种贡献。本文依据对预警的理解尝试着从定义、产生、逻辑过程及相关疾病的案例分析，阐述了仿刺参预警的指标体系，为仿刺参养殖过程中的病害防控奠定了基础，但需要在实际生产过程进一步进行完善和提高，最终建立仿刺参养殖预警体系，也为仿刺参的病害防控提供决策支持。

参考文献

[1] 张春云，王印庚，荣小军．养殖刺参腐皮综合征病原菌的分离与鉴定 [J]. 水产学报，2006，30（1）：118-123.

[2] 王印庚，方波，张春云，等．养殖刺参保苗期重大疾病“腐皮综合征”病原及其感染源分析 [J]. 中国水产科学，2006，13（4）：610-616.

[3] 李明，赵春江，杨信廷，et al. 温室蔬菜病害预警体系初探——以黄瓜霜霉病为例 [J]. 中国农学通报，2010，26（6）：324-331.

[4] 李京梅，郭斌．我国海水养殖的生态预警评价指标体系与方法 [J]. 海洋环境科学，2012，31（3）：448-452.

[5] 赵建文．凡纳滨对虾养殖水质预警研究 [J]. 计算机仿真，2013，30（1）：373-376

[6] 彭昌家，白体坤，冯礼斌，等．南充市水稻重大病虫害预警与应急防控体系构建［J］．中国植保导刊，2015，35（10）：84-86.

[7] 吴淑勤，王亚军．我国水产养殖病害控制技术现状与发展趋势［J］．中国水产，2010，8：9-10.

[8] 葛明峰，郑晓叶，王国良．大黄鱼感染致病弧菌的检测及其病害的预测预警［J］．水产学报，2014，38（12）：2 068-2 074.

[9] 陶骏昌，陈凯，杨汭华．农业预警概论［M］．北京：北京农业大学出版社，1994：2-70.

[10] 孔巧香．南美白对虾主要致病微生物安全预警技术研究［D］．舟山：浙江海洋学院，2013.

[11] 刘朝阳．养殖大菱鲆常用饵料携带的细菌与其疾病发生的相关性分析［D］．青岛：黄海水产研究所，2007.

[12] Ying Fan，Xiaoqing Yu，La Xu，et al. Synergy of microcapsules polysaccharides and *Bacillus subtilis* on the growth，immunity and resistance of sea cucumber *Apostichopus japonicus* against *Vibrio splendidus* infection［J］. Fish Science，2013，79：807-814.

[13] 樊英，李乐，于晓清，et al. 免疫增强剂党参对仿刺参肠道菌群结构的影响［J］．动物营养学报，2015，27（2）：638-646

[14] 纪婷婷．刺参（*Apostichopus japonicus*）对温度变化的生态生理学响应机制［D］．青岛：中国海洋大学，2009.

[15] 关晓燕，周遵春，陈仲，等．应用 PCR-DGGE 指纹技术分析高温季节仿刺参养殖水环境中菌群多样性［J］．海洋湖沼通报，2010，1：82-88.

（樊英，叶海斌，于晓清，李乐，李天保）

（载自《安徽农业科学》2016-03）

中国对虾与日本对虾对白斑综合征病毒（WSSV）耐受力的比较

1 材料与方法

1.1 材料

健康中国对虾和日本对虾取自昌邑示范基地未发病虾池，体长 8 ～ 9 cm。试验前随机抽取两种对虾各 10 尾，二步 PCR 法检测 WSSV，均为阴性，在水族箱暂养 1 周，两种对虾保持养殖环境一致，每天投喂 2 次配合或者鲜活饵料，每天换水一次。

1.2 方法

试验用海水为经厚沙层过滤的天然海水，盐度为 30，温度（24±2）℃。试验用水泥池长 1 m× 宽 0.5 m× 高 0.5 m），试验前用 $20\ g \cdot m^{-3}$ 的漂白精消毒处理。养殖期间每天吸污 2 次，换水 1 次，换水量 30%左右。试验分中国对虾组与日本对虾组，每组 3 个平行。

1.2.1 中国对虾组

每个水泥池饲养 120 尾健康中国对虾，停食 48 h 后，每个水泥池投入 1 尾感染 WSSV 死亡的中国对虾，观察中国对虾摄食情况，及时捞出头胸甲出现白斑 WSSV 发病症状的中国对虾，记录捞出的每尾虾的发病时间，直至感染 WSSV 的中国对虾被吃完。同时设 1 个空白对照，饲养 120 尾健康中国对虾，不投喂感染的对虾。

1.2.2 日本对虾组

每个水泥池饲养 120 尾健康日本对虾，停食 48 h 后，每个水泥投入 1 尾感染 WSSV 死亡的日本对虾，观察日本对虾摄食情况，及时捞出头胸甲出现白斑 WSSV 发病症状的日本对虾，记录捞出的每尾虾的发病时间，直至感染 WSSV 的日本对虾被吃完。同时设 1 个空白对照，饲养 120 尾健康日本对虾，不投喂感染的对虾。

1.2.3 制备感染死亡对虾

取实验室自制感染 WSSV 死亡对虾，投喂前采用荧光实时定量 PCR 仪分析对虾肌肉中的 WSSV，选出 2 尾对虾 WSSV 含量为 109 拷贝•克的对虾，以备投喂。

1.3 数据统计

比较分析中国对虾与日本对虾对投喂病虾后感染发病数量和发病时间的不同，以此分析二者对 WSSV 耐受力的差异。

2 结果

2.1 投喂病虾后，中国对虾感染死亡数量及死亡曲线

表 1 表明，投喂 1 尾死虾后，试验组平均 76 尾中国对虾均出现感染症状，经检测均携带 WSSV，感染率为 63.33%。图 1 看出，中国对虾感染发病高峰期集中于第 4 d、第 5 d，日发病数量约 35 尾。对照组死亡 4 尾对虾，分子生物学检测未检测到 WSSV，可排除病毒感染致死。

表 1　中国对虾组投喂死虾每天的死虾数量

感染天数	试验组			平均值	标准差	对照组
	1	2	3			
0	0	0	0	0	0	0
1	0	0	0	0	0	1
2	0	0	4	1.33	1.77	1
3	8	4	4	5.33	1.77	2
4	28	36	40	34.66	4.44	0
5	36	28	28	30.66	3.55	0
6	4	0	4	2.66	1.77	0
7	0	4	0	1.33	1.77	0
8	0	0	0	0	0	0
9	0	0	0	0	0	0
10	0	0	0	0	0	0
11	0	0	0	0	0	0
感染尾数	76	72	80			
感染率	63.33%	60%	66.67%			
平均感染数	76					
平均感染率	63.33%					

2.2 投喂病虾后，日本对虾死亡数量及死亡曲线

表 2 结果表明，投喂 1 尾死虾后，试验组平均 65 尾日本对虾均出现白斑感染症状，经检测均带有 WSSV，感染率为 54.44%。从图 2 看出，日本对虾感染发病高峰期集中于第 5 d、第 6 d、第 7 d，日发病数量 20 ～ 30 尾，其感染时间较中国对虾要晚，感染数量要低于中国对虾。对照组日本对虾未出现死亡状况。

表 2 日本对虾组投喂死虾每天的死虾数量

感染天数	试验组			平均值	标准差	对照组
	1	2	3			
0	0	0	0	0	0	0
1	0	0	0	0	0	0
2	0	0	0	0	0	0
3	0	0	0	0	0	0
4	4	0	0	1.33	1.77	0
5	4	28	28	20	10.66	0
6	36	32	24	30.66	4.44	0
7	24	4	4	10.66	8.88	0
8	0	0	4	1.33	1.77	0
9	0	4	0	1.33	1.77	0
10	0	0	0	0	0	0
11	0	0	0	0	0	0
感染尾数	68	68	60			
感染率	56.66%	56.66%	50%			
平均感染数		65				
平均感染率		54.44%				

3 讨论

本试验投喂1尾死亡对虾后，中国对虾平均死亡率63.33%，发病高峰期在4～5 d，而日本对虾平均死亡率54.44%，发病高峰期在5～7 d，中国对虾的发病率高于日本对虾，发病时间也较日本对虾早，其原因可能有以下几个方面。

3.1 摄食时间差异

中国对虾具有连续摄食的特点，日本对虾白天潜伏在池底很少活动，日落后摄食[6]，因此同时投喂死虾后，其摄食死虾的时间不同，被感染时间也不同。

3.2 种间形态差异

中国对虾甲壳较薄，死虾容易被摄食，而日本对虾甲壳厚，死虾不易被摄食，病毒传播较慢。不同种类的对虾感染病毒后的存活时间存在差别[7]。李素红等[8]研究也表明，即使同一种属不同家系之间的中国对虾，对WSSV的敏感性也存在较大差异。中国对虾和日本对虾属于不同种，对WSSV抗性不一，因而耐受时间不一。

3.3 饵料差异

对虾体内存在众多的抗病因子（如各种水解酶、溶解酶、抗菌肽等），具有相当的抗病能力，饲料不同会造成抗病因子也存在差异[9]。中国对虾对蛋白需求（40%）较日本对虾（60%）要低。Pascual 等[10]报道，当对虾摄食蛋白含量为 40%的饲料时，一些免疫指标（血淋巴细胞总数、基础和激活的呼吸爆发）显著高于摄食蛋白含量为 5%和 15%的饲料。刘栋辉等[11]也报道，当饲料蛋白含量在 20%时，凡纳滨对虾的血淋巴指标，如细胞总数、酚氧化敏活性、血蓝蛋白和血淋巴蛋白均显著降低。这些非特异免疫指标的高低可反映虾的免疫状况，影响对虾对病毒的抵抗力。饲养日本对虾以投喂蓝蛤等动物性饵料为主，蛋白质含量高，而饲养中国对虾多投喂配合饲料，蛋白质含量较低，因此饵料的差异可能是导致中国对虾和日本对虾对 WSSV 耐受力不同的重要因素。

参考文献

[1] 何建国，翁少萍，邓敏，等．斑节对虾白斑综合征病原与病理［J］．中山大学学报论丛（自然科学版），1996（增刊）：12-15.

[2] 何建国，莫福．对虾白斑综合征病毒爆发流行与传播途径，气候和水体理化因子的关系及其控制措施［J］．中国水产，1999（7）：34-41.

[3] 江世贵，何建国，吕玲，等．白斑综合征病毒对斑节对虾亲虾的感染及垂直传播的初步研究［J］．中山大学学报，2000，39（增刊）：164-171.

[4] 江世贵，何建国，马之明，等．白斑综合征病毒对斑节对虾幼体和仔虾的致病性［J］．中山大学学报：自然科学版，2000，38（增刊）：172-176.

[5] 孙成波，何建国，黎子兰，等．凡纳滨对虾和斑节对虾对 WSSV 敏感性的比较［J］．湛江海洋大学学报，2006，26（3）：17-20.

[6] 陈宗尧，王克行．实用对虾养殖技术［M］．北京：农业出版社，1987：11-13.

[7] 张天时，李素红，孔杰，等．中国对虾自然感染与人工感染 WSSV 抗病力的比较［J］．海洋与湖沼，2010，41（5）：763.

[8] 李素红，张天时，孟宪红，等．中国对虾杂交优势对自然感染白斑综合征病毒的抗病力分析［J］．水产学报，2007，31（1）：69-71.

[9] Soderhall K. Invertebrate immunity［J］. Dev Comp Immunol，1999，23（4-5）：413-421.

[10] Pascual C，Zentenob E，Cuzonc G，et al. Litopenaeus vannamei juveniles energetic balance and immunological response to dietary protein［J］. Aquaculture，2004，236：431-450.

[11] 刘栋辉，何建国，刘永坚，等．极低盐度下饲料蛋白质量分数对凡纳滨对虾生长表现和免疫状况的影响［J］．中山大学学报（自然科学版），2005，44（增刊）：217-222.

（盖春蕾，叶海斌，许拉，王晓璐，于晓清）

（载自《安徽农业科学》2016-06）

Immunopotentiating effect of small peptides on primary culture coelomocytes of sea cucumber, *Apostichopus japonicus*

Sea cucumber, *Apostichopus japonicus* (Selenka), is one of the most economically important holothurian species, which is the main breed in the north of China. Despite the rapid expansion and industrialization of sea cucumber farming, this industry has been negatively affected by infectious diseases causing huge economic losses and presenting major constraint to the expansion of this industry [1-5]. The use of antibiotics has partially solved this problem. However, it has also raised a new problem of antibiotic residues in sea cucumber and in the environment. Therefore, immune prevention has become the preferred route and an inevitable trend, and research on the fundamental immunology of sea cucumbers is the foundation and prerequisite for disease prevention. As an echinoderm species, sea cucumbers lack an adaptive immune system. Their key defenses against foreign (nonself) entities are cellular and humoral immune responses. Coelomocytes are involved in both immune responses [6, 7]. Therefore, enhancing the immune activity of coelomocytes is important given the important role of coelomocytes in sea cucumber defense.

The traditional method of screening immunostimulants requires the use of many animals along with their maintenance. In addition, the operation is tedious and the costs are higher. Cell culture technology has been widely used in the areas of cell engineering, virology, and immunology. Much research has been undertaken on the development of in vitro techniques on aquatic vertebrates with the establishment of numerous fish cell lines and primary cultures, particularly for use in aquatic toxicology [8-10]. In mollusks, tissue cell culture was found to be viable only in a few species, such as *Pteria*, *Chlamys farreri*, and *Haliotis discus hannai* [11-13]. However, to date cell lines have not been established. In crustaceans, the primary culture of tissues or organs in shrimp has been developed [14-16]. In echinoderms, the primary culture methods of coelomocytes in sea cucumber have been reported [17].

Small peptides belonging to a group of oligopeptides are generally composed of two to three amino acids. Previous studies performed in our laboratory showed the in vivo stimulatory effect of small peptides on superoxide anion production and phagocytosis of sea cucumber coelomocytes [18]. To the best of our knowledge, the effects of small peptides on the immune responses of sea cucumber in vitro have not been defined.

This work was conducted to determine the influences of small peptides on the immunity of sea cucumber, *A. japonicus* in vitro and to analyze whether the experimental results in vivo and in vitro are consistent or not.

1 Materials and Methods

1.1 Experimental Animals

All sea cucumbers, *A. japonicus*, with body weight of 45 ~ 55 g, were collected from the coastal pond located in Jimo, Qingdao City, Shandong Province, China. They were kept in an aquarium with running sea water at 16 ℃ for 3 weeks and were not fed the diet.

1.2 Isolation and Primary Culture of Coelomocytes

Sea cucumbers were narcotized in 6.7% magnesium chloride for 30 min and sterilized in 7% benzalkonium bromide and 75% ethanol for about 2 min, respectively. Then, they were dissected using aseptic surgery technique, as described by Xing et al[19]. The coelomic fluids were collected and mixed with the anticoagulant solution (0.02 $mol \cdot L^{-1}$ EGTA, 0.34 $mol \cdot L^{-1}$NaCl, 0.019 $mol \cdot L^{-1}$ KCl, 0.068 $mol \cdot L^{-1}$ Tris ~ HCl; pH 7.6) [20] in a 1:1 (*V*: *V*) ratio. The cell suspension was filtered through a 100 μm nylon mesh to remove large tissue debris, and then centrifuged at 2000 rpm and 18℃ for 5 min. The cells were washed twice with isotonic buffer (0.001 $mol \cdot L^{-1}$ EGTA, 0.34 $mol \cdot L^{-1}$ NaCl, 0.01 $mol \cdot L^{-1}$ Tris ~ HCl; pH 7.6) [20] and resuspended in Leiboviz's L-15 cell culture medium (Invitrogen Corporation, CA, USA) with the antibiotics penicillin (100 $U \cdot mL^{-1}$) and streptomycin sulfate (100 $\mu g \cdot mL^{-1}$), as well as NaCl (31 $g \cdot L^{-1}$), to adjust the osmotic pressure. The cell suspension was adjusted to 10^6 $cells \cdot mL^{-1}$. Cell viability was determined by MTT test and was maintained at a stable level for a week. OD values were about 0.45. Aliquots of 200 μL cell suspension were dispensed into wells of 96-well culture microplates for the superoxide anion assay. Aliquots of 400 μL cell suspension were dispensed into wells of 48-well culture microplates for phagocytosis assay and enzyme activity assay. The coelomocytes were incubated in 18 ℃ for 24 h in darkness prior to the addition of immunostimulant.

1.3 Incubation of Coelomocytes with Small Peptides

Small peptides were provided by Vitech Biochem Co., Ltd (Hubei, China). It was dissolved in L-15 medium into prepared concentrations as follows: 0 (control), 5 $\mu g \cdot mL^{-1}$, 25 $\mu g \cdot mL^{-1}$, and 100 $\mu g \cdot mL^{-1}$. After 24 h of cultivation, cells were centrifuged at 2000 rpm at

18℃ for 10 min (Thermo, Waltham, MA, USA) and the supernatant was removed. Then, each medium containing a certain concentration of small peptides was added. The coelomocytes were incubated for 1h, 3h, 6h, 12h and 24 h, and then the immune parameters of coelomocytes were assayed. Each concentration had four replicates.

1.4 Phagocytic Assay

Coelomocytes phagocytosis was evaluated by neutral red method [21, 22]. Microplates were centrifuged at 4000 rpm at 18℃ for 10 min. The supernatant was removed and 400 μL 0.029% neutral red (Shanghai, China) was added to each well. The plate was then incubated at 18℃ for 30 min. Cells were then washed with PBS for three times and incubated with cell lysis buffer (acetic acid: ethanol = 1:1) for 20 min. The results were recorded with a universal microplate spectrophotometer (Thermo, Waltham, MA, USA) using a test wave length of 540 nm. The absorbance of 106 cells represents the capability of coelomocytes phagocytosing neutral red.

1.5 Respiratory Burst Activity

Production of intracellular O_2^- by coelomocytes was evaluated by using the nitroblue tetrazolium (NBT) method[23]. Microplates were centrifuged at 4 000 rpm at 18℃ for 10 min (Sorvall Legend RT, Germany) and the supernatant was removed. NBT (Sigma) was dissolved in L-15 medium to give a final concentration of 2 mg•mL^{-1}. Aliquots of 200 μL NBT L-15 solution were added to coelomocytes and incubated for 30 min at 18℃. Supernatant was removed from each well and the cells were fixed by adding 200 μL 100% methanol and incubating for 10 min. Subsequently, the cells were washed twice with 70% methanol to remove unreduced NBT, air-dried. Reduced NBT was dissolved by adding 120 μL 2 mol•L^{-1} KOH, followed by 140 μL DMSO. The production of superoxide anion was expressed as the absorption value of 106 cells at 630 nm.

1.6 Assays of Immune Enzymes

The medium with coelomocytes was replaced by an equal volume of ice-cold PBS. The coelomocytes were then homogenized on ice with a sonicator (Sonic, USA) for 10 s at 20% amplitude and centrifuged at 11, 000 rpm for 5 min (Heraeus Biofuge Stratos, Germany). Supernatants were collected for enzyme assay and acid phosphatase (ACP), alkaline phosphatase (AKP), and superoxide dismutase (SOD) activities were determined according to King [24] and Ji [25] using assay kits (Nanjing Jiancheng, China). The optical density of ACP/AKP was measured at 520 nm. The unit definitions of ACP/AKP enzymatic activity corresponded to the degradation of 1 mg phenol per 100 mL supernatant at 37 C within 15 min. The optical density of SOD was measured at 550 nm. An SOD unit is defined as the amount of enzyme that inhibits superoxide-induced oxidation by 50%.

1.7 Statistical Analysis

Data from each treatment were subjected to one-way ANOVA with SPSS 17.0 for Windows. Statistical significance was chosen at $P < 0.05$, and the results were presented as $\bar{x} \pm$ SE.

2 Results

2.1 Small Peptides Enhanced the Phagocytic Activity of Sea Cucumbers

The effects of different preparations of small peptides on the phagocytic capacity of coelomocytes are shown in Fig. 1. Phagocytosis of coelomocytes incubated with 25 μg•mL^{-1} of small peptides was significantly higher than that of the control at 1h, 3h, 6h and 12 h ($P <$ 0.05). However, each group showed no difference in phagocytic capacity relative to that of the control at 24 h. Benefit for phagocytic capacity was obtained with the three tested groups. The value from the 25 μg•mL^{-1} group was highest at 6 h and was 1.6 times as high as that of the control group.

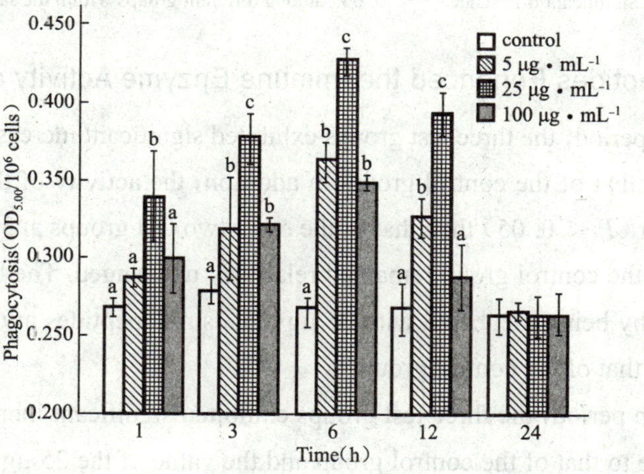

Fig 1 Effect of small peptides on phagocytic activity of sea cucumbers coelomocytes

Values are means and standard errors of three replicates ($\bar{x} \pm$ SE; $n = 3$).

a, b, c, d: Significant difference ($P < 0.05$) among different groups within the same period.

2.2 Small Peptides Enhanced Respiratory Burst Activity of Sea Cucumbers

The effects of different preparations of small peptides on the respiratory burst activity of coelomocytes are shown in Fig. 2. The respiratory burst activity by coelomocytes incubated with all three concentrations of small peptides was significantly higher than that of the controls at 6 h (P < 0.05). Less variation in respiratory burst activity was observed for controls over 24 h. None of the three test groups maintained a consistent increase in respiratory burst activity over that of the control, but the 25 μg•mL^{-1} group appeared to have the most effect on respiratory burst activity in sea cucumbers. The values of the 25 μg•mL^{-1} group were 1.1 times as high as that of the control group at 6 h.

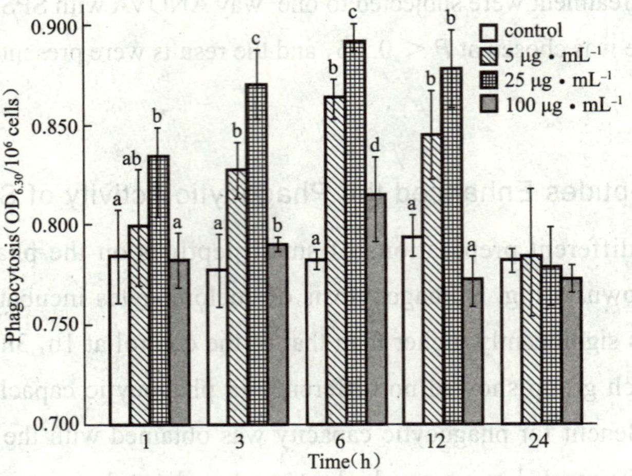

Fig 2 Effect of small peptides on respiratory burst activity of sea cucumbers coelomocytes

Values are means and standard errors of three replicates ($\bar{x} \pm$ SE; n = 3).

a, b, c, d: Significant difference ($P < 0.05$) among different groups within the same period.

2.3 Small Peptides Enhanced the Immune Enzyme Activity of Sea Cucumbers

Over a 1 to 6 h period, the three test groups exhibited significant increases in ACP activity ($P < 0.05$) relative to that of the control group. In addition, the activity of the 25 $\mu g \cdot mL^{-1}$ group was obviously higher ($P < 0.05$) than that of the other two test groups at 3 and 6 h (Fig. 3-A). The ACP activity of the control group remained relatively unchanged. The biggest effect on ACP activity was caused by being incubated with 25 $\mu g \cdot mL^{-1}$ small peptides at 6 h and the value was 1.4 times as high as that of the control group.

Over a 3 to 12 h period, the three test groups exhibited significant increases in AKP activity ($P < 0.05$) relative to that of the control group and the value of the 25 $\mu g \cdot mL^{-1}$ group was 1.3 times as high as that of the control group at 6 h (Fig. 3-B).

Over 1 to 12 h period, the 5 $\mu g \cdot mL^{-1}$ and 25 $\mu g \cdot mL^{-1}$ groups exhibited a significant increase in SOD activity ($P < 0.05$) relative to that of the control group. Although no significant difference in SOD activity was observed among the three test groups (Fig. 3-C) at 6 h, the SOD activities of the 5, 25, and 100 $\mu g \cdot mL^{-1}$ groups were all about 1.4-fold as high as that of the control.

3 Discussion

Coelomocytes, which are the major line of defense of echinoderms against infections and injuries, phagocytose, entrap, and encapsulate invading microorganisms [25]. The most obvious advantages of screening immunostimulants by using of cell culture technology are higher efficiency and lower consumption compared with traditional individual injection experiments.

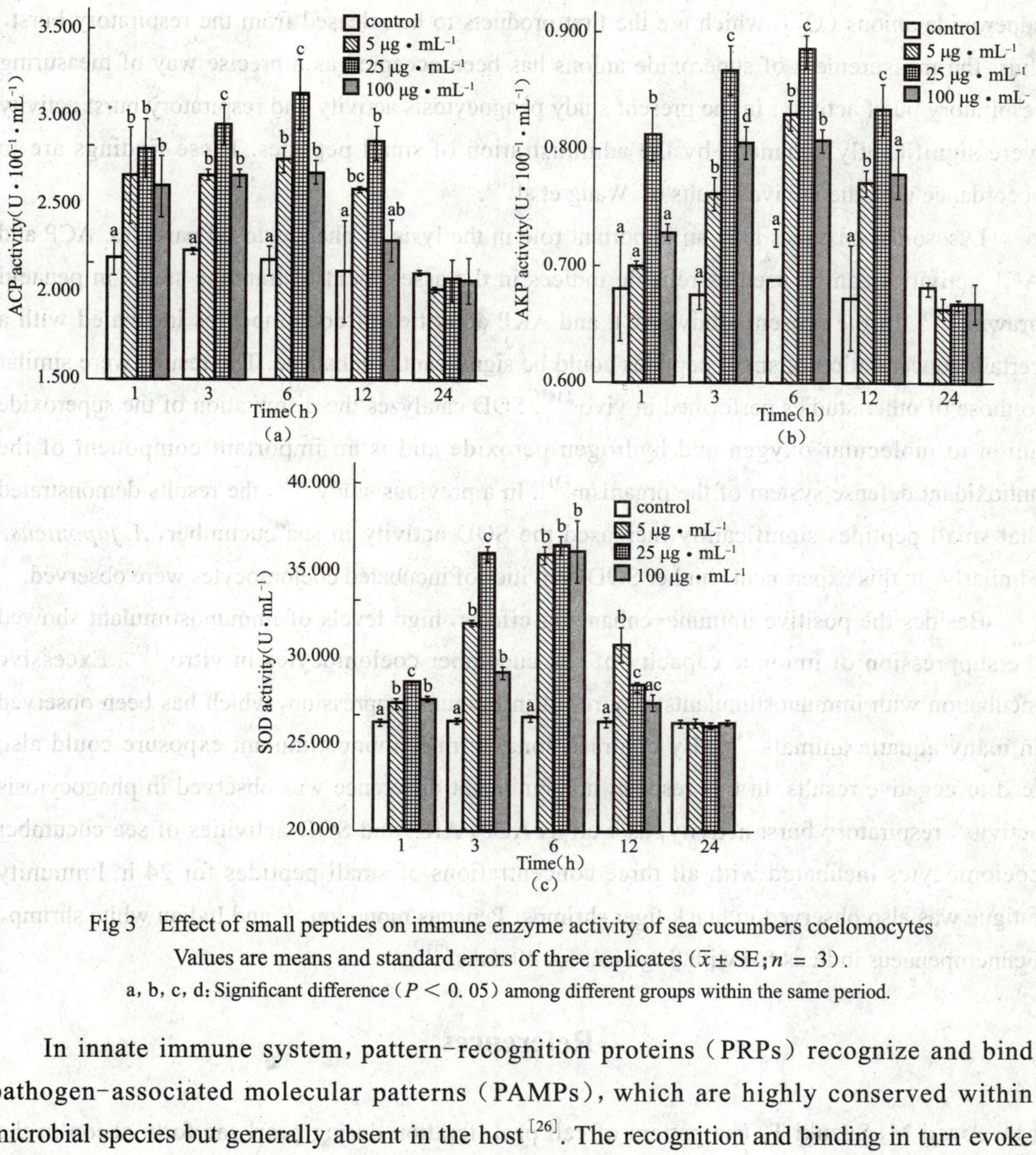

Fig 3 Effect of small peptides on immune enzyme activity of sea cucumbers coelomocytes

Values are means and standard errors of three replicates ($\bar{x} \pm SE$; $n = 3$).

a, b, c, d: Significant difference ($P < 0.05$) among different groups within the same period.

In innate immune system, pattern-recognition proteins (PRPs) recognize and bind pathogen-associated molecular patterns (PAMPs), which are highly conserved within microbial species but generally absent in the host [26]. The recognition and binding in turn evoke subsequent internal defense. These PAMPs include β-glucans, lipopolysaccharides (LPS), peptidoglycans and some nucleic acid motifs such as CpG DNA [26-28]. Some successfully used immunostimulants are basically this category of molecules. In our study, small peptides were selected as PAMPs molecule. All immune parameters tested that coelomocytes were incubated with a certain concentration of small peptides were significantly increased, suggesting that sea cucumber has similar recognition mechanism for small peptides.

All phyla of invertebrates possess amoeboid cells that are capable of recognizing parasites and other foreign bodies and reacting to them by phagocytosis [29]. During phagocytosis, stimulation of these phagocytes results in greatly increased uptake of oxygen and generation of superoxide anions (O_2^-), which are the first products to be released from the respiratory burst, thus, the measurement of superoxide anions has been accepted as a precise way of measuring respiratory burst activity. In the present study phagocytosis activity and respiratory burst activity were significantly enhanced by the administration of small peptides. These findings are in accordance with the in vivo results of Wang et al[18].

Lysosomal enzymes play an important role in the lysis of phagocytosed particles. ACP and AKP activities can be used as reliable indices in the assessment of immune status in penaeid prawns [30]. In the present study, ACP and AKP activities of coelomocytes incubated with a certain concentration of small peptides could be significantly enhanced. The results were similar to those of other studies performed in vivo [18]. SOD catalyzes the dismutation of the superoxide anion to molecular oxygen and hydrogen peroxide and is an important component of the antioxidant defense system of the organism[31]. In a previous study [18], the results demonstrated that small peptides significantly increased the SOD activity in sea cucumber, *A. japonicus*. Similarly, in this experiment, higher SOD activities of incubated coelomocytes were observed.

Besides the positive immune-enhancing effects, high levels of immunostimulant showed the suppression of immune capacity of sea cucumber coelomocytes in vitro [32]. Excessive incubation with immunostimulants may result in immunosuppression, which has been observed in many aquatic animals [33]. By contrast, long-term immunostimulant exposure could also lead to negative results. In this respect, no significant difference was observed in phagocytosis activity, respiratory burst activity, as well as ACP, AKP and SOD activities of sea cucumber coelomocytes incubated with all three concentrations of small peptides for 24 h. Immunity fatigue was also observed in black tiger shrimps, Penaeus monodon [34] and Indian white shrimp, Fenneropenaeus indicus fed with β-glucan for 40 days [33].

References

[1] Awaji M, Suzuki T. The pattern of cell prol iferation during pearl sac form at ion in the pearl oyster[J]. Fisheries Science, 1995, 61: 747-751.

[2] Canicattí C, Seymour J. Evidence for phenoloxidase activity in *Holothuria tubulosa* (Echinodermata) brown bodies and cells[J]. Parasitology Research, 1991, 77: 50-53.

[3] Cao Q Z, Lin Z B. Antitumor and anti-angiogenic activity of *Ganoderma lucidum* polysaccharides peptide[J]. Acta Pharmacologica Sinica, 2004, 25: 833-838.

[4] Chang C F, Chen H Y, Su M S, Liao I C. Immunomodulation by dietary β-1, 3-glucan in the brooders of the black tiger shrimp *Penaeus monodon*[J]. Fish & Shellfish Immunology, 2000, 10: 505-514.

[5] Chi G, Li Q, Wang Y, Li H. The primary culturemethods of coelomocytes in sea cucumber

Apostichopus japonicus[J]. Journal of Dalian Fisheries University, 2009, 24: 181-184. [in Chinese]

[6] Canicattí C, Seymour J. Evidence for phenoloxidase activity in Holothuria tubulosa (Echinodermata) brown bodies and cells[J]. Parasitology Research, 1991, 77: 50-53.

[7] Eliseikina M G, Magarlamov T Y. Coelomocyte morphology in the Holothurians *Apostichopus japonicus* (Aspidochirota: Stichopodidae) and *Cucumaria japonica* (Dendrochirota: Cucumariidae) [J]. Russian Journal of Marine Biology, 2002, 28: 197-202.

[8] Dowling K, Mothersill C. Use of rainbow trout primary epidermal cell cultures as an alternative to immortalized cell lines in toxicity assessment: a study with Nonoxynol[J]. Environmental Toxicology and Chemistry, 1999, 18: 2 846-2 850.

[9] Strum A, Cravedi J P, Perdu E, et al. Effects of prochloraz and nonylphenol diethoxylate on hepatic biotransforation enzymes in trout: a comparative in vitro/in vivo-assessment using cultured hepatocytes[J]. Aquatic Toxicology, 2001, 53: 229-245.

[10] Guo Z H, Kang X J, Mu S M, et al. Primary culture of male germ cells in *Macrobrachium nipponense*[J], Chinese Journal of Zoology, 2007, 42 (1) : 89-93. [in Chinese]

[11] Awaji M, Suzuki T. The pattern of cell prol iferation during pearl sac form at ion in the pearl oyster[J]. Fisheries Science, 1995, 61: 747-751.

[12] Lang G H, Wang Y, Liu W S, et al. Study on primary culture of *Chlamys farreri mantle* cells[J]. Journal of Ocean University of Qingdao, 2000, 30 (1) : 123-126. [in Chinese]

[13] Li X, Liu S F. The tissue culture of *Haliotis discus hannai*[J]. Journal of Fisheries of China, 1997, 21 (2) : 197-198. [in Chinese]

[14] Lang G H, Wang Y, Wang M, et al. The long-term primary culture of *Penaeus Chinensis* lymphoid tissue and a preliminary study of its chemical transformation[J]. Journal of Ocean University of Qingdao, 2001, 31(3) : 411-414. [in Chinese]

[15] Wang J X, Wang W N, Wang A L, et al. Primary culture of hemolymph and muscle of *Penaeus japonicus*[J]. Marine Sciences, 2003, 27 (3) : 61-63. [in Chinese]

[16] Nichols J W, Schultz I R. In vitro-in vivo extrapolation of quantitative hepatic biotransformation data for fish I. A review of methods, and strategies for incorporation intrinsic clearance estimates into chemical kinetic models[J]. Aquatic Toxicology, 2006, 78: 74-90.

[17] Chi G, Li Q, Wang Y, et al. The primary culturemethods of coelomocytes in sea cucumber *Apostichopus japonicus*[J]. Journal of Dalian Fisheries University, 2009, 24: 181-184. [in Chinese]

[18] Wang S X, Wei J T, Ye H B, et al. Effects of Small Peptides on Nonspecific Immune Responses in Sea Cucumber, *Apostichopus japonicus*[J]. Journal of the World Aquaculture Society, 2013, 44: 249-258.

[19] Xing J, Leung M F, Chia F S. Quantitative analysis of phagocytosis by amebocytes of a

sea cucumber, *Holothuria leucospilota*[J]. Invertebrate Biology, 1998, 117: 13-22.

[20] Jun X, Leung M F, Chia F S. Quantitative analysis of phagocy-tosis by amebocytes of a sea cucumber, *Holothuria leucospilota*[J]. Invertebrate Biology, 1998, 117(1): 67-74.

[21] Cao Q Z, Lin Z B. Antitumor and anti-angiogenic activity of Ganoderma lucidum polysaccharides peptide[J]. Acta Pharmacologica Sinica, 2004, 25: 833-838.

[22] Zhang Q, Ma H M, Mai K S, et al. Interaction of dietary Bacillus subtilis and fructooligosaccharide on the growth performance, nonspecific immunity of sea cucumber, *Apostichopus japonicus*[J]. Fish & Shellfish Immunology, 2010, 29: 204-211.

[23] Song H L, Hsieh Y T. Immunostimulation of tiger shrimp (*Penaeus monodon*) hemocytes for generation of microbicidal substances: analysis of reactive oxygen species[J]. Developmental and Comparative Immunology, 1994, 18: 201-209.

[24] King J. The hydrolases-acid and alkaline phosphatases[J]. Practical Clinical Enzymology, 1965, 191-208.

[25] Gliński Z, Jarosz J. Immune phenomena in echinoderms[J]. Archivum Immunologiae et Therapiae Experimentalis (Warszawa), 2000, 48: 189-193.

[26] Janeway C A, Medzhitov R. Innate immune recognition: mechanisms and pathways[J]. Annual Review of Immunology, 2002, 20: 197-216.

[27] Yu X Q, Zhu Y F, Ma C, et al. Pattern recognition proteins in Manduca sexta plasma[J]. Insect Biochemistry and Molecular Biology, 2002, 32: 1287-1293.

[28] Sung H H, Chen P H, Liu C L. Initiation of signal transduction of the respiratory burst of prawn haemocytes triggered by CpG oligodeoxynucleotide[J]. Fish & Shellfish Immunology, 2008, 24: 693-700.

[29] Ji J P. An ultramicroanalytic and rapid method for determination of superoxide dismutase activity[J]. Journal Nanjing Railway Medical College, 1991, 10: 27-30.

[30] Sarlin P J, Philip R . Efficacy ofmarine yeasts and baker's yeast as immunostimulants in Fenneropenaeus indicus: a comparative study[J]. Aquaculture, 2011, 321: 173-178.

[31] Yang S P, Wu Z H, Jian J C, et al. Effect of marine red yeast Rhodosporidium paludigenum on growth and antioxidant competence of *Litopenaeus vannamei*[J]. Aquaculture, 2010, 309: 62-65.

[32] Gu M, Ma H M, Mai K S, et al. Immune response of sea cucumber *Apostichopus japonicus* coelomocytes to several immunostimulants in vitro[J]. Aquaculture, 2010, 306: 49-56.

[33] Sajeevan T P, Philip R, Singh I S. Dose/frequency: a critical factor in the administration of glucan as immunostimulant to Indian white shrimp *Fenneropenaeus indicus*[J]. Aquaculture, 2009, 287: 248-252.

[34] Chang C F, Chen H Y, Su M S, et al. Immunomodulation by dietary β-1, 3-glucan in the

brooders of the black tiger shrimp *Penaeus monodon*[J]. Fish & Shellfish Immunology, 2000, 10: 505-514.

（Shuxian wang, Jianbao Li, Haibin Ye, La Xu, Le Li, Ying Fan）

（载自 *Journal of the World Aquaculture Society* 2015）

附录

牡蛎常见病害初诊速查检索表

通过对牡蛎病害特异症状的比较鉴别，采用生物分类检索表的形式，建立了牡蛎养殖病害初诊简易快速检索表，对于及时正确地诊断病害有着十分重要的意义。

本检索表采用平行式检索方式，即根据不同病害的症状表现特征，将每一对互相对应的特征编以同样的项号，并紧接并列，依次检索，如：

1. 患病牡蛎外套膜溃疡、肿胀……………………………………………………………2

1. 患病牡蛎外套膜无溃疡、肿胀…………………………………………………………3

如果符合前一项，则继续查找2，如果符合后一项，则继续查找3，依此类推。

本检索表采用的病害症状表现特征主要为目测或10×（10～40）倍显微观察确定的特征。牡蛎取样为濒死或活动异常的病贝，显微检测取样为病灶组织做成的水浸片。

本检索表的诊断结果为牡蛎养成期间常见病害的初诊结论，以期为生产单位的技术人员提供参考，确诊尚需进一步进行病原鉴定。

1. 患病牡蛎外套膜溃疡、肿胀……………………………………………………………2

1. 患病牡蛎外套膜无溃疡、肿胀…………………………………………………………3

2. 目测或镜检牡蛎外套腔能发现寄生虫…………………………………………………4

2. 目测或镜检牡蛎外套腔未能发现寄生虫………………………………………………8

3. 患病牡蛎消化道褪色、肿胀…………………………………………………………11

3. 患病牡蛎消化道无症状 ………………………………………………………………16

4. 患病牡蛎消化腺无明显症状……………………………………………………………5

4. 患病牡蛎消化腺有变色等症状 …………………………………………………………7

5. 患病牡蛎外套膜和鳃感染后褪色成黄色，高倍镜检可见寄生虫……… 包纳米虫病[1]

5. 患病牡蛎外套膜和鳃无明显褪色症状 …………………………………………………6

6. 患病牡蛎身体瘦弱，解剖外套腔目测可见个体较大寄生虫………………… 豆蟹病[2]

6. 患病牡蛎壳上有褐色的伤痕，病变组织切片镜检可见寄生虫体…… 闭合孢子虫病[3]

7. 患病牡蛎消瘦，消化腺变色，停止生长并死亡 ……………………………… 马尔太虫病[4]

7. 患病牡蛎消化腺变白，外套膜萎缩，贝壳不能闭合，性腺发育受到抑制，高倍镜检可见寄生虫体……………………………………………………………………………… 派琴虫病[5]

8. 患病牡蛎的鳃出现溃疡、肿胀症状……………………………………………………9

8. 患病牡蛎的鳃未出现溃疡、肿胀症状 ………………………………………………………………… 10

9. 鳃和触手表面有1个或数个不断扩大的黄色斑点，中央组织坏死形成空洞，镜检未发现细菌 ……………………………………………………………………………………… 鳃坏死病毒病[6]

9. 患病牡蛎组织肿胀，细胞溶解，镜检可见变形虫状真菌 ………………………………… 肤囊菌病[7]

10. 外套膜正常或有黄、绿、褐色小结节；组织切片生殖腺滤泡、消化道周围的囊样结缔组织可见菌体为丝状和分枝状的菌落 …………………………………………… 丝菌病（夏日之死）[8]

10. 外套膜退缩，消化腺苍白，肌肉组织变得粗糙、水泡状和退化，贝壳生小隆起脓疱 …… 牡蛎的足病[7]

11. 目测或镜检牡蛎消化道能发现寄生虫 ………………………………………………………… 12

11. 目测或镜检牡蛎消化道未能发现寄生虫 ……………………………………………………… 13

12. 虫体较小，需低倍镜检肠道可见虫体，患病牡蛎消化腺褪色消瘦，肝糖损失严重 …… 槌虫病[9]

12. 虫体较大，解剖肠道目测可见 ……………………………………………………………………… 14

13. 镜检患病牡蛎肠道组织内未见细菌或菌丝体，其消化腺血细胞浸润并导致其结缔组织坏死 …………………………………………………………………………………… 呼肠弧病毒病[6]

13. 镜检患病牡蛎肠道组织内，能发现细菌或菌丝体 ……………………………………………… 15

14. 解剖牡蛎肠道，发现有淡黄色虫或微红色蠕虫状虫体 ………………………………… 贻贝蚤病[10]

14. 镜检牡蛎消化道，发现虫体呈梨形，体前端生毛体上长有8根鞭毛 …… 鞭毛虫病[10]

15. 患病牡蛎消化道变苍白、壳张开、散发性死亡，镜检病变组织可见大量杆菌点状坏死病[11]

15. 牡蛎消瘦，消化管上皮变薄，染色切片可见小型菌丝体 ……………………………… 放线菌病[7]

16. 目测牡蛎外壳无穿孔症状 …………………………………………………………………………… 17

16. 目测牡蛎外壳有穿孔症状，内壁表面有云雾状白色区域，并形成1个或几个黑色、微棕色或淡绿色疣状突起 ………………………………………………………………………… 牡蛎壳病[12]

17. 患病牡蛎生殖腺上皮细胞肥大，卵巢有囊肿现象 ……………………………………… 卵巢囊肿病[13]

17. 患病牡蛎生殖腺无异常 …………………………………………………………………………… 18

18. 受感染牡蛎器官结缔组织内的血淋巴细胞不典型，并伴有大量功能不明的褐色细胞 ………………………………………………………………………………………… 血淋巴细胞病毒病[14]

18. 牡蛎的唇须上皮细胞的细胞核肿胀，核染色质边缘化，中心充满不定型的嗜酸性包涵体 ……………………………………………………………………………………… 乳多空病毒病[15]

参考文献

[1] 李海艳，吴绍强．牡蛎包拉米虫病的研究进展 [J]. 中国畜牧兽医，2008（10）：104-107.

[2] 柳中传，吴建芹，金福江．栉孔扇贝死亡原因及预防措施 [J]. 海洋科学，1992（5）：

9-10.

[3] 王中卫，吕昕，梁玉波．大连太平洋牡蛎体内寄生虫：沿岸单孢子虫检测［J］．海洋环境科学，2010，29（3）：342-345.

[4] 谢丽基，谢芝勋，等．贝类单孢子虫和折光马尔太虫二重 PCR 检测方法的建立［J］．渔业科学进展，2014，31（3）：77-83

[5] 吴绍强，李海艳，等．贝类派琴虫实时荧光定量 PCR 检测方法的建立和应用［J］．渔业科学进展，2009，30（5）：58-63.

[6] 李霞，王斌，刘淑范，等．一种球状病毒对近海几种贝类的感染．大连水产学院学报，2000，15（2）：86-91.

[7] 陈皓文，陈阳．牡蛎的微生物疾病［J］．水产科学，2007，26（9）：531-534.

[8] 沈晓盛，蔡友琼，房文红，等．养殖牡蛎体内检出坎氏弧菌的鉴定［J］．微生物学报，2005，45（2）：177-180.

[9] Bower S M, Mcgladdery S E, Price I M. Synopsis of infectious diseases and parasites of commercially exploited shellfish[J]. Annual Review of Fish Diseases, 1994, 4（94）: 1-199.

[10] 吴信忠，潘金培，江静波．贝类病害学研究进展——Ⅲ．贝类的敌害学和肿瘤病学研究［J］．海洋通报，1997（4）：82-87.

[11] 梁玉波，杨波，王立俊，等．辽宁黄海岸水域增养殖贝类病害发生机理和防治对策［J］．海洋环境科学，2000，19（1）：5-10.

[12] 王崇明，王秀华，等．栉孔扇贝大规模死亡致病病原的研究［J］．水产学报，2003，28（5）：547-553.

[13] Kennedy V S. The ecological role of the eastrn oyster, Crassostrea virginica, with remark8 on disease[J]. Journal of shelifish Research, 1996, 15（1）: 177-183.

[14] 王秀华，王崇明，李筠，等．胶州湾栉孔扇贝大规模死亡的流行病学调查［J］．水产学报，2002，26（2）：149-155.

[15] Arzu1 I, Nicolas J, Pt n1. French scallops: A new host for ostreid herpesvirus-1[J]. Virology, 2001, 290: 342-34.

（盖春蕾，许拉，王淑娴，樊英，叶海斌）

（载自《水产科技情报》2016-08）

鲆鲽鱼类常见病害初诊速查检索表

通过对鲆鲽鱼类病害特异症状的比较鉴别，采用生物分类检索表的形式，建立了鲆鲽鱼类养殖病害初诊简易快速检索表，对于及时正确地诊断病害有着十分重要的意义。

本检索表采用平行式检索方式，即根据不同病害的症状表现特征，将每一对互相对应的特征编以同样的项号，并紧接并列，依次检索，如：

1. 病害发生于育苗期……………………………………………………………………2

1. 病害发生于养成期……………………………………………………………………9

2. 病鱼鱼鳍可见溃烂或变形现象……………………………………………………4

2. 病鱼鱼鳍未见溃烂或变形现象……………………………………………………3

3. 病鱼鳃和肝脏呈苍白色，肠内无食、有白色粪便，肾脾造血组织有病灶性坏死区………………………………………………………………………………传染性胰腺坏死病

3. 病鱼鳃和肝脏未呈苍白色……………………………………………………………6

如果符合前一项，本检索表则认为初步确诊，如果符合后一项，则继续查找2，依此类推。

本检索表采用的病害症状表现特征主要为目测或10×（10～40）倍显微观察确定的特征。鲆鲽鱼类取样为濒死或活动异常的病鱼，显微检测取样为病灶组织做成的水浸片。

本检索表的诊断结果为鲆鲽鱼类常见病害的初诊结论，以期为生产单位的技术人员提供参考，确诊尚需进一步进行病原鉴定。

鲆鲽鱼类常见病害初诊速查检索表

1. 病害发生于育苗期……………………………………………………………………2

1. 病害发生于养成期……………………………………………………………………9

2. 病鱼鱼鳍可见溃烂或变形现象……………………………………………………4

2. 病鱼鱼鳍未见溃烂或变形现象……………………………………………………3

3. 病鱼鳃和肝脏呈苍白色，肠内无食、有白色粪便，肾脾造血组织有病灶性坏死区………………………………………………………………………………传染性胰腺坏死病

3. 病鱼鳃和肝脏未呈苍白色……………………………………………………………6

4. 鱼苗背、腹鳍变浊白，鳍的边缘略有收缩、卷曲…………………………………5

4. 病鱼鳍未见浊白现象，病鱼尾鳍和背鳍腐烂，以鱼体表为中心出现皮肤擦痕或糜烂，重症的鱼可见溃疡化……………………………………………………………滑走细菌病

5. 镜检病鱼病灶处可见短杆状或弧状细菌 ……………………………… 鱼苗白鳍病

5. 镜检病鱼病灶处无短杆状或弧状细菌，鳍的表面可见许多球形化的细胞 · 病毒性表皮增生病

6. 镜检病鱼脑、脊索或视网膜异常，中枢神经组织和视网膜中心层空泡化 ………………………………………………………… 病毒性神经组织坏死病

6. 镜检病鱼脑、脊索或视网膜未见异常 …………………………………………7

7. 目测病鱼体表发黑或白浊 ……………………………………………………8

7. 目测病鱼体表未见发黑或白浊，病鱼腹部内陷，解剖肠道可见其充满黄白色黏液 ………………………………………………………………… 肠道白浊症

8. 病鱼体色发黑，头部大，身体相对较小 …………………………………… 黑瘦症

8. 病鱼体表白浊附有黏液，鳍基部可见出血 ……………………………… 鱼波豆虫病

9. 目测病鱼鳍部和体表有团状的肿瘤样的肿物 ……………………… 淋巴囊肿病

9. 目测病鱼鳍部和体表无团状的肿瘤样的肿物 ……………………………10

10. 目测病鱼眼球有突出或塌陷症状 …………………………………………11

10. 目测病鱼眼球无突出或塌陷症状 …………………………………………12

11. 病鱼眼部塌陷，头骨凸显，解剖观察内脏发灰，肠道出血，并积有黏液 … 黏孢子虫病

11. 病鱼眼部无塌陷 ……………………………………………………………14

12. 病鱼体表可见明显的"黑－白"分界线，腹部肾脏区隆起，鳃丝末梢出现白色肿大物 ………………………………………………………………… 脾肾白浊病

12. 病鱼体表未见明显的"黑－白"分界线 ……………………………………13

13. 病鱼体表或鳍有溃烂症状 …………………………………………………15

13. 病鱼体表或鳍无溃烂症状 …………………………………………………19

14. 病鱼鳃丝褪色 ………………………………………………………………16

14. 病鱼鳃丝未见褪色，其单眼或双眼凸起，眼周围组织浮肿呈淡红色，眼部正下位的腹面区域也可见红肿 ……………………………………………………… 凸眼病

15. 病鱼背部出现数个疣状突起，大小不一，周围皮肤变为白色 ………… 皮疣病

15. 病鱼背部未见疣状突起 ……………………………………………………17

16. 镜检病鱼鳃丝可见卵圆形周身具纤毛的寄生虫体，病鱼体色发黑，腹部膨大，皮肤和鳍多处出血 ………………………………………………………… 纤毛虫病

16. 镜检病鱼鳃丝未见卵圆形周身具纤毛的寄生虫体 ………………………18

17. 病鱼体表出现黄白色、圆形溃疡性伤口，镜检可见大量细菌 ………… 疥疮病

17. 病鱼体表未见黄白色、圆形溃疡性伤口，病鱼背鳍、臀鳍、胸鳍和尾鳍充血发红溃烂，严重时鳍部组织烂掉而出现缺损 ……………………………………… 烂鳍病

18. 病鱼体色发黑，腹部肿胀，眼球突出，也可见鳃褪色和局部的瘀血或出血，镜检病灶可见呈链状排列的球状细菌 ………………………………………… 链球菌病

18. 病鱼头、嘴和鳍部发生出血，腹部肿胀，镜检可见肾脏和脾脏的造血组织内的黑色素

吞噬中心显著增多，镜检病灶无细菌……………………………………病毒性红细胞感染症

19. 病鱼腹面外观呈红色，身体皮下组织弥散性出……………………………病毒性红体病

19. 病鱼腹部外观未呈现弥散性出血性红色………………………………………………20

20. 目测病鱼腹部膨大………………………………………………………………………21

20. 目测病鱼腹部未见膨大…………………………………………………………………22

21. 病鱼鳍部有出血症状……………………………………………………………………25

21. 病鱼鳍部未见有出血症状………………………………………………………………26

22. 病鱼腹部下凹，体色变暗，挤压腹部可见白便从肛门流出……………………白便病

22. 病鱼腹部未下凹…………………………………………………………………………23

23. 病鱼体表可见不规则状的小面积白色斑块，鳃丝及白斑处有大量黏液和寄生虫体……………………………………………………………………………………………鞭毛虫病

23. 病鱼体表未见不规则状的小面积斑块…………………………………………………24

24. 病鱼体色发黑……………………………………………………………………………27

24. 病鱼未见体色发黑………………………………………………………………………29

25. 病鱼肛门处有出血灶，解剖可见消化道充满大量黏液被涨大，病鱼腹腔内壁出血，内充满红色腹水……………………………………………………………………呼肠弧病毒病

25. 病鱼肛门处未见出血灶…………………………………………………………………30

26. 病鱼肛门有红肿现象，有时肠道从肛门脱出 ……………………………………腹水病

26. 病鱼肛门处未见红肿现象………………………………………………………………31

27. 病鱼鳃和体表有大量黏液，可见白色斑点 ………………………………………白点病

27. 病鱼体表无白色斑点，但肌肉内有斑点状白浊病灶或呈果冻状或胶状…………28

28. 病肌肉内有斑点状白浊病灶或呈果冻状，镜检可见4个极囊的星形孢子 ……………………………………………………………………………………………肌肉库道虫病

28. 病鱼鱼体肿胀，体表黏液过多，肌肉呈胶状……………………………………微孢子虫病

29. 病鱼体表鳃上有大量车轮状寄生虫体，可见体表白浊，有大量黏液，有时候体表可见轻度出血现象……………………………………………………………………………车轮虫病

29. 病鱼体表鳃上可见白色米粒状白点，皮肤、鳃丝黏液分泌增多，形成絮状白沫，解剖可见腹部有积水，肠管上皮充血，肝脏肿大……………………………………………孢子虫病

30. 病鱼体色发黑，口腔鳃充血出血，解剖可见病鱼肝发黄，脾暗红，消化道积水……………………………………………………………………………………………细菌败血症

30. 病鱼鳍发红，解剖可见腹水潴留，肌肉内出血……………………………弹状病毒病

31. 镜检病鱼背部表皮和鳃组织可见大量异常的巨大细胞…………大菱鲆疱疹病毒病

31. 病鱼体色变黑，腹部膨大，解剖可见腹腔和围心腔腹水潴留，肝脏瘀血或褪色，肝脾肿大……………………………………………………………………………病毒性出血败血症

（盖春蕾，叶海斌，刁菁，许拉，于晓清，李乐）

（载自《科学养鱼》2015-08）